高 等 学 校 规 划 教 材

香精调配和应用

盛君益　易封萍　邵子懿　主编

Blending Technology and Application of Fragrance and Flavor

化学工业出版社

·北 京·

内 容 简 介

“香”是香精的灵魂。将香气（味）物质通过调香完美协调，香精的生产、品控和应用才有意义。《香精调配和应用》解读了调配香精需要训练和具备的基础技能，深度分析了调配高水平香精需具备的理念和要掌握的方法，首创性地重点着墨于“阈值”“剖析”和“微量香成分”等技术，为读者破解国外香精企业巨头的核心调香技术提供思路。

通读本书并按照书中所述的各类训练方法和操作步骤操练，初学者能根据不同需要选择合适的原料设计香精配方并调配，合理地进行品控管理，设计并调控生产工艺，并能为用香企业提供加香指导。另外，本书总结了近年来世界各大香料公司新推出的、具有广阔应用前景的香料产品，作为过往教材中香原料感官品评资料的补充。读者可扫描书中二维码查阅相关内容，以辅助调香工作。

本书既可作为香料香精专业学生的教材使用，也可作为香料香精、化妆品及其他日用品和食品加工等从业者的工具书和参考书。

图书在版编目（CIP）数据

香精调配和应用/盛君益，易封萍，邵子懿主编．—北京：化学工业出版社，2022.8（2024.8 重印）

高等学校规划教材

ISBN 978-7-122-41552-3

Ⅰ.①香… Ⅱ.①盛…②易…③邵… Ⅲ.①香精-配制-高等学校-教材 Ⅳ.①TQ657

中国版本图书馆 CIP 数据核字（2022）第 093309 号

责任编辑：李 琰　　文字编辑：葛文文 陈小滔

责任校对：张茜越　　装帧设计：韩 飞

出版发行：化学工业出版社（北京市东城区青年湖南街 13 号 邮政编码 100011）

印 装：北京盛通数码印刷有限公司

787mm×1092mm 1/16 印张 22¼ 字数 552 千字 2024 年 8 月北京第 1 版第 3 次印刷

购书咨询：010-64518888　　售后服务：010-64518899

网 址：http://www.cip.com.cn

凡购买本书，如有缺损质量问题，本社销售中心负责调换。

定 价：68.00 元

做学问，是一点一点地积累，在他人工作的基础上，拨开前面让人看不清楚的杂草，细细地分析，然后，向前小心翼翼地放一块小小的新石头，让后人踩着，不摔下来。

——美国克瑞顿大学（Creighton University）哲学系终身教授袁劲梅

美国调香师对部分最新食用香料的感官评价

前言

改革开放四十多年来我国的国民经济有了飞速的发展，人民的生活水平也日益提高，2021年已经全面迈入小康社会。香精香料作为食品加工业和日化产业的重要组成部分，在百姓生活中起着越来越重要的作用。

1982年由上海市轻工业局与美国的 Florasynth 公司合资创办上海高仕香精有限公司至今已经整整四十年了，这是全国第一家香精香料企业，当初为了更有效地把国外的先进技术和管理理念引入中国，派遣了一个由六位技术人员组成的代表团赴美国进行为期半年的考察进修和学习，这是我国派往欧美国家的第一个香精香料行业的科学技术代表团，学成归来即筹建了高仕香精有限公司。四十年来，该公司创造了一系列行业之最，极大地提升了我国在香精香料领域的技术水平并取得了可观的经济效益。高仕香精有限公司成立后的十多年里其他国外的香精香料企业，诸如国际香精香料公司（IFF）、奇华顿（Givaudan）、芬美意（Firmenich）、高砂、长谷川等也逐步进入中国市场。

中国改革开放的经验证明，核心技术是买不来的，唯有依靠自身的努力创新才能获得。所以关键是要创立符合我们国情的人才培养体系。

从20世纪60年代创立我国第一所培养香精香料技术人才的上海轻工业高等专科学校到今天的上海应用技术大学香料香精技术与工程学院，我国香料香精行业已建立起了一整套学科门类齐全、设备先进、教师水平一流的教育体系，六十多年来为全国香精香料行业培养了众多优秀的科研和应用技术人才。至今，几乎在中国每一家香精香料企业里都有上海应用技术大学的毕业生。

21世纪，企业面临全面转型，转型对每个单位既是机遇又是挑战，香精香料行业也将经历由普通技术型向高科技技术型的转型，急需一大批高素质、高学历的技术人才进行本行业的全面提升，推广新技术、新理念并与世界先进水平接轨，加强对香精香料的基础研究和基础理论研究。上海应用技术大学担负着义不容辞的光荣使命。

如今，我国已成为名副其实的香精香料生产大国，产品总量和生产总值均居世界前列，但也要清楚地看到至今我们还称不上香精香料技术和生产的强国。从大国向强国转化是我们每一个香精香料科学技术人员不可推卸的任务和使命。

本书的三位编者盛君益、易封萍、邵子懿正是本着为中国香精香料行业奉献一份力量，为本专业的教育提供一份有技术含量、有借鉴意义的教材或参考书的初衷，把自己的知识毫无保留地贡献给社会，希望对本专业的学子有所帮助。

三位编者的个人经历不同，专长各异，具有很大的互补性，这也给本书的编著带来很大帮助。

盛君益老师从事香精香料五十余载，是高仕香精有限公司筹建的参与者，并在该公司工作二十年。其间曾5次作为访问学者赴美国、德国和新加坡的相关企业长期进修、学习。在香精剖析、调香、精油整理、标准化、精油掺假鉴别、企业品质管理方面有丰富知识和经验。

易封萍老师从事香精香料专业教学工作近三十年，曾作为专业负责人赴英国和法国等相关大学考察学习，并为本行业培养了大批本科生和研究生。她擅长合成香料的基础理论研究，合成制备的创新，在天然香料的深加工和利用方面都有丰富的理念和经验。

邵子懿是我国近年来培养的香精香料学生中的佼佼者，本行业的后起之秀，他基础理论扎实、专业技术有见解、悟性高、接受新鲜事物快，并能化为自身的学识，是未来可期的一位专业技术人才。

在整本书的编写过程中，研究生陈梓谦、王越、吴恺文参与了校对工作，研究生朱万璋、徐和杰参与了图片和分子式绘制的工作，在此一并表示感谢！

编者

2022年2月于上海应用技术大学

美国调香师对部分最新食用香料的感官评价

目录

第一篇 调香术

第二篇　香精的应用

美国调香师对部分最新
食用香料的感官评价

第一篇

调香术

如何调香？大多数资深的调香师都会回答：凭借经验。但经验又是什么？古往今来，调香是支撑香料香精行业发展进步的核心与关键，但这门技术的教育并未得到足够重视。调香是一门技术与艺术结合的学科，很难用纯科学的体系讲述、归纳和总结。调香师通常靠经年累月的实操经验应对实验室内的各种挑战。因此，调香入门并不容易。

香气并不是没有章法可循。按照一定的思路由浅到深地学习积累，新手也能适应香精实验室内的各项工作。阅读本篇第一章，你会明白什么是调香，并知道涉足调香领域前自身需具备的条件和个人素质，明白调香师的基本工作内容，从操作层面知道调香流程的操作要领。这章内容如同一位带领你进入实验室的引导员，让你快速熟悉在实验室里的工作内容。

第二章是本篇重点。该章将调香师日常工作时需要调用的各项技能归纳为五个方面，分别为：熟悉香精各部分的组成和功效，熟悉常用香精和香型的特征性原料，掌握香原料的香气香味和理化性质，熟悉香原料的阈值，掌握香精应用技术。这五项内容是调香师可以独立设计香精配方（根据目标选择合适的香原料并合理定量）、通过修改配方逐步向目标靠近的基础。每一项基础技能，笔者都应用了大量经过归纳的数据，读者可参照书中所述的学习方法和具体数据，通过操作来熟悉并强化基础技能，快速上手调香并稳步精进业务能力。

第三章和第四章分别针对食用香精和日用香精调配中的精细化要求，详细阐述了如何调配既有香气又有香味的食用香精和香气连贯细腻的日用香精。“有香味”和“连贯细腻”是让很多调香师头疼的问题，本书将这部分作为本篇第二个重点，从理论铺垫到实践操作，让读者明白那些有缺陷的香精缺陷在何处、本质是什么问题以及如何补救。

第五章至第六章，笔者介绍了国外食用香精公司备受欢迎的板块调香技术，帮助读者打开新思路、树立新理念；帮助掌握了本章所述基本技能的调香师更加快速、高效地调香。另外，本章总结了按摩精油的调配技巧，并提供实例配方供读者参考。

第七章——香精的复配是承接香精加香应用不可忽视的课题。一个加香产品同时用几种香精赋予其区别于其他产品的独特感官体验是很常见的。虽然香精的复配比调香简单得多，但重要性不可小觑。调香师需要掌握一定的复配原则，才能将自己的调香作品推荐给适合的用香客户。

第一章

调香概论

香精的香气或香味是香精的灵魂。仅仅以单一的或少数自然界的含香物质提取的香料，或以合成的方法制备的香料应用在加香产品中，往往会受到各种各样的限制。如今，随着香料的单离、提纯、合成等技术的进步，人们可以从天然花果等材料中提取各种形式的香原料，并不断开发新的合成原料，并将这些原料用调香的方式创造了无数香精配方，丰富了人们在进食、洗漱、妆扮等过程中的香氛体验。因此，用调香的方式创造和谐自然、令人们喜爱的香气和香味，是香精行业从业者，尤其是调香师最重要的工作。调香是香料应用的重要环节，是为香料寻找使用出路的重要途径，是香料工业的重要组成部分。

很久以前，人们便开始运用香料，将几种香料植物的粉末等混合、调和来达到一定的香气效果。只有调和香料，制成香精，应用于加香产品才能达到整个香气飘散、透发、多韵味，而又和谐、余香久长的效果，以适应嗅觉的要求。又如许多天然香料植物在加工提取挥发油过程中，其香气往往变异损伤，有时借助人工调配香精才可能达到天然的香气效果。例如在调香行业认为很有发展前景，可与玫瑰花、茉莉花媲美的晚香玉香，采用蒸馏方法制得的精油其香气与天然花香完全不同，采用溶剂萃取得到的净油其香气质量也大受损伤，利用人工调配有可能创作出与天然鲜花香气相接近的晚香玉香精。

调香理论贯穿于艺术、科学、技术三者之间，不能分割。为了实现调香艺术，即把“自然的再现”和人类“高级情感”有机地统一，创建了一个平台，接着对大自然，主要对天然芳香植物的香气进行仿香，并实现来源自然，高于自然，充分挖掘植物中可能存在的香气。在此基础上，去寻找前人还没有发现的“一团最令人愉快的香气”，即“奇怪的吸引子”。创香这种高超的创作性艺术活动，需要捕捉灵感，而这灵感常常在仿香实践过程中产生。

20 世纪 60 年代以后，基于精密仪器的运用，人们实现了对食品香味和天然精油成分的检测，对许多天然香气成分的揭示和合成的单体香料，促进了调香水平的迅速提高。食用香精的香味与天然食品的香味十分接近，日用香精的原有香型也有了明显提高，还创拟了许多新颖香型。20 世纪 80 年代，香料品种已达 5000 余种，它们为调香师提供了选择香料的广阔天地，同时，如何使用新出现的香料品种也成为调香工作的热点。

如今，加香产品的香气或香味是评价香精的一项主要的质量指标，香精的优劣关系到加香产品在市场上的兴败，一种畅销的加香产品必然是香气或香味较好，受到人们的欢迎和喜爱的产品。因此，调香在保证加香产品质量，使产品在市场竞争中立于不败之地或创造出名牌等方面发挥重要作用，好的香精产品依赖调香师的综合技能。调香创作依赖于调香师经过训练的鼻子（嗅觉），凭借具有灵敏嗅辨能力的嗅觉和良好的嗅觉记忆功能，以科学技术结合艺术创作来开展活动。

第一节 调香的定义

调香，顾名思义就是调和香气，从操作过程的角度看就是设计并修改香精配方并调配香精，具体而言就是合理地将几种乃至几十种香原料（天然植物香料、单离香料或合成香料）按照配方一定的比例配制出酷似天然鲜花、鲜果、蔬菜或是肉食的香气香味，又或是创造出具有一定香型、香韵的香气混合物，以适应加香介质对香气的要求，弥补天然香料数量与质量上的不足，改善合成香料气息单调的问题。设计这种香精配方的过程叫作调香，将香原料混合的操作过程称为调和，香料的混合物即为香精（基）。

调香术是指选择有香物质、设计香精配方和制造香精的技术，它是一种带有艺术性的技巧。目前，调香技术分为两大类。一类是日用化学品用香精方面的调香术（perfumery），另一类是食品用香精方面的调香术（flavouring technology）。

调香的目的在于寻求各种香气的和谐，同时认识新的香料，创造具有新的香型的谐香，并围绕新创的谐香，设计具有优美品质并区别于其他香精的新型香气味。

调香可以说是一种系统工程，它需要运用科学（特别是化学）、人的心理学和社会学知识进行艺术创作，以能够获得的各种原料以及各类数据的科学技术知识为基础，灵活地采用这些技术因素，加上调香师的艺术想象与审美鉴赏能力，结合长期积累的实践经验，持之以恒地努力，才能创拟出引人入胜的香气。现代调香艺术更加强调合理搭配，创造最佳效果，降低生产成本。

大部分香料不具有令人愉快的香气（除了一小部分带有水果香气和花香的香料以外）。但是香水、古龙香水、雪花膏等化妆品和食品的气味则可以称为美好气味。这是为什么呢？玄妙全在调香的调配。这种调配是以香料为素材，像调配鸡尾酒那样把各种香料按一定比例调和在一起，即调香。实际上调香要研究的就是多种香料之间的交互作用，因为使用的香料众多，研究的因素也众多，其交互作用也特别复杂，数学处理也繁复，但可以在这方面进行一些有益的尝试。

从食物来看，除了保持原来新鲜状态、直接端上餐桌的一些蔬菜或水果外，其他食材或多或少都必须经过烹调才能食用。食物只有经过烹调才会美味可口，从这点来看，调香和烹调十分类似。如胡椒十分辛辣，不经过调味无法直接食用，与适量的调味汁（sauce）混合在一起时就会产生美味的效果。因此，调香师必须充分掌握各种单体香料原有的气味，以及它们和哪些香料配合，以怎样的比例来配合等。

目前，我国调香行业发展的尴尬局面主要体现在高端领域——香水调配，仍然处于初级的模仿阶段。此外，在其他领域，调香不断创新，如纳米香精在纺织品上的应用，将香精吸附到纳米材料上，再植入衣物中，后者在受热、受光等条件下就会散发出不同的香味。

第二节 调香师

负责调香工作的人通常称为调香师。一提起调香师，人们总会不由自主地将其和 Chanel No. 5、Guerlain Shalimar、Dior issimo、CK One 等名牌香水联系在一起。一直以来，在人们眼中，这份职业是充满了浪漫气息和无限魔力的。但时至今日，调香师的“魔法”早已不再仅施用于香水。

一、调香师的工作内容

虽然调香师是一个古老的职业。在欧洲一些国家有着相当长的历史，并拥有一批世界级的调香大师，但在我国还是一个起步相对较晚的职业。在我国第六次公布的新职业中，关于调香师的定义是使用香料及辅料进行香气、香味调配和香精配方设计的人员。食品调香师与日化调香师是职业调香师的两大基本类别。设计日用香精配方的人称为日用（香精）调香师(perfumer)，设计食用香精配方的人称为食用（香精）调香师（flavorist）。前者涉及香水、牙膏、沐浴露的香精调配，后者则包括面包、饮料、蛋糕、方便面中香精的调配等。由此可见，调香师职业所涉及的范围已扩展到整个香料香精行业。

在我国，职业调香师共设三个等级，分别为：三级调香师（国家职业资格三级）、二级调香师（国家职业资格二级）和一级调香师（国家职业资格一级）。工作内容包括：香料辨别与评价；判定香精香型及其组成；根据要求设计香精配方、调配香精；香精的应用；培训与管理等。此外，调香师的日常工作主要还有两个方面：一是参与市场销售活动，包括对用户进行产品应用技术指导、举办技术讲座等；二是参加学术和技术交流活动。

二、调香师的职业素养

香精的优劣主要取决于所用香料的品质和配方的合理性。而配方是由调香师拟定的，因此，调香师对于香精的优劣起决定性作用。然而，与调香专业历史发展过程有关的，既有渊博专业知识又有丰富创造力的调香师极其缺少。事实上，艺术家般丰富的想象力、极高的悟性和不同凡响的创意是一个出色的调香师不可或缺的。很多时候，灵感对调香师的重要性并不亚于艺术家。娇兰家族的调香大师 Jacques Guerlain 从印度皇帝沙贾汗与泰姬的美丽爱情故事中得到启发，创造了举世闻名的“一千零一夜”香水；三宅一生看到窗前雨滴后，一个经典的流线形香水瓶设计的构思随即诞生。

调香师除了掌握扎实的香料香精基础知识、安全知识及相关法律法规之外，还应该具备丰富的有机化学、分析化学、生物化学和食品化学知识，并熟悉加香工艺。调香师不能只有科学思维，还应该具有艺术天赋和创造才能。需要强调的是，并不是人人都可以成为调香师。灵敏的嗅觉和味觉是调香师的先决条件；宽广扎实的化学、生物化学、食品化学等知识是调香师的基础条件；闻香经验、艺术才能、表达和交流能力、对香气或香味的敏感和好奇、好学善用等都是调香师所必备的素质。关于调香师必须具备的基本知识和技能，读者可阅读第二章内容。

三、调香师的培养与训练

怎样培养调香师呢？先看看国外是怎么做的。在古代法国，调香师大多数是祖传的，父传子，子传孙，几百年努力建立起调香的“世袭王朝”，外人不得进入。美国和日本都没有祖传的调香师，他们培养调香师并不先测鼻子，而是挑选那些有机化学、物理化学、生物化学、分析化学、药物化学等学科的研究生中对气味学有浓厚兴趣者来加以培养，对鼻子的要求不太严格，只要有正常的灵敏度就行了。

调香师的培训和训练没有捷径。如今，调香师一般由公司培养成长，只有少量院校开设调香师培训的相关课程。企业中的调香师培训由于目标就是数量少、质量高，所以均采用类似“两个教师教五个学生”的模式，几年才办一期。要想成为优秀的调香师，必须具备如下的基本条件：

① 对香料的科研和生产具有浓厚兴趣，并具有愿为之终身服务的信念；

② 有健康的体质、清醒的头脑，并有良好记忆力，有正常的辨香品味能力；

③ 具备有机化学、分析化学、物理化学、生物化学、心理学和审美学方面的知识；

④ 必要的艺术修养和丰富敏捷的想象力；

⑤ 要有求成的耐心、恒心和自信心。

在瑞士奇华顿公司总部内，设有国际调香训练中心，现介绍其培训日用调香师的情况以作为借鉴。

培养对象的选择：一是在公司内部挑选学员，起码是高中毕业，最好是大学化学系毕业；二是要有基本的嗅觉能力，就是要有香感，对日常生活中的含香物质能分清其香味；三是要有鉴别能力，能评定香气相似的物质；四是鼻子有一定的灵敏度，能识别同一香物的不同浓度；五是要有良好的记忆力。

以上测试合格后，每期录用五名学员，由两位专职教师教授三年。第一年学习天然和合成的香原料及其生产工艺，同时学习植物学、园艺学和有机化学，一年后能闻识近千种香原料的香气。第二年学习调香基础，先是花香型如薰衣草、馥奇型香精的基本调配；其次是果香、动物香、皮革香等的调配；两年后可以根据教师所指定的香原料，调配出指定的香料，以此来评定学员成绩的优劣。第三年学习一些经典香型的配制，如著名的 Chanel No. 5、力士、佳美等香精，毕业时能熟练地掌握各类香料的基本配方，其中三名成绩优良的学员授予助理调香师称号，其余两名分配到质量控制部或分析部做产品评香工作。

助理调香师工作两年后称初级调香师，再工作三年才成为正式调香师，成为正式调香师后就可以独立工作了。从入学到成为调香师，需要八年的奋斗时光，可见历程之艰难。在这历练的过程里，勤动手、多实践积累经验，才会具有突出的、创新的才能，所配的香精在市场上才有显著效果，才算得上高级调香师。另外，对于国外的调香师也要客观对待，不盲目崇拜，既要尊重有本事的专家，又要识别没有真正技术的人，对海外回国工作人员要遵循一条原则，即实践是检验真理的唯一标准。

第三节 常见的调香工作

调香的目的无非就两种，一是通过模仿再现自然界以及日常生活中令人愉悦的香气或香味，也就是仿香；二是根据人类喜爱的香和味创造自然界不存在，但人们接受且欢迎的香气(香味的创造一般比较局限，通常是人类接触过的香味的几种组合叠加)，也就是创香。仿香和创香是调香师的日常工作。模仿天然香气、香味和模仿香精是创造新香气的基础。下面具体介绍这两种调香工作的常见开展思路、操作要点，以及这两者之间的区别与联系等内容。

一、仿香

仿香，指的是将多种香料按适宜的配比调配成所需要模仿的香气或香味。仿香一般有两种要求。一种要求是模仿天然香气，原因主要有两个：第一个是人类长期生活在大自然中，对所有自然物品的性质，包括香气有熟悉的喜爱感，大自然中有无数个“奇怪吸引子”吸引着众多的调香师日复一日地待在实验室里面想将这些自然的香重现出来；第二个原因是天然香气的提取价格昂贵，或来源不足、不稳定，因此需要通过调香师运用市面上已有的香原料，特别是来源丰富且产量较大的合成香原料，去调配出具有类似或相同香气和（或）香味的香精，以便用这些天然香气和香味更广泛地美化加香产品。另一种要求就是模仿某些国内外成功的加香产品和成品香精。模仿时要注意专利权等事项。对于模仿天然品，可以参考一些成分分析的文献简化过程。但模仿一个加香产品的香气或香味则要复杂和困难得多，掌握气相色谱-质谱联用（GC-MS）等常用挥发组分的分析技术和过硬的辨香技术才能更有效地剖析要仿制的对象。

1. 仿香的方法

（1）早期仿香的方法　早期的调香师只能完全靠鼻子嗅闻仿香，如果被仿的是香水的话，用闻香纸蘸一点香水，先闻它的头香，过一段时间再闻它的体香，再过一段时间闻它的基香，在每一段香气里猜它有可能含有哪几种香料，比例大概是多少，按这个想象的比例试调配。仿香时经过多次的调配，仿香的像真度可以达到80%以上，有时也会达到几乎可以乱真的程度，但是这通常要花很长时间，有时甚至经过数百次试验才可能做到，而且调香师的水平要相当高。

对于一个市场上新兴的香精的模仿，首先用鼻子嗅闻，打开瓶盖直接嗅闻只能笼统地得到该香精整体的香气印象，初步辨别该香精属于哪一种类型、有没有特别的地方，如果它与自己曾经调过的某一种香精香气相似，仿香工作就简单多了，只要以标样香气相似风格的主要已知成分组成的香精配方为基础，把标样和所选的香精都沾在闻香纸上，分段嗅闻，找出每一段香气的差别，再加入具有标样香气轮廓中某种特征或香韵的单体香料。有时候要减去某些香料，拟出初步配方开始仿香。大部分被仿的香精，调香师用闻香纸蘸上后分段嗅闻就能写下该香精80%以上的组成成分，再经过多次反复的试调、修改配方就能调出令人满意的仿香作品来。

（2）现代仿香的方法　随着科学技术的快速发展，特别是顶空分析、双柱定性分析、手性分析、气相色谱、气相色谱-质谱联用（GC-MS）等现代分析技术在香料香精领域里的应用，香料工作者犹如多了一双眼睛，现代的仿香工作比原来快多了，也好多（像真度提高）了，年轻的调香师在掌握了气相色谱、气相色谱-质谱联用等现代仪器分析技术以后，对被仿香精香料进行特征化合物分析，再加上一定程度的鼻子训练，就能够与经验丰富的调香师一样出色地剖析香精，仿造出逼真的香精来。

然而，经验表明，仅仅按照分析结果提供的组分配不出与原来一样的香精，有特征香气或香味的化合物往往是一些微量组分，它们的阈值一般很低，低于仪器检出限的成分就无法体现在检测结果中。另外，分析过程中挥发物逃逸，不稳定的组分分解，这些因素也会干扰分析结果的准确性。前面提到，传统方法过分依赖调香师的主观经验，而且费时间，但用单纯的分析方法仿制的香精的香气轮廓不平衡、不圆润，应该将这两者结合起来，这就要求调香师根据其掌握的香原料知识和实践经验以及自己的创造，合理地剖析香精，挖掘尽可能多的有效信息。

因此，调香师在仿香拟定香精配方时可以看色谱图、闻香精来猜香料，决定仿香配方香原料的品种，写下第一个试验配方。把它配制出来后再用GC-MS进行分析，比较谱图与被仿的香精谱图，分析差别在哪里，再拟出第二个试验配方，配好后嗅闻或尝味，比较其与标样的差异，再次修改配方，调配，直到觉得满意为止。

2. 仿香的步骤

(1) 确定标样　标样可以是一种天然香料、水果、蔬菜或其他有香气或香味的产品，也可以是一种现有的香精或加香产品。不管是什么，都必须经过严格的评香，以确定产品的香气或香味轮廓，并弄清几种特征香气味的相对强度。最初的感官评价可以由进行仿香的调香师或包括该调香师在内的一组受过训练的评香人员进行。

调香师以标样香气或香味轮廓为引导，再次严格评香，确定每一种特征香气或香味，并将每一种香气或香味特征与已知组分或不一定存在于标样中的其他香味物的已知香气或香味轮廓联系起来。再次评香对于某些调香师来说非常主观，通常他们按自己的体系将香气或香味种类与特定香原料相对应。重新评香的结果是将各种化学品与每一关键香韵和香气或香味的细微差异直接相连，再次描述香气或香味轮廓。

(2) 集中有关标样的资料　包括标样的 GC-MS 分析结果，以及文献中类似的和可能的化学组分、精油等的全部资料，加以参考，进行香精剖析（详见本节专题一）以确定香精配方。

(3) 配试样　调香师调配的第一个试样很可能不完全接近标样的香气或香味轮廓，可能只是笨拙的模仿，因为主要的香气特征很可能有待润饰，而次要的香气或香味特征被遮盖了，或根本不存在。然后这个粗糙的试样要不断地经过试验和纠正偏差加以修饰，直到基本接近标样香气或香味。在评定任何试样之前，必须存放一段时间，使香精熟化，如果过早进行评定可能做出错误判断。

(4) 评香　由其他调香师对模拟香精进行评香。

(5) 重复前述操作　为了获得一个完全可接受的配方，有时会根据需要重复以上步骤。最后试样的气相色谱图可能与标样相似，但无须完全相同，只要香气或香味的相似度达标即可。

(6) 确定相应数据　当模拟香精被放置足够时间陈化后，可用于某一指定产品或一系列最终产品进行评香。这一阶段的试验将证明该香精在各种介质中的效用，并注意加香产品的工艺（例如受热等物理变化等）对香精香气或香味的影响。

(7) 模拟香精的工业化开发　香精仿配过程结束时，需向特定客户或向一般的用香企业推销此香精。这些客户可能要求调香师介绍该香精，并要求证明该香精在适宜加香产品中的价值。

调香师也可以借助仪器分析开展仿香工作。例如要模仿一种芒果香精，就必须先吃一吃芒果，悟出它的香气特征是由哪些香气和香味形成，可以与现实中的香原料联系起来，接着再试着配一下，看看能否达到预期效果。如果不理想，可以进行调整，即哪些类型的香气过于强（有窜出的感觉），就必须减少用量，哪些香气过于弱，没有体现出来就需加强，加一些量；哪些香气鲜果中有，但香精中没有体现，就得添加一些。初步完成后，还要看香精的香气协调性，即是否圆润透发，是否有真实感，不足之处再适当调整。

3. 防止香精被模仿的方式

很多受市场追捧的香精，为了保护其知识产权和利益，会通过一些方式将香精“加密”。怎样才能有效地防止别人仿香呢？下面简单介绍几种方法。

（1）在香精里加入天然香料　这个方法相当有效，因为天然香料成分复杂，不同来源的天然香料的香气又有所不同，这将为企图仿香的调香师带来许多困难。不管用鼻子嗅闻还是采用色谱分析，他们都很难断定某一个香气成分来源于哪一种天然香料或合成香料。另外，天然香料的加入会给香精带来一些特征的辅助香气，在色谱图上表现为一大堆杂峰，仿香者最怕这种杂峰，因为不知有没有重要的、香气强度大的香料峰“躲”在里面。

（2）在一个香精里面加入几个香气强度大的用量很少的香料　调香师只要将某几种香气强度大的原料以高于嗅觉阈值、低于GC-MS仪器检出限的浓度添加到香精配方中，在谱图中便找不到这几种原料的特征峰，从而成功地加密配方，增加仿香的调香师破译香精的难度。当然，用这种方式加密的配方也有破解方式，调香师可以借助GC-MS-FID-O技术，将样品注入连有气味检测仪的色谱柱中，通过氢火焰离子检测器（FID）或MS检测器检测样品的化学组成，而调香师则坐在气味仪的出口处，记录在气体流出物中所闻到的香气，定性地描述香气信息以及香气的强度，同时获得样品的化学组成和气味特征信息，这样，即使有些浓度低于色谱仪检出限但高于人类嗅觉阈值的化合物，也可以被调香师的鼻子嗅出。这种分析技术既可定性，又可定量，还可以闻到浓度低于仪器检出限组分的香气。

（3）巧用反应型香料　在一个调配好的香精里面，各种香科之间不断进行着化学反应，影响香气比较大的反应有：胺与醛的席夫反应、醇和醛的缩合反应、醇与酸的酯化反应、酯交换反应、置换反应等。例如，有经验的日化调香师会有意识地在香精里面加入一些邻氨基苯甲酸的酯、吲哚、小分子醛和酯等原料使配好后的香精香气色谱图复杂一些，当然，这种复杂化要在自己的掌控范围内，不能因为添加原料使香气偏离了既定香气风格。

（4）巧用香料下脚料　一些不与人体直接接触的日用品使用的香精（如熏香香精、蜡烛香精、空气清新剂香精及低档工业用香精等）可以加入适量香料下脚料，这种方法与加入天然香料是一样的。这些下脚料成分都非常复杂，加进香精以后确实让人很难仿配，但要注意库存量，不要出现销路打开后要用的下脚料产出不稳定的局面。最好是把各种下脚料混合成为大批量库存，留待日后使用。

二、创香

对调香师来说，仿香是为了更好地创香。通过大量的仿香工作，掌握当今世界香型的流行趋势，调香师就能够进行创造性的工作了。其实每一个调香师在仿香的同时也是在进行创香的，当嗅闻到一个与众不同的新的香味时，当剖析一个香精的过程中发现使用了新的香料或者自己原先在配制某种香型时没有用到的香料时，当仿配到某一个程度闻到一股全新的香气时，当看出被仿的香精存在的某种缺点时，调香师会有强烈的创香欲望，甚至把仿香工作暂时丢在一旁，先来一段创香活动。经常与日用品制造者接触、交流、讨论，调香师可以为每一种新产品设计一种或几种最合适的香气，使这个新产品由于带着恰当的香气而身价倍增。

日用香精的创香，简单地说就是要应用科学与艺术的方法，在对各类香原料有辨香的能力和仿香的实践基础上，设计创拟有新颖的香气或香味（或香型）的香精，来满足某一特定产品的加香需要。创拟出来的香精要能受到消费者欢迎并达到经济、合理，与加香产品的特点相适应的要求。

食用香精的创香和日用香精的创香有所不同。由于人们无法接受从来没有品尝过的香味，因此也就无法接受一个和天然或加工食品香味完全不同的香精。食用香精的仿香，指的是再现自然界存在，但香精市场上尚未普及的香味，以丰富加工食品的风味种类；另一种是将现有的香味进行合理组合，创造一个自然界不存在，但受人欢迎的香精，例如“冰糖雪梨”香型食用香精。

创香不是异想天开，更不是随心所欲。创香要求调香师的综合技能要炉火纯青，各种手段和技术能融会贯通。一个能够创香的调香师，一定要先熟悉各种香原料，精通各种香精的香韵板块结构，拥有丰富的调香实战经验，积累足够多的基础配方。只有这样，他才能够在原有的基础上提高改进，创造出愉悦的香味。

创新切忌好高骛远。成功的创香是不容易的，企业要有领先潮流的意识和开拓市场的能力，要了解广大消费者的爱好，必要时要做市场调研，邀请消费者进入感官品评实验室做喜好性评价实验。调香师过硬的自身素质是调配出质量过硬产品的关键。

1. 日用香精的创香

既然是“创”，当然得先有一个构思，即配出的香精用于何处（涉及所用香料的档次和规格）。例如仿配一个香水香精时会想到这个香型其实用于香皂也很适合。如果要“创”的香料准备用于香皂，这些天然香料就应尽量少用或不用，且应考虑是用合成香料代替（用哪些），还是用原来配好的香基代替。因此，创香的前提是要掌握香精的应用领域和香料的应用范围，有时要结合客户的要求（特别是产品的市场定位和成本因素），香料的安全性也要熟悉，然后才能选用合适的品种来调配各种香精。在调配时要参考、分析资料，运用香精的香气特点，安排好香韵的结构格局（也就是香韵的组成，各个香韵中原料的组成，每种原料对应四大功能剂型的哪一种、在香精中担任怎样的角色），生动地表现出香气的艺术感染力。这需要多次的重复、修改，不断地积累经验，才能成功。最后还需考虑这种香精在加香产品中的应用，特别是香精在产品中的稳定性需要重点考查。此外，香精在产品中的推荐用量范围也是调香师需要向客户交代的事。调香师在开发创拟一款全新的香精时，需要考虑的因素如图 1.1 所示。

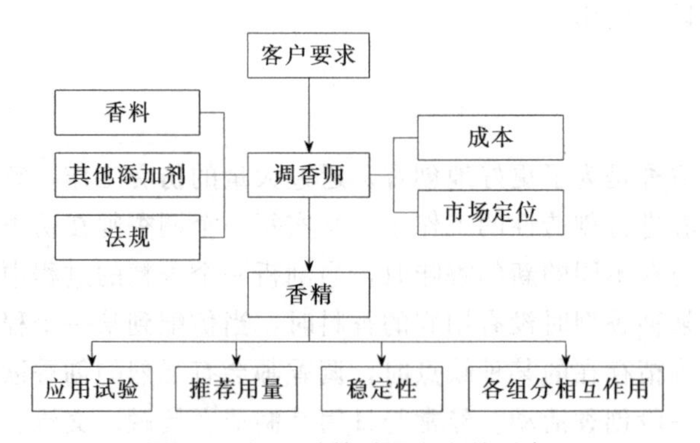

图 1.1　调配香精时要考虑的因素

由于创香是一种自由度较高的调香活动，香型的确定、香韵的组合、香原料的搭配方式都会决定香气的不同风格，因此创香的方法和过程较为多样。只要调香师以图 1.1 所示开发一款全新香精需要注意的因素为前提，并对香气轮廓有一个整体的构思，便可按照自己熟悉的方法开展创香活动。笔者仅以读者熟悉的香奈儿 5 号为例说明创香的过程。

在香奈儿 5 号之前，香水几乎是花香的天下，调香师们把当时所有能够得到的香料翻来覆去、反反复复地调配，最后还是花香！虽然有一些非花香，如木香、豆香、膏香、动物香、草香等的香料也已调出一些其他用途的香精，但不是花香的香水几乎没有成功的案例。

醛香香料也早已有之，只是这些结构简单的高碳醛香气都不适合大量地用于香水香精，在香精里只能极少量使用，稍微多用一点点，香气就会不圆和。调香师想到了醛香，希望调出一种自始至终都是醛香而又要让人们闻起来愉悦的香精，这样醛香香料就要超量使用（老调香师们根据自己长期调香的经验，告诉后来者每一种香料在常用的香精里面的用量范围或最高限量，用过头就是超量使用）。调香师找到了一种可以多用一些醛香香料的方法，就是几种醛香香料一起使用，并试出了这几种醛香香料的最佳比例，之后又逐一地试验每一种醛香香料与哪一些香料或香基配伍可以让醛香不太暴露，这些工作都完成以后，调香师已经有把握配制这种新型的香水香精了。

现在，国外的调香师也会在创香前结合分析仪器剖析其他香精寻找潮流趋势与灵感，但他们在剖析时更多是依靠自己的基础技能。从决定基本格调，选择原料，参考阈值，调节用量，到最后定稿调配，他们都能及时修改调整，事必躬亲，力求完美。

如今，仪器分析和先进的科技理念对创香的帮助不能忽视。我国在20世纪的香水作品，有扎实的香原料功底，但是由于历史的局限性，无法融入当时的国际先进潮流。例如，我国的兰花香水与同时代的香奈儿5号、Dior、梦巴黎有较明显的差距，特别是留香阶段，缺乏青春少女气息的底蕴。因此，重视对调香师技能的训练，将传统技艺与国外先进模式相结合，传承老一辈调香师的精神，学习当今世界最新的调香理念和技术，吸引国外先进的技术资源以及借鉴优秀调香师的创作灵感和构思模式，才能使得我国的香精行业有长足的进步。

2. 食用香精的创香

食用香精的“创”指的是拓宽现有香精市场的香味种类，将更多自然界人们喜爱的香味进行组合，引入香精领域，使加工食品可以有更多的香味选择。因此，食用香精的创香需要和仿香的思路有机结合，调香师还需要有剖析香精的能力，才能再现或组合出令人愉悦的香味。

重视对天然物质如水果精油等香成分研究，重视天然含香物的关键香成分，对食用香精创新具有启示和指导作用。例如香菇香精原本并未进入食用香精市场，但若客户提出设想，要创拟一个香味和香菇相似的香精，调香师首先要做的是提取香菇的天然香成分。而干香菇和浸泡的香菇香气不一样。人们通常食用的香菇都经过了浸泡，因此，提取浸泡香菇的香味成分，对创拟香菇香精的意义更大。接着，调香师根据分析结果，利用剖析技术，构思香菇香精的初稿配方。配出的香精交应用工程师试用，并由客户参与试样的感官评价。调香师根据反馈再次调整配方，并再次做应用试验，如此不断地修改、评价并改进效果，直至客户满意。

三、日用香精仿香与创香的区别与联系

仿香的操作：在写配方计划时各种香料的排列次序是同色谱图表一致的，即按沸点、分子量或极性从小到大或从大到小排列，以便与被仿样对照、修改配方。

创香的操作：先写下主香材料名称，并试配，直到主体香气出现，再写下辅香材料名称，然后一个个试加入修饰。在创香的整个过程中，闻到前所未有的香气时又会有创作另一个香型的欲望。仿香既是学习调香的基础课，又是调香人员一辈子的补习课，在仿香时一有想法就进行创香是对的，但真能创出一个好作品则要下功夫。

仿香有一个原则，即每一种香料加入之前都要想一想，加进去会不会“走调”？加多少才不会“走调”？创香鼓励打破常规，鼓励“破坏性”的实验。当调到一定的程度，香气虽然不错但一直没有新意时，加入香气强烈、有些奇怪的香料或香基让香精变调，再往里面加修饰剂调圆和。这时可以好好地回忆一下：原来仿香时用到这个香料或者香基时又用了哪一种香料修饰调圆和？用量是多少？例如在仿香时经常看到只要用到女贞醛几乎必用柑青醛，而且后者用量往往是前者用量的数倍，这样当调一个香精想让它有点青气而加入女贞醛时，就知道再加入数倍女贞醛量的柑青醛比较容易调得圆和。

前面已经讲到创香鼓励打破常规，鼓励“破坏性”的实验，这是创香工作一个很重要的思想，但仅仅这样是不够的，除了勇气还得靠实力。超大型香料公司在实力方面占有优势，但事实上，超大型香料公司也有缺点。由于自己公司生产不少香料，公司里的调香师有义务多使用自己公司生产的香料，对这些香料了如指掌，而对别的公司生产的香料特别是香气类似的香料不熟悉，久而久之，每个公司调出的香精都有自己的“公司味”。小型香精厂在这方面反而更加灵活。

香水香精的创香比较自由，其他日用品香精的调配往往要受到许多限制，如配制成本、色泽、溶解性、留香时间、公众喜爱程度（公共场合使用的物品香气不能太“标新立异”）等，还有像肥皂香精要求耐碱，漂白剂香精要耐氧化，橡胶和塑料用的香精要耐热，熏香香精要在熏燃时散发令人愉悦的香气等。日用香精的创香要先了解这些限制，对每一个准备加入的香料都要想一想是否符合要求，以免辛苦调出来的香精被评价部门在加香试验前淘汰。干花、人造花的香精通常就采用该花（草、果）的天然香味，但有些花（草、果）本来没有香气或者香气非常淡弱，此时调香师可以给它想象一个香味，比如牡丹花给予类似铃兰花的香味，扶桑花给予类似紫丁香花的香味，杜鹃花给予类似金合欢的香味等。有些花（草、果）是几个品种放在一起的，此时可以调配白花香精（假如都是白花的话）、三花香精，创作新香气的空间还是很大的。

化妆品、香皂、蜡烛的香精一般对色泽有要求，希望加香精以后产品不变色，这就限制了不少香料在配制这些香料时的应用。100年前这是一个大问题，因为当时调香师手头上可用的香料品种很少，而且主要是容易变色的天然香料。现在就容易多了，合成香料种类繁多，除去有颜色、易变色的香料，可供选择的还有很多。

牙膏、漱口水香精是被调香师认为最难有新创意的，因为牙膏、漱口水香精一定要清凉、爽口，主要是薄荷、水果香味或药草味之类，难得有其他的气味。最近，有人大胆推出“茉莉香”和“茶香”牙膏香精，取得成功，这不但说明花香完全可以用在牙膏香精里，也说明对于日用品，随着人们生活质量的提高、生活习惯的改变，携带的香气也是可以改变的，调香师对日用品香精的创香活动永远不会停止。

四、食用香精的仿香与创香的联系

对于食用香精，仿香和创香是辩证的关系。不能单纯地为创造而创造，为创造而创新，也不存在单纯的仿制，更不存在单纯的创新。往往仿香中包含创香，创香中包含仿香，两者在调香师的工作中是有机结合的。要想让自己的品牌在业内立足，即使是仿香，也要加入自己的东西，这样内容元素才有生命力。但也不能突发异想，求新求快，这样做往往只能以失败告终。比原设计有了质的进步，这就是最好的创新。

专题一 香精的剖析

香精剖析已成为香精行业日益热门的话题，它是仿香必不可少的手段，也是创香的基础。许多年轻的调香师都想在此领域有一番作为，拿出杰出产品，但往往缺乏正确的指导方向和技术上的启示。掌握香精剖析的理念和方法，能加快调香的效率。调香师可以通过剖析获得香精的基本构造，然后根据本人经验弥补香精的不足，从各种有关香精的分析数据中看出问题，并科学组建配方，修饰完善。香精剖析技术是现代科学技术与传统调香艺术的有机结合，调香师应充分使剖析与调香相互渗透，有效提升两者的发展空间，创造出更加完美的香精。

剖析和分析是有区别的。分析讲究实事求是，客观反映。香精的分析指的是利用现代仪器分析（以 GC-MS 为主的分析手段）分析香精、加香产品或天然含香物质中的挥发性成分。香精的分析结果通常是依据色谱谱图分析得到的各种化合物的定性定量结果，其结果的准确性依赖于分析人员的经验和仪器的精密度。

而香精的剖析，需要在分析结果的基础上要求调香师具有抽象思维、逻辑推理、去伪存真和恢复原样的能力。具体而言，就是要结合化学分析仪器和化学分析人员的力量（但不能简单依赖仪器和电脑），利用自己对香精香料气味、物化性质（尤其是阈值）的积累，并适当借助感官品评、GC-O 和电子鼻等技术，综合研判如何重现某个含香产品（香精、加香物或天然物等）的香气或香味。香精剖析的许多信息并非全部来自仪器分析，有些来自剖析者的个人经验和知识积累，根据分析的结果推导出一系列隐藏在香精内的成分。因此，做剖析时，调香师必须充分发挥主观能动性，学会与分析人员交流沟通，把分析配方利用剖析转换成有实用价值的配方。

仿香必须抓住被仿物质的特性，重视成分分析，但重视不等于依赖。常在业内见到一种观点，即认为只要 GC-MS 的谱图库建得够大够全、分析结果的成分测得越多（例如某公司测出花生香精 500 多种挥发性组分）、数据越精确（小数点后三四位），分析结果就越准确，按照分析结果配制的香精与标样的相似度一定很高，因此只要有了谱图库就能做好香精的剖析。这种认识是不正确的。多而复杂的分析结果，不一定意味着调香师能根据该结果调配出相似度很高的香精，重点在于将这份复杂的分析结果进行剖析。常遇到有些调香师拿到谱图分析得到的配方，由于发现公司里缺少分析结果中的某些原料而束手无策。重分析、轻剖析，导致有些新生代调香师的调香能力越来越差，对原料香气缺乏记忆，他们通常先照着分析结果配料，若缺料找香原料供应部门，买不到就放弃该产品，没有做剖析的工作。国外分析师有一句行话：如果仿香都由分析师解决了，为何还需要调香师做剖析呢？因此，调香师要改变过分依赖仪器设备、轻视感官鉴别能力培训的习惯。国外技术比较强，目前来讲，并不是因为仪器装备比国内强，而是他们的训练素养和个人能力有系统的训练体系。当前调香师存在的问题，一方面在于鼻子的品鉴能力日益衰退，另一方面是过分强调仪器灵敏度和分辨率，要求达到十万分之一，这其实是个误区，目前仪器根本达不到这一程度。

笔者曾遇过一些调香师，由于不会剖析而无法胜任仿香工作。例如一调香师某次要模仿一个牛奶香精，分析结果中有一主要成分是苯乙醇，含量高达 23%，这是由于选择匹配时错选了（通常对于某个待确定的化合物，谱图库会给 20 个左右的成分供分析师选择）。但该调香师对香气没有感性认识，只相信仪器，不相信感觉，结果仿香过程困难重重。所以剖析和调香要有机统一。一个好的剖析师，不仅要会剖析，还要懂调香，会调香。同样，调香师也要懂剖析，会剖析。

此类缺乏剖析，导致无能力仿制出香精的例子在香精实验室时有发生。调香师由于不重视对香原料的感官记忆，嗅觉和味觉没有得到系统训练，鉴别能力下降。现在有一种倾向，有时连被仿制的香精名字都不给，认为仪器分析可以解决一切问题，其实这是错误的。在仪器技术发达的今天，仍然需要调香师丰富的嗅觉和味觉经验积累为香精剖析服务，剖析香精时相当多的信息都是靠眼、鼻、口的感觉获得的。人的鼻子是最好的检测仪，目前还没有任何仪器的灵敏度超过人的鼻子：人的嗅觉对气味物质感觉阈值都在 10^{-9} 以下，而仪器对气味物质感觉阈值最低检测浓度在 $10^{-9}\sim10^{-6}$。从理论上讲，只要我们经过系统的评香训练，把香这种混合物有效分离，就完全可以通过鼻子剖析香精，对于调香师来说，这完全可以做到。

剖析可以告诉调香师，在香精色谱分析结果中，哪些成分及其定量结果可以直接用于调香；哪些成分来自天然提取物；来自提取物的这些分散的组分，重组成提取物后又会是哪几种精油或浸膏等；它们的含量又如何；哪些组分无法买到市售品，需要寻找替代物；哪些成分是无效信息，对香气或香味没有贡献，可以去掉等。又如有些香精，浓度很低，通常用色谱分析，只能得到4～5种成分，这四五种成分根本无法重现完整的香精香气，但调香师可以利用剖析，将微量成分依靠鼻子闻出来。因此，剖析香精，是一种由来源判断香精用料、眼观、鼻闻或嘴尝以及仪器分析的综合评价（图1.2），五大步骤，缺一不可。所以，仿制一个香精，不仅仅是成分的复制，而是全方位的，从感官到成分的复制。它并不要求包罗万象，要有取有舍，舍去杂质，分析结果中没有显示出来但对香气或香味有贡献的因素要补充。

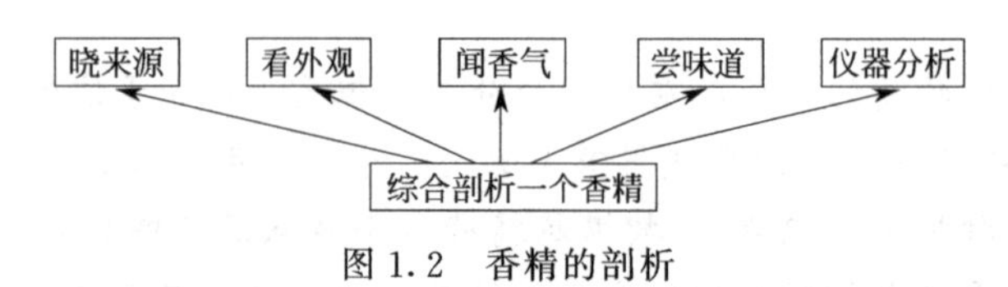

图1.2　香精的剖析

例如，当调香师模仿一支受欢迎的香精时，对一支香精剖析后的结果（通常以香精配方的形式呈现）不一定与原配方一模一样，但香气或香味和标样是相符的、一致的。同一张配方选用不同公司的原料（例如悟通、吉田和英国牛津的杂环化合物，香气相差甚远）也会不一样，所以只有通过适当调整才能达到效果一致。

因此，香精剖析对调香师香料香精知识和有机化学分析的要求都很高。要准确剖析香精，需要调香师对香精特性、构成原料来源、香气特征均有所了解，特别是要对天然香料的分析结果有深刻的认知，这样才能将分析结果中离散的来自精油、浸膏等天然物的组分识别出来，如解码般重新组合。

我国早期由于缺乏现代仪器分析技术，香精的剖析模式主要是靠鼻子，依靠扎实的基本功。中国早期剖析香精的翘楚有调香师叶心农、戴致莹、吴关良、江清华等人。当年戴致莹靠鼻子闻天然兰花，便创造出当时闻名的兰花香水；而吴关良，从姜油中闻出乙基麦芽酚的香气，大大改善了生姜香精的香气表现。

国外早期的剖析方法和中国类似，都是主要依靠人的嗅觉。但即使在现在，嗅闻仍然是香精剖析的重要手段，例如热带水果中的硫代薄荷酮、香水中的金雀花净油等很多浓度低于仪器检出限的原料都只能通过闻才能分辨。

剖析香精时，调香师通过闻香（或尝味）在头脑中有一个大致的轮廓：基本是哪些原料构成了香气或香味，它们的香气特征是什么，在分析结果中将符合感官印象的组分留下，不符合的舍去，缺失的组分要补上；选定原料时，要从调香角度考虑，即从香气质量方面考虑，选用合适的香料和适当的量，例如不能完全按照分析结果将香精中某种精油的每一个成分逐一加入香精中，而要利用经验把它们组合成一种精油，以精油的形式加入配方。例如，某公司的水果香精中有5份甜橙油，但若不经过剖析，分析结果只会将精油的组分拆解成α-蒎烯、β-蒎烯、D-柠烯和月桂烯等组分，和其他香精的组分混在一起。调香师若完全按照分析结果进行仿配，香精的相似度会和标样相差很多（因为天然精油成分更加复杂，很多微量组分无法在分析报告中体现）。

随着科技的进步，调香师可以借助GC-MS的谱图结果和品评感受进行综合剖析，也可以用GC-O，由色谱柱将香精的组分分离成一个个单体，调香师则在出口处闻，并记录每一个组分的香气特点，这样多次反复嗅闻，可以更加确定香精或含香物的香气轮廓和挥发组分，提高剖析的准确程度。

虽然有仪器的协助，剖析的角度和手段变得多样化，效率也得到提升，但调香师对各类香原料印象的积累仍然很重要。笔者在某香精公司与一著名调香师交流某支香精的剖析过程时，发现该调香师只要闻一下香精，就能说出哪种原料多配了，或还缺少什么原料，经过他的指点，按修改后的配方配出来的香精相似度明显有了很大的提升，这种嗅闻的技能、对香料的熟悉，加上日常调配香精的丰富经验，能够弥补仪器分析结果中缺失的信息，是香精剖析所需的重要能力。因此，香精的剖析不能过分依赖仪器分析。感官的鉴别与训练对香精的剖析至关重要。

将剖析融入调香过程，边调香边剖析，是一种好习惯。例如，当仿配一支香精时，要先搞清楚香精的应用范围、名字等信息，因为对于香精中某一香原料，不同的香精会选择档次、香型或性质不同的原料，如香水香精和洗涤类香精在选择原料时就有很大差别，洗涤类香精价格低，只能选用低成本原料。调香师在知道了这个信息的前提下，先感受标样香精的整体轮廓。接着，分析师给出香精或含香物关于挥发性组分的分析结果，调香师可以先照其配制，然后与标样比较，看香气有何差异。若某些原料窜出突出，就减少用量；若某原料香气过弱，则增加用量。若原料需要调整，某些组分需要重组成天然原料，某些缺失的组分需要添加，某些组分属于无效信息需要删去……如此一点点地调整配方，感受调整后的香气与剖析思路的吻合度，再配制，直至与目标样品相似。如凭调香师自身力量无法达到要求，则可按照原配方，将配制的小样交剖析师，再进行分析，对照原样进行调整，前提是一定要照原配方配制，否则难以确定问题出在哪里。

食用香精的剖析比日用香精难度更大，因为食用香精的剂型更加丰富，原来的来源也更加多样（调配、酶解、发酵、热反应等），因此食用香精中大量的溶剂、咸味香精的油脂、粉末、乳化香精中的各种辅料、含大量提取物的香精、呈味物糖苷、其他不挥发物（盐、味精、肌酐酸、炼乳等）、美拉德反应物、酶解产物、发酵产物（如牛奶发酵产物），都会使得香精的分析结果复杂多样，难以解析。这就更需要调香师积累调配香精的经验，这样在剖析时遇到各种问题时才能科学判断，对症下药。

总之，香精剖析七分靠分析，三分凭感觉。分析是基础，感觉是精髓。分析能够解决仿香百分之八十的问题，剩余百分之二十需要倚靠剖析的经验完成。就如一个苹果，我们通过看形状、闻香气、尝味道，即通过看、闻、尝才能得出是苹果的结论。同样地，一个含香样品分析之前，通过眼、鼻、口进行鉴别，定基调，分析成分与感觉相符，最后利用感官印象对仪器分析结果进行修饰和调整，添加和补充许多分析内容没有但对仿配香精重要的组分信息。调香师要学会在剖析的过程中，对配方进行调整和修饰，例如可以用单一原料也可以用板块和香基的形式代替配方中价值昂贵的原料，或用自配的香基替代进口原料。

第四节 调香的操作步骤和注意点

一、调香的操作步骤

无论是仿香还是调香，从操作层面看，都需要根据自己的经验或是对期望香气或香味轮廓的构思，通过剖析或借鉴文献资料确定第一稿配方选用的原料和用量，并进行调配，评价香精并不断地修改配方直到满意为止。具体而言，这一过程可以被划分为三步，所谓三步法，即明体例、定品质，拟配方，现分述如下。

1. 明体例

简单地说，就是要求运用论香气的知识和辨认香气的能力，结合香精剖析技巧，明确要设计的香精应该用哪些香韵去组成哪种香型，这是拟定香精配方的基本要求，是第一步，也是调香最重要的一步，不论是设计模仿香精还是创造想象型的香气，首先要明确地决定香型，这是调香的目标。

所谓论香气，就是运用有关香料、香气（香韵）、香型分类，天然单离与合成香料的理化性质、香气特征与应用范围（包括持久性、稳定性、安全性、适用范围）等方面的理性知识，以及从嗅辨实践所积累的感性知识和经验出发，明确要仿制（仿香）或创拟（创香）的香精中所含有或需要的香韵并弄清它应归属的香型类别。

例如，仿香时，如果仿制某种天然香料（精油、净油等），首先要弄清它归属的香气类别，尽可能地查阅有关成分分析的资料，再用嗅辨的方法或用嗅辨与仪器分析相结合的方法，了解其主要香气成分及一般香气成分，做到心中有数。如果是仿制某一个香精或加香产品的香气，首先用嗅辨的方法，大体上弄清其香气特征、香型类别以及在挥发或使用过程中的香气演变情况，判定由哪些香韵组成以及每种香韵主要来自哪些香料（也就是剖析）。如有条件，最好与仪器分析法相结合来判定其中主要含有哪些香料及其大致的配比情况。若是创香，则首先要根据香精的使用要求，构思拟出香精香型的主要香气轮廓和其中各香韵拟占的比例，即香型格局，再按此格局，考虑其中各香韵的组成及主次关系。

以上就是香精处方的第一步——明体例。在这一步中，调香工作者的审美观点与想象力都是很重要的。

2. 定品质

在明体例之后，第二步是定品质，即在明确了香精香型及其香韵组成的前提下，按照香精的应用要求及其质量等级，选定香精中符合香型要求的香料品种。对香料的选用，应该从香型、香气等级、扩散力、持久性、稳定性、安全性与介质适应性等角度加以综合考虑。

香料品种及其质量等级的选择，一是要根据香精中各香韵的要求，二是要根据香精应用的要求（即要适应加香介质的特性和使用特点的要求），三是要根据香精的档次（即价格成本的要求）。换言之，就是根据香料品种的选用，来确定要仿制或创拟的香精的品质。另外，调香师在选用香原料时，还要随时考虑各种香料的挥发性（扩散性）、持久程度（留香效果）、香型的创造性、香精的稳定性、溶解度、变色着色等问题，同时还要特别重视香料对于人体的安全性。

例如，所创拟的香型已明确为以青滋香为主的花香-青滋香-动物香，香精是在高档香水中应用，每千克原料价格在300元左右。花香是以鲜韵、鲜幽韵与甜鲜韵为主的复体花香；青滋香是以叶青为主、苔青为辅的青滋韵；动物香是龙涎香与麝香并列，以琥珀香为辅的香韵。以青滋香为主的花香-青滋香-动物香型，从体香中这三类香韵的质量比上来说，青滋香应稍大一些。在具体香料品种的选用时，如对于青滋香（叶青及苔青）可从紫罗兰叶净油、除萜苦橙叶油、橡苔净油、叶醇、庚炔羧酸甲酯、水杨酸叶醇酯、二氯茉莉酮酸甲酯等中选用；对于花香可从小花茉莉净油、依兰依兰油、树兰花油（以上代表鲜韵），铃兰净油、紫丁香净油（以上代表鲜幽韵），以及乙酸苏合香酯、丙酸苏合香酯（用以比拟栀子花的甜鲜香韵），鸢尾酮、甲基紫罗兰酮、玫瑰醇（用来补充甜韵）等中选用；对于动物香，可从环十五内酯、环十五酮、龙涎酮、佳乐麝香、麝香105（以上代表动物香），甲基柏木醇、岩蔷薇净油、除萜香紫苏油（以上代表琥珀香）等中选用。在天然香料中多采用净油与除萜精油，是为了提高香精在乙醇溶液中的溶解能力，防止香水发生浑浊，减少过滤操作中的损耗。此外，木香、辛香、果香等有时也可酌量使用，作为修饰之用。

明确香精的香型和香韵结构以及合理选用香料，确定香精品质档次的基础，在于熟练掌握香料在香气和香味上的功效作用和香气特征。如何掌握这些技能的具体内容将在第二章展开。

3. 拟配方

调香工作的第三步是拟配方，就是通过调配香精（包括香精加入产品中的应用效果试验）来确定香精中应采用哪些香料品种（包括其来源、质量规格或特殊的制法要点、单价）和它们的用量是否符合期望。有时还要确定香精的调配工艺与使用条件的要求等。拟配方一般要分两个阶段来进行。第一个阶段：主要是用嗅感评辨的方法进行小样的试配，然后对小样进行配方调整，再嗅辨再调整配方，直到初步确定香精整体配方。确定初步配方的依据是：从香型、香气上，香精中各香韵组成之间，香精的头香、体香与基香之间达到互相协调及持久性与稳定性都达到预定的要求。香型、香气强弱、扩散程度和留香能力也达到预期目标。第二个阶段是将第一阶段初步认为满意的香精试样进行应用试验，即将香精加入需要加香的产品中，并对产品进行感官品评，然后再对香精配方做进一步修改，即以整体香气的扩散、和谐程度、连贯性、留香程度、创造性和香气平衡等因素为评价对象，逐步调整并修改配方，直至达到预定的要求。定稿后确定香精的配方、调配方法、在介质中的用量和加香条件以及有关注意事项。

为了取得这些具体数据需要进行的试验与观察的内容，主要包括以下六个方面。

① 确定香精调配方法，如配方中各个香料在调配时，加入的先后次序，香料的预处理要求，对固态和极黏稠的香料的熔化或溶解条件要求等。

② 确定香精加入介质中的方法及条件要求。

③ 观察与评估香精在加入介质之后所反映出的香型、香气质量，与该香精单独显示的香型、香气质量是否基本相同，以及与介质的配伍适应性。

④ 观察与评估香精加入介质后，在一定时间和条件下（如温度、光照、储放架试等），其香型、香气质量（持久性与稳定性）是否符合预期的要求。

⑤ 观察与评估香精加入介质后的使用效果是否符合要求。

⑥ 确定该香精在该介质中的最适当用量，其中包括从香气、安全及经济上的综合性衡量。

二、调香的注意点

在调配香精时，要注意以下各点。

① 要有一定格式的配方单，配方单要注明下述内容：香精名称或代号；委托试配的单位及其提出的要求（香型、用途、色泽、档次或单价等）；拟定配方及试配的日期及试配次数的编号；所用香料及辅料等的品名、规格、来源、用量；拟定配方者与配样者签名；各次试配小样的评估意见

② 初学调香者，建议在拟香精配方时，在每个所用原料后面，简要阐述各个原料的特征香气，这样可以使调香者，既熟悉每个香原料的香气特征，又清楚所选用香原料的目的，更重要的是促使新调香者去闻、去熟悉每个原料的香气，做到心中有数，今后需要选用某个香气原料的时候，大脑能尽快反映出来。

经过一段时间的训练，初学调香者对香精的结构、原料的香气分类、选择香料的依据方面，会有长足长进。注意切勿生搬硬套书刊上的香原料描述。书刊上的香气描述一般是面面俱到的，有时会让经验尚浅的初学者摸不着头脑，抓不住重点。因此对于书本上的香气描述，初学者要对应自己的香气体验去记忆，对书本上说的未有同感和共鸣时，可先将其搁置，切记死记硬背所有的香气描述。

③ 对香气十分强烈、阈值较低而配比用量又较小的香料，宜先用适当的无臭有机溶剂，如邻苯二甲酸二乙酯（DEP）、丙二醇（PG）等，或香气极弱的试剂，如苯甲醇、苯甲酸苄酯等，稀释至10%、5%、1%或0.1%等的溶液来使用。

④ 由于人类对食品香味的感觉比对香气更敏感，因此食用香精的调配必须考虑香味与味觉的和谐统一，香料不可以用苦味太重的原料。

⑤ 配方中各香料（包括辅料）的配比，一般宜用质量分数（%或‰）表示。

⑥ 为了便于计算及节约用料，每次香精的小样试配量一般为10g或5g。

⑦ 对在室温下极黏稠而不易直接倾倒的香料，可用温水浴（40℃左右）熔化后称用；对粉末状或微细结晶状的香料，则可直接称量，并可搅拌使其溶解，也可在温水浴上搅拌使之迅速溶解，要尽量缩短受热时间。或者先将固体香料用溶剂配成溶液，再加入香精中。

⑧ 在称样前，对所用的香料，都要与配方单上注明的逐一核对和鉴辨，以免出错。

⑨ 称样用的容器与工具均应洁净、干燥，不沾染任何杂气。

⑩ 对初学香精配方的调香工作者来说，在配小样时，最好每称入一种香料混匀后，即在容器口嗅认一下其香气，感受香气是如何一点点变化的，这样做有助于在感官评价时把握香气与各种香料之间的关联性，也可避免张冠李戴般的错配。

⑪ 对每次试配的小样，都要注明对其香气评估意见和发现的问题。

⑫ 对小样配方，都要粗算其原料成本，以便控制成本。

⑬ 香精有时会因香原料或溶剂而引入不良气味。掩盖香精中不理想杂气的方法是加强或突出所需的理想香气，弱化、掩盖一些不需的杂气。可以添加一些修饰成分减弱、淡化溶剂的不良气味，也可采用物理方法处理。比如水洗、分馏、重结晶等，以除去影响较大的杂质成分，特别是对香气影响较大的成分。

三、调香工作的环境要求

调香师必须具有良好的工作条件和环境。调香室必须宽敞、明亮、安静、舒适、通风良好。调香室周围不应有噪声、异味等外来的干扰。计算机、电子天平、冰箱、非明火加热设备等都是必备的设备，有条件的单位应该及时引进各种新设备。

事实上，要从众多原料里搭配并得出一种和谐的香气或香味并非易事。比如调配苹果味道的原料有数百种，但其中可能只有一两种有这样的味道，因此，必须了解原料的最适宜比例，清楚每一种单体原料在香精配方中所起的作用，增加或减少相应原料以修正偏差，才能成功调出所需要的香气或香味。就算经历这样一个培养过程，也只能称为香精调配工，而不能称为调香师。调香师必须能够独立自主地设计香精配方，并合理规划并调整各香原料的相对比例以达到期望要求。关于如何借助仪器和文献资料定性定量地设计香精配方，调香师必须掌握五项基本技能，即熟悉香精各部分香原料的组成和功效，熟悉常见香精和香型的特征性原料，熟悉常见香原料的香气和理化特性，熟悉常见食品香原料的阈值，掌握香精应用技术的基本知识。只有具体掌握了这些技能，调香师才能按本节中介绍的调香步骤开展仿香和创香工作。关于如何科学掌握这些技能，请读者阅读第二章。

第二章

调香需具备的基础技能

进入香精香料行业，从业者听到最多的一句话是“你会调香吗”？大多数人的回答很干脆，要么会，要么不会。但不妨问问会的人，香精应该怎么调？也许会使他犯难。因为基础理念很难完成他理想中的调香梦。个中原因，主要在于当前调香师完成的一支香精的研发很大程度上依赖于仪器分析和对于原有类似配方的模仿和修改。初学者理论知识不扎实，实际动手能力又不强，缺乏应变能力，对仪器分析依赖日益加深，没有色谱分析则寸步难行。如果脱离了GC-MS，大多数调香师便很难调配出一支像样的香精。

留给笔者印象较深的案例是，曾经有一位学生，在进行毕业设计时老师安排他完成一支红豆香精，接到任务时他就感到无从下手，因为既无人提供红豆香精的剖析资料，也没有现成的类似配方参考。这个案例反映的问题是：为什么已近毕业的香精香料专业的学生却不会构思设计香精配方？这种情况并非罕有，实际上在工作中类似的情况比比皆是，一些工作多年的调香师，倘若要求他们自主设计一款香精配方，几乎是不可能实现的。产生上述情况的根源和行业现状有关。

目前香精香料技术书刊发行了不少，涉及许多新的领域和知识。但是这些内容几乎都是翻译过来的，并且没有系统性。具体地，即翻译者未必是本行业人士，他们并不一定理解这些知识的内在联系。举一个例子，在当前发行的大多香精香料技术书刊中有大量篇幅介绍香原料，描写理化特性、香气特征、安全管理、应用建议等内容，但却缺少一项十分重要的内容：阈值。

因此本章将重点介绍调香师能够独立自主调香必备的基础性概念和从业者必备技能，为初学者或刚毕业的学生理清思路，答疑解惑。

作为一个调香师，如果没有剖析的帮助，没有现成配方做参考，怎样才能完成一个香精配方的构思和设计呢？需要一些什么基本功呢？归纳起来，作为一个调香师，必须具备下列基础技能：

① 熟悉香精各部分的组成和功效；

② 熟悉常见香精和香型的特征性原料；

③ 熟悉常见香原料的香气和理化特性，也就是所谓的辨香；

④ 熟悉常见香原料的阈值；

⑤ 掌握香精应用技术的基本知识。

一个调香师在缺乏剖析支持和现成配方参考的情况下，要构思出一款新的食品香精，除了需要掌握上述五大调香师必备素质外，还要会运用各种手段探索相关的信息作为参考。

比如要创造一款苹果香精，就必须寻找苹果的发香成分资料，看看在天然苹果中关键的致香成分是什么，从中可以得到一些启发，还有苹果中的挥发香成分与不挥发的生物碱、氨基酸生物酶和糖苷等之间的关系。据国外最新研究报道，这些不挥发成分虽然不会对香气作出贡献，但它们对香气的形成和产生有着密切的联系。植物果实生长过程中，由于光照吸收土壤中的水分和营养成分转化为糖分，但糖本身没有香味，只有在生物碱和生物酶的作用下才会分解生成酸、酮、醛、醇、烯烃、萜类化合物等。其中酸和醇类物质相互作用又会生成酯，酯是水果香味的来源。因此重视挥发香成分和不挥发性香成分的关系是十分重要的。

第一节　熟悉香精各部分的组成和功效

一、香精各部分的组成和功效

（一）按照挥发性分类

按照香精中各类成分的挥发性不同，将食用香精和日用香精中的香原料划分成三类，分别为：头香香料、体香香料和基香香料（底香香料）。

（1）头香香料　头香香料指的是一支香精留给品评人员嗅辨或品尝时的第一香气或（和）香味印象，这种第一感觉，主要是由香精中挥发性较强的香料产生的，这一部分的香料称为头香香料。

（2）体香香料　体香香料通常作为香精中的主体香气（香味）出现，体香香料一般在头香香料之后，被消费者或专业品评人员捕捉到，体香主要是由香精当中的中等挥发性香料产生。

（3）基香香料（底香香料）　基香香料（也叫底香香料）是继头香和体香之后，最后留给品评人员的香气和（或）香味印象，即随着时间的推移最后留下的香气（味），底香香料是由香精中挥发性较低的香料和某些定香剂产生的。

头香香料、体香香料和底香香料的分类方法对应了香精中的常说的头香、体香和底香。因此，这三类原料对于食用香精和日化香精的调配十分重要，尤其是在日化香精调配中，大部分的日化香精的香韵十分丰富：花香、果香、叶香、辛香、木香、豆香和动物香都会或多或少地组合在一支日化香精中，这么多的香韵要想组成一支和谐流畅、自然饱满且留香持久的日化香精，就要充分地考虑这三类物质的合理使用选取。从这个角度看，调香是以各单体香料或谐香（香基）的挥发性为基础，将头香、体香和底香各部分的香料组合起来，形成各种香气和谐一致的香精，这种香精自始至终都能散发出舒适优美的芳香。

（二）按照作用分类

1. 食用香精各部分的组成和功效

食用香精中各种呈香、呈味成分按它们在香精中的不同作用分为四类，即主香剂（main note）、协调剂（blender）、变调剂（modifier）、定香剂（fixative）。这四类物质可以是天然原料，即精油、浸膏、油树脂，或者是合成的单体原料，抑或是上述的几种混合物。

具体地，四类成分的功效和作用如下。

（1）主香剂　主香剂能使人很自然联想到目标香精的香味，它们构成香精的主体香味，决定香精的香型，是赋予特征香气的绝对必要成分，是目标香气的骨架结构，形成香料的主体和轮廓。调香师创拟香精配方时首先应根据要调配的香精的香型确定与其香型一致的特征性原料。特征性原料的确定是非常重要也是很困难的，需要不断积累并及时吸收新的研究成果。需要说明的是，一种香料可能是不止一种香精的特征性原料，例如印蒿油是覆盆子香精和草莓香精的特征性香料，γ-十一内酯是桃子、杏香精的特征性香料。

（2）协调剂　又称协调香料，其香型与特征性香料属于同一香型，它们并不一定使人联想到目标香精的香味，但用于香精配方时，它们能围绕中心的主体特征香气进行适当修饰，突出辅助和协调作用，能使香精的香味更加协调一致，令香味完美。比如在调配水果类香精（草莓、芒果、苹果、甜橙、葡萄、香蕉、菠萝等）时，在确定主香剂后，协调剂一般也选择果香型香料，作为衬托辅助。同时要配以该水果所含的某类物质，比如水果中通常含有酸，所以水果香精的协调剂才用酸。

常见的一些协调香料，如在调配橙子香精时常用乙醛作协调香料，用来增加天然感、果香和果汁味；在调配草莓、葡萄香精时常用丁酸乙酯作协调香料以增加天然感；在调配苹果香精时用草莓酸作协调香料以增加果香。

（3）变调剂　又称变调香料，其香型与特征性香料属于不同类型，它们着重对主体香气的修饰、美化，可以使香精具有不同的风格。

常用的变调香料，如在薄荷香精中常用香兰素作变调香料，在调配香草香精时常用己酸烯丙酯作变调香料，在调配草莓香精时常用茉莉油作变调香料，在调配菠萝香精时用乳香油、香兰素作变调香料。注意，变调剂的添加量不宜过大，以防喧宾夺主。

（4）定香剂　又称定香香料，可分为两类，一类是特征定香香料，另一类是物理定香香料。特征定香香料的沸点较高，在香精中浓度大，远高于它们的阈值，当香精稀释后它们还能保持其特征香味。

甜味香精常用的定香香料有：香兰素、乙基香兰素、麦芽酚、乙基麦芽酚、洋茉莉醛、酶解物（例如白脱酶介物）等。咸味香精较多选择肉味浸膏、美拉德反应物、肉味油（例如鸡油和牛油等）。

物理定香香料是一类沸点较高的物质，它们不一定有香味，在香精配方中的作用是降低蒸气压，提高沸点，从而增加香精的热稳定性。当香精用于加工温度超过100℃的热加工食品时一般要添加物理定香香料。物理定香香料一般是高沸点的溶剂，如植物油、硬脂酸丁酯等。

如果把调制香精比喻成缝制衣服，那么，主香剂相当于衣服的前后两大片（或三大片），光有两片只能是一个衣服的轮廓，还不能称之为一个完整的衣服；协调剂相当于在前后大片上装上袖子、衣领、口袋、这样衣服才基本成型；变调剂相当于把衣服染色、钉纽扣，如果是裙子，要缝上花边、绣上花、打褶，这样衣服才显得更完美；定香剂相当于在衣服的夹里中填充的棉花、羽绒、涤棉，这样衣服就可保暖，抵御寒冷。

通过这样比喻我们可以知道，主香剂仅仅是香精的基本轮廓，并不完整。协调剂是协助构筑被调香精整体形象（格局）的一类成分，按主次、轻重、缓急，把各类特征元素组合起来。因为一款香精不可能只有一类香元素，除了主香剂还要配以其他香型元素进行融合（组合香精各类香气特征的元素）。添加了协调剂后，才基本构筑了一个香精（香精才基本成型），但比较粗糙。比如菠萝香精，以果香为主，但还要辅以青香、甜香、酸香等元素进行融合才能产生理想水果效应。添加了变调剂（即修饰剂）后香精才比较完整、完美；添加了定香剂后，香精才能抵御高温的烘烤而不易流失。

要注意的是，同一种香料在同一种香精中可能有多种作用。如油酸乙酯在奶油香精中是协调香料和溶剂，苯甲醇在坚果香精中是协调香料和溶剂。

同一种香料在不同的香精中也可能有不同的作用。如，庚酸乙酯在葡萄酒香精中是特征性香料。在葡萄香精、朗姆酒香精、白兰地酒香精中是协调香料，在椰子香精中是变调香料。香兰素在香草香精中是特征性香料，在葡萄香精中是变调香料。γ-己内酯在椰子香精中是特征性香料，在薄荷、桃子香精中是协调香料。

2. 常用食用香精的各类功能香料

前面谈到了食用香精的主香剂，主香剂就是该房子的框架结构，支撑整座房屋的基础，有了它，再配以幕、墙、门、窗、内部装修、水电气安装，一幢房子才能成型。调香也是如此，根据香精类型，从特征性香料着手，选择主香剂，选取与本香精香型同一类型的香料作为协调剂，选取与本香精香型不同类型的香料作为修饰剂，选择留香效果好的香料或溶剂作为定香剂，各原料用量依据在香精中的主体和辅料作用而定，同时参照各香料的阈值适当定量。调香师在拟方时可以借鉴各类文献中对原料描述的功能，结合自己对原料的香气评价，从书刊资料和自己积累的经验着手，必要时闻一闻原料，这样才能选择合适功能的原料。表2.1和表2.2为常用食用香精的主香香料和一些常用香原料在食用香精中的作用及应用香精的类型，供大家参考。

表2.1　常用食用香精的主香香料

香精名称	主香香料	香精名称	主香香料
白兰地酒	庚酸乙酯	浓香型白酒	己酸乙酯
清香型白酒	乙酸乙酯、乳酸乙酯	百里香	百里香酚
爆玉米花	2-乙酰基吡啶、2-乙酰基吡嗪	菠萝	3-甲硫基丙酸甲酯、己酸烯丙酯
薄荷	薄荷脑	草莓	印蒿油、β-甲基-β-苯基缩水甘油酸乙酯（草莓酸）
橙子	α-甜橙醛	醋	乙酸乙酯、醋酸
大米	2-乙酰基吡咯啉	大蒜	二烯丙基二硫醚
丁香	丁香酚	番茄	顺-3-己烯醛、顺-4-庚烯醛、2-异丁基噻唑
覆盆子	覆盆子酮、印蒿油、β-紫罗兰酮、γ-紫罗兰酮	葛缕子	d-香芹酮
花生	2-甲基-5-甲氧基吡嗪、2,5-二甲基吡嗪	黄瓜	反-2-顺-6-壬二烯醛
茴香	茴香脑、甲基黑椒酚	基本肉香味	三甲基噻唑、2-甲基-3-呋喃硫醚、2,5-二甲基-3-呋喃硫醇、2-甲基-3-甲硫基呋喃、甲基(2-甲基-3-呋喃基)二硫
羊肉特征香味	4-甲基辛酸、4-乙基辛酸、4-甲基壬酸	酱油	酱油酮
焦糖	2,5-二甲基-4-羟基-3(2H)-呋喃酮、麦芽酚、乙基麦芽酚	咖啡	糠硫醇、硫代丙酸糠酯
烤香	2,5-二甲基吡嗪	留兰香	L-香芹酮
蘑菇	1-辛烯-3-醇、1-辛烯-3-酮	奶酪	2-庚酮
奶油	丁二酮	柠檬	柠檬醛
苹果	乙酸异戊酯、2-甲基丁酸乙酯、己醛、万寿菊油	葡萄	邻氨基苯甲酸甲酯
巧克力	5-甲基-2-苯基-2-己烯醛（可卡醛）、四甲基吡嗪、丁酸异戊酯、香兰素、乙基香兰素、2-甲氧基-5-甲基吡嗪	芹菜	3-丁基-4,5,6,7-四氢苯酞、3-亚丙基-2-苯并[c]呋喃酮
青香	顺-3-己烯醛	肉桂	肉桂醛
生梨	反-2-顺-4-癸二烯酸乙酯	桃子	γ-十一内酯(桃醛)、6-戊基-α-吡喃酮
甜瓜	2-甲基-3-(对异丙基苯)丙醛、顺-6-壬烯醛、羟基香茅醛二甲缩醛、2,6-二甲基-5-庚烯醛、2-苯丙醛、2-甲基-3-(4-异丙基苯)丙醛	土豆	3-甲硫基丙醛、甲基丙基硫醚、2-异丙基-3-甲氧基吡嗪

续表

香精名称	主香香料	香精名称	主香香料
香草	香兰素、乙基香兰素	香蕉	乙酸异戊酯
香柠檬	乙酸芳樟酯	杏仁	苯甲醛
杏	γ-十一内酯	烟熏	愈创木酚
芫荽(香菜)	芳樟醇	洋葱	二丙基二硫醚
椰子	γ-壬内酯	樱桃	苯甲醛、丁酸戊酯、乳酸乙酯、苄酯、茴香醛
圆柚	圆柚酮、1-对盂烯-8-硫醇	榛子	2-甲基-5-甲硫基吡嗪

表 2.2 常用香原料在食用香精中的作用和应用香精类型

名称	作用	应用香精类型	名称	作用	应用香精类型
10-十一烯醛	变调剂	蜂蜜香精	2,3-丁二酮	头香、体香	白脱香精
2,3-二甲基巴豆酸苄酯	变调剂	水果、调味品香精	2,3-二甲氧基苯	变调剂	烟草、蜂蜜香精
2-庚酮	头香、体香、变调剂	水果、浆果、白脱、奶酪香精	2-甲基-2-丁烯酸烯丙酯	变调剂	水果香精
2-甲基-3-呋喃硫醇	头香、体香	肉味香精	2-甲基十一醛	变调剂	蜂蜜、柑橘香精
2-壬炔酸乙酯	头香	浆果、水果、甜瓜香精	2-壬炔酸甲酯	头香、变调剂	杏、桃子、紫罗兰香精
2-十一醇	协调剂	柑橘香精	2-辛炔酸甲酯	协调剂、定香剂	水果、浆果香精
3,7-二甲基辛醛	头香、变调剂	柠檬、柑橘香精	3-苯基丙醛	体香、变调剂	杏、苦杏仁、樱桃香精
3-甲基-3-苯基环氧丙酸乙酯	头香、体香、变调剂	草莓、樱桃、覆盆子香精	3-甲基壬醛	头香	柑橘香精
3-甲基吲哚	变调剂	浆果、葡萄、奶酪香精	3-羟基-2-丁酮	头香、体香	奶制品香精
4-香芹盂烯醇	变调剂	柑橘、调味品香精	5-甲基糠醛	变调剂	苹果、蜂蜜、肉味香精
d,*l*-柠檬烯	体香	白柠檬、水果、调味品香精	*d*-香芹酮	体香	利口酒、调味品香精
d-樟脑	头香、体香	薄荷香精	*l*-香芹酮	体香	薄荷香精
N-甲基邻氨基苯甲酸甲酯	头香	柑橘、水果香精	α-葑醇	变调剂	浆果、白柠檬、调味品香精
α-蒎烯	头香	柠檬、肉豆蔻香精	α-水芹烯	头香、体香	柑橘、调味品香精
α-松油醇	体香、变调剂	桃子、柑橘、调味品、花香香精	α-檀香醇	头香、体香	药用香精
α-戊基桂醇	变调剂	巧克力、水果、蜂蜜香精	α-戊基桂醇乙酸酯	体香、变调剂	水果、坚果、蜂蜜香精
α-戊基桂醛	变调剂	水果、浆果、坚果香精	α-乙酸檀香酯	体香	杏、桃子、菠萝香精
α-鸢尾酮	变调剂	浆果香精、花香香精	α-紫罗兰酮	头香、变调剂	覆盆子、朗姆酒香精
β-萘甲醚	头香、体香	柑橘、甜橙香精	β-萘乙醚	头香、变调剂	柑橘香精
β-蒎烯	头香	木香香精	β-紫罗兰酮	变调剂	浆果香精
γ-癸内酯	体香	柑橘、甜橙、椰子、水果香精	γ-壬内酯	头香、体香、变调剂	坚果香精
γ-十二内酯	体香	白脱、奶糖、水果、坚果、槭树香精	γ-十一内酯	头香、体香、协调剂	桃子、水果香精
δ-癸内酯	体香	椰子、水果香精	δ-十二内酯	体香	白脱、水果、梨香精
安古树皮油	体香、变调剂	酒精饮料、饮料、苦的调味品香精	安息香树脂	头香、变调剂、定香剂	糖果、蜜饯香精

续表

名称	作用	应用香精类型	名称	作用	应用香精类型
桉叶油	头香、体香、协调剂	药用香精	桉叶油素	体香、协调剂	药用香精
八角茴香油	头香、体香、协调剂、变调剂	药用香精、饮料香精	白菖蒲油	变调剂	药草、苦味香精
白胡椒油	头香、体香、协调剂、变调剂	焙烤食品、调味品香精	白柠檬油	头香、体香、协调剂、变调剂	柑橘、可乐饮料、糖果香精
白千层油	变调剂	调味品、药用、饮料香精	百里香酚	头香、体香、变调剂	药用香精
百里香油	头香、协调剂、变调剂	药用香精	柏木脑	定香剂	调味品香精
柏木烯	变调剂	碳酸饮料香精	苯甲醇	头香、定香剂	浆果香精
苯甲醛	头香、体香	樱桃、水果、坚果香精	苯甲酸苯乙酯	变调剂	蜂蜜、草莓香精
苯甲酸苄酯	定香剂	香蕉、樱桃、浆果、咖啡香精	苯甲酸丁香酯	变调剂	水果、调味品香精
苯甲酸芳樟酯	协调剂	浆果、柑橘、水果、桃子香精	苯甲酸甲酯	变调剂	覆盆子、菠萝、草莓香精
苯氧基乙酸烯丙酯	协调剂、变调剂	水果香精	苯乙醇	头香	糖果香精
苯乙酸	头香、定香剂	蜂蜜香精	苯乙酸苯乙酯	变调剂	水果、蜂蜜、柑橘香精
苯乙酸苄酯	头香、体香	白脱、焦糖、水果、蜂蜜香精	苯乙酸大茴香酯	头香、体香	蜂蜜香精
苯乙酸丁酯	体香、变调剂	白脱、焦糖、巧克力、水果香精	苯乙酸甲酯	变调剂	蜂蜜香精
苯乙酸肉桂酯	变调剂	巧克力、蜂蜜、调味品香精	苯乙酸烯丙酯	变调剂	菠萝、蜂蜜香精
苯乙酸香叶酯	体香、协调剂	水果香精	苯乙酸乙酯	头香、变调剂	蜂蜜香精
荜澄茄油	变调剂	烟用香精	丙醇	变调剂	水果香精
丙醛	头香	水果香精	丙酸	头香	白脱、水果香精
丙酸橙花酯	变调剂	李子、橙花香精	丙酸大茴香酯	变调剂	覆盆子、樱桃、甘草香精
丙酸芳樟酯	头香、体香	杏、黑醋栗、大果酸果蔓、醋栗香精	丙酸己酯	变调剂	水果香精
丙酸甲酯	头香	黑醋栗香精	丙酸肉桂酯	头香、变调剂	水果香精
丙酸烯丙酯	头香、协调剂	菠萝香精	丙酸香茅酯	体香、变调剂	柠檬、甜橙、李子、浆果香精
丙酸香叶酯	体香、变调剂	黑莓、樱桃、姜、葡萄、啤酒花、麦芽香精	丙酸辛酯	变调剂	浆果、柑橘、甜瓜香精
丙酸乙酯	头香、变调剂	水果、酒精饮料香精	丙酸异戊酯	头香	柑橘、水果、浆果香精
薄荷脑	头香、体香	椒样薄荷、白柠檬、糖果、口香糖、药用香精	薄荷酮	头香、体香	椒样薄荷香精
藏红花提取物	协调剂	肉味、调味品香精	茶叶提取物	体香、变调剂	饮料香精
橙苷	变调剂	苦味、酒用香精	橙花醇	头香	覆盆子、草莓、柑橘、蜂蜜香精
橙花叔醇	头香、协调剂	浆果、柑橘、水果、玫瑰香精	橙花油	头香、协调剂、变调剂	柑橘香精、可乐香精
橙叶油	协调剂	柑橘香精	春黄菊油	协调剂	利口酒香精
鼠尾草油	体香、协调剂	肉味香精、禽肉香精	大侧柏木油	定香剂、协调剂	药用、牙膏香精
大茴香醇	头香、变调剂	杏、桃子香精	大茴香醚	头香、体香	甘草、槭树香精

续表

名称	作用	应用香精类型	名称	作用	应用香精类型
大茴香脑	体香、协调剂、变调剂	甘草、茴香香精	大茴香醛	头香、变调剂	茴香香精
大蒜油	体香	肉味、汤料、调味品香精	当归油	头香、体香、变调剂	酒精饮料、杜松子酒香精
丁醇	体香、变调剂	朗姆酒、白脱、酒用香精	丁酸	体香	白脱、奶酪、奶糖、焦糖、水果、坚果香精
丁酸苯乙酯	体香、变调剂	水果、浆果香精	丁酸苄酯	头香	水果香精
丁酸橙花酯	变调剂	可可、巧克力香精	丁酸大茴香酯	变调剂	水果、甘草香精
丁酸丁酯	体香	菠萝、奶糖、白脱、浆果香精	丁酸芳樟酯	头香	蜂蜜香精
丁酸己酯	体香、变调剂	浆果、水果香精	丁酸甲酯	头香	水果香精
丁酸玫瑰酯	变调剂	浆果香精	丁酸肉桂酯	头香、体香	柑橘、甜橙、水果香精
丁酸烯丙酯	变调剂	奶油、水果、菠萝香精	丁酸香茅酯	体香、变调剂	李子、蜂蜜香精
丁酸香叶酯	变调剂	浆果、柑橘、水果香精	丁酸辛酯	头香、变调剂	黄瓜、甜瓜、南瓜香精
丁酸乙酯	体香	水果香精	丁酸异戊酯	头香、体香	酒精饮料香精
丁酸正戊酯	体香、变调剂	水果、浆果、白脱香精	丁香酚	头香、体香、定香剂	丁香、调味品香精
丁香油	头香、体香、协调剂、变调剂	调味品、药用、肉味香精	冬青油	头香、体香、协调剂、变调剂	薄荷、糖果、药用香精
杜松油	头香、体香	杜松子油、烟用香精	对甲基苯酚	体香	坚果、香草香精
对甲氧基烯丙基苯	体香、变调剂	水果、甘草、茴香、调味品香精	对甲氧基乙酰基苯	变调剂	坚果香精
对伞花烃	协调剂、变调剂、稀释剂	柑橘、调味品香精	儿茶提取物	变调剂	药用、碳酸饮料香精
二(2-甲基-3-呋喃基)二硫醚	体香	肉味香精	二苯甲酮	定香剂	浆果、白脱、水果、坚果、香草香精
二苄基二硫醚	变调剂	咖啡、焦糖香精	二苄醚	变调剂	水果、调味品香精
二甲基二硫醚	变调剂	洋葱、咖啡、可可香精	α-戊基桂醛二甲缩醛	变调剂	水果香精
苯甲醛二甲缩醛	头香、体香	樱桃、水果、坚果香精	柠檬醛二甲缩醛	体香	柑橘、柠檬、水果香精
芳樟醇	头香、变调剂	柑橘、碳酸饮料香精	枫茅油	头香、体香	柠檬、水果香精
葑酮	变调剂	浆果、酒、调味品香精	甘草提取物	体香	药用、糖果、口香糖香精
甘牛至油	头香、变调剂	调味品香精	柑橘油	头香、变调剂	柑橘香精
格蓬油树脂	变调剂	药用、水果、坚果、调味品香精	庚酸烯丙酯	体香、变调剂	浆果、水果、白兰地香精
庚酸乙酯	头香、体香	朗姆酒、葡萄酒香精	庚酸正戊酯	变调剂	水果、椰子香精
古巴香脂	协调剂、定香剂	药用香精	广藿香油	变调剂、定香剂	可乐饮料香精
广木香油	协调剂、变调剂	药用、酒精饮料香精	癸酸	体香、变调剂	椰子、白脱、威士忌香精
海索草油	变调剂	甜果酒香精	含羞草油	协调剂	覆盆子、水果香精
黑胡椒油	体香、协调剂、变调剂	调味品、肉味香精	红橘油	变调剂	糖果、软饮料、冰淇淋、柑橘、柠檬、白柠檬香精
红没药油	变调剂	药用、酒精饮料香精	胡薄荷酮	变调剂	椒样薄荷香精
胡椒碱	变调剂	芹菜、苏打水香精	胡椒醛	头香、体香、变调剂	香草、巧克力香精

续表

名称	作用	应用香精类型	名称	作用	应用香精类型
胡萝卜籽油	协调剂	调味品、酒精饮料香精	黄蒿油	体香、协调剂、变调剂	调味品、焙烤食品香精
黄葵内酯	定香剂	水果香精	黄葵籽提取物	定香剂	水果、饮料、白兰地、冰淇淋香精
茴香油	头香、体香、协调剂、变调剂	饮料、白兰地香精	己酸烯丙酯	头香、体香、变调剂	水果香精
己酸乙酯	头香、体香、变调剂	水果、酒用香精	己酸正戊酯	变调剂	水果香精
甲硫醇	变调剂	咖啡香精	甲酸	头香	水果香精
甲酸苯乙酯	头香	樱桃、李子香精	甲酸苄酯	头香	水果、浆果、柑橘香精
甲酸橙花酯	头香	杏、桃子、菠萝香精	甲酸大茴香酯	变调剂	水果香精
甲酸丁香酯	头香	丁香、调味品香精	甲酸丁酯	头香、体香	水果、李子、酒用香精
甲酸芳樟酯	头香	苹果、菠萝、杏、桃子香精	甲酸庚酯	头香、协调剂	杏、桃子、李子香精
甲酸己酯	变调剂	亚力酒、柑橘、浆果香精	甲酸龙脑酯	变调剂	药用香精
甲酸玫瑰酯	头香	浆果、水果香精	甲酸松油酯	头香	水果、浆果、柑橘香精
甲酸香茅酯	头香	蜂蜜、李子香精	甲酸香叶酯	头香	浆果、柑橘、苹果、杏、桃子香精
甲酸辛酯	头香、变调剂	杏、桃子香精	甲酸乙酯	头香、变调剂	水果、朗姆酒、葡萄酒香精
甲酸异戊酯	体香、变调剂	柑橘、水果、浆果香精	甲酸正戊酯	头香、体香、变调剂	水果香精
姜黄油树脂	变调剂、着色剂	肉味、调味品香精	姜油树脂	体香、变调剂、定香剂	饮料、调味品、焙烤食品香精
姜油酮	变调剂	碳酸饮料香精	椒样薄荷油	头香、体香、协调剂、变调剂	薄荷、口香糖、牙膏、糖果、药用香精
焦糖	体香	一般食品香精	芥末提取物	体香	沙拉、调味品香精
金合欢花油	体香	覆盆子香精	咖啡提取物	体香	食品、饮料香精
咖啡碱	变调剂	可乐、莱根汽水香精	卡南加油	头香	可乐、调味品、水果、饮料香精
莰烯	体香、变调剂	调味品、肉豆蔻香精	康酿克油	头香、变调剂	酒精饮料香精
糠硫醇	头香、体香	巧克力、咖啡、水果、坚果香精	糠醛	体香	白脱、奶糖、焦糖、朗姆酒、糖蜜香精
糠酸甲酯	体香、变调剂	肉味香精	可可提取物	体香、变调剂	一般食品香精
可乐果提取物	变调剂	药用、可乐饮料香精	枯茗醇	变调剂	杏、海枣、浆果香精
枯茗醛	头香、变调剂	咖喱香精	枯茗油	体香、协调剂、变调剂	咖喱香精
苦橙油	头香、体香、变调剂	柑橘、软饮料、柑橘酒类香精	库拉索皮油	协调剂、变调剂	甜橙酒香精
奎宁	变调剂	苦味、饮料香精	辣根提取物	体香、变调剂	辣味调料香精
辣椒油树脂	变调剂、着色剂	肉味、调味品香精	赖百当浸膏	变调剂、定香剂	药用香精
榄香脂油	变调剂	药用、可乐香精	朗姆醚	头香、体香	白脱、酒、朗姆酒香精
藜芦醛	体香	水果、坚果、香草香精	邻氨基苯甲酸苯乙酯	变调剂	蜂蜜、草莓香精

续表

名称	作用	应用香精类型	名称	作用	应用香精类型
邻氨基苯甲酸丁酯	变调剂	葡萄、柑橘、菠萝香精	邻氨基苯甲酸芳樟酯	体香、协调剂	浆果、水果、柑橘、葡萄香精
邻氨基苯甲酸甲酯	头香、体香	葡萄香精	邻氨基苯甲酸肉桂酯	体香	葡萄、蜂蜜、樱桃香精
邻氨基苯甲酸烯丙酯	头香、变调剂	柑橘香精、葡萄香精	邻氨基苯甲酸乙酯	变调剂	葡萄香精
灵猫香酊	定香剂	饮料、白兰地香精	灵香草提取物	体香	槭树香精
留兰香油	头香、体香、协调剂、变调剂	薄荷、药用香精	龙蒿油	协调剂、变调剂	酒精饮料、调味品香精
龙葵醛	变调剂	浆果、水果、玫瑰、杏仁香精	龙脑	变调剂	药用香精
龙涎香	定香剂	浆果、水果、饮料、白兰地、冰淇淋香精	芦荟浸膏	变调剂	软饮料、酒精饮料香精
罗勒油	头香、变调剂	调味品、肉味香精	罗望子提取物	变调剂	饮料香精
麦芽酚	体香、变调剂	巧克力、咖啡、水果、坚果、槭树香精	麦芽提取物	体香、变调剂	谷类食品香精
没药油树脂	定香剂	牙膏香精	玫瑰醇	头香、变调剂	糖果、姜汁啤酒香精
玫瑰木油	头香、变调剂	饮料香精	玫瑰油	协调剂、变调剂	香烟、糖果、碳酸饮料香精
梅笠草提取物	变调剂	饮料、菜根汽水、糖果香精	迷迭香提取物	协调剂、变调剂	药草、牙膏香精
秘鲁香脂油	变调剂、定香剂	药用香精(咳嗽药)	茉莉油	头香、变调剂	覆盆子、草莓、樱桃香精
柠檬醛	体香、变调剂	柠檬、柑橘香精	柠檬油	体香、协调剂、变调剂	柑橘、糖果香精
欧芹油	变调剂	调味品、酱菜、榨菜、肉味香精	啤酒花浸膏	头香、变调剂	饮料香精
羟基香茅醇	头香、变调剂	柠檬、花香、樱桃香精	羟基香茅醛	头香、变调剂	浆果、柑橘、菩提花、紫罗兰香精
芹菜籽油	头香、体香、协调剂	调味品、碳酸饮料、肉制品香精	壬酸烯丙酯	变调剂	水果香精
壬酸乙酯	头香、变调剂	酒精饮料香精	肉豆蔻醛	协调剂、变调剂	蜂蜜香精
肉豆蔻衣油	体香、协调剂、变调剂	调味品香精	肉豆蔻油	头香、体香、协调剂、变调剂	调味品、烘焙食品香精
肉桂醇	变调剂、定香剂	浆果、调味品香精	肉桂皮油	头香、体香、协调剂、变调剂	调味品、可乐香精
肉桂醛	头香、体香	肉桂香精	肉桂酸	体香、变调剂	杏、桃子、菠萝香精
肉桂酸苯丙酯	协调剂	苦味、杏仁、樱桃、李子香精	肉桂酸苯乙酯	体香、变调剂	苦味、杏仁、樱桃、李子香精
肉桂酸苄酯	变调剂、定香剂	调味品、酒用香精	肉桂酸甲酯	变调剂、定香剂	浆果香精
肉桂酸肉桂酯	体香	水果香精	肉酸烯丙酯	变调剂	杏、桃子、菠萝香精
肉桂酸乙酯	头香、定香剂	调味品、浆果香精	肉桂酸异戊酯	变调剂	水果香精
肉桂叶油	协调剂、变调剂	酒精饮料、白兰地、水果香精	乳香黄连木油	协调剂、变调剂	甜果酒、口香糖香精
乳香油	协调剂	可乐、水果、饮料、调味品香精	山达草提取物	体香	水果香精
山金车花提取物	体香、变调剂	酒精饮料、药用香精	麝香酊	协调剂	烟用、焦糖、坚果香精

续表

名称	作用	应用香精类型	名称	作用	应用香精类型
十五内酯	协调剂、变调剂、定香剂	浆果、水果、坚果、酒、葡萄酒香精	十一醛	头香、变调剂、定香剂	甜橙、柑橘、蜂蜜香精
石竹烯	变调剂	调味品香精	莳萝油	体香、协调剂、变调剂	榨菜、腌菜、泡菜、调味品香精
莳萝籽油	体香、变调剂	榨菜、酱菜、泡菜香精	水杨醛	变调剂	调味品香精
水杨酸苯乙酯	变调剂	杏、桃子、菠萝香精	水杨酸苄酯	体香、变调剂、定香剂	水果、浆果香精
水杨酸甲酯	头香、体香、协调剂、变调剂	薄荷、药用香精	水杨酸乙酯	头香、体香	水果、浆果、菜根汽水、冬青香精
水杨酸异戊酯	变调剂	菜根汽水、水果、浆果香精	四氢芳樟醇	头香、变调剂	浆果、柑橘、水果香精
松针油	变调剂	饮料、酒用香精	苏合香醇	变调剂	草莓、玫瑰、水果、蜂蜜香精
苏合香油	变调剂	药用香精	惕各酸苯乙酯	头香	水果、坚果香精
甜橙油	头香、体香、变调剂	软饮料、果、柑橘香精	甜桦油	体香、变调剂	糖果、口香、饮料香精
吐鲁香脂	定香剂	药用香精	兔耳草醛	头香	柑橘、水果香精
晚香玉油	变调剂	桃子香精	西伯利亚冷杉油	头香、变调剂	药用香精
西印度檀香木油	变调剂	碳酸饮料香精	西印度檀香油	变调剂	白兰地、口香糖香精
烯丙基-α-紫罗兰酮	变调剂	水果香精	烯丙基二硫醚	体香	洋葱、大蒜香精
烯丙硫醇	变调剂	调味品香精	细叶芹油	变调剂	调味品、肉制品香精
夏至草提取物	体香	白兰地、药用香精	香薄荷油	体香、变调剂	调味品香精
香根油	定香剂	蔬菜香精	香荚兰提取物	头香、体香、变调剂	冰淇淋、焙烤食品香精
香兰素	头香、协调剂、变调剂、定香剂	巧克力、香草香精	香茅醇	变调剂	蜂蜜、玫瑰香精
香茅醛	变调剂	饮料香精	香茅油	变调剂	柑橘香精
香柠檬油	头香、协调剂、变调剂	柑橘、甜橙、可乐香精	香芹酚	变调剂	柑橘、水果、薄荷、调味品、药用香精
香叶醇	头香	花香、糖果、饮料香精	香叶油	协调剂、变调剂	牙膏、姜汁啤酒香精
香紫苏油	变调剂	酒用、调味品香精	橡木提取物	变调剂	酒精饮料香精
小豆蔻油	头香、变调剂	肉制品香精	小茴香油	头香、协调剂	酒精饮料、色拉香精
辛酸烯丙酯	体香、变调剂	菠萝香精	辛酸正戊酯	变调剂	巧克力、水果、酒用香精
杏仁油	体香、变调剂	杏仁、樱桃、饮料、冰淇淋、调味品、白兰地香精	薰衣草油	头香、变调剂	口腔清新剂香精
芫荽油	体香、变调剂	调味品、肉味香精	洋葱油	体香、变调剂	肉、汤料、调味品香精
药蜀葵根提取物	变调剂	草莓、樱桃、饮料、菜根汽水香精	野黑樱桃提取物	体香	水果香精、药用香精
叶醇	头香、变调剂	水果、薄荷香精	依兰依兰油	头香	饮料香精
乙基香兰素	体香、协调剂、定香剂	巧克力、香草香精	乙醛	头香	水果、坚果香精

续表

名称	作用	应用香精类型	名称	作用	应用香精类型
乙酸	体香、变调剂	泡菜香精	乙酸苯丙酯	头香、体香、变调剂	水果、浆果香精
乙酸苯乙酯	变调剂	水果、柑橘、浆果、蜂蜜香精	乙酸苄酯	头香	水果香精
乙酸丙酯	头香、体香	苹果、梨、浆果、甜瓜香精	乙酸橙花酯	变调剂	橙花、柑橘、覆盆子香精
乙酸大茴香酯	头香、变调剂	味美思酒香精	乙酸丁香酯	变调剂	调味品、丁香、朗姆酒香精
乙酸丁酯	体香、变调剂	水果、浆果、白脱香精	乙酸芳樟酯	变调剂	碳酸饮料香精
乙酸庚酯	头香、协调剂	杏、奶油、海枣、甜瓜、水果香精	乙酸胡薄荷酯	变调剂	浆果、水果香精
乙酸甲酯	头香、变调剂	酒精饮料香精	乙酸龙脑酯	变调剂	药用、调味品香精
乙酸玫瑰酯	变调剂	浆果、杏、花香、玫瑰、蜂蜜香精	乙酸壬酯	头香	杏、桃子香精
乙酸肉桂酯	定香剂	水果、肉桂、香草香精	乙酸松油酯	体香、变调剂	李子、杏、樱桃、青梅、杏仁香精
乙酸苏合香酯	体香	水果、浆果香精	乙酸香茅酯	体香	杏、蜂蜜、梨、木瓜香精
乙酸香叶酯	变调剂	浆果、柑橘、花香、水果、调味品香精	乙酸辛酯	体香、变调剂	桃子香精
乙酸乙酯	头香、体香、变调剂	水果、酒用香精	乙酸异丁香酚酯	体香、变调剂	朗姆酒香精
乙酸异丁酯	头香、变调剂	水果香精	乙酸异龙脑酯	变调剂	水果香精
乙酸异戊酯	头香、体香	浆果、水果、白脱、朗姆酒香精	乙缩醛	头香、变调剂	水果香精
乙酰基苯	变调剂	水果、坚果香精	乙酰乙酸苄酯	变调剂	浆果、水果香精
异丙醇	头香、变调剂	覆盆子、苹果香精	异丁酸苄酯	变调剂	浆果香精
异丁香酚	头香、变调剂	调味品香精	异胡薄荷醇	头香	杏、焦糖、薄荷、樱桃、桃子香精
异胡薄荷酮	头香	浆果、水果、薄荷香精	异喹啉	头香、变调剂	香草香精
异硫氰酸烯丙酯	体香	芥末香精	异龙脑	变调剂	水果、调味品、薄荷香精
异戊酸	体香、变调剂	水果、朗姆酒、奶酪、坚果香精	异戊酸苯乙酯	协调剂、变调剂	水果香精
异戊酸苄酯	变调剂	苹果、水果香精	异戊酸龙脑酯	头香	水果香精
异戊酸烯丙酯	变调剂	水果香精	吲哚	变调剂	浆果、花香、奶酪香精
愈创木酚	体香	咖啡、烟熏、烟草、朗姆酒香精	愈创木油	定香剂、头香	口香糖、酒精饮料、药用香精
鸢尾油	头香、协调剂	覆盆子香精	圆叶当归油	变调剂、定香剂	酒用、烟用香精
圆柚油	体香、协调剂、变调剂	柠檬饮料香精	月桂醇	头香、协调剂	柑橘香精
月桂醛	变调剂	蜂蜜香精	月桂叶油	头香、体香、变调剂	调味品、肉味香精
月桂樱桃提取物	变调剂	水果香精	芸香油	协调剂	椰子香精
杂薰衣草油	变调剂	牙膏、口香糖香精	樟脑油	变调剂	药用香精
正庚醇	头香	水果香精	正庚醛	协调剂、变调剂	杏仁香精
正癸醇	头香	柑橘香精	正癸醛	头香、变调剂	柑橘、水果香精
正己醇	头香	水果、椰子香精	正己醛	变调剂	奶油、蜂蜜香精

续表

名称	作用	应用香精类型	名称	作用	应用香精类型
正己酸	变调剂	椰子、白脱、白兰地、威士忌香精	正壬醛	头香、变调剂	柑橘、甜橙、柠檬香精
正十一醇	头香	柑橘香精	正戊醇	头香	水果、酒用香精
正戊醛	头香	水果、坚果香精	正戊酸丁酯	体香、变调剂	白脱、水果、巧克力香精
正戊酸乙酯	头香	白脱、苹果、桃子、坚果香精	正辛醇	头香	柑橘香精
正辛醛	头香、体香、变调剂	柑橘、甜橙香精	中国肉桂油	头香、体香、协调剂、变调剂	辣味、调味品、白兰地、焙烤食品香精
众香子油	头香、协调剂	调味品、焙烤食品香精	紫罗兰叶醇	头香	水果、碳酸饮料香精
紫罗兰叶油	头香	饮料香精			

3. 日用香精各部分的组成和功效

食用香精中以功能作为划分标准的成分划分方法同样适用于日用香精，但日用香精和食用香精各有特点。虽然两者的主要发香成分均为挥发性小分子有机物，但大多数食用香精通常是对自然界已有风味的模拟，或是对食物加工过程中产生的风味成分的复刻，因此主香剂在食用香精中的地位相对而言更重要，倘若没有主香剂支撑起整支香精的特征，添加的协调剂和变调剂只会使得香精缺少主题，仿真度无法达到要求，也就难以丰富食品的风味，无法引起人们的食欲。而日用香精与食用香精的区别在于，日用香精既可以是对自然界已有香气的模仿（如各类的单花香精），也可以是基于自然界的香气和香韵发挥艺术创造力，创造一支香韵丰富、整体香气自然界不存在，但当中香韵能给人以一定联想空间的香精（尤以香水香精居多），因此对于日用香精而言，香气的流畅度，即从头香到底香的流畅过渡、整体和谐感以及留香更为重要。所以对于日用香精的组成，笔者将着重介绍定香剂的概念，深入解析日用香精对持久度的严格要求与定香剂的选择之间的关联。

食用香精和日用香精的构建思路不同，因此两者的术语的使用习惯不一样。在日用香精中，blender 通常译为和合剂，modifier 通常译为修饰剂。日用香精的四大组分为：主香剂（main note）、和合剂（blender）、修饰剂（modifier）和定香剂（fixative）。

（1）主香剂（也称为主剂）　是一类混合香料，是赋予一支香精特征香气的必备成分，决定了香精的轮廓和主体。相当于衣服的前后两大片。主香剂构成了香精主要香韵的基础特征，是构成某种香型的基本原料。主香剂往往代表的是一支香精中主体香韵的主要原料，它既可以是一种香原料，又可以是多种香料的组合。例如，橙花香精的主香剂常用橙叶油；而玫瑰香精一般会组合使用香茅醇、香叶醇和苯乙醇作为主香剂，体现玫瑰主体的盛甜。

（2）和合剂　所谓和合，即将几种原料混合在一起后，使之发出一种协调一致的香气。因此用作和合的香料称为和合剂。和合剂的功能是满足与主香剂相吻合的香气特征和效果，完善和衬托主香剂的功效和香气特征。理论上讲，和合剂所产生的香气类型和效果特征应与主香剂一致，使整体香气更完善。具体而言，就是能使主体香气在深度和幅度上得到扩展，更为浓郁，起到将香气调节成淡雅、清爽、强烈、温柔、绵甜或醇厚的作用。因此，和合剂所选用香料的香气类型也应与主香剂一致或相近，相当于衣服的领子和衣袖，目的是使衣服的功能更完善。日用香精的和合剂有很多，例如玫瑰香精中常用松油醇、芳樟醇和柠檬醛来和合玫瑰的主体甜韵；茉莉、兰花、铃兰和康乃馨香精中常用苯乙二甲缩醛作为和合剂等。

（3）修饰剂　所谓修饰，就是用某种香料的香气去修饰另一种香料的香气，使之在香精中发出特定效果的香气。它也是调香工作中的一种技巧。用作修饰的香料，称作修饰剂。从含量上讲，修饰剂和主香剂不属于同一类物质。修饰剂在香精中，常以较低含量出现，是一种使用少量即可奏效的暗香成分，能衬托主香，对主体香气起着缓冲中和的作用，对主香剂格调进行精细加工修饰，使香气更加丰满、丰韵多彩，彰显复合多样性。常见的例子有：茉莉香精中常用香茅醇、香叶醇等玫瑰香精中的主香原料作为修饰剂，少量使用可以突出茉莉的青香主体；而玫瑰香精中也会用乙酸苄酯和二氢茉莉酮酸甲酯等茉莉香精原料进行修饰。

其他日用香精中常用的修饰剂还有异丁香酚、对叔丁基环己酮乙二缩酮等。用作修饰剂的香料香型（或香气特征）可与主香剂不完全相似（甚至于不同）。但要注意，修饰剂相当于衣服的颜色、印花、纽扣和花边等装饰，它的作用在于锦上添花，切忌用量过多，以至于喧宾夺主，破坏了主香剂的格调。

（4）定香剂　定香剂可能是一种单一的化合物，也可能是两种或两种以上的化合物组成的混合物，也可能是一种天然的混合物，定香剂是日用香精的重要组成之一，它在香精中的作用是使各种香气成分紧密结合，而得到一定的保留性，从而使整个香精的挥发期限比不加入定香剂时有所延长，并使其发挥速率保持均匀，让整个香精的挥发过程中都带有某一种香气。它的作用相当于衣服中的保暖材料，如棉花、羽绒等。

定香剂大体上可分为四种类型，具体如下。

① 真正定香剂　是运用定香剂高分子结构的吸附作用，来延缓香精中其他成分的蒸发，这类定香剂的典型品种为安息香树脂和吐鲁香树脂。

② 专门定香剂　这类定香剂本身具有一种特殊香韵，加入香精中后，能使该香精在整个蒸发过程中都带有该特殊的香韵。这类定香剂对延缓香精的蒸发期限的作用并不显著。典型的品种为橡苔净油。

③ 提扬定香剂　这类定香剂在香精中作为香气的载体或增效剂来使用，使香精的其他组成的香气有所增强和改善，同时使香精整体香气扩散力与持久力都有所提高。这类定香剂常用于香水香精，典型的品种为天然龙涎香与灵猫香。

④ 所谓定香剂　这类定香剂多是无臭或者香气较弱的结晶体或黏稠液态物质，沸点较高。用于香精中，主要是利用其能提高香精沸点的作用，它们本身的香气（如果有的话）对香精香气仅起次要作用，能使香精中某些香气不够平衡与粗糙之处有所改善，这类定香剂虽不够理想，但使用较广，典型的品种为二丙二醇、枞酸甲酯、脂檀油等。

由于日用香精香气的持久性与定香作用关系密切，这里再讨论一下关于定香作用与定香剂的选用问题。

香精香气持久性与香精中所用香料的香气持久性及用量有关，但还与其中有些香料间的香气和和合定香性能有关。当然，也与其中所用的定香剂的性能有关。在调香术中，所谓定香作用是由于物理或化学的因素，某些较易于挥发散失的香料的香气能保持较久的作用，也可以说，定香作用是延缓香料或香精蒸发速率的作用，或者说是降低香料及蒸气压的作用。这种作用的结果，是达到某种程度的定香效果和目的。

我们知道，如果要发生定香作用，至少要有两种或两类物质，一是定香剂，二是被定香的香料（可简称为香料）。有人解释定香作用是由于定香剂能在被定香的香料分子或颗粒外层表面形成一种有渗透性的薄膜，从而阻碍了该香料迅速地、自由地从香精中挥发散逸出来，这样该定香剂对香料就起了一定的定香作用。也有人解释定香作用是由于定香剂与香料之间，或甲香料与乙香料之间的分子静电吸引，或氢键作用，或是分子缔合而形成，结果是某香料的蒸气压降低或是某组合的蒸气压下降，从而延缓其蒸发速率，达到持久与定香的目的。也有人认为定香作用，是定香剂的加入，使香精中某些香料的槛限浓度降低，或者是改变了它的黏度，因此，同一数量的香料，就相对地使人们易于嗅到，或是延长了被人嗅到的时限，这也达到了提高香气持久性与定香的效果。总的来看，从理论上可以说定香作用与降低香料或香精的蒸气压有较密切的关系。

定香剂本身可以是一种香料，也可以是一种没有香气或香气极弱的物质。必须指出的是，一种定香剂对某些香料的定香效果，会因客观环境条件的不同而有变化（主要是香气时限上的变化，香气香型上可能没有明显变化）。所以对于定香剂的选择，要根据具体要求与情况而定，并通过实践考察结果来判定。许多实验结果认为，目前还难以明确地说明定香剂的效能与它的化学结构、蒸气压、黏度、分子量、溶解度、分子吸引力，以及它与被定香的香料的化学结构之间的规律性的关系。真正有效的万用定香剂是难以找到的，既能定香而又能保持香型的万能定香剂，更是难获得。因此，在香精中使用几种定香剂，将会比只用一种好，如能通过不同香料的配合达到既保持香型而又提高留香效果，这将是更高的定香技艺的体现。

综上所述，定香作用的目的，就是要延长香精中某些香料组分或者是整个香精的挥发时限，同时使香精的香气特征或香型能保持较稳定且持久（也要表现在加香成品及消费者使用过程中）。这种目的，可以通过加入某些特效的定香剂，或通过香精中香料与香料组分之间适当搭配（品种与用量）来实现。同时可以看出，香气持久性与定香作用之间的关联是十分密切的。要求无限期地延长持久性和要求稳定到在整个挥发过程中保持不变是不合理而且是不可能的。

在创拟香精中，对香料与定香剂的选用，应该从香型、香气、扩散力，持久性、稳定性、安全性、与介质和基质适应性等方面综合考虑，其中安全性这一要素必须严格对待，不能有丝毫疏忽。

延长香精的持久性和提高定香作用是一项比较复杂的工作，因为要涉及不同香型、不同档次或不同等级的加香介质或基质，以及不同安全性的要求等的复合因素，同时这些因素自身往往又是比较复杂的。我们可从原则上和选用香料及定香剂的品种和用量上做出一些总的规定，比如说，在不妨碍香型或香气特征的前提下，通过使用蒸气压偏低的、分子量稍大一些的、黏度高一些的香料或定香剂等来达到持久性与定香作用较好的目的，不过同时还要兼顾香精香气（包括其加香成品）的扩散力与香韵间的和合协调，也就是要使香精的头香、体香与基香三者密切协调，并能使整个香气缓缓而均衡地自加香成品中散发出来。这个问题，在拟定香水、古龙水、加香水剂等所用的香精配方时尤其要加以重视，以防顾此失彼。

4. 常用的日用香精定香剂

有些调香师，把作为底香的香料同时看成定香剂，当然这还不够完整。因为蒸发速率低的香料，虽然它们的持久性较好，但它们中有些品种并不一定同时具有好的定香性能。它们之中确实有不少品种是同时具有好的持久性和定香作用，不过适用范围是与香型有关的。下面按照某些单花香型、非花香型和香水香型以及常用的要求，列举了若干香气与持久性及定香作用均较满意的香料品种和定香基，供初学调香工作者参考。

（1）单花香型中常用的定香香料

① 薰衣草（lavender）型 芸香油、甲基壬基甲酮、邻氨基苯甲酸芳樟酯、桂酸芳樟酯、苯甲酸芳樟酯、香豆素等。

② 康乃馨（香石竹）（carnation）型 乳香香树脂、安息香香树脂、秘鲁香树脂、异丁香酚苄醚、香兰素、乙基香兰素、水杨酸苯乙酯、桂酸苯乙酯、桂酸桂酯、酮麝香、苯甲酸苄酯等。

③ 玫瑰（rose）型 鸢尾油、鸢尾浸膏、广藿香油、吐鲁香树脂、十一烯醛、结晶玫瑰、二苯甲酮、苯乙酸、乙酰基异丁香酚等。

④ 风信子（hyacinth）型 苏合香香树脂、岩蔷薇浸膏、乳香香树脂、格蓬香树脂、风信子素、乙醛的苯乙醇与丙醇混合缩醛、桂酸苯乙酯等。

⑤ 栀子花（gardenia）型 鸢尾油、苏合香香树脂、岩蔷薇浸膏、γ-十一内酯、γ-壬内酯、香豆素、洋茉莉醛、桂酸苯乙酯等。

⑥ 大花茉莉（jasmine）型 灵猫香膏、苏合香香树脂、茉莉酮酸甲酯、二氢茉莉酮酸甲酯、吲哚、苯乙酸等。

⑦ 小花茉莉（jasmine sambac）型 吲哚、邻氨基苯甲酸甲酯、酮麝香等。

⑧ 玳玳花（苦橙花）（daidai）型 β-萘乙醚、甲基-β-萘乙醚、邻氨基苯甲酸甲酯、N-甲基邻氨基苯甲酸甲酯、吲哚、橙花素等。

⑨ 依兰依兰（ylang ylang）型 鸢尾浸膏、秘鲁香树脂、异丁香酚、苯甲酸苄酯、香兰素、乙基香兰素等。

⑩ 树兰（aglaia）型 α-戊基桂醛二甲缩醛、苯甲酸苄酯等。

⑪ 丁香（lilac）型 秘鲁香树脂、安息香香树脂、羟基香茅醛二甲缩醛、新铃兰醛、香兰素、乙基香兰素、洋茉莉醛、异丁香酚、桂酸苯乙酯等。

⑫ 铃兰（lily of the valley）型 苏合香香树脂、安息香香树脂、灵猫浸膏、新铃兰醛、羟基香茅醛、桂酸苯乙酯等。

⑬ 白兰花（michelia）型 乳香香树脂、邻氨基苯甲酸甲酯、二氢茉莉酮酸甲酯、吲哚、桂酸桂酯等。

⑭ 黄兰花（champaca）型 乳香香树脂、愈创木油、二氢茉莉酮酸甲酯、异丁香酚、苄醚、桂酸桂酯等。

⑮ 水仙花（narcissus）型 秘鲁香树脂、苏合香香树脂、黄连木香树脂、岩蔷薇浸膏、苯乙酸对甲酚酯、桂酸苯乙酯、酮麝香等。

⑯ 晚香玉（tuberose）型 岩蔷薇浸膏、安息香香树脂、秘鲁香树脂、邻氨基苯甲酸甲酯、γ-壬内酯、苯甲酸苄酯、苯甲酸桂酯、桂酸桂酯等。

⑰ 金合欢（acacia）型 鸢尾浸膏、安息香香树脂、邻氨基苯甲酸甲酯、大茴香醛泄馥基、香豆素、香兰素等。

⑱ 紫罗兰花（violet）型 鸢尾浸膏、岩兰草油、安息香香树脂、香兰素、乙基香兰素、邻氨基苯甲酸苯乙酯、β-萘甲醚、β-萘基甲基甲酮等。

⑲ 桂花（osmanthus）型 鸢尾浸膏、苏合香香树脂、γ-十一内酯等。

（2）非花香型中常用的定香香料

① 素心兰（chypre）型 橡苔浸膏、树苔浸膏、岩蔷薇浸膏、岩兰草醇、香豆素、酮麝香、麝香 105、香兰素、乙基香兰素等。

② 蔷薇或馥奇（fern 或 fougere）型 橡苔浸膏、树苔浸膏、广藿香油、岩兰草油、香

豆素、酮麝香、对苯二酚二甲醚、水杨酸苯乙酯等。

③ 麝香（musk 或 muscat）型　麝香酊、麝香酮、硝基麝香类、佳乐麝香、麝香 105、麝香 T 等。

④ 琥珀香-龙涎香（amber-ambergris 或 ambra）型　龙涎香酊、定香剂 404、龙涎香醚、香紫苏醇、α-柏木醚、麝葵内酯等。

⑤ 东方（oriental）香型　海狸香膏、乳香香树脂、岩蔷薇浸膏、广藿香油、各种合成麝香香料、定香剂 404、苯甲酸桂酯、桂酸苯乙酯、檀香醇、合成檀香等。

⑥ 古龙（cologne）型　安息香香树脂、岩蔷薇浸膏、橡苔浸膏、树苔浸膏、没药香树脂、酮麝香、香豆素等。

(3) 按定香剂来源分类的常用定香香料　现另按动物、植物、化学合成的三大类定香剂性质，列出一些香气持久性较长并有良好的定香性能的香料品种供初学调香者参考。

① 动物定香剂　常用的有四种，即麝香、龙涎香、灵猫香、海狸香。特别是用在香水中（加入香精或直接加入香水），不但能使香气持久，而且能使整个香气柔和、圆润和生动。灵猫香、海狸香浓度高时有腥臊，腥气不受欢迎，但在稀释或少量使用时极为有用，切忌过量。

麝香是最好的动物型定香剂之一，国外名牌香水常常使用。香气浓烈，臊臭气少，非常生动、温暖而富有情感。不但留香长，其扩散力也很强，并能圆和不协调的气息。因此应用范围较广。

龙涎香是动物型定香剂中留香最长的，也是动物型香料中腥臊气最少者，但其缺点是扩散力稍弱。

海狸香是动物型定香剂中最廉价的。它比灵猫香腥气少，有暖和的带皮革香样的动物香，尤其适合作为男用香精和皮革型、东方香型、檀香型等香精的定香剂。

龙涎香适合用于古龙型，铃兰香型中用灵猫香比用海狸香好。东方香型可大量用麝香及灵猫香，有些花香型及复花香精可同时使用两三种动物香作定香剂。

② 植物定香剂　植物型定香剂品种较多，以精油、香膏、香树脂、净油、浸膏或酊剂等形式使用。它们除具有定香作用外，又因为香气不同而有时兼有调和、修饰或变调的作用。常用的精油品种有檀香油、广藿香油、岩兰草油、圆叶当归油、焦桦油、麝葵籽油、鸢尾油、苍术油等。这些精油与其他较易挥发物质混合，可阻止它们较快挥发，从而成为气息较持久的混合物。为了和合和修饰，可将愈创木油、广藿香油用于玫瑰油成为白玫瑰型，能使香气留长。有些油是花香香精最好的定香剂，如在甜的花香型中用麝葵籽油较合适，在紫罗兰型中鸢尾油和檀香油是不可缺少的，东方香型中最好是用广藿香油和岩兰草油。有人认为香紫苏油是一种好的定香剂，一般用其浸膏较好。一般大多数的香树脂、香膏、油树脂和浸膏，是好的又有香气的定香剂，因为它们既含精油又含有能溶解于乙醇或油类的高沸点、高分子量、黏度大的树脂或蜡质。常用的有安息香香树脂、乳香香树脂、苏合香香树脂、橡苔浸膏、树苔浸膏、鸢尾浸膏、防风根香树脂、格蓬香树脂、岩蔷薇浸膏、吐鲁香膏、秘鲁香树脂等。它们的持久性较好，但这些品种的缺点是扩散力小，有时用量过大还会影响香水和香精的香气扩散力。在使用这类定香剂时，一方面要考虑香气是否和香型协调，另一方面要注意用量，既要达到定香的效果而又不过分影响香精的扩散力。在花香型中，我们认为苏合香制品适合用于风信子，乳香制品适合用于黄兰或白兰，橡苔或树苔制品适合用于三叶草，鸢尾制品适合用于紫罗兰。

有些净油有很好的定香性能，但价格贵，只限用于较高级的香精中，如鸢尾净油、橡苔净油、树苔净油、黑香豆净油、香荚兰豆净油等。天然动物定香香料，有时也以酊剂形式使用，如麝香酊、龙涎香酊等。

③ 化学合成定香剂 可用作定香剂的合成香料很多，一般是沸点较高、蒸气压较低的品种。它们中多数有一定强度的香气，有些则是无香或香气极微弱的。

在一定香气的品种中，多数的巨环内酯、巨环酮及类似衍生物具有动物香，如许多巨环（C_{11}～C_{17}）内酯（如十五内酯、十六内酯和麝香105等），巨环酮类（如十五酮、十六酮、麝香酮等），巨环酯类（如麝香T）等，还有硝基麝香类（如二甲苯麝香、酮麝香等）、茚满麝香类、异色满麝香类、八氢萘衍生物等。

豆香中常用的有香豆素、香兰素、乙基香兰素、洋茉莉醛、异丁香酚等。青滋香中有羟基香茅醛二甲缩醛、邻氨基苯甲酸芳樟酯、邻氨基苯甲酸松油酯、二氢茉莉酮酸甲酯等。草香中有二苯甲烷、β-萘甲醚、β-萘乙醚等。木香中有乙酰基柏木烯，檀香醇、人造檀香、合成檀香、苯乙酸檀香酯，岩兰草醇等。蜜甜香有鸢尾酮、甲基紫罗兰酮、结晶玫瑰、苯乙酸等。脂蜡香中有正十一醛、甲基壬乙醛等。膏香中有苯甲酸、苯甲酸苄酯、苯甲酸桂酯、桂酸桂酯、桂酸苄酯等。琥珀香中有α-柏木醚、404定香剂等。辛香中有异丁香酚甲醚、乙酰基异丁香酚、二甲基对苯二酚。果香中γ-壬内酯、γ-十一内酯、邻氯基苯甲酸甲酯、草莓醛等。酒香主要是用于头香，属于香气极微弱或甚至没有香气的品种，有苄醇、苯甲酸苄酯、苯甲酸丁酯、十四酸异丙酯、水杨酸苄酯等。

除上述三种定香剂外，尚有一类人工配制的各种香型定香基（也属香精的范畴），如人工配制的龙涎香、灵猫香、麝香等动物香定香基，也有专用于花香型香精中的花香定香基，如玫瑰定香基、茉莉定香基、紫丁香定香基、风信子定香基等等。由于香精的香气各异，因此在选用定香剂时要注意选用和香精本身香气协调的定香基，否则会破坏香气的和谐。

二、功能块调香法

功能块调香法能上手的前提，是调香师能充分理解所配香精的香气或香味特征，围绕所定的特征选择各功能块的原料，循序渐进，调整修饰直至完成。

掌握香精的组成和功效，主要是为了让调香师在设计配方时，知道可以遵循功能（即主香、协调、变调和定香）这条思路，按照香原料的功能有的放矢地选取原料、设计配方。当然，知道香原料在目标香精中具体归属于哪一类功能，则需要调香师同时熟练掌握香原料香气味和其他理化特性。另外，每种香原料的用量水平，则依赖于调香师对该原料阈值的掌握程度；对调配出的香精进行有效感官品评，则要求调香师必须具备香精加香的相关基础知识。也就是说，从设计配方到调配，再到评价，以及反复修改，需要调香师综合运用本章介绍的五大技能，缺一不可。具体的关于“基于对香精成分和功效的理解来设计配方”这一配方设计方法，笔者将其取名为“功能块调香法”。

按照功能块调香法设计香精配方时，首先找到要配香精的主香剂的特征性香料，比如菠萝是3-甲硫基丙酸甲酯（菠萝甲酯）、己酸烯丙酯；大米是2-乙酰基吡咯啉；大蒜是二烯丙基二硫醚；黄瓜是反-2-顺-6-壬二烯醛；咖啡是糠硫醇、硫代丙酸糠酯；肉香是三甲基噻唑、2-甲基-3-呋喃硫醇、2,5-二甲基-3-呋喃硫醇、2-甲基-3-甲硫基呋喃、2-甲基-3-呋喃基二硫；苹果是乙酸异戊酯、2-甲基丁酸乙酯、己醛、万寿菊油；柠檬是柠檬油、甜橙油、D-柠烯、柠檬醛。

有了主香剂的特征性香料就有了要配香精的核心，下一步就可以围绕主香剂的核心进一步展开，为了使香气在具备特征的基础上，特征香气变得自然圆润些，就需要引入协调剂。根据要配的香精香型选择协调剂。协调剂的作用是加强和突出主香剂，所以在选择时必须与主香剂的功能相似或接近，即要与所配香精的香型一致，比如苹果香精，它的协调剂基本上要挑选果香型的原料。此外，苹果香味中除了有果味还有酸味、青香味，凡是吃过苹果的人都能感受到。据此我们挑选原料就有了方向，果香型的协调剂可以选择异戊酸异戊酯、乙酸异戊酯、乙酸丁酯、丁酸乙酯、2-甲基丁酸乙酯、乙酸己酯、2-甲基丁酸己酯、桃醛、甜橙油、柠檬油、柠檬醛等；酸香韵的苹果协调剂可以选择乙酸、丙酸、2-甲基丁酸、2-甲基-2-戊烯酸、己酸；青香韵的苹果协调剂可以选择乙醛、乙醛二乙缩醛、叶醇、反-2-己烯醛、乙酸叶醇酯、2-甲基丁酸叶醇酯、甲酸叶醇酯；柠檬香味的协调剂可由小分子果香的酯、叶醇、芳樟醇、香茅醇等成分组成。

从上述协调剂的选择可以看出，它们都是与苹果或柠檬主体香味一致的，换句话说天然苹果的香味成分中都或多或少含有这些成分。

决定主香剂和协调剂之后，就要选择变调剂了。变调剂的另一含义就是修饰剂，既然是修饰，它的功能就与协调剂不太一样，所选原料可以和主香剂不一致。就像建筑业，房子造好了，使用前要装修，装修的目的是使居住环境更舒适、温馨，所用材料与基础建设没有很大的差异。比如在配苹果香精时可以增添一些酒香韵和玫瑰香韵。严格地讲，苹果的香味中未必有酒香和玫瑰的花香味，但用后可以起到事半功倍的效果。调香也一样，用不同类型的香原料修饰一下，可以更加彰显原香精的品位。回到苹果香精的配制，作为修饰的酒香韵香料有丁醇、丁醛、己醇、己醛和2-壬烯酸甲酯，玫瑰香韵可选择香叶醇、乙酸香叶酯、β-突厥酮等。

作为变调剂的香料，用量上要适当控制，不能过量，以防喧宾夺主。因为是起修饰作用，为的是使所调配的香精更富有灵性、动感、美化，而不是去改变原有的格调，切记目标是画龙点睛而非画蛇添足。

最后选择合适的定香剂。定香剂有两类，一类是功能性的，另一类是物理性的。功能性的主要有麦芽酚、乙基麦芽酚、香兰素、乙基香兰素等，它们既有良好的留香效果，又能与原香精很好协调，增加韵味，特别是当前段和中段香料挥发之后，底香部分依旧留有原香精的香味。在需加热的食品中这种效果特别明显。物理性的定香剂主要是一些具有较高沸点的溶剂，比如植物油、三醋酸甘油酯、辛癸酸甘油酯（ODO）。它们与沸点较低的香原料融合之后，可明显减缓这些香原料的挥发、流失。达到定香作用，由于它们大多用于油质香精又多用于需加热的食品，比如蛋糕、糖果等，优势就更明显。

香精配方按照功能块调配成型后还需要进一步调整。首先看是否突出主体香型，协调剂和变调剂是否合适且适量。调香师要充分发挥评香、辨香技艺去进一步调节各香原料用量，直至香味协调圆润。烘焙类香精还要根据加热后的留香效果增减或调整定香剂。香精成型后还要做应用测试，根据结果再对各功能块的原料做调整。

总之，调香既是一项技术，又是一门艺术。调香师要从科学的观点考虑所配香精的香型、格调、原料特性和配伍。又要从艺术角度去衡量、审视该香精的创作思路和发展空间，充分发掘调香师的想象力，充分运用各种香原料的香韵、特点，力求使用有限的香原料创造出更多的香韵和香型的香精。

第二节 熟悉常见香精和香型的特征性原料

任何自然界存在的香气或香味都具有一定的特征，正是这些特征的香气和香味，让人们成功地将成百上千种的植物或食品名称和气味形成一一对应的记忆关系。换言之，特征香气（味）就是不同挥发性组分的“指纹”，是一种香气（味）区别于另一种香气（味）的重要特征。这些特征的香气和香味成分是植物在处于生长期和（或）食品加工过程中产生和形成的，能很好地体现该植物或食品香气（香味）特征。

日用香精中给人各种香气印象的体验，来自调香师抓住了各种芳香植物的香气特点并将它们用艺术组合；而食品香精的诞生，就是为了模仿各种食品的香气（味），以弥补现代工业食品在加工过程中缺失的风味成分，或是为一种食品载体赋予其本身并不具备的风味。香精要配得逼真，必须抓住其特征成分，就算是幻想型的日用香精，其中的香韵若要体现特色，也必须选择对应的特征香原料。熟悉香原料，抓住香精的关键成分是调香的基础。

香精中的微量特征香成分是指某些阈值较低但在香精香气构成中具有举足轻重作用的，构成某种香精特有香味的香成分，具有阈值低、透发性强、用量少、用现代分析手段不易检出的特点。通常，能够担当微量特征香成分角色的物质一般都具有低阈值、香气（味）特征明显和透发的特质，例如叶醛（*cis*-3-hexenal）和硫代薄荷酮在食品香精中少量使用，可使香精透发、圆润，富有某种特征。香精中的特征香成分就犹如一个人的五官和身材特征，抓住了特点，就一目了然了。没有特征的香精就会变得平淡无味。如果一种物质在香精中能逼真地还原被模仿的天然物品香气（味），有画龙点睛之功效，缺了它则平淡无奇，那么该物质就是这支香精的特征香成分。注意天然提取物中挥发香成分的研究，捕捉微量关键香成分是调香中需要长期重点研究的课题，这对提高香精感官质量，提升调香师剖析技能具有显而易见的意义。用一例菊花香精的配方（表 2.3）来具体说明天然提取物中特征香成分的作用。

表 2.3 菊花香精配方示例

成分	添加量/%	成分	添加量/%
菊花香基	4～5	罗马春黄菊油	0.5～1
菊花浓缩液	20～40	乙醇	40～50
杭白菊浸膏	10～20		

本香精特征香成分为罗马春黄菊油，感兴趣的读者可以根据上述配方拟配一个具体的菊花香精，并比较加入罗马春黄菊油的香精和不加入该成分的香精在香气和香味上的区别，以便更直观地感受特征微量香成分在香精中的作用。

值得注意的是，一种食物或者一款香精的特征香气（味）成分往往并不是挥发性物质中含量高的那一类，量多的成分未必是该香精的特征成分。特征成分往往起到决定性的作用，重在质，不在于量。特征香气味有时是一个香成分，有时可以是一个香基或一个香韵板块，有时一种特征香味是由二种或几种香成分复合而成的，例如乙基麦芽酚＋β-突厥酮能产生甜的特征香味。

另外，香精中如果只有微量特征香成分是不够的，还需要相当一部分的辅助成分，这些辅助成分虽然不能赋予风味上强烈的、区别于其他风味的特征香气（味），但却能够像绿叶衬托红花一般，在不破坏特征香气味的前提下，使风味更加逼真饱满。如果缺少了辅助成分的帮助，只有特征成分的香精的香气（味）就会太单调且枯燥无味，缺少了丰富度和自然感。但辅助成分也无法取代特征香成分的作用，如果辅助成分添加得太多，香气（味）过强，又会掩盖原香精的韵味。

掌握特征性香原料、关键性香原料是配好香精的基础。随着成分分析技术的进步，天然物质中特征香气物质的选择可以从成分分析中得到启发，例如咖啡中的二糠基硫醚、瓜果中的顺-6-壬烯醇等，有时用量虽然不多，但在香气中却对逼真度起着举足轻重的作用。

按照香味的形成途径，即水果型香味和食品型香味的不同，食品的特征性香原料（关键性香原料）也分成两类，一类是水果型香味的关键性食用香原料，另一类是食品型香味的关键性食用香原料。

一、水果型香味的关键性食用香原料

例如，杏仁中有苯甲醛；桂皮油中有桂醛；香荚兰豆中有香兰素；橄榄油中有丁香酚；菠萝中有凤尾酮（2,5-二甲基-4-羟基-2,3-二氢呋喃-3-酮），具有蜜饯和焦菠萝香味；梨中有反-2-顺-4-癸二烯酸乙酯（梨酯）；黄瓜中有2,6-壬烯醛，也称紫罗兰叶醛，可用来配制甜瓜、西瓜香精等，另外，体现瓜香的特征原料还有顺-6-壬烯醇（醛）等；白脱香味中有8-壬烯酮，具有新鲜、愉快的香味。又如，西瓜酮，加到明胶和沸水中，冷却后具有愉快的西瓜香味。

另外，有些特征香成分，单独闻并不能使人联想到其在香精中发挥的特征香气（味），但微量的添加，会使香精的特征逼真度大大加强。例如，巯基己醇，具有热带水果特征（臭）味，在配制芒果、榴莲、菠萝、百香果香精时有特殊作用，类似的还有硫代薄荷酮。另一个典型的例子是顺-6-壬烯醇（醛），它们本身具有典型的瓜香，是甜瓜、哈密瓜的特征香味料，但微量加入奶味香精中，能使奶味更逼真，常用的搭配是顺-4-庚烯醛及5-甲基-2-苯基-2-己烯醛（商品名为可卡醛）以1∶(10～20)的配比微量加入（2～4mg/kg）奶味香精中，可以有效地改善奶味香精的香气和口感。类似的还有吲哚，这种本身呈现动物粪便特征气息的成分，微量地加入乳制品中（牛奶、酸奶、炼奶、奶油，特别是奶酪、黄油、白脱等香精），能模仿脂肪中的臭味和酸臭味，效果不错。

有时水果型香味的关键性原料，不是一个而是多个。例如，2-己烯醛、己醛及2-甲基丁酸乙酯混合，才具有苹果的特征香味。红皮橘子中，甜橙醛虽然是关键性原料，但麝香草酚和邻氨基苯甲酸甲酯混合后，也有红皮橘子油特征。

专题二　水果香精中的特征香成分

由于水果香精的基本构成是相似的，相关成分具有通用性，都是由关键的特征成分起主导作用，因此，笔者将水果香精中的特征香成分按照具体果香香型的不同加以划分，以便读者更直观地学习不同水果中的特征香成分。

（1）柑橘类　柑橘类的食用香精是最受人们青睐的果香之一，不仅广泛用于清凉饮料，也在乳制品中发挥重要作用，且柑橘香型也根据人们口味的变化发生了变化，已逐渐从果皮型向果汁型转变。

柑橘的特征香气是柑橘精油中含量只占百分之几的醇、醛、酮、酯和有机酸。如，甜橙中的特征香气成分有β-甜橙醛、2，4-癸二烯醛、乙酸芳樟酯、乙醛、辛醛等。癸醛在柳橙、葡萄柚及蕨柑中含量较丰富，但如果要使甜橙香精更加逼真、富有立体感和层次感，还要寻找橙油中的微量致香成分，它们是辛醛和顺-4-癸烯醛。蔽柑油中的百里香酚、N-甲基邻氨基苯甲酸甲酯，柚子中的圆柚酮、枯茗醛为重要香气成分。而苧烯和其他单萜烯含量尽管能达到60%～90%，但它们对柑橘油香气贡献不大，且对热、光敏感，易氧化而产生异味。

(2) 苹果　显示苹果特征香气的是异戊酸乙酯、己醛和反-2-己烯醛。

(3) 草莓　草莓的香气具有一种独特的甜味，主要香味成分有丁酸乙酯、己酸乙酯、顺-3-己烯醛、γ-癸内酯和草莓醛。其独特的甜味可能是由2,5-二甲基-4-羟基-3-二氢呋喃酮产生的。

(4) 荔枝　荔枝的香味主要来自β-苯乙醇及其酯类，其他重要的香味成分为癸醛、香茅醛、香叶醇及其他酯类。

(5) 香蕉　产生香蕉特有甜果香的特征化合物主要为C_4～C_6醇的低沸点酯类，如乙酸异戊酯、乙酸丁酯、异戊酸异戊酯、丁香酚、丁香酚甲酯、榄香素等。

(6) 桃子　桃子的香气成分中以C_6～C_{11}的γ-内酯及δ-内酯为特征，特别是γ-癸内酯含量很多，γ-十一内酯又叫桃醛，δ-十一内酯有椰子香气，其他水果中很少含有这种化合物。

(7) 香瓜和西瓜　香瓜的特征香气为顺-6-壬烯醛、顺-6-壬烯醇、顺-3，顺-6-壬二烯醇。西瓜的香气与香瓜一样，以含有C_9的烯醇和烯醛为特征，特别是顺-3，顺-6-壬二烯醇、顺-3-壬烯醇使西瓜具有独特的清香气味。

(8) 猕猴桃　猕猴桃香气为C_4～C_{10}的脂肪酸酯类，特别是以丁酸酯类为主，构成浓郁而甜美的果香和浆果香，C_6的醇类和醛类如α-己烯醛、反-2-己烯醛、己醇等，赋予新鲜清爽的清香，氧化芳樟醇、α-松油醇、β-苯乙醇等含氧单萜及芳樟醇的酯类赋予轻快柔和的花香。

(9) 菠萝　菠萝香气特征是酯类多，特别是以己酸甲酯和乙酸乙酯为主，此外还有3-辛烯酸甲酯或4-辛烯酸甲酯、3-羟基己酸甲酯、5-乙酰基己酸甲酯等不饱和酯类，还发现3-二氢呋喃酮是使菠萝具有焦甜香气的成分之一。

(10) 葡萄　葡萄的特征香气成分是邻氨基苯甲酸甲酯、2-甲基-3-丁烯-2-醇、巴豆酸酯类、芳樟醇和香叶醇等。

(11) 杨桃　杨桃的香气是低级脂肪酸乙酯类和芳香族酯类，邻氨基苯甲酸以及N-甲基邻氨基苯甲酸的酯。

(12) 椰子　椰子的特征香气成分是γ-壬内酯、γ-辛内酯和δ-十一内酯。

(13) 芒果　芒果有强烈的特有热带调香气，重要的香气成分为α-蒎烯、δ-蒈烯、柠檬烯、α-葎草烯、β-瑟林烯、苯乙酮、苯甲醛、二甲基苯乙烯、顺-β-罗勒烯、α-松油醇。而果实样的香气一般由二甲基苯乙烯提供。

另外，水果香精最常搭配的风味食品就是乳制品，而乳制品又具有强烈的天然感，为了适合乳制品的天然风味，这类制品中使用的水果香精也要有强烈的天然感。例如：

① 在乳制品中使用的草莓香精，要突出天然鲜草莓韵调，从成分特征来看，可以用叶醇、芳樟醇、内酯、麦芽酚作为主体香气，巧妙地配合脂肪酸的香气。在乳类饮料中，用叶醇强调青香气息，用内酯类来增强奶感。

② 在乳制品中使用的菠萝香精，要以有果汁感的熟香型为主，主要香成分是由烯丙酯为中心的硫代丙酸酯类、麦芽酚类和柑橘油类等组成，并配合食用天然果汁以增强天然感。

③ 在乳制品中使用的葡萄香精，头香部分由带甜味的乙酯类化合物和邻氨基苯甲酸甲

酯组成。调制葡萄香精的关键是抑制鲜葡萄的青气味，增强香气的强度和甜度。

需要注意的是：在实际香精配方中，这些特征香成分有的量可能不是很多，有时甚至测不出它们的存在，这时就要按情况适当添加这些微量特征成分。

二、食品型香味的关键性食用香原料

食品型食用香料由于香味组成非常复杂，往往找不出关键性原料，这时就需要科学知识的积累。氨基酸和糖经过美拉德反应取得特征性香味后，可以从这些香味中找出关键性原料，再加以研究和生产。例如，羟基硫酮类香料、3-呋喃基硫醚就是鸡肉和牛肉的关键性特征香原料，加入调味品中具有极好的鸡肉、牛肉等香味。咸味香精的调配需要大量地使用食品型关键食用香原料体现香气（味）特征，常用的咸味香精特征香原料按照香型的不同，整理如下。

1. 牛肉香精调香中常用的特征香原料

牛肉香精的特征香气成分是 3-甲基-2-乙酰基噻吩、2-甲基-3-呋喃硫醇、双（2-甲基-3-呋喃基）二硫醚、2-糠硫醇、壬醛、辛醛、3-甲硫基丙醛、4-羟基-2,5-二甲基-3（2*H*）-呋喃酮、反,反-2,4-癸二烯醛、1-辛烯-3-酮、糠醛。

烤牛肉香精的调配，可以用下列香原料：双二硫醚、2-甲基-3-呋喃硫醇、硫噻唑、4-甲基-4-巯基-2-戊酮、3-巯基-2-丁酮、3-巯基-2-戊酮、3-巯基-2-丁醇、2,3,5-三甲基吡嗪、2,3-二甲基吡嗪、2,5-二甲基吡嗪、2-甲基吡嗪、2-乙酰基吡嗪、2-甲基-3-甲硫基吡嗪、大茴香醛、姜油、茴香油、桂皮油、肉豆蔻油、2-甲硫基丙醛、3-甲硫基丙醇、2,4-癸二烯醛、δ-十二内酯、4-乙基愈创木酚。

炖牛肉香精的调配，可以用下列香原料：α-呋喃硫醇（肉香）、甲硫醇（硫味）、5-甲基-2,3-二乙基吡嗪（烤味）、α-乙酰基-2-噻唑啉（焦烤味、牛肉味）、反，反-2,4-壬二烯醛（油脂气味）、12-甲基-十三醛（膻味）、4-羟基-2,5-二甲基-3（2*H*）呋喃酮（焦香、甜香）、3-羟基-4,5-二甲基-5（2*H*）呋喃酮（焦香、甜香）、二甲基三硫醚（硫味）。

2. 海鲜味香精调香中常用的特征香原料

反,反-2,4-癸二烯醛、3-甲硫基丙醛（具有肉香、酱香、洋葱味、肉味、海鲜味）、四氢吡咯（鱼香）、2-乙酰基吡咯（鱼香、烤面包香、甘草香、坚果香）、六氢吡啶（氨、鱼等令人厌恶的气味）、苯乙胺（鱼腥味）、三甲胺（强烈的鱼腥味、海鲜味、煮螃蟹香味的主要来源）、1,3,5-三噻嗪（肉味、洋葱味、海鲜味）、2,4,5-三甲基-1,3,5-三噻嗪（肉味、洋葱味、焦壳味、海鲜味）、*N*-(3-甲硫基丙烯基)-吡啶（虾味）、*N*-(3-甲硫基丙烯基)-二乙胺（鱼腥味、海鲜味）。

此外还有一些香原料是特定海鲜味的特征香成分，比如二甲基硫醚是牡蛎、蛤的香成分；1-辛烯-3-醇是许多淡水鱼和海鱼的挥发性香成分；十二醇是煮虾、蟹、蛤的重要香成分；α-甲基-3-巯基呋喃是金枪鱼的香成分；在鱼类和贝类海鲜香精中应用非常普遍；α-丁氧基乙醇是煮小龙虾的重要香成分；*N*,*N*-二甲基-2-苯乙胺是煮虾的特征性香气；(*Z*,*Z*,*Z*)-5,8,11-十四碳三烯-2-酮也是煮虾的香成分；3,6-壬二烯醇赋予牡蛎以甜瓜和黄瓜样香气。

另外，吡嗪类对于煮小龙虾、螃蟹、生的和发酵的虾，烤虾和煮磷虾的香味贡献很大。烷基吡嗪、2,5-二甲基吡嗪和 2,6-二甲基吡嗪具有烤坚果和肉香香气，是煮小龙虾尾的香成分。酰基吡嗪能够赋予煮龙虾、煮扇贝和螃蟹以爆玉米花香气。吡咯能赋予煮小龙虾甜的和淡的焦香特征。2-乙酰基吡咯具有焦糖样香气，存在于烤虾和喷雾干燥的虾粉挥发性香成分中。α-甲基噻吩是煮小龙虾尾、螃蟹的香成分，提供洋葱和汽油样香气。3,5-二甲基-1,3,4-噻烷是煮牛肉、煮小龙虾、煮虾的挥发性香成分，赋予洋葱样香气。噻啶具有烤虾香气，是煮虾、蒸蛤和烤鱿鱼干的挥发性香成分。

综上所述，可以归纳为以下几点：

海鲜香精的主体香原料为：N-(3-甲硫基丙烯基)-二乙胺、3,5-二噻嗪、苯乙胺、三甲胺、四氢吡咯、2,4,5-三甲基-2(2-巯基乙酸基)-噻唑啉、2-乙酰基吡啶。

肉香味原料为：四氢噻吩-3-酮、2,5-二甲基吡嗪、2,3,5-三甲基吡嗪、2-乙酰基吡嗪。

辛香料为：肉豆蔻油、芫荽籽油、蒸馏姜油、黑胡椒油、白胡椒油。

修饰剂为：2-乙酰基呋喃、呋喃酮、乙基麦芽酚、甲基环戊烯醇酮（MCP）、丁酸、冰醋酸。

3. 肉香香韵原料

2-甲基-3-呋喃硫醇：带硫黄气、肉香、鱼香，类似烤鸡香气，是肉香的关键成分，特别是猪肉和牛肉。

2-甲基-3-呋喃基二硫醚：肉香，并有烤肉、咖啡香气。

甲基-(2-甲基-3-呋喃基)-二硫醚：具有烤牛肉的肉香气，并有坚果、洋葱等香气。

3-(2-甲基-3-呋喃硫基)-4-庚酮：具有焙烤样的肉香香气。

双二硫醚：具有多种肉香香气。

2-甲基-3-四氢呋喃硫醇：具有烤香牛肉、鸡肉等肉香香气，并有焖烤肉香气和淡淡的洋葱香气，稍有硫黄气。

巯基丙酮：强烈持久的甜香，猪肉和牛肉香气。

3-巯基-2-丁酮：具有优良的牛肉香气。

3-巯基-2-戊酮：具有生肉香气，带有血腥气。

1，3-丙二硫醇：带有硫黄气，肉香香气。

1，2-丁二硫醇：具有葱香和焙烤肉香香气。

1，6-己二硫醇：具有清炖牛肉和肉香香气，并有香菇脂肪香韵及硫黄气。

4. 油炸、焙烤、脂肪香韵原料

在咸味香精，特别是肉类香精中，脂肪香气是极重要的一类香气，如鸡肉、牛肉、羊肉的香气，它们都有自己的特征脂肪香气化合物。八个碳原子以上的烯醛和二烯醛，特别是二烯醛，都具有强烈的脂肪香气，例如：

反-2-壬烯醛：具有鸡油、牛油样的脂肪香气。

反，反-2,4-壬二烯醛：明显带有鸡肉气息，香味明显，但不透发。

反，反-2,4-癸二烯醛：强烈的鸡油、牛油样脂肪香气。

12-甲基十三醛：独特的牛肉脂肪样特征香气。

2-甲基辛酸：具有猪肉、牛肉、烤羔羊的脂肪香气，并有牛奶奶油和内酯香韵，是羊肉的特征香气成分（膻味）。

4-甲基壬酸：具有焙烤山羊肉和脂肪样香气。

4,5-二甲基-2-异丁基-3-噻唑啉：具有坚果、烤香香气，并带有辛香韵。

糠硫醇：具有焙烤样焦香。

二糠基二硫醚：具有焙烤焦香，肉香。

二苄基二硫醚：具有强烈的焦香，稀释后有强烈的烘烤香，以上两种硫醚的焦香和肉香都较它们的单体硫醇优雅。

3-甲基-2,3-二乙基吡嗪：具有坚果香气，与糠醛类衍生物匹配能产生良好的烤香香气。

噻唑啉类化合物都具有焙烤焦香，油脂和脂肪香气，并伴有大蒜、洋葱的肉香味，是一类重要的焙烤香气化合物，如3-甲基-2,3-二乙基吡嗪和5,6,7,8-四氢喹喔啉都具有良好的坚果香气，它们与糠醛类延伸物匹配，都能产生出良好的焙烤香气。

4-羟基-2,5-二甲基-3(2*H*)呋喃酮：甜的果香和焦糖香气，同样对肉香香气、焙烤香气有极为重要的贡献。

5. 葱香香韵（洋葱和大蒜）原料

俗话说，没有葱蒜不成菜，这就充分说明，葱、蒜香气对肉香、菜肴类香、油炸风味等咸味风味的重要性。

大蒜香气的重要化合物是二烯丙基二硫醚，占大蒜油的90%，是由大蒜中的蒜氨酸经蒜苷和蒜素生成，二烯丙基的单硫醚、多硫醚（三硫、四硫、五硫），也都具有蒜香香气。下面是一些葱香香韵的香原料及它们的香气特征。

二烯丙基二硫醚：强烈的大蒜香气，在大蒜油中含量达90%。

二甲基二硫醚：强烈扩散的洋葱、甘蓝香气。

2-巯基-3-丁醇：具有烤肉香，葱、洋葱和大蒜香气，带硫黄香气。

3-巯基-2-甲基-1-戊醇：具有肉汤、洋葱和韭菜香气，稀有汁气。

6. 辛香、熏香、干酪香韵原料

姜油酮、辣椒素都是味觉很强烈的辛辣风味香料，葫芦巴内酯则是产生焦糖、葫芦巴香气和风味的重要辛香原料。

熏香是木材热分解后所产生的香气，主要成分是愈创木酚和它的衍生物，它们都具有熏香、辛香、酚气并有香荚兰的韵味。例如，4-甲基愈创木酚具有辛香，类似丁香、香荚兰、苯酚样的香气，并有烟熏香韵；4-乙基愈创木酚具有辛香，类似丁香、药草、木香和甜的香荚兰香气，并有烟熏香韵。

在干酪香气中，六个碳原子以下的异构酸和不饱和酸，对干酪的独特酸气、脂肪气和独特的干酪味作用很大。例如，反-2-己烯酸具有油脂气和干酪酸味。

7. 鸡肉香精常用单体原料及其香气特征

反,反-2,4-癸二烯醛：亚油酸降解产物，有强烈的油脂气息，略带鸡肉鲜味。

反,反-2,4-壬二烯醛：明显带有鸡肉气息，鲜味明显，但不透发。

2,3-二甲基吡嗪：具有炒花生、芝麻、核桃、煮/烤肉类的香气，焦甜并兼协调香气。

乙基麦芽酚：协调性好，味道极鲜，甜。

呋喃酮：浓郁的鸡肉香味，香气强烈。

二巯基丙酮：明显的烤肉香味，略带咖啡香气。

双二硫醚：明显的蘑菇味。

1-辛烯-3-醇：强烈的烤马铃薯、炒花生和可可样香气，带有牛肉的香气。

2,3,5-三甲基吡嗪：带有栗子味和明显肉味。

3-巯基-2-丁酮：油气大，葱香味足，协调性佳。

小香葱油：生姜气息。

蒸馏姜油：肉感强烈，味道浓郁。

4-甲基-4-糠硫基戊酮-2-冰乙酸：强烈刺鼻的酸味，挥发性好，少量加入能使香气透发。

2-甲基-3-呋喃硫醇：明显的蘑菇味。

己醛：挥发性好，又可使香气飘逸，少量加入能提升脂肪香气。

一款逼真度和天然感做得到位的食用香精，必然是一款将微量特征香成分运用得当的香精，这样才能使得这些成分在不同的香韵中体现不同的香气和香味特征，从而构成一款香味既有特色又逼近真实食品的食用香精，下面以一款鸭肉香精为例（表 2.4），介绍特征微量香成分在一款香精中是如何在各个香韵中起到提调风味特征作用的。读者可以尝试着进行调配，以便获得更直观的感受。

表 2.4 鸭肉香精示例

香韵	成分	添加量/%
肉香	2-甲基-3-呋喃硫醇	0.03
	双(2-甲基-3-呋喃基)二硫醚	0.03
	3-甲基-5-羟乙基噻唑	2
	4,5-二甲基-2-异丁基-3-噻唑啉	0.2
	4-甲基-4-巯基-2-戊酮	0.01
酱香	3-甲硫基丙醇	0.3
	3-甲硫基丙酸甲酯	0.5
烘烤香	2-乙酰基吡嗪	0.2
	2,3,5-三甲基吡嗪	0.05
	2,3-二甲基吡嗪	0.05
	2-乙酰基噻唑	0.1
焦香	麦芽酚	1
	甲基环戊烯醇酮	0.5
	呋喃酮	0.3
酸香	乙酸	0.03
	丁酸	0.2
脂肪香	十六酸	1
	反,反-2,4-壬二烯醛	0.1
辛香	大茴香脑	0.2
	姜油	0.5
	肉桂油	0.2
	丁香酚	0.3
溶剂	色拉油	92.2

食品香味（包括水果型和食品型）的特征关键性食用香原料，除了上述的例子之外，笔者还特地将食品中常见的香气和其对应的关键性食用香原料，以及常见食品中的各种特征性香原料整理如下（分别见表 2.5 和表 2.6），仅供各位读者在工作实践中参考。

表 2.5 特征香气原料

香气	原料	香气	原料
茴香	大茴香脑	焦苦味	桦焦油、苦树木提取液
醛香	辛醛、庚醛	竹香	对甲酚
香脂	乙酸桂酯、桂醇	椰子样	γ-壬内酯
新鲜气息	羟基香草醛	奶油	2,3-庚二酮
果香	乙酸戊酯	壤香	丙酸己酯

续表

香气	原料	香气	原料
茉莉	乙酸苄酯	醚香	二乙醚、乙基戊基酮
薰衣草	乙酸松油酯	鱼腥	己胺、三甲胺
蜜香	苯乙酸	花香	乙酸苯乙酯
辛辣气	正戊醛	青香(花香)	2-苯丙醛
膏香	桂酸异戊酯	青香(草香)	乙酸己烯酯
焦香	愈创木酚	青香(叶青)	叶醛、己酸庚酯、2-己烯醛、叶醇
白脱香	γ-癸内酯	药草香	香荆芥酚甲醚、丁酸辛酯
樟脑气	樟脑、异龙脑	柠檬香	柠檬醛、柠烯
陈腐气	对-3-盖烯-1-醇	金属气	戊基乙烯酮
油脂气	癸二烯醛、十二酸异戊酯	薄荷样	薄荷脑
洋葱样	二甲基二硫醚	麝香样	十五内酯
甜橙样	*N*-甲基邻氨基苯甲酸甲酯	烟熏气	焦木酸
油酪样	正丁酸、2,4-癸二烯醛	肥皂气	月桂醇
玫瑰样	香叶醇	辛香	丁香酚、丙酸桂酯
汗气	异戊酸	硫黄气	二甲硫醚
香荚兰样	香兰素、乙基香兰素	木香	异丁酸庚酯、β-松油醇
酒香	10-十一烯酸乙酯、庚酸乙酯	牛肉、羊肉的膻味(羊骚味)	4-甲基辛酸
酯甜	鸢尾凝脂	青(甜)香	紫罗兰叶净油和浸膏

表 2.6　常见食用香精的特征性原料

香精	原料	香精	原料
白兰地酒	庚酸乙酯	留兰香	L-香芹酮
浓香型白酒	己酸乙酯	蘑菇	1-辛烯-3-醇、1-辛烯-3-酮、香菇素
清香型白酒	乙酸乙酯、乳酸乙酯	奶酪	2-庚酮
百里香	百里香酚	奶油	丁二酮
爆玉米花	2-乙酰基吡啶、2-乙酰基吡嗪	柠檬	柠檬醛
菠萝	3-甲硫基丙酸甲酯、3-甲硫基丙酸乙酯、己酸烯丙酯、庚酸烯丙酯、环己基丙酸烯丙酯	苹果	乙酸异戊酯、2-甲基丁酸乙酯、己醛、反-2-己烯醛、反-2-己烯醇及其酯、万寿菊油
薄荷	薄荷脑	葡萄	邻氨基苯甲酸甲酯
草莓	印蒿油、β-甲基-β苯基缩水甘油酸乙酯	巧克力	5-甲基-2-苯基-2-己烯醛、四甲基吡嗪、丁酸异戊酯、香兰素、乙基香兰素、2-甲氧基-5-甲基吡嗪
橙子	α-甜橙醛	芹菜	3-丁基-4,5,6,7-四氢苯酞、3-亚丙基-2-苯并(*c*)呋喃酮
醋	乙酸乙酯、醋酸	青香	顺-3-己烯醛
大米	2-乙酰基吡咯啉	肉桂	肉桂醛
大蒜	二烯丙基二硫醚、大蒜油、大蒜油树脂	生梨	反-2-顺-4-癸二烯酸乙酯(梨酯)
丁香	丁香酚、丁香油	桃子	γ-十一内酯(桃醛)、6-戊基-α-吡喃酮
番茄	(*Z*)-3-己烯醛、顺-4-庚烯醛、2-异丁基噻唑	甜瓜	2-甲基-3-(对异丙基)丙醛、(*Z*)-6-壬烯醛、羟基香茅醛二甲缩醛、2,6-二甲基-5-庚烯醛、2-苯丙、2-甲基-3(4-异丙苯)丙醛
覆盆子	覆盆子酮、印蒿油、β-紫罗兰酮、γ-紫罗兰酮	土豆	3-甲硫基丙醛、甲基丙基硫醚、2-异丙基-3-甲氧基吡嗪
葛缕子	*d*-香芹酮	香草	香兰素、乙基香兰素
花生	2-甲基-5-甲氧基吡嗪、2,5-二甲基吡嗪	香蕉	乙酸异戊酯
黄瓜	反-2-顺-6-壬二烯醛、反-2-壬烯醛、反-2-顺-6-壬二烯醇	香柠檬	乙酸芳樟酯
茴香	茴香脑、甲基黑椒酚、大茴香油	杏仁	苯甲醛

续表

香精	原料	香精	原料
基本肉香味	三甲基噻唑、2-甲基-3-呋喃硫醇、2,5-二甲基-3-呋喃硫醇、2-甲基-3-甲硫基呋喃、2-甲基-3-呋喃基二硫	杏	γ-十一内酯
羊肉特征香味	4-甲基辛酸、4-乙基辛酸、4-甲基壬酸	烟熏	愈创木酚
酱油	酱油酮	芫荽	芳樟醇、芫荽油
焦糖	2,5-二甲基-4-羟基-3(2*H*)-呋喃酮、麦芽酚、乙基麦芽酚	洋葱	二甲基二硫醚、二丙基二硫醚
咖啡	糠硫醇、硫代丙酸糠酯	椰子	γ-壬内酯
烤香	2,5-二甲基吡嗪	樱桃	苯甲醛、丁酸戊酯、乳酸乙酯、苄醇、茴香醛
榛子	2-甲基-5-甲硫基吡嗪	圆柚	圆柚酮、1-对蓋烯-8-硫醇
绿豆	2-甲氧基-3(或5或6)异丙基吡嗪、2-甲氧基-3(或5或6)异丁基吡嗪	生姜	姜油、生姜油树脂
芥菜	3-丁基-4,5,6,7-四氢苯酞、3-亚丙基-2-苯并(*c*)呋喃酮		

专题三 含硫特征香成分

在食品香精中，硫化物类的风味成分经常在香精中起到微量特征香成分的作用，因为这些含硫的化合物通常都具有很低的阈值，香气强度大，且普遍具有区别于碳氢化合物的不愉快气息。然而，浓度对含硫化合物香味的影响是很大的，几乎所有硫化物在低浓度时都呈现令人愉快的食品香味，用过犹不及来形容浓度对含硫化合物香味的影响是很恰当的。即便是在低浓度时，同一含硫化合物在不同浓度也会呈现出不同的香味效果。例如，二甲基硫醚在500mg/kg时具有奶油、扇贝、浆果、蔬菜样香味；在1mg/kg时具有番茄、玉米、芦笋、奶制品香味和淡淡的薄荷尾香。又如，2-甲基-3-甲硫基呋喃含量在小于1μg/kg时具有肉香，在含量大于1μg/kg具有维生素B_1样的香味。

基于这种特性，硫化物在食品香精中一般以低浓度存在，起着营造特征香气（味）的作用，它是咸味香精、坚果类香精、热带水果类香精和部分蔬菜香精不可或缺的特征风味成分，是风味中的最关键角色。下面就按照香型的不同，对不同香型中起特征香成分作用的硫化物做一个归纳。

（1）肉香味　肉香味分为基本肉香味和特征肉香味两类。分子结构中含有基本肉香味特征结构单元的含硫化合物一般具有肉香味。这些化合物品种很多，最特征的是α-甲基-3-呋喃硫醇、2，5-二甲基-3-呋喃硫醇、2-甲基-3-甲硫基呋喃、二（2-甲基-3-呋喃基）二硫醚和甲基-2-甲基-3-呋喃基二硫醚，它们是猪肉、牛肉、鸡肉、鱼肉、菜肴等食品香精的核心香料。

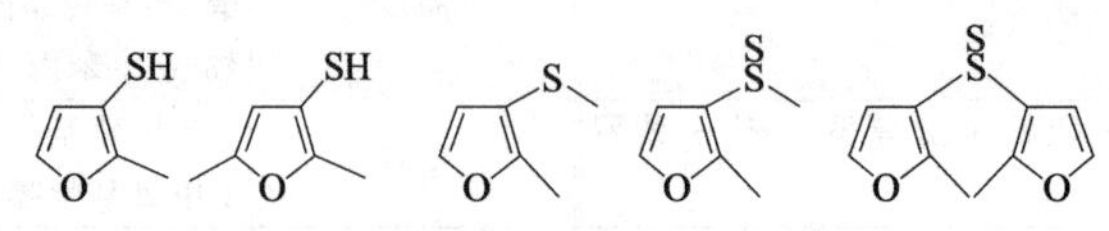

肉香味特征含硫香料

（2）咖啡和芝麻油香味　最具特征的是：糠硫醇、硫代丙酸糠酯、二糠基二硫醚，它们是咖啡、芝麻油、蔬菜、洋葱、大蒜、坚果、巧克力、马铃薯、菜肴、烤肉、肉味等食品香精的常用香料。其中糠硫醇修饰咖啡醛，兼有体香和头香作用，硫代丙酸糠酯和二糠基二硫醚主要起体香作用。

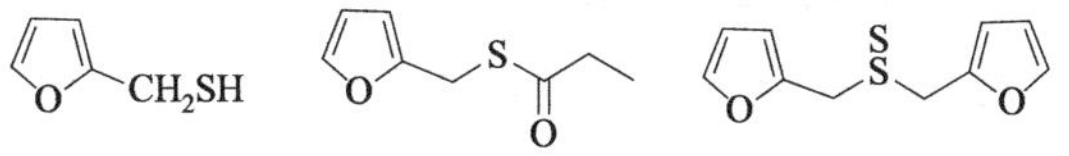

咖啡和芝麻油香味特征含硫化合物

(3) 大蒜香味　分子结构中含有烯丙硫基的化合物一般具有大蒜样香味，其中最重要的大蒜特征性香料是烯丙硫醇、二烯丙基二硫醚和二烯丙基三硫醚，它们都是大蒜的重要香味成分，在大蒜、洋葱、大葱、肉味、调味品等食品香精中经常使用。

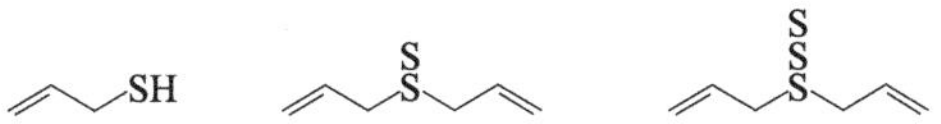

大蒜香味特征含硫香料

(4) 洋葱香味　分子结构中含有丙硫基的化合物一般具有洋葱样香味，其中最重要的洋葱特征性香料是丙硫醇、二丙基二硫醚和甲基丙基三硫醚。它们都是洋葱的关键香味成分，在洋葱、大葱、大蒜、蔬菜、牛肉、猪肉、鸡肉、色拉酱、热带水果等食品香精中经常使用。丙硫醇主要作用为头香香料，二丙基二硫醚和甲基丙基三硫醚主要作为体香香料。

洋葱香味特征含硫香料

(5) 番茄香味　2-异丁基噻唑具有特征的番茄香气和味道，是番茄香味的特征性香料，常用于番茄汁、番茄酱等香精，主要起体香作用，该香料还具有清香、蔬菜香、草香、青叶香气以及清香、蔬菜味道，在花香、水果、肉味、清香、蔬菜等食品香精中也经常使用。

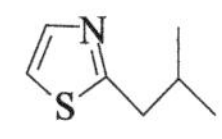

番茄香味特征含硫香料

(6) 马铃薯香味　3-甲硫基丙醛、甲基丙基硫醚都具有马铃薯特征香味，在马铃薯香精中起头香和体香作用，在番茄、肉、海鲜、洋葱、面包、坚果、奶酪、热带水果、蔬菜等食品香精中也较常用。

马铃薯香味特征含硫香料

(7) 榛子香味　2-甲基-5-甲硫基吡嗪具有榛子特征香味，以及杏仁、花生、腰果、坚果、爆玉米花、壤香、咖啡等香味，在榛子香精中起体香作用，在马铃薯、谷物、坚果、巧克力、鸡蛋、咖啡、可可、杏仁、爆玉米花、菜肴等食品香精中经常使用。

(8) 菠萝香味　3-甲硫基丙酸甲酯，俗称菠萝甲酯，具有菠萝特征味道，是菠萝香精的常用香料，起头香和体香作用，该香料还具有番茄、辣根、洋葱、肉、大蒜香气以及小萝卜、辣根等蔬菜味道，在柑橘、猪肉、牛肉、鸡肉、辣根、洋葱、大蒜、番茄等香精中也常使用。

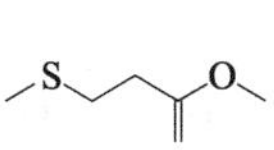

菠萝香味特征含硫香料

(9) 圆柚香味 1-对蓋烯-8-硫醇具有强烈的圆柚特征香味，以及葱蒜、热带水果、芒果等味道。在圆柚香精中起到头香和体香作用，在黑醋栗以及芒果、榴莲等热带水果香精中应用很广泛。

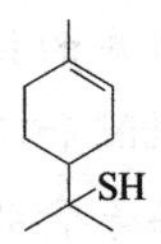

圆柚香味特种含硫香料

三、日用香精常用的特征香原料

日用香精虽然不必像食用香精那样精准地再现食物的香味，可以有一定自由发挥的空间，但日用香精，尤其是以各类花、果和芳香植物其他部位为主题的香水香精，其中各个香韵板块需要用特征香料表现出来，否则无法使人有对应的想象。例如，调配玫瑰香精时，体现玫瑰甜韵的原料，如香叶醇、香茅醇、苯乙醇等是体现玫瑰特征必不可少的。下面按照香韵的不同罗列一部分特征香原料，供初学者参考。

体现青滋香韵的原料有以下几种。

① 叶青 女贞醛、顺-3-己烯醇（叶醇）。

② 苔青 橡苔浸膏。

③ 茉莉青（清） 茉莉酮、茉莉酮酸甲酯、二氢茉莉酮酸甲酯、异二氢茉莉酮酸甲酯。

④ 梧青 松油醇。

⑤ 茴青 大茴香醛。

⑥ 萼青（带甜） 苯乙醇。

⑦ 木青 芳樟醇、玫瑰木油、橙叶油、玳玳叶油。

⑧ 梅青 苯甲醛。

⑨ 草青 香茅醛。

⑩ 凉青 薄荷脑、龙脑、乙酸龙脑酯、桉叶素、薄荷酮。

体现甜香韵的原料有：

① 醇甜或玫瑰甜 玫瑰醇、香叶醇。

② 柔甜或蜜甜 鸢尾酮。

③ 辛甜或焦甜 丁香酚、异丁香酚、丁香酚甲醚。

④ 膏甜或桂甜 桂醇、秘鲁香树脂、吐鲁香树脂、苏合香树脂、桂酸苄酯、桂酸桂酯、桂酸苯乙酯、黄连木香膏、桂酸甲酯。

⑤ 脂蜡甜或蜜蜡甜 壬醛。

⑥ 酿甜 康乃克油、庚酸乙酯。

⑦ 青甜或橙花甜 橙花醇、香茅醇、苯乙醇。

⑧ 金合欢甜 金合欢醇、甲基紫罗兰酮。

⑨ 果甜 桃醛（γ-十一内酯）。

⑩ 豆甜 乙基香兰素、香兰素、洋茉莉醛、香豆素、香荚兰豆、黑香豆制品。

⑪ 木甜 愈创木酚、岩兰草油。

体现果香韵的原料有：

① 柑橘果香　柠檬醛，柠檬油、甜橙油、D-柠烯。

② 浆果香　苦杏仁油。

③ 瓜香　黄瓜醇、黄瓜醛。

体现木香韵的原料有：

① 干甜木香　植香木、柏木、愈创木、岩兰草油。

② 干枯甜木香　香苦木、香附子油。

③ 焦木香　桦焦（干馏树皮）油。

体现动物香的天然原料有：麝香、龙涎香、灵猫香、海狸香；合成原料有麝香酮、麝葵内酯、十六内酯、灵猫酮。

四、烟用香精常用的特征香原料

高档混合型卷烟表香，要求具有烘烤香、焦糖香、果香、辛香、青香、豆香，配方格局以焦糖香、烘烤香、豆香为主体，头香体现果香、辛香加青香，其中以果甜、青甜并重。另外适当增补白肋烟和香料烟特征香，溶剂为丙二醇、水、乙醇。

① 烘烤香　乙酰基吡嗪、4-甲基-5-羟乙基噻唑、菊苣浸膏、葫芦巴酊（或浸膏）。

② 豆香　可可提取物、咖啡提取物、香荚兰豆酊、苯甲醛、香兰素、乙基香兰素。

③ 焦糖香　麦芽酚、乙基麦芽酚、MCP、呋喃酮、MCP的氨化产物。

④ 辛香　芹菜籽油、肉豆蔻油、甘牛至油、丁香油、姜油。

⑤ 果香　香柠檬油、甜橙油、乙酸戊酯、戊酸乙酯。

⑥ 青香　β-突厥酮、β-二氢突厥酮、γ-己内酯、叶醇及叶醇酯。

⑦ 白肋烟和香料烟香　吲哚、2,6-二甲基吡啶、3-甲基戊酸、香紫苏内酯、降龙涎香醚、白肋烟及香料烟热提取物、巨豆三烯酮。

烤烟型高档表卷烟香要求香韵组成以清甜香为主，辅以焦甜香，同时具有辛香、果香、膏香和酿香，适当增补烤烟香。

① 清香　树兰花油、橡苔浸膏、叶醇及叶醇的酯。

② 清甜香　β-二氢突厥酮、茶香螺烷、香叶油、香叶基丙酮、金合欢基丙酮。

③ 辛香　大茴香油、大茴香醛、芹菜籽油、丁香油、丁香罗勒油。

④ 果香　甜橙油、乙酸异戊酯、2-甲基丁酸乙酯。

⑤ 酒香　朗姆醚、庚酸乙酯、己酸乙酯。

⑥ 膏香　秘鲁浸膏、吐鲁浸膏、安息香浸膏。

⑦ 焦糖香　麦芽酚、乙基麦芽酚、MCP、面包酮。

⑧ 烤烟香　云烟净油、烟草花油。

第三节　掌握常用香原料的香气香味和理化特征

花香、草香、木香、酒香等，天然的、合成的等，这个世界上究竟有多少种香气？答案是未知的。那么，有香气的原料又有多少种？一个可供参考的数据是大于9000种。而闻出几百种天然或人工香料是一名调香师的基本功。要在一堆原料中将不同的原料嗅辨出来，是一个漫长的经验积累过程。对于调香师而言，只拥有先天的超级灵敏的鼻子是不够的，除此之外，还必须经过严格的嗅觉训练。一个调香专业的学生从开始学习闻香，掌握不同香味的特点，不断接受嗅觉训练，直到毕业，至少需要掌握 400～500 种不同单体原料的香味。而对一个真正的调香师来说，至少要掌握 1500 种以上甚至更多。调香师要学会建立自己的原料库，只有熟悉各类香原料的香气特征，才能知道在调香过程中缺什么以及用什么。

作为调香师，尤其是初学者，每天必须安排一定的时间来辨认和熟悉香原料的香气。调香师需要懂专业，勤奋钻研，经过系统训练，熟悉 1500 种以上原料特征和香气。这样才能熟悉一般的香料组合，即某些原料相组合可以产生哪种香气。积累常用的香精的结构组合、基本框架，有助于调香时基本定型香精，即先构筑一个基本的配方，再根据需要调整修饰、补充。

有一种错误观念认为，仪器分析能够代替人的感官，告诉调香师一个香精中所有有关香气的信息。然而，仪器分析虽然可以将香精中大部分的挥发性组分呈现在分析报告中，但却无法直接告诉调香师香精中何为关键特征成分，也无法分析香精的香韵组成、结构，因此仍然需要用感觉器官，如鼻、眼、舌头去寻找答案。人体感官的灵敏度比当今最先进的分析仪器还要高，因此不能用仪器代替调香师的感官评定过程。过分依赖仪器，忽视感官评价能力，造成调香师能力下降，企业效益甚微，是一种亟须改变的情况。

由于香气无形、无声，很难用语言记录和表达，所以只能将它们储藏在调香师的嗅觉记忆库中，而这样专门搜集香气的记忆库对一般人来说是不可思议的。在闻过一种香料的香味之后，无论是天然的还是人工合成的香料，都会在调香师的脑海中留下印象，而接下来要做的，就是要熟识和分辨这些印象，并将想象中的嗅觉形象量化。只有大脑中记忆了大量香原料的香气信息，反复记忆，鼻子闻到时才能反映出来，调香和评香时才能及时用上。

调香时如遇到不熟悉的原料，特别是一些未闻过、未使用过的原料，可通过查阅相关资料找到相应的信息，比如，香气特征、在不同香精产品中的极端用量、禁忌特性、香气阈值，各种香料在香精中的作用和应用类型，化学结构及香气（味）特性等。

一、闻香尝味的标准动作

正确的闻香操作是掌握香原料香气和香味的前提。初学调香的人感受并记忆香原料香气的步骤如下：

首先，在评香条上标明被评价对象的名称、号码和时间。然后，将评香条一头浸入香精或香料（或其稀释溶液）中 1～2cm，对比试验的量相等。嗅辨时，样品不要触及鼻子，要保持一定的距离（刚可嗅到）。对于固体样品，可将其少量置于滤纸片中心嗅辨。

对于食用香料，调香师还需要对其进行尝味。有些香料的香气和味道一致，有些则不同，因此只有掌握了食用香料的香味，才能在调香过程中及时发现对味感有正面或负面影响的香原料，及时调整。熟悉食用香原料的香味的操作如下：

用纯净水将香料稀释成 mg/kg 级别（对于香气强度强的物质可稀释到 μg/kg 级别，如大部分咸味香精），利用本系列丛书《香料香精概论》中介绍的“描述性品尝法”或“一般品尝法”感受香原料的香味。

二、香原料香气和香味的记忆方法

1. 传统方法

培养评香记忆能力的方法多种多样，我国传统的调香界是以鼻子嗅辨为主的。师傅带徒弟模式，评香、辨香主要靠师傅传帮带，各家都有一套自成一体的记忆香料香气的方法。国内传统的训练方法是累积法或称堆积法，拿到一个香料，闻一下，然后在自己比较了解的一千多种原料中搜索，效率低下，所以在国内有十年以上调香工作经验的人一般能记忆五百种香原料已经很不错了。有的方法稍微系统些，即一段时间集中熟悉一类香原料，例如把香原料按照官能团的不同分为醇、醛、酮、酸、酯、杂环、萜烯，分门别类逐一记忆，效果会好一些。但是这样的熟悉方式容易忘记，常常会出现以下情况：这个月熟悉醛类香料，反复闻后，有了概念，下个月换酮类香料，效果相似，一年半载下来，练了好久，记了不少，同类原料集中起来闻能记住，打乱就分不清了。经过几十年的磨练，这些经验丰富的调香师也具有一定的功底，也能做到记忆一两千种香原料，但这实在过于费时费力，显然已不适合当今科学技术突飞猛进的需要，科学的训练方法尤其重要。

2. 分类记忆法

国外，特别是美国的一些大香精香料公司，创造了一种称为分类记忆法的训练方法，主要思路是把天然原料和合成原料，按香气类型分成若干类，一般是二十到三十类，比如清香、辛香、草香等，每一类选出几个有代表性的香料记忆，通常是五个左右，熟悉之后过渡到相似类别的原料，分类训练，加深印象，便于记忆。外国受此训练的调香师，特别是欧美一些知名大香精公司的调香师经过一年左右的训练，再有五年左右的调香经历，熟练运用1000～1500种香原料是比较普遍的。在用分类记忆法熟悉香原料前，建议初学者要多接触香味和香气的实物。因为在闻香-理会-印象-记忆的过程中，理会和印象是调香者用已接触过的实物气味与头脑中的印象加以对比的，比如闻到某种香料的气味有似玫瑰花香、菠萝香、芒果香，那么，他事先得闻过玫瑰花或吃过菠萝、芒果。调香者接触自然界的不同气味越多，越有利于熟悉香料的香气。因此，调香者应寻找更多的机会闻一闻各种花香和品尝各种水果的香味，无法接触香味实物的，也只有以天然精油作为认知对象了。

利用分类记忆法，我们可以将香原料按照香韵的不同进行分类。例如，可以把天然香料分为柑橘、木香、辛香、甜橙、茴香、玫瑰、壤香、膏香、花香、树脂香、动物香、香茅、薄荷、杂花香14类；把单体香原料分为茴香、琥珀香、醛香、动物香、膏香、木香、柠檬、辛香、叶青、新鲜感、花香、果香、茉莉、薰衣草、蜂蜜、薄荷、麝香、水仙、甜橙、玫瑰、玫瑰叶、玫瑰果、香草23类。每一类中选取几种具有典型代表性但有所不同的原料（即具有这类原料的典型香气）进行记忆。例如，天然香料的木香原料，可选取檀香、雪松、香根草、广藿香、橡树、松树、柏树、愈创木精油，它们都是木香类天然香料，但各自代表的木香特征又有所区别。同样地，对于合成香料的木香原料，可选取乙酸柏木酯、柏木醇、岩兰草醇、乙酸对叔丁基环己酯、甲基紫罗兰酮、α-紫罗兰酮。又如，天然香料的辛香原料，可选取丁香花蕾、芫荽籽、香叶、肉豆蔻、胡椒、卡藜、杜松子油。同样地，对于合成香料的辛香原料，可选取桂醛、丁香酚、甲基丁香酚、异丁香酚、甲基异丁香酚。

在对有香食物或植物有感官体验经历的基础上，训练时受训者先熟悉某一类有代表性的几个原料，因为香气比较典型，所以不难记忆。一类完成后，再熟悉另一类，循序渐进，每天开始闻新类型样品前，要先花一定时间温习一下前一类的样品，只是时间呈逐渐递减的形式，即熟悉的、已闻过多次的复习时间就短一些，对生疏的、刚接触不久的就要多花一些时间去闻并记忆，温故而知新。依此类推，一般完成上述 37 类天然和单体香料，需三个月左右时间。经过这样的训练，调香师对于各类香型具有典型香气特征的原料已能准确分辨。

下一步就是扩展香料品种，把现有的约 3000 种香料都依香气类型分列到 37 类中，即将具有同一香气特征的香原料归并在一起。这样每一类香料中，既有香气典型的样品，也有特性差一点的香原料，但训练方法还是一样。每一类香原料会大大扩充，少则二三十种，多则五六十种甚至七八十种。要熟悉一类中的所有样品，显然较前阶段困难，初学者开始时抓不住要点，但反复闻、反复比较会发现这些原料有共性和区别，这一方面需要老调香师的讲解指导，另一方面刻苦训练也起了重要作用。对于提高对每一类香原料内部之间的辨识能力，可以采取同系列香料对比的方式。比如乙酸乙酯、丙酸乙酯、丁酸乙酯等，这些不同酸的乙酯之间的香气有何相似之处？又有何差异？丁香酚与异丁香酚，α-戊基桂醛与 α-己基桂醛等，这些不同的结构香气之间的对比又是怎样感觉的？用这样对比的思路可以高效地记住香气或香味类似的原料的香气香味特征，知道它们的香气归属，并且能细分出微小的感官差异。

另外，还可采取同类分组之间对比的方式，如几种硝基麝香香气之间对比，薰衣草油、杂熏衣草油和穗薰衣草油香气之间对比，橙油、橘子油、柠檬油、白柠檬油和香柠檬油香气之间对比。

对于上述熟悉过的原料，调香师还可将其配成已知香成分的混合物进行闻香，这样可以进一步对原料在不同香气结构内发挥的作用、与其他原料之间的关系有更加深刻的记忆和认识。这可以大大提高调香师辨香的能力，从而提高调香时利用评香准确到位地修改配方的能力。

在实践工作中经过不同方式训练的调香师能力会有较大差异，经常出现调香师过分依赖剖析工程师的情况，甚至已经到了一旦没有剖析，调香师就寸步难行的境地。这是由于他们没有经过系统训练，很难分析按照剖析配方配出来的香精与标样差别在哪里。如果对香原料香气比较熟悉，就能十分容易地确定剖析方中何种原料多了，何种原料的量不够，然后稍做调整就能符合标样。但一旦调香师缺乏基本的功底，无法判断香气的差异是由什么原料造成的，就只得再由剖析工程师进行调整。

调香师熟悉记忆香原料的香气和香味，是提高我国整体调香水平的关键，而提高调香师的个人素质，重点在于要培训调香师使之掌握鉴别各类原料的技能。

三、熟悉香原料的理化特性

除了香原料的香气和香味，掌握香原料的其他理化特性是调香师控制香精和加香产品稳定性的基础。香原料的理化特性可帮助调香师获得香气、规格、稳定性和安全性等方面的具体信息。具体如下：

① 从香料的分子量、沸点、蒸气压、碳原子数、分子结构和黏稠度等方面，可以略知其香气的扩散、强度、持久和稳定的程度。

② 从香料的熔点、凝固点、溶解度、互溶性等方面，可以预料其在某些温度时的状态，

避免在气温变化时发生浑浊、冻凝、沉淀或分层等现象。

③ 了解香原料在多种香精、溶剂和加香产品中的溶解度，可以避免香精和加香产品发生浑浊或沉淀等事故，并且节省因过滤引起的损耗。

④ 从香原料的化学分类以及分子结构、官能团性质等方面，以及醇、酸、酯、醛、酮、酚、醚、内酯、缩醛、泄馥基等多类香原料的化学性质，可预计它们之间的相互作用，以及香精与加香产品之间的化学作用，为香精配方的设计提供支持。

⑤ 香原料的相对密度、折射率和旋光度等数据，可以帮助调香师了解香原料的规格。

⑥ 化学分析、纯度以及其所含成分的性质和数量，可以让调香师合理取舍，避免香精和加香产品出现变质、变香或变色等事故。

⑦ 了解某些香原料对人体生理的影响，如刺激性、毒害性和过敏性及其暴露剂量后，可以少用或避免使用那些不适合人体生理的原料。

⑧ 了解物理、化学吸附吸收，以及化学方面的氧化还原、酯化、分解、聚合、缩合等知识，有助于调香师解决设计香精配方时香气在扩散、强度、持久和稳定等方面的许多问题。

⑨ 通过物理、化学数据，可以掌握有关香原料和香精的使用方法和储藏方法（例如，耐热、耐酸、耐碱、抗氧化、避光、与金属接触的作用等），从而可以防止香精出现产品变质、变香和变色等事故和损失。

⑩ 根据某些实验数据，如某些香料其香气能为人们感官所察觉的最低浓度，以及香料之间的香气相对强度系数等指标，可以大致拟定出香精配方中香原料的用量和比例。

当调香师对这些理化性质把握不准，并且缺少文献资料时，调香师应邀请同行或专家共同评辨，发挥集体的力量来解决问题。

对于初学调香者来说，掌握常用香原料的香气香味和理化特征是非常重要的。随着学习的进行，调香师应随时记录接触过和嗅过的各种香精香料的性能、数据以及自己的学习心得，以利于学习和工作。可将香精香料分门别类地记载，并作为自己的技术档案妥善保存。记录的内容应包括如下项目：

① 品名、来样日期、编号等。

② 化学名称、学名、商品名、主要成分、价格等。

③ 香气或香味特征（例如香韵，强度，扩散程度，混合物的头香、中韵、尾香等）。

④ 溶解性能、外观、稳定性、变色情况、安全性评价和建议用量等理化特性。

四、熟悉香原料的来源

要配好香精，必须有扎实的基本功，还需要熟悉香料来源，不同的香料因制备方式不同可能会导致不同的应用效果，下面列举了一些香料的来源方式，供读者参考。

天然植物：精油、浸膏、净油、酊、香脂、香膏等。

动物：灵猫香、海狸香、麝香、龙涎香等。

单离：柠檬醛（山苍子油）、香茅醛（香茅油）、芳樟醇（芳樟油）、香兰素（香荚兰浸膏）等。

半合成：洋茉莉醛（黄樟素）、松油醇（松节油）、柠檬醛（山苍子油）等。

全合成：乙基麦芽酚、羟基香茅醛、杂环化合物（吡嗪、吡啶、噻唑、呋喃、硫醇、硫醚）等。

有时一个原料的来源既可以是天然单离，也可以是半合成、全合成。例如芳樟醇可以从芳樟树单离，也可从β-(α-) 蒎烯路线合成（半合成），还能从乙炔丙酮路线全合成。

单体香原料有单组分、双组分和多组分三种规格。大部分的单体原料是单组分香原料，如芳樟醇、苯乙醇、香兰素和丁香酚等。双组分原料有乙酸邻（对）叔丁基环己酯、杨梅醛和玫瑰醚等。而多组分香原料有松油醇、α-紫罗兰酮等，它们由很多的异构体构成。调香师在控制双组分香原料和多组分香原料的质量时，不仅要看它们的质量是否合格，还要看组分的比例是否正常。

五、熟悉同一原料的不同命名

香料行业是一个工艺相对简单，但管理控制相当复杂的行业。一个调香师常用的原料至少也有1000～1500种，来源多样，名称复杂。对于一些香原料，不同公司会采用不同的名称，例如甲基柏木酮也叫乙酰基柏木烯，3-羟基-2-丁酮也叫乙偶姻。调香师要熟悉各类香料的惯用名称，以提高工作效率。表2.7列举了部分常用香料的多名现象，供初学者加深印象。

表2.7 部分常用香料的化学名与商品名或俗名

化学名	商品名/俗名	化学名	商品名/俗名
2-甲基-2-戊烯酸	草莓酸	2-甲基-4-戊烯酸	浆果酸
γ-壬内酯	椰子醛	γ-十一内酯	桃醛
反-2-反-4-己二烯醛	山梨醛	5-甲基-2-异丙基-2-己烯醛	可可醛
4-庚烯醛	西瓜醛	2,6-二甲基-5-庚烯醛	甜瓜醛
二氢-β-紫罗兰酮	桂花王	乙醛乙基苯乙基缩醛	风信子素
5-甲基-2-苯基-2-己烯醛	2-苯基巴豆醛,有时也称为可可醛		

六、香原料的选择、替代与整理

1. 香原料的选择与替代

掌握常用香原料的香气香味和理化特征，还有一个目的，就是要学会在调香工作中选择和替代配方中的香原料。学会选择、搭配、配伍合适的香原料对提高香精质量很重要。例如，悟通公司的硫醇分为豆香型、甜香型、奶香型和肉香型四种，乙基麦芽酚分为醇香型、焦香型和特香型。调香师只有掌握了香料的香气，才能针对不同的香精品种，选择合适香气特征的香原料。调香，尤其是仿香，常常会因为以下原因由调香师寻找替代原料，继续进行调香活动：

① 国内缺少某种原料，或禁用某种原料，需要替代。

② 某原料价格过高，而客户对香精的成本控制较为严格，如日用香精中的狮子龙涎和豹子龙涎。

③ 某些原料禁用，例如某些原料在日用香精中可用，但在食用香精中禁用。

④ 某些原料生产不稳定，其产量受季节、收成等多方因素影响。

⑤ 某些杂环类原料的香气和纯度差异很大，需要解决替代问题。

⑥ 贵重原料不一定生产好的香气，需要用别的廉价原料替代。

解决上述问题的方法有：

① 用合成原料替代天然香料解决成本问题。例如合成薄荷脑替代天然薄荷脑，合成香

兰素替代天然香兰素，合成大环麝香、龙涎香替代天然麝香和天然龙涎香等。

② 用配制原料替代天然原料解决天然产物的香气、供货不稳定以及成本问题。调香师要注意积累各类配制精油的调配技能，积累各种功能性的配方（比如增添头香、尾香等功能的配方），使用途更广泛，使用更有效，更符合实际需要。日用香精中经典的配制物有奇华顿的灵猫香基和夏拉波的配制沉香油、龙涎香用配制精油等，它们是日用香精中常用来替代天然香料、使香精性质稳定的经典产品。

③ 不可食用原料的替代（如用6-甲基香豆素和二氢香豆素替代香豆素，或用配制的香基替代香豆素）解决法规问题。

④ 紧俏香原料的替代（如用自己调配的香基替代洋茉莉醛）。

⑤ 香水香精一改过去大量使用天然原料的传统模式，用廉价的合成原料产生宜人稳定的香气。例如Cool water、Burberry香水现在更多采用合成龙涎香和合成麝香来代替天然原料。

调香师在选择和替代原料时，要准确把握使用标准。既要严格把关，又不能吹毛求疵。不同供应商（公司）的原料，有差异是正常的、必然的，要掌握替代和选择的尺度。

调香师更换原料（不同供应商，同一品种）或缺料替代前，要用替换的原料先配香精小样，若有差异要调整配方至与原样相近。

2. 香原料的整理

要配出好的香精，首先要有好的原料。国内一些天然产品（特别是精油）性质不稳定，不同批次不一样，甚至每一批次也不一样；合成原料也因生产公司不同同一种原料会有香气差异（原因：生产路线不同；有意添加微量低阈值成分，使用户不易变换生产商）。一些国外大公司产品能做到同一型号品种，性质长期稳定，关键原因在于勤于整理。不要轻视整理香料的工作，特别是精油原料的整理。重视同种不同类、同种不同产地的天然原料（特别是精油）的差异和评价。学会整理原料不仅可以得到质量稳定的香精，而且是调香训练的基本功。目前国内的一些调香师在这一方面认识模糊，力量薄弱，不重视原料的规格统一，没有对来自不同厂家同种原料进行整理的意识。所以造成了以下的情况：

① 过分依赖国外大公司原料；

② 本单位原料规格过多，工作效率低下；

③ 大量资金用于重复原料的储备；

④ 调香人员不愿做香料整理工作，认为缺乏技术含量，没有价值；

⑤ 调香师对缺料的替代能力很低，依赖性大；

⑥ 许多有市场的产品由于人为缺料被搁置；

⑦ 经常在香精配成后，发现问题，才去追溯是否为原料问题；

⑧ 对原料香气特征不熟悉，导致选材选错料，例如乙基麦芽酚的不同香型混用。

香料的整理能够保证香精质量的连贯性、一致性，特别是香气的一致性。解决香原料，尤其是精油类产品的质量稳定的关键是进行精油整理。学会整理原料不仅可以得到质量稳定的香料，还可以训练调香的基本功。

整理香原料的原则是：把香气类型相近的，来自不同生产厂商的同一种原料整理到企业认可的香气标准中，标准不宜过多，要体现通用性。这样做可以减少品种型号过多造成的库存太大等问题，避免受制于某一供应商而造成生产时原料短缺的现象。

第四节 熟悉香原料的阈值

一、阈值与发香值

香料的阈值是指能够辨别出其香气或味道的最低浓度，或表述为：人的嗅觉能感觉到该物质存在的最低数量。还可以表述为：与空白相比，能够闻到香气或尝到香味的最低浓度。阈值有香气阈值（odor threshold）和味道阈值（taste threshold 或 flavor threshold）之分。一般来说，阈值越低，香料的香势（香气强度）越强，在香精配方中的用量越小（但不绝对，也有例外）。香料的阈值一般用 mg/kg、μg/kg、ng/kg 或 mg/L、μg/L、ng/L 表示。

例如，香兰素的阈值是 20μg/L，把 1g 香兰素溶于 1L 溶剂，浓度为 1000mg/L，把 1g 上述溶液再溶于 1L 溶剂，香兰素的浓度为 1mg/L，也就是 1000μg/L，到此为止，人都可以感受到香兰素的香气。再把 1g 上述溶液溶于 0.1L 的溶剂，香兰素的浓度则为 10μg/L，则人就闻不到香兰素的香气了。

又例如，丁酸的阈值是 3000μg/L（即 3mg/L）。把 1g 丁酸溶于 1L 溶剂中，则浓度为 1g/L 即 1000mg/L，这时可以闻到丁酸的香气；取 1g 上述溶液再溶于 1L 溶剂，丁酸的浓度为 1mg/L（1000μg/L），这时就闻不到丁酸的气息了。

与阈值类似的概念是发香值，它是阈值的倒数。一个化合物发香值数值的大小直接反映它对整个香气的贡献和对香型的控制程度。因此，一个香精的香型和香气强度未必由最高含量的组分决定，有时是由一些阈值较低、含量并没有最高组分那么多的组分共同决定。例如咖啡中，甲硫醇的发香值比乙醛高 45000 倍，比硫化氢高 1500 倍，但它的含量比另外两者都低。人们之所以打开咖啡的包装袋能感受到咖啡的香气，主要就是由于闻到了甲硫醇这个咖啡香味中的微量特征化合物。

二、阈值的分类

根据阈值测定方法的不同，又可将阈值分为三种。

① 绝对阈值　指人对某种物质的感觉从无到有的刺激量。

② 差别阈值　指人对某种物质的感觉有显著差别的刺激量的差值。

③ 最终阈值　指人对某种物质刺激的感觉不随刺激量的增加而增加的刺激量。

三、影响阈值的因素

① 香料的阈值与香料的分子组成有关。

② 阈值因人而异。

③ 阈值与介质有关，同一种香料在不同介质中的阈值不一样。例如，同一种香料在乙醇和丙二醇中的阈值不一样，乙醇沸点低、挥发性强，香料在乙醇中显示阈值较低，而在丙二醇中显示较高。

四、阈值差异的生理性解读

举个例子，α-紫罗兰酮的阈值是 0.4μg/kg，而 β-紫罗兰酮的阈值是 0.007μg/kg，两者同为紫罗兰酮为什么阈值相差如此之大呢？

其实，物质的香气（味）信号是不能直接传输到大脑产生思维信号的，而是通过人体鼻腔内的嗅觉细胞和口腔内舌头上的味蕾细胞的刺激产生生物电流输入大脑才能刺激大脑产生信号。这里就产生了一个问题，是不是透发性相似的两种香料，通过人体鼻子和舌头的时候产生的生理电流也差不多呢。答案是否定的，也就是说即使两种香料香气香味相似，透发性相近，但各自刺激嗅觉细胞和味蕾细胞的效果是不一样的，产生的生理（或称生物）电流也不一样，当然，大脑接收到的信号也就不一样。大脑接收到嗅觉细胞和味蕾细胞传输的生理电流后，发出辨认信号的强弱，就是阈值。也就是说阈值与各种香料对嗅觉细胞和味蕾细胞产生刺激后生成生物电流的能力有关。于是出现了上述α-紫罗兰酮的浓度达0.4μg/kg时大脑才会接收到电信号，产生反应做出判断，而β-紫罗兰酮的浓度只要达到0.007μg/kg时大脑就能收到电信号的情况。

五、阈值的测定

（1）空气稀释法　阈值的单位用空气中含有香物质的浓度（g/m^3或mol/m^3）表示。

（2）水稀释法　采用mg/kg、μg/kg等浓度单位表示。

阈值越小，表示香气越强；阈值越大，表示香气强度越弱。

六、阈值对设计香精配方的作用

1. 对配方的定量作用

笔者在工作中几乎看不到哪一位调香师在设计配方时查阅某香料阈值，而这在国外一些大型公司就十分普遍，阈值已成为不可或缺的数据之一。阈值在设计香精配方时具有举足轻重的作用，调香师在构思一个香精配方时不外乎要考虑每个香原料的定性和定量问题，定性在前面已讨论过了，即如何根据香精特征，确定主香剂、协调剂、变调剂、定香剂。接下来就是定量问题，定量的依据就是阈值。对于同一浓度水平的香原料，阈值越高的香原料香气强度相对较低，阈值越低的香原料香气强度反而越高。需要注意的是，有些香原料在香精中的用量并不是越大越好（以防止在加香产品中浓度低于该香料的阈值），超过一定量，会产生不良结果，所以掌握阈值至关重要。对于微量香成分而言，用量控制在既超过该原料的阈值，又不过多即可。阈值越低的原料，用量控制越要谨慎。例如糠硫醇在咖啡产品中的用量（浓度）为5ng/kg，略高于该浓度的糠硫醇即咖啡打开密封盖瞬间闻到的香气，呈现的是很好的咖啡香气。如糠硫醇的用量到达1μg/kg就会呈现酸败的咖啡味；用量为1mg/kg时则是完全走样的咖啡味了。

2. 合理使用微量香成分

为什么有的食品香精配好后，香精的香气和状态都很好，但一用在产品中（或应用实验过程中），香气就明显不如一些品牌香精，有时甚至会出现怪味？

为什么在仿制进口香精时，仿制的香精与进口样在香气和状态上十分接近，但一用在产品中（或应用实验过程中），两者出现明显差异，有时甚至觉得是两个类型的产品？

创新一个香精时，总希望香精能不易被别人（其他公司）破译、仿制出来，尽管采取了很多措施（例如在奶味香精中加入酶解物、美拉德反应物，使用肌苷酸、炼乳、奶粉，甚至做成乳化香精），但仍难免被破解。能否做到像德之馨的花生香精那样，香气很好，使用效果很好，但别人无法剖析和仿制出来，至今长盛不衰？

有食品调香师对被仿的进口样（欧美著名香精企业的尖端产品）进行了细致、反复的成分分析，应用了当今世界最高水平的 GC-MS 和液相色谱-质谱联用（LC-MS）分析设备，很多微量物质都被检测了出来，但配成香精后就是达不到原样的水平，特别是用于产品中（应用试验）差异就更明显，香气的差异明显，口感更显不同，这种现象在烘焙、油煎、加热的产品中特别明显。又如一些调香师，怀疑一些品牌的香精添加了某些不挥发的食品添加剂，但剖析时又发现不了（因气相色谱对不挥发物没有信号，想进行液相色谱分析但又无标样），甚至有调香师将水质或水油两用的香精烘干，看有无添加产生味感的不挥发物（像糖、氨基酸、甜蜜素等）。

其实，一些的优秀调香师运用了一项隐蔽香精中关键成分的技术——微量香成分。所谓微量香成分，就是在香精或天然的挥发性混合组分中，阈值低，含量也极低，有的含量甚至低于分析仪器的检出限但却能够使特征香气明显变化，或使香气变调，使香韵更加丰富、香气更加连贯自然的组分。合理地利用阈值，可以控制这些微量香成分在香精配方中的添加量既高于阈值，又低于仪器的检出限。这样配出来的香精，即便通过仪器分析大部分被破解，但关键的微量香成分却因为低于检出限而不被检出，又因为高于阈值能够被人所感知，因此很好地保护了香精配方的知识产权。配制优秀的香精的秘诀之一，在于能学会加入一个或几个能闻到而仪器测不出的关键特征致香成分。该成分可以是，直接致香成分，也可以是一个起催化作用的成分（即促使关键成分挥发的成分），如食用香精中杂环类、吡啶类含硫化合物，它们可促使其他香料透发和协调。又如前面提到的咖啡中的糠硫醇，其阈值相当低（透发性好），能促使咖啡香精透发和协调。

目前行业中，灵敏度较高的 GC-MS 可检测到浓度为 1mg/kg 的挥发香成分，低于该浓度，仪器无法检出。所以在设计配方时，可将需隐蔽成分的浓度控制在 1mg/kg 以下。前提是该香成分的阈值要低于 1mg/kg。并考虑到加香产品中，该成分也能发挥作用。比如，在饮料中，某香成分用量为千分之一，则阈值就必须低于 1μg/kg，这样该香成分就能闻到而仪器测不到。破解这类特征微量香成分是比较困难的，GC 或 GC-MS 由于灵敏度原因检测不出，但利用气相色谱热导检测器（GC-TCD）出口嗅闻的方法可以得到未知物的气息特征，由此推断出该成分。因此，要破解这些隐形成分，调香师必须熟悉香气（味）的形成机理，加强基础理论研究，具备相关的有机化学知识，进行重复的、有针对性的专业训练。

比如桃子香精中，添加少量 2-异丙基-4-甲基噻唑（称为桃噻唑）和微量硫代薄荷酮可以有效提高仿真度；葡萄香精中，*N*-乙酰基邻氨基苯甲酸甲酯是微量关键成分；甜瓜香精（西瓜、甜瓜、哈密瓜）中顺-6-壬烯醛和顺-2-壬烯醛是关键成分；榛子香精中的榛子酮，5-甲基-2-庚烯-4-酮是关键成分。此外，乙醛对改善和提高水果香精的新鲜感很有效果，可依需要使用乙醛、40%乙醇溶液、三聚乙醛、乙醛二乙缩醛和乙醛丙二醇缩醛等系列原料。

另外，硫代化合物，比如硫代薄荷酮、硫代香叶醇、硫代松油醇，也具有相似功能，但效果不完全相同，虽然硫代物也能有效提高香精整体强度，但作用趋于使香精香气柔和、圆润。这二类原料阈值都十分低，为控制用量，一般取 10%或 1%稀释液为宜。

再列举一些阈值低的香成分（表 2.8），需要时把它们作为关键成分，加到香精中隐蔽起来。如果调香师选择香原料时不会运用阈值技术，那么设计出的配方很容易被剖析解密。

表 2.8　一些阈值低的香成分　　单位：μg/kg

香成分	阈值	香成分	阈值
糠硫醇	0.005～0.01	β-紫罗兰酮	0.007(常用原料)
4-甲基苯乙酮	0.027	2-异丁基-3-甲氧基吡嗪	0.002
5-乙基-3-羟基-4-甲基-2(5*H*)呋喃酮	0.00001	二(2-甲基-3-呋喃基)二硫醚	0.00002
2-甲基-3-呋喃硫醇	0.005		

以上是调配水果和肉味香精的常用原料，只要知道阈值，我们便很容易选择一个香原料，既调配好香精又保密了配方。反之，选错原料的用量不仅容易被剖析，还会产生香精与加香产品香气不一致的现象。例如，同样一个类型的香精，国产和进口的闻上去都差不多，但用入产品就会有明显出现差异。

传统理念中，香精中各组分浓度与香气强度是同步提高或降低的，所以在“浓”和“淡”这两个范围内香气只不过会变“强”或变“弱”，对其他香气性质不产生影响，其实并非如此。由于各个香原料的阈值不同，香精在应用到产品中后或会表现出与理想状态非常不同的结果。

例如叶醇，它的香气特征与叶醛类似，其阈值为 70μg/kg。若该物质在香精中的用量为阈值的 1000 倍，即 70mg/kg，这在一般 GC-MS 中就可以被测出。为了防止被别人剖析得到该成分，必须降低浓度，比如降至 7mg/kg，基本可不被测得但仍能被闻到。但当用在饮料产品中时，稀释 1000 倍后，叶醇的浓度只有 7μg/kg，显然低于它的阈值，致香作用就丧失了（闻不到它，也就丧失作用了），这就导致人们会觉得香精和含有该香精的饮料香气不一致。这就解释了为什么有些人在仿制国外香精样品时常遇到仿制的香精闻上去与被仿样品很接近，配好后闻上去很好、很像，但一用到产品中效果明显不好，香气口感都有缺陷的情况。关键就在于没有控制好各个原料的添加量，有些组分在加香产品中的浓度低于其阈值。

如图 2.1 所示，图中的两条横线分别代表某香精在纯香精状态和加入产品后的阈值。可以发现对于进口样，所有组分的浓度无论是在香精或是加香产品中的状态均高于阈值，因此该香精的所有香成分在这两种状态下均能被感知。但对于仿样，有三个原料的添加量，调香师未控制好。当香精加入产品后，这三个原料的浓度无法被感知，这导致了仿样香精的香气与加入产品后的香气不一致。

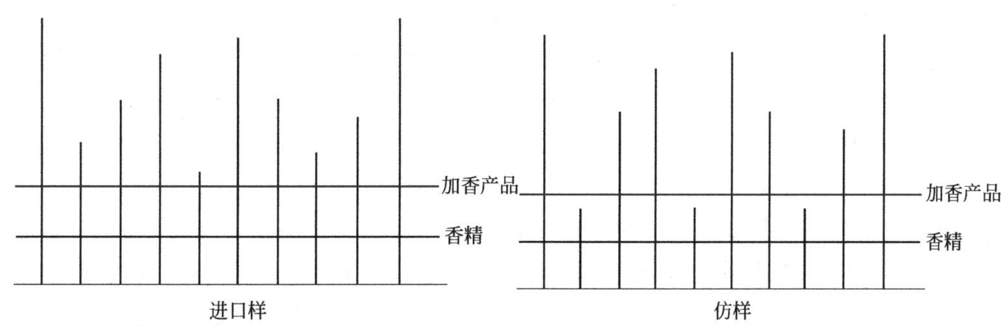

图 2.1　进口样与仿样的阈值差异

有的调香师在模仿进口样时，由于无法获得该香精的关键原料，只能选择其他香气类似的原料，但对该原料的阈值不了解，配入香精后虽可弥补所需香气特征，当用于加香产品后(比如饮料)，该原料的浓度有可能低于它的阈值，所以丧失了致香作用，自然就会与被仿的进口样有差异了。

即使上述替代原料的用量控制在大于阈值的范围内，但经加香过程的稀释，香精配方中原有的香成分可能会有二三个浓度未达到各自的阈值，失去了致香作用，替代原料与残留的几个原料形成的香味在加香产品中会与香精呈现明显差异。如图 2.2 所示，图中加粗的线条代表替代原料的阈值，它在加香产品和香精两种状态下的浓度均高于阈值，可以被感知，但另外有两个原料，在加香产品中的浓度低于阈值，这会导致香精与加入产品后的香气不一致。有时，即使不用替代原料，调香师通过剖析选对了香原料，但添加量不对，配成香精后，一些经剖析发现的关键原料的浓度低于它们的阈值，所以在产品中是闻不出来的，与进口样也就不同了。

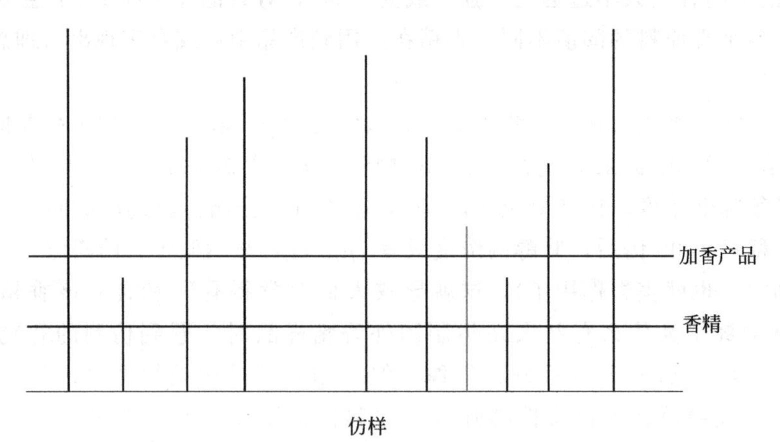

图 2.2 加香产品与香精的香气差异

有些用于烘焙食品的香精，部分原料在加热烘焙过程中丧失或挥发了一部分，在产品中的量低于了它们的阈值，加香产品的香气闻上去便不完整了，品尝时与香精的感觉不同。所以对于耐高温香精，调香师要格外注意掌握各原料的阈值，香精也许香味并不需要完美，但只要保证经过加热后，残留在食物中的香精香味是美好的即可。

一般缺乏经验的调香师不重视阈值概念，用料存在随意性，即香气符合设想中的要求即可，只求配出的香精香气好，各原料浓度低于它们的阈值（否则就配不出想要的香气，各原料起到了该有的作用），被客户认可即可，而对用于加香产品的阈值控制没有前瞻性。他们不知道香精稀释后会出现什么情况，发现产品香气与香精不相符合时，找不到问题所在，无法解决问题。当香精用于加香产品时，部分香原料浓度低于其阈值（即它们起不到致香作用），香气完整性与香精相比出现了欠缺。因此，在调配香精时一定要懂得阈值理论。所用原料及其用量，均要认真考虑，确保香精和加香产品中每个原料的浓度都超过其阈值。具体来说，如果要隐蔽某些关键组分，就是要把阈值较低的原料作香精的关键原料（阈值低发香值大，香气透发），控制其在香精中的用量，不管是香精还是加香产品其浓度都低于现代 GC-MS 能测得的浓度并高于阈值。这些原料在上述浓度时，在香精和加香产品中都能起到致香作用，即大于它的阈值（可以闻到）。

七、常用香原料的阈值

阈值对调香很有指导意义，如果一个调香师没有阈值理念，那么调香时就会常碰到下列问题：

① 不能准确抓住香精中的关键成分；

② 即使确定了关键成分，由于未考虑阈值，在浓度上不能正确掌握其用量；

③ 对阈值理念的不理解或不精通，导致香精和加香产品浓度掌握不当，关键香成分浓度低于其阈值，而不起作用；

④ 对剖析中经过隐蔽的关键成分无法通过感官正确定性，以至于选择了错误的替代物，两者差异在加香产品中体现出来；

⑤ 不能通过阈值理念对自己配的香精正确定量。

总的来说，是因为他们对被仿样没有从阈值方面去探究，只是从表象上模仿，重表象轻实质，对香精配制思路不理解。

香料的阈值概念和相关数据在国外文章和书刊中经常出现。至今已有 1210 个香气阈值列入调香手册中。笔者总结了部分常用香原料的香气阈值和（或）味道阈值（表 2.9～表 2.13），供读者在实际操作时参考。

表 2.9 部分香原料在水中的香气阈值（20℃） 单位：mg/L

名称	阈值	名称	阈值	名称	阈值
二(2-甲基-3-呋喃基)二硫醚	2.0×10^{-9}	丁酸乙酯	1.0×10^{-3}	香兰素	2.0×10^{-2}
(+)-(*R*)-1-对蓋烯-8-硫醇	2.0×10^{-8}	甲基丙醛	1.0×10^{-3}	己醇	2.5×10^{0}
2-异丁基-3-甲氧基吡嗪	2.0×10^{-6}	苯乙醛	4.0×10^{-3}	糠醛	3.0×10^{0}
甲硫醇	2.0×10^{-5}	己醛	4.5×10^{-3}	麦芽酚	3.5×10^{1}
呋喃酮	4.0×10^{-5}	芳樟醇	6.0×10^{-3}	乙醇	1.0×10^{2}
榛子酮	5.0×10^{-5}	覆盆子酮	1.0×10^{-2}		
(+)-诺卡酮	1.0×10^{-3}	柠檬烯	1.0×10^{-2}		

表 2.10 部分香原料异构体在水中的香气阈值 单位：μg/L

名称	阈值	名称	阈值
β-二氢大马酮	9.0×10^{-2}	*β*-紫罗兰酮	7.0×10^{-3}
(−)-(*S*)-*α*-二氢大马酮	1.5×10^{0}	(±)-*α*-紫罗兰酮	4.0×10^{-1}
(±)-*γ*-二氢大马酮	9.2×10^{0}	*γ*-紫罗兰酮	5×10^{1}
(−)-(*R*)-*α*-二氢大马酮	1.0×10^{2}		

表 2.11 部分吡嗪类香原料在水中的香气阈值 单位：ng/kg

名称	阈值	名称	阈值
2-甲氧基-3-己基吡嗪	1	2-甲基-3-异丁基吡嗪	35000
2-甲氧基-3-异丁基吡嗪	2	2-甲基-5-乙基吡嗪	100000
2-甲氧基-3-异丙基吡嗪	2	2-甲基-3-乙基吡嗪	130000
2-甲氧基-3-丙基吡嗪	6	2-异丁基-3-甲氧基-5,6-二甲基吡嗪	315000
2-异丁基-3-甲氧基-5-甲基吡嗪	300	2-异丁基吡嗪	400000
2-甲氧基-3-乙基吡嗪	500	2-甲氧基吡嗪	700000
2-异丁基-3-甲氧基-6-甲基吡嗪	2600	2-戊基吡嗪	1000000
2-甲氧基-3-甲基吡嗪	4000	2,3-二甲基吡嗪	2500000
2,6-二乙基吡嗪	6000	三甲基吡嗪	9000000
2-乙基-3-乙氧基吡嗪	11000	四甲基吡嗪	10000000
2,5-二乙基吡嗪	20000		

表 2.12 部分香原料在葡萄酒和啤酒中的香气阈值 单位：μg/L

名称	葡萄酒	啤酒	名称	葡萄酒	啤酒
2,3-丁二酮	3	0.15	己醛		0.35
2,3-戊二酮		1	己酸乙酯	0.08	0.23
2,4-癸二烯醛		0.0003	甲酸乙酯	155.20	150
2-甲基丙酸乙酯		5.0	糠醛		150
3-甲基丁醛		0.5	壬酸乙酯	0.85	1.20
3-甲基丁酸乙酯		1.3	肉桂酸乙酯	0.05	
3-羟基-2-丁酮	150	50	乳酸乙酯	150	250
5-甲基糠醛		20	戊酸乙酯	0.01	0.9
5-羟甲基糠醛		1000	辛酸乙酯	0.58	0.90
(*E*)-2-己烯醛		0.6	乙醛	100	25
(*Z*)-3-己烯醛		0.02	乙酸-2-苯乙酯	1.80	3.8
α-紫罗兰酮		0.0026	乙酸-2-甲基丙酯		1.6
β-大马酮	0.05	0.000009	乙酸-3-甲基丁酯	0.16	1.6
β-紫罗兰酮	0.0045	0.0013	乙酸丙酯	4.74	30
苯甲醛	3	2	乙酸丁酯	1.83	7.5
苯乙醛	1.1	1.6	乙酸庚酯	0.83	1.4
丙酸-3-甲基丁酯		0.7	乙酸己酯	0.67	3.5
丙酸乙酯	1.84		乙酸甲酯	470	
丁酸乙酯		0.4	乙酸戊酯	0.18	
庚酸乙酯	0.22	0.40	乙酸辛酯	0.80	
癸酸乙酯	0.51	1.50	乙酸乙酯	12.27	30

表 2.13 部分香原料在水中的香气和味道阈值（20℃）

FEMA编号	名称	香气阈值/(μg/L)	味道阈值/(μg/L)	FEMA编号	名称	香气阈值/(μg/L)	味道阈值/(μg/L)
2003	乙醛	15～120,15		2220	2-甲基丙醛	0.1～2.3,0.7	
2006	乙酸		22000	2221	丁酸	240	6200～6800
2008	3-羟基丁酮	800		2222	2-甲基丙酸	8100	
2009	苯乙酮	65		2249	(−)-香芹酮	50	
2042	烯丙基硫醚	32.5		2252	β-石竹烯	64	
2055	乙酸异戊酯	2		2303	香叶醛	32	
2056	1-戊醇	4000		2303	橙花醛	30	
2057	异戊醇	250～300	170	2309	(−)-香茅醇	40	
2059	丁酸戊酯	210	1300	2337	4-甲苯酚	55	
2097	大茴香醚	50		2360	γ-癸内酯	11,88	88
2127	苯甲醛	350～3500	1500	2361	δ-癸内酯	100,160	90～160
2137	苯甲醇	10000	5500	2362	癸醛	0.1～2	7
2159	乙酸龙脑酯	75		2364	癸酸	10000	3500
2170	2-丁酮	50000		2366	反-2-癸烯醛	0.3～0.4	230
2174	乙酸丁酯	66		2370	2,3-丁二酮	2.3～6.5	5.4
2175	乙酸异丁酯	66		2400	γ-十二内酯	7	
2178	1-丁醇	500		2401	δ-十二内酯		1000
2179	异丁醇	7000		2414	乙酸乙酯	5～5000	3000～6600
2186	丁酸丁酯	100		2415	乙酰乙酸乙酯		520
2188	异丁酸丁酯	80		2418	丙烯酸乙酯	67	
2189	异丁酸异丁酯	30		2419	乙醇	100000	52000
2201	己酸丁酯	700		2422	苯甲酸乙酯	60	
2211	丙酸丁酯	25～200		2427	丁酸乙酯	1	450
2219	丁醛	9～37.3		2428	异丁酸乙酯	0.1	

续表

FEMA编号	名称	香气阈值/(μg/L)	味道阈值/(μg/L)
2430	肉桂酸乙酯		16
2436	4-乙基愈创木酚	50	
2437	庚酸乙酯	2.2	170
2439	己酸乙酯	1	
2440	乳酸乙酯	14000	
2443	2-甲基丁酸乙酯	0.1～0.3	
2451	棕榈酸乙酯	＞2000	
2452	苯乙酸乙酯	650	
2456	丙酸乙酯	10	
2462	戊酸乙酯	1.5～5	94
2464	乙基香兰素	100	
2465	1,8-环氧对蓋烷	12	
2467	丁香酚	6～30	
2475	丁香酚甲醚	820	
2478	金合欢醇	20	
2487	甲酸	450000	83000
2489	糠醛	3000～23000,3000	5000
2491	糠醇		5000
2493	糠硫醇	0.005,0.01	0.04
2507	香叶醇	40～75	
2509	乙酸香叶酯	9	
2513	异丁酸香叶酯	13	
2517	丙酸香叶酯	10	
2525	丙三醇		4400000
2532	愈创木酚	3～21	13
2539	γ-庚内酯	400	
2540	庚醛	3	21
2544	2-庚酮	140～3000	1000
2548	1-庚醇	3	31
2550	异丁酸庚酯	13	
2556	γ-己内酯	1600,13000	
2557	己醛	4.5～5,4.5	16～76
2559	己酸	3000	5400
2560	反-2-己烯醛	17	
2561	顺-3-己烯醛	0.25	
2563	顺-3-己烯-1-醇	70	
2565	乙酸己酯	2	
2567	1-己醇	250,2500	
2568	丁酸己酯	250	
2576	丙酸己酯	8	
2588	覆盆子酮	100	
2593	吲哚	140	
2595	α-紫罗兰酮		0.4
2595	β-紫罗兰酮	0.007	
2614	月桂酸	10000	
2615	月桂醛	2	0.9
2633	1,8-萜二烯	10	
2635	芳樟醇	6	
2656	麦芽酚	35000	7100～1300
2667	薄荷酮	170	
2671	2-甲氧基-4-甲基苯酚	90	65
2675	2-甲氧基-4-乙烯基苯酚	3	
2677	4-甲基苯乙酮	0.027	
2691	2-甲基丁醛	1	
2692	异戊醛	0.2～2,0.4	170
2693	丁酸甲酯	60～76	
2694	异丁酸甲酯	7	
2695	2-甲基丁酸		1600
2700	甲基环戊烯醇酮(MCP)	300	
2705	庚酸甲酯	4	
2707	6-甲基-5-庚烯-2-酮	50	
2708	己酸甲酯	70～84	
2716	甲硫醇	0.02	2
2719	2-甲基丁酸甲酯	0.25	
2720	3-甲硫基丙酸甲酯	180	
2728	辛酸甲酯	200	
2745	水杨酸甲酯	40	
2746	甲硫醚	0.3～1.0,0.33	0.03～12,0.39
2747	3-甲硫基丙醛	0.2	0.05～10
2752	戊酸甲酯	20	
2762	月桂烯	13～15	
2763	肉豆蔻醛		60
2764	肉豆蔻酸	10000	
2770	橙花醇	300	
2781	γ-壬内酯	65	
2782	壬醛	1	6～12
2784	壬酸	3000	
2785	2-壬酮	5～200	
2789	壬醇	50	
2796	γ-辛内酯	7,95	400
2797	辛醛	0.7	5～45
2799	辛酸	3000	5300
2800	1-辛醇	110～130	
2802	2-辛酮	50	150～1000
2803	3-辛酮	28	
2805	1-辛烯-3-醇	1	
2806	乙酸辛酯	12	
2808	2-甲基丙酸辛酯	6	
2832	棕榈酸	10000	
2840	ω-十五内酯	1～4	
2842	2-戊酮	70000	
2858	2-苯乙醇	750～1100	
2874	苯乙醛	4	

续表

FEMA编号	名称	香气阈值/(μg/L)	味道阈值/(μg/L)	FEMA编号	名称	香气阈值/(μg/L)	味道阈值/(μg/L)
2878	苯乙酸	10000		3172	异丁酸己酯	6～13	
2902	α-蒎烯	6		3174	2,5-二甲基-4-羟基-3(2*H*)-呋喃酮	0.04,30	
2903	β-蒎烯	140					
2908	哌啶	65000		3183	2-(或5-,6-)甲氧基-3-甲基吡嗪	3～15	
2911	洋茉莉醛		3.9				
2922	丙烯基乙基愈创木酚	400		3183	2-甲氧基-3-甲基吡嗪	3～7	
2923	丙醛	9.5～37		3183	5-甲氧基-2-甲基吡嗪	15	
2924	丙酸	20000					
2928	1-丙醇	9000		3188	2-甲基-3-呋喃硫醇	5×10^{-3}	2×10^{-3}
2934	丁酸丙酯	18～124		3189	2-甲基-3-糠硫基吡嗪	＜1	
2958	丙酸丙酯	57					
2966	吡啶	2000		3189	2-甲基-5-糠硫基吡嗪	＜1	
3035	硬脂酸	20000					
3045	α-松油醇	330～350		3202	2-乙酰基吡咯	170000	
3046	异松油烯	200		3204	4-甲基-5-羟基乙基噻唑	10800	
3066	百里香酚		50				
3092	十一醛	5		3206	2-甲硫基乙醛	16	
3093	2-十一酮	7		3208	2-甲硫基-3-甲基吡嗪	1～4	
3098	戊醛	12～42					
3101	戊酸	3000		3208	5-甲硫基-2-甲基吡嗪	4	
3102	3-甲基丁酸	120～700					
3107	香兰素	20～200		3209	5-甲硫基-2-噻吩醛		1
3126	2-乙酰基吡嗪	62		3212	反,反-2,4-壬二烯醛	0.09	
3130	丁胺	50000					
3132	2-异丁基-3-甲氧基吡嗪	0.002～0.016		3213	2-壬烯醛	0.08～0.1	6
				3213	反-2-壬烯醛	0.08	0.08
3133	2-异丁基-3-甲基吡嗪	35～130,35		3214	δ-辛内酯	400,570	
				3215	(*E*)-2-辛烯醛	3	90
3134	2-异丁基噻唑	2～3.5	3	3218	2-戊烯醛	1500	
3135	反,反-2,4-癸二烯醛	0.07		3223	苯酚	5900	
				3227	丙烯基丙基二硫醚		2.2
3137	2,6-二甲氧基苯酚	1850	1650	3231	吡嗪基甲基硫醚	20	
3141	α-甜橙醛	0.05		3233	苯乙烯	730	
3149	2-乙基-3,5-二甲基吡嗪	1,15000		3236	氧化玫瑰,玫瑰醚	0.5	
3149	2-乙基-3,6-二甲基吡嗪	0.4～5,43000		3237	四甲基吡嗪	1000～10000,10000	
				3241	三甲胺	0.37～1.06	
3150	3-乙基-2,6-二甲基吡嗪	1		3244	2,3,5-三甲基吡嗪	400～1800,9000	
3151	2-乙基-1-己醇	270000		3245	十一酸	10000	
3153	5-乙基-3-羟基-4-甲基-2(5*H*)-呋喃酮	0.00001		3251	2-乙酰基吡啶	19	
				3256	苯并噻唑	80	
3154	2-乙基-5-甲基吡嗪	100		3259	二(2-甲基-3-呋喃基)二硫醚	2×10^{-5}	2×10^{-2}
3155	3-乙基-2-甲基吡嗪	130,300					
3163	2-乙酰基呋喃	10000	80000	3268	3,4-二甲基-1,2-环戊二酮	17～20	
3165	反-2-庚烯醛	13	80				
3166	(+)-香柏酮(天然)	0.8～1		3269	3,5-二甲基-1,2-环戊二酮	1000	
3166	(−)-香柏酮(天然)	600					

续表

FEMA编号	名称	香气阈值/(μg/L)	味道阈值/(μg/L)	FEMA编号	名称	香气阈值/(μg/L)	味道阈值/(μg/L)
3271	2,3-二甲基吡嗪	2500,2500～35000		3429	反,反-2,4-已二烯醛	10～60	
3272	2,5-二甲基吡嗪	1800,800～1800		3433	2-甲氧基-3-仲丁基吡嗪	0.001	
3273	2,6-二甲基吡嗪	1500,200～9000		3470	喹啉	700	
				3471	(+)-降龙涎醚	2.6	
3274	4,5-二甲基噻唑	450～500		3471	(−)-降龙涎醚	0.3	
3275	二甲基三硫醚	0.005～0.01,0.01	3	3471	降龙涎醚(D、L异构体)	0.6	
3280	2-乙基-3-甲氧基吡嗪	0.4～0.425		3473	2,2,6-三甲基环己酮	100	
3281	2-乙基吡嗪	6000～22000,6000		3478	1-丁硫醇	6	0.004
				3480	2-甲苯酚	650	2.5
3287	甘氨酸		1300000	3499	2-甲基丁酸已酯	22	
3289	反-4-庚烯醛	10		3515	1-辛烯-3-酮	0.005	0.1
3289	顺-4庚烯醛	0.8		3521	1-丙硫醇	3.1	0.06
3294	δ-十一内酯		150	3523	四氢吡咯	20200	
3302	2-甲氧基吡嗪	400～700,700		3525	2,4,5-三甲基-3-唑啉	1000	
3309	2-甲基吡嗪	60～105000,6000		3530	3-甲苯酚	680	
3317	2-戊基呋喃	6		3536	二甲基二硫醚	0.16～12,7.6	0.06～30
3322	盐酸硫胺素		39	3541	3,5-二甲基-1,2,4-三硫杂环己烷	10	10
3325	2,4,5-三甲基噻唑	50					
3326	丙酮	500000	4500000	3542	香叶基丙酮	60	
3328	2-乙酰基噻唑	10	10	3546	5-乙基-2-甲基吡啶	19000	
3336	2,3-二乙基-5-甲基吡嗪	0.1		3549	6-羟基二氢茶螺烷	0.2	
3343	3-甲硫基丙酸乙酯	7		3569	2-乙氧基-3-甲基吡嗪	0.8	
3348	庚酸	3000		3573	甲基(2-甲基-3-呋喃基)二硫醚(719)	0.01	0.1
3358	2-甲氧基-3-异丙基吡嗪	0.002～10		3576	甲基丙烯基二硫醚		6.3
3358	2-甲氧基-5-异丙基吡嗪	10		3580	顺-6-壬烯醛	0.02	
				3584	1-戊烯-3-醇	400	
3362	甲基糠基二硫醚	0.04		3616	苯硫醇	13500	
3363	6-甲基-3,5-庚二烯-2-酮	380		3623	2-乙基-4-羟基-5-甲基-3-呋喃酮	43	
3364	2,5-二甲基-4-甲氧基-3(2*H*)-呋喃酮	0.03		3634	4,5-二甲基-3-羟基-2(5*H*)-呋喃酮	0.001	
3377	反,顺-2,6-壬二烯醛	0.01		3639	环柠檬醛	5	
				3644	乙酸-2-甲基丁酯	5	
3382	1-戊烯-3-酮	1～1.3		3659	(+)-α-二氢大马酮	100	
3383	2-戊基吡啶	0.6		3659	(−)-α-二氢大马酮	1.5	
3386	吡咯	49600		3696	6-戊基-2*H*-吡喃-2-酮	150	
3393	2-甲基丁酸丁酯	17		3700	1-对盖烯-8-硫醇	0.0001	
3400	(*E*)-3-庚烯-2-酮	56		3739	4-乙烯基苯酚	10	
3415	3-甲硫基丙醇		500	3745	茉莉内酯	2000	
3417	3-戊烯-2-酮	1.5		3779	硫化氢	10	
3420	β-大马酮	0.002	0.009	3949	2-甲基-3-甲硫基呋喃	5×10^{-2}	5×10^{-3}

八、阈值与香原料安全食用量的关系

原料的质量必须符合食用香精要求，这一点一般调香师都能理解，并会重视。但原料的用量必须在允许的范围内，这点往往不被重视，《食品安全国家标准 食品添加剂使用标准》(GB 2760—2014）中也没有规定每个食用香原料使用量（摄入量）极限值，所以调香师具体执行时就缺乏标准，甚至对此没有具体的概念，认为只要好用就行了，不关心使用量是否超标。

其实这是一种错误观点，允许使用不等于可以无限量使用，一旦某香料超出它的允许摄入量，即表明有相当一部分该香原料无法被人体正常代谢掉，积蓄在体内，对人体造成伤害。请注意：如果一个香原料的允许摄入量低于其阈值，那它就没有使用价值，因为能在香精中起到致香作用时，就已经超过了它的允许摄入量，否则就会超标，对人体造成伤害。比如1-吡咯啉，在软饮料中的用量为0.0005 (0.0025)mg/kg，这里0.0005mg/kg表示平均用量，0.0025mg/kg表示平均最大用量。又如2-甲基-3-甲硫基呋喃，在烘烤食品中允许用量为0.02(0.2)mg/kg，在肉制品中允许用量0.05(0.5)mg/kg，在奶制品中允许用量为0.005 (0.05)mg/kg。1-吡咯啉和2-甲基-3-甲硫基呋喃这两种香原料的允许用量都相当低，如果使用前不查阅相关资料，往往会不经意间超过了允许摄入量。

第五节 掌握香精应用技术的基本知识

香精配好之后，其实际效果的评估要考察其在目标产品中的表现，若有不足之处还需进行微调，直至完美。香气好的香精并不等于适合的香精，好的香精只取决于在产品中的效果，否则没有实用价值。

香精加入的产品，称为加香产品。由于加香产品本身作为受香的载体，材料丰富多样，有的是固体，有的是液体，有的需要讲究留香绵长且香气稳定（如香水香精），有的则讲究香气的爆发力（如瓜子香精等），所以，所调配的香精如何与被加香产品均匀地融合为一体，发香稳定，而且不会使加香产品的物化特性出现不必要的问题，就需要调香师掌握香精应用技术的基本知识。

不管是日用还是食用的调香师，都必须了解被加香产品介质的特性，例如液体介质是油溶性还是水溶性？固体介质是密实还是多孔疏松？由此调香师可以先确定香精的剂型。另外，调香师还需要了解香精在特定产品中的加香要求、工艺条件和加香产品的使用方法。例如需要加香的产品在添加香精的过程中是否需要受热？是否需要高温灭菌？是在成品中加香还是在工艺过程中加香？如果在工艺过程中加香，后续的工序会否影响香精的性质，进而影响香气表现力？消费者是如何食用加香产品的？是否与之发生皮肤接触？由此调香师可以根据具体情况设计满足加香产品需求的合适的香精。

总的来说，虽然不同的产品需要适配不同性质的香精，但调香师在设计香精配方前都应该了解有关加香产品介质的特性及其加香要求、工艺条件和加香产品的使用方法。不同的加香产品要调配不同的香精，总的原则如下：

① 香精的香型要与加香产品需要的香气符合，并能和加香产品本身的香气和（或）香味（若有）较好地产生愉悦的感官体验，香精中各香韵要吻合选定的要求。

② 要根据加香产品的使用途径，合理选用香料并设计配方。

③ 注意控制成本，不同等级要选用不同的香料来适应成本的要求，要根据加香产品的

附加值设计香精配方，控制香精的成本。

④ 注意香精的组成和不同香料的功效，即正确地根据加香产品的需要选择合适的主香剂、协调剂、变调剂和定香剂。

⑤ 日化香精要特别注意头香、体香和底香三者的前后协调、稳定。要根据产品的需要考虑如下问题：头香是否需要强劲的爆发力？中段的体香是需要浓厚绵长还是低调内敛？产品的留香时间是需要很久还是只需要在消费者体验时持续片刻？由此确定头香、体香、底香中各类原料的选取，一般而言，香精的头香要有好的扩散力，中韵要浓厚，尾香要有一定的持久力，同时要注意色泽的影响，特别是在白色加香产品中。

⑥ 要根据加香产品的销售地区、自然地理条件和风俗习惯，设计合适的香精，适应当地人的偏爱风味，尊重当地人的宗教信仰，对不同地区、不同气候、不同宗教背景的产品应设计不同的香精。

⑦ 香精配方要考虑在加香过程中，由于物理、化学工序的影响，香精中的各成分，或是香精与加香介质发生的化学反应，如酯交换、水解、氧化、聚合、缩合等，谨慎选用香料的品种对最终客户想要达到的香气体验是产生正面影响还是反作用力？由此要根据不同的加香产品，谨慎地选择使用的香原料。

⑧ 对于日用香精，调香师需要关注的安全问题是，香精的引入会否使得加香产品对人体皮肤构成刺激，即日用香精必须对人体发肤安全；对于食用香精，则需关注所用香料必须都符合食用安全、卫生等相关法规的要求。

香精的应用试验（也叫加香试验）是评价香精是否能通过上述考验的常用方式。香精用到加香产品中，首先要考虑与目标产品的质量、结构相匹配。香精的应用试验可帮助调香师对香精作出正确的评价。通过多次应用试验，调香师可确定香精添加量、留香时间、适口性（针对食用香精）等指标。例如食用香精的加香试验，当样品成型之后要分别进行香味口感评估，可以用水或葡萄糖液品尝，然后再进行应用试验，把香精添加入产品中（烘焙类产品要格外注意留香和香味完整性）看使用效果。

第六节　利用基础技能设计香精配方

本章中笔者介绍了要成为一个调香师应该具有哪些基本的技能，下面就来谈谈在掌握了五种技能之后如何根据要仿（调配）的香精特点，把它们有机结合起来。我们通过一些实际例子进行阐述。

一、利用基础技能设计食用甜味香精配方

1. 以菠萝香精为例利用基础技能设计甜味香精配方

比如要调配一个菠萝香精，可以根据前几节介绍的程序，设计一下配方。首先看看菠萝香精的主香剂是些什么原料，从特征性香料表中可以查到的是：3-甲硫基丙酸甲酯（methyl-3-methylthiopropionate，即菠萝甲酯）和己酸烯丙酯（allyl caproate），另外如果对香原料香气熟悉的话，可知环己基丙酸烯丙酯（allyl cyclohexyl propionate）和庚酸烯丙酯（allyl heptanoate）也是菠萝的特征香料，很明显，我们可以把这些原料作为菠萝香精的主香剂。

主香剂定了之后，再来选择一下菠萝香精的协调剂，菠萝香精作为一种水果香精，除了要有菠萝的特征香味外，还需使用一些另外的果香、青香、香草香、焦糖香、酒香来衬托，使香精更丰满，此外还要根据所设计的菠萝香精的类型，比如是青菠萝，还是熟菠萝，选择不同原料满足它们。这时我们可以选择丁酯乙酯、已酸乙酯、乙酸异戊酯、丁酸异戊酯等作为协调剂，增强香精的果香味，如果需要增添青香味，可以用叶醇、乙酸叶醇酯、辛炔羧酸甲酯等，但量不宜过大，以防青气窜出，另外菠萝香精配方中还常添加少量柠檬油或甜橙油(有时用柠烯或柠檬醛)，辅以协调提供果香和甜香。

接下来看看哪些原料可以作为菠萝香精的变调剂，变调剂的含义就是修饰剂，它的作用就是使菠萝香精在保持主体风格的情况下，添加其他一些风味作为修饰，比如可以添加少量茉莉特征的原料，如乙酸苄酯、苄醇，还有动物香原料，如吲哚，另外可添加奶味原料，如γ-辛内酯。这样就可以使香精具有不同风格。

最后就是选择菠萝香精的定香剂，这里主要考虑的是特征定香香料，能够作为特征定香香料的物质要求沸点较高，在香精中浓度大，高于它们的阈值，当香精稀释后还能保持其特征香味，显然麦芽酚和乙基麦芽酚满足这些条件。

至此，一个菠萝香精配方就设计完成了，在此附上两个菠萝香精配方（A 和 B，见表 2.14 和表 2.15）供大家参考。要注意，用作上述各功能作用的原料并不是一成不变的，特别是协调剂和变调剂，同一种原料在不同配方中可以用于不同目的和需要，有时还取决于调香师的个人主观想法，即该原料是起协调修饰作用还是协调完善作用。

上面介绍了构思和设计一款食品香精的思路和方法，如何选择各功能作用的香原料，解决了一个定性的问题，接下来讨论一下各组分的用量即定量的问题，一般概念中作为主香剂的香原料用量应该大一些，当它作为协调剂、变调剂或定香剂的添加量相应少一些，这样考虑是有道理的，但又不够完善。因为每一种香原料的香气强度（香势）是不同的，这跟该种香原料的用量有密切关系。因此了解各种香料的香势对于调香师是十分重要的。香料的香势可以根据其阈值的高低来判断，阈值越低，香料的香势越强，在香精配方中的用量越小。有时作为某特征性香料用于香精中作为主香剂，在决定其用量时不能盲目增加用量来达到其主体香气的功能，还应充分参考该香料的阈值。如阈值较低，使用量就应适当调低，因为用量过多，虽不会对该香精主体香味有明显影响，但为了使香精整体协调，圆润丰满，其他功能的香原料也要相应增加，过多地添加某种香原料就会对原材料造成不必要的浪费，使产品成本提高。

表 2.14　菠萝香精配方 A

英文名称	中文名称	质量分数/%	英文名称	中文名称	质量分数/%
ethyl acetate	乙酸乙酯	0.6	propyl caprolactone	γ-己内酯	0.02
ethyl butyrate	丁酸乙酯	1.3	allyl cyclohexylpropionate	环己基丙酸烯丙酯	1.7
ethyl caproate	已酸乙酯	1	indole	吲哚	0.02
ethyl heptanoate	庚酸乙酯	0.06	propyl octyl lactone	γ-辛内酯	0.15
allyl hexanoate	已酸烯丙酯	3	ethyl maltol	乙基麦芽酚	1.2
allyl heptanoate	庚酸烯丙酯	1	furanone	呋喃酮	0.1
methyl-3-methylthiopropionate	菠萝甲酯	0.5	glycerol triacetate	三醋酸甘油酯	88.82
ethyl-3-methylthiopropionate	菠萝乙酯	0.53			

表 2-15 菠萝香精配方 B

英文名称	中文名称	质量分数/%	英文名称	中文名称	质量分数/%
ethyl acetate	乙酸乙酯	0.06	methyl-3-methylthiopropionate	菠萝甲酯	0.05
ethyl alcohol	乙醇	90.55	linalool	芳樟醇	0.015
ethyl propionate	丙酸乙酯	0.04	propionic acid	丙酸	0.1
ethyl butyrate	丁酸乙酯	2.5	butyric acid	丁酸	0.15
isoamyl acetate	乙酸异戊酯	1.1	benzyl acetate	乙酸苄酯	0.06
isoamyl alcohol	异戊醇	0.05	allyl cyclohexylpropionate	环己基丙酸烯丙酯	0.45
lemon oil	柠檬油	0.03	benzyl alcohol	苄醇	0.01
ethyl caproate	己酸乙酯	0.73	caproic acid	己酸	0.15
isoamyl butyrate	丁酸异戊酯	0.31	maltol	麦芽酚	0.4
allyl hexanoate	己酸烯丙酯	2.48	ethyl maltol	乙基麦芽酚	0.46
acetic acid	乙酸	0.25	allyl heptanoate	庚酸烯丙酯	0.05
decanoic acid	癸酸	0.015			

以上介绍了初入调香领域的人在涉及仿香、创香过程中，如何培养和提高自己能力的途径，在当前调香师越来越依赖剖析和成熟配方的时代，我们另辟一条捷径，使用这种全新的模式，完成十至二十款不同风格香精的设计之后，你会发现自己的调香能力有了质的飞跃，一旦今后脱离了剖析又没有现成配方参考，也不会担心，能胸有成竹、淡定自如地完成自己的创作。当然还是一句老话，成功来自于拥有扎实的技艺功底。

2. 以香蕉香精为例利用基础技能设计甜味香精配方

下面再用一款香蕉香精配方的设计来进一步阐述。

① 确定主香剂：特征性香原料乙酸异戊酯、丁酸异戊酯、异戊酸异戊酯。

② 确定协调剂：用丁酸乙酯、乙酸乙酯、己酸乙酯补充，丰满果香韵；用甜橙、柠檬等柑类精油或成分增强天然新鲜感。

③ 确定变调剂：用乙酸苄酯、香茅醇、橙花醇、乙酸橙花酯、香叶醇、柳酸甲酯等，添加一些茉莉、玫瑰、冬青等风味进行修饰。

④ 确定定香剂：以丁香油（或其主体香成分)、香兰素作为其留香的甜香。

表 2.16 和表 2.17 为两个德国香蕉香精配方。

表 2.16 香蕉香精配方 A

英文名称	中文名称	质量分数/%	英文名称	中文名称	质量分数/%
ethyl acetate	乙酸乙酯	0.08	citral	柠檬醛	0.18
ethyl alcohol	乙醇	5	benzyl acetate	乙酸苄酯	0.37
methyl butyrate	丁酸甲酯	0.01	styrallyl acetate	乙酸苏合香酯	0.21
ethyl butyrate	丁酸乙酯	0.45	methyl salicylate	柳酸甲酯	0.02
isoamyl acetate	乙酸异戊酯	6.5	citronellol	香茅醇	0.03
amyl acetate	乙酸戊酯	0.07	nerol	橙花醇	0.03
butyl alcohol	丁醇	0.013	benzaldehyde PGA	苯甲醛丙二醇缩醛	0.08
mandarin oil	橘子油	0.3	geraniol	香叶醇	0.04
ethyl caproate	己酸乙酯	0.12	benzyl alcohol	苄醇	6
isoprene acetate	乙酸异戊二烯酯	0.7	phenyl ethyl alcohol	苯乙醇	0.04
isoamyl butyrate	丁酸异戊酯	0.55	isoeugenol	异丁香酚	0.16
isoamyl isovalerate	异戊酸异戊酯	1.8	methyl isoeugenol	甲基异丁香酚	0.07
methyl heptanone	甲基庚烯酮	0.2	heliotropin	洋茉莉醛	0.03
amyl butyrate	丁酸戊酯	1.4	decanoic acid	癸酸	0.06
heptyl acetate	乙酸庚酯	0.05	vanillin	香兰素	0.16
benzaldehyde	苯甲醛	0.01	vanillin PGA	香兰素丙二醇缩醛	0.02
linalool	芳樟醇	0.14	acetaldehyde PGA	乙醛丙二醇缩醛	0.02
propylene glycol	丙二醇	74.93			

表 2.17 香蕉香精配方 B

英文名称	中文名称	质量分数/%	英文名称	中文名称	质量分数/%
ethyl acetate	乙酸乙酯	0.62	leaf alcohol	叶醇	0.05
ethyl alcohol	乙醇	5	acetic acid	乙酸	0.07
acetaldehyde PGA	乙醛丙二醇缩醛	0.08	*trans*-2-hexenal PGA	反-2-己烯醛丙二醇缩醛	0.24
diacetyl	丁二酮	0.02	propylene glycol	丙二醇	75.84
ethyl butyrate	丁酸乙酯	0.16	benzyl acetate	乙酸苄酯	0.53
butyraldehyde PGA	丁醛丙二醇缩醛	0.02	neryl acetate	乙酸橙花酯	0.11
isobutyl acetate	乙酸异丁酯	0.01	styrallyl isobutyrate	异丁酸苏合香酯	0.02
isoamyl acetate	乙酸异戊酯	8	geranyl acetate	乙酸香叶酯	0.02
amyl acetate	乙酸戊酯	0.1	benzaldehyde PGA	苯甲醛丙二醇缩醛	0.02
isoamyl alcohol	异戊醇	0.8	geranyl propionate	丙酸香叶酯	0.04
trans-2-hexenal	反-2-己烯醛	0.07	benzyl alcohol	苄醇	0.04
butyl butyrate	丁酸丁酯	0.18	*trans*-2-hexenoic acid	反-2-己烯酸	0.05
isoamyl butyrate	丁酸异戊酯	3.2	eugenol	丁香酚	0.02
isoamyl isovalerate	异戊酸异戊酯	3.2	vanillin	香兰素	1.12
ethyl lactate	乳酸乙酯	0.27	vanillin PGA	香兰素丙二醇缩醛	0.1

二、利用基础技能设计食用咸味香精配方

利用基础技能设计食用咸味香精的配制原理与甜味香精类似，遵循主香剂、协调剂、变调剂、定香剂的原则，但类型稍有不同，现介绍如下。

1. 以牛肉香精为例利用基础技能设计咸味香精配方

首先要选择主香剂，这里以牛肉香精为例，牛肉香味构成非常复杂，从牛肉中发现的挥发性物质超过了一千种，它们构成了牛肉香味的主体。但这些挥发性物质中的大多数从调香角度考虑并不重要，其中绝大多数也没有肉香味，真正有肉香味的只有 25 种，可以从中挑选出可以作为牛肉香精主香剂的香原料。

下面是一些具有牛肉特征香味的香料：

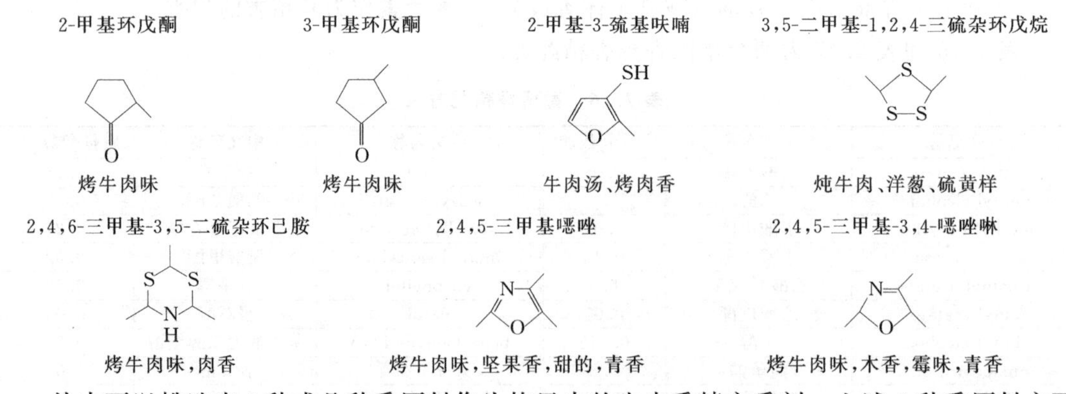

从中可以挑选出 1 种或几种香原料作为构思中的牛肉香精主香剂，上述 7 种香原料主要体现为三种类型牛肉香味，即：牛肉汤味、炖牛肉味和烤牛肉味，调香师可以根据自己所需香精的类型进行选择。

主香剂决定以后接下来要挑选协调剂，协调剂的主要功效是其香型与特征性香料（主香剂）属于同一类型，用于香精配方时，它们的协调作用能使香味更加协调一致，比如强化或补充牛肉香精所需的肉香、烟熏香、脂肪香、辛香、焦香等。

用作牛肉香精协调剂的香料可以从下列香料中选择：

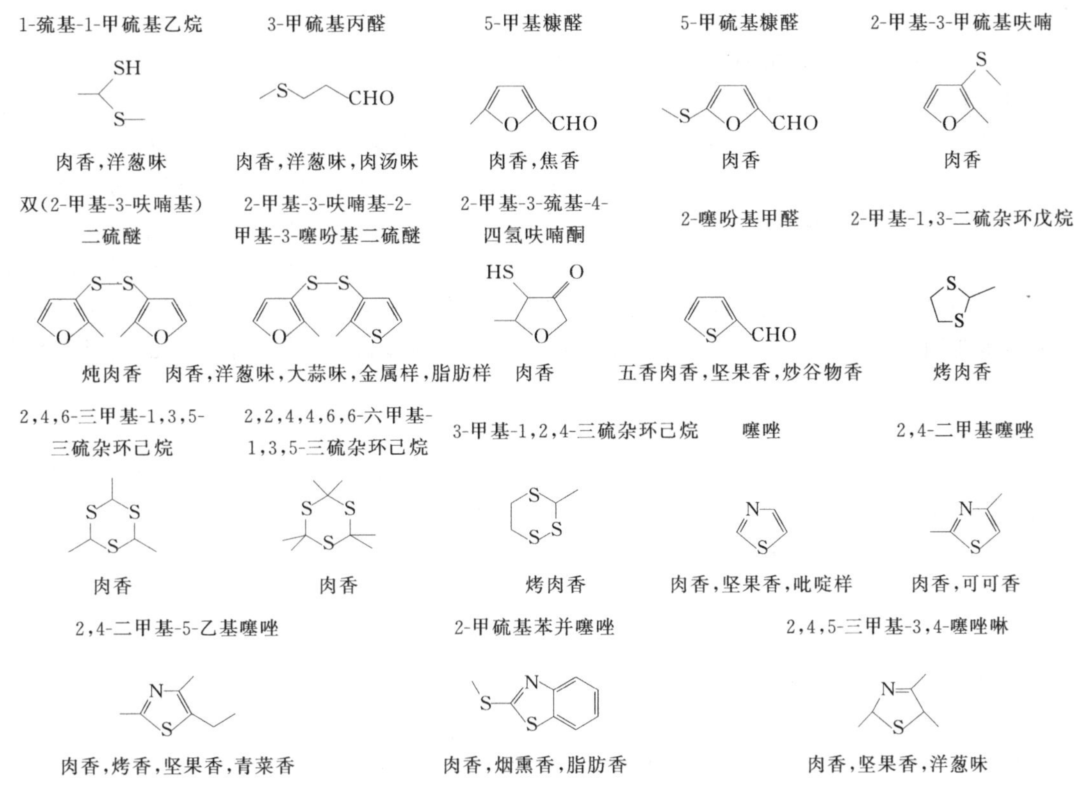

从以上香料可以看出它们的基本特性都为：具有肉香，与主香剂属于同一类型，在此基础上还兼备了一些其他香气特征，这些协调剂可以使以牛肉为主体香味的香精更加协调、完善。

接下来就是考虑变调剂了，变调剂按其英文含义就是修饰剂，一个牛肉香精如果只有一个肉香的特征未免会显得太单调，犹如一件衣服用白布制作，既无颜色又无花纹，虽可穿但总显得缺少点什么，香精也一样。必须补充点其他元素的香气成分才能使香精丰满、圆润。

许多具有其他香味的化合物作为牛肉香味的修饰剂，在肉香味或肉味香精的构成中是必不可少的。这些对肉香味有修饰作用的香味包括奶油香味、焦糖香味、烤香味、焦香味、硫黄味、青香味、芳香味、油脂肪香味、坚果香味、葱蒜香味等，具有这些香味的香料在一个好的牛肉香精配方中是不可缺少的。

那么哪些香原料可以承担上述功能呢？我们选一些比较有代表性的香原料。

奶香-黄油香味：丁二酮，3-羟基-2-丁酮，戊二酮。

奶油发酵香：δ-癸内酯，γ-辛内酯。

蘑菇-壤香：1-辛烯-3-醇，1-辛烯-3-酮。

葱蒜香味：烯丙基硫醇，二烯丙基二硫。

青香味：叶醇，反-2-己烯醛，苯乙醛二甲缩醛。

香草-甜香味：香兰素，乙基香兰素。

辛香：肉桂醛，丁香酚。

烤香：2,5-二甲基吡嗪。

焦糖：2,5-二甲基-4-羟基-3(2H)-呋喃酮，麦芽酚，乙基麦芽酚。

坚果香：2-甲基-5-甲硫基吡嗪，2-甲基-5-甲氧基吡嗪。

根据需要还可以选择很多具有某种香味特征的香料作为牛肉香精的变调剂，使用变调剂要注意主次、轻重。用量上要特别注意切勿喧宾夺主，衡量用量要综合考虑各种因素，其中阈值最关键。

最后要讲的是牛肉香精的定香剂，咸味香精的定香剂与甜味香精的稍有不同，诸如在甜味香精中起主要作用的特征定香香料，如香兰素、乙基香兰素、麦芽酚、乙基麦芽酚，以及一些物理定香香料（高沸点的溶剂），虽然在咸味香精中也会用到，但起的作用不是很大。

适宜用作咸味香精的定香剂要求要与咸味香精的主体功能一致，用得比较多的、效果比较好的是一些天然植物提取物，特别是浸膏和油树脂。比如适合牛肉香精的有牛肉浸膏，猪肉香精用猪肉浸膏，鸡肉香精用鸡肉浸膏。油树脂常用的有洋葱油树脂、姜油树脂、辣椒油树脂，这些浸膏和油树脂能与肉味香精很好协调，香气互补，就像我们日常生活中煮牛肉、煮猪肉也要用一些葱、姜、蒜等来去腥和调味，再则这些浸膏和油树脂有很好的耐温和留香效果，作定香剂十分理想。

另外还有一类物质适用于咸味香精的定香剂，这就是肉味的美拉德反应物。一个好的肉味香精可以由两部分组成，一部分用上面谈及的单体香料用调合法配得，主要承担主香剂、协调剂、变调剂的功能，另一部分即由对应的美拉德反应物来承担，主要起定香剂的作用。下面列举一款牛肉香精的美拉德反应物配方（表 2-18）。

表 2-18 牛肉香精的美拉德反应物配方

组成	质量份	组成	质量份	组成	质量份
牛肉酶解物	2400	L-半胱氨酸盐酸盐	36	木糖	60
HVP 液	800	丙氨酸	60	桂皮粉	6
酵母提取液	600	维生素 B_1	36	水	适量

上述混合物在 100～105℃加热，60min 即得热反应牛肉香精。作为定香剂，上面提及的两种方法，两种类型均可适用，主要依据自己配制牛肉香精的需要、特点，可以选用其中一类，或两者都采用。

要注意的是，如果调配的是以植物油作溶剂的油质牛肉香精，那么就不可用美拉德反应物直接加到香精中去，因为美拉德反应物是以水为载体的产物，与油质香精会分层不互溶。但如需要，稍做调整还是可用的，方法是先用植物油与牛肉香精的美拉德反应物混合，稍做搅拌（搅拌不宜过分激烈以免水油乳化不利于分层），停止片刻，再搅一会，始终采用慢速-短暂搅拌-间或静置的方法，使美拉德反应物中的牛肉香味逐渐被萃取入植物油中。假如操作不当，过分搅拌造成油水乳化也不必过分担心，可向乳化液中加入少量盐，促使其破乳，再借助离心甩滤也可以将乳化的香精分离。取出上层油层，加到油质牛肉香精中作溶剂，油层中就含有牛肉香味，且留香效果也佳。

咸味香精中许多单体原料阈值很低，相当透发，对于一些阈值特别低的香原料通常配成十分之一或百分之一的稀释液，使用起来方便些，且气息也不至于过分强烈而无法直接用鼻子评香、鉴香。

配制牛肉香精不外乎定性定量。根据对香精成分的功能需求选取香原料，构成基本框架，接下来就是定量，用量多少要以主体香气为主，即主香剂为主，协调剂为辅，变调剂更次之的原则，即协调剂和变调剂均围绕主体香气而运作，切勿喧宾夺主，当然在通常情况下作主香剂的香料用量要适当大一些，但同时还需兼顾阈值。如某一作为主香剂的香料阈值很低，则使用时就得十分小心，避免用量过度。当然如果一些阈值低的香料用作协调剂或变调剂时更需注意，尤其是作变调剂时，变调剂仅仅起修饰作用，就像炒菜时添加少量味精吊鲜，不应影响或篡改原有的特征香气。

优秀的调香师十分注重香原料阈值的运用，在构思和定夺一个香精配方时要充分考虑每一个原料的阈值大小，才能在定量上避免出错。一位优秀的调香师如果在拟方时能恰当掌握原料阈值，正确定量，就能大大减少重复调整配制的次数，有效提高成功率。而且一旦调香师对常用原料熟练掌握之后，对创香和仿香就十分方便，大大节省无效工作的时间。定香剂主要考虑的是留香效果，所用原料阈值不宜过低，因为咸味香精大多用在需加热的食品产品中，所以咸味香精的定香剂需要稳定并且耐高温，即加香食品经烘烤、油炸、蒸煮后，其肉香味仍要有一定程度的保留，这就是考验定香剂的效果了。

2. 以猪肉香精为例利用基础技能设计咸味香精配方

早期的猪肉香精多用辛香料调配而成，提供的主要是辛香味，没有肉香味，常用的辛香料是丁香、胡椒、肉豆蔻、肉豆蔻衣、众香子、月桂、百里香、鼠尾草、芹菜籽、大葱、洋葱、大蒜等。

现代猪肉香精配方一般由两部分组成，一部分是由猪肉（猪骨）酶介物、HVP（水解植物蛋白）、酵母提取物、还原糖、氨基酸等通过热反应（美拉德反应）制备的热反应猪肉香精，另一部分是由香料调配成的猪肉香精（香基）。

从功能块调香观点分析，上述这些原料如何分配组合呢？它们又各自承担什么功能呢？猪肉香精的特征性香料是主香剂，它们是三甲基噻唑、2-甲基-3-呋喃基硫醇、2,5-二甲基-3-呋喃硫醇、2-甲基-3-甲硫基呋喃、2-甲基-3-呋喃基二硫。从结构上看，它们有共同特点，即都为含硫化合物，这是因为含硫的杂环化合物一般具有肉香，只是侧重点不同，有的偏猪肉香，有的偏牛肉香。

主香剂选定之后，就要选择协调剂，作为协调剂的香原料必须与主香剂在香型上属于同一类型，即也需是具有肉香的香料。当然它们未必一定是猪肉香味，但应该具有其他肉味，或肉汤、烤肉、炖肉等的香味。这些香味的协调、补充可以使所配香精更加完整丰富。作为协调剂的香原料可以是甲基（2-甲基-3-呋喃基）二硫醚，它具有肉香、烤牛肉香、肉汁味和洋葱味；二糠基二硫醚具有肉香、烤肉香和洋葱味；3-巯基-2-丁醇具有肉香、烤肉香、洋葱气息、大蒜气息；3-巯基-2-丁酮有类似硫黄样气息，但稀释后具有肉香奶香，同样具有相似功能的还有 3-巯基-2-戊酮。其他可以作为协调剂的香原料还有 4-甲基-5-β-羟（基）乙基噻唑（肉香，烤香，坚果香），4-甲基-5-羟乙基噻唑乙酸酯（肉香，蛋香，奶香，豆香）。

接下来看看变调剂如何选择。变调剂实际就是修饰剂，它的香型与作为主香剂的特征性香料可以属于不同类型，它们的作用是修饰在配的香精，使其具有不同的风格。传统的辛香料在调制肉香香精时，在某种意义上讲就是通过辛香料特有的姜、桂皮、茴香、胡椒、芹菜籽的辛香味来修饰和改善产品的风味效果，比如一些肉制品添加了辛香料或辛香料的提取物，可有效改善产品的风味和口感。此外，作为变调剂的还有合成单体香原料，比如：2-乙基呋喃，它具有豆香、面包香、麦芽香；2-戊基呋喃，它呈豆香、果香、青香和类似蔬菜样的香韵。这些看似与肉香不太有关系的香料，适当添加到肉香香精中，香味会更丰富。肉香绝不是单一、一成不变的固定香型模式，在以肉香为基础的前提下，可以调配成带一点豆香、奶香、果香、坚果香的肉类香精，这样对改善我们的饮食风格、烹调习惯和丰富生活是很有帮助的。比如，在肉味香精配方中加了二丙基二硫醚和甲基烯丙基二硫醚之后，由于这两个原料具有葱、蒜、韭菜样的香味，肉味香精就会有类似韭菜饺子馅的香味。

最后是定香剂。类似地，定香剂可分为两类，一类是特征定香香料，另一类是物理定香香料。由于咸味香精用途的特殊性，常选用油质溶剂，这样就有一举两得的作用，植物油或三醋酸甘油酯都具有较高的沸点不易挥发，可以作为理想的物理定香剂，当然如果需要，选用香兰素、乙基香兰素、麦芽酚、乙基麦芽酚作为特征定香香料也是不错的选择，只是由于这些原料本身有香味，要考虑它们与整体肉味香精的协调和兼容效果。

如果是水质的猪肉味香精，则可考虑用美拉德反应物作定香剂，反应物中富含猪肉的酶介物、酵母、水解植物蛋白，这些物质的反应产品也有较好的留香效果。

假如想把美拉德反应产物“嫁接”到油质肉味香精中去也是可行的，方法同之前介绍的一样，即选择植物油作溶剂（萃取剂），将美拉德反应物与植物油混合，稍加热至50℃左右，缓缓搅拌一二分钟之后，静置片刻，至见分层之后再重复上述操作，要避免搅拌过于激烈，使油水乳化不易澄清分层，如此反复多次，至水相美拉德反应液中的香味物质逐渐被植物油萃取即可。反应结束后，静置过夜，次日早晨取上层油层就是含有肉香味的猪肉香精定香剂。

近年来国际上流行的香精复配技术，在咸味香精中也有很好的应用，方法就是把肉香味的美拉德反应物和合成原料配制的肉香香精（或肉香香基）、辛香料提取液、肉类的提取物[浸膏，油（牛油、鸡油）]、肉类的酶介产物混合，优势互补，就能得到十分理想的肉味香精。根据各种不同需求配得的香精既有良好的逼真度和透发性，留香效果也较为理想，实为一项不错的先进技术。

在调配肉味香精时，读者要注意把握呋喃类化合物的香气味。呋喃类香料是构成肉味香精的重要香料，其中3-呋喃硫化合物的肉香味特征性最强，是肉味香精中必不可少的关键性香料。例如2-甲基-3-巯基呋喃具有出色的肉香和烤肉香，是肉味香精中最重要的香料，它的衍生物2-甲基-3-巯基四氢呋喃、2-甲基-3-甲硫基呋喃、双(2-甲基-3-呋喃基)二硫、甲基(2-甲基-3-呋喃基)二硫、丙基(2-甲基-3-呋喃基)二硫也都具有典型的肉香味，是公认的较好的肉味香料。肉味香精中常用的其他呋喃类香料还有2,5-二甲基-3-巯基呋喃，双(2,5-二甲基-3-呋喃基)二硫醚，双(2-甲基-3-呋喃基)四硫醚，2-乙基呋喃，2-戊基呋喃，2-庚基呋喃，糠硫醇，硫代乙酸糠酯，硫代丙酸糠酯，二糠基硫醚，甲基糠基二硫醚，二糠基二硫醚，糠醛，5-甲基糠醛，2-乙酰基呋喃，2-丙酰基呋喃等。

对于咸味，尤其是肉味香精，单一的调配方法既有利也有弊，用全合成香料配得的肉味香精，透发性好，简便，但天然感不强，留香欠佳。美拉德肉味反应物，天然感较好，且留香效果可以，但透发性不够，反应物难免还会进行继发反应，需在冷藏条件保存。辛香料或它们的提取液一般只能起修饰和改善产品风味作用，本身并不具备肉香，单独使用缺乏价值。肉类提取物，浸膏，鸡油，猪油，牛油有天然逼真度，留香也好，但透发性不理想，单独使用又显得香味过于单一。只有把它们按需要配比混合起来才能充分发挥它们各自的优点，弥补存在的不足之处，所以是一项很有发展前途的技术。

三、利用基础技能设计日用香精配方

运用香精的四种成分组成法，并结合上述其他四大技能设计调配日化香精同样十分有效。举例一款玫瑰香精。玫瑰香精的主香剂有香茅醇、香叶醇等，它们构成了玫瑰香精的主体香气，但光有一种类型的香原料还不够，往往显得单薄，枯燥乏味，不丰富，所以还得配以一些和合剂。例如，可以添加羟基香草醛及它的席夫碱橙花素以增添花香和青香，加一些苯乙醇可以突出清甜的玫瑰花香，添加乙酸香茅酯和乙酸香叶酯等可以提升玫瑰气息的新鲜感，用苯乙酸苯乙酯可以使玫瑰香精增添一些醇样的甜香，经过这些加工，玫瑰香精的香气就会有明显改善，香气变得更加丰满。

接下来还需对香精进行修饰，选用的修饰剂可以与原玫瑰香型不完全一致，即可以属于不同类型，它们的使用可以使香精具有不同的风格。但要注意，用量要适中、适量，切忌喧宾夺主。比如可以加一些柑橘油来增添果香气息，用松油醇和乙酸苄酯补充一些百合和茉莉的花香，用紫罗兰酮增添桂花气息，经过这样加工的玫瑰香精中，除了保持了玫瑰的主体特征香气外，还有多种鲜花气息的衬托，注意这里仅仅是衬托和修饰。如果其他花香的特征盖过了玫瑰的主体香气，就需及时调整，把量减下来，特别是一些阈值较低的香原料，使用时要特别留意，即使少量也有可能造成过分窜出，影响整体香精的协调，最好在使用时把这类低阈值的香原料配成10%或1%的稀释液，效果可能会好一些。

最后就是决定整个香精的定香剂，定香剂可分为两类，一类是特征定香香料，另一类是物理定香香料。特征定香香料的沸点较高，在香精中的浓度大，高于它们的阈值，当香精稀释后它们还能保持其特征香味，玫瑰香精可选择香豆素、803 檀香、酮麝香、合成橡苔等作为特征定香剂。物理定香香料是一类沸点较高的物质，它们不一定有香味，在香精配方中的作用是降低蒸气压，提高沸点，从而增加香精的热稳定性，在玫瑰香精中可以用 TEC（柠檬酸三乙酯）或 Hercolyn D（汉可林 D）作为物理定香剂。

到此，一款玫瑰香精基本定型（见表 2.19）。使用科学、循序渐进的方法不仅可以比较有效地调配出一款比较理想的香精，更重要的是可以摆脱固定的调香模式，从依赖剖析和现成配方做参考蓝本的束缚中解放出来，世界上各种各类香精千变万化，不可能永远有现成的资料以供参考，唯有自己掌握了调香的扎实基础才能沉着应对一切挑战。

表 2.19 玫瑰香精

英文名称	中文名称	质量分数%	英文名称	中文名称	质量分数%
lemon oil	柠檬油	1.2	phenyl ethyl alcohol	苯乙醇	6.7
limonene	苧烯	1.8	hydroxy citronellal	羟基香茅醛	1.8
2,6-dimethyl-2-heptanol	2,6-二甲基-2-庚醇	0.1	α-ionone	α-紫罗兰酮	2.3
acetic acid	乙酸	0.1	β-ionone	β-紫罗兰酮	1
benzaldehyde	苯甲醛	0.02	cyclamen aldehyde	兔耳草醛	0.4
lavender oil	薰衣草油	0.2	isoamyl salicylate	柳酸异戊酯	5.6
ethyl linalool	乙基芳樟醇	2.7	amyl salicylate	柳酸戊酯	10
linalyl acetate	乙酸芳樟酯	2.2	patchouli oil	广藿香油	0.6
carbitol	卡必醇	0.15	sandal 210	檀香 210	3
aurantiol	橙花素	0.4	coumarin	香豆素	7
borneol	龙脑	0.05	tonalid	吐纳麝香	0.4
citral	柠檬醛	0.5	TEC	柠檬酸三乙酯	0.3
terpineol	松油醇	2.8	phenylacetic acid	苯乙酸	0.5
terpinyl acetate	乙酸松油酯	3.1	geranyl phenyl acetate	苯乙酸香叶酯	2.3
benzyl propionate	丙酸苄酯	5.5	musk T	麝香 T	0.1
geranyl acetate	乙酸香叶酯	1.8	phenylethyl phenylacetate	苯乙酸苯乙酯	0.8
nerol	橙花醇	0.4	musk ketone	酮麝香	0.8
phenylethyl butyrate	丁酸苯乙酯	0.58	synthetic oak	合成橡苔	0.3
DPG	二丙二醇	1.95	DPG	二丙二醇	17.55
geraniol	香叶醇	13			

第七节 总 结

对于调香的初学者，想要设计出满足客户需求的配方，掌握五大核心能力是必不可少的，对五大能力的综合使用，能帮助调香师在实际工作过程中解决各类问题。现对此做精炼的总结，希望读者精读完此节后，能够有所体会，能自己总结出五大能力在对应工作中的各个环节是如何发挥作用的。

① 掌握特征香气香原料。

② 运用主香剂、协调剂、变调剂、定香剂构筑香精基本格局，并选择适当成分用作协调剂、修饰剂、定香剂。

③ 各成分用量以其阈值作为定量依据。

④ 初学者要重视单体香料的香气特性训练，方法参照分类记忆法。

⑤ 熟悉香原料，着重其香气、性质、来源、用途等方面的认识。

⑥ 设计初稿之后，即可进行调配，调配过程也是熟悉香原料的重要途径。初稿配出之后，根据香气情况进行调整。香气过分冲（窜出来的）要适当减少，不足的适量增加。

⑦ 香精初步成型之后要对初稿样品进行修饰，包括头香、体香、尾香的修饰和补充。

⑧ 香精定型之后，还要做应用试验，看在加香产品、实际运用中的效果如何。

⑨ 应用中发现问题，要及时修正，比如用于烘焙食品的香精，就需考虑其在烘焙过程中留香效果问题。

⑩ 运用新的技术，丰富食品香精的内涵，比如可以在加热烘焙食用香精中采用香味前驱体和增效剂技术（本章下一节将具体介绍），使香精和食品融为一体，共同为食品香味作贡献，因为在烘焙过程中，由于 maillard 反应，也会产生一系列香味物质，如何使其与添加的香精有机结合是关键。

⑪ 要配制一款好香精，调香者必须具有扎实的基础知识，包括香原料的香气、香味、理化特征、阈值与其他香原料配伍情况，与哪些原料结合会产生某种香气特征（比如乙基麦芽酚与 β-突厥酮混合会产生“甜”的香味特征）。

如今的一些调香师缺乏独立写配方的能力，写配方依赖剖析和现成的配方，以这些配方为基础做些修改。这样的调香师由于缺乏本章所述基础技能的培训，对各种香精配方结构的理解不到位，很难胜任调香的工作。虽说传统调香技术必须与现代科学理念相结合。但过于依赖仪器，忽视调香师基本功的训练，本末倒置，对行业的长远发展和核心竞争力的提高没有益处。具体而言，这会导致调香师对分析仪器的依赖性越来越强，甚至有的调香师要求分析部门给出的结果要精确到小数点后多少位，所有的信息都要呈现在报告中，配出的香精还要反复进行分析。其实这样的工作思路无论对精进调香还是巩固基本技能，抑或是对香精产品质量提升、对香精创新的长远发展都没有好处。国内一些香精香料企业的仪器已经超越美国、德国的一般企业，但有时却剖析不出一支香精。产生这些问题的根源就在于有些调香师缺乏调香需要的基本技能，尤其对各类香原料的香气香味不熟悉，虽然科技条件越来越好，但能力越来越差。读者们不妨试试看在不借助分析仪器，没有现成配方的条件下能否在经过一段时间的技能训练后调配出香精。初学者可以先调配一些常用的香精，熟悉香气的大致结构，关键是要逐步熟悉成分与香气的组合关系，即什么样的原料叠加组成会产生何种香气或香味。万事开头难，有困难不要灰心，坚持用本章的技能积累经验，如有相似配方可以借鉴参考；若没有相应配方，可以嗅闻对应的天然物或品尝对应的食品，比如玫瑰、茉莉、芒果和草莓，从而悟出其中的香气特征。熟悉掌握各种特征香气的香原料，找出对应原料。自己构思出一个香韵、香型、香气或香味的组合。开始时可能三个星期能配出一支香精，稍微熟练之后，可以一星期配一支，坚持一年必有成果。

美国调香师对部分最新食用香料的感官评价

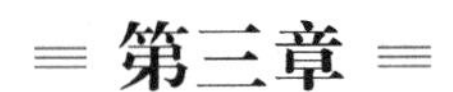

第三章 调配既有香气又有香味的食用香精

初学调香者熟练地掌握第二章内容中的五大核心技能后，基本可以按照既定的想法和要求设计出一个合格的香精配方，能够选择需要的香原料成分，并且能够对每一种成分的添加量进行合理的定量。利用对五大基本必备技能的掌握，所调配得到的香精，基本能够符合香气和谐、表现力较为逼真等要求。

但随着人们对物质生活水平要求的不断提高，香精的表现力也需要不断改善。在食用香精领域，国内香料香精企业的调香师调配的食用香精，和外企研发的食用香精，仍然存在不少的差距，具体体现在以下几个方面：

① 缺乏天然感。

② 缺乏香味特征，没有食品香味的立体感。只闻其香，未获其味，香味与香气脱节。香精虽有香气，但没香感，即缺乏在味觉方面的表现力。体现出来的“香”与天然食品的“香”不一样。

③ 缺乏底香韵味。

④ 用于调制果汁的香精，在密封灭菌时，香气会变化，甚至产生怪味。

⑤ 国产的食品香精与进口大公司的产品比，开始阶段二者香气尚可，比较接近，但国产香精一般仅能保持一天左右，香气衰减得十分厉害，一天过后香气就基本没有了；相反，进口香精一般能保持四天仍有留香。国产香精用到产品中，差距更加明显。一些国内调香师调配出的香精，特别是用在加热产品中时，比如蛋糕、饼干、糖果或者是一些果汁饮料产品，最终阶段都要杀菌（通常采用巴氏消毒法），这时香精表现力的差距就表现出来了：国产香精经加热处理，香气香味流失严重，不仅留香效果差，口感也不佳，没有食品香味感觉，仅有香气，被称为“一哄头”就没有了，有时还会出现怪味，即产生不愉快的味。

另外，分析过程还会发现这样的问题，进口食品香精样品在进行 GC-MS 分析时，在样品即将结束（走完）时会出现一系列三角形或馒头状的未知峰，检索时查不到相应成分。

针对食用香精缺乏口感上的表现力，国内的调香师的惯常做法是添加调味料，这样做出来的香精香气和口感虽然都具备，但用到食品中去，给人的体验却是香气和香味不连贯，不协调，加入的调味料生硬。香气是香气，香气和酸甜苦咸鲜的口味之间是分离的，共存的口感与嗅觉体验无法生成一种让人感到自然逼真且愉悦的感官体验。另外，为了解决食用香精，特别是烘焙类香精留香时间不够长、不耐热的缺陷，国内的调香师通常会多用一些香兰素、乙基香兰素或者较大分子的内酯。但天然感的留香与添加分子量大、沸点高的香原料是两回事。前者是十分流畅的天然食品韵味（香味），后者有一种“突发性、突击性”的补充。

近代香料香精工业，特别是近二三十年，国际香精香料大公司都加大了基础研究的力度，在回归自然的口号指引下，都力求把自己的产品打造成“天然，有机”模式，在香气香味上力求与天然产品相近，或相仿。香精产品不再单单满足嗅觉需要，在味觉上也要符合天然产品，即我们常说的“香味”。这样必然就会引入一个全新的学科“香味化学”。这对提升食用香精的档次起着举足轻重的作用，所以对照三四十年前的香精产品，国际著名香精香料企业在品质、技术含量方面已有了飞跃式的发展，尽管表面看来变化不大，香气的表现也许没有翻天覆地的进步，但一旦把它用到加香产品中，就会出现上面提到的明显差异。

对于这些问题，国内调香师通常不知如何着手解决。实际上，这是一个调香理念的问题。国内食用香精与外企的产品之间存在差距的原因，关键就在于国内企业的调香师对香味没有概念，即传统的中国式调香比较重视香气的模仿而忽视香味的作用，觉得香精就是香原料香气的综合体，总认为香精是由各种香原料组合而成。我们的调香师摆脱不了传统观念的束缚，模仿天然物，着重在香气上。因此，调香师在仿制国外知名香精或自己创香时，配出的香精与国外先进企业生产的同类香精在口感上存在明显差距，有的调香师认为香气同香味是同一概念，有的调香师则认为香味就是香气和口味的单纯叠加，把香和味割裂来看了。这些认识都是不正确的。这种认识，会让调香师误认为要想调出既有香味又有香气的香精，只要用对了香原料，并加入适当的调味料就行。但事实上，这种认识暴露了他们缺乏香味的理念，并且把香味与调味的概念混淆了，没有将香味与天然食品（特别是果汁）中体现的韵味相联系。

假如我们换一种思维方式，看看不同种类食品的香味形成的过程和道理，再采取一些针对性的做法，也许效果会将会大大改善。事实上，国外的食用香精带给人们的感官体验好，究其原因，就是正确地理解了香味的概念。一个好的食用香精，讲究香气和口感的统一，香气好不是香精的最终目的，香味好才是最终目的。香气是其形象，香味才是其灵魂。国产的食用香精就是在香味表现力上没下足功夫，因此出现了上述提到的五个缺陷。

香味是一种介于香气和口味之间的概念，为了帮助读者正确地理解什么是香味，笔者将重点介绍口味与香味的区别，梳理和介绍这两大概念，理清两者的关系；详细阐述食用香精仿制和创新过程中的设计理念，配方构思，以及如何根据自己掌握的风味理论知识，结合具体实践配制出既有香气又有香味的食用香精。

第一节 味

一、味与味觉（感）的内涵

味，不同于“香”，一般来说，基本味主要指的是食品中的“酸、甜、苦、咸”四类，称为“化学味觉”，而且，从生理学的角度看，也只有这四种基本味感。这四种化学味觉也可称为“四原味”。最初发明味觉科学分类的德国人海宁认为酸、甜、苦、咸是四种基本味觉，我们通常所说的各种味道，均由这四种基本味觉组合而成，这与三种原色和假设的道理是一样的。因此，海宁提出所有味觉都可以以“味觉四面体”的空间任意一点的位置来说明。

在四种化学味觉的基础上，东方人要多加一个“鲜”味，即认为谷氨酸、肌苷酸、琥珀酸之类的汤汁或原汁的鲜味也是一种味觉。因此在东方人的味觉认知里，一共有五个基本味。这五个基本味以食物为载体进入人的口腔内，食品中的可溶性成分溶于唾液或者食品本身的溶液，对味觉器官，即味觉感受器（味蕾）进行刺激，进而进入消化道，经过味神经纤维传送到大脑的味觉中枢，由大脑分析味觉信号，整个过程所引起的感觉，统称为味觉。味觉包含广义的味觉和狭义的味觉。广义的味觉包含着心理的、物理的、化学的味觉。而舌面上的味蕾所感觉的味，称为化学的味觉，或狭义的味觉。味觉通常表现为“可口”或“不可口”。这种“可口”或“不可口”，除受视觉、嗅觉、听觉、触觉的影响，还受人们的饮食习惯、嗜好、饥饱、心情、健康状况和气候等各种因素影响。

不同国家和地区的人对味的分类的归纳会有差异（见表 3.1）。读者们若有兴趣，可以查阅欧美介绍食品风味的书籍，会发现英文中没有恰当的词语指代“鲜味”，只是不把谷氨酸钠（味精）和 5′-肌苷酸钠作为调味料，而作为香味增效剂使用，这种香味增效剂本身的味不被考虑，只关注其加入食品中去，增强了食品的香味效果。类似的香味增效剂还有麦芽酚、乙基麦芽酚等，本章有关香味和香味增效的部分将重点介绍。

表 3.1 味的分类

国家	分类
日本	咸、酸、甜、苦、鲜(5 味)
中国	咸、酸、甜、苦、辣(5 味)
印度	咸、酸、甜、苦、辣、淡、涩、不正常味(8 味)
德国	哈喇味、甜、苦、酸、烈性味、发酸味、香味、咸、尿味、酒精味、呕吐味(11 味)

另外，关于辣味是否归属于味觉，科学界一直有争议，有的学说认为辣味是一种触觉而非味觉，大概因辣味仅是刺激口腔黏膜、鼻腔黏膜、皮肤和三叉神经而引起的一种痛觉。类似的争议还有涩味，涩味则是指舌黏膜的收敛感，即口腔蛋白质受到刺激而凝固时所产生的一种收敛的感觉，与触觉神经末梢有关，这两种味感与四种化学味觉刺激味蕾产生的基本味感有所不同。但就食品的调味而言，也可看作是两种独立的味感。至于其他几种味感如碱味、金属味和清凉味等，一般认为也不是通过直接刺激味蕾细胞产生的，而是对舌表面神经末梢进行刺激而产生的一种感觉，类似的还有辛味、哈喇味等。总而言之，食品的味主要取决于人的感觉器官的判断，人的感官对味的鉴定实际上就是人对味觉现象的一种反映。

二、味觉的特点与性质

味觉作为人类的主观感觉，常常受到外界因素的影响，例如：

(1) 温度对味觉的影响　当食物温度为 10～40℃时，进入口腔较易产生味觉，30℃的食物能够使味觉变得最敏感。在低于 10℃或高于 50℃时，各种味觉大多会变得迟钝。基于温度对味觉的影响，食品加工制造者会根据冷热食品的不同摸索出人们的最适进食温度(详见表 3.2)。一般来说，冷水在 15℃左右最好。日本本州各地的井水温度在 15℃左右，15℃左右的水爽快感也强，但在盛夏的白天，人们也喜欢 12℃以下的冷水。10～15℃成为饮用水冷感舒服的最大因素。又如：凉麦茶，最好在 12℃左右饮用；冷咖啡、红茶，在 6℃左右喝可口。咖啡店加冰的咖啡，送到餐桌时是 7℃左右，搅拌后喝一口，过 2～3min，就变成 6℃。温度会随水量和时间而变化，边说边喝，到喝完的 5～6min 内，一直保持 4～5℃，但是，这个时候，咖啡的浓香味也会下降，所以 2～3min 内喝完既适温又适口。而对于热咖啡来说，喜欢在65℃以下喝的人较少，58℃以下更不好喝了，而在74℃时，咖啡香味浓郁。因此咖啡店端上餐桌的咖啡温度在80℃左右，加上砂糖和牛奶，下降到72℃，3～4min后，下降到67℃左右。

表3.2 食品的最适进食温度

类型	食品名	适温/℃
热的食品	咖啡	67～73
	牛奶	58～64
	黄酱汤	62～68
	汤类	60～66
	年糕小豆汤	60～64
	汤面	58～70
	炸鱼(虾)	64～65
冷的食品	水	10～15
	凉麦茶	10
	冷咖啡	6
	牛奶	10～15
	果汁	5
	啤酒	10～20
	冰淇淋	约6

另外，在供应温热的食品时，未必是最适进食温度。温度略高些，可以留有余地，例如：大部分液体食品在热时不能一口喝完，那么从开始到喝完需要有一段时间。在这段时间内，液体食品的温度逐渐降低。温度下降的程度因液体的浓度和黏度而异：清汤的温度下降快，淀粉浓度大的汤的温度就下降得慢。温度下降的程度与容器也有较大关联。例如汤面，加盖与不加盖10min后有9℃差别。

(2) 时间对味觉的影响　水溶性的物质在口腔中产生味觉的速度最快，但味觉持续的时间短，消失得也快；难溶于水的物质产生味觉的速度较慢，味觉持续的时间相对较长，消失得也慢。

(3) 黏稠度对味觉的影响　稠度高的食品可延长食品在口腔内的黏着时间，使滋味感觉时间延长。例如品质优良的调味品适当添加增稠剂，可以使人的满足感和愉悦感提升。

(4) 油脂对味觉的影响　大多数风味物质可部分溶解于脂肪，脂肪不仅与风味物质一起提供口感和浓度，而且在味道的稳定与释放功能上起着重要的作用。由于味道的化学结构不同于脂肪酸的链长度差异，味道成分在油态和水态彼此分离。溶于水的味道首先释放出来，并很快消散，导致人体感觉器官对味道的察觉程度降低，接着释放出来的是溶于脂肪的味道，产生连续的味道感觉。因此，低脂肪食物不能具有高脂肪食物的浓烈和持续的味道。

(5) 酸碱度对味觉的影响　呈味效果最佳的pH为6～7，特别是鲜味。用味精作主要助鲜剂的食品或调味品，pH不应小于3（酸性食品的pH通常在5以下）。

(6) 细度对味觉的影响　细腻的食品可美化口感，因为细腻度的提升使得更多的呈味粒子的表面与味蕾细胞接触，因而味感更为丰满。

(7) 醇厚感对味觉的影响　醇厚是指调味品中含有多肽类化合物及芳香物质，使味感均衡协调。

各种味觉之间是可以互相影响的，这些影响的结果可以总结为相乘、对比、消杀、变调、增强、掩盖、转化、反射和疲劳九大现象。具体为：

（1）味觉的相乘现象　指两种具有相同口感物质进入口腔时，其味觉强度超过两者单独使用时的味觉强度之和，又称为味觉的协同效应。

（2）味觉的对比现象　指两种或两种以上的呈味物质适当调配可使某种呈味物质味觉更加突出的现象。例加，蔗糖溶液中加入 0.017%NaCl，甜味反而加强；再如味精在有食盐存在时，其鲜味会增强。又如在醋中添加一定量的 NaCl，可以使酸味更加突出。

（3）味觉的增强现象　一种物质的味感因另一物质的存在而显著加强，这种现象称为味觉的增强现象，也称作交互作用。如味精与 I+G 共用能增强鲜味，在 1%NaCl 的溶液中加 0.02%谷氨酸钠（MSG）的作为 A，加 0.02%I+G 的作为 B，两者只有咸味而无鲜味，但 A 和 B 混合就有强烈的鲜味。

（4）味觉的掩盖现象　一种物质因另一种物质的存在，而使其某种味明显减弱，这种现象称为味觉的掩盖现象。如：味精能掩盖苦味、咸味和酸味；砂糖掩盖咸味。氨基酸盐类鲜味和糖类的甜味，可以在一定程度上掩盖食品加工中的苦味。姜、葱、胡椒等可以掩盖食品的肉腥味。一定量的酸可促使糖的甜度下降，一定量的糖可以促使酸味下降。

（5）味觉的相杀现象　两种以上物质以适当浓度混合时，会使其中任何一种单独的味觉变弱的现象叫作味觉的消杀，也叫拮抗现象。如蔗糖与硫酸奎宁之间的相互作用，可使甜味和苦味都变弱。

（6）味觉的变调现象　指两种呈现味道的物质相互影响，而导致其口感发生改变的现象。当吃过食盐或奎宁后，即刻饮无味的清水，会感到清水有甜味；又如刚刷过牙后吃酸的东西就有苦味产生。

（7）味觉的转化现象　两种味道混合产生三种味道，如豆制品的香味和肉的香味混合在一起，除了两者本身的味之外，还可以产生鲜香风味。

（8）味觉的反射现象　通过增加汤液的黏稠度，食品在口腔内的停留时间会延长，产生一个接近持续状态风味的口感。

（9）味觉的疲劳现象　较长时间受到一种味的刺激后，再吃相同味感的物质时，会感到味的强度下降，这种现象称为味觉的疲劳现象。比如：连续吃糖，会感到糖的甜味变弱。总而言之，对于五大基本味，不同味感是可以相互作用的，两种基本味感的相互作用，有的能增强一方的味感，有的可以相互增强，还有的效果则依照浓度的变化而不同，具体如表 3.3 所示。

表 3.3　味感的相互作用

<table>
<tr><th colspan="2">味感</th><th>相互作用</th><th colspan="2">味感</th><th>相互作用</th></tr>
<tr><td rowspan="4">鲜味</td><td>甜味</td><td>增强</td><td rowspan="4">咸味</td><td>酸味</td><td>在低浓度下增强,在高浓度下抑制或无影响</td></tr>
<tr><td>咸味</td><td>增强</td><td>苦味</td><td>抑制</td></tr>
<tr><td>苦味</td><td>抑制</td><td rowspan="2">甜味</td><td rowspan="2">低浓度增强,中浓度效果不确定,高浓度抑制</td></tr>
<tr><td>酸味</td><td>抑制</td></tr>
<tr><td rowspan="4">酸味</td><td>咸味</td><td>在低浓度时增强,高浓度时抑制或无效果</td><td rowspan="4">苦味</td><td>咸味</td><td>无影响</td></tr>
<tr><td>甜味</td><td>在低浓度时不确定,高浓度时相互抑制</td><td rowspan="2">甜味</td><td rowspan="2">低浓度时效果不确定,中浓度和高浓度时相互抑制</td></tr>
<tr><td rowspan="2">苦味</td><td rowspan="2">在低浓度时增强,在中浓度时抑制,在高浓度时效果不确定</td></tr>
<tr><td>酸味</td><td>低浓度时相互增强,中浓度时增强,高浓度时抑制</td></tr>
</table>

上述的味感相互作用规律，在实际生活和食品工业中的应用十分广泛，例如：

具有咸味的溶液中加微量的食醋，可以使咸味加强，当咸味溶液中加入过量的食醋时，咸味便会减弱。在任何浓度的醋中加入少量的食盐，酸味都会增强；加入大量的食盐则酸味减弱。

咸味溶液中加入苦味物质，可导致咸味减弱；苦味溶液中加入咸味物质，则使苦味减弱。

咸味溶液中加入适量味精，可以使咸味变得柔和；在味精中加入适量的食盐，则味精的鲜味会更加突出。

甜味和酸味之间有相互抑制的作用，无论是蔗糖还是食醋，添加量越大，甜酸之间的抑制作用就会越强。

三、味的强度

可以测定如下几个数值来表达味感的强度：

阈值：可以感觉到特定味的最小浓度。

辨别阈值：某呈味物质的浓度变化时感觉到的最小变化值。

等价浓度：感到相同味觉强度时的浓度。

阈值的“阈”意味着刺激划分或临界值的概念。所谓阈值是指能感受到该物质的最低浓度。例如：我们感到食盐水是咸的，把它稀释到极淡就与清水没有区别了。也就是说，感到食盐水咸味的浓度，一般在0.2%以上，这种浓度在不同的人和不同的试验条件下，也存在着差别。而在许多人参加评味的条件下，半数以上的人感到有咸味的浓度，称为食盐的阈值，一般来说，刺激反应的出现率达到50%的数值，就是阈值。对于呈味物质，也可称最低呈味浓度。四种基本味的阈值详见表3.4。

表3.4 四种基本味的阈值

呈味物质	味觉	阈值/%	
		常温	0℃
盐酸奎宁	苦	0.0001	0.0003
食盐	咸	0.05	0.25
柠檬酸	酸	0.0025	0.003
蔗糖	甜	0.1	0.4

四、味觉的感受部位

一般人的舌尖和边缘对咸味比较敏感。舌靠近腮的两侧对酸味比较敏感。舌的前部对甜味比较敏感。舌根对苦、辣味道比较敏感。在四种基本的味觉中，人对咸味的感觉最快，对苦味的感觉最慢，但就人对味觉的敏感性来讲，对苦味比对其他味都更敏感，更容易被察觉。

五、基本味感

1. 甜味

(1) 甜味的内涵　甜味是蔗糖等糖类所具有的滋味，是各种糖类物质在口腔中产生的感觉，是人们最喜欢的基本味。作为热源的糖类，是甜味物质的代表，不仅能满足食用者的爱好，还能改进食品的可口程度和其他工艺性质。甜味的强度和感觉因糖的品种不同而异。

请注意，化学味感范畴的甜和描述香气时所说的甜是不一样的，前者主要是糖类物质进入口腔产生的一种基本味觉，而后者是嗅觉器官与香气分子接触产生的一种嗅感。描述香气时的甜香常常会分为醇甜（即玫瑰甜）、蜜甜、焦甜、桂甜、酿甜、蜜蜡甜、果甜、豆粉甜、木甜、金合欢甜等。

（2）甜味的多样性　不同的甜味物质会使人产生不同的甜味体验，人们常常会用“浓甜”和“清甜”来形容不同的甜味感觉，造成这种差异的原因主要为：不同的甜味成分在口腔唾液中的溶解度、到达味觉细胞的速度，从味觉细胞解吸的时间有差异。因此甜味内部之间存在着微小的感受差异。

（3）甜味和温度的关系　甜度因温度的变化而有所不同。以蔗糖的甜度为100来计，果糖在0℃时比蔗糖甜1.4倍，而在60℃时，甜度则为蔗糖的0.8倍。

（4）甜度　甜味物质种类很多，其甜度各不相同。甜度又称比甜度，是一个相对值，一般用蔗糖（非还原糖）作为基准物，一般以10%或15%的蔗糖水溶液在20℃时的甜度为1.0（也可记为100），其他糖的甜度则与之相比较得到甜度的数值。

常见的天然甜味物质的甜度见表3.5。

表3.5　天然甜味物质的甜度

名称	分子式	甜度	名称	分子式	甜度
蔗糖	$C_{12}H_{22}O_{11}$	100	甘露糖醇	$C_6H_{14}O_6$	45
乳糖	$C_{12}H_{22}O_{11}$	27	山梨糖醇	$C_6H_{14}O_6$	48
麦芽糖	$C_{12}H_{22}O_{11}$	60	丙三醇	$C_3H_8O_3$	48
葡萄糖	$C_6H_{12}O_6$	50～60	乙二醇	$C_2H_6O_2$	49
果糖	$C_6H_{12}O_6$	100～150	木糖醇	$C_5H_{12}O_5$	40
半乳糖	$C_6H_{12}O_6$	60～70	鼠李糖	$C_6H_{12}O_5$	32
转化糖	$C_6H_{12}O_6$	80～90	氨基葡萄糖	$C_6H_{11}O_5NH_2$	40～50
己六糖	$C_6H_{12}O_6$	41			

注：甜度以蔗糖为100时的甜度作为基准。

（5）甜味和甜度与化学结构的关系　一个化合物是否具有甜味与其化学结构有关。沙伦伯格-克伊尔学说指出：甜味物分子和口腔中的甜味感受器都具有一对质子给体（AH）和质子受体（B），两者相距0.25～0.40nm，还含有一疏水基（γ）。当甜味物的AH、B和γ基与甜味感受器的B、AH和γ基互相配对而作用时就产生甜味。许多单糖和双糖是食品工业依赖的重要甜味物。一般来讲，糖的甜度与结构有以下关系：

① 葡萄糖的α-异构体比β-异构体甜，乳糖则相反。

② 多元醇具有甜味，如甘油、木糖醇及山梨糖醇等，若多元醇羟基间存在一个—CH_2基，则甜味消失。

③ 相邻的两个羟基在空间位置必须是位于差向位置，而位于反错位置或重叠位置则无甜味。

④ 糖的C1或C2羟基脱氧，或者是C1羟基转化为—OCH_3，均会失去甜味。

⑤ 单糖聚合物的甜度会随聚合度的增大而减弱，甚至完全消失，如α-D-葡萄糖为74，麦芽糖为32～46，淀粉则为0。

⑥ 与温度有关。在20℃时果糖水溶液中β-D-吡喃果糖占70%，而随着溶液温度的升高，β-D-吡喃果糖量减少，β-D-呋喃果糖量增多，所以甜度下降。

⑦ 蔗糖的果糖部分上的羟基被Cl基取代后甜度增加，如1′,6′-二氯代蔗糖和1′,4′,6′-三氯代蔗糖的甜度分别为蔗糖的400和2000倍，它们是可能的甜味剂。

（6）甜味物质　糖类是甜味剂的代表，但呈现甜味的化合物除糖类外，还有许多种类，范围很广。无机盐中的铅、铍化合物呈甜味；氨基酸、含氧酸的一部分也具有甜味；硝基胺衍生物等也具有甜味，作为甜味剂被利用的是极少的一部分。

目前，已经发现的甜味物质已达500多种，其中既有自然界中存在的物质，也有人们通过对甜味结构的探究，合成得到自然界不存在的甜味物质。呈现甜味的物质主要有葡萄糖、果糖等单糖，以及蔗糖等低聚糖，主要以二糖类物质为主。除碳水化合物以外还有糖醇、氨基酸、肽、磺酸等各种呈现甜味的物质（详见表3.6）。葱蒜类在煮熟后失去辛辣味而产生甜味，这是由于二硫化物被还原成硫酶。下面具体介绍表3.6中常用的甜味物质。

表3.6 几种常见的甜味物质

碳水化合物	单糖类	葡萄糖、果糖、半乳糖、D-木糖
	二糖类	蔗糖、麦芽糖、乳糖
碳水化合物衍生物	糖醇	山梨糖醇、麦芽糖醇、木糖醇、甘露糖醇
其他化合物	氨基酸、肽类	丙氨酸、甘氨酸
	天然萜烯糖苷	甘草苷、甜叶菊苷
	人工萜烯糖苷	糖精、甘素、环六烷基磺胺酸、二氢查尔酮、肽脂

① 碳水化合物　碳水化合物（也叫糖类）的种类很多，在呈甜味方面呈现甜度上的差异性。一般单糖类都有甜味，二糖类以蔗糖为代表也有甜味，但乳糖的甜味较弱，多糖类大都无味。糖类甜味物的优点是甜味纯正，甜味呈现快，消失也快，水溶性高，略具黏性从而有浑厚感。现在食品工业最具应用价值的糖类有果糖和木糖等。常见的碳水化合物的甜度由强到弱依次为：果糖、蔗糖、葡萄糖、麦芽糖、乳糖。

果糖：果糖是以蔗糖、葡萄糖等作为原料生产而得到的，其价格已接近实用线。取名果糖，顾名思义，是因水果中含有很多这种糖类，它具有甜味。在低温时，其甜度为砂糖的1.5倍，溶解性和吸湿性高，与氨基、羰基反应易引起褐变，故有提高糕点、糖果、馅料等食品的烤色和风味的效果。果糖在体内分解后，有消除疲劳、使血液中的乙醇浓度降低的疗效，并且和其他糖类比，能够一定程度上减缓血糖上升的速度。果糖甜度比蔗糖高，达到同等甜度效果的用量比蔗糖低，作为疗效甜味剂有广阔的用途与前景。

高果糖浆（HFCS）：高果糖浆在全球性的消费份额中仍然很高，仅次于蔗糖，占25%。1984年以前可口可乐及百事可乐中，主要应用高果糖浆。高果糖浆在美国是被许可的，而且生产工艺佳，品质很好，没有异味，所以受消费者的喜爱与认可。高果糖浆用玉米制取，如果生产工艺不佳，那么制成的高果糖浆将带有不愉快的杂味，用这样低质量的高果糖浆制造的饮料及食品，品位不高。

结晶果糖（fructose）：丹尼斯克科特公司（Culton）在美国生产一种高质量的结晶果糖，取名为“fructose”。这是一种从蔗糖直接转化为葡萄糖及果糖，然后用高水平的离子分离技术，分离出葡萄糖，最后直接得到的结晶果糖。也就是说：结晶果糖不是从玉米发酵中制取的，没有不愉快的杂味。所以，一问世，就赢得食品、饮料等大企业的重视，年消费量已达600万t以上，而且70%进入饮料市场。据报道，结晶果糖并不像葡萄糖那样参与胰岛素的代谢过程，适合老年人及糖尿病人的饮用。

D-木糖：D-木糖是由水解半纤维素得到的，其甜味比蔗糖弱。用白鼠作吸收试验，其吸收度为葡萄糖的15%，因此可以作为糖尿病人的蔗糖替代品。

② 糖醇　糖醇是将糖类的羰基还原而得到的多价醇类。实用的糖醇已有山梨糖醇、木糖醇、麦芽糖醇等（详见表3.7）。它们都极易溶于水，黏稠性强，甜度为蔗糖的50%～

80%。它们的代谢与胰岛素无关，可为糖尿病人食用，也不能被酵母菌和细菌发酵，所以是防龋的甜味剂。例如：山梨糖醇、木糖醇在人体内的吸收利用较缓慢，可作为热源而不会使糖醇值上升。麦芽糖醇、甘露糖醇不能作为热源来利用，可作为低热量的特殊饮食甜味剂使用。

表 3.7　主要糖醇和与其相对应的糖

糖醇	对应的糖	糖醇	对应的糖
赤藓糖醇	D-赤藓糖	己六醇	D -半乳糖
木糖醇	D-木糖	甘露糖醇	D-甘露糖
山梨糖醇	D -葡萄糖	麦芽糖醇	麦芽糖

山梨糖醇：山梨糖醇（sorbit）也叫 sorbitol，广泛分布于水果和天然产物中。梨、桃、苹果、杏、葡萄等水果中都含有 1%～2%的山梨糖醇。山梨糖醇是用氢还原葡萄糖而制造的，使用镍催化剂还原葡萄糖可以大量地制造，常见的柿饼的白粉中也含有这种物质。

甘露糖醇：甘露糖醇（mannitol）是由还原甘露糖而制得，广泛分布在菌类、海藻类中。柿饼和干海带的白霜中也含有这种糖醇。

己醛：己醛是环状结构的糖醇，有 9 种立体异构体。天然的己醛是正己醛。

③ 氨基酸和肽类　天然氨基酸中甘氨酸和丙氨酸有甜味，丝氨酸和苏氨酸稍甜。发现氨基酸有甜味是在 1886 年，科学家发现 L-天门冬酰胺有难吃的味，而发现 D-天门冬酰胺有甜味。这是不同光学异构体具有不同味的最初发现。通常 L 型氨基酸多为苦味，特别是 L-亮氨酸、L-色氨酸。而 D 型氨基酸则具有较强的甜味，如 D-丙氨酸、D-亮氨酸（详见表 3.8）。这是由于 L 型氨基酸中的 R 基很大，且影响了与位点的作用，因此，具有大 R 基的 L-氨基酸一般为苦味。

表 3.8　氨基酸的甜味与苦味

氨基酸	L 型	D 型	氨基酸	L 型	D 型
丙氨酸	甜	强甜	鸟氨酸	苦	弱甜
丝氨酸	微甜	强甜	赖氨酸	苦	弱甜
2-酪氨酸	微甜	甜	精氨酸	微苦	弱甜
苏氨酸	微甜	弱甜	天门冬氨酸	无味	甜
原缬氨酸	苦	甜	苯丙氨酸	微苦	甜
谷氨酸	鲜美	苦或无味	色氨酸	苦	强甜
异缬氨酸	弱甜	甜	酪氨酸	微苦	强甜
天冬酰胺	无味	甜	3-磺基酪氨酸	微苦	强甜
亮氨酸	苦	强甜	3-磺基-5-磺代酪氨酸	微苦	强甜
异亮氨酸	苦	甜	3,5-二磺基酪氨酸	微苦	强甜
蛋氨酸	苦	甜	6-氯色氨酸	无味	甜
组氨酸	苦	甜			

阿力甜（alitame）：美国著名化学公司 Pfizer（辉瑞）也研究开发了一种有名的低热量、高甜度的甜味剂。这就是阿力甜（alitame）。阿力甜比蔗糖甜 1500～2000 倍。甜度高，稳定性好，溶解度大，热量低。阿力甜的原料也是苯丙氨酸和天门冬酰胺，和制造阿斯巴甜的原料相接近。但阿斯巴甜遇热分解。辉瑞公司的研究报告特别强调阿力甜遇热稳定。1994 年全国食品添加剂标准化技术委员会年会已通过允许使用阿力甜。

阿斯巴甜（aspartame）：孟山都公司上市的产品，商品名为纽特糖（nutra sweet），由两种可食用的氨基酸——苯丙氨酸和天门冬酰胺酸的肽键组成，口味佳，甜味非常接近蔗糖，比糖甜100～150倍。其主要特征是促进津液分泌，增强食欲。如果说，100年前糖精的开发，开辟了甜味剂的历史，那么阿斯巴甜的开发，可以说是创造了甜味剂的辉煌时期。阿斯巴甜问世后，可口可乐和百事可乐都大量使用阿斯巴甜，可乐饮料的口味显著提高，促进了可口可乐和百事可乐风靡全球。

阿斯巴甜在1974年就应用于食品和饮料。但美国食品和药物管理局（FDA）小心翼翼地继续观察和评估，直到1981年才正式宣布为安全的。自1969年美国禁用甜蜜素，1978年建议禁用糖精（延期执行）以来，漫长的几十年中，阿斯巴甜是FDA准许使用的唯一甜味剂。从此以后，阿斯巴甜在食品和饮料中的应用覆盖了22个国家，50多个巨头产品。

专利的保护是有年限的，当时生产阿斯巴甜的，只有美国孟山都公司，但专利到期后，可能就不止一家了。为此，孟山都公司打造了自己的品牌。将孟山都的阿斯巴甜取名为纽特糖（nutra sweet），他们花了巨大的精力，建立原料库，生产阿斯巴甜的主要原料是苯丙氨酸和天门冬酰胺酸，所以纽特糖的质量一直是有保证的。正因为如此，纽特糖（孟山都的阿斯巴甜）在饮料和食品中的应用量也持续上升。

④ 天然萜烯糖苷类　一些萜烯糖苷类也具有甜味。例如甘草苷（glycyrrhizin），它是甘草的甜味成分，从甘草中提取而得，在甘草的根部以盐的形式存在，其甜味是蔗糖的100～500倍，可用于食品。

类似的还有甜叶菊苷（stevioside），它是甜叶菊中的甜味成分，甜度为蔗糖的100～150倍，在热、酸和碱中都稳定，但产品不纯时可因其青草味而影响适口性，并且在口中的回味有一点草药的气味。

⑤ 人工萜烯糖苷类　典型的是二氢查尔酮类，其甜度一般为蔗糖的950～2000倍。如：利用柑橘的下脚料提取橙皮苷，采用酶反应和化学反应，可以提取二氢查尔酮，甜度是蔗糖的100～2000倍。

有一些本来不甜的非糖天然物质，经过改性加工成为高甜度的甜味剂。例如，天门冬酰苯氨酸甲酯，甜度是蔗糖的150倍。

⑥ 其他合成甜味剂

a. 甜蜜素（cyclamate）：也叫环已基氨基磺酸钠，20世纪30年代开始，美国的Abbott Lab化学公司，研究开发一种新的甜味剂——甜蜜素。甜蜜素虽然只比蔗糖甜30倍，但其口味非常好，深受消费者喜爱，特别是糖尿病人，长期食用，感觉比糖精更佳。所以，30年代以后的几十年中，应用于食品中的低能量、高甜度的甜味剂是两种。一种是糖精，一种是甜蜜素。但是，在1969年，基于安全评估，美国FDA下令禁止使用甜蜜素。但值得注意的是，甜蜜素是美国的Abbott化学公司生产的。上市30年，已经赢得了市场。所以，美国禁用后Abbott公司仍继续生产甜蜜素，供应加拿大和其他40多个国家市场，应用于食品中。对美国来说，甜蜜素遭禁用后，市场上只有糖精了。尽管糖精有不良后味，但每年销售量巨大。孟山都糖精，家喻户晓。但到了1978年，由于在小白鼠中发生肿瘤，美国FDA第一次禁用糖精。禁令发布后，引起轩然大波，公众强烈抗议，特别是糖尿病人，因为甜蜜素禁用后，再禁用糖精，就没有甜味剂了。这些强烈反响促使美国国会出面干预，要求FDA延期执行禁令，直到1992年撤回禁令。

b. 三氯蔗糖（sucralose）：Johnson&Johnson公司在1987年向美国FDA提出申请——一个无热量、高甜度甜味剂，在食品中的应用许可。这个甜味剂叫三氯蔗糖，在食品中有14种用途，包括烘烤食品、饮料及餐桌用甜味剂。三氯蔗糖以蔗糖为原料制造，比蔗糖甜

600倍，能保持蔗糖的风味，并不易被人体吸取，摄入后在人体内不分解，但很快被排泄。1988年开始，Johnson&Johnson公司进行一项为期八年的安全评价进程。

c. 安赛蜜（A-K糖）：也叫乙酰磺胺酸钾，A-K系化学品Acesulfame-K的缩写，它比蔗糖甜150倍，有良好的甜味质量。由德国著名的Hoechst AG化学公司生产。在纽约市场上，A-K糖被称为sweet one（甜味第一），应该说，A-K糖是一种很好的低热量甜味剂。

甜味剂的发展趋势是生产和使用低热量、高甜度的合成或天然甜味剂品种，其中以阿斯巴甜（APM）为代表品种。新开发的还有蔗糖氯代衍生物，如索马甜、甘草甜素。

甜味剂的发展，主流是清晰的，非常健康，也非常兴旺。经过几十年的管理和科学的安全评估，目前已经非常清楚中国允许使用的甜味剂：纽甜、D-甘露糖醇、糖精钠、甜蜜素、异麦芽酮糖、麦芽糖醇和麦芽糖醇液、乳糖醇、山梨糖醇和山梨糖醇液、木糖醇、甜菊糖苷、甘草酸铵、甘草酸一钾及三钾、乙酰磺胺酸钾（安赛蜜）、三氯蔗糖（蔗糖素）、索马甜、阿力甜、阿斯巴甜、天门冬酰苯丙氨酸甲酯乙酰磺胺酸。

甜味剂是可以并用的。将几种甜味剂混合使用可增强呈味力，又可互补缺点。根据邱保文等著的《老汤调味学》，当砂糖和葡萄糖混合时，得到表3.9所示的结果。即在表3.9中，蔗糖为A，葡萄糖为B。最上段是混合蔗糖3%和葡萄糖5%时的值，第二段是混合蔗糖5%和葡萄糖10%时的值。最上段的情况，假定混合蔗糖和葡萄糖的甜味受蔗糖的甜味曲线的影响，则混合味的甜度用蔗糖的甜味换算，相当于5.9%的蔗糖。另外，假定两者混合的甜味受葡萄糖的甜味曲线影响，用蔗糖换算，则为6.6%。

将实际的葡萄糖和蔗糖的混合液的甜度同蔗糖的甜度相比较，求出的等价点也是6.6%，同后者的值相一致。这种情况被认为蔗糖和葡萄糖在呈味上是相加的效果。其甜味曲线规定按照葡萄糖曲线。这叫作葡萄糖占优势的相加效果。

从表3.9中可以看出，甜味物质的混合，大都是得到相加的效果，也产生一些相乘效果，但其程度不大。糖精和甘氨酸共存，有一些氨基酸存在时被认为有一些相乘效果。普通的甜味物质是没有抑制或相杀效果的。

表3.9　各种甜味物质之间的相互作用

A \ B	蔗糖	果糖	葡糖糖	木糖	山梨糖醇	木糖醇	甘露糖醇	糖精钠
蔗糖		×	⊙	⊙	⊙	⊙	⊙	∈
果糖	×		⊙	⊙	⊙	⊙	⊙	×
葡萄糖	∈	∈		∽	∽	∈	∽	∈
木糖	∈	∈	∽		∽	∈	∽	∈
山梨糖醇	∈	∈	∽	∽		∈	∽	∈
木糖醇	∈	∈	⊙	⊙	⊙		⊙	×
甘露糖醇	∈	∈	∽	∽	∽	∈		∈或×
糖精钠	⊙	×	⊙	⊙	⊙	×	⊙或×	

注：×表示相乘效果，∈表示相加，∽表示无作用，⊙表示相抵触，即相反作用。

随着社会的进步，消费者对食品的要求也越来越高。食品的消费标准不仅是营养，而且还有口味。

食品的发展也离不开甜味剂，阿斯巴甜的上市带来了饮料行业的大发展。而现代甜味剂的特征：一个是安全，一个是嗅味。人们对于甜味剂的口味质量，鉴别能力也越来越高。所以，甜味剂发展的主流，会越来越健康。

2. 酸味

（1）酸味的本质　酸味是由舌黏膜受到氢离子刺激而引起的一种化学味觉。酸味是人类已经适应的化学味感之一，适当的酸味能给人爽快的感觉，有促进食欲的作用。酸味是无机酸、有机酸及酸性盐中特有的一种味。呈酸味的本体是氢离子，因此凡是在溶液中能解离出 H^+ 的化合物都具有酸味。酸在水溶液中电离成为阳离子和阴离子，阳离子一般以氢离子（H^+）表示。虽然酸味是由氢离子产生的，但实际上氢离子不能单独存在于某一食品当中，氢离子必然和产生氢离子的酸以及电离出氢离子之后余下的阴离子（即共轭碱）同时存在。因此，我们感受到的酸味是氢离子、共轭的阴离子以及酸味化合物一起产生的味道，换言之，氢离子是定味剂，有机酸根是助味剂。

酸味虽然来自各种酸的氢离子，但并不是所有的酸都有酸味。例如：石炭酸也叫酸，其化学结构没有一般酸所具有的羰基，而有苯酚系的羟基。

（2）酸味的特性　酸味与甜味和咸味相比，在很低浓度时就能感觉出来。多数的酸味物质在 10^{-3}mol/L 的溶液中时，就能感觉出酸味。但它和砂糖、鲜味调味品又不同，如超过某限度，味就变浓，过酸会令人产生不愉快感。在以酸味为特征的食品中用维生素 C 作为酸味的一部分，会感到有天然的新鲜度。人的舌缘部位对酸味最敏感。酸味随温度上升而增强。因此，有酸味的食物或饮料，一旦加热会令人感到更酸。

另外，其他化学基本味会对酸味产生影响，因此人们常常利用酸味和其他化学味搭配，得到令人愉悦的味觉体验。其他味对酸味的影响具体总结在表 3.10 中（以稀盐酸溶液作为基准）。

表 3.10　其他味对酸味的影响

其他味	酸味阈值的变化
3%砂糖溶液(甜)	降低 15%
3%砂糖和同样甜的糖精溶液(甜)	降低 15%以上
食盐(咸)	降低
奎宁(苦)	上升
单宁(苦)	上升

从表 3.10 可以看出，在稀盐酸中加上 3%的砂糖溶液，pH 没有变化而酸味减少了约 15%。一般来说，甜味和酸味易引起相杀的效果。如果在甜味物质中加少量的酸则甜味减弱；在酸中加甜味物质则酸味减弱。

若酸味物质中加入少量食盐，则酸味减少；反之若在食盐中加少量酸味物质，则咸味减弱。利用这条规律，人们会在偏酸的柚柑中加上盐，使之酸味减少，甜味增强，增强其适口性。

如在酸中加少量的苦味物质或单宁等有收敛味的物质，则酸味增加。在以酸味为特征的食品中用维生素 C 作为酸味的一部分，会感到有天然的新鲜度。有的饮料就是利用了此特性适当加入维生素 C，使饮料更加清新爽口。

有机酸的并用效果：如果将有酸味的各种物质混合，一般来说会增强酸味，但是实际上并不一定有这样的效果。在食品工业领域，常常并用两种以上的有机酸并不是为了增强酸味，而是为了有效地利用有机酸在呈味上的特性。

（3）酸度　酸度通常以柠檬酸作为标准，将其酸度定位为 100。酸味的强度一般可以用 pH 表示，但酸味的强度并不由 pH 这一个常数决定。人最能接受的 pH 的范围为 3.1～3.8。

无机酸的酸味阈值在 pH3.4～3.5，有机酸的酸味阈值大部分集中在 pH3.7～4.9。当各种酸的水溶液的规定浓度相等时，解离度大的酸味强。酸味强度主要由呈味物质阴离子的影响决定，在 pH 相同时，酸味强度的顺序为：乙酸＞甲酸＞乳酸＞草酸＞盐酸。因此酸味强度不能仅仅依靠酸的解离常数大小去判定，还需要考虑酸味物质的阴离子对味细胞显示的作用这一重要因素。酸味的阈值比甜味和咸味的稍低。

(4) 酸味物质　早在 1992 年，世界各国用于食品的酸味剂共有 20 多种，总产量在 50 万 t 左右。美国总消费量在 11 万 t 左右，最常用的酸味剂主要有 7 个品种：柠檬酸、富马酸、己二酸、磷酸、乳酸、酒石酸、马来酸。日本有 14 个品种，年需要量约 3 万 t。中国允许使用的酸味剂是 15 种，需要量 5 万 t 左右，其中柠檬酸最多，其次为食用醋酸和乳酸，用于食品的富马酸、苹果酸、己二酸是近年来开发的新品种，偏酒石酸和琥珀酸尚待开发。这些酸类除给食品带来酸味外，还有降低食品的 pH、推迟食品腐败的效果。

这些有机酸的味质各不相同。例如：醋酸是挥发性酸，有风味；琥珀酸有鲜味和辣味，是特殊的酸。其他的酸即使用严密的味觉试验也很难测出味质的差异来。呈强烈酸味的有机酸归纳于表 3.11 中，这些酸味物质的味不相同，被认为是溶液中与阳离子同时解离的阴离子不同所致。有机酸的味受构成分子的—OH 和—COOH 的位置或数量等的影响。从结构式来看，—OH 呈酸味，因此—OH 多的有机酸呈强酸味。

表 3.11　呈强烈酸味的有机酸的呈味特征

种类	电离常数	主观等价浓度(PSE)/%	pH	呈味特征
柠檬酸	8.4×10^{-4}	0.1050	2.80	温和、爽快、新鲜
酒石酸	1.04×10^{-3}	0.0728	2.80	稍有涩味，酸味强烈
富马酸	9.5×10^{-4}	0.0575	2.79	爽快、浓度大时有涩味
苹果酸	3.76×10^{-4}	0.792	2.91	爽快、稍苦
琥珀酸	8.71×10^{-4}	0.0919	3.20	有鲜味
乳酸	1.26×10^{-4}	0.1125	2.87	稍有涩味、尖利
抗坏血酸	7.94×10^{-5}	0.2231	3.11	温和、爽快
醋酸	1.75×10^{-5}	0.0827	3.35	带有刺激性
葡萄糖酸	—	0.3255	2.82	温和、爽快、圆滑、柔和

家庭和餐馆烹调用食醋作为主要酸味物质，几乎不用各种有机酸。食品加工行业多用上表中的有机酸。

① 食醋　食醋是最常用的酸味剂。食醋含有 3%～5%的醋酸，此外还含有其他有机酸（富马酸、甲酸、α-酮戊二酸、乳酸、琥珀酸、焦谷氨酸、乙二醇酸、苹果酸、柠檬酸、酒石酸等）、糖醇类等，以淀粉或饴糖为原料发酵制成。食醋主要用于直接调味。作为酸性调味料，它的酸味能直接进入菜肴中。醋能降低咸味，盐有柔和醋的酸味的性质。砂糖也能降低醋味。如果事先加点盐，其效果更好。谷氨酸和其他蛋白质的分解物也能缓解酸味。总之，醋能突出菜肴的风味，适当的酸味有味美、增加食欲的效果。除直接调味外，醋还有间接调味、防腐杀菌以及各种生理作用。

② 加工醋　所谓加工醋，就是在传统食醋或果醋等醋的基础上，通过调配的方式，人为地加入其他风味成分（如甜味剂、鲜味剂、色素、香原料等），以得到一款酸味风味更加丰富的酸味剂。常见的加工醋有以下几个品种：

a. 寿司醋：在米醋、糟醋中添加砂糖、盐和呈味物质，可制成寿司饭卷用的醋。

b. 色拉用醋：以苹果醋为基料，加上盐、鲜味料、各种辛香料等制成。因为调味品类不应产生浑浊，因此必须采用提取方法，加上上等的色拉浇在新鲜蔬菜上。

c. pons 醋：是由东印度传入欧洲。当初用烧酒、茶、砂糖、柠檬酸等五味调制而成。

d. 合成醋：将合成醋酸用水冲稀，添加糖类、甜味料、氨基酸类、食盐以及赋香剂等一起调和而成。表 3.12 为合成醋的一个简易配方。用这些方法调制的合成醋，根据需要经过过滤、杀菌等工序成为制品。由于制造简单，适合小规模的工厂生产。合成醋的缺点是香和味不如酿造醋。

表 3.12 合成醋配方

原料	作用	添加量/g
冰醋酸(90%)	酸味料	9.0(L)
柠檬酸		170～230
琥珀酸		150～170
葡萄糖酸(50%)		20～40(mL)
甘露醇	甜味料	300～400
琥珀酸钠	鲜味料	50～100
精制氨基酸(N≥2.0%)		200～300
食盐	咸味	375～545
水	—	170(L)
焦糖	色素	适量
香料	—	适量

③ 醋酸　无色刺激性的液体，可用来调配合成醋。

④ 乳酸　用作清凉饮料、酸乳饮料、合成酒、配制醋、辣酱油、酱菜的酸味料。

⑤ 柠檬酸　因较多存在于柠檬、柑橘等果实中而得名。它的酸味圆润、滋美，入口即可达到最高酸感，但后味延续较短。广泛用于清凉饮料、水果罐头、糖果、果酱、配制酒、辣酱油等，还可用作为抗氧化剂的增强剂。

⑥ 苹果酸　果实中都有，并以 L 型存在且果仁类中最多。它吸湿性强，易受潮。它的酸味强于柠檬酸，酸味爽口，稍有苦涩感。在口中呈味时间明显长于柠檬酸。与柠檬酸合用，有强化酸味的效果。工业上是以酒石酸为原料，经氢碘酸还原而成。苹果酸用作饮料、糕点等的酸味料，尤其适用于果冻，一般用量为 0.05%～0.5%。

⑦ 酒石酸（2,3-二羟基丁二酸）　葡萄酿酒的沉淀物即为酒石酸，存在于许多水果中，葡萄中含量最多。酒石酸酸味强于柠檬酸、苹果酸，为柠檬酸的 1.2～1.3 倍，稍有涩感，多与其他酸并用。一般使用量为 0.19%～0.2%。

⑧ 琥珀酸及延胡索酸　未成熟的水果中存在较多，也可用作酸味剂，但不普遍。

⑨ 天然果汁　除了这些酸味剂之外，天然果汁也是一类常见的提供酸味的物质，例如最常见的柠檬汁。柠檬汁有酸味又有特殊风味，其酸味主要是柠檬酸。果汁是果汁饮料的原料，也作为酸味料用于菜肴和食品加工。可作酸味料的柑橘类有温州蜜柑、夏柑、柚子、回青橙、酸橘、柠檬、葡萄柚等。用于其他用途的有苹果、草莓、葡萄、菠萝、番茄等。果汁有直接榨干的，也有将液汁和果浆分离呈透明状的，以及浓缩状的。各种果汁的酸度因品种、产地、采摘时期的不同而异。天然果汁的酸味强，pH 在 2.0～5.0 之间。不同果汁平均酸度见表 3.13。

表 3.13 天然果汁平均酸度

果汁的种类	苹果	樱桃	葡萄	柠檬	温州蜜柑	草莓
酸度/%	0.8	0.6	0.8	0.7	1.0	1.4

⑩ 迟效性酸味料 是一类赋予食品酸味、抑制腐败菌、提高食品保存性，以及对由金属螯合生成的抗氧化剂有增效效果的酸味剂。在食品加工中要求在加工后产生酸味料效果的情况有很多，因此需要迟效性酸味料。例如：西点、馒头、炸面包圈等就是利用发酵粉的迟效性产生酸性。

由于酸味比甜味更富有变化，所以在食品调味上很受重视。在调酸味时，为了使酸味饱满、圆润，除了加酸外，还要加一定比例这种酸的盐，构成一个缓冲体系。例如，加柠檬酸调酸味时，以大约 4∶1 的比例加入柠檬酸钠。柠檬酸钠与柠檬酸构成一对缓冲体系，使加香产品的酸味不尖刻，厚重。

3. 咸味

(1) 咸味的本质 咸味指的是食盐（即氯化钠）的滋味。除去部分糕点外，不用食盐的食品几乎是不存在的。咸味是人类的基本味感，在食品调味中常占首位，它不仅调节口感，还有生理调节功能。除了氯化钠，用其他物质来模拟这种滋味是不容易的。

咸味是中性盐所显示的味，只有氯化钠才产生纯粹的咸味。咸味是由盐类电离水解出的阴阳离子共同作用的结果。阳离子和阴离子对咸味味觉感受器的作用存在着依赖的关系：阳离子被味觉感受器中蛋白质的羟基或磷酸基吸附，并产生咸味，而阴离子只对咸味及其副味的强弱产生影响。简而言之，阳离子产生咸味，当原子分子量增大，该物质就会有苦味增加的倾向，氯化钠和氯化锂就是典型的代表，钠离子和锂离子主导产生咸味。阴离子抑制咸味：氧负离子本身无味，它对咸味的抑制最弱，而较复杂的阴离子不但能抑制阳离子的味道，而且它们本身也产生味道。例如：长链脂肪酸或长链烷基磺酸钠盐中的阴离子所产生的肥皂味，可以完全掩蔽阳离子的味道。咸味可以认为是氯化钠的味道，当然 NaCl 在水中电离为 Na^+ 和 Cl^-，但是单独的 Na^+ 或单独的 Cl^- 是什么味道是无法得知的。因此，食盐的咸味其实为 Na^+ 和 Cl^- 二者综合的味道。其他呈咸味的盐类也是如此。离子直径小于 6.5Å（$1Å=10^{-10}m$）的盐显示为纯咸味，如 NaCl 直径为 5.56Å，KCl 直径为 6.28Å。

在形容香气的时候，有时也可用到咸味，例如，邻氨基苯甲酸甲酯用于配制调味料时，就显出香气意义上的咸味，但把它用于配制花香香精时，却显示浊香。

(2) 咸味物质

① 食盐 食盐的成分为氯化钠，它是纯粹的咸味的唯一代表。食品调味用的盐，应该是咸味纯正的食盐。食盐中常混杂有 KCl、$MgCl_2$、$MgSO_2$ 等其他盐类，造成盐中含有苦味。所以食盐需精制，除去有苦味的物质，使咸味纯正。

除了少量的糕点外，几乎很少的加工食品不用食盐调味。表 3.14 列举了一些常见的食品中食盐的浓度。人口腔感到舒服的食盐水溶液浓度是 0.8%～1.2%。调味清汤、黄酱汤、浓汤等含有食盐的液体食品时食盐的含量都在这个范围内。蒸煮食品的食盐浓度一般为 1.5%～2.0%。盐腌鱼、肉制品等含食盐在 20%以上。20%的食盐水溶液感到很咸，但腌制品含有同量食盐就不感到那么咸，原因在于腌制品中存在大量的氨基酸等物质，缓和了食盐的咸味。因此一般腌制品不单独食用，多同主食同吃，从而稀释食盐浓度。

表 3.14 常见食品中食盐的浓度

品名	食盐浓度/%	品名	食盐浓度/%	品名	食盐浓度/%
清凉饮料	0.5～0.7	香肠、火腿	2.3～4.2	腌萝卜	8～19
主食面包	0.7	干酪	2.4～4.9	辣酱油	11～28
汤菜	0.8～1.2	咸菜	3.8～4.5	盐腌鱼肉制品	15～30
黄油	1.0～1.5	干面	4.9～5.8	酱油	18～12
蛋黄酱	1.2～2.0	鲜调味汁	2.9～13.6	食盐(普通)	85～99
煮炖食品	1.5～2.0	黄酱(甜)	6		
鱼糕	1.3～4.1	黄酱(辣)	12～15		

食盐不能多吃，但每日必须适量摄取。根据生活习惯和劳动量，每人摄取食盐的量是不相同的。通常成人每日按不超过 6g 摄入。过多的食盐储存在体内，会对渗透压不利，摄取后的食盐由肾脏进入尿中，或者变成汗排出体外。在高温环境下工作的人们，需根据其出汗量来决定食盐的需求量，从事重体力劳动的人每日食盐需求量约为 8～9g。他们一般要喝大量的淡食盐水代替普通水。因为盐分随汗一起失去，故有补给食盐的必要。

在发育期，应按不同的年龄考虑食盐的排泄量，然后计算其各自摄取量。在妊娠期宜考虑妊娠中容易发生的妊娠肾炎和浮肿等病症，适量摄取食盐。

② 氯化钾　KCl 也是一种咸味较纯正的咸味物质，食品工业常将其添加在运动员饮料和低钠食品中。它能部分代替食盐以提供咸味和补充体内的钾。氯化钾也常作为肾脏病人的食盐部分替代品。

③ 苹果酸钠和葡萄糖酸钠　苹果酸钠和葡萄糖酸钠也是为数有限的几种具有较为纯正咸味的物质，但与食盐的咸味不同。它们可作为肾脏病人的咸味剂。肾脏病等的饮食疗法一直采用无盐酱油，以苹果酸钠代替食盐。具有咸味的化合物主要是碱金属卤化物，如 LiCl、$CuCl_2$、KCl、NaBr、NaI、NH_4Cl、Na_2SO_4 等，还有苹果酸钠和新发现的一些肽类分子。

4. 苦味

(1) 苦味的内涵与本质　苦味指的是苦的味道，是一种分布广泛的味感，自然界中含有苦味的物质比甜味物质多得多。苦味本身绝不是好的味道，但它能使食品具有复杂的味道。单纯的苦味不是可口的滋味，并不能令人愉快，只有当其与其他味以一定比例进行调配时，才能丰富和改进食品的风味。成功的例子不少，例如茶叶、咖啡、可可、巧克力、啤酒等食品都具有苦味。调节得当的苦味，能增强食品的滋味。但是，不能说苦味物质在风味中具有独立的价值。从质的角度来看，苦味不像甘味和酸味那样富有变化。在香味领域里，人们感觉到“苦”的则不多，一般借用“苦”来表示“药香”或“药草香”，这是人们习惯性地认为药是苦的缘故。

许多苦味物质分子内部有很强的疏水性位点，据推测，这个位点和味细胞膜之间的疏水性相互作用的强度和苦味持续时间的长短有关。苦味化合物与味觉感受器的位点之间的作用类似于甜味化合物，不过苦味化合物分子中的质子给体（DH）一般是—OH、—$COHCOCH_3$、—CH_2COCH_3，而质子受体（A）为—CHO、—COOH、—$COOCH_3$，并且 DH 和 A 之间距离只有 0.15nm，距离很小，远小于 AH-B 之间的距离，因此这样的距离可形成分子内氢键，使整个分子的疏水性增强，而这种疏水性是与脂膜中多烯磷酸酯组成的苦味受体相结合的必要条件。大多数苦味物质具有与甜味物质同样的 AH-B 模型及疏水基团。

(2) 产生苦味的原因　食物中苦味产生的原因有很多，例如：豆粕酶解制作氨基酸的过程中，由于酶的种类选择不当，就会产生苦味，该过程生成的疏水性氨基酸和低分子肽，往往呈现苦味。又如：莲藕中的苦味来自一种葡萄糖苷，称为苦瓜素或葫芦素。人参也有苦味，因为其中的成分人参皂苷呈现苦味。而柑橘类水果中的苦味主要由柠檬苦素引起，柠碱和柚苷是柑橘汁中的主要苦味成分。

（3）苦味物质　有苦味的物质，正如咸味和酸味一样，不能局限于某个范围。苦味物质的种类远比甜味物质多，现在已知的以最苦的二甲马钱子碱（阈值为 7×10^{-7}g）为首的苦味物质简直数不胜数。一般具有苦味的物质有无机盐、配糖体、肽类和蛋白质、生物碱、黄酮类、单宁类、蛋白质水解产生的苦肽、盐类、胆汁、脲类、蛇麻子等。苦味物质的化学结构多种多样，一般都含有下列任意一种基团：$-NO_2$、—SH、—S—、—S—S—、$-SO_3H$、$=C=S$，无机盐类 Ca^{2+}、Mg^{2+}、NH_4^+。

① 无机盐　无机物中有些盐类具有苦味。例如 Ca^{2+}、Mg^{2+} 和 NH_4^+ 等离子。一般来说，凡质量与半径比值大的无机离子（≥0.65m）都具苦味，如 $MgCl_2$、$CsCl_2$ 等。具体而言，氯化物、硫氰酸盐、醋酸盐有咸盐味，溴化物微苦，碘化物味苦；镁、钙、铵等许多盐有苦味。除此之外，低分子无机盐类有咸味，以其他卤族元素置换氯元素，重碱金属置换钠，化合物则会逐渐呈现苦味。同族的有机化合物的低分子量者有甜味，高分子量者多半有苦味。

② 生物碱　咖啡碱、可可碱、茶碱，它们都是嘌呤类衍生物，是食品中主要的苦味物质。咖啡碱存在于茶叶、咖啡中，有兴奋中枢神经的作用。

③ 蛇麻子（啤酒花 hops）　此苦味是酿造啤酒中不可缺少的风味，由蛇麻子中所含的律草(香苦)酮及其衍生物所提供。律草(香苦)酮在麦芽汁煮沸时可转化成异律草(香苦)酮，后者对啤酒风味产生不良影响。

④ 苦味肽　苦味是由一些疏水氨基酸组成的低肽分子，如 Val、Phe、Met、Pro、Trp 等产生。

⑤ 酸　主要成分是胆酸、鹅胆酸和脱氧胆酸。

⑥ 脲类化合物　脲类化合物中因苯基硫而有苦味，但有些人对它无苦的感觉。

⑦ 其他苦味物质　L-氨基酸具有苦味。除甘氨酸、丙氨酸、丝氨酸、苏氨酸、谷氨酸、谷氨酰胺外，其余的氨基酸都具有苦味。蛋白质水解后生成的小分子许多也具有苦味。一些糖苷也具有苦味，例如柚皮苷和新橙皮苷，它们是柑橘中主要的苦味物质，将其水解后苦味会消失。又如苦杏仁苷，它存在于桃、李子、杏、樱桃、苹果等果核种仁及子叶中，种仁中同时含有分解它的酶。苦杏仁苷本身无毒，生食杏仁、桃仁过多，引起中毒的原因是：种仁在摄入体内的苦杏仁酶作用下，会分解出 HCN。大环内酯也是重要的苦味物，例如秦皮素及银杏内酯等。葫芦素类是苦瓜、黄瓜、丝瓜及甜瓜中的苦味物质，而苦瓜中的单宁可能对苦味贡献更大。绿原酸、单宁、芦丁等多酚也具有一定苦味。

（4）苦味去除的方法　酶制剂酶解糖苷、树脂吸附、环糊精包埋苦味物质等。

六、其他味感

1. 鲜味

酸、甜、苦、咸四味已是公认的四种基本味感。但是，肉类或者鲫鱼汤具有独特的鲜味。这种鲜味不属于上述四种味感，用四味的任何配比也调不出鲜味来。为了讨论并挖掘这种味感的价值，我们将这种神奇的味感称之为“鲜味”。

(1) 鲜味的内涵　鲜味不属于上述四种原味中的任何一类，因此，同四种原味分开来讨论是相宜的。鲜味在食品香味领域中占有独特的地位，是一种复杂的综合味感。自然界中很多食物都具有鲜味。肉类、水产类、食用菌类等食物都有独特的鲜味。鲜味是食品中一种能引起强烈食欲且可口的滋味。所谓鲜味就是 L-谷氨酸(单)钠(MSG) 和 5′-肌苷酸(二)钠(IMP) 的味道。

对鲜味的定义，国内外学者存在分歧。谷氨酸钠等发出的鲜味，是否为单独的一种味感，是否应该归属于第五基本味感中，有人对此存在异议。国内的普遍共识是：鲜味是一种独立的味感。而欧美的学者则认为鲜味物质只是一种风味增强剂，并不能作为调味剂使用，本身不具备所谓的鲜味。出现这种分歧的主要原因可能是亚欧人种对鲜味敏感度具有差异。因此，对鲜味的定义，因人而异。将鲜味区别于其他味而单独列为一项味感，在实用方面极为方便。

(2) 鲜味的呈味机理　鲜味物质呈鲜机理具有普遍规律性，即相同类型的鲜味剂混存，当与受体结合时，会有竞争作用。不同类型鲜味剂共存时，会有协同作用，如味精与肌苷酸按 1∶5 的比例混合，其鲜味比纯味精提高六倍。

(3) 鲜味物质

① 谷氨酸钠和肌苷酸钠　具有典型鲜味的物质，一般以 L-谷氨酸(单)钠(MSG)和 5′-肌苷酸(二)钠(IMP)为代表（D 型无鲜味）。谷氨酸钠在中国称作味精，日本称为味增，在欧美国家则称增味剂，是消费量仅次于食盐的调味剂。香味增效剂和调味剂（料）的区别：香味增效剂本身一般不具备想要增效的那种香味，但增效剂加入本身具有一定香味的食物中去，可以进一步激发香味的体验，使香味更加饱满、具有冲击力。调味剂一般只能给食物带去酸、甜、苦、咸等味感，并不能将香味增效。但谷氨酸钠和肌苷酸钠等鲜味物质，本身具有鲜味，能被亚洲人感知，所以可以作为调味剂使用。同时，这些物质也能够进一步激发食物本身的鲜味，使其更加饱满，因此在欧美又被归为香味增效剂。所以鲜味物质是比较少有的身兼调味和香味增效两种功能的味剂。至于为何增效香味和调味不是一个概念，以及香味和味感为何也不是一个概念，这将在第三节中讲述。

呈现鲜味的物质，典型的有 L-谷氨酸钠（MSG）、5′-肌苷酸（5′-IMP）、5′-鸟苷酸（5′-GMP）和琥珀酸钠，它们的阈值分别为 140mg/kg、120mg/kg、35mg/kg 和 150mg/kg，分别代表着肉类、鱼类、香菇类和贝类的鲜味。IMP 的增味效果在与 MSG 共存时更显著。

谷氨酸钠又叫味精，具有强烈的肉鲜味。它存在于植物蛋白中，尤其是麦谷蛋白。过去一直用面筋生产谷氨酸钠，后来采用发酵法。它的熔点为 202～203℃（分解），中性时鲜味最高。Glu 或其钠盐的水溶液加热到 120℃以上或长时间加热，发生分子内失水生成变性 Gu（又称羧基吡啶酮），不仅鲜味消失，而且对人体健康不利。在碱性中加热（引起外消旋），鲜味降低。一般 5′-核苷酸类的鲜味物质的呈味结构特点是：a. 嘌呤环第六个碳原子上有羟基（—OH）；b. 核糖第五个碳原子上有磷酸酯。根据这个特点，可合成许多二位含硫的核苷酸，这些核苷酸均有很强的鲜味。

② I+G　I+G 为 5′-肌苷酸钠和 5′-鸟苷酸钠按照 50％均匀混合的鲜味剂和鲜味增效剂。产品本身具有一定的鲜味，因此可以作为调味剂；但 I+G 只有与味精一起合用时，其鲜味才能呈几何倍数地增加，从而降低在产品中实现一定鲜味的成本。因此 I+G 也是一种特殊的香味增效剂，具有较佳的溶解性及在产品中的稳定性。

I+G 一般与味精按照 1∶20 的比例来使用，可以增加和改善食品鲜味，增强及改善食品味道，使其呈现天然鲜美、浓郁及香甜感。I+G 可直接加入食品中，起增鲜作用，是较为经济而且效果最好的鲜味增强剂，因此成为方便面调味包，调味品如鸡精、鸡粉和增鲜酱油等食品的主要呈味成分之一。另外，I+G 能有效抑制过咸、过酸、过苦等味道，并且可以减少异味（氨基酸味、面粉味）。另外，研究表明，I+G 对迁延性肝炎、慢性肝炎、神经性肌肉萎缩和各种眼部疾患有一定的辅助治疗作用。

由于 IMP、GMP 过去只能从肉类和海产品鱼中提取，价格昂贵，因此，未能被食品工业采用。现在使用的 I+G，是现代科学家通过微生物发酵工业化生产取得的，且 GMP 比 IMP 具有更强的呈味作用。实践证明，当二者各半结合使用时，为最佳呈味效果。同时成本也达到了最经济的目标。I+G 过去只有日本独家生产，目前，市场销售的 I+G 主要来自日本、韩国和中国。

③ 肽类/水解蛋白　某些肽类物质具有类似味精的鲜味。蛋白质在蛋白酶的作用下水解为小分子的氨基酸或者多肽，因而开始逐渐变得有鲜味。具有鲜味的肽一般为蛋白质水解物的酸性组分，而且这其中大部分都是分子量小于 500 的低聚肽，在组成它们的氨基酸中谷氨酸的比例是很高的。由于一些中性的小分子肽水解后呈苦味（详见表 3.15），但共存的酸性低聚肽具有很强的苦味遮蔽能力，因此可以用酸性低聚肽来遮蔽食品或药品的苦味。在以蛋白质为主要原料通过发酵制得的酿造食品（如酱、酱油、醋、啤酒、白酒等）中，苦味肽和鲜味肽会同时生成，但鲜味肽可以冲淡和掩蔽苦味肽的苦味，使总的味道变得更加柔和。

表 3.15　氨基酸的味觉阈值及其味感特征

氨基酸	刺激阈值/(mg/dL)	辨别阈值/%	味感特征				
			咸	酸	甜	苦	鲜
L-丙氨酸	60	10			□		
L-天冬氨酸钠	100	20					
L-甘氨酸	110	10			□		□
L-谷氨酸	5	20					
L-谷氨酸钠	30	10					□
L-组氨酸盐	5	35				○	□
DL-异亮氨酸	90	15				□	
DL-赖氨酸	50	20			□	□	○
DL-甲硫氨酸	30	15				□	○
DL-苯丙氨酸	150	20				□	
DL-苏氨酸	260	7	□		□	○	
DL-色氨酸	90	10				□	
L-缬氨酸	150	30		□		□	
DL-亮氨酸	380	10	○			□	
L-精氨酸	10	20	○	□		□	
L-羟基脯氨酸	50	35			□	□	
L-脯氨酸	300	50			□	□	
L-丝氨酸	150	15			□		○
L-瓜氨酸	500	20			□	□	
L-谷氨酸(NH_3)	250	30					○
L-精氨酸(HCl)	30	30			○	□	
L-鸟氨酸	30	20			○	□	
L-组氨酸	20	50					
L-天门冬氨酸	3	30			□		○
L-天门冬氨酸(NH_3)	100	30			□	□	

注：□表示很明显，○表示有。

另外，氨基酸的浓度对鲜味的表现力的影响也是显著的，详见表3.16。

表3.16 氨基酸浓度变化对鲜味表现力的影响

氨基酸种类	低浓度/(g/500g)	高浓度/(g/500g)
L-丙氨酸	0.5(甜味)	5.0(微鲜味)
L-精氨酸	0.2(苦甜味)	1.0(苦味)
L-谷氨酸	0.025(酸味)	0.2(酸鲜味)
L-丝氨酸	1.5(酸甜味)	15.0(甜酸鲜味)
L-苏氨酸	2.0(甜苦酸味)	7.0(甜酸味)

水解植物蛋白（HVP）和水解动物蛋白（HAP）是蛋白质经过酸水解的产物，其主成分为种类丰富的氨基酸。HAP的呈鲜成分主要是5-核糖核苷酸。和其他鲜味物质一样，既可以直接作为调味剂赋予食品鲜味，也可以作为咸味、肉味香精的香味增效剂，起增鲜的作用。它的加入能够使得香精比单纯加入味精或肌苷酸、鸟苷酸获得更加饱满的香味。

制造水解动物蛋白多采用自溶的方法。除氨基酸外还含有许多高分子化合物，并含有丰富的维生素。HVP的制法，通常用脱脂大豆等蛋白质，经盐酸水解将蛋白质分解为氨基酸，滤除酸性不溶物（腐殖质）后，用氢氧化钠中和，成为氯化钠。分解液必须经过脱臭和脱色过程，制成HVP原液，再经成分调整后，制成HVP液。该液主要用作酱油原料中的氨基酸液。

这些水解植物蛋白和水解动物蛋白（也叫酵母浸膏）在崇尚健康和健康食品的发展趋势下，发展迅速，并深受家庭消费者和食品加工者的欢迎，如水解动物蛋白在20世纪90年代的产量就高达3.5万t。

④ 天然浸出物 天然浸出物，指的是用食用溶剂，在一定温度（一般需要加热）条件下，浸提天然肉类，得到含有丰富氨基酸（详见表3.17）、核酸和有机酸等成分的浸出物。这种浸出物由于含有大量酸性小分子肽，因而具有非常自然和浓郁的鲜味，可以赋予食品鲜味或是增鲜。动物肉中鲜味核苷酸主要是由肌肉中的腺苷三磷酸（ATP）降解而产生的。肉类在屠宰后要经过一段时间的“后熟”方可变得美味可口，其原因就在于ATP变为5′-肌苷酸需要时间，但是完成这个过程需要的时间很短。由于天然浸出物组分复杂，因此具有增鲜、提味等多种功能，能赋予食品香气、味感以及逼真的香味。

表3.17 畜肉浸出物中氨基酸组成分及加热变化 单位：mg/100g肉

种类	牛肉浸出物		猪肉浸出物		羊肉浸出物	
	加热前	加热后	加热前	加热后	加热前	加热后
甘氨酸	2.40	1.32	2.75	1.08	4.30	2.25
丙氨酸	11.20	6.22	4.19	2.80	9.18	6.53
半胱氨酸	4.33	—	2.11	0.80	6.43	5.24
缬氨酸	2.99	1.47	0.30	0.20	0.44	0.18
甲硫氨酸	2.01	0.75	0.69	1.00	2.37	1.53
异亮氨酸	2.01	6.87	1.03	0.66	2.78	1.67
亮氨酸	3.61	3.34	1.68	1.00	5.62	3.06
苯丙氨酸	1.63	0.07	0.51	0.39	1.85	1.12
NH_3^+ 赖氨酸	6.19	4.11	2.55	3.11	9.70	7.16
苏氨酸	1.11	0.74	0.48	0.45	3.41	1.38
天门冬氨酸	0.82	0.32	1.37	0.45	1.52	1.36
谷氨酸	4.63	2.22	1.95	1.19	0.08	2.85
氯氨酸＋天门冬氨酸	7.53	1.35	2.95	0.53	4.74	2.26

续表

种类	牛肉浸出物		猪肉浸出物		羊肉浸出物	
	加热前	加热后	加热前	加热后	加热前	加热后
精氨酸	—	—	0.64	0.24	3.05	0.83
鹅肌肽＋肌肽	80.14	88.17	87.04	38.38	25.22	16.38
L-甲基组氨酸	4.80	0.49	0.49	—	2.67	1.08
鸟氨酸	—	—	—	0.56	0.95	0.05
牛磺酸	9.05	4.02	12.58	7.96	26.25	16.47
酪氨酸	1.85	0.56	0.56	0.37	1.96	1.67

注：加热条件为在100℃水中加热1h。

现以鸡肉浸出物详细介绍天然浸出物对鲜味的作用。鸡肉浸出物中含有氨基酸（详见表3.18）、有机酸、核酸等水溶性成分和脂质，挥发性的油溶性成分，它们都与味感有关。例如：鸡汤的香味特征主要是由挥发性的香味成分和水溶性的氨基酸肽类、核酸等物质所组成。它们共同构成了鸡汤鲜美的香味。

表3.18　鸡肉浸出物中游离氨基酸组分

氨基酸	含量/(mg/100g蛋白质)	氨基酸	含量/(mg/100g蛋白质)
牛磺酸	19	丙氨酸	36
甲硫氨酸	0.5	苏氨酸	34
缬氨酸	11	谷氨酸	46
亮氨酸	17	羟基脯氨酸	4
谷氨酸	58	脯氨酸	14
天门冬氨酸	6	鹅肌肽	3780
甘氨酸	15	肌肽	1297
氯氨酸	21	谷胱甘肽	39
β-丙氨酸	11		

鸡肉的挥发性成分，由含氮化合物、含硫化合物、羰基化合物组成。含硫化合物是形成肉香味的成分，羰基化合物是形成鸡香味的成分。如果除掉了其香气成分中的硫化物，同样会失去肉类的特有香味；若除去其中的羰基化合物，则鸡肉的独持香气消失，变成类似于牛肉的气味。烹调鸡肉香气的特征化合物中，最主要的是反-2-顺-4 -癸二烯醛，它的含量最少，但其高度活性对鸡汤风味起着重要作用。鸡肉香气中的羰基化合物包括：顺-3-壬烯醛、顺-4-癸烯醛、反-2-顺-4-癸二烯醛、反-2-顺-5-十一碳烯醛、反-2-十二烯醛、反-2-顺-6(反)-十二碳烯醛等成分。鸡肉香味成分的前体可能是蛋白质、氨基酸、糖类、核苷酸等水溶性成分，含硫化物的前体大概是甲硫氨酸、胱氨酸、半胱氨酸、牛磺酸、谷胱苷肽等。关于脂质，从鸡肉分离出来的脂肪，经过加热并不会产生鸡肉特征香气，脂质的作用主要是溶解其他反应生成的香味成分，起到容纳香味物质的作用。

鸡的香味在不同的部位之间，即肉、骨髓、皮、脂肪之间，存在很大的区别。在烹调方法中，一般使用老鸡的肉和鸡骨髓作为浓味汤的原料。骨髓与肉并用是高级的浸出方法。一般制鸡骨浓味汤的方法是直接水煮，而国外多数是先将鸡骨在高温炉中焙烧，然后水煮。在焙烧中产生焦香味道，生鲜感稍差。通常做浓味汤时还会添加辛香料和蔬菜，添加的种类取决于所制浓味汤的类型。国外的汤菜中一般添加葱、胡萝卜、芹菜等，中国风味汤菜中添加葱和生姜等。按照蔬菜和辛香料气味的不同，一般将其按气味分类，有香味类，如芫荽、香椿、八角、茴香、木香、月桂叶、香蕾、孜然等；辛香味类包括丁香、草豆蔻、草果、肉豆蔻、山萘等；辛辣味类的有辣椒、胡椒、葱、蒜、姜、辣根、芥子等。还有甜味的桂皮、甘草；苦味的葫芦巴，以及五味俱全的五味子等。

⑤ 其他成分 据 Rocker 和 Henderson 的报道（如表 3.19 所示），适当调配砂糖、酒石酸、食盐和咖啡碱，可以呈现等同于味精的风味，但也有不少人认为这种混合液仍旧与味精的风味多少有些差异。

表 3.19 鲜味的合成（各种呈味物质的浓度）

呈味物质	阈值/(g/L)	添加量/(g/dL)
砂糖	0.6	0.410
酒石酸	0.3	0.005
食盐	0.7	0.122
咖啡碱	0.9	0.0038
氨基酸钠	2	0.936

2. 辣味

辣味也叫辛味，英语中用“hot flavor”表示。辣味是辣椒内辣椒素作用于口腔黏膜上的感觉神经元（而非味觉受体细胞）发生扩张反应而引起的疼痛感。辣味成分与嗅觉有关，是否为单纯的呈味物质，尚没有明确的观点。但在分析辛香料的各种效果时，辣味成分是极为重要的。因为辣味是辛香料中的一些成分所引起的味感，适当的辣味有增进食欲、促进消化分泌的功能。辣椒、胡椒、花椒、姜、肉豆蔻、丁香、蒜、葱、芥末等都带有辣味。芥末的成分异硫氰酸烯丙酯、辣椒的成分辣椒素，都是典型的辣味物质。辣味不属于食品的基本味觉，有的学说认为它严格意义上是一种痛觉，它是因一些具有辛辣味的调味料如花椒、辣椒、生姜、胡椒等的一些成分对舌头根部、口腔和鼻腔产生的刺激作用，产生一种灼痛感，从而使人产生辛辣的感觉。从结构角度看，结构中起定味作用的亲水基和起助味作用的疏水基决定了辣味的产生和辣味的类别。

辣味可分为两类：①热辣味，口腔中产生灼痛感，常温下不刺鼻，高温下能刺激咽喉黏膜，如红辣椒和胡椒，主要的呈味物质有辣椒素、二氢辣椒素、胡椒碱。②辛辣味，冲鼻的刺激性辣味，对味觉和嗅觉器官有双重刺激，常温下更具有挥发性，如葱、姜、蒜、芥子等。

食品中常见的辣味物质可分为三类。第一类是无芳香的辣味物，它们是一些食品原料所固有的，性质很稳定；第二类是具有芳香性的辣味物，也是一些原料所固有的；第三类同时具有刺鼻和催泪的风味，在食品原料中只存在其前体物，当组织破碎后，前体物受酶作用才产生这类风味物。它们的性质很不稳定，遇热将分解。

(1) 辣椒 辣椒中的辣味成分辣椒素有 5 种同系物（详见表 3.20）。

表 3.20 辣椒素的 5 种同系物

结构	名称	强度
$R{=}(CH_2)_4CH{=}CHCH(CH_3)_2$	辣椒素	100
$R{=}(CH_2)_6CH(CH_3)_2$	二氢辣椒素	100
$R{=}(CH_2)_5CH(CH_3)_2$	去二甲二氢辣椒素	57
$R{=}(CH_2)_2CH(CH_3)_2$	同辣椒素	50
$R{=}(CH_2)_5CH{=}CHCH(CH_3)_2$	同二氢辣椒素	43

这五种同系物辣味强度各不相同，以 C_9、C_{10} 最辣，双键并非是辣味所必需的。在辣椒中前两种同系物占绝对多数。

(2) 花椒 花椒果精油中的辣味成分是山椒醇，还有两种烯酸酰胺，其他的辣味物质还有香茅醇、香茅醛等。

（3）胡椒　最辣的化合物是胡椒碱和黑椒素，胡椒碱是主要辣味成分，它有三种异构体，差别在于 2,4-双键的顺、反异构上。

胡椒碱为 2-*E* 和 4-*E* 构型，辣味最强。异胡椒碱为 2-*Z* 和 4-*E* 构型，辣味较弱。异黑椒素为 2-*E* 和 4-*Z* 构型，辣味较强。而黑椒素呈 2-*Z* 和 4-*Z* 构型，其辣味仅次于胡椒碱。它们的分子结构中的甲二氧基不是必需的。

（4）生姜　新鲜生姜中以姜醇为主，还有姜烯酚、摩洛哥豆蔻液、姜烯，不含姜酮，姜酮存在于陈姜中，是由姜烯酚转化而来的。姜醇和姜烯酚中以 $n=4$ 时辣味最强。

（5）芥末　芥末（山嵛菜）辣味主要成分是由芥子酶分解异硫氰酸烯丙酯糖苷产生，白芥子中的辣味成分主要是异硫氰酸对羟基苄酯，而其他的一般都是异硫氰酸烯丙酯。

（6）大蒜　大蒜中的辛辣成分是硫醚化合物，它们是由蒜氨酸分解产生的，主要有二烯丙基二硫化合物。

这些辛香料的辣味强度由强到弱依次为：辣椒，胡椒，花椒，姜，蒜，芥末。辣味的风格也由辣椒的火辣逐渐过渡到芥末的辛辣。

这些物质不仅对味细胞，而且对舌表面的神经末梢也产生刺激，因此会产生“热”的感觉。而在香气叙述时，所谓“辛香”指的却是茴香、花椒、丁香、肉桂、肉豆蔻等辛香料发出的香气，与“辣”无关，辣椒与青根的香气归到“青香”里了。

3. 涩味

涩味会使舌头产生麻木感，因此，涩味又称为收敛味。茶中含有的茶酸、没食子儿茶素等单宁类物质中许多都呈涩味。当口腔黏膜蛋白质被凝固，就会引起收敛，这时的滋味便是涩味。涩味并非是作用于味蕾产生的，而是由刺激触觉神经末梢产生的。引起食品涩味的主要化学成分是：多酚化合物（主要）、单宁（主要）、铁金属、明矾、醛类等物质。另外，草酸、香豆素、奎宁酸也会引起涩味。不仅是单宁、酚类化合物，它们的苷（配糖物），有不少也和产生涩味有关。许多涩味物也具有一定苦味。香气表达时说“涩”味一般指像茶叶浸泡于开水中长时间而闻到的气味，或者指一些树皮、山柴散发出的气息。

常用脱涩方法有三种：焯水处理；在果汁中加入蛋白质，使单宁沉淀；提高原料采用时的成熟度。

4. 哈喇味

哈喇味是混合了苦味和涩味之后的不愉快的味。哈喇味和植物中的涩液有关。当吃一些野菜时，常会产生这种感觉，但是造成哈喇味的物质现在还不明确。例如：大豆蛋白有这种哈喇味，英文称作“choky flavor”。这种味会使嗓子产生呛、辣感，蛋白质中残存的花素类成分是产生这种味的原因之一。又如：油脂酸败时也有这种味道，因此，香味学上就把闻起来不愉快的高碳酸、羰基化合物的气味称作哈喇味。哈喇味对人来说，不管是“香”还是“味”，感觉都是不好的。

5. 金属味

金属味也叫作电麻味，是指舌面接触金属而产生的味觉，主要是电化学现象。食品同金属长时间接触，使之带有不愉快的臭味，也可称为金属味。

6. 凉味

薄荷醇及薄荷之类的清凉感，也有人认为是一种味觉。

第二节 调味与调味剂

一、调味的内涵

很多食物本身并没有味，有的甚至会有令人不愉快的腥膻气味，只有经过调味才能产生令人愉快的味。调味的基本过程，就是通过添加或经过自身反应（比如热反应），使食物中存在能够赋予食物香味的味感成分，使没有某种味的食物具备某种味。

二、调味剂

本章第一节中详细介绍的各个味感物质，其中有很多就是调味剂。调味剂的功能在风味学范畴一般不仅限于调味，即赋予食品一种本身不具备的味感，除此之外还能够赋香，但并不是所有的调味剂都能赋予食品香气和香味，一般辛香料和鲜味物质才具有赋香和香味增效的功能，其他的调味剂一般只能够赋予食品味感。对于之前介绍的味感物质，按照来源，可以分为原味调味剂、化学调味剂、辛香料、水解蛋白类调味剂、主体风味料、发酵调味剂等。

1. 原味调味剂

原味调味剂通常是指盐、糖等最简单的原始调味料。

2. 化学调味剂

化学调味剂是指味精、I+G 等，其特点与原味调味料一样，味很单一，必须与其他调味料配合才有较好的调味效果。

3. 辛香料

辛香料是一类能够使食品呈现具有各种辛香、麻辣、苦甜等典型味感的食用植物。因此它不仅是调味剂，还兼具赋香的功能（详见表 3.21）。例如：花椒具有强烈的芳香气，味辛麻而持久，生花椒味麻而且带有辣味，炒熟以后香味浓厚；黑胡椒辛辣味比白胡椒浓；小茴香气味芳香，调味时可去除菜肴的异味；生姜粉用于调味粉料中，鲜姜用在调味酱中，均起增香作用；丁香芳香味强烈，可少量用在调味品中；洋葱的辛辣味独特，不仅能单独成菜，还能用在调味品中起增香、促进食欲的作用；大蒜具有增香、灭菌的功效（详见表 3.22）。

表 3.21 常用辛香料的主要香气成分

辛香料	主要香气成分
香辣椒	丁香酚、桉树脑、百里酚、甲基丁香酚、水芹烯
茴香籽	茴香脑、甲基佳味酚、茴香醛、柠烯
罗勒	芳樟醇、甲基佳味酚、桉树脑、丁香酚
藏茴香	香芹酮、柠烯、香芹酚
小豆蔻	桉树脑、乙酸松油酯、柠烯、沉香醇
芹菜籽	柠烯、芹子烯
桂皮	肉桂醛、丁香酚、α-蒎烯、桉树脑
丁香	丁香酚、丁香酚乙酸酯、石竹烯
芫荽	芳樟醇、水芹烯、α,β-蒎烯
枯茗	枯茗醛、蒎烯、水芹烯

续表

辛香料	主要香气成分
莳萝	香芹酮、柠烯、α-蒎烯
茴香	茴香脑、α-蒎烯
大蒜	二丙烯基二硫化合物、二丙烯基硫醚、丙基丙烯基二硫化合物
生姜	姜烯、水芹烯、龙脑、柠檬醛
月桂	桉树脑、β-蒎烯、沉香醇
芥末	异硫氰酸丙烯酯、p-羟苯基异硫氰酸酯
肉豆蔻	β-蒎烯、桧烯、松油烯醇
洋葱	二丙基硫醚、二甲基硫醚、甲基丙烯基二硫化合物、二丙基二硫化合物
胡椒	β-蒎烯、水芹烯、柠烯
迷迭香	桉树脑、龙脑、樟脑、芳樟醇
鼠尾草	桉树脑、樟脑、α-蒎烯、芳樟醇
百里香	百里酚、香芹酚、芳樟醇、α,β-蒎烯、龙脑

表 3.22　不同用途的辛香料

类别	名称
辛辣味辛香料	胡椒、辣椒、芥末、姜等
苦味辛香料	陈皮、砂仁
具备香味的辛香料	肉豆蔻、肉豆蔻衣、肉桂、多香果、丁香、洋葱、大蒜、香芹、花椒、小茴香
香气型辛香料	百里香、洋苏叶、月桂、小豆蔻、芫荽
着色型辛香料	红辣椒、姜黄根、藏红花

辛香料含有挥发油（精油）、辣味成分及有机酸、纤维、淀粉、树脂、黏液物质、胶质等。其大部分香气来自于蒸馏后的精油。根据辛香料所含味感物质的主要组成的化学结构，大致可将其归为酰胺类、含硫类和无氮芳香族类。酰胺类包括花椒、胡椒等辛香调料。它们所含的酰胺衍生物菜辣椒素（capsaicin）、胡椒酰胺（piperine）等是产生辣味和轻微麻醉作用的主要成分。含硫类包括葱、洋葱、蒜等，也称刺激性辛香料。它们的共同特点是含有含硫氨基酸，在一定的条件下（酶、pH 值改变等），产生强烈的辣味和刺激性臭气。无氮芳香族类以具备明显的挥发性香气为主要特征，而辣味则较弱。它们的品种数量，占目前应用总数的半数以下，所含的挥发性成分，既有脂溶性的，也有水溶性的。从化学结构上看包括醇类、醛类、酮类等多种化合物，这类辛香调料大都也是香料工业的重要原料。

目前，市面上还有一种混合辛香料。将数种辛香料混合起来使之具有特殊的混合香气，其代表的产品有：五香粉、麻辣粉、辣椒面、咖喱粉、十三香等。

五香粉是最常用的一种混合辛香料，主要由茴香、花椒、肉桂、丁香、陈皮五种原料混合制成，有很好的香味。五香粉的配方如下：

A 方：砂仁 60 份、豆蔻 7 份、三奈 12 份、丁香 12 份、肉桂 7 份。

B 方：茴香 20 份、小茴香 8 份、陈皮 6 份、干姜 5 份、桂皮 43 份、白胡椒 3 份。

C 方：茴香 52 份、三奈 10 份、砂仁 4 份、甘草 7 份、桂皮 7 份、白胡椒 3 份、干姜 17 份。

咖喱粉是一种混合了多种辛香料，将各种风味统一的混合辛香料。咖喱一词来源于印度泰米尔语。其一般混合比例为：辛香料 40%，辣味料 20%，色香料 30%，其他 10%则是各厂家各自特点香味或辣味配料。

表 3.23 列出了某些咖喱粉和香料的混合比例，仅供参考。

表 3.23 咖喱粉和香料混合比例　　　　单位：g

倾向区分	香料	强辣型			中辣型		微辣型			
		高级		中级	高级		高级	中级	低级	
		明色	暗色	暗色	明色	暗色	明色	明色	明色	暗色
香气型辛香料	芫荽	22	26	32	27	37	24	36	36	38
	小豆蔻	12	13	酌量	5	5	12	酌量	酌量	酌量
	胡萝卜	4	10	10	4	4	10	10	10	5
	茴香	10	10	10	8	8	10	10	10	酌量
	肉豆蔻干皮	酌量	酌量	酌量	2	2	酌量	酌量	酌量	酌量
香味料	茴香	2	2	4	2	2	2	酌量	酌量	酌量
	丁香	2	2	酌量	2	2	4	酌量	酌量	酌量
	肉桂	酌量	酌量	酌量	4	4	酌量	4	4	4
	多香果	酌量	酌量	酌量	4	4	酌量	4	4	2
辣味料	黑胡椒	酌量	5	酌量	酌量	4	酌量	8	酌量	酌量
	白胡椒	5	酌量	10	4	酌量	5	酌量	酌量	酌量
	辣椒	8	6	2	4	4	1	5	2	2
	生姜	7	7	酌量	4	4	酌量	5	2	1
	芥末(白)	酌量	酌量	酌量	酌量	酌量	酌量	5	3	5
调料	郁金	25	20	32	30	20	32	20	28	29
合计		100	100	100	100	100	100	100	100	100

咖喱粉的一般生产工艺为：香辣植物原料→选料→配料→粗碎→细碎→过筛→添加辅料粉末→过筛→包装→成品。

在日本市场上还有一种即食咖喱，即在制作时，掺入了一些天然调味料等，如表 3.24 所示。

表 3.24 即食咖喱的组分含量

原料	含量/%	原料	含量/%
咖喱粉	5～15	食盐	约 10
油脂类	20～45	砂糖	5～10
小麦粉	35～45	味精	1～2

目前，在日本市场上出现了一种咖喱沙司，特点是：辣味较轻，辣中含甜，刺激小。其原料大致为：蔬菜（如葱头、西红柿、生姜、大蒜）、水果（如苹果）、鸡肉、酸奶、食用油脂、香辣粉、鸡肉提取液、白糖、食盐、淀粉、黄油、脱脂奶粉、调味料（氨基酸类）和香料。

我国的辛香料加工大部分还停留在粗加工阶段，品质差异较大，产品特征难以充分表现。近年来，蒸馏和萃取技术在辛香料的深加工中得到了很好应用，使辛香料的有效成分得到了充分利用，各种辛香料超微粉末、精油、微胶囊粉末在调味品中表现出很大的优越性。

辛香料在食品中作为调味剂和香味增效剂的应用非常广泛。辛香料具有着香、赋香、矫臭及赋予辣味等功能，并由此产生增进食欲的效果。另外，很多辛香料还具有着色性、防腐性、抗氧化性等辅助功能（详见表 3.25）。

表 3.25 辛香料在食品中的应用

辛香料名称	加工食品	烹调食品
香辣椒	畜肉制品，香肠，罐头，沙司，番茄酱，油味汁，泡菜，利口酒，焙烤食品	以肉类、鱼类、番茄为原料的菜肴，西式焖(炖)食品，色拉调味
茴香籽	点心，利口酒，饮料，焙烤食品	色拉，汤，小甜饼干

续表

辛香料名称	加工食品	烹调食品
罗勒	番茄加工品，肉制品，意大利式调味汁，利口酒，沙司	尤其适宜番茄菜肴，还有用茄子、黄瓜、豌豆做的菜肴，西式焖(炖)食品
藏茴香	香肠，肉罐头，沙司，酒类，黑面包，藏茄香奶酪	奶酪菜肴，羊肉的矫臭，炖牛肉，汤，调味汁
小豆蔻	食肉加工品，咖喱粉，沙司，泡菜，酒类，香肠	用于肉类的矫臭
芹菜籽	咖喱粉，沙司，食肉加工品，利口酒，香肠，泡菜	蔬菜，番茄汁，蔬菜色拉，汤，西式焖(炖)食品
桂皮	酒类，饮料，点心，沙司，咖喱粉	蛋糕，小甜饼干，西式馅饼，红茶，鸡尾酒
丁香	香肠，利口酒，焙烤食品，咖喱粉，沙司，番茄酱	肉类菜肴，烤苹果
芫荽	咖喱粉，香肠，点心，利口酒	牛排，蛋类菜肴，豆类，可可
枯茗	咖喱粉，五香辣椒粉，利口酒，香肠，奶酪，泡菜	肉类菜肴，肉酱汁，米类
莳萝	肉类加工品，泡菜，焙烤食品，沙司，蔬菜汁，咖喱粉，酒类	西洋菜肴，汤，色拉，肉类菜肴，煮香肠，加莳萝的醋
茴香	泡菜，罐头，咖喱，沙司，面包，点心，利口酒	非常适宜鱼类菜肴，甜泡菜，汤，西式馅饼，点心
大蒜	许多加工食品	许多菜肴，尤其适用于鱼贝类、鸡、畜肉的去腥，蔬菜色拉，调味汁
生姜	肉类加工品，焙烤食品，饮料，汤料，咖喱粉，酱汁，沙司，点心类，利口酒	肉、鱼等的去腥，烤薄饼，饼干
月桂	泡菜，西式火腿，香肠，利口酒	肉、鱼等的去腥，烤猪肉，西式焖(炖)食品，咖喱
芥末	芥末酱，泡菜，咸菜，加芥末的醋	肉类菜肴，芥末泡菜，色拉，牛排，汉堡牛肉饼，香肠，法兰克福香肠
肉豆蔻	食肉加工品，点心，焙烤食品，沙司，番茄酱，咖喱粉，香肠	肉糜菜肴，汉堡牛肉饼，肉类菜肴，奶油馅饼
洋葱	香肠，汤料，沙司，咖喱，番茄酱，调味汁	肉类的矫臭，汉堡牛肉饼，饺子，菜肉蛋卷，炒饭，肉酱汁
胡椒	西式火腿，香肠，薰制肉，咖喱，汤料，色拉调味汁，泡菜罐头，利口酒，清凉饮料	肉类菜肴，汤，炒蔬菜，白胡椒能够用于不宜沾色的菜肴
迷迭香	食肉加工品	肉类的矫臭，鱼贝菜肴，鸡肉菜肴，西式焖(炖)食品，烤食品用的调味汁
鼠尾草	香肠，沙司，泡菜，肉类罐头，利口酒	猪肉，鸡肉的矫臭，汉堡牛肉饼，煮食，调味汁，肉馅食品
百里香	食品加工，汤料，焙烤食品，饮料，酒类，沙司，西式火腿，香肠，番茄酱，泡菜	肉类菜肴，西洋食品，鱼类用的调味汁，肉和鸡用的调味品

辛香料用于肉制品中，应注意以下几个原则：

① 姜、葱、蒜、胡椒等对消除动物性原料中的腥臭味很有作用。可增加菜肴的风味，能够作为一般辛香料使用。消除肉类的不良风味，以蒜的效果最佳，使用时最好能与葱类同用，并且使用量不宜过大。

② 肉制品中的基本辛香料，有的以味道为主，有的以香和味为主，还有的以香为主，通常是将这些辛香料按一定的比例混合后使用。

③ 肉豆蔻、多香果、肉豆蔻干皮等是使用很广的辛香料，但用量过大会产生涩味和苦味。此外，月桂叶、肉桂等也可产生苦味，在使用时应引起注意。

④ 辛香料往往是两种以上混合使用，在混合过程中辛香料之间会产生相乘作用。

与各种肉类相适应的辛香料如表 3.26 所示。

表 3.26 与各种肉类相适应的辛香料

肉类	辛香料
牛肉	胡椒,肉豆蔻,肉桂,洋葱,大蒜,芫荽
猪肉	胡椒,肉豆蔻,肉豆蔻衣,多香果,茴香,丁香,月桂,百里香,香芹,洋葱,大蒜,等
羊肉	胡椒,肉豆蔻,肉桂,丁香,多香果,月桂,姜,芫荽,洋葱叶,茴香
鱼肉	胡椒,姜,洋葱,大蒜,肉豆蔻,芫荽,香芹,咖喱,多香果
禽肉	洋葱,大蒜,姜,芥末,胡椒,辣椒,茴香,桂枝

4. 水解蛋白类调味剂

水解蛋白类调味料主要有水解植物蛋白（HVP）、水解动物蛋白（HAP）、酵母精等，主要成分是氨基酸、多肽类，能使调味品有醇厚感，其口味适应范围较广。但由于是强酸分解，碱中和，在产品中仍然会带有一些酸、碱的气味。而常见的酵母精均含有特殊的酵母味，也造成了调味上的困难，限制了其添加量。

5. 主体风味料

主体风味料是指肉禽类及水产类等为原料的调味料，堪称“原汤元素”。这类调味料具有明确的品种特征，构成所要调配品种的主体风味，对调味料风味有很大的影响。山珍海味之所以吸引人，是因为它们具有特殊鲜美的滋味，而这种特殊的滋味又是非常复杂的综合味感，因此，主体风味料是其他调味料无法替代的。主体风味料一般分为原质风味料和反应型风味料。

① 原质风味料 原质风味料即为从肉类中分离出的非挥发性成分或单体，通常通过酶解或抽提型工艺获得。

② 反应型风味料 反应型风味料主要是利用氨基酸及还原糖经加热进行美拉德反应，产生独特的肉类的色香味，为了使肉香更加纯正、持久，通常在反应时加入天然肉类或用喷雾干燥法制成粉体风味料。目前，国外肉类、海鲜类香精偏向于此方法生产。

6. 发酵调味料

发酵调味料是以豆类、面粉等为主要原料，利用微生物发酵制成的一种具有独特风味的调味品，是东方烹调中不可缺少的佐料，常用的有酱油、酱油粉、豆酱、辣酱、豆豉等。优质的发酵调味品不仅滋味鲜美、醇厚、香味浓郁，而且营养丰富，易被消化吸收，在调味上也是利用其特点来调配和模仿烹调时的风味，是深受欢迎的大众化的调味剂。

目前，调味料好坏主要以感官判定和理化检测为主，可以通过望、闻、品、检四种方法从状态、香气、口感、理化性质、卫生指标几方面来判定。

望，指观察调味品的色泽是否正常，颗粒大小，混合是否均匀等。

闻，指调味品的香气是否纯正浓郁。

品，指口感是否醇厚，咸淡适口。

检，指检测其理化指标，如各种成分含量、纯度以及是否符合卫生要求。

调味料经过望、闻、品、检后，还应按要调味产品的生产及食用方法，将调味料加入产品中，一起品尝，看其是否达到理想的要求。只有经过这一系列的检验，才能判断其质量的优劣。好的调味料应该是香气浓郁、饱满逼真，口感醇厚、鲜香，即经一段时间熟化后，各种原材料的香气能和谐地融合在一起，而且不变调，状态上流动性良好，色泽宜人，颗粒均匀完整。

三、调味的基本原则

中式菜有八大菜系之分，制造过程又有炸、煎、炒、焖、烧、煮、炖等。一种菜可做出百种味，再加上近年来融汇海外的一些特殊调制风味，真可谓是种类繁多，仅靠几克调味料模仿出千百种类似烹调的美食，实属不易。因此，在调味时应注意以下事项：

① 确定一个产品的口味时，应明确产品的定位，即消费区域、消费群体、消费习惯。

② 调味料的香气和滋味，要以再现食品的特有风味和消费者熟悉的风味为基本点。消费者在饮食上很难接受像日用香精一样的幻想型香气，怪味型的滋味在投放市场时，消费群体也极其有限。

③ 要根据产品的生产工艺和食用方式，确定调味料的配方。考虑耐热性、挥发性，同时要保持调味料一定的形态，不结块，如使方便面调料能冲调均匀，膨化食品调料能均匀地黏附在被调味物的表面。

④ 调味料的香气和滋味与被调味物本身的香气和滋味相一致，使之能起到强化作用。如有些膨化食品和方便面在用调味料拌料之前已加入了某些调味品，后期加入的调味料不能与那些调味品相冲突。

⑤ 在调味时应尽量选择天然调味料，使其具有浓郁、纯正、稳定的口感和香气。

⑥ 根据需要选择化学调味料，以保证合理的成本。

⑦ 辛香料的添加要适当，应以烘托主体风味为原则，而不是抢占风头。

⑧ 调味料的色泽与想象力也有密切的关系，如在调配水果型调味料时，色泽若不接近天然水果的颜色，香气也容易使人产生错觉，使其效果大大降低。

四、调味剂对调配食用香精的意义

调香与调味的有机结合，能解决创香和仿香过程中香精口感不过关的问题。

香味源于香气，终于口味。香味既含香又含味，是嗅觉与味觉的完美结合。香味不能简单地用香气和口味替代。它有更深刻的内涵。

在之前的部分笔者花了大段篇幅阐述味和调味的含义，以及常见调味料的类别及功能，目的是让读者明确调味在调配食用香精中的功能。大部分的调味剂，如原味调味剂，有时会应用到食用香精中，它本身并不能够作为香味的重要组成，而是在香味增效剂存在于食用香精的基础上，进一步地增强食用香精的味感，使香味感受更加饱满。因此这类调味剂在食用香精中一般并不是必需的，而是为香味起到画龙点睛的作用。换言之，若食品香精中本身就缺乏增效香味的成分，在仅有对香气有贡献的成分的基础上，加入这些不具备香味增效功能的调味剂，得到的食品香精，给人的体验仍旧是味觉和嗅觉分离的“双轨感受”，而不是介于香气和味感之间的香味感受。

而对于身兼调味和香味增效两种功能的调味剂，比如I+G和部分辛香料，它们在特定的食用香精中便具有一定的香味增效功能，使食用香精的香味更加逼真，帮助调香师得到既有香气又有香味的食用香精。因此，读者要区分不同调味剂的功能，在调配食用香精时，有的放矢地为食用香精引入调味剂。

以下通过一些例子，详细说明具备香味增效的调味料，在食用香精中如何应用，并起到香味增效效果的。

在咸味香精中，习惯将复合调味料加入香精中，起到香味增效、补足味感的功能。在这类复合调味料中，既有只提供味感的成分，如食盐、蔗糖，也有既能调味又能兼顾香味增效功能的成分，如味精、辛香料、I+G 等。一般的做法，是将配制好的复合调味料，用溶剂（水或乙醇或用水稀释的乙醇，比如 50%浓度的乙醇）萃取，稍浓缩，再以一定的比例添加到相应的香精中，要注意防止香精浑浊或产生沉淀。若香精是粉状，则复合调味料也需要以粉状的形态与粉末香精混匀，即香精和复合调味料的剂型要一致。

1. 红烧牛肉风味粉包

按照表 3.27 配制复合调味料，混匀后加入牛肉粉末香精，进一步混匀，即可得到既有香味又有香气的红烧牛肉风味粉包，可用于方便面的调味包。配方中的各种辛香料的粉剂，以及 I+G、水解植物蛋白等成分，对香精具有香味增效作用，有利于香精既有香气又有香味，而盐和糖等原味调味料补足的是口感。

表 3.27 红烧牛肉风味粉包配方

原料	质量份	原料	质量份	原料	质量份
盐	750	百味香	20	葱粒	20
味精	100	花椒粉	5	焦糖色素	10
蔗糖	50	桂皮粉	3	老汤精膏(牛肉)	15
I+G	5	八角粉	2	特鲜酱油粉	40
水解植物蛋白粉	20	姜粉	8		
牛肉粉末香精	30	蒜粉	6		

2. 浓汤牛肉风味粉包

按照表 3.28 配制复合调味料，混匀后加入牛肉粉末香精，进一步混匀，即可得到既有香味又有香气的浓汤牛肉风味粉包，可用于即食汤的调味包。配方中的各种辛香料的粉剂，以及 I+G 等成分，对香精具有香味增效作用，使香精既有香气又有香味，而盐和糖等原味调味料补足的是口感。

表 3.28 浓汤牛肉风味粉包配方

原料	质量分数/%	原料	质量分数/%	原料	质量分数/%
盐	41	洋葱粉	2.5	八角粉	0.09
白糖	4	蒜粉	0.5	花椒粉	0.09
味精	12	淀粉	5	砂仁粉	0.09
I+G	1	姜粉	2	白豆蔻粉	0.03
牛肉粉末香精	20	白胡椒粉	0.45	抗结剂	0.5
老汤肉(牛肉)	5	小茴香粉	0.45		
FB00	5	桂皮粉	0.3		

3. 浓汤猪排风味粉包

按照表 3.29 配制复合调味料，混匀后加入浓缩骨汤粉末香精，进一步混匀，即可得到既有香味又有香气的浓汤猪排风味粉包，可用于即食汤和方便面的调味包。配方中的各种辛香料的粉剂，以及 I+G 等成分，对香精具有香味增效作用，有利于香精既有香气又有香味，而盐和糖等原味调味料补足的是口感。

表 3.29 浓汤猪排风味粉包配方

原料	质量分数/%	原料	质量分数/%	原料	质量分数/%
盐	41	洋葱粉	5	丁香粉	0.05
白糖	4	蒜粉	4	抗结剂	0.5
味精	18	姜粉	1	淀粉	5
I+G	1	桂皮粉	0.25		
浓缩骨汤粉末香精	20	小茴香粉	0.2		

4. 香辣浓汤牛肉风味风味粉包

按照表 3.30 配制复合调味料，混匀后加入浓缩骨汤粉末香精，进一步混匀，即可得到既有香味又有香气的香辣浓汤牛肉风味粉包，可用于即食汤和方便面的调味包。配方中的各种辛香料的粉剂，以及 I+G 等成分，对香精具有香味增效作用，有利于香精既有香气又有香味，而盐和糖等原味调味料补足的是口感。

表 3.30 香辣浓汤牛肉风味粉包配方

原料	质量分数/%	原料	质量分数/%	原料	质量分数/%
盐	40	白胡椒粉	0.5	白豆蔻粉	0.03
白糖	4.5	桂皮粉	0.3	抗结剂	0.5
味精	12.5	小茴香粉	0.4	FB00	5
I+G	1	八角粉	0.09	淀粉	5
浓缩骨汤粉末香精	25	花椒粉	0.09		
辣椒粉	5	砂仁粉	0.09		

5. 浓汤牛肉酱包

按照表 3.31 配制复合调味料。首先用棕榈油和牛油浸泡新鲜的葱、姜、蒜，加入其他的调味料后静置一段时间，待辛香料的香味成分被油脂充分浸提后，稍加浓缩，加入老汤肉味王香精中去，得到可用于方便面的浓汤酱包。配方中的各种辛香料对香精具有香味增效作用，有利于香精既有香气又有香味，而盐可以补足口感。

表 3.31 浓汤牛肉酱包配方

原料	质量份	原料	质量份	原料	质量份
棕榈油	25	鲜蒜	5	香油	10
牛油	30	鲜姜	20	盐	5
鲜洋葱	25	**老汤肉味王香精(牛肉)**	5	料酒	1

6. 浓汤猪排酱包

按照表 3.32 配制复合调味料。首先用棕榈油和猪油浸泡新鲜的葱、姜、蒜，加入其他的调味料后静置一段时间，待辛香料的香味成分被油脂充分浸提后，稍加浓缩，加入猪骨浸膏中去，得到可用于方便面的猪排酱包。配方中的各种辛香料对香精具有香味增效作用，有利于香精既有香气又有香味，而盐可以补足口感。

表 3.32 浓汤猪排酱包配方

原料名称	质量份	原料名称	质量份	原料名称	质量份
棕榈油	25	鲜蒜	20	香油	10
猪油	25	鲜姜	5	盐	5
鲜洋葱	25	**猪骨浸膏**	10		

7. 香辣浓汤牛肉酱包

按照表 3.33 配制复合调味料。首先用棕榈油和牛油浸泡新鲜的葱、姜、蒜和辣椒片，加入其他的调味料后静置一段时间，待辛香料的香味成分被油脂充分浸提后，稍加浓缩，加入肉味王牛肉香精中去，得到可用于方便面的香辣浓汤牛肉酱包。配方中的各种辛香料对香精具有香味增效作用，有利于香精既有香气又有香味，而盐和酱油主要用来补足口感。

表 3.33 香辣浓汤牛肉酱包配方

原料	质量份	原料	质量份	原料	质量份
棕榈油	25	鲜姜	8	香油	10
牛油	25	豆瓣酱	20	料酒	1
鲜洋葱	10	辣椒片	10	盐	5
鲜蒜	2	老汤肉味王牛肉香精	5	酱油	5

8. 鸡味老汤复合调味料

按照表 3.34 配制复合调味料，混匀后加入老汤肉味王香精粉末，进一步混匀，即可得到既有香味又有香气的鸡味老汤复合风味粉包，可用于鸡精中，增加鸡精的香味表现力。由于鸡味老汤复合调味料具有香味浓郁、醇厚和鲜味突出的特点，而且后味悠长，耐高湿。所以它从根本上克服了以往大多数鸡精鲜味有余、后味不足的缺点。这种调味料的用量一般为4%～10%，即用其可调制出具有鲜味突出、香味醇厚持久且后味绵长的鸡精。配方中的各种辛香料的粉剂，以及I+G、水解植物蛋白粉等成分，对香精具有香味增效作用，有利于香精既有香气又有香味，而盐和糖等原味调味料补足的是鸡精的口感。当中含有的丰富氨基酸、肽类物质、芳香物质、低分子碳水化合物，使该调味料的香味与需要鸡香风味食品的目标一致，即起到香味强化作用，有效地提高了产品的营养价值。

表 3.34 鸡味老汤复合调味料配方

原料	质量分数/%	
	配方 1	配方 2
味精	30	40
I+G	0.5	1
盐	30	16.5
白糖	2	
葡萄糖	10	20
鸡精专用老汤肉味王香精	2.5	4.5
大蒜粉	0.5	0.5
洋葱粉	0.5	0.5
玉米淀粉	10	3.5
麦芽糊精	8	5
水解植物蛋白粉	2	2.5
特鲜酱油粉	4	6

第三节 香 味

调味这个功能本身并不具备香味增效的功能，只有具有香味增效功能的调味剂，才能同时作为香味增效剂，应用到食用香精中，得到既有香气又有香味的食用香精。何为香味？何为香味增效？香味和味的区别在哪里？香味增效与调味的区别在哪里？本节将会重点展开，以此解开既有香气又有香味的食用香精的制备秘诀。

当把单纯的天然食物烹熟时，有的会产生美好的香味，如烤肉、炒花生等，有的会失去原有的香味，如有些煮熟的水果。经过长期烹饪实践，人们积累了能使食品产生咸、甜、辣和香的佐料。对食品工业的发展起到了重要的作用。香味料的使用对食品品质的提高和创新发挥着显著的作用。一些香味料被研制出来，产量逐年增加，以满足饮料、冷食、罐头、糖果、糕点、乳制品、方便食品、休闲食品的需要。

散发着香气的水果、食品或烹调的菜肴，会使人产生要吃的欲望，这和食品的香味有着密切的关系。食品具有各种不同的香味，如水果味、烧肉味、鱼虾味等，各种不同的香味在人们头脑中形成了很深的印象，从嗅觉和味觉两方面就可以识别是什么食品以及品质的优劣。总之，香味是食品气味与口味相协调的感受，并对人们的饮食起着重要的作用。

一、 香味的内涵

香味是一种很复杂的感觉，主要由香气和味道构成，涉及嗅感和味感两方面，但并不是香气和味道的单纯叠加，也不等同于口味。它是一种介于香气和口味之间的感受，是香气和味感的统一，即嗅觉和味觉的统一，是香气、滋味、口感等感觉的综合体。味觉仅限于舌头对咸、甜、酸、鲜和苦的感觉。香味除了味道外，最重要的特点是香气。当一个人着凉，而只能用味觉、触觉和温感来感知香味特征的时候，香气对于香味感觉的重要性就十分清楚了。

正确理解香味并在食品香精中创造合适的香味是研发既有香气又有香味的食用香精的核心，因为缺乏香味、只有香气的食品香精是不完整的香精，不能给人带来完整的香味感受。读者不妨做一个源自英国的咖啡实验，操作过程为：将一批咖啡豆粉等分成两份，一份煮1min后饮用（记为A），另一份煮3min后饮用（记为B)。可以清晰地感受到这两份咖啡的差异：咖啡A就是典型的只有香气而没有香味；咖啡B则可以带来完整的香味感受。从该实验中，读者可以了解到西方人对于香味的理解（英文为flavor)。西方人对香味概念的深刻理解，使得他们在制备食用香精时，十分注重嗅觉与味觉的统一。而在国内，当前调香人员普遍存在短板，只注重香气，不注重香味，许多甚至对香味无基本概念。因此国内食用香精行业现在存在这样尴尬的局面：调香师调香气，调味师调口味，但食品香精的香味谁来调？这是一个无人过问的地带。而有的调香师也知道，香味是香精的基本元素，但就是不知如何去掌握。若将国产香精和进口香精做应用实验，对于水果香精而言，前者是一杯加香精的糖水，后者是一杯果汁。国产香精显得十分单薄，缺乏层次感，缺乏天然感的韵味、口感，也就是香味；而进口香精由于加入了能给人带来香味体验的诸多成分，让人感觉是一个有香味的水果，天然感更强。

进一步说，香味绝不是香气和味道的单纯叠加。一些调香师把香味看成是香加味的组合品，这个观念是错误的。人们在吃菠萝时，闻到的是菠萝香，尝到的是菠萝的味道，而菠萝香味是它们二者的有机结合，分割开来，就是不完整的、片面的、单一的。

国际食用香料工业组织（IOFI）对香味“flavor”的定义为：香味是口腔中所有食材和特性的总和，主要是感觉，包括味觉和嗅觉，同时还包含口腔中痛感和触感感受器，把接收到的信号反映给大脑而产生的综合感觉。

换言之，当基本的嗅觉和味觉因素经过口腔得以感知而口腔深部及咽喉部位对触觉、温度和化学刺激（即质地、刺激性和不良风味等）有感受。只有到这个阶段人们才能完整地感知香味。香味是由挥发的和非挥发的化合物（无论这些化合物是天然的还是合成的）引起的一种感觉，这些化合物存在于我们的饮食中，并在摄入时处于均衡状态。

而广义的香味，除了要做到嗅觉和味觉的统一，还要考虑其他诸多因素对营造香味造成的影响。食品作为一种刺激物，它能刺激人的多种感觉器官而产生各种感官反应（详见图 3.1）。因此广义的香味认为：人的视觉、嗅觉、味觉、听觉等多种感受为一体的感觉都是香味范畴里的综合感受。因此，广义的香味，指的是人以口腔和鼻腔为主的感觉器官对食品产生的综合感觉（嗅觉、味觉、视觉、触觉等）。人类在进食时至少要经过眼、口和鼻这三个部分的关卡，只有通过这三道关卡检验合格后才会选择是否进食，眼睛若发现不符合自己饮食习惯或嗜好的食品，一般不会选择进食。举个简单的例子说明人的多种感觉对感受香味的影响。科学家戴夫·哈特（Dave Hart）开发过一种咖啡，他在这种咖啡中加入了枫糖糖浆，使咖啡喝起来更香，但是有点苦。使咖啡更香的关键化合物是二甲基羟基呋喃酮，这种化合物可以使枫糖咖啡更具特色。绝大部分香味是依靠嗅觉经验总结而来的，而不是靠味觉。从食物的颜色到食物的产地，再到食物本身，我们都是用鼻子感受这些香味物质，但是由于大脑错误定位，我们误以为香味是嘴巴感受到的，其实这只是我们的幻觉，除了嗅觉之外，各种感觉都对我们感受风味有不同的作用，缺一不可。又如，在实验室给人们试喝两种饮料，一种是红色的，甜度低 10%的饮料；另一种是无色的，甜度正常的饮料。受试者通常会觉得红色的饮料更甜，因为我们的大脑对于颜色和水果有了固定的认识。这一现象可以解释为什么消费者认为白色包装的可乐是促销产品，与人们熟悉的红包装罐有不一样的味感，其实它们完全是相同的可乐。所以请志愿者评价加香产品时，要在黑暗的环境下评比。有的实验室玻璃单面透光，使观察者可以及时掌握志愿者的表情和表现。另外，为了成功营造某一香味，开发人员要考虑各个因素，比如产品介绍、包装都要与所提供的香精特征相吻合，如草莓香精在包装上要印鲜红色的草莓。另外，声音也可以影响我们对其味道的判断。比如我们可以通过听觉来区分，倾倒出来的液体是冷还是热，因为冷、热液体的黏度不一样。因此，广义的香味是视觉、味觉、嗅觉、听觉和触觉等多方面感觉的综合反映，这种感觉现象带有强烈的个人爱好、地域性和民族性。通过各种感觉评定的食品特性可归纳至表 3.35。

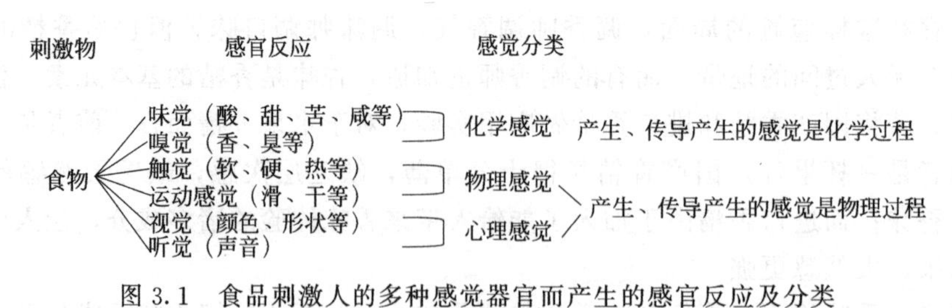

图 3.1 食品刺激人的多种感觉器官而产生的感官反应及分类

表 3.35 食品的感觉和特性

感觉	食品的特性	感觉	食品的特性
视觉	形态、色泽、肉质搭配	嗅觉	几种基本风味(香气,鼻腔产生的感觉)
触觉	硬度、柔软性、平滑性、脆性弹性	味觉	几种基本风味(香味,舌头产生的感觉)
皮肤感觉	热、冷、刺激性、收敛性		

香味体现一个物质的韵味，是香气和口味的完美结合，不能用口味去代替香味，它体现的是一个物质内在的一种韵味，并不是添加某些调味品就可以简单达到的。所以广义的香味是一个通过眼睛、鼻、口腔等感官综合感觉到的完整概念。

二、香味产生的本质

产生一种让人接受且愉悦的香味，依靠的是食物中各种成分互相配合所营造出来的一种韵味，这种韵味能够使进食的人感受到味觉与嗅觉的统一。从物质的角度看，一般的食品当中除了呈味成分，多少都有一些挥发性组分。当食物中挥发性物质的分子刺激嗅觉器官时，便会产生嗅觉；但同时有不少挥发性组分在口腔中和味觉细胞作用后也会变成呈味物质，使口腔内产生味觉。另外，有一些成分仅仅起呈味功能，有一些成分偏向对嗅觉起作用。这些成分共同对嗅觉和味觉的作用，所营造出的韵味，就是香味。换句话说，香味是由许许多多香味化合物作用于人的嗅觉和味觉器官上产生的。通常认为 8 个香味分子就能激发一个感觉神经元。40 个香味分子就可以提供一种可辨知的感觉，因此香味的形成，很难将其分为味道和香气两部分。进食时食品的香气、味道和口感三者浑然一体，形成香味，这种综合而成的感觉正是香味带给人的感受。

形成香味的各种物质，一般具有以下特点：①成分多，含量甚微；②大多是非营养物质；③性能与分子结构有特异性关系；④很多对热不稳定。

三、营造香味对食用香精的重要性

一款好的食用香精，加入目标食品中，会给该食品带去一种风格明显的香味特征。因此在调配食用香精时，要注意所加入的原料能够共同营造出一种和谐的韵味，能给人带去嗅觉和味觉的统一感受。很多食品香精的调香师认为，只要把香气调对，就能有好的香味效果，这一般不可能发生。因为很多香气成分的香气和香味的风格并不统一，所以不能简单地用营造香气的原料去营造香味，一般的合成原料并不具备理想的香味。对于香原料的香味表现，有时缺乏这方面的描述和资料记载，但从仅有的一些资料看，同一种原料，香气和香味的格调有时是一致的，有时是不一致的，不能一概而论。比如：

① 2-乙基丁酸苄酯　具有类似于茉莉花的花香香气，但是味觉上像杏仁、甜的梅子味。

② 丁酸松油酯　具有花香粉的香气，但尝起来具有肉香、菠萝、苹果的味道。

③ 丁酸香茅酯　具有强烈的水果样和玫瑰似的香气，尝味有甜梅子的味道。

④ 丁酸橙花酯　具有甜的橙花香清香，口感上却有可可样甜味。

⑤ 丁酸环己酯　具有清鲜的花香，但是味觉上却有强烈的甜味。

⑥ 肉桂皮油　具有肉桂的特征香气，但尝味有辛辣感，这里的辛辣香味又与肉桂皮的味道不一样。

⑦ 胡椒油　具有胡椒、木香、辛香、萜类、草药香气。与实际的胡椒粉口感并不一样，因为胡椒油是与水共沸蒸出的。残存的胡椒粉残渣中含有大量的呈味物质，这些呈味物质是蒸不出来的。

因此，调香师在日常熟悉香原料时要注意积累不同香原料香味和香气之间的关系，调配香精时要充分考虑香味的体现效果，当香气和香味不一致，甚至相悖时，就要调整，选择适当的原料进行改进。否则配出的香精有可能会出现闻香气尚可但一加入食品之后，营造的香味效果不一致的情况。

四、香味的来源

调香师如果想正确地通过加入食品香精中的各种成分与嗅觉和味觉器官的相互作用，来营造令人愉悦的香味，首先应该了解自然界中食物的香味来源及其形成过程。对食物在生长或加工过程中香味物质的生成和变化有深刻认识，才能在食用香精中目标明确地引入相应的成分，待香精加入食品中，或随着食品进一步加工，形成令人感到接近天然的香味感受。香味的来源一般有四种形式。

（1）天然香味 指的是食品基料（如米、面、鱼、肉、蛋、奶、水果、蔬菜、植物、辛香料及由其制成的产品等）中原先就存在的，这些食品基料构成了人类饮食的主体，也是人体必需营养物质成分的主要来源。例如：呋喃酮（又叫菠萝呋喃酮、草莓呋喃酮）就存在于菠萝和草莓中；δ-辛内酯天然存在于椰子中等。

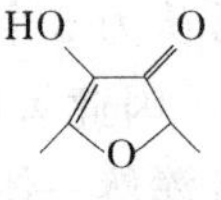

HO O
$CH_3(CH_2)_2$ O C O

呋喃酮 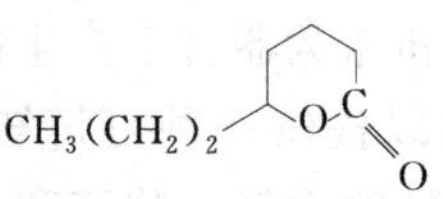 δ-辛内酯

（2）加工过程产生的香味 指的是食品香料中的香味前体物质在食品加工过程中（如加热、发酵、烹调、酶的作用等）发生一系列化学变化，在最终产品中产生的香味。例如：2-乙酰基噻唑是米在蒸煮过程中产生的特征香气成分。

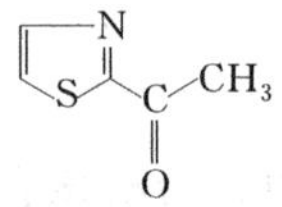

N S C CH_3 O

2-乙酰基噻唑

（3）调配产生的香味 根据配方，使用天然与合成香料在食品加工过程中有意添加的，如食品香精、调味品、辛香料等。同一种食品的香味可能是通过一种或几种方式产生的，如面包的香味主要是通过发酵、烘烤和添加食品香精产生的。

（4）降解产生的香味 由氧化产生的不良风味。

五、香味的形成过程

近些年对食品香味分类很多，目前较为成熟的香味产生大致有下列几种：①水果、蔬菜的成熟阶段；②细胞破裂、生物碱与酶作用（如大蒜切开产生蒜味）；③食品发酵；④酶解；⑤加热作用（即美拉德反应）。这些分类最大缺点是难于系统化，分类不明确，难以有一个简洁的标志。

根据多年的研究，笔者将食品香味简单地分成两类，即水果型香味和食品型香味。这样区分就很方便，水果型香味是生物作用的结果，而食品型香味是加热作用的结果。生与熟是这两种香味产生的区分标志。香味的不同产生模式伴随着一系列相应的生物和结构变化。

（1）水果型香味 即由生物碱、生物酶、光合作用、水分、糖分、有机果酸（苹果酸、柠檬酸）相互作用而产生的香味。有时为了加快这些作用的进程，会人为适当加热或光照（例如水果、蔬菜生长，发酵，酶解等过程），但这些仅仅是为了更好地促使香味的产生，本质是生的，这一属性并没改变，温度也仅限于40℃左右。苹果、桃子、西瓜、芒果等香味属于水果类香味，本身具有新鲜感和水果香味。

（2）食品型香味 即通过加热，并且加热温度通常超过100℃，使食品香味的产生发生了本质的变化，即由生转化为熟，香味产生的模式也随之改变。加热促使食物原料中的氨基酸和还原糖相互作用，即美拉德反应，产生了香味。咖啡、烹饪蔬菜、烹饪的肉类等属于食品类香味。它们本身没有香味或香味并不吸引人，但通过焙烤或烧、炒会产生香味，产生香味的途径就是美拉德反应。

这两种类型的香味有一共同点，即每种香味会适应自身产生的条件和模式。例如水果型香味的产生在常温下进行得十分高效，只要时间、水分、阳光、温度适宜，香味就十分迷人。水果型香味的最佳生产保持条件是室温，一旦条件破坏，香味随之损失或破坏，比如水果常温下香味极佳，但做成水果罐头，加工过程中把生水果制成了熟水果，它们的香味也就随之消失了。比较新鲜水果和水果罐头，结论很明显，水果罐头的香味比新鲜水果大为逊色。

而食品型香味的生成，依靠的原料主要是一些蔬菜、肉类和鱼类，这些东西要么香味很弱，夹带一些不愉快的青滋气，要么充满血腥味，或者膻味。但当把这些食料加热到100℃以上，用炒、烤、煎、烘等方法一加工，这些肉腥、血腥味，青滋味就不见了，取而代之的是喷香可口的香味。这些食物从生到熟经历了一次香和味的大变革，从令人讨厌到受人欢迎，这就是香味的魅力。

1. 水果型香味产生的机理和过程

（1）水果型香味的产生机理　香蕉、桃、梨和樱桃等水果在结果初期并没有典型果香味，香气形成于极短暂的成熟期，此阶段，水果的新陈代谢转变成分解代谢，果香开始形成。少量的脂质，碳水化合物，蛋白质和氨基酸经酶的作用转变为挥发性香成分，例如3-甲基-1-丁醛（由亮氨酸生成）与半胱氨酸反应，生成西红柿的特征香味物质2-异丁基噻唑。

水果在生长时，各种代谢生成了不同的脂肪酸，但一旦进入成熟期，此代谢过程在酶作用下，会生成无数脂肪酸类、酮类、醛类和醇，然后这些初级挥发物经固有酶体系作用转变为丁酸己酯等各种酯类、己醛和己烯醛等香味物质。

不同水果的酶，都有其专一性。例如，同是亚油酸（linolic）和亚麻酸（linolenic），在苹果中，酶水解生成己醛和己烯醛；在黄瓜中经酶水解生成反-2-壬烯醛及2-反-6-正-壬烯二醛；而在番茄中，酶水解生成2-己烯醛和3-己烯醛。

植物生长过程中（即新陈代谢过程中）吸收空气和水分，经光合作用生成脂肪酸（脂质）、碳水化合物、蛋白质和氨基酸，产生这些物质的类别由每种植物的遗传基因决定。

（2）几种典型的水果型香味的产生途径

下面通过实例讨论水果型香味产生的几种途径。

① 前驱体和酶相互作用产生香味的过程

一个很典型的例子是大蒜。完整的大蒜是没有香味的，它的前驱体是蒜碱（alliin），同时还会有一个酶（蒜酶）。当大蒜剥离时，蒜碱和蒜酶接触了生成了蒜素（allicin），蒜素具有大蒜刚剥开时的一种特征性香味，继续存放时香味将继续变化。

具体反应式如下：

$$CH_2{=}CH{-}CH_2{-}SO{-}CH_2{-}CH(NH_2)COOH + \text{蒜酶 (allinase)}$$

蒜碱

$$\downarrow$$

$$CH_2{=}CH{-}CH_2{-}SOS{-}CH_2{-}CH{=}CH_2 \quad \text{蒜素(新鲜大蒜香味)}$$

$$\downarrow \text{贮存}$$

$$CH_2{=}CH{-}CH_2{-}S{-}S{-}CH_2{-}CH{=}CH_2$$

及

$$CH_2{=}CH{-}CH_2{-}SO_2{-}S{-}CH_2{-}CH{=}CH_2$$

香味物质

此外，水果，比如草莓也具有类似大蒜瞬间产生香味的特性，尽管不如大蒜明显。比较明显的例子是苹果，当苹果碰伤、擦破果皮或用小刀切开苹果、削皮时，会闻到苹果香味，而在此之前苹果香气十分微弱，几乎闻不到。这是因为苹果和大蒜类似，含有生物碱和酶，当苹果完整时，两者相互不接触，当切开时生物碱和酶接触，产生香味物质和乙醛，乙醛具有催熟作用，所以有时会发现当一箱苹果中有一两个烂苹果时，香味比较浓且成熟腐烂得特别快。

综上所述，水果在成熟、贮存过程中会自然发出香味，这主要是酶的作用，酶将水果中的前驱体分解产生香味。

② 水果中脂肪酸、氨基酸、碳水化合物新陈代谢生成香味物质的过程

a. 脂肪酸新陈代谢生成香味物质　脂肪酸可经过各种不同途径生成挥发性香味化合物，这些途径包括β-氧化、羟酸裂解（内酯类）和经脂氧合酶的氧化。这些途径的主要产物是醛类和酮类。此外各种氧化、还原和酯化反应也生成了多量的酸类、醇类、内酯类和酯类化合物。

这些初级挥发物经固有酶体系作用，也会转变成各种酯类。

b. 氨基酸新陈代谢生成香味物质　氨基酸新陈代谢生成了对水果香味有重要作用的脂肪族直链和带支链的醇类，酸类，羰基类和酯类化合物。例如：亮氨酸和缬氨酸可转变为对香蕉香味起重要作用的带支链香味化合物，第一步是氨基酸脱氨基，随后脱羧，再经还原和酯化反应，可生成多种重要水果香味物质。

c. 碳水化合物新陈代谢生成香味物质　植物直接由光合作用获得全部能量，光合成方法包括将CO_2转变成糖类，糖类再代谢为植物需要的其他物质，如脂质和氨基酸类。因此可以说，几乎所有的植物香味物质都是间接地来自碳水化合物的代谢变化，因为所有其他香味前驱体也是来自碳水化合物代谢变化。少数香成分直接来自碳水化合物。萜类是个例外，它们可能是碳水化合物的代谢产物，也可能是脂质的代谢产物。例如：萜烯是由3,5-二羟基-3-甲基戊酸产生的。

实例：甜橙挥发性成分的形成机理和过程

甜橙中的挥发香成分不是在水果的早期形成阶段产生的，而是在甜橙呼吸作用的转跃期开始形成的。在这个阶段，甜橙的新陈代谢变成分解代谢，甜橙挥发香成分开始形成。微量的脂肪类、碳水化合物、蛋白质和氨基酸通过酶作用转化为单糖或者酸和挥发性成分。这些组分的形成会受到基因的控制。甜橙在生长期，通过碳水化合物的新陈代谢合成蛋白质、多糖、脂质以及黄酮类化合物，在成熟期发生分解反应从而产生挥发性化合物。

水果中的大多数芳香物质是通过水果中所含有的氧化物裂解酶酶解产生的，这些裂解酶切断脂肪酸过氧化物产生一系列芳香物质。具体过程见图3.2。

(3) 蔬菜香味的产生机理　蔬菜香味的形成与水果完全不同，蔬菜没有水果那样的成熟期。虽然有些蔬菜在生长时产生部分香味，但大部分蔬菜是在细胞破裂时产生全部香味。例如：在切削大蒜、洋葱或咀嚼蔬菜时细胞破裂，细胞破裂使原先在细胞中分离的酶和底物（被酶作用物，或称生物碱，如蒜碱）混合而产生挥发性香味物质。这样迅速形成香味是葱属的一个特征，葱属有洋葱、大蒜和细香葱。

(*S*)-链烷(烯)基-1-半胱亚砜类是葱属的香味前驱体。(*S*)-1-丙烯基半胱亚砜形成过程：缬氨酸脱氨基——→脱羧生成甲基丙烯酸酯——→与L-半胱氨酸反应后脱羧——→1-丙烯基半胱亚砜。

蔬菜产生香味的另一个途径是类似肉类的美拉德反应，但它的前提条件是加热，炒熟。所以是加热作用产生的香味。我们仍把它归入食品型香味，将在后续部分讨论。

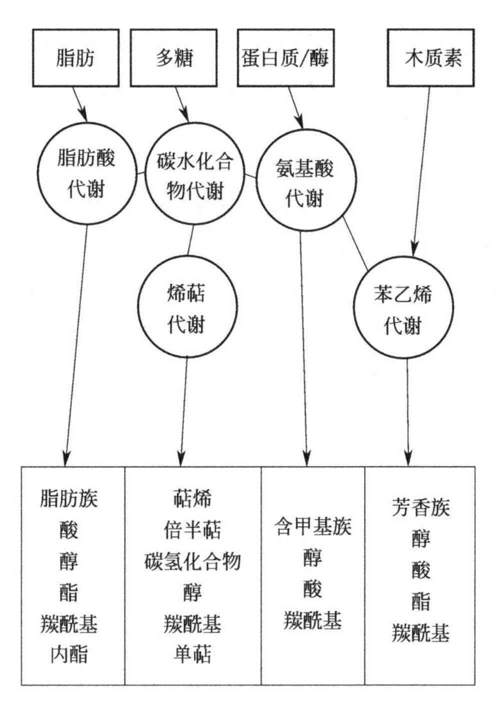

图 3.2 甜橙挥发性成分的形成机理和过程

此外蔬菜也有类似水果产生香味的过程，即脂肪酸、碳水化合物和氨基酸代谢生成蔬菜香味前驱体。在蔬菜香味形成过程中，脂氧合酶也作用于亚油酸和亚麻酸，生成挥发性羰基类和醇类化合物，主要区别在于含硫香味前驱体对蔬菜香味很重要。葡糖硫苷酯和半胱亚砜是许多挥发性硫化物的前驱体。

综上所述，蔬菜产生香味有三条途径：

① 细胞破裂，生物碱与酶作用产生香味。

② 加热，即美拉德反应产生香味。

③ 类似水果，脂肪、糖、氨基酸代谢产生香味。

(4) 茶叶香味形成的过程机理　茶叶中的香味主要成分为茶多酚，氨基酸，蛋白质，生物碱，色素，糖类，其他芳香物质和矿物质等，如咖啡因、多元酚类、酯类、维生素、有机酸、单宁酸、皂苷、甾醇、单宁。茶叶中有机酸种类中多，含量为干茶的 3%左右，多为游离的有机酸，如苹果酸、柠檬酸、琥珀酸、草酸、茶多酚。

β-葡萄糖苷酶又称 β-D-葡萄糖苷水解酶，它能水解结合于末端还原性的 β-D-葡萄糖键，同时释放出 β-D-葡萄糖和相应的配基。香气形成机理研究结果表明，内源糖苷酶对茶叶花香形成起着很重要的作用。比如茶叶中具有百合花香或玉兰花香味的芳樟醇、具有玫瑰香气的香叶醇等。这些芳香物质是由糖苷类水解酶的作用而产生的。

研究发现，茶叶鲜叶中多数酶性香气物质以 β-樱草糖苷和 β-D-吡喃糖苷形式存在，并证明茶叶中的 β-樱草糖苷酶是水解这些香气物质的主要糖苷酶。

茶叶中的糖苷化合物经 β-樱草糖苷酶水解后，有叶醇和苯甲酸生成，经 β-D-葡萄糖苷酶和丙酮粉水解后，有叶醇、芳樟醇、芳樟醇氧化物、香叶醇、苯甲醇等香气物质生成。

利用这个原理，国外有的香料公司会主打一些所谓的纯天然茶叶提取物，用于增效茶叶香精的香味，但其实天然提取物只占 10%～20%，其他则是参照茶叶中的香味、味感成分配制而成的，所含成分主要是茶碱、茶多酚、咖啡因、单宁、单宁酸、皂苷、糖类等，把这些成分配入该产品后，能有效强化茶叶香精的韵味和口感。

（5）其他有关食物中天然香味成分形成途径的解释　食物中的天然香味成分是由食物中的某些香味前体物质在生长、贮存或加工过程中发生一系列复杂变化产生的，形成途径主要有四种。

① 在生长或贮存、加工过程中香味前体经酶促降解、水解、氧化等反应产生的。如水果，蔬菜，茶叶，干香菇的香味。下列是 C_6 不饱和醛、醇形成的生物途径。顺-3-己烯醛、反-2-己烯醛是许多水果和蔬菜（苹果、西红柿、葡萄等）的重要成分。

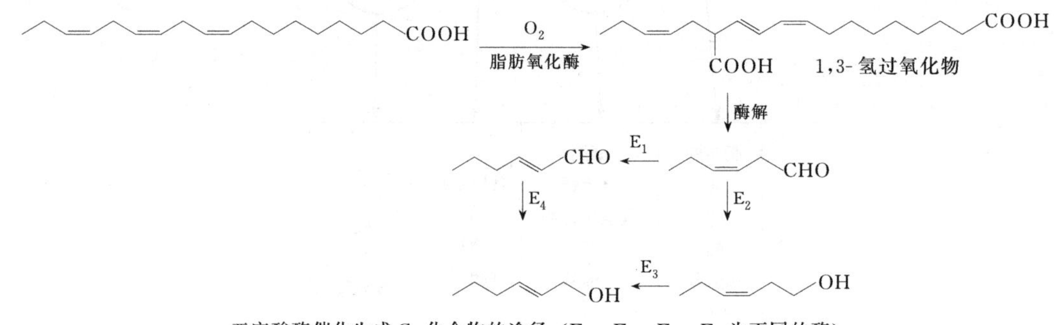

亚麻酸酶催化生成 C_6 化合物的途径（E_1、E_2、E_3、E_4 为不同的酶）

② 在食物热加工过程中通过一系列热反应和热降解反应产生的，如各种焙烤食品、蒸煮食品、油炸食品的香味（即通常所说的美拉德反应，生成香味）。我们把这类反应生成的香味称之为食品型香味，将在下述部分讲解，在此不详述。

③ 通过发酵、酶解、腌制等产生的香味，例葡萄酒、啤酒、白酒、面酱、虾酱、发酵酱油、发酵醋、奶酪、酸奶、甜酒酿、臭豆腐、腐乳、红茶、咸菜等。

④ 通过氧化产生的，如 β-胡萝卜素氧化降解生成的茶叶香味成分、顺-茶螺烷、β-紫罗兰酮和 β-大马酮，以及脂肪氧化产生的香味等。

同一种食品的香味可能是通过以上一种或几种途径为主产生的，如面包的香味主要是通过发酵、烘焙等途径产生的。

2. 食品型香味产生的机理和过程

食品型香味的本质即加热作用产生的香味。鱼和肉在贮存过程中只会腐败，不会发出香味，蔬菜也是如此。蔬菜、鱼、肉只有在加热过程中互相作用才会发出香味，所以称为食品型香味，咖啡豆、芝麻、花生要烘炒后才有香味，也属于食品型香味。

有些文献中认为通过发酵产生的香味也属于食品型香味。笔者对此持保留态度，认为把它归入水果型香味更合理，因为它的本质是通过生物作用产生香味，即使稍许加热也仅40～50℃左右，并没有从“生”过渡到“熟”。

食品型香味形成过程非常复杂，鸡肉、牛肉、鱼肉、咖啡、面包、蔬菜都各由不同途径形成香味物质，但是有一点是共同的，这些食物中都含有氨基酸（蛋白质）和还原糖（配体糖和淀粉）。它们在加工过程中都经历了美拉德反应。

1912 年，Maillard 注意到一个现象：食物烘烤后，生成金黄色泽，并有香味。为了纪念他的发现，此反应就命名为美拉德反应。美拉德反应有氨基酸和还原糖参与反应，经历的反应很复杂，主要有以下几个步骤。

① 醛糖（或酮糖）与氨基酸缩合得到 *N*-醛糖基胺（Ⅰ）。

② N-醛糖基胺脱水生成1,2-烯胺醇（Ⅱ）。

③ 1,2-烯胺醇（Ⅱ）经Amadori重排反应得到Amadori重排产物（Ⅲ）。

④ Amadori重排产物，加热生成许多具有香味的物质。

具体过程如下所示：

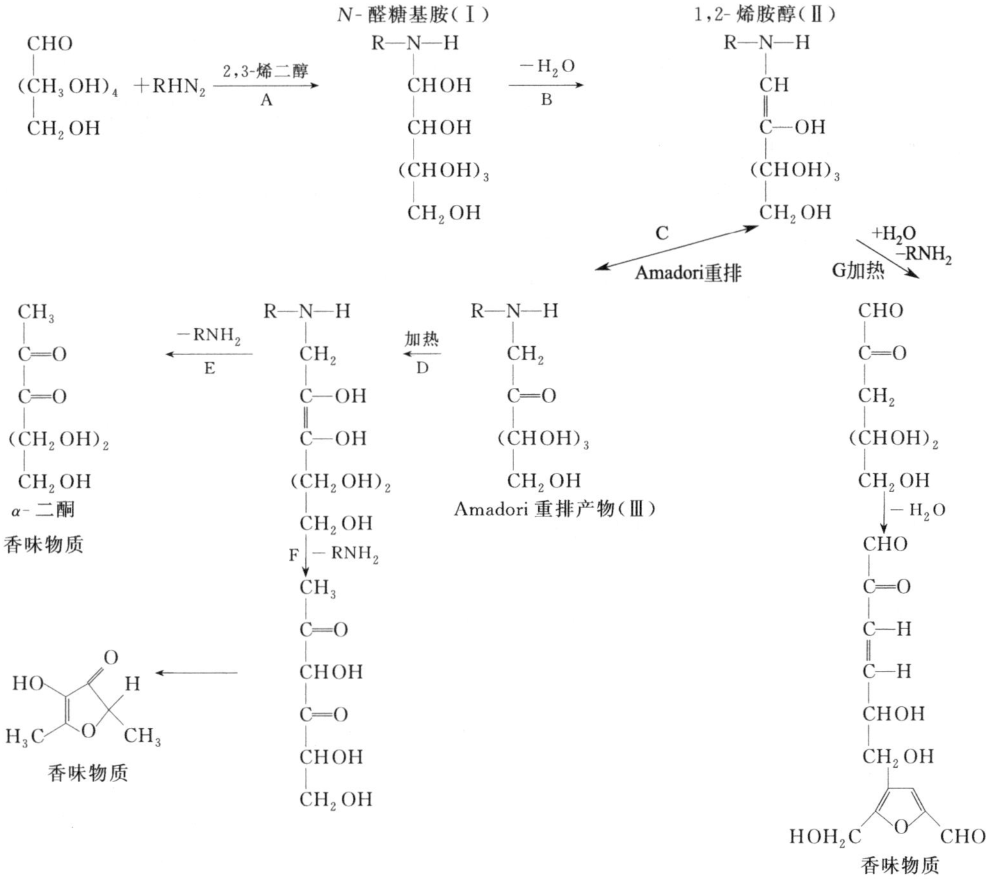

CHO—$(CH_3OH)_4$—CH_2OH + RHN_2 $\xrightarrow[A]{2,3\text{-烯二醇}}$ N-醛糖基胺（Ⅰ）：R—N—H / CHOH / CHOH / $(CHOH)_3$ / CH_2OH $\xrightarrow[B]{-H_2O}$ 1,2-烯胺醇（Ⅱ）：R—N—H / CH / C—OH / $(CHOH)_3$ / CH_2OH

C　Amadori重排

$+H_2O$　$-RNH_2$　G加热

Amadori重排产物（Ⅲ）：R—N—H / CH_2 / C═O / $(CHOH)_3$ / CH_2OH $\xrightarrow[D]{\text{加热}}$ R—N—H / CH_2 / C—OH / C—OH / $(CH_2OH)_2$ / CH_2OH $\xrightarrow[E]{-RNH_2}$ CH_3 / C═O / C═O / $(CH_2OH)_2$ / CH_2OH

α-二酮

香味物质

F $-RNH_2$ → CH_3 / C═O / CHOH / C═O / CHOH / CH_2OH → HO, O, H, H_3C, O, CH_3

香味物质

G：CHO / C═O / CH_2 / $(CHOH)_2$ / CH_2OH $\xrightarrow{-H_2O}$ CHO / C═O / C—H / C—H / CHOH / CH_2OH → HOH_2C, O, CHO

香味物质

需要注意的是：① 氨基酸和还原糖所进行的全部的、一连串的反应总称为美拉德反应。

② 反应A，B，C为Amadori重排反应，在90～100℃生成的是Amadori产物。

③ 反应D，E，F，在140～160℃反应，生成的是各种香味物质。

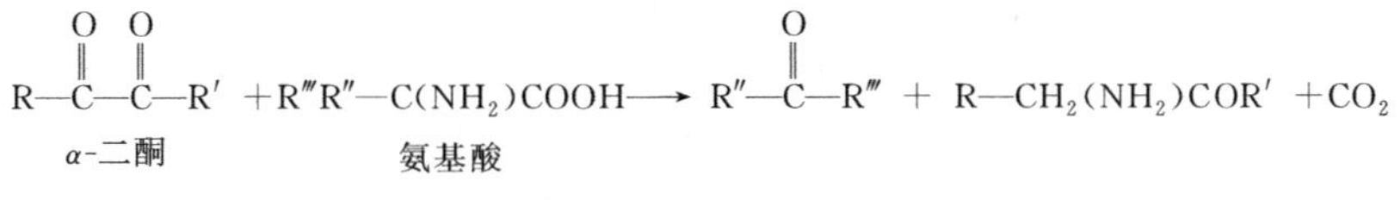

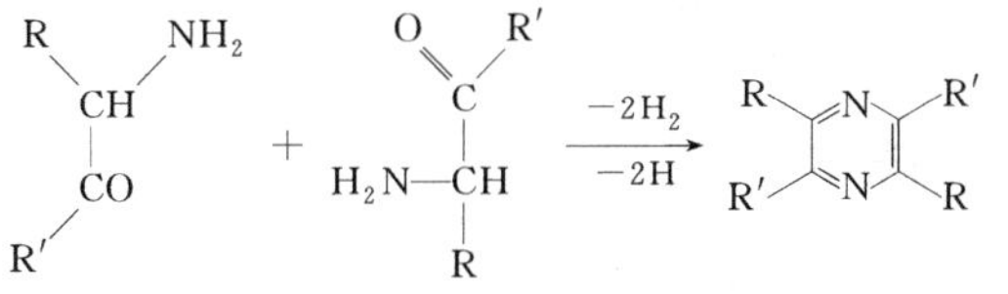

$$R—\overset{O}{\overset{\|}{C}}—\overset{O}{\overset{\|}{C}}—R' + R'''R''—C(NH_2)COOH \longrightarrow R''—\overset{O}{\overset{\|}{C}}—R''' + R—CH_2(NH_2)COR' + CO_2$$

α-二酮　　氨基酸

R—CH(NH_2)—CO—R′ + O═C(R′)—CH(R)—NH_2 $\xrightarrow[-2H]{-2H_2}$ 吡嗪类香料（R, N, R′, R′, N, R）

Strecker降解反应（不同氨基酸生成少一个碳原子的相应的醛），香味物质

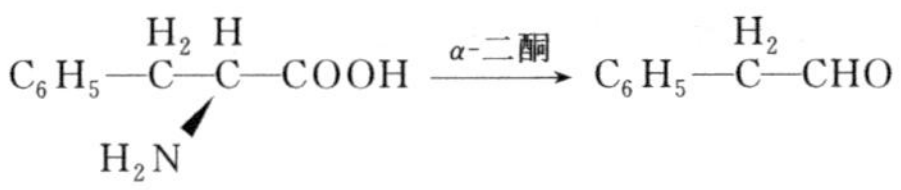

$$C_6H_5—\overset{H_2}{C}—\overset{H}{C}(NH_2)—COOH \xrightarrow{\alpha\text{-二酮}} C_6H_5—\overset{H_2}{C}—CHO$$

苯丙氨酸　　苯乙醛

$$H_3C-S-CH_2-CH_2-CH(NH_2)-COOH \xrightarrow{\alpha\text{-二酮}} H_3C-S-CH_2-CH_2-CHO$$

甲硫基丙醛

3. 食品香味形成经历的反应和途径总结（包括水果型香味和食品型香味）

食品产生香味的主要生化反应，归纳为四种基本反应。

(1) 生物合成 食品中香味物质的生物合成是指食品原料在生长、成熟和加工、贮存过程中在特定的生物酶的作用下发生氧化脱氨、还原脱氨、酯化等一系列化学反应，即直接经过生物合成而形成的香味。

(2) 酶促作用（直接酶作用） 酶促作用是指食品中各种单一酶与前体物质直接反应生成香气物质。葱，蒜，生姜，卷心菜，萝卜等的特殊香气就是通过此途径产生的。葱属植物包括洋葱，大葱，香葱，大蒜，韭菜等，其主要特征香味成分是硫化物。

(3) 氧化分解反应（间接酶作用） 食品中的易氧化物质在酶的作用下生成氧化物，使香味前体物质发生氧化而产生香味。红茶浓郁香味的形成是间接酶作用的典型实例。红茶在酶作用下，将红茶酚氧化成醌化合物，醌进一步氧化红茶中的氨基酸、胡萝卜素及不饱和脂肪酸，而形成香味物质。

(4) 受热分解作用（美拉德反应） 在食品加工工艺和日常烹饪中，加热是最普遍、最重要的步骤，也是食品香味物质形成的最主要途径。

食品产生香味的主要途径，归纳为四种基本途径。

① 细胞破裂、生物碱与酶作用产生香味，典型实例为大蒜，洋葱。

② 加热，美拉德反应产生香味。

③ 脂肪酸、氨基酸、碳水化合物，通过酶的作用，新陈代谢产生香味。

④ 此外还有一些香味物质产生于发酵，例如酱油的制备，还有酶解，如脂肪酶解、白脱酶解，但这些类型例子较少。

其中，肉类、鱼、虾等只有②类型反应产生香味；水果主要是③类型产生香味，也有部分①类型；蔬菜中三种类型都有，葱属蔬菜以①类型为主。有些蔬菜，例如，黄瓜、南瓜、莲子也有③类型现象。蔬菜基本上都有②类型现象，即经美拉德反应产生香味。

所以一般情况下，将水果香味称为水果型香味，因其主要依靠脂肪酸、氨基酸和碳水化合物，在酶的作用下，通过新陈代谢产生香味或香味前驱体。而将肉类、鱼、虾和蔬菜香味称为食品型香味，因为它们主要通过美拉德（加热）反应产生香味。蔬菜中少量会通过其他两种途径产生香味（即①和③）。有时同一种食品，特别是蔬菜，产生香味有两种途径，生成两种类型香味。一是生物作用，即生长期间，没有加热（指 100℃以下）形成水果型香味。二是加热作用（美拉德反应，指 100℃以上）形成食品型香味。

六、在食用香精中营造合适的香味

调配食用香精时，调香师运用各种香原料营造出接近天然感的各种食物香气，除此之外，还需要加入一些成分，营造出合适的香味。在食用香精中营造合适香味的方法遵循如下原则：利用天然产物的提取物、酶解产物、热反应产物和部分单体成分发挥增效香味的作用，必要时利用调味剂和其他呈味成分补足口感，或利用遮蔽香精或增效香精掩盖不良香味和提升香味的愉悦度。

注意，香味的营造并不意味着在营造了合适香气的基础上一味地添加调味剂，这样得到的食用香精带给人的并不是香味的感受。香味不仅是简单地将呈味物质添加到香精中，还要综合考虑各种因素相互作用，即增添的原料要和香原料一起共同创造一种韵味。这种韵味是香气和味道的综合，从物质上说就是天然香料和人工合成香料的综合。

1. 天然产物提取物

如何模仿天然食品中的香味呢，香气问题不难解决，一个调香师倘若具备了五大必备技能，就可以通过综合运用各种技术手段和资料仿配出目标香气，而香味则需要从我们掌握的知识和分析过程中获得，加上查阅有关资料获得的综合信息，然后确定添加何种糖苷、生物碱、酶、蛋白质来实现这一目的，此外还要学会使用天然提取物，特别是果汁、浸膏、酊、油树脂等，它们对调节口感至关重要。比如在苹果香精中可以添加一定量的苹果汁，一方面可以使香气增加天然感和逼真度，另一方面也可有效增添苹果的天然口感。

天然产物提取物和反应物是食用香精香味的重要来源。对于大多数食用香精，完整的香味无法仅仅依靠合成的单体香原料的配搭来实现，必须加入一些天然产物的提取物。因为有些香味成分十分复杂，至今为止无法用人工合成香料替代，唯一有效来源只有天然产物。例如：一般香原料感官品评的手册中介绍的香原料，比如一些小分子的酯，也可以使各类水果香精具有各种相关水果的香味，但这种香味仅仅是概念上称作香韵的香味，与我们口感获得的真实水果口味有一定差距。必须把这些香味感觉与来表现口感、口味的原料结合到一起，才能体现完整的香味，即能够同时通过嗅觉器官和味觉器官尝到的感觉。虽然天然提取物对口感的贡献有限，但却可以为食用香精提供韵味，即香味。常用的天然产物提取物有精油、果汁、酊、浸膏、净油等。传统用的天然香料，例如酊、净油、浸膏在使用时的缺点是，它们的头香部分有所丧失，对于增效香精香味和增添天然感的效果较不理想。对于补足香精的香味，一般改用酒精浸提芳香植物后不经浓缩直接加入，效果要好得多，因香精中本身会含上述溶剂。这种方法对茶香、咖啡类香精效果更加明显。

天然提取物之所以成为食用香精补足香味必不可少的原料，本质在于天然提取物（包括酶解物、反应物等）中的成分相当复杂，包括各种氨基酸、蛋白质、多糖、胶原蛋白、树胶、单宁、单宁酸、生物碱、糖苷、纤维素、生物酶、萜类化合物、挥发组分等，这些成分部分能够刺激嗅觉，部分在刺激嗅觉的同时又能溶于人的唾液同时使人产生味感。另外，天然产物中很多的呈味成分（如生物中的生物碱、氨基酸、果糖、有机酸等）能与其他成分互相配合，共同营造和谐的韵味，所以天然产物/反应物能够补足香精的香味。

对于补足水果香味而加入的天然提取物，水和乙醇是其最好的萃取剂。水果中大部分成分都为糖分、氨基酸、碳数比较小的化合物、生物碱和果胶等。榨汁是提取口味成分的最好方法。但问题是果汁存放时间稍长就会变质，产生沉淀，所以要用适当溶剂萃取或加入果汁，使果汁不易变质。

（1）用乙醇提取香味物质　这是一种既简单又十分有效的提取水果香味方法。把水果，比如草莓或蜜瓜打碎成浆状，加入乙醇，与之混合，静置过滤，滤去残渣。清液有两种处理方法，一种是将其蒸馏，最好用水喷射泵，在一定真空度下，用冷冻水冷凝，快速蒸出，收集的馏出液就会有水果的天然香味，可直接作溶剂用于香精配制。它的好处是蒸馏出的乙醇中含原水果的香味成分，特别是头香，缺点是蒸馏过程中会损失一部分香成分，且不含有生物碱等化合物，香气强度和口感要受影响。

另外一种处理方法是不蒸馏，把含乙醇的水果滤清液放入冰箱冷藏，温度 0～5℃，目的是除去滤液中的过多糖分、蛋白质、纤维素等，因为这些物质存在容易引起腐败变质，同时在配制香精时会产生浑浊和沉淀，不利于香精保存。滤液在冰箱中一般要冷藏24h左右，把沉淀滤去，清液中加适量防腐剂，需要时用于水果香精调配，它们的香味（无论香气还是香味），都比上述蒸馏法好得多。

（2）直接压榨方法提取果汁　这种方法简单，香味物质也能很好保留，问题是果汁中含大量糖、蛋白质、纤维素等，容易变质腐败，防止方法可以参照方法（1），冷冻将它们凝聚，并滤去，再加防腐剂保存。一般厂家会制成浓缩液形式保存，可以节省储存空间，但浓缩时会损失部分香成分，尽量采用低温蒸馏，并用有效冷凝馏出液，以尽量保存原有香味成分。

一般天然提取物中都会有一些杂质，将杂质去除后方可作为调香的原料使用，否则这些杂质可能会使香精最后的香味出现偏差，或是使食用香精产生分层、沉淀等不稳定的物理现象，抑或缩短食用香精的保质期，加速其变质，等等。如何从天然产物中提取出有效的香味成分，除去不必要的干扰成分，是解决食品香精香味问题的核心。

例如：果汁是天然提取物中的一种，因此常用于甜味香精，尤其是果味香精香味的补足。但果汁用于调香前必须去除果胶。常用的去除各类果汁中果胶的方法总结如下：

① 用果胶酶或者纤维素酶将果汁中的果胶和植物纤维水解。例如：香梨清汁中添加0.3%果胶酶和0.2%的氧化钙可除去果胶。果汁澄清中最适合的果胶添加量为20mg/L，处理温度为30℃，时间为24h。

② 中药的水提液中常含有淀粉、多糖、蛋白质、黏液质、单宁、色素、树脂、果胶等。传统的纯化方法为乙醇法，即向提取液中加入乙醇，可使上述物质生成沉淀，再过滤得到清液即可。

③ 苹果汁中果胶的去除最佳条件为：果胶酶用量为0.07%，最适酶促温度为45℃，并保温2h。

④ 杏汁中果胶的去除最佳条件为：pH＝4，果胶酶用量0.01%，最适酶促温度为45℃，并保温40min。

⑤ 果胶酶、明胶、硅胶、膨润土复合澄清法，可用于澄清柑橘果汁。条件为：加0.034%的果胶酶，在50℃下保温2h；每100L果汁中加入10g明胶、30%的硅胶溶液37.5mL以及75g膨润土可对柑橘果汁进行澄清。

⑥ 雪莲汁中果胶的去除最佳条件为：酶解温度50℃，pH＝4.5，果胶酶用量0.06%，酶解时间90min。

⑦ 果汁经真空浓缩后，加入乙醇溶液进行醇洗、过滤、收集沉淀，可以除去果胶。

另外，用压榨法提取的果汁有时会有苦味和涩味，可通过添加口感调节剂消除果汁的苦味和涩味。

重视天然产物提取物中生物碱、蛋白质、生物酶和糖苷的作用，开发对精油残渣的发掘和利用，是增添香精香味、增强口感表现的法宝。基于此，调香师在选择使用天然产物提取物时要留意该产物的加工和提取方式，因为不同的加工和提取方式对富集香味物质的能力是不一样的。一般通过蒸馏法得到的天然提取物，如精油，对保留香味物质的效果不是很好，很多蒸馏精油只有香没有味。而溶剂萃取和冷榨精油，既有香又有味。因为冷榨精油中含有许多不挥发的生物碱、生物酶、碳水化合物、脂肪、蛋白质、单宁酸、黄酮、皂苷、单宁、纤维素等。这些呈味物质大多是不挥发的，如氨基酸、盐、碱等。关于不同提取方式提取同种香味原料，其提取物在香味上的表现力差异，读者可以尝试将辣椒油树脂与用蒸馏方法获得的辣椒油等量加入食品中。又如胡椒粉与胡椒油，桂皮与桂皮油，大蒜粉和大蒜油，都可以做这样的比较。结果均显示：通过蒸馏得到的这些辛香料的提取物的香味表现力远远不如对应的粉剂、片剂和树脂等。选择提取方式时，还要注意根据最终产品介质的性质而选用不同溶剂对天然提取物进行萃取（如油质或水质介质，可分别用植物油和乙醇、丙二醇等浸提，再添加到产品中，口感会好很多）。

但要注意的是，使用天然提取物时，为了使香味成分萃取完整，可以采用多种溶剂萃取的方法。因为每一种提取方式对提取天然产物的香味物质的能力都是有限的，某种溶剂对某种成分溶解性特别好，但对另一些未必好。有的提取方式对水溶性成分的提取能力好，因此可以高效地萃取例如多糖、氨基酸、胶质等呈味能力强的成分，而对很多挥发性的有机成分的富集能力较差，而这些挥发性的有机组分中，有一些即刺激人的嗅觉器官，也能呈味，对香味有贡献，但因只用了一种提取方式，有时未必会被提取出来。因此若只用一种提取方式，并不能将所有的香味成分都萃取出来，此时应采用多种溶剂萃取的方法。例如：萃取菠萝中的香味成分，可以用不同的溶剂进行萃取，最后把它们混合叠加就能体现完整的香味。多种溶剂萃取取长补短，互相弥补，就可以得到一个完整的菠萝香味组分。

为了节约成本，对于天然产物提取物，可以对提取物的废料进一步提取，例如水果加工后的边角料，均可以再利用，提取其中的香味物质，用于食用香精香味的补足。又如某公司有一种强化版（增强型）精油，其香气强度（主要添加到馅饼中起作用）是普通类精油的五至十倍，但仪器分析分辨不出令该精油香气如此强劲的香成分。究其原因，该精油中添加了本身经过提取的残渣中的生物碱。

2. 酶解、发酵产物

对于肉味香精、奶味香精和用于茶饮料中的香精，常常需要在香精中分别加入各类肉的酶解产物、乳制品的酶解物、发酵物（如白脱酶解物）和各类茶叶酶解物作为营造香味的重要原料。

牛奶的成分主要由水、脂肪、蛋白质、乳糖、盐类、维生素和酶构成，牛奶的香气成分主要来自脂肪水解生成的一系列脂肪酸，以及受热生成的内酯、酮类化合物。这些成分共同构成了奶的香味。因此在配制奶味香精时，常常采用三种方法：调香法、酶解法和调香结合、发酵法和调香结合。后两种方法用酶解物和发酵进行修饰，最后通过乳化工艺加工而成。用后两种方法制得的奶味香精香味逼真，口感醇厚，具有较好的回味。

发酵产物对食用香精，尤其是奶味香精的香味贡献是巨大的。乳制品的发酵产物的工艺过程一般为：以鲜牛奶为基本原料，利用自行分离、筛选、诱变、复选的安全产香菌对牛奶进行发酵。再经过一步生化技术处理，制得香味自然柔和的发酵物。该发酵物既包含了牛奶原有的香气成分，又增添了众多微生物发酵产生的香气物质和呈味物质，与天然牛奶十分接近，因此能明显增强自然的牛奶香味。

对于奶味香精，乳化也是增强香味的常用方法。通常加入白脱酶解物或牛奶发酵物后的牛奶香精，为了使其物理性质稳定，并模拟天然奶制品醇厚顺滑的口感，通常需要进行乳化，因为用于调节水相油相的增香剂、增稠剂、防腐剂、乳化剂等许多取材于天然的物质，本身具有味觉功能，与香精结合就具有增添香味和调节口感的作用。

对于咸味香精，尤其是肉味香精，也常用到肉类的酶解物，以增加相应的肉香味。像猪肉、牛肉、鸡肉、羊肉等动物肉加工的副产物，均可以通过酶解成为很好的呈味成分。

风味酶的开发与应用为酶解产物提供了新的设计思路。风味酶是一种能够定向诱导食物产生目标香味的一种酶，调香师可以利用提取的风味酶再生强化，以改变食品的香味。从特定的原料中提取风味酶，就可以产生相应原料特有的香味，例如用洋葱中提取的风味酶处理甘蓝，可以得到洋葱香味，而不是甘蓝的香味。

至于酶解产物对香精贡献香味的机理，读者可在本节中的“水果型香味产生的机理和过程”中找到具体的机理过程，此处不再赘述。

3. 热反应产物

咸味香精，尤其是肉味香精中经常会用热反应产物，即美拉德反应物作为补足香味的必不可少的原料。美拉德反应对香味物质的贡献过程机理，读者请阅读本节中的“食品型香味产生的机理和过程”，此处不再赘述。经常用于补足肉类香精香味的美拉德反应物的剂型多种多样，调香师应根据香精的剂型选择合适的美拉德反应物，具体的有：

① 鸡肉风味原料　鸡肉、鸡骨汤、鸡肉汤、鸡蛋、纯鸡肉粉、热反应鸡肉粉、精炼鸡油、鸡肉提取物、鸡肉浸膏等。

② 猪肉风味原料　猪肉、猪骨汤、纯猪肉粉、猪肉汤、热反应猪肉风味物、猪肉粉、精炼猪油、猪肉提取物、猪肉浸膏等。

③ 牛肉风味原料　牛肉、牛骨汤、牛肉汤、纯牛肉粉、热反应牛肉粉、精炼牛油、牛肉提取物、牛肉浸膏等。

4. 香味增效剂

在香味化学领域，增强食品的香味有公认的四种方法：

① 提高浓度或加入同一种香味料（如将番茄酱加入番茄罐头中）。

② 加类似的或有辅助性香味的组分（如用少量的大蒜增强洋葱香味）。

③ 加入一种仿制香精（如在樱桃馅料中加入樱桃香精）。

④ 使用香味增效剂（如在罐头肉内加味精或核糖核苷酸）。

而食品香精的香味主要依赖于天然原料，但天然香味成分还需强化与修饰，才能起到显著的效果。香味增效剂就是这种能显著增加食品原有香味的物质。将极微量的香味增效剂直接加到食品中去，能使食品的原有风味得到显著加强。香味增强剂本身并不一定具备某种香味，但加入食品中，就可以对某种已存在于食品中的香味进行增效作用，使其口感和香气更加饱满。香味增效剂的增效能降低被增效物质的香气与香味阈值，提高感觉细胞的敏感性，从而加强了香味信息的传递，使人们有增强香味的感觉，从而达到增效香味的目的。当感觉细胞的某一领域作用加强时，相应地也压制了其他领域信息的传递，这样就使香味增效剂在增加香味的同时，也改善了香味。比如：麦芽酚能增强蔗糖的甜味，同时能减少糖精不良后味。

香味增效剂在不同类别的食品中有着广泛的运用，例如：

① 肉及鱼类　增加肉香、烘焙香味。

② 蔬菜　增加新鲜香味和强度。

③ 谷类　掩盖酸味，谷物及淀粉味。

④ 油脂　减少口腔油腻味。

⑤ 水果　增加水果香味，显著增加新鲜香味，特别对经过热处理的水果（比如在制备水果罐头时需要加热杀菌，经加热处理后的水果罐头，水果香味会损失很多，适当加入增效

剂，有助于弥补和改善水果罐头的香味）。

⑥ 坚果　增加坚果特征，减少口腔腻味。

⑦ 饮料　增加香味和新鲜感觉。

⑧ 其他　去除不需要的气味。

目前应用较多的香味增效剂有：麦芽酚、乙基麦芽酚、2-谷氨酸钠、5-磷酸肌苷等。

（1）麦芽酚和乙基麦芽酚　麦芽酚和乙基麦芽酚是同系物，麦芽酚为白色或微黄色针状结晶或粉末，熔点为160～163℃，易溶于热水及氯仿，不溶于乙醚、苯、石油醚。麦芽酚具有焦糖香气。在酸性条件下，其增香和调香效果较好。碱性条件下，由于成盐，香气会逐渐变弱。麦芽酚可用于各种食品，如巧克力、果酒、饼干、汽水等，一般用量为200mg/kg。由于麦芽酚还可以增甜，所以，添加麦芽酚的食品，可以减少糖的用量。一般来说，1份麦芽酚可代替4份香豆素。

乙基麦芽酚为白色或微黄色针状结晶，熔点为89～92℃，易溶于热水。乙基麦芽酚具有糖香味。用于食品，其增香性能为麦芽酚的6倍。世界卫生组织等规定，乙基麦芽酚作为添加剂的每日允许摄入量（ADI）为0.2mg/kg。一般在食品中的用量为0.4～100mg/kg。

麦芽酚和乙基麦芽酚都具有甜的蜜饯一样的水果香气和焦糖香味，本身就是一种常用的食用香精香原料，能够赋予香精焦甜、成熟的气息，同时可以起到香气的基调作用，并使香精成熟。作为香味增强剂，麦芽酚和乙基麦芽酚是一种高效、多功能的增香剂、增甜剂和不良气味的掩蔽剂，在酸性条件下增香效果较好。在肉味香精中，麦芽酚或乙基麦芽酚和氨基酸反应可以增加肉的香味。麦芽酚和乙基麦芽酚本身并无口味，它们不是呈味物质，但是对香味、甜味能够生效，对不良气味有抑制作用，具体为：

① 增香　麦芽酚和乙基麦芽酚可使两个或两个以上的香味更加调和或突出增强某一成分的香气。如在果味饮料中，可增强和扩展大枣、草莓、沙棘等特有水果的香味，也可以增强橙子、菠萝的风味。

② 增甜　如在果汁饮料、果糖的生产中加入少量乙基麦芽酚或麦芽酚，能使蔗糖用量减少10%到15%，而不影响其甜度。

③ 去除杂味　加入麦芽酚和乙基麦芽酚可以去除食物中苦味、涩味、腥膻味、酸味等杂味。

（2）鲜味剂　在咸味香精中，香味增效剂往往少不了鲜味剂。鲜味剂也叫增味剂，是一类能增强食品风味的添加剂，特点为可补充和增强食品的原有风味，但对食品原有的味道没有什么影响。也就是说食品鲜味剂的添加，不会影响酸甜苦咸等基本风味对感官的刺激，但却能补充和增强食品原有的香味，给予一种鲜美的味道，尤其在有食盐存在的咸味食品中有更加显著的生味效果。目前允许使用的鲜味剂有氨基酸类型和核苷酸类型两种，具体有味精（谷氨酸钠）、5′-鸟苷酸二钠、5′-肌苷酸钠、5′-呈味核苷酸二钠等六种。

氨基酸类鲜味剂的增鲜效果多种多样，如丙氨酸可以增强腌制品的风味，甘氨酸能增强虾及墨鱼的香味，蛋氨酸能增强海胆味。它们能够增加食品的口感，使食物更加鲜香美味。在这些氨基酸类增味剂中，左旋谷氨酸钠（俗称味精）是最为常用的鲜味剂。

谷氨酸钠和5′-核苷酸是日本科学家Ikeda从海带中单离出来的物质。1913年，科学家Kodama在鱼类动物中鉴定出了5′-肌苷酸的组氨酸盐。味精几乎立即就投入工业生产，1978年全世界的用量就高达30万t。而5′-核苷酸直到20世纪60年代初才开始有工业生产。

另外两种氨基酸为口蘑氨酸和鹅膏蕈氨酸，也已证实具有增味性能。这两种酸是科学家从日本蘑菇中发现的。

鲜味剂的增效作用与其化学结构有关。一般对于谷氨酸钠来说，只有 L 型的氨基酸才有鲜味增效的功能，而 D 型则无活性。另外，离子状态也影响增效功能。单钠状（而非二酸盐）是具有活性的，其他状态活性均较小。异构体对增效作用也有影响，研究表明，在 2′-、3′-、5′-的核苷酸异构体中，只有 5′-核苷酸具有鲜味增效功能，对于 5′-的结构在 6′-位要有一个羟基才能产生增效作用。

pH 对谷氨酸钠的鲜味增效能力也有影响，味精在 pH 为 5.5～8.0 时增鲜效果最好。科学家 Fagerson 认为对增鲜作用最有效的是 R_3 形态的谷氨酸。

pH2.0　　pH4.0　　pH7.0

$$
\begin{array}{ccc}
 & \begin{array}{c}COOH\\ |\\ (R_2)RNH_3^+\\ |\\ COO^-\end{array} & \begin{array}{c}COO^-\\ |\\ (R_3)RNH_3\\ |\\ COO^-\end{array}
\end{array}
$$

$$
\begin{array}{c}COO^-\\ |\\ (R_1)RNH_3^+\\ |\\ COO^-\end{array}
\underset{K_1}{\rightleftharpoons}
\begin{array}{c}COO^-\\ |\\ RNH_3^+\\ |\\ COOH\end{array}
\underset{K_2}{\rightleftharpoons}
\begin{array}{c}COOH\\ |\\ RNH_2\\ |\\ COO^-\end{array}
\underset{K_3}{\rightleftharpoons}
\begin{array}{c}COO^-\\ |\\ (R_4)RNH_2\\ |\\ COO^-\end{array}
$$

$$
\begin{array}{cc}
\begin{array}{c}COO^-\\ |\\ RNH_2\\ |\\ COOH\end{array} & \begin{array}{c}COO^-\\ |\\ RNH_2\\ |\\ COOH\end{array}
\end{array}
$$

加热对味精的破坏也是显著的，因加热可使谷氨酸失去一分子水生成内酰胺，因而丧失了增鲜功能。谷氨酸也有可能在高温时参与美拉德反应，因为作为游离的氨基酸，MSG 比结合于蛋白质的氨基酸更活泼，更容易参与 Strecker 降解反应或任何褐变反应，因此增效活性便丧失了。

5′-核苷酸最有可能因核糖与嘌呤之间的键水解而被破坏，这种键要比磷酸糖酯键弱。5′-核苷酸在加热过程中的破坏作用显示同 pH 稍有关系：当 pH 在 3～6 时对 5′-核苷酸进行加热，结果均显示一定的降解损失，因此，深油炸也会引起 5′-核苷酸最低程度的破坏。另外，制罐工序也会导致 5′-核苷酸明显损失。例如，罐装的矮颈蛤肉经制罐和室温下贮存半年，当中 5′-核苷酸的量损失了超过四成；煮龙虾罐头在室温下经 3 个月贮存，5′-核苷酸损失近 38%，8 个月后损失超过 40%。咸牛肉在 110℃ 处理 120min 损失超过 10% 的 5′-核苷酸，120℃后损失 22%。核苷酸活性损失的其他途径有水分的损失、酶的作用和照射，由于 5′-核苷酸是水溶性的，因此产品中水分的一些损失（例如，制罐或盛水包装，冷冻后冰水滴损）将使其风味增强活性降低。酶也可以引起食品中风味增强剂浓度的变化。在肉类中 IMP 是从腺苷一磷酸（AMP）分解而得，后者则来自腺苷三磷酸（ATP）。因此 IMP 在肉类中的浓度在动物死亡后短时间内将有所增加，然后因 IMP 受酶作用降解为肌苷，再成为次黄嘌呤而逐渐减少。使 5′-核苷酸的磷酸酯水解的酶在食物中也可能存在，这也将导致香味增强效果的损失。有关研究表明 5′-核苷酸对辐照作用是不稳定的。科学家 Terada 等发现，5′-核苷酸在蒸馏水中，当 pH=7.0 时室温下照射，会有 40% 损失，在酸性条件下损失更大，5′-核苷酸将转为次黄嘌呤。

综上所述，温度、酸碱度、酶和物理因素都会对鲜味剂的增鲜效果产生影响，因此调香师在为食用香精引入增鲜剂时，要注意控制香精体系的物化条件，力求使引入的增味剂达到最好的增鲜效果。

鲜味剂能够有效地增强食品的味感，尤其是鲜味。还有研究表明，当咸味和甜味接近最佳调味程度时，味精的加入能够进一步增强食物的甜度和咸度，而在同一食物体系中苦味却被味精一定程度遮蔽。而味精对酸味究竟有增强还是遮蔽作用，不同的研究学者的研究结果存在较大的争议，有的研究认为味精降低了酸味的感官阈值，而有的学说认为味精可以遮蔽食物中的酸涩感，但味精对鲜味的增效作用达成了共识。

5′-核苷酸对鲜味、甜味、咸味的增效作用，得到了不同学者的普遍赞同。5′-鸟苷酸二钠（GMP）和 5′-肌苷酸钠（IMP）以 1∶1 的比例混合后（即 I+G），可以有效遮蔽已察觉到的苦味。酸味的感觉也可以被千分之几左右的 5′-核苷酸所抑制，而甜味却可以被其有效地增效。5′-核苷酸对咸味也有一定增效作用，研究表明，较高浓度的 5′-核苷酸可以降低咸味的阈值。5′-核苷酸与味精复配使用的增香效果，要比两者单独使用得到的增效效果好，即具有一定的协同增效作用。表 3.36 描述了 IMP 和 GMP 分别和 MSG 复配时的协同增效效果。从表中可以看出，1∶1 的 GMP 和 MSG 的混合物的协同增效效果最好，但由于 GMP 的生产成本较高，因此实际运用时一般不使用这种配比。常用的方法为：将 IMP 和 GMP 按照 1∶1 的比例混合后，即形成 I+G，再与 MSG 按照 1∶20 的比例来使用，可以增加和改善食品鲜味，增强及改善食品味道，使其呈现天然鲜美、浓郁及香甜感，同时还比单纯使用 MSG 降低成本。

表 3.36　MSG-IMP 和 MSG-GMP 组合的味觉强度

MSG∶IMP	风味的相对强度	MSG∶GMP	风味的相对强度
1∶0	1.0	1∶0	1.0
1∶1	7.0	1∶1	30.0
10∶1	5.0	10∶1	18.8
20∶1	3.5	20∶1	12.5
50∶1	2.5	50∶1	6.4
100∶1	2.0	100∶1	5.4

有研究表明，鲜味剂也能对香气增效，20 世纪 60 年代，科学家发现 IMP 能够增效牛肉汤的香气。到了 70 年代，科学家利用气相色谱，证实了低浓度的 MSG 和 5′-核苷酸能够使得牛肉汁的顶空挥发物的峰面积增加 1.7～2.3 倍。

目前，鲜味剂的增鲜机理仍未有比较主流的学说。有的学说认为：鲜味剂可能是增加了到达味觉细胞和感官细胞的香味化合物的数量，或是增加了香味化合物发出的信号量。另外有学说认为，鲜味剂和骨胶原蛋白在感受器区域能相互作用，因此为味觉感受器作用提供了更好的环境，具体过程为：味觉的第一步可能包括感受器细胞表面有一个弱的可逆的结合，接着是在感受器细胞内部的转导过程，表面染色体结合的传递和神经传递再经中枢处理。实验表明，L-谷氨酸钠能优先同味觉感受器结合，并发现 5′-核苷酸能显著增加 L-谷氨酸钠的结合作用。因此该学说认为，鲜味剂是对味觉感受器细胞作用后促进味觉的。但增鲜味剂具体增强哪一阶段的味觉过程，目前仍有争议。

在食品工业中，选择什么样的鲜味剂是由其对各种风味的增强效果的强弱决定的。表 3.37 列举了 IMP 对不同香味性质的影响，该表也表明，不同的香味特点受到鲜味剂的影响程度是不一样的。

表 3.37 IMP 对食物香味性质的影响

香味风格	香气	风味	香味风格	香气	风味
酸	无变化	减弱	含硫样	减弱	减弱
甜	—	减弱	焦样	无变化	减弱
苦	—	减弱	淀粉样	无变化或减弱	无变化或减弱
咸	—	减弱	辛香料	无变化	无变化或减弱
肉样	—	增强	味精	—	增强
肉汤样	无变化	增强	黏度	—	增强
水解植物蛋白	减弱	减弱	干感	—	增强
油脂样	无变化或减弱	无变化或减弱	厚实感	—	增强
白脱样	无变化或减弱	无变化或减弱			

鲜味剂在食品中的用途很广泛，它们在蔬菜、汤类、沙司、肉类和其他咸味食品中均有不同程度的运用。表 3.38 列举了一些典型的鲜味剂在不同食品中的使用水平，读者可以以此作为参照，在确定用途的咸味香精中可适当引入鲜味剂，增加食品的香味。

表 3.38 加工食品中典型鲜味剂的使用水平

食品	使用水平		食品	使用水平	
	味精/%	(I+G)/%		味精/%	(I+G)/%
蔬菜汁	0.10～0.15	0.005～0.010	罐头肉类、烟熏肉类	0.10～0.20	0.006～0.010
酱油	0.30～0.60	0.030～0.050	罐头海鲜	0.10～0.30	0.003～0.006
番茄沙司	0.15～0.30	0.010～0.020	罐头蟹肉	0.07～0.10	0.001～0.002
沙司	1.0～1.2	0.010～0.030	罐头芦笋	0.08～0.16	0.003～0.004
色拉酱	0.30～0.40	0.010～0.150	速食面	10～17	0.30～0.60
奶酪	0.40～0.50	0.005～0.010	罐头汤	0.12～0.18	0.0022～0.0038
蛋黄酱	0.40～0.60	0.012～0.018	汤粉	5～8	0.10～0.20
风味小吃	0.10～0.50	0.003～0.007			

鲜味剂在西方使用时曾经受过争议。但毒理学研究表明，目前允许使用的鲜味剂都是低毒的。对于 MSG 来说，它对小鼠的半数致死量为 19.8g/kg 体重。长期投喂含有 4%MSG 的食物，并不能造成若干种动物的代谢和生理紊乱。有研究表明，用 MSG 注射会引起视网膜内层神经元的快速退化。大量 MSG 经皮下注射所引起的视神经细胞退化也曾在不同种动物中观察到，但摄入合理量的 MSG 并未表现出任何显著的毒性。

5′-核苷酸的急性毒性为 2.7～14.08/kg 体重，这个剂量依动物的种类和 5′-核苷酸的用法而定。虽然服用近致死量的 5′-核苷酸将引起暂时的抑郁、阵发性痉挛和呼吸困难，但在动物的长期饲喂研究中摄入 2%（总饮食量的）或较少的 5′-核苷酸并未发现引起可被观察到的反应，有些动物食用水平近 1000 倍于标准食物用量也并没有看到什么反应。

(3) 其他香味增效剂　除了鲜味剂类和麦芽酚、乙基麦芽酚外，还有一些单体化合物，在食用香精中也常作为香味增效剂，例如 2-乙烯基-3-烷基醛类化合物是橘子香味的常用增效剂；2,3-二氢-3-(1-羟基乙烯基)-2-羰基-5-甲基呋喃-4-羧酸乙酯是菠萝香味的增效剂；γ-癸内酯是水果香味的增效剂；γ-癸内酯和顺-己烯醇能增强梨的香味，5 位环或 6 位环的氧硫杂环对蔬菜香味和水果香味增效；香叶基丙酮和 δ-癸内酯合并使用能增强茶叶制成饮料香气，并改善茶的香味；(2-甲基-2-丙烯基)(2-甲基-3-呋喃基）硫醚能增强肉汁及牛肉汁香味；(羟烷基）呋喃基硫醚能增强腌猪肉香味。

5. 辛香料

单独将辛香料与其他香味增效成分分开介绍，原因在于它的调味功能比其他天然产物提取物强得多（其他天然产物提取物在呈味上的缺陷，有时需要额外加一些调味成分以补足，以弥补口感）。因此它除了能增效香味外，通常有很强的补足口感、呈味的功效，因此不适合和其他天然产物提取物合并在一起介绍，也不适合归为调味剂介绍（大部分的调味剂单独使用时不起香味增效作用，仅起味感增强作用）。

在咸味香精中，常常将辛香料制成油树脂，再加入香精中，搭配美拉德反应物（主要的香味成分）、香味增效剂（鲜味剂为主）共同弥补香精香味的不足，同时，辛香料中的呈味成分非常丰富，和调味料（如有必要可以适当引入）一起可以赋予食品丰富而自然和谐的口感，呈味效果比单独使用味剂要好很多。关于辛香料的具体阐述，读者阅读本章的第二节，此处不再赘述，仅提供一些常用于香精香味增效的辛香料品种。它们是：胡椒、八角、小茴香、肉豆蔻、丁香、肉桂、姜、大蒜、草果、花椒、辣椒、香葱、洋葱、大葱、姜黄、白芷、三奈、良姜、排草、白叩、紫草等。

6. 调味剂

有时，香味增效需要加入合适的调味剂。调味剂并不是香味增效的主角，因为大部分用于香味增效的主体成分，即天然产物提取物、酶解产物、发酵产物等，它们对味的贡献有时未必能达到人们预期的程度，因此有时需要在香味增效的基础上，补充一些调味剂。因为调味剂能弥补天然提取物在味感上表现力的不足，能够弥补口感上的不足，与香味增效剂和其他天然产物的提取物搭配，能够增强食品的风味，营造合适的香味。具体各种味感物质对应的调味剂此处不展开，读者可在本章的第一节和第二节中找到具体阐述，这里仅介绍一些在食用香精中常用于配合香味增效的调味剂。

咸味原料：食盐，食盐替代品等。

甜味原料：白砂糖，甜蜜素，蛋白糖，冰糖，白砂糖替代物等。

鲜味原料：氨基酸及盐类，干贝素，半胱甘肽，水解蛋白，I+G 等。

酸味原料：柠檬酸，醋酸，苹果酸，乳酸等。

调香师在食用香精中引入调味剂时，不要单纯依靠添加多量的呈味物质来达到增效香味的需求，而是要更多地发挥增效物质和呈味剂相互作用产生的韵味以达到香味增效的要求。就好比火锅调料，尤其是四川的火锅底料，往往是体现辣味和辣感，这时无论添加多少果汁和水果提取物都无济于事，因为辣感的设计完全压制了香气和香味的感觉。所以当营造某种香味感觉时，不能依赖调味品去达到目的。

7. 甜味增强剂

甜味是基本味感中最受人们欢迎的味感，因此使食品中的甜味饱满而天然也是使用甜味食用香精的目的之一。甜味增强剂也是一类食品香精中最常用的香味增效剂，可以是单一的物质，也可以是复配混合物，作为混合物时甜味增强剂也可称作甜味增强香精，其所含成分可以改变口感接收器的感觉，它们能增强原有的甜味，遮蔽某些缺陷，例如后苦味，或刺激其他接收器，例如咸味或鲜味接收器，在口感相互作用过程中优先发挥作用。甜味增强剂除了能增效甜味外，还能有效减少食糖用量，有降低热值和平衡香味的效果。

甜味增强剂的作用是使高强度甜味剂的口感接近蔗糖的风味，用于增强甜感前味的香料成分有草莓呋喃、麦芽酚、乙基麦芽酚、香兰素和乙基香兰素。甘草甜素和其他的甘草根中的葡糖苷有甜味，可以用来改善其他高强度甜味剂的风味，甘草酸的铵盐是增香剂，其甜度是蔗糖的 50 倍。另外一些植物成分，如洋蓟酸、咖啡酸、新橙皮苷等，可以增强甜味剂风味，减轻苦味。糖醇和其他多元醇可用于含有高强甜味剂产品的甜味剂和口感改善剂。甘草醇可以增加甜味，赤藓糖醇、甘露醇、木糖醇、山梨醇能有效增加甜味剂产品的后味和整体味感，这些糖醇的甜度不同，有的还有凉感。

又如：甜菊糖的甜味与蔗糖风味不同，不受消费者喜爱，它的甜感来得慢，甜感的峰值持续时间很短，带着些许青气，之后后味拖得很长，带有甘草的甜感。甜味增强剂可以帮助食品与饮料制造商减少甜菊糖的用量。在减少甜菊糖用量的同时，还能增强甜味产品的口感。

8. 遮蔽剂

食品在加工过程中有可能会产生一些异味，这些异味分别是：

① 氨味　含有氮元素，一般是蛋白质含量高的食品在长期贮存的过程中，由蛋白质分解而产生的不良风味。

② 铁锈味　食品中氮元素和氯元素在贮存过程中分解。

③ 皮蛋臭味　含有硫元素的食品经长期存放分解而得。

④ 焦苦味　食品加工过程中温度过高，即美拉德反应温度过高。另外，一些奶味香精在添加到面包、饼干、蛋糕后有可能会出现苦味。

⑤ 金属味　有些甜和酸的混合味的体系中，若存在金属盐类，有可能会引起金属味；罐装食品在金属罐壁遭到腐蚀，也会一定程度地染上金属味。

⑥ 苦味　苦味在各种食物中广泛存在，同时也是食用香精中最容易产生的一种不良口味。与香料香精有关的苦味，主要是由香精制备过程中产生的缩水基脱掉一分子水变成苷而产生。另外，用于香精调配的很多香料，有相当一部分是含有羟基的醇，如芳樟醇、香叶醇和苯乙醇等，它们可以与食品中的糖类（葡萄糖或其他糖）生成苷（以前曾有人专门研究过制备香料的葡萄糖苷，如香叶醇葡萄糖苷，使香原料稳定，当香料加入食品中经过加热，就能缓慢释放出香叶醇），便产生了苦味。

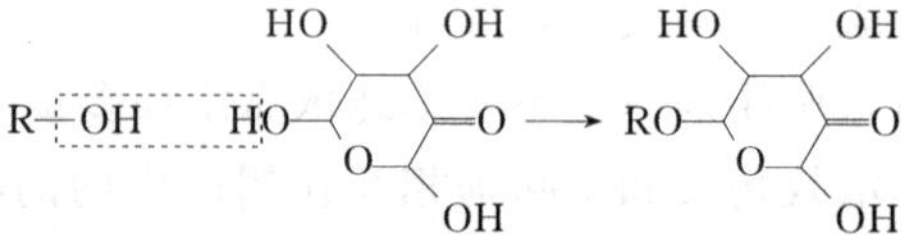

现代香精不仅需要香的功能，同时也需要味的感觉，食品原材料生长、加工过程中即会产生，形成好的口感，也会出现上述这些异味，这就需要应用口感改良剂、修饰剂来去除、减轻这些令人讨厌的味道。国内一些调香师在这方面缺乏感性认识，所以调配出来的香精往往达不到进口香精的口感要求。

遮蔽剂也可称为口感修饰剂（也有人把它称作不良口味遮蔽香精）、口味改良剂、调节剂。它的功能侧重于调节口感、口味。遮蔽剂主要用于改善加香产品的口感，消除苦味等不良口味。食物中的原料存在多种多样的味觉特征，它们的相互作用非常复杂。而只有食用香味物质才能用于增强，抑制或改变味感。

味觉是重要的生理感觉。某种味觉物质（即味质）溶解于唾液，作用于味觉细胞上的感受器后，经过细胞内信号传导，神经传递把味觉信号分级传送到大脑，进行整合分析，产生味觉。而味感改变的途径有四种：自适应、交叉适应、味感阻断以及味觉改变。它们的本质就是竞争，即响应速度快的先发生作用，阻碍其他物质的作用。遮蔽剂（遮蔽香精）就是利用了这个原理，抑制和阻碍不良风味，激发和加快理想口味的传输。

综上所述，遮蔽剂的作用是改善和调节口味。遮蔽不良口味具体模式有三种：

① 用遮蔽剂抑制不良口味；

② 用不同口感，互相作用，扬长避短，如调节鲜味可以增强甜味；

③ 用增效剂，增加需要的理想口感。

遮蔽香精的广泛使用，不仅有效地改善了食品的风味，受消费者青睐，还一定程度上使市面上的食品更加贴合消费者对低糖、低脂等饮食理念的追求，例如：

① 高强度甜味遮蔽剂可减弱某种甜味剂的异味和后味，或缠绵的口感，可用于添加了阿斯巴甜、三氯蔗糖或甜菊糖的饮料和糕点。

② 咸味增强剂可以用于遮蔽钾盐，同时又不增加其他口感。

③ 苦味阻隔剂可用作掩饰甘油、咖啡因、单宁酸和蛋白质等苦味物质的遮蔽剂。苦味修饰香精能调节和控制产品的苦味，使食品生产商能通过添加更多的蛋白质和营养强化剂，改进食品营养价值，同时产品又有良好口感。

苦味是大众不太能接受的味觉，而甜味是公认的受青睐的味觉，因此在食品中，如何抑制苦味、增强甜味是食品工业从业人员面临的一大课题，常见的苦味的减弱途径有：

① 很多高强度甜味剂可用于苦味的抑制，例如阿斯巴甜。

② 某些氨基酸已经表现出有减轻某些物质苦味的作用。但是仅限于部分物质，而不是对常见的苦味化合物都有作用。安赛蜜和钾盐的苦味可以通过添加丙氨酸、甘氨酸、色氨酸、亮氨酸、组氨酸等减弱。

③ 香紫苏内酯可减弱氯化钾等盐的苦味。它是一种天然的香味物质，具有减弱氯化钾等盐类替代品的苦味。

④ 对于使用了高强度甜味剂的食品，提高食品的黏度可以减缓食品中苦味物质从食品到味蕾的扩散速率，从而减轻苦味。

苦味修饰香精便是减弱苦味的有效修饰剂。许多食物中的很多成分，需要修补其不合乎要求的苦味，如人造甜味剂、蛋白质浓缩物、柑橘类产品、保健品、茶、蔓越莓汁、甘油、咖啡因、单宁酸和大豆等。苦味修饰香精中含有的用于分解单宁和皂苷的酶能调节和控制产品的苦味，使产品生产商能通过添加更多的蛋白质和营养强化剂，或通过低糖、低盐、低脂的途径改进食物的营养价值，同时使食品拥有更好的口感。

钠遮蔽香精是一种能有效掩盖食品中不愉悦味、不纯咸味或不必要存在的咸味的遮蔽剂。它常常用于果汁饮料、药品、乳品及其他产品中。钠遮蔽香精在突出食品甜味的同时，能有效遮蔽饮料中的咸味。

以下通过一些简单的应用配方，具体展示遮蔽剂和修饰剂对食品口感上的改良作用。

实例 1：通过减少砂糖用量并添加甜味增强剂，牛奶巧克力香精，其加香产品中可少用40%的砂糖（表 3.39）。

表 3.39　实例 1 应用配方

配　　料	质量/g	配　　料	质量/g
2%含脂牛奶(fat milk)	95.21	可可粉[cocoa powder,11-D-043(ADM)]	0.80
蔗糖(granulated sugar)	3.00	甜味增强剂(natural sweetness enhancer# 31750)	0.40
角叉菜聚糖[carrageenan,seaken CM611(FMC)]	0.03	天然巧克力香精 (natural chocolate WONF# 18613)	0.50
磷酸二钾(dipotassium phosphate)	0.06	总计	100.00

注：在 15psi（1psi=6894.75Pa）下反应 15min。

此配方中甜味增强剂的加入使得蔗糖用量减少 40%，另外，含脂 2%的牛奶，也有效降低了食品的脂肪量，热量得到了有效的控制。采用此配方，产品仍然拥有丰富完整的蔗糖甜风味和丰满的整体风味，不仅口感非常好，而且具有牛奶中含有维生素和钙的优点。

实例 2：芒果-甜橙加香饮料香精配方（表 3.40）。

表 3.40 实例 2 应用配方

配 料	质量/g	配 料	质量/g
赤藓醇(erythritol,cargill)	30.00	甜叶菊遮蔽剂(natural stevia masking flavor 32027)	1.5
天然中性悬浊液(natural neutral cloud29056)	2.00		
胡萝卜素(beta carotene,sensient)	0.25	柠檬酸(citric acid crystals)	0.9
紫色胡萝卜浓缩汁(purple carrot juice conc.,Diana naturals)	0.15	甜味增强剂(rebaudioside A,good&sweet-blue california-99%)	0.25
天然甜橙香精(natural orange WONF 15874)	0.2	水	1000(mL)
天然芒果香精(natural mango WONF 28146)	0.7		

该款饮料中的甜味来自 Blue California 公司“Good G Sweet 系列”名为 Reb-A 的甜菊苷糖修饰。

实例 3：蔓越莓果汁饮料应用配方（表 3.41）

表 3.41 实例 3 应用配方

配 料	质量/g	配 料	质量/g
焦糖(sucrose)	10.422	涩味遮蔽剂(natural astringency masking flavor# 291-32434)	0.25
蔓越莓浓缩果汁[cranberry,juice concentrate,50 Brix(Ocean spray)]	4.630	水	100.00(mL)
维生素 C(ascorbic acid,抗坏血酸)	0.043		

注：82℃下巴氏灭菌 10min。

其中，涩味掩蔽剂的加入有效地抑制了涩感，使果汁的口感天然而愉悦。

9. 其他成分

广义的香味概念认为，人的视觉、嗅觉、味觉、触觉等多种感受为一体的感觉都是香味范畴里的综合感受。因此在食用香精中营造香味时，除了通过上述方法使香精能够表现一种和谐的韵味外，还需要综合考虑香精的外观、质地尽量接近天然食物。食用香精的颜色比香气更富有想象力，食用香精若没有接近相应食品的颜色，则可能会令人产生是其他香精的错觉。因此必要时可能需要用一些色素和填充剂或其他组分来营造广义上的香味。

食用香精中常用的色素有：柠檬黄、姜黄色素、日落黄、β-胡萝卜素、白色素、番茄红素、辣椒红色素、焦糖色素等。合理使用这些色素，能够使人们在看到颜色时相应地想起对应的食物，从而增强人们对加香产品的心理预期和认可。

食用香精中常用的填充剂、载体和其他成分有：玉米淀粉、变性淀粉、米粉、豆粉、小麦粉、水、麦芽糊精、麦芽酚、乙基麦芽酚、香兰素、维生素、羧甲基纤维素（CMC）、异抗坏血酸钠、黄原胶等。

另外，有的香精在加入食品中后，食品还会经过再加工，为了使加工过程的香味变化与香精配合得当，有时需要运用香味前驱体。香味前驱体是指开始并不具备香气，而在加热过程中发出香味的物质。这类物质的优点是在食品的加工终了时具有香味。饼干、面包在烘焙过程中，一些预先加入的香料，大都将挥发或逸出，导致食品的香味减弱或失真。而香味前驱体能使产品的香味得到很好的弥补和增强。例如：Amadori 重排反应，它是产生香味前驱体的重要反应类型，即氨基酸＋醛糖生成醋糖胺再经过反应生成 Amadori 重排产物。

举一些实例说明香味前驱体的作用。

① 脯氨酸和山梨醇（或甘油）一起在110℃加热105min，冷却到室温，然后将这产物以0.5%的用量用于面包中，发酵3h，烘焙后，得到丰富的新鲜的面包香气。

② 鼠李糖和脯氨酸在90℃左右生成Amadori反应产物，将该产物以1～500mg/kg浓度加到食品中去，加热，便能使食品得到一种面包样、乳酪、白脱样的带有愉快气息的香味。

③ 乳化油脂、猪血和还原糖混在一起，加热一段时间，冷却，使之成固体。口味和香味都近似肝，这也是根据Amadori重排反应配制香味的食品。

一款好的加香食品，最终产品的香味应该包括香精和香味前驱体加热之后产生的香味物质。但食物在加热过程中会产生两个相反进程的结果：香精在加热过程中会损失部分香成分，而香味前驱体在加热过程中会释放出香味物质。由此可见香味前驱体的重要性。而且损失的香成分和释放出的香味物质在本质和类型上要一致，不冲突，能互补。国内一些调香师常常忽视这个问题。

10. 合理使用复配技术

近年来有关天然提取物的研究报道很多，大多集中在保证天然提取物的天然香味逼真度，综合利用、改进香味等方面，有实际应用价值的较少。现就该方面国外一些大公司的实际开发和研究做一些介绍。

以鸡油为例，现在国际香精香料公司（IFF）提供的鸡油已不是传统理念上的从养鸡场或屠宰场的下脚料中提取的鸡油。现在的鸡油，无论是香气还是外观都与天然鸡油更接近，香味也更浓郁，这是传统鸡油无法比拟的。现代的鸡油产品的组成包括：天然鸡油，美拉德鸡肉反应物的植物油提取物，微量鸡肉香精。现代的鸡油香气具有浓郁的鸡油香味，与天然鸡油十分相似，但浓度增加很多。而单纯的天然鸡油肯定是达不到如此强的香味的。

美拉德鸡肉反应物是水质的，且有一定量的未反应氨基酸和还原糖，形成不溶物和沉淀，呈不透明状，它们无法直接用于油质香精（鸡油和很多咸味香精是油质的），必须用植物油萃取出其中的香味物质。美拉德鸡肉反应物的植物油提取物制备方法是：将植物油与美拉德鸡肉反应物混合加热至50℃左右，缓缓搅拌2～3min，静置片刻，看萃取植物油能否较快与水层分层，原则上不要过分激烈搅拌，以免使之浑浊而难以水油层分层。如分层效果好，可重复搅拌两次。萃取结束，萃取液静置过夜，第二天，倾倒出上层油层，就是有鸡肉味的萃取液。

上述方法制得的萃取液与天然鸡油混合物相比香气更丰满逼真，不足之处是强度还不够，这就需要添加少量香气佳的鸡油香精，但所用香精香气特征须与上述两部分吻合，能互补，能增效。添加量为万分之一左右。由这三部分混合配得的鸡油香气与天然鸡肉十分接近，但强度会大很多。因此，进口鸡肉香精由于添加了上述方法制备的鸡油之后显得厚实，有天然味感，而纯粹由合成香原料配得的鸡肉香精显得单薄，呈化学气息，没味感。

其他诸如牛油、猪油、羊油等制品均可参照上述方法制备。

天然提取物是配制高质量香精不可或缺的原料，现代香料中的天然提取物与传统概念中的类似产品有天壤之别，跳出了单纯提取物的框框，辅以美拉德反应物、关键微量增效香成分、辛香料，甚至少量相似香气的香精的复配物，提高食用香精香味表现力。

11. 总结

综上所述，国外一些优秀调香师能够调配出香和味俱佳的香精，依据的就是香味化学理论。我国在香味化学方面的研究还远远不够。从国外公开发表的刊物上翻译过来的一些零碎的资料，缺乏系统性。

实际上要解决我国调香师面临的问题，就要学好、掌握香味学，把它有机融入调香技术之中去。国外调香师之所以能调出与天然食品色香味相似的香精，关键是把香味产生的方式和内容与香精仿制结合了起来，并贯彻始终。所以他们调出的香精不再枯燥、呆板，而是丰满、圆润、充满活力。例如 H&R 的一款水蜜桃香精，一闻到它的香气，一吃到用它加香的产品，犹如亲口咬了一口水蜜桃，活灵活现。

所以，调配既有香气又有香味的食用香精，核心指导思想是：以充分运用并发挥阈值的作用为前提，引入能增添所需的香味成分，掩盖和屏蔽异味，即不讨人喜欢的味道要消除，最终的香精从各种感觉上要能引导人联想起对应的天然食物。香味的营造主要依靠各类天然产物的提取物、发酵产物、酶解产物和（或）热反应物，咸味香精尤其要注意合理地引入辛香料的提取物（通常以油树脂的形式引入），它们是增效香味的最主要成分。除此之外，部分食品原料，尤其是香料具有香味增效功能，是良好的香味增效剂，它们能够增加食品中原有香味的表现力。这些香味增效剂除了能增效香味外，有的能增强味感（如鲜味、甜味），有的还能遮蔽不良味感，修饰香味。在此基础上，大部分上述的香味增效剂在呈味功能上的表现并没有调味剂强，由于香味是一种介于香气和味感之间的状态，因此若营造的香味在呈味表现力上还比较弱时，可以考虑引入适量的调味剂，目的是配合目标香味补充一定的口感。若营造的香味在口感上存在不愉快的味感（如苦味、涩味等）可以考虑使用遮蔽香精、甜味增强剂等成分有效增强愉悦的味感，修饰或掩蔽苦味、酸味或者涩味等不良口感。最后，可以用加入色素、填充剂或乳化工艺（奶味香精常用），使香精的视觉、触觉、口感等方面更加容易让人联想到其对应的真实食物，即从广义的层面为香精营造合适的香味。通过这样的思路设计的香精，通常在食物中能够表现出天然感强、令人满意的香气和香味。

因此，要调配既有香气又有香味的食用香精，所用到的原料不仅仅局限于香原料，还包括合理运用天然提取物，如果汁、酊、浸膏、净油、辛香料的油树脂等，还有动物骨髓粉及其酶解物、美拉德反应物、口味调节剂，盐、糖、味精等调味剂、香味增效剂、不良口味遮蔽剂、不良口味调节剂，水解植物蛋白、酵母等增鲜剂。修饰剂、色素、溶剂甚至包装、产品介绍、推销员水准等因素在设计食用香精时也要一并考虑。把创新思维与国际先进技术接轨，融入国际高科技潮流。为了使读者能更快地上手使用这些原料，笔者按照香型将食用香精适当分类，每一类各列举几个例子来阐释在香精中营造香味的常用原料，供读者参考。

(1) 甜味香精

① 水果香精　香原料模拟水果香气，再根据香精介质的不同，利用相似相溶原理合理选用溶剂萃取天然水果香味成分，得到的提取物加入香精中（如酊剂、浓缩果汁、浸膏或净油等），必要时可加适当呈味剂、遮蔽剂补足口感，并用食用色素模拟天然感。

② 奶味香精　香原料模拟奶香，白脱酶解物或乳制品的发酵物、脂肪氧化和发酵产物作为香味增效成分的主体，必要时加入遮蔽剂、肌苷酸和维生素掩蔽不良口感，也可以适当加入奶粉、炼乳或白脱增强口感表现。若是香精的剂型是液体，可将这些混合物经乳化，制成物理性质稳定、口感似醇厚绵滑的天然奶制品般的食用香精。

③ 牙膏香精　香原料模拟薄荷、冬青、留兰香等植物的特征香气，用这些植物的精油、

净油等补足香味，最后加入一些凉味剂增强消费者在使用时的凉爽、洁净感，提高刷牙时的口腔舒适度。

（2）咸味香精　调制一款既有香气又有香味的咸味香精，除了加入营造香气的香原料外，还要采用多种增鲜剂、辛香料的提取物（通常是油树脂，或是辛香料粉）。比如用氨基酸盐类增鲜、鲜肉风味增鲜、蔬菜风味增鲜、海鲜风味增鲜等，复合调配效果更好，香和味才会更丰满全面。咸味香精对口感的调控要求较为多样，调香师可根据需要利用各类调味品（肌苷酸、味精、糖、盐、辛香料、各种天然香料提取物、氨基酸等）调节口感，此外还可用口感调节剂及各种口感的相互影响效果调控口感。

① 蔬菜香精　香原料营造蔬菜的香气，蘑菇、香菇、松茸、鸡枞菌等及其相应的提取物作为香味增效的主体，辅以水解植物蛋白、酵母提取物、I+G 等增鲜剂复合增鲜。必要时加入适量的掩蔽剂遮盖不良味感。

② 猪肉香精　香原料营造猪肉的香气，再以猪肉为原料，酶解后经美拉德反应作为香味的主体，辅以咸味剂、鲜味剂，并适当加入辛香料提取物和 HAP 以丰富后味。

③ 牛肉香精　香原料营造牛肉的香气，再用新鲜牛肉提取物与氨基酸和还原糖进行美拉德反应，将美拉德反应物用牛油萃取其中的呈味和增香成分，辅以咸味剂、鲜味剂，并适当加入辛香料提取物和 HAP 以丰富后味。

从肉味香精的设计思路中可以看到，肉味香精比较重视强化肉味和后味，在肉味香精中强化肉味和后味的方法有三种：

① 利用肉粉、肉类浸膏、HAP 等来加强复合调味食品的肉味，应用辛香料加强调味食品的后味。

② 如在单纯猪肉风味中加入微量辣椒，后味明显提高，在麻辣风味和微量良姜作用下，后味大幅度提升。

③ 利用油脂加强肉味、后味。动物油脂在这方面作用很理想。

接着，将具有肉类风味的原料和咸味、酸味、甜味、增香、增鲜、辛香料等有机结合起来，肉味香精才能得到理想的香味，实现所谓的香味平衡。

（3）烟用香精　烟草香精除了需要协调好各种香韵的合成香原料外，还要加入多种天然提取物，如酊、浸膏等，它们可以有效地改善喉舌部的感觉，减少刺激感，因为烟草香精具有特殊性，分表香和底料，所以表香的原料选择时要着重香气，底料的原料选择要着重香味和口感。而香味和口感主要依赖于天然提取物，各类天然提取物可以改善口感、掩盖杂气、增添气息，同时还能增强烟香、减少刺激、改善余味、抑刺减辣、增加清香倾向和自然风味。

调香师在运用香味原料调配有香味的食用香精时，切不可对上述所介绍的原料和方法生搬硬套和死记硬背，有些成分有多种作用，例如作为香味增强剂的乙基麦芽酚，可以利用竞争机制，掩盖味感中的苦涩味；而有些掩蔽剂也有一定增效香味的作用，所以要灵活领会每一种成分对呈味、香气、香味的贡献，通过不断的尝试搭配出最合适的香味。在具体操作时，请注意以下几点：

① 注意香味增效与味、调味两者的差异。香味体现某种食品的口味特征和嗅觉特征，是一种介于香气和味道之间的状态，是各种感觉共同作用的结果。味指的是人体对食品成分在口腔内的刺激而产生的感觉和反应，也就是我们常说的口味，可大致分为酸、甜、苦、咸等基本味，因此调味强化的是某种口味和混合口味，是嘴巴和舌头体验到的感觉。所以不能

认为单纯用香原料营造香气，用调味剂营造口感，加起来就是香味，这是错误的。对于有些食用香精而言，光有致香成分和天然产物还不足以产生好的味觉，所以要加调味剂，但仅凭调味剂是无法营造出合适的香味的。

② 注意香精中的香味与应用实验中调味的差异，前者着重香精的气味，后者更加着重加香产品的口味和口感。所用的原料不同，要求不同，产生的效果也不同。后者所用量比前者要大得多，且后者的溶剂、溶解度、原料选择都与加工的食品有关。

③ 香精用于加热产品，要注意配比问题。由于大部分食物在加热过程中存在美拉德反应，所以加入的香精必须与美拉德反应产生的香味相匹配、相协调，要防止相抵触，相互影响产生不良气味。

④ 平时的工作要注意积累每一种香原料的嗅觉和味觉特性，要留心多种香原料排列组合的实验结果，即要留意它们在实际食品和饮料中的感官综合评估组合效果。只有香味物质能用于增强、抑制和改变味道，不能采用其他不合乎要求的味道物质。

⑤ 设计的香精，香气要协调，香味也要协调，香味必须与被加入的产品相匹配，且香味要和食物的香味连贯，不要让某一香味过于突出。比如用于甜品的香精，其香气、香味必须以甜韵为主体，要避免咸味、酸味、辛辣味等其他杂味过于突出，还要充分查阅和参考资料中口感的描述。如果有相抵触的，要选择合适的替代品。因此调香师日常熟悉原料的训练要结合调香气和调香味，不仅要熟悉香原料的香气，还要熟悉其香味。

⑥ 一些用于香精调味的原料在水中的溶解性大多都比较好，比如糖、盐、生物碱、果胶、味精，但它们在有机溶剂中溶解度较差，这时可以考虑先溶于水，再添加能与水互溶的溶剂，比如乙醇、丙二醇、甘油等。另外三醋酸是一种兼顾水溶与油溶的溶剂，一些油溶性、水溶性的原料，可借助其进行过渡。

⑦ 如果香精加入食品后感觉口味太强，要选择合适的掩蔽剂、修饰剂进行掩盖、弱化。

⑧ 注意各种香型的配合、相溶、相关联、相抵触等性质。

第四节 实例解析

一、奶味香精

奶味香精配方示例见表 3.42～表 3.48。

表 3.42 牛奶香精配方

成分	质量分数/%	成分	质量分数/%	成分	质量分数/%
戊二酮	0.03	γ-十三内酯	0.45	乙基麦芽酚	1.5
3-羟基-2-丁酮	0.05	香兰素	0.03	γ-癸内酯	0.8
乙酸	0.02	δ-十四内酯	0.24	硫醇	0.18
苯乙酸乙酯	0.05	乳酸丁酯	0.01	乙基香兰素	1.2
甲基环戊烯醇酮	0.05	丙二醇	76.25	浓馥香兰素	1.4
三醋酸甘油酯	13.8	丁酰乳酸丁酯	0.03	炼乳提取物	2.2
δ-癸内酯	1.5	γ-庚内酯	0.04		

解析：该牛奶香精中，添加了炼乳，可以有效改善样品的香味和口感。该香精可使用高速搅拌做成假乳化状（一般我们将没有经过高压、均质机进行乳化的称之为假乳化），在质感上更加趋向牛奶。

表 3.43 黄油粉末香精配方

成分	质量分数/%	成分	质量分数/%	成分	质量分数/%
白脱酶解物	11	牛奶内酯	0.7	辛酸	1.2
丁酸	25	δ-十二内酯	0.55	δ-壬内酯	1.8
丁酰乳酸乙酯	0.4	香兰素	0.4	δ-癸内酯	11
十四酸乙酯	0.25	异丁酸	0.11	γ-十二内酯	7.2
γ-辛内酯	0.5	癸酸乙酯	0.15	δ-十一内酯	1.5
三醋酸甘油酯	34.14	己酸	0.15	乙基香兰素	0.75
癸酸	2	麦芽酚	1.2		

解析：该粉末香精用了白脱酶解物作为白脱风味的香味主要来源，也是主要的呈味来源。麦芽酚除了提供底香外也有甜味增效的作用，并增效整体的香味和口感。

表 3.44 炼奶乳化香精配方

成分	质量分数/%	成分	质量分数/%	成分	质量分数/%
白脱酶解物	2	椰子醛	2.4	癸酸乙酯	0.65
丁酸乙酯	0.32	δ-癸内酯	2.5	异丁酸	0.3
2-庚酮	0.15	硫醇	1.1	菠萝醇	0.06
3-羟基-2-丁酮	0.03	十八酸	0.1	己酸	0.1
2-甲氧基-3-甲基吡嗪	0.02	十四酸	0.1	乙基麦芽酚	5.2
菠萝醛	0.06	香兰素	6	辛酸	1.3
乳酸丁酯	0.04	戊二酮	0.15	癸酸	0.5
丁酸	1.4	己酸乙酯	0.32	δ-十二内酯	1
丁酰乳酸丁酯	0.14	乳酸乙酯	0.08	丙二醇	73.65
苄醇	0.15	三甲基吡嗪	0.03		

解析：该粉末香精用了白脱酶解物作为白脱风味的香味主要来源，辅以十四酸、十八酸增加口感，乙基麦芽酚是香味增效剂，另外部分内酯除了体现特征奶香外也有使呈味柔和的功能，乳化的工序是为了使香精的质地和口感更贴近炼奶。

表 3.45 发酵酸乳香精配方

成分	质量分数/%	成分	质量分数/%	成分	质量分数/%
发酵酸奶提取物	20	δ-癸内酯	0.18	乙酸	0.01
丙酸乙酯	0.02	δ-十一内酯	0.52	乙酸苏合香酯	0.018
柠檬油	0.055	香兰素	0.14	己酸	0.01
3-羟基-2-丁酮	0.06	香兰素丙二醇缩醛	0.11	庚酸	0.115
2-壬酮	0.005	薄荷脑	0.06	辛酸	0.15
丙二醇	62.232	乙醇	15	硫醇	0.43
柠檬醛	0.005	硫代丁酸甲酯	0.01	乙基香兰素	0.29
柠檬醛丙二醇缩醛	0.01	丁酸异戊酯	0.13	乙基香兰素丙二醇缩醛	0.23
椰子醛	0.02	庚酸乙酯	0.02	乙偶姻	0.17

解析：该发酵酸奶香精首先用牛奶的发酵产物作为香味的基料，在此基础上补充合成香原料体现酸奶的香气，其中部分香原料，如柠檬油，能够增强特征酸的香味感受，带给消费者清新爽口的感觉。

表 3.46 纯牛奶香精配方

成分	质量分数/%	成分	质量分数/%	成分	质量分数/%
发酵酸奶提取液(可用市售酸奶滤液替代)	10	乙酸硫酯	0.46	牛奶内酯	0.03
		硫醇	1.8	十四酸乙酯	0.06
硫代丁酸甲酯	0.01	δ-十一内酯	0.5	δ-癸内酯	0.15
乙酸	0.01	乙醇	2	甘油	1
丁酸	0.2	3-羟基-2-丁酮	0.035		
三醋酸甘油酯	0.2	丙二醇	83.295		

解析：这是一款用于乳饮料中的香精，该发酵香精中的乳制品发酵提取液能够带来丰富而天然的奶香味，能有效改善香精的香味和口感，经过乳化后，能和乳饮料的乳化体系混合均匀，共同营造口感和香味逼近天然的纯牛奶风味。

表 3.47 香草香精配方

成分	质量分数/%	成分	质量分数/%	成分	质量分数/%
香荚兰酊(1∶10)	50	愈创木油	0.01	愈创木酚	0.005
苯甲醛	0.005	大茴香醇	0.002	2-甲氧基-4-甲基苯酚	0.005
异戊醛二乙缩醛	0.005	月桂酸	0.003	乙基麦芽酚	0.003
苯甲醛丙二醇缩醛	0.01	丙二醇	48.975	十四酸乙酯	0.002
苄醇	0.002	乙酸	0.05	榄香油树脂	0.003
大茴香醛	0.002	香荚兰浸膏	0.4	香兰素	0.5
桂酸甲酯	0.003	异戊醛	0.01	香兰素丙二醇缩醛	0.005

解析：该香精用香荚兰酊为香精引入了香草的特征香味，并辅以香荚兰浸膏进一步增效香味；榄香油树脂和愈创木油为香精增添些许焦香的香味，搭配乙基麦芽酚作为香味增效剂，能够增加口感上的甜感。

表 3.48 豆奶香精配方

成分	质量分数/%	成分	质量分数/%	成分	质量分数/%
丁酸乙酯	0.022	δ-癸内酯	0.08	丁酰乳酸乙酯	0.02
2-甲基吡嗪	0.04	癸酸	0.16	己酸	0.05
2,6-二甲基吡嗪	0.005	δ-十一内酯	0.16	γ-辛内酯	0.01
2-壬酮	0.012	乙基香兰素	0.06	麦芽酚	0.44
乙酰丙酸乙酯	0.024	十四酸	0.05	辛酸	0.045
2-乙酰基吡嗪	0.1	白脱	3	壬酸	0.02
癸酸乙酯	0.05	2-庚酮	0.003	桃醛	0.17
乙基麦芽酚	0.1	2,5-二甲基吡嗪	0.005	硫醇	0.08
辛酸乙酯	0.075	2,3-二甲基吡嗪	0.007	月桂酸	0.04
二丁基羟基甲苯(BHT)	0.04	牛奶内酯	0.02	香兰素	0.2
椰子醛	0.1	甲基壬酮	0.05	白脱酶解物	2
十四酸乙酯	0.04	糠醇	0.01	植物油	92.712

解析：这是一款油溶性烘焙香精。当中的豆奶特征香味用了白脱及其酶解物，搭配高碳酸增进口感的醇厚感。头香中的吡嗪是豆奶香气的特征组分，十分关键，它们搭配香兰素等原料才能支撑气豆奶的特征主体香。

二、坚果、焦甜类香精

坚果、焦甜类香精配方示例见表 3.49～表 3.54。

表 3.49 巧克力香精配方 1

成分	质量分数/%	成分	质量分数/%	成分	质量分数/%
可可粉浸膏	5	丙二醇	76.49	硫醇	0.045
异戊醛	0.02	苯乙醛	0.01	δ-十二内酯	0.02
异戊醛丙二醇缩醛	0.035	异戊酸	0.04	5-羟甲基糠醛	0.02
2-甲氧基-3-甲基吡嗪	0.04	2-甲硫基-3-甲基吡嗪	0.02	乙基香兰素	0.8
三甲基吡嗪	0.05	γ-庚内酯	0.015	香兰素	1.3
乙酸	0.04	乙酸苯乙酯	0.02	乙基香兰素丙二醇缩醛	0.13
糠醛	0.015	甲基环戊烯醇酮	0.015	香兰素丙二醇缩醛	0.3
四甲基吡嗪	0.02	苯乙醇	0.005	1,2-环戊二酮	0.04
异丁酸	0.02	乙基麦芽酚	0.34	苯乙酸乙酯	0.03
5-甲基糠醛	0.015	辛酸	0.12		

解析：巧克力香味来自于可可粉浸膏，它是巧克力香味的主体，在此基础上添加焦香、焦糖、牛奶、香草、白脱香韵的合成香原料，补足巧克力在香气上的表现，其中乙基麦芽酚还发挥香味增效的功能，使甜感更加具有爆发力。

表 3.50 巧克力香精配方 2

成分	质量分数/%	成分	质量分数/%	成分	质量分数/%
可可粉酊(2∶1)	25	2,4-已二烯酸	0.02	草莓酸	0.03
异戊醛丙二醇缩醛	0.02	硫醇	0.11	乙酸四氢糠酯	0.02
2,3-二甲基吡嗪	0.005	δ-十二内酯	0.04	苯乙酸甲酯	0.1
三甲基吡嗪	0.16	乙基香兰素	1.9	乙酸苯乙酯	0.05
糠醛	0.005	乙基香兰素丙二醇缩醛	0.61	苯乙醇	0.005
2-乙酰基噻唑	0.005	辛酸	0.32	苯乙酸异戊酯	0.26
丙二醇	66.755	甲硫醇	0.005	可卡醛二甲缩醛	0.01
苯乙醛丙二醇缩醛	0.01	2,5(6)-二甲基吡嗪	0.005	6-甲基香豆素	0.005
糠醇	0.005	2-甲基-3-甲基吡嗪	0.01	乙酰丙酸	0.08
2-甲硫基-3-甲基吡嗪	0.01	乙酸	0.05	5-羟甲基糠醛	0.01
苯甲酸乙酯	0.015	2,3,5,6-四甲基吡嗪	0.01	香兰素	2.8
γ-辛内酯	0.01	5-甲基糠醛	0.005	香兰素丙二醇缩醛	1
甲基环戊烯醇酮	0.005	2-乙酰基吡嗪	0.01		
乙基麦芽酚	0.51	2-乙酰基噻唑	0.01		

解析：该配方用了可可粉酊作为香味的主要来源，和上一个配方相比，这一款的焦香味更为浓郁，并且也用了乙基麦芽酚在提供焦甜香的同时增效甜感。

表 3.51 枫糖香精配方

成分	质量分数/%	成分	质量分数/%	成分	质量分数/%
美拉德反应物	15	甘油	0.1	糠醛	0.01
乙醇	6	5-羟甲基糠醛	0.05	丁酸	0.13
2-甲基丁酸乙酯	0.09	香兰素	7.7	甲基环戊烯醇酮	0.46
二氢-2-甲基-3(2*H*)呋喃酮	0.04	γ-癸内酯	0.15	柠檬酸三乙酯	0.5
		戊二酮	0.6	浓馥香兰素	1.4
乙酸	0.44	乙酸丙酯	0.2	乙基香兰素	0.4
丙二醇	65.34	丙酸乙酯	0.02	二氢香豆素丙二醇缩醛	0.02
糠醇	0.02	三甲基噁烷	0.01	乙基麦芽酚	0.12
洋茉莉醛	0.2	3-羟基-2-丁酮	1		

解析：这是一个用于热饮中的水溶性香精。本配方由美拉德反应物提供香味，并加上豆香、奶香、酸香和少许果甜原料模拟熬煮焦糖的香气，乙基麦芽酚在提供焦甜香的同时还能

增效甜感。

表 3.52 花生香精配方

成分	质量分数/%	成分	质量分数/%	成分	质量分数/%
焙烤花生提取液	20	乙基麦芽酚	0.45	2-乙酰基噻唑	0.026
2-甲硫基-3-甲基吡嗪	0.035	叔丁基茴香醚(BHA)	0.03	苄醇	0.09
三甲基吡嗪	0.046	异戊醛	0.02	二糠基硫醚	0.08
2-乙酰基吡嗪	0.11	2,3-二甲基吡嗪	0.035	植物油	79.023
乙酸苄酯	0.003	2-乙酰基吡啶	0.052		

其中，焙烤花生提取液制备方法为：将烤花生粉碎，室温下浸入植物油中，1kg 烤花生加入 3～5kg 植物油，浸提两天，每隔两小时翻动一次，两天后过滤去花生残渣即可。

解析：本配方中的焙烤花生提取液是香味的主要来源，在此基础上，辅以吡嗪类原料搭配出花生的特征头香，同时用少许甜味原料圆和香气，乙基麦芽酚除了提供烘焙的焦香感外还能增效花生提取液的香味感觉。

表 3.53 咖啡香精配方

成分	质量分数/%	成分	质量分数/%	成分	质量分数/%
咖啡浸膏	0.7	柠檬酸三乙酯	0.05	甲基环戊烯醇酮	0.61
乙酸	0.05	香兰素	0.04	三醋酸甘油酯	10
3,5-二甲基-2-乙基吡嗪	0.045	三甲基吡嗪	0.09	5-羟甲基糠醛	0.06
糠醇	0.05	2,5-二甲基-3-乙基吡嗪	0.035	香兰素丙二醇缩醛	0.01
乙基香兰素	1.3	丙二醇	86.96		

解析：咖啡浸膏的加入使香精具有了逼真的香味，吡嗪类原料调咖啡的烘焙感，作为头香出现；而后段的焦甜韵成分中乙基麦芽酚能够增效焦甜感，在口感上使人感觉更加焦甜。

表 3.54 焦糖香精配方

成分	质量分数/%	成分	质量分数/%	成分	质量分数/%
美拉德反应物	20	乙基麦芽酚	2.7	四甲基吡嗪	0.0032
丁二酮	0.24	δ-癸内酯	0.24	甲基甲氧基吡嗪	0.28
异戊醛丙二醇缩醛	0.03	δ-十一内酯	0.9	苯乙醛	0.013
2,3-二甲基吡嗪	0.07	香兰素	9	MCP	0.002
菠萝甲酯	0.0012	香兰素丙二醇缩醛	0.3	BHT	0.01
糠醛	0.24	异戊醛	0.016	菠萝呋喃酮	0.16
丙二醇	62.4376	二甲基二硫醚	0.003	硫醇	0.15
异戊酸	0.016	3-羟基-2-丁酮	0.08	乙基香兰素	2.2
5-甲基糠醛	0.003	三甲基吡嗪	0.16	乙基香兰素丙二醇缩醛	0.6
愈创木酚	0.02	乙酸	0.125		

解析：美拉德反应物是该配方香味主体的来源，在此基础上，搭配体现焦甜感的合成香原料，共同营造了焦糖的香味感觉。

三、烘焙糕点香精

烘焙糕点香精配方示例见表 3.55～表 3.57。

表 3.55　蛋黄香精配方

成分	质量分数/%	成分	质量分数/%	成分	质量分数/%
乙偶姻	0.03	辛酸	0.2	辛酸乙酯	0.02
异戊醛丙二醇缩醛	0.05	十四酸乙酯	0.02	草莓酸	0.01
2-戊基呋喃	0.02	癸酸	0.1	十二酸乙酯	0.01
乙酸叶醇酯	0.3	香兰素	0.3	麦芽酚	0.03
辛酸乙酯	0.02	十四酸	0.1	椰子醛	0.1
丙二醇	62.4	丁酸乙酯	0.25	可卡醛	0.025
2-乙酰基吡嗪	0.17	乙酸异戊酯	0.01	浓馥香兰素	0.035
糠醇	0.015	辛醛	0.005	硫醇	0.05
异戊酸	0.05	乙酸	0.06	香兰素丙二醇缩醛	0.05
苄醇	0.15	苯甲醛	0.015	蛋黄粉美拉德反应物	35
2-乙酰基吡咯	0.01	2-乙酰基吡啶	0.18		
乙基麦芽酚	0.1	苯乙醛	0.015		

解析：蛋黄粉美拉德反应物为香精提供了蛋黄的特征主体香味，辅以2-戊基呋喃，2-乙酰基吡嗪等特征头香成分增加鸡蛋香气的爆发力，麦芽酚等成分不仅能补充香气的饱满程度，还能一定程度增加香味在口感上的呈味表现。

表 3.56　蛋糕香精配方

成分	质量分数/%	成分	质量分数/%	成分	质量分数/%
二甲基硫醚	0.055	乙酰基吡嗪	0.03	*N* MA(*N*-甲基邻氨基苯甲酸甲酯)	0.065
乙酰丙酸乙酯	0.01	苯乙醛	0.02		
丁酸乙酯	0.015	糠醇	0.03	桃醛	0.02
异戊酸乙酯	0.005	丁酸	0.03	桂皮油	0.03
异戊醛丙二醇缩醛	0.002	MCP	0.05	硫醇	0.2
3-羟基-2-丁酮	0.015	水杨酸甲酯	0.01	十六酸乙酯	0.14
三甲基吡嗪	0.015	β-紫罗兰酮	0.14	δ-十二内酯	0.05
乙酸	0.1	麦芽酚	0.3	乙酸糠酯	0.5
芳樟醇	0.035	二氢呋喃酮	0.06	乙基香兰素	0.15
糠醛	0.02	桂酸乙酯	0.045	油酸乙酯	0.2
芳樟醇	0.015	γ-癸内酯	0.045	香兰素	1.4
二甲亚砜	0.015	乙酸桂酯	0.02	香兰素丙二醇缩醛	0.04
丙二醇	94.055	δ-癸内酯	0.02	苯甲醇	0.05

解析：该蛋糕香精几乎都是用合成香原料，在香气比较逼近蛋糕香味的基础上，用了肉桂油和麦芽酚作为香味增效剂增强香味，为所加香的食品提供较天然的香味。

表 3.57　烤蛋饼香精配方

成分	质量分数/%	成分	质量分数/%	成分	质量分数/%
鸡蛋粉美拉德反应物	20	十四酸	0.05	辛酸	0.02
丁二酮	0.13	香兰素丙二醇缩醛	0.01	糠醛	0.015
戊二酮	0.11	二氢呋喃酮	0.2	香兰素	0.02
菠萝醛	0.01	甲硫醇	0.01	乙基香兰素丙二醇缩醛	0.02
丙二醇	78.83	二甲基硫醚	0.015	甲基环戊烯醇酮	0.03
乙酸硫酯	0.34	乙酸	0.04		
乙基香兰素	0.11	苯甲醛	0.04		

解析：该香精用了鸡蛋粉的美拉德反应物模拟烤蛋饼中的蛋香味，在此基础上用合成香原料营造了一个完整的蛋饼香气。

四、其他甜味香精

其他甜味香精配方见表3.58～表3.64。

表3.58　黑加仑香精

成分	质量分数/%	成分	质量分数/%	成分	质量分数/%
乙酸乙酯	0.25	桂酸乙酯	0.02	壬酸乙酯	0.03
丙二醇	85.0	对甲氧基苯乙酮	0.05	苯乙酮	0.08
2-甲基丁酸乙酯	0.06	洋茉莉醛	0.03	丙酸苄酯	0.03
乙酸异戊酯	0.42	甲基香兰素	0.03	月桂酸乙酯	0.03
异丁醇	0.05	香兰素丙二醇缩醛	0.06	大茴香醛	0.02
3-羟基己酸乙酯	0.03	黑加仑汁	10	杨梅醛	0.1
乙酰乙酸乙酯	0.2	丁酸乙酯	1.6	异丁香酚	0.27
草莓酸	0.18	异戊酸乙酯	0.4	桃醛	0.03
乙酸癸酯	0.09	戊酸乙酯	0.2	香兰素	0.43
α-紫罗兰酮	0.08	柠烯	0.04	苯甲酸乙酯	0.02
β-紫罗兰酮	0.03	庚酸乙酯	0.06		

解析：该香精用酸香、果香和香草粉甜、脂腊香韵、花粉甜香搭出了黑加仑的香气框架，并用黑加仑的果汁作为香味的主要来源，应用到饮料中可以有效改善饮料的口感，增进香味逼真度。

表3.59　酸梅香精配方

成分	质量分数/%	成分	质量分数/%	成分	质量分数/%
乙酸乙酯	25	桂醇	0.1	丙二醇	1.5
乙酸丙酯	0.02	香兰素	0.25	紫丁香醛	0.37
丙酸乙酯	0.66	柠檬酸三乙酯	15	琥珀酸酐甲酯	2.8
2-甲基丁酸乙酯	0.03	梅子干萃取液	10	丁香花蕾油	0.02
乙酰乙酸乙酯	0.5	乙醇	32.35	苯甲酸	0.1
草莓酸	0.43	己酸乙酯	0.02	乙基香兰素	0.8
对甲氧基苯乙酮	0.05	乙酸	10		

解析：该香精用酸香、果香、豆粉甜和新甜搭出了酸梅的特征香气，辅以梅子干萃取液作为香味增效剂，模拟天然酸梅的香味。

表3.60　话梅香精配方

成分	质量分数/%	成分	质量分数/%	成分	质量分数/%
酸梅浸膏	2	柠檬酸三乙酯	0.01	苯乙酮	0.025
酸角浸膏	0.2	香兰素	0.3	洋茉莉醛	0.015
丁酸	0.02	焦糖色色素	0.1	6-甲基-3-羟基吡啶	0.015
苄醇	0.01	香荚兰浸膏	0.3	5-甲基糠醛	0.01
异丁香酚	0.04	丙酸	0.1	香兰素丙二醇缩醛	0.1
甘油	30	MCP	0.01	丙二醇	66.745

解析：该香精的香气结构和酸梅香精类似，在此基础上，用了天然梅子和酸角的浸膏模拟话梅的香味体验，并加入焦糖色色素增效广义范畴的香味，使人在食用时，味觉等多方面感受都能联想起话梅。

表 3.61　酸角香精配方

成分	质量分数/%	成分	质量分数/%	成分	质量分数/%
酸角提取液	50	乙基麦芽酚	0.26	β-突厥酮	0.025
桂乙酯	0.01	乙基香兰素	0.01	糠酸甲酯	0.025
草莓酸	0.35	乙醇	49.2	5-甲基糠醛	0.2

解析：该香精用了酸角提取液作为整体香味的主要来源，辅以蜜甜、酸香和豆香的原料搭配出完整而逼真的酸角香气。

表 3.62　甘草香精配方

成分	质量分数/%	成分	质量分数/%	成分	质量分数/%
甘草流浸膏	8	乙基香兰素	0.66	丁香酚	0.3
糠醛	0.055	乙基香兰素丙二醇缩醛	0.04	麦芽酚	0.4
丙二醇	87.15	丙酸	0.12	香兰素	2.4
乙基麦芽酚	0.1	5-甲基糠醛	0.04	香兰素丙二醇缩醛	0.15
辛酸	0.5	己酸	0.015		
愈创木酚	0.04	2-糠醛甲酯	0.03		

解析：甘草流浸膏是该香精香味的主体成分，辅以豆粉甜、焦香、酸香和辛香补充完整甘草在香气上的表现力。

表 3.63　药酒香精配方

成分	质量分数/%	成分	质量分数/%	成分	质量分数/%
独活酊	10	丙二醇	29.97	乙酸异戊酯	0.14
当归酊	5	糠醇	0.025	乳酸乙酯	0.03
甘草酊	5	异龙脑	0.015	乙酸叶醇酯	0.04
乙醇	27.83	1,2-环戊二酮	0.02	乙酸	0.13
丁酸乙酯	0.06	β-紫罗兰酮	0.02	苯甲醛	0.005
丁醇	0.02	邻氨基苯甲酸甲酯	1	丙二酸二乙酯	0.02
异戊醇	0.03	白芷酊	10	丁酸	0.16
己醇	0.02	金银花酊	10	2-甲基丁酸	0.025
反-2-己烯醇	0.03	乙酸乙酯	0.03	龙脑	0.01
糠醛	0.01	丙酸乙酯	0.02	突厥烯酮	0.035
氧化芳樟醇	0.035	2-甲基丁酸乙酯	0.07	丁香酚	0.03

解析：该香精用了多种含有不同特征药草香味植物的酊剂搭配出一个香味典型且别具一格的药酒风味，辅以果香、清香、凉感、焦香模拟天然药材的香气，整体可以给消费者呈现药酒的完整香味。

表 3.64　桂圆香精配方

成分	质量分数/%	成分	质量分数/%	成分	质量分数/%
桂圆干提取液	5	乙基麦芽酚	0.04	丙二醇	92.6
玫瑰醚	0.02	2-甲氧基-4-甲基苯酚	0.01	顺-6-壬烯醛	0.16
氧化芳樟醇	0.01	丁香花蕾油	0.14	香茅醇	0.46
芳樟醇	0.14	香叶油	0.1	香叶醇	0.1
糠醛	1.1	乙酸	0.01	二糠基醚	0.01
柳酸苄酯	0.05	1-辛烯-3-醇	0.05		

解析：该香精的桂圆特征香味主要来自于桂圆干提取液，其他增甜、增粉、增焦的原料可以提调并补充桂圆干提取液的香气，并有助于呈味成分更好地与香气成分营造逼真的香味感受。

五、咸味香精

咸味香精配方示例见表 3.65～表 3.67。

表 3.65 虾香精配方

成分	质量分数/%	成分	质量分数/%	成分	质量分数/%
虾壳粉萃取液(以植物油作溶剂)	40	癸酸乙酯	0.24	三甲基吡嗪	0.1
		月桂酸乙酯	0.026	1-辛烯-3-醇	0.13
二甲基硫醚	0.015	十四酸乙酯	0.3	2-乙酰基吡啶	0.14
2-甲基四氢呋喃-3-酮	0.02	植物油	58.165	月桂醛	0.035
辛酸乙酯	0.3	三甲胺	0.02	辛酸	0.12
二甲亚砜	0.035	二甲基二硫醚	0.02	癸酸	0.1

解析：虾壳粉的植物油提取液是该香精鲜虾香味的主要来源，并辅以三甲胺增强虾的特征香气，辅以脂肪感、肉感的原料搭配出完整的鲜虾香味。

表 3.66 鱼香精配方

成分	质量分数/%	成分	质量分数/%	成分	质量分数/%
鱼干萃取液(植物油)	50	2-甲硫基乙醇	0.006	乙酸	0.02
二甲基硫醚	0.15	辛酸	0.03	1-辛烯-3-醇	0.02
二氢-2-甲基-3(2*H*)呋喃酮	0.002	癸酸	0.024	二甲亚砜	0.004
		N,*N*-二甲基甲胺	0.11	三醋酸甘油酯	0.39
2,3.5-三甲基吡嗪	0.037	异戊醇	0.016	植物油	49.023
2,3-二甲基吡嗪	0.034	甲基吡嗪	0.016		
菠萝甲酯	0.11	叶醇	0.008		

解析：鱼干的植物油萃取液是该香精鱼香味的主要来源，并辅以 *N*,*N*-二甲基甲胺增强鱼肉的特征香气，辅以脂肪感、肉感的原料搭配出完整的鱼香味。

表 3.67 泡椒凤爪香精配方

成分	质量分数/%	成分	质量分数/%	成分	质量分数/%
桉叶油	0.02	橙花叔醇	0.13	大茴香脑	2
乙酸	0.02	柏木油	0.15	苄醇	0.035
芳樟醇	0.07	月桂油	0.45	花椒油	0.2
丙二醇	91.65	硫醇	0.33	乙基麦芽酚	0.1
松油醇	0.05	2-糠基二硫醚	0.1	桂皮油	0.1
冷榨姜油	0.74	三甲基吡嗪	0.01	辛酸	0.06
茴香油	1	黑胡椒油	1.2	柏木脑	0.12
己酸	0.035	乙酸芳樟酯	0.015	丁香酚	0.5
抗氧化剂(BHT)	0.02	乙酰基吡嗪	0.035	香兰素	0.03
辣椒油	0.1	乙酸松油酯	0.06		
大茴香醛	0.4	甲基环戊烯醇酮	0.07		

解析：该香精用了多种辛香料的精油，并经过合理配比，搭配出了令人愉悦的辛香香味，能有效增效例如罐头食品的风味，赋予食品典型泡椒凤爪的香味感受，若按照上述比例在卤料中加入胡椒粉、花椒粉、姜粉、茴香粉、桂皮粉、月桂粉、辣椒粉、香味和口感会更好。

六、增效香精和遮蔽香精

在实际应用时，很多香味增效需要依靠合成香原料、天然提取物等多种成分共同配合。因此在调香工作中，经常将包含香料、呈味物质、香味物质的原料调配好，作为香味增效剂再加入香精中，使香精香味增效的同时口感的细腻程度进一步提升。另外，部分遮蔽和修饰香精也需要依赖多种原料的相互配合才能达到有效遮蔽不良口感的作用。以下介绍几款常用的增效香精和遮蔽香精（表 3.68～表 3.75），欢迎感兴趣的读者尝试将其用于日常的研发工作中。

表 3.68 甜橙增香剂配方

成分	质量分数/%	成分	质量分数/%	成分	质量分数/%
甜橙油倍司	65.63	乙酸香叶酯	0.5	苯甲醛	0.1
丁酸乙酯	0.8	己酸苄酯	0.01	丙酸苄酯	0.2
三聚乙醛	0.01	桂酸乙酯	0.01	乙酸橙花酯	0.16
对伞花烃	0.7	癸酸乙酯	0.005	异戊酸橙花酯	0.3
乙酸	0.005	柠檬油	5	异戊酸香叶酯	0.6
芳樟醇	2.3	乙醛 40%溶于甜橙油	0.3	*N*-甲基邻氨基苯甲酸甲酯	0.05
柠檬醛	0.5	*α*-松油烯	0.5	癸酸	0.02
苄醇	22	己酸烯丙酯	0.3		

表 3.69 奶味增香剂配方

成分	质量分数/%	成分	质量分数/%	成分	质量分数/%
乙酸乙酯	0.5	*δ*-己内酯	0.62	丙酸	0.3
乙醇	0.5	辛酸	0.2	乙酰乙酸乙酯	2.1
己醛	0.01	桃醛	16.3	丁酸	0.2
2-庚酮	1.56	*δ*-十二内酯	5.3	丁酰乳酸丁酯	4.8
2,3-二甲基吡嗪	16	十四酸	0.6	*γ*-辛内酯	0.6
乙酸	0.3	2-丁酮	0.1	呋喃酮	0.03
顺-6-壬烯醛	0.1	戊二酮	0.64	*γ*-癸内酯	0.62
丙二醇	27.85	丁酸乙酯	0.43	癸酸	0.45
甲基壬酮	10	3-羟基-2-丁酮	0.46	十六酸	0.35
辛酸乙酯	5.7	2-壬酮	0.68		
己酸	0.1	辛酸乙酯	2.6		

表 3.70 凉味增香剂配方

成分	质量分数/%	成分	质量分数/%	成分	质量分数/%
乙醇	17	薄荷酰胺(WS-3)	1.3	丙二醇	70.995
薄荷酮	0.005	蒸馏水	5		
薄荷脑	0.2	乙酸薄荷酯	5.5		

表 3.71 肉味增香剂配方

成分	质量分数/%	成分	质量分数/%	成分	质量分数/%
硫代甲烷	0.008	硫醇	0.6	麦芽酚	0.11
2,3,5-三甲基吡嗪	0.003	乙醇	1	甘油	3
丙二醇	93.263	乙酸	0.02		
甲基环戊烯醇酮	0.006	肉味美拉德反应物	2		

表 3.72 槟榔增香剂配方

成分	质量分数/%	成分	质量分数/%	成分	质量分数/%
乙缩醛	0.4	辛酸	0.02	MCP	0.22
甜橙油	62.95	香兰素	2.4	乙基麦芽酚	2
癸醛	0.4	薄荷酮	5.2	桃醛	0.9
芳樟醇	0.5	丁酸乙酯	0.2	乙基香兰素	1.3
2,4-癸二烯醛	0.01	庚酸烯丙酯	0.2	三炼薄荷油	18
桂花王	1.4	乳酸薄荷酯	0.2		
丁香酚	2.3	柠檬倍司	1.4		

表 3.73 大米增香剂配方

成分	质量分数/%	成分	质量分数/%	成分	质量分数/%
2-乙酰基吡啶	40	麦芽酚	30	乙基香兰素	30

表 3.74 焦甜增香剂配方

成分	质量分数/%	成分	质量分数/%	成分	质量分数/%
3-羟基-2-丁酮	0.01	乙基麦芽酚	8.4	糠醇	0.005
2-甲硫基乙醇	0.002	(反,反)-2,4-壬二烯酸	0.68	麦芽酚	0.1
丙二醇	90.238	2-巯基-3-丁醇	0.02	呋喃酮	0.26
丁酸	0.1	丙酸	0.1	硫醇	0.06
抗氧化剂(BHT)	0.02	洋茉莉醛	0.005		

表 3.75 豆腥遮蔽粉末配方

成分	质量分数/%	成分	质量分数/%	成分	质量分数/%
麦芽酚	99.75	乙基香兰素	0.05	香兰素	0.2

第四章

调配连贯细腻的日用香精

和食用香精的调配一样，日用香精调香师在工作中也常遇到一些问题，例如有人说：为什么用一样的配方、一样的原料调配的香水与法国产的不一样；又如有些大牌的香水，使用后香气飘逸而至，能达到“人未到香气已传到”的效果，而模仿品即使香气闻上去还过得去，喷到头发上、衣领上或袖口上尚能闻到，但时间稍长香味便消失；又如在仿配一些香水香精时，香气的相似度总是差口气，香气的连贯与细腻程度总不如标样，但又不知原因出在哪里。

每个行业都有核心技术，核心技术有时就是一种理念，不懂时受制于人，一旦掌握，一切迎刃而解。对于日用香精调配时遇到的这些问题，其实就是理念的问题。若调香师具备先进的理念，这些问题都可以得到解决。

日用香精香气细腻度和连贯度的提升，与嗅觉记忆延迟定理是紧密关联的。嗅觉记忆延迟定理可以帮助调香师为配方引入合理的原料，填补香气断层。另外，有些大牌日用香精仿香时的相似度总上不去，关键原因有二，一是该香精利用阈值原理隐藏了部分关键香成分，二是他们使用的溶剂和一般产品不同，并合理地使用了天然原料的废料，提高了香气的天然感和精致感。接下来，笔者就大家关注的这些问题的解决措施，分点阐述。

第一节　解决香气断层的方法

一、嗅觉相关理论

很多从事调香的初学者在设计香精时都会有这样的疑问：为什么有些好的香精十分流畅，香气圆润、连贯，有些自己设计的香精闻起来断断续续、不连贯，似乎中间缺了点什么？也就是说，在设计一支好的香精或仿香时，如何才能保持香精的连续性，不要闻到香气之间的断裂之处（俗称间隔或断尾）？

为了解决这个问题，首先需要了解的是人为什么能够辨认气味，并且通过感受和经验记忆气味。

为什么篝火的味道能让你想起夏令营？为什么闻到某种饮食香味会想起妈妈？为什么闻到二锅头胃里就翻江倒海，哪怕距离上次喝已经很久。因为这些气味都储存在大脑里，大脑的边缘系统负责处理气味，那里也储存情感和记忆。因此，它们之间经常会交叉发生反应。

我们的饮食文化讲究的是“色香味俱全”，这样一来，首先捕捉到的就是颜色，因为光速是我们与外界接触的第一速度，传递速度大约是每秒三十万公里，所以眼睛是最先有反应的，也就是看到“色”。第二速度是空气的振动频率，所以我们的耳朵和鼻子可以同时接收到信号。

但食品大多数情况下是不发声的，这样耳朵就没法起作用了，空气的传导只剩下一条路线，那就是鼻子的嗅觉。嗅觉的传递速度是空气振动的频率，它的传递速度是 340m/s。计算一下，光速是嗅觉信号传递速度的约一百万倍。于是，我们的眼睛看见了颜色，鼻子闻到了气味，色香味，其实说的是传播的介质和接触的方式。光，即是色，是一种最轻的物质。气是一种稍微有一点质地的物质，而味，是一种沉重的物质。在这三者对比中，它们的分子结构是不一样的，光是电离子、光子，气是小分子，而味是由几个苯环或者几个芳香环相连接的大分子（或是氨基酸、糖），而人类的基本嗅觉有四种，即：香、酸、甜味和腐臭。

在人的鼻腔前庭部分有一小块嗅感上皮区域，也叫嗅黏膜。膜上密集排列着许多嗅觉细胞，就是嗅觉感受器。

当气味受体被气味物质激发，气味受体首先活化其所连接的 G 蛋白，G 蛋白依次去刺激形成环腺苷酸（cAMP），这一信息分子激发了离子通道并使之打开，整个细胞被活化了。嗅觉感受器细胞把信息传送到嗅球（图 4.1），嗅球里面有约 2000 个嗅小球，它的数目是嗅觉感受器细胞种类的两倍。携带相同受体的感受细胞将其对气味信息的处理信息集中到同一个嗅小球，于是一种气味激活了嗅球中的多个嗅小球。嗅小球与聚集成组的僧帽状细胞（高一级的神经细胞）相连。在生理学上这种聚集增加了传送到大脑的嗅觉信号的灵敏度。每一个僧帽状细胞只被一个嗅小球激活，于是信息流的特征被保留下来，信息从僧帽状细胞通过嗅神经管直接向大脑传送，这些信号依次地到达大脑皮质中特定的微单元，在这里来自一些不同类型的气味受体的信息合成一个表达该种气味的特征，并类似于电脑的数据库在大脑特定的部位存储起来。当人们再次闻到气味时，所得到的信息会与大脑里所存储的各种“气味模式”进行比对，从而确定闻到了什么气味。这样就解释了人们对气味的辨认和通过感受经验而记忆气味的原理。

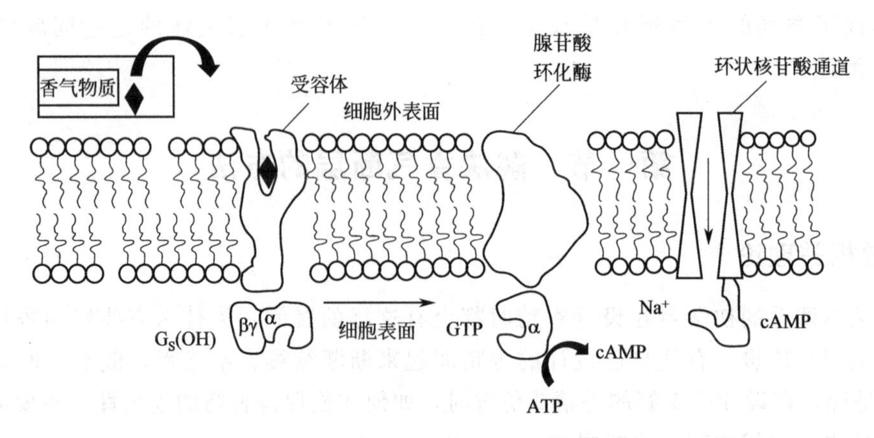

图 4.1 香气物质在嗅黏膜上的传导过程

综上所述，与其他感觉相比，嗅觉系统组成的显著特点是其所属的神经直接进入大脑，而不需经过转导到达中枢神经再传至大脑。经嗅上皮嗅觉感受器细胞传导到人的大脑产生嗅觉，即挥发性香味物质→嗅觉感受器→大脑→嗅觉。

各嗅感物质的嗅感强度也可用阈值来表示（详见表 4.1）。

表 4.1 某些嗅感物质的阈值

嗅感物质	阈值/(mg/L)	嗅感物质	阈值/(mg/L)	嗅感物质	阈值/(mg/L)
甲醇	8	硫化氢	1×10^{-7}	乙酸戊酯	5
乙酸乙酯	4×10^{-2}	甲硫醇	4.3×10^{-8}	癸醛	0.1
丁香酚	2.3×10^{-4}	乙醇	1×10^{-5}	2-甲氧基-3-异丁基吡嗪	2×10^{-3}
柠檬醛	3×10^{-6}	香叶烯	15	1,3-二硫杂茂苯并呋喃	4×10^{-4}

二、嗅觉记忆延迟定理

人体嗅觉对香气信号的感知不是即闻即失，但也不能维持太长的时间，而是具有规律性。举个容易理解的例子：从电影胶片放映速度看如何保持动作连续性，视觉记忆延迟时间是 1/24s，每秒过 24 帧分辨，电影影像就是连续的。嗅觉记忆香气和保持香气信号的时间比视觉长得多。通过反复实验得出，嗅觉记忆延迟的时间间隔是 2.5s。

基于嗅感物质在嗅黏膜上的传导过程，嗅觉记忆延迟定理（盛氏定理[1]）的定义如下：人体嗅觉记忆某一香气的延续时间（间隔）为 2.5s，超出这个范围，如有其他香成分出现，则香气是连续的，否则会出现香气间隔（或称断层）。

如果一系列香气信号是互相交织的，那么该香精的香气是连续的，如图 4.2 所示。

如果一系列香气信号中存在间隔，那么该香精的香气就是不连续的，即出现断层，如图 4.3 所示。

图 4.2 连续的香气

图 4.3 不连续的香气

嗅觉记忆延迟定理揭示了人体嗅觉与香气的内在联系和规律，对调配香精提出了指导性的结论和量化数据，为香精香料行业的发展作出了贡献。

三、嗅觉记忆延迟定理在解决香气断层中的应用

根据嗅觉记忆延迟定理，我们就可以解释本章开头所提出的问题：为什么有些好的香精十分流畅而有些香精闻起来断断续续，不连贯。一个国际名牌香水香精，各个香气信号互相交织，即连续，因此嗅闻时不会有断层，香气是连贯而自然的，而有些刚入门的调香师在设计香精配方时，尚无能力把握香韵丰富且原料组分繁多的香精配方，因此设计的配方原料种类较少。又或者在仿香时，总觉得比标样少了点什么，有点不自然不连续。这些问题用嗅觉记忆延迟定理去解释，即两个香气信号间相距较远，信号间不能互相重叠、交织，便会产生断层，闻上去就会产生香气间隔（或称断层）。一支好的香水香精犹如一曲美妙的音乐，婉转、流畅。而一旦出现香气间隔就像断了弦的琴。

例如，下面两支简单的牙膏香精，两支香精特征香气差不多，但 2 号比 1 号香气自然流畅，因为 2 号香精体现薄荷凉感的原料是薄荷油，薄荷油中除了主体成分薄荷醇外，还有一些微量特征香成分（如薄荷呋喃等），这些成分能够极大地填补香气上的空白，消费者使用

---

[1] 该定理由盛君益创立，故称“盛氏定理”。

时也不会觉得香气生硬了。

1 号牙膏香精：薄荷醇＋香芹酮＋柳酸甲酯＋大茴香脑。

2 号牙膏香精：薄荷油＋留兰香油＋柳酸甲酯＋大茴香脑。

同样的断层一样会出现在配制精油中，主要原因是配制精油的调香师只能模仿某精油的主要成分，难以模仿一系列微量成分，故连接组分的效果欠佳。举一例墨红精油的配方来具体解释（见表 4.2）。

表 4.2 墨红精油配方

英文名称	中文名称	质量分数/%	英文名称	中文名称	质量分数/%
crimson glory rose absolute	墨红净油	0.25	phenylethyl formate	甲酸苯乙酯	0.2
rose oxide	玫瑰醚	0.53	α-damascone	α-突厥酮	0.7
menthol	薄荷醇	0.08	nerol	橙花醇	16.7
geranium oil	香叶油	0.15	phenethyl acetate	乙酸苯乙酯	3
citronellal	香茅醛	0.05	β-damascone	β-突厥酮	1
linalool	芳樟醇	5.83	dihydro-β- ionone	桂花王	2.3
citronellyl formate	甲酸香茅酯	1.6	geraniol	香叶醇	17.3
citronellyl benzoate	苯甲酸香茅酯	0.35	phenyl ethyl alcohol	苯乙醇	14.56
citronella acetate	乙酸香茅酯	2.7	bay oil	月桂油	0.2
neryl acetate	乙酸橙花酯	0.4	methyl eugenol	甲基丁香酚	8
litsea cubeba oil	山苍子油	0.2	clove oil	丁香油	0.2
terpineol	松油醇	0.6	eugenol	丁香酚	1
geranyl formate	甲酸香叶酯	0.65	eugenol acetate	乙酸丁香酚酯	0.45
neryl acetate	乙酸橙花酯	0.8	isoeugenol	异丁香酚	5
geranyl acetate	乙酸香叶酯	1.2	vanillin	香兰素	0.8
citronellol	香茅醇	13.2			

该配方只有 31 种香原料，当中补充了很多墨红精油中的主体和特征香成分，闻上去是具备墨红精油的特征的，但是与上百种成分种类的天然墨红精油相比，配制的墨红精油会稍显生硬，有一些不连贯，主要原因在于配制的墨红精油缺乏天然墨红精油中的一些特征微量成分，这些成分很大一部分只存在于天然精油中，市面上也并未以单体的形式售卖。因此，这些微量特征香成分的缺失，造成了配制墨红精油在天然感上次于天然精油。

那么，如何才能避免香精配制中产生的间隔（断层）呢？根据嗅觉记忆延迟定理，只要一支香精中所有的组分，从头香至基香都能连续地被人的嗅上皮嗅觉感受器捕捉，并且留下的 2.5s 延迟记忆时间段互相交织，就能有效避免断层的情况。在香水香精中，最常用的手段便是加入天然香料（特别是精油）。因为天然香料中的组分可以有效地填补香精中出现的断层，像一根链条一样有机地把各组分串联起来。所以，一些法国著名品牌的香水往往使用较多品种的精油和浸膏，使香精的香气透发、连贯、流畅、圆润。下面就以一款市售的经典香水香精为例（表 4.3），说明天然香料的加入对弥补断层的作用。

表 4.3　香水香精配方

英文名称	中文名称	质量分数/%	英文名称	中文名称	质量分数/%
violet leaf absolute	紫罗兰叶净油	0.06	β-dihydro ionone	桂花王	1.2
lemon oil	柠檬油	4	cyclamen aldehyde	兔耳草醛	0.3
lime oil	白柠檬油	0.1	lilial	铃兰醛	8
cis-3-hexenol	叶醇	0.1	*iso* E super	龙涎酮	7
dihydro myrcenol	二氢月桂烯醇	3.6	γ-undecalactone	γ-十一内酯	0.2
linalool	芳樟醇	9.5	bacdanol	檀香 208	1
linalyl acetate	乙酸芳樟酯	4.5	patchouli oil	藿香油	0.8
neroli oil	橙花油	0.15	hexyl salicylate	柳酸己酯	0.2
citronellyl acetate	乙酸香茅酯	0.4	Acetyl cedrene,vertofix	乙酰基柏木烯	0.5
styrallyl acetate	乙酸苏合香酯	0.27	*cis*-3-hexenyl salicylate	柳酸叶醇酯	0.6
α-terpineol	α-位松油醇	0.3	hedione	二氢茉莉酮酸甲酯	11
benzyl acetate	乙酸苄酯	0.1	galaxolide 50% IPM	佳乐麝香 50%肉豆蔻酸异丙酯(IPM)50%	4
florol	铃兰醚	0.65			
neryl acetate	乙酸橙花酯	0.25	HCA	α-己基桂醛	10
citronellol	香茅醇	0.46	helional	新洋茉莉醛	1.6
nerol	橙花醇	0.1	lyral	新铃兰醛	1.6
δ-damascone	δ-突厥酮	0.15	ethyl vanillin	乙基香兰素	0.1
DPG	二丙二醇	18.3	vanillin	香兰素	0.3
damascenone	突厥烯酮	0.15	benzyl benzoate	苯甲酸苄酯	0.1
geraniol	香叶醇	0.15	Musk T	麝香 T	4.7
benzyl alcohol	苄醇	0.1	benzyl salicylate	柳酸苄酯	2.5
phenylethyl alcohol	苯乙醇	0.12	phenylpropyl cinnamate	桂酸苯丙酯	0.2
BHT	抗氧化剂	0.3	tangerine oil	红橘油	0.1

该香精中，在头香部分使用了较多的柑橘类精油，如柠檬油、白柠檬油和红橘油，营造了清新透发的柑橘香气；又在体香部分少量地使用了橙花精油，橙花精油中丰富的香气组分很好地将配方中的乙酸芳樟酯、芳樟醇等体现木青气的香韵与后段的茉莉、铃兰等花香韵很好地连接，起到了填补与过渡的双重作用，这样的香精给人的感觉就会很连贯很自然。

另外，现代色谱的发展也为我们提供了辨别香精组分的工具。色谱柱的原理，如同一个高效分馏塔，可以把组分一一分开，像常用的 GC-O，就是在 GC 上接一个闻香口，或在尾气出口闻一下，就能达到鉴别某成分的目的。而香气间隔也可以从色谱图中发现，组分之间的间隔如果超过了人体嗅觉记忆延迟的间隔 2.5s，嗅觉体验就会不连贯，某一香气过分突出（俗称化学气冒出来了）。此时，为了弥补香气需要寻找填补断层的原料，调香师可以充分利用滞留指数选择合适时间段的香原料填补香精中的香气“断层”。原则是选用原料滞留时间处于断层两个原料之间，且香气类型要偏于某一方，或介于二者之间，形成一个过渡。比如乙酸苄酯与橙花醇之间可以选用香茅醇，丁酸乙酯与己酸乙酯之间可以选择乙酸异戊酯，不要选用香气特征有别于二者的，且阈值过低、过分透发的香原料。

由此可见，调香中充分理解和运用嗅觉记忆延迟技术，能合理使用并分配原料，使各成分均匀分布（分配），避免香精调配过程中出现“断层”，确保香精的连续性和协调性，令香气透发、柔和、圆润。

第二节　重视微量香成分在日用香精中的作用

若读者读过第二章有关阈值和特征微量香成分的相关阐述，会理解这两个理念对调香的意义。调香时若没有利用阈值理念去探究被仿制的样品，只是从表象上模仿，重表象轻实质，对国外一些公司的香精配制思路不理解，往往会走弯路。对于日用香精的调配，微量香成分和阈值的结合应用仍旧至关重要。很多调香师在仿香时总觉得仿样和标样总有差距，或自己创香的产品香气的细腻度和自然度与国际品牌的产品总有差距，关键就在于无法准确抓住配制香精的关键成分。即使确定了香气的关键成分，在其浓度（即添加量）上不能正确掌握，仍会导致香气走样，例如对阈值理念不理解或不精通，导致香精和加香产品浓度掌握不当，使得若干香成分浓度低于其阈值而无法被人察觉到；或在剖析中香精隐藏的关键成分无法通过感官正确定性，以至选择了错误的替代物，仿配的香精和标样的香气差异就会在加香产品中体现出来。

一、微量香成分在香精中的作用

总的来说，微量香成分在香精中的作用可以概括为“补头，添中和加尾”。只有让阈值低的微量香成分与相关香韵中的香成分相结合，才能让香精香气更透发并更具特色。“补头”指的是补充可以充当头香的微量香成分，它们通常是一些阈值很低的小分子酯类、醛类和醇类物质（例如叶醛、异环柠檬醛和杂环类组分），可使香精头香透发、不沉闷。“添中”指的是添加可以充当体香的微量香成分，例如硫代香叶醇等，它们可以强化香精主体香韵，充实体香中的各个香组分，使香气更协调，特征更突出。“加尾”指的是加入体现基香延长留香的微量香成分，它们通常是动物和植物提取物（如灵猫浸膏、精油，吐鲁浸膏，秘鲁浸膏等）。

所以，香水香精的调香常通过天然香料引入微量香成分，如用天然动植物的提取物，特别是浸膏，与体现头香的精油类香原料构成“一头一尾”式的香气灵魂。这些天然产物中的各类微量香成分既增添了香水香精独一无二的韵味与质感，也使配方得到了加密，同行难以破解。

二、用阈值隐藏关键香成分

图 4.4 所示的某进口香水香精，其所有组分既超过了阈值，也超过了 GC-MS 的检出限，这样的香精比较容易通过仪器分析破解。

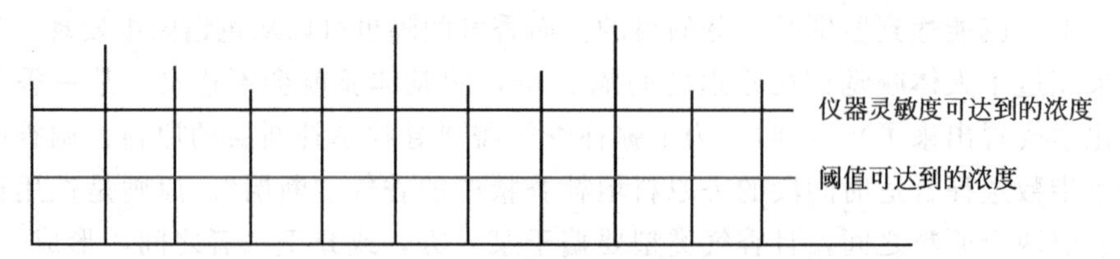

图 4.4 某进口香水香精的组分均高于阈值和检出限

即使所有组分均能被破解的香精，调香师在仿香时若未合理设定添加量，使一些组分的浓度低于阈值，仿样闻上去就会使人明显感觉和标样不一样，如图 4.5 所示。

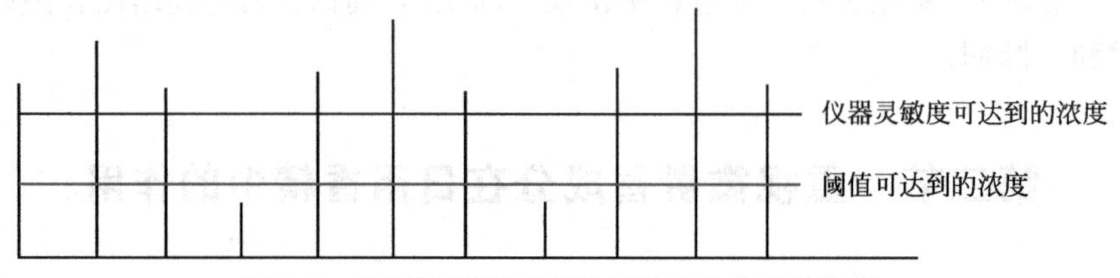

图 4.5 未把握好两个原料用量的香水香精仿样

然而，一些好的日用香精为了防止同行仿香，会利用阈值理论控制香精中一些关键香成分的添加量，使它们不易被破解。一些难以破解的香精，尤其是很难仿样的香水香精，当中一般都会存在几个难以解密的微量香成分。如图4.6所示，该进口香水香精中有两种香原料的浓度高于阈值，可被人察觉，但低于色谱检出限。这样的香水香精经过色谱分析后，其结果中一定会缺失那两种浓度低于检出限的原料。仿香的调香师若不做剖析，即不通过感官评价试图发现这两种原料，则仿出来的香精香气会和标样有一定差距。即使调香师通过剖析，但由于经验和技术生涩，为标样中隐藏的香成分选择了错误的原料或替代品，则仿配的香水香精依旧和标样有一定的差距（图4.7中加粗柱子所示为错误剖析添加的错误香成分，而且它的定量也不对，高于仪器的检出限）。

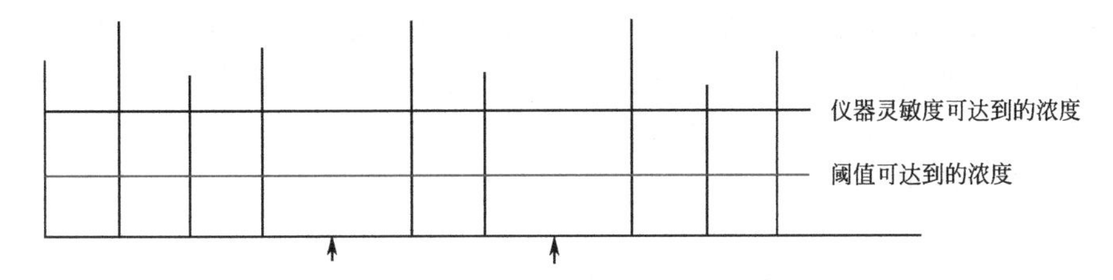

图4.6　未破解隐藏成分的香水香精仿样

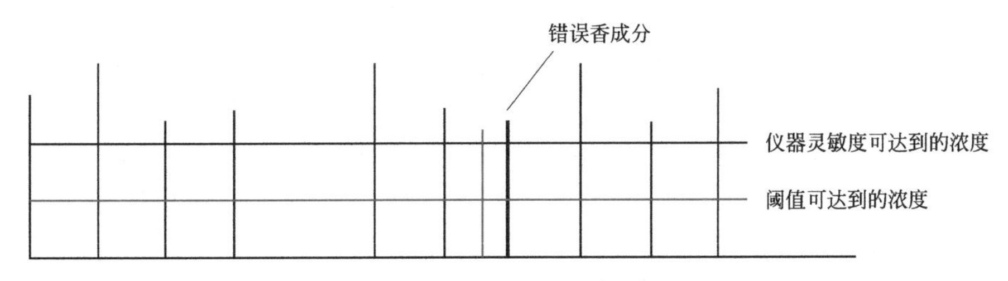

图4.7　错误剖析隐藏成分的香水香精仿样

因此，阈值是破解香精香料秘密的钥匙。若要隐藏香精配方中的某些成分，需要在香精配方中加入几个阈值较低的成分，由于这些成分的阈值很低，恰当调节浓度可以使它们在香水香精中扮演隐藏成分的角色。它们在香精中浓度大于本身阈值，可以闻得到，但低于仪器检出限，一般GC-MS测不出。比如：叶醛的阈值为0.25μg/kg，如要在香水中起到致香作用（假设香精在该香水中用量为10%），其在香精中的用量（浓度）必须是2.5μg/kg或以上，这个浓度一般GC-MS的灵敏度是达不到的，即无法被仪器检测到。

三、破解微量香成分

人的嗅觉灵敏度比当今任何仪器都高，要破解香精中被隐藏的微量香成分，关键在于剖析。调香师要学会利用感官品评，闻出香精中仪器测不出但人可以感知到的香成分。随着现代科技的发展，经过专门训练的调香师可利用GC-O把混合的香组分分开，在TCD出口嗅闻便可以敏锐捕捉到这些微量香成分，从而破解香精配方。

第三节　提高香气细腻度的方式

一、用醑代替一般溶剂

很多调香师把配制的日用香精香气细腻度上不去，仿香配不像的原因归结为国产原料香气不好、品种不多，或是乙醇的质量不好、不纯有杂味，怀疑法国香水中加了特殊成分，或是有特别的方法精制香水乙醇。这其实是一种错误的方法。实际上关键因素在于好的香精，尤其是香水，用了酯作为溶剂。酯闻上去的感觉就像路边栽种了几株茉莉花树，随空气飘来淡淡的茉莉香气。把酯加到一些花香为主的香水中具有特殊作用。比如用茉莉花制成的酯替代乙醇作溶剂，效果就比用双脱醛乙醇作溶剂要好得多，它可以令香水香精的香气更加天然细腻。

美国食品香料和萃取物制造者协会（FEMA）对酯有明确的定义。这里的“酯”并不是很多调香师理解的酊剂（tincture）。虽然酊和酯两者来源都是萃取物，但酊是回收溶剂（乙醇）后残留的部分，它香气稍浓，对香精香气的影响很大，而且容易引起产品的沉淀，质量难以控制，不适合作为日用香精，尤其是香水香精的溶剂。

酯是指把萃取物的溶剂（乙醇）蒸出，收集其中含有许多低沸点的微量成分。例：把乙醇与打碎的甜瓜充分混合，或稍加热回流，滤去残渣，快速将乙醇蒸出（注意，天热时用冷冻水冷却馏出液，防止香成分挥发损失）。该乙醇馏出液的酯就含有淡淡的天然甜瓜味，用来作为甜瓜或其他瓜果、水果香精的溶剂，替代溶剂乙醇，香精的天然韵味会明显改善。

同样在日用香精领域，把香气较好的花朵（茉莉、玫瑰）用乙醇萃取（也可用生产精油过程中的副产物，水蒸气冲蒸得到精油及分得的下层水，利用这些水和花朵残渣，用乙醇萃取）蒸出萃取液，得到酯，用作配制香水的溶剂，替代乙醇，香气韵味就比用乙醇好得多。这些酯在一般日用香精，尤其是香水中都可以使用，用作溶剂的替代物。因为香水香精中或多或少含有花香成分，制备酯需要的鲜花正好含有清淡天然纯真的花香成分，所以用酯替代溶剂不会引起香气不协调。法国的香水就是用酯而不是用乙醇，因此香气质量特别好。

酯能够提升日用香精，尤其是香水天然感的关键原因，在于酯收集的是植物中的香成分，特别是一些很重要的小分子头香成分。这些成分中有许多是低沸点的微量香成分，这些微量香成分对改善香水头香效果特别好。所以，日用香精中用酯替代溶剂提高香气质量的本质，还是在于合理地使用了微量香成分。

另外在制造酯的过程中要掌握两点：一是要较快速蒸馏出萃取物中的酯，避免蒸馏时间过长，造成香成分损失破坏；二是冷凝效果要好，冬天水温低可用自来水冷却，夏天最好用冷冻水，防止低沸点香成分损失。

二、合理利用其他天然香原料的废料

除了酯之外，其他天然香成分的废料若能够有效利用也能化废为宝，改善香精香气质量，特别是提高修饰香气的天然感。

例如，制备精油过程中的水层用溶剂萃取后除去溶剂，加入香精即可充分发挥天然香原料香气和留香的优势，还可以改善香精的质量，提升香精的天然感。此外，制备浸膏过程中的残渣（特别是像茉莉、桂花这类鲜花）也可以用溶剂萃取后综合利用。鲜花制备酯之后的残余部分也可作为净油或浸膏使用。

萃取的溶剂对香成分的回收效果有显著的影响。CO_2 超临界萃取效果好，特别是能较完整地保留天然提取物的头香，缺点是能源消耗太大。乙醚也是一种萃取效果较好的溶剂，但使用乙醚时，在回收溶剂过程中头香损失较大。具体利用废料回收香成分时，要求在密封装置内连续进行，连续进料，连续出料，这样可减少能源的消耗。

第四节　总　结

其实，调好日用香精，无论是利用嗅觉记忆延迟定理使香气连贯流畅，还是用酯或其他天然组分增加天然感和细腻度，其本质都是要重视微量香成分在日用香精中的作用。重视微量香成分对香气连续性的贡献，结合嗅觉记忆延迟定理，便可指导我们选择合适的天然原料适当填补香气中的断层，使香气连贯。重视微量香成分的回收，合理利用酯和其他天然香料的废料替代传统的溶剂，便可提高香精的天然感和精致度；利用微量香成分，根据阈值原理合理规定添加量，便可加密配方，使香精难以破解。但同样地，利用剖析技能解析微量香成分的浓度与其阈值和仪器检出限的关系，便可在仿香时破解配方中的关键组分并合理定量，添加微量成分产生特异效果，提高仿香的相似程度，使日用香精的香气连贯、自然、细腻。

现代调香人员大多受过高等教育，有扎实的有机化学功底，只要努力提高调香技能，特别是闻香、辨香、记忆香气能力，摆脱对仪器的依赖，努力熟悉、积累各种香原料的香气、理化特征、结构与香气的关系等内容，理解阈值理念，勤于做精油整理和掺假鉴别的工作，就能在剖析中对微量香成分的破解游刃有余，从而调好日用香精。

拓展阅读

用香水修饰年龄

不知你是否有这样的体验或认识：人体气息会随着年龄变化。不同年龄段的人气息各有特点。

年龄与人体气息存在关系，原因在于不同年龄段的人，其身体内的酶是不同的。不同年龄段的人通过DNA和人体造血干细胞产生不同类型的酶，不同的酶参与酶促反应会生成不同的物质，这些物质散发的气息便会不同。不同的酶使不同年龄段的人对脂肪的分解能力和模式不同，这导致了被分解的脂肪酸变成了不同组合的小分子，它们构成了不同年龄段人群的特征体味。又如重体味人群，他们体内的酶分解脂肪能力特别强（一般人群分解脂肪的能力是有限的），通过分解在皮肤表面生成了大量的丁酸和戊酸，这就是重体味的原因。

人可以通过技术手段改变外表外形重塑青春形象，但无法通过自身力量改变体味。这与内分泌有关，与人体随年龄的增长生成的酶的种类不同有关。人随着年龄的增长，无法改变内分泌的变化，无法控制自身生成的酶的种类。

目前掩盖体味变化、焕发青春气息或成熟气息的方式主要是喷香水。

人也是动物，本身是自然界生物链中的一环，食动植物而生存，与动物植物相同相近。人类通过酶的作用摄取养分产生体味，植物的芳香也是通过酶的作用产生，所以人的体味中就包括动植物的分泌物和分解物，人体气息也会体现动植物的特性，融入自然才有生气。按照这个道理，调香师便可用动植物提取物模仿人体的各种体味（体香），依靠动物的分泌物（麝香、灵猫浸膏等）和植物分泌物（精油、浸膏等）模仿出不同性别、不同年龄段的体味。

调香师利用动物分泌物和植物分泌物在香水调香中模仿人类喜欢的体味的原则是：当头香和体香挥发后，留下的基香要能充分体现所要表现人群的体香，不同年龄段的体味特征要通过动植物提取物的搭配来实现。

女用香水可用麝香、灵猫的动物香，搭配玫瑰花油、白兰花油、桂花浸膏等植物提取物，让香水的余香体现如花似玉的青春少女气息。所以体现青春少女气息的香水应适当加入一些动物和植物成分，这些成分可以是动物净油、浸膏，植物精油、浸膏，树脂等。

男用香水可用麝香、灵猫的动物香，搭配桦焦油、香根油、藿香油的沉稳木香和烟熏气息，或加入一些体现青香的精油，让香水的余香体现成熟男士的阳刚气息。其中，灵猫香既可以用天然灵猫浸膏，也可采用奇华顿公司较便宜的灵猫香基。

因此，正确使用天然产物，在香水中合理融入动植物原料，与自然“接地气”，对调配高档香水、创造青春或成熟气息至关重要。

第五章

板块调香技术在食用调香中的应用

美国调香师对
部分最新食用
香料的感官评价

第一节　板块调香理论

一、从集装箱到板块调香技术

板块式调香，是由集装箱和集成电路引申出的一个调香方法。集装箱实行分类集中（分散收集、集中运输、就地派送，降低了成本，提高了效率，彻底改变了传统的散装货轮杂乱低效的模式），板块理论与集装箱有异曲同工之处，把相似香气类型的香原料整合在一起，可以有效发挥各功能香型板块的作用和能动性。

二、板块调香技术的内涵

板块式调香是国外近年来流行的调香术。是功能块调香法（即第二章所讲的主香剂、协调剂、变调剂、定香剂）与缝制法的有机结合。所谓缝制法，指的是板块的来源，它的原理是将香精看成一件衣服，每个板块犹如衣服的袖子、口袋、衣领等部件，各个衣服部件组成起来就成为一件衣服。根据各香精的香气特征，把各个板块组合起来就成为一个香精。例如，一个肉味香精配方可拆分为合成香料调配板块（可以类似视为一个香基），天然提取物板块（如虾香精中的虾提取液、天然产物等），酶解物版块（如虾干、虾壳酶解物等），咸味香精还有美拉德反应板块等。而功能块调香法，在板块式调香中的作用，就是确定各个香原料在香味表现上的作用，帮助调香师具体选择合适的香原料，确定配方。每一个大板块，还可以根据香气特征的不同，划分成若干的小板块，每个小板块里的香原料都具有相似的香气。把几个香气类型相似的香原料，适当调配组合，成为一个具有独特功能的板块（或称香基）替代某些具有相似功能的单体原料、香味特征或具有一定的香型。调香师可以根据调配产品的特点和需要，对各功能板块以及板块中的原料用量进行分割调整，比如青香板块，可以通过调整板块中原料的种类和用量制成重青香、偏青香、轻青香、微青香等板块；果香板块可以偏甜香或偏青香，不同的调整用于不同类型的香精中。每个板块既可看作某种香气类型的复合体，又可以看作单一香气香型的代表体，这些板块可以像拼接裁衣那样，进行拼装，用于不同类型、不同产品种香精的调配，调香师按需要有机搭配板块，并变换各个板块中原料的用量比例，组合成理想的香精，以达到期望的效果。调香师可以逐步积累和建立属于自己的调香板块，随时调整，提高调香的质量。

在板块式调香设计的香精配方中，构筑该香精的香气特征板块，通常由一个特征香基，或由一个起相似作用的香精担当，其中香原料，主要是合成香料起关键作用，而在该特征香基中起核心作用的是体现该香精香气的特征性香料，比如黄瓜香精中的反-2-顺-6-壬二烯醛，菠萝香精中的3-甲硫基丙酸甲酯（菠萝甲酯）、己酸烯丙酯，大米香精中的2-乙酰基吡咯啉，香菇香精中的1-辛烯-3-醇、1-辛烯-3-酮，大蒜香精中的二烯丙基二硫醚，羊肉香精中的4-甲基辛酸、4-甲基壬酸等。其他板块围绕该中心，起辅助和衬托的作用，比如青香、甜香、奶香、花香、果香和辛香等板块，或为增添其他功能，比如口感调节，香味增效，香味前驱体等。

板块式调香中原料的定量，根据主香剂为主、协调剂为辅、变调剂微调修饰、定香剂打底原则，参照阈值大小，合理确定使用量。

三、板块调香技术的优点

板块式调香是功能块为基础的调香模式，功能块以同类型香气特征原料组合而成。调香师在调香时，首先要了解该香精的香气分路（该香精的香韵组成）。传统的方法是，选择一系列具有这些特征香气的原料逐一拼接、调整，最终形成一个完整的香精。后来发现这种方法比较单一，特征香气的香原料不容易掌握，特征虽然明显，但用量稍一过量这种香韵就会“过头，窜出”，也就是过于突出了，反之又会显得压抑，发挥不够充分。但用一组香气特征相似又互补的原料，构成一个板块，替代某一特征香原料，兼顾各种香原料的特性，取长补短，根据需要先在某一板块内调配，以期得到一个符合调香需要的特征香气组合体，将该组合体（板块）配入香精之后，观察效果，各原料间的香气可以根据需要任意调整。若某一类型香气不理想，只需对该板块香原料适当调整，同一板块中的香原料互补，避免了由一个香原料决定某一香气特征的不足，不至于牵一发而动全身，也克服了单一原料香气较单薄的弊端。

依据板块式调香的理念，原本单一的香原料在香精配方中是具有专一性的，只能在头香、体香、基香中担当一个角色，但在板块式调香中，同一香韵或香型的板块可以选用不同作用的原料进行组合，使得该特征板块的特征香韵能在香精的各时间段发挥本身特有的作用。一个好的香料板块，其实际效果优于原来单一的香原料，这些板块可以体现各种功能特性和特征香味，使香型更显丰满浓郁。这样配出的香精就更丰富，充实，有韵味。

板块式能够提高调香效率，使调香更方便更快捷。调香师依据各特征板块，选择合适香气香味的原料进行组合，就需要逐一熟悉各板块中香料的香气特征，进而熟悉各个板块的香气特征。正确选择香原料，适当分类组合，可以加强调香师对原料和香气之间的关联的认识和理解。初学的人也容易掌握香精各功能块，从感性上加深对每个版块作用的理解，经常接触使用，集中发挥各种类型香原料的功能，日久便能得心应手。这对提高调香技术水平很有帮助。

调香师利用板块调香法，可以快速修改香精配方中的不足，便于理清思路、有的放矢。按照板块系统考虑，有利于集中香精在调配时香气香味上的问题，防止遗漏。此外，前面讨论过，为防止嗅觉记忆延迟中出现断层，需要加入一些原料来填补香精配方中的空缺位。利用板块调香法插入填补嗅觉断层的香原料，可在各板块中选择不同时间段的单体原料，特别是主体特征香气板块。这样，在各板块中，各时间段单体原料合理分布，有机衔接协调，就可使各个香韵的香气连贯，从而使整体香气连贯自然。

食用香精包含香和味两层意思，要使食用香精完整反映出物质本身的精髓，就要从香气和香味两方面体现出来。举个例子，国外很流行一种说法：Boiling 1 minute **smells** coffee flavor，boiling 3 minutes **tastes** coffee flavor（煮咖啡一分钟，仅提取了咖啡的香气，煮三分钟，就提取了咖啡的香味，两者结合才能还原咖啡原来的面貌）。咖啡在大部分民众心目中就是焦苦味，但其实不然。咖啡过度萃取，才会产生焦苦味。避免过度萃取，并把咖啡香气和香味发挥到极致，才会带来香气和味道上的享受。所以说，只有香或味的香精是片面的，只有将香气和香味整合充实，才是完整的。而板块式调香，就能够比较直观地解决这个问题，以一个或两个板块的形式体现香和味的概念，避免以前调配时对呈味物质的疏忽而产生模糊不清的状况。

第二节　板块调香技术的适用领域

天然食品中的香味化合物，是由食品中的某些物质在生长、存放或加工过程中发生一系列复杂变化而产生的，其形成途径主要有 4 种。

① 在生长或存放加工过程中，香味前驱体经酶促降解、水解、氧化反应产生，如水果、蔬菜、茶叶、干香菇等的香味。

② 在加热过程中，通过一系列热反应和热降解反应产生，如各种烘烤食品、蒸煮食品、油炸食品、咖啡、肉制品等的香味。

③ 由发酵产生，如奶酪、酸奶、葡萄酒、啤酒、白酒、酱油、醋、面包等的香味。

④ 由氧化产生，如 β-胡萝卜素氧化降解，生成的茶叶香味（成分有茶螺烷、β-紫罗兰酮、β-突厥酮）以及脂肪氧化产生的香味。

板块式调香，在某种意义上综合了上述 4 种香气味产生的方式，将不同来源的香气味综合在一起，整体效果往往优于某一部分。板块的形式可以多种多样、灵活变通，但基本原理是一致的，即把错综复杂的配方原料，按各部分不同功能以及各自的香气特征和香型，有机组合起来。调香师只要掌握第二章介绍的基本调香技能，然后根据不同需要和目的，组建并选取板块，并适当调整板块内的组合内容，就可使食品香精更加完美地体现出具有天然感的香气和香味。当然一切设计以实际效果为准，也要考虑制备具体条件是否合理方便。

接下来笔者将通过介绍板块式调香在常用的肉味香精、甜味香精中的应用，充分阐释该方法在香精配方设计中起到的作用。

第三节　特征性功能板块

一般香精的调配不难，调出某种需要的香气也不难，但要突出某些特性却不容易。为什么一些香精平淡无奇，无法一下子明确是哪一种哪一类香精，往往要他人提醒方可领悟？为什么这些香精香气往往显得一般、无特色，特别是体现某些天然水果、鱼、虾、肉、鸡和鸭等的一些特性时，就平平淡淡、苍白无力，缺乏特色和天然本色，特别是缺乏它们的某些特征？比如，某些柑橘香精的果肉、果汁、果皮的特性无法发挥和显示出来。为什么一些大公司在这方面投入很多，专注于研发，能创造出一批各具特色的香精产品？其实这些问题都可以通过一个新的理念得到解决，即特征性功能板块。

建立特征性功能板块，就是为了解决一般香精在调配后显得比较平淡、缺乏特征的问题。功能板块具有很强的针对性，它能有效增添弥补一些所需要或缺失的香气香味特征。要把某一种香味的特性表现得淋漓尽致就需要为它量身定制一个特征性功能板块（以下简称功能板块）。功能板块是板块调香中的一部分，它仅用来修饰香精的某一特性，使香精香韵得到改善，提升品位，或改变某些特性。调香师可以在香精基本成型后选择合适的、相对应的特征性功能板块进行组合，以突出某食品的某些特点。

一、功能板块的原理

功能板块不是依靠某一原料单独发挥作用，而主要以天然原料为组分，因为它们本身具有模仿天然产品所共有的“共性”。在此基础上再添加一些特殊功能的原料，这些原料可以是合成的单体原料，也可以是提取自天然香原料的某些“灵魂”成分（而这些香成分往往在合成香料中难以获得）。一个功能板块可以通过调整扬长避短，充分突出和体现某一特性。

一般调香师很容易把功能板块与普通香基混淆起来。事实上，功能性特征板块与普通的香基有本质的区别。打个比喻，普通香基相当于医学中的遗传基因，而特征性功能板块相当于化妆美容，可以修正、填补缺陷，提高整体美感。

二、功能板块的组建

构筑功能板块的初衷，是为了更好地体现香精的特征，特别是在某一方面的特性能有别于同类型的香精，使香精既有共性又有特性。通常一个功能板块中的原料大多数成分具有通用性，出自某个普通配方类型，但其中还会夹杂有 1～2 个十分关键的香原料，它们对该板块具有画龙点睛的作用必不可少。

构建功能板块时，一般需要以天然原料为基础，配以具有特殊功效的合成香料，组成一个可以创造特异效果的板块。所以功能板块可以是纯天然的，即取材自某些天然香料，也可以是天然加合成原料共同组成的。一般即使是取自天然的成分，也要进行适当的调配，才能构成某一功能块，以满足特种功能需要（比如柠檬果汁、果叶果肉、柠檬羰基化合物等板块）。

举例说明功能板块如何构成：紫罗兰叶净油、橘油萜、藏红花油、金雀花油、印蒿油、布枯（叶）油，它们既可以单独使用，使香精具有透发、圆润、连续的效果，也可以经过调配，即加入一些具有特殊作用的合成香料，共同打造出一个崭新的功能板块，该板块的性质明显优于原来的天然香料和加入的合成香料。

当功能板块具有一些优质特性之后，往往还需添加某些成分进行整合和强化，比如将乙基麦芽酚，或一个含有乙基麦芽酚的香基，作为该功能板块的一部分。有时还要选用一些不挥发的成分，像生物酶、果胶、胶原蛋白、蛋白质、还原糖、生物碱等，不仅可以增添香味，而且它们是不挥发物质，很难通过 GC-MS 分析破解。

另外，有的功能板块中还会使用一些反应产物，比如美拉德反应物、白脱、脂肪酶解产物、植物蛋白的发酵产物，以及一些天然物的氧化产物，这些物质本身不仅有香气，还有香味，甚至可作为呈味物质添加，可以有效整合使创造的食品香精更趋天然化。

三、功能板块的选择

一个香精可由一个或多个功能板块组成，比如天然（提取物）板块、合成香料板块、反应物板块、呈味板块等，它们有的侧重于香气的调节改善，有的偏重于香味强化，调香师选择这些功能板块时要有一定的理论依据。这些功能板块的效果经试用和检验之后才能确定，所选用的功能板块要与被受体（被修饰的香精）协调、不冲突，改善原香精特性，使之更有特点而不是变调，切勿随意决定是否使用某功能板块。

四、功能板块的剖析和模仿

功能板块仿制的前提是剖析，要想剖析一些大公司优秀香精中的功能板块，首先要了解这些板块的功能作用，包括它们的结构组成，然后寻找合适的香原料（天然的、合成的、美拉德反应物、酶解反应物等）进行调配。剖析一个功能板块和构建一个功能板块的思路是相同的，即要抓住其灵魂部分，要搞明白哪些原料赋予板块这些特征，哪些原料在其中起关键作用。在此过程中会发现一些未知原料，这也很正常。在剖析一些著名的功能板块时遇到几个陌生成分是不足为怪的，不必着急，因为对于一些好的香精产品，生产公司都会出于加密配方的需要将一些未公布的、自行设计和制备的香原料用在板块中，使其他企业难以仿制。这些原料大多是供应商的内供原料，一般的 GC-MS 谱库中是没有注册的。但这可以用 GC 的 TCD 出口嗅闻的方法或电子鼻来解决，调香师了解其香气特征之后便可寻找与之相适应的原料替代。有时找不到对应的原料也没关系，可以用几个合适的香原料模仿其香气配制一个香基，一次二次调配，不一定会得到理想的结果，有差异是正常的，可以继续进行调整修饰。这时就需运用第二章的调香基础技能进行修饰调整，直至满意。

一些功能板块难以剖析模仿的另一个主要原因，在于关键成分的隐蔽，这些关键成分阈值低，在香精中或加香产品中的含量低于仪器检出限，不易被仪器检测出，比如生物酶、蛋白质、胶原蛋白、脂肪……它们在配方中起到催化、增效和强化香味的作用。而且这些组分以功能板块的形式加入香精后，同行是很难从配好的香精中识别出来的，这样就达到了保密配方的目的。

综上所述，没有特征的香精往往显得枯燥、乏味和平淡，没有生命力。而单独用一两个原料来体现香气特征的香精，不但容易被别人破译，也会显得单薄，不够生动有力，不够丰满有灵性。而功能板块通过选用能体现和产生这些特征的香原料，有时往往要用几个原料复配成一个能体现这些功能的组合，抓住香精某些特征香气从而把这些特征表现出来，起到事半功倍的作用。

第四节 用板块调香设计肉味香精配方

肉香味是指各种肉类（如猪肉、鸡肉、牛肉和羊肉等）在加工或烹饪过程中所产生的香味成分。影响肉香的因素很多，其中肉的种类、加工和烹饪的温度是最为重要的影响因素。加热方式和加热时间的长短、烹饪过程中所加入的辅助辛香料和调味料，也对肉类香的形成有很大影响。换言之，肉香的产生，主要取决于加工和烹饪过程中发生的各种美拉德反应、各种脂肪及氨基酸分解和分解产物的互相作用，以及加入的其他辅料共同作用。这也是造成肉香成分复杂的原因。肉香在很多情况下与含硫化合物（如含硫呋喃类化合物 2-甲基-3 呋喃硫醇）有密切关系。

一、板块划分

肉味香精的板块式调香可以用下列形式表示：

① 肉味香精调配板块，主要成分为合成香原料，可以把这部分看成一个香基的形式。

② 肉类（猪肉、牛肉、鸡肉）酶解物。

③ 肉类香精美拉德反应物，即以酶解产物、氨基酸、葡萄糖衍生物为原料的美拉德反应物等。

④ 肉类提取物。例如鸡肉浸膏、鸡汁、鸡油、牛肉浸膏、牛油、猪肉浸膏、虾油、鱼油及虾和鱼的溶剂提取液等。

⑤ 辛香料。例如姜粉、大蒜粉、辣椒、油树脂、姜油树脂、洋葱汁、姜汁等。

⑥ 精油。例如芫荽籽油、桂皮油、肉豆蔻油等。

⑦ 防腐剂。例如 BHA、山梨酸钾等。

⑧ 水解植物蛋白。如酵母粉、羧甲基纤维素（CMC 粉）等。

⑨ 调味料（呈味物质）。如鸟苷酸、肌苷酸、味精、盐等。

⑩ 辅助原料。包括香味增效剂、香味前驱体、口感调节剂等。

⑪ 溶剂。常用的包括乙醇、丙二醇、三醋酸甘油酯、植物油等。

⑫ 瞬时反应物。瞬时反应物是一类用来增添香精的某种特殊气味，比如用于桃子香精和肉味香精的反应物（增添肉香和维生素气息）。

其中，肉味香精调配板块，又可细分为若干个香韵特征板块，具体有特征肉香板块、油炸/焙烤板块、脂肪香板块、葱香板块（洋葱和大蒜等）、辛香板块、熏香板块和干酪香板块等（见图 5.1）。

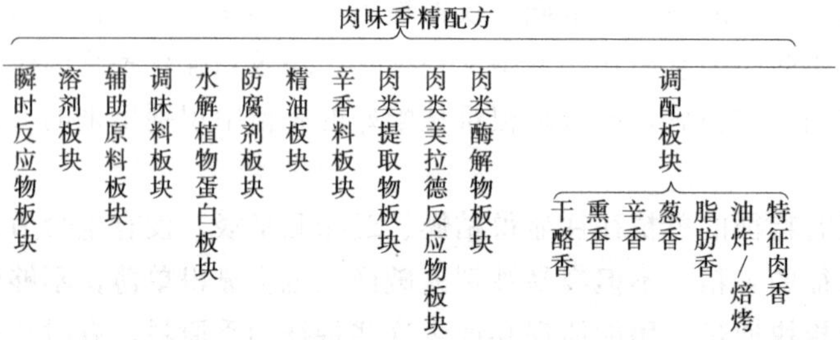

肉味香精配方
- 瞬时反应物板块
- 溶剂板块
- 辅助原料板块
- 调味料板块
- 水解植物蛋白板块
- 防腐剂板块
- 精油板块
- 辛香料板块
- 肉类提取物板块
- 肉类美拉德反应物板块
- 肉类酶解物板块
- 调配板块
  - 干酪香
  - 熏香
  - 辛香
  - 葱香
  - 脂肪香
  - 油炸/焙烤
  - 特征肉香

图 5.1 肉味香精配方中常见的板块

需要注意的是，并不是每一种肉味香精中的配方都必须集合这十二种板块，调香师需要按照实际情况，按需分别构筑板块，综合组合，将相应板块纳入配方中，切不可生搬硬套。要兼顾各板块之间香气、香味和实际效果，综合调整。

此外，本章概念部分提出，板块式调香法可以将“香”和“味”的概念用板块体现出来，从而调配出既有香气又有香味的食用香精，这在肉味香精的板块中可以直观体现。调配板块中的各个子版块都是由体现该子版块的特征香气原料构成的，这一板块可以赋予香精各种特征香气。而美拉德反应物、酶解物、肉类提取物等板块则可以增效香味，作为肉味香精的体香和基香，使整个香精更加丰满、协调、有滋有味，在需要加热的食品诸如火腿肠、烤肉、膨化食品的香精中常用，能够起到很好的定香、留香作用。

另外，天然提取物可使整体香精的天然感更强，辅助原料板块则可以抵制不良气味的产生。总之，所有的板块经过有机整合，经过合理选取并科学定量，就能够充分发挥各板块的功能，可使配出的香精有逼真诱人且协调浓郁和丰满的香气和香味。

二、调配板块配方实例

在板块式调香设计的配方中，调香师最需要花心思的部分，也是难度最高的部分，就是调配板块，这一板块需要调香师在熟练掌握第二章基础技能的基础上，设计具有某种香气特征的香基。在肉味香精配方中，配制板块通常是由合成香原料调制而成，它们通常在整个肉味香精中充当头香和体香。调香师需要将各种不同香气特征的香基互相组合，形成逼真而天然的烹饪肉类香气。关于不同香气特征的子板块中常用的香原料，读者可以参考第二章中的“食品型香味的关键性食用香原料”部分。这里直接给出一些体现不同肉香的板块配方（表5.1～表5.9），供读者参考。

表5.1　烤牛肉调配板块配方

原料	质量分数/%	原料	质量分数/%
呋喃酮	1	油酸	0.05
呋喃酮-2-酸酯	0.35	蒸馏姜油	0.02
乙基麦芽酚	0.36	反,反-2.4-癸二烯醛	0.002
3-巯基-2-丁酮	0.09	肉豆蔻油	0.06
3-巯基-2-戊酮	0.03	甲基环戊烯醇酮	0.4
2-甲基-3-呋喃硫醇	0.07	乙酰基甲基原醇	0.05
双(2-甲基-3-呋喃基)二硫醚	0.07	桂皮油	0.005
大茴香醛	0.02	癸酸	0.01
2,3,5-三甲基吡嗪	0.06	正辛酸	0.01
5-甲基糠醛	0.0028	二糠基二硫	0.04
2-甲基四氢呋喃-3-硫醇	0.002		

表5.2　烤牛肉（浓缩版）调配板块配方

原料	质量分数/%	原料	质量分数/%
呋喃酮(10%)	8.435	油酸	0.295
乙基麦芽酚(5%)	0.37	乙醛	0.23
3-巯基-2-丁酮	7.4	孜然树脂精油	0.885
3-巯基-2-戊酮	3.775	甲基环戊烯醇酮(5%)	0.445
2-甲基-3-呋喃硫醇	5.995	4-乙基愈创木酚	1.48
双二硫醚(10%)	7.92	桂皮油(5%)	0.205
4-甲基-4-巯基-2-戊酮	3.11	生姜精油(10%)	0.67
大茴香醇	2.07	反,反-2,4-癸二烯醇(5‰)	5.92
5-甲基糠醛	2.39	二糠基二硫	0.04
3-巯基-2-丁醇	2.44	肉豆蔻树脂精油(10%)	0.12
2,3,5-三甲基吡嗪	6.515	2,5-二甲基吡嗪	2.81

表5.3　酱牛肉调配板块配方

原料	质量分数/%	原料	质量分数/%
2-甲基-呋喃硫醇	0.02	2-甲基四氢噻吩酮	0.04
2-甲基-3-基呋喃	0.02	二糠基二硫	0.03
桂皮油	0.04	硫醇	0.05
3-巯基-2-丁醇	0.08	2-甲基四氢呋喃-3-硫醇	0.01
3-甲硫基丙醛	0.05	4-甲基-5-(β-羟乙基)噻唑	0.15
乙酰丙酸甲硫基丙酯	0.12	α-甲基-β-羟基丙基硫醚	0.03
肉豆蔻油	0.08	丙酮酸	0.34
甲基环戊烯醇酮	0.52	丁酸	0.11
乙基麦芽酚	0.13	4-乙基愈创木酚	0.04
4-甲基-4-糠硫基-2-戊酮	0.06		

表 5.4 猪肉（浓缩版）香精调配板块配方

原料	质量分数/%	原料	质量分数/%
α-甲基-β-羟基丙基-α′-甲基-β′-巯基丙基硫醚	10	3-巯基-2-丁醇	10
4-甲基-4-糠硫基-2-戊酮	18	4-甲基-5-乙酰氧乙基噻唑	5
α-乙酰基吡嗪	2	α-甲基吡嗪	0.85
4-乙基愈创木酚	2.4	丙酮酸(10%)	3
巯基丙酮	0.65	呋喃酮(10%)	5
大茴香醛丙二醇缩醛	1.55	α-乙酰基噻唑	1
丁酸	0.2	油酸	0.5
3-甲硫基丙醛	0.65	乙酸(10%)	2.15
乙基麦芽酚(5%)	5		

表 5.5 红烧猪肉调配板块配方

原料	质量分数/%	原料	质量分数/%
α-甲基-3-甲硫基呋喃	0.05	3-巯基-2-丁酮	0.2
丁酸	0.5	2,3,5-三甲基吡嗪	0.11
桂皮油	0.25	大茴香醛	0.05
双(2-甲基-3-呋喃基)二硫醚	0.01	4-甲基-5-(β-羟乙基)噻唑	0.45
呋喃酮	0.1	乙基麦芽酚	0.15
4-甲基-4-糠硫基-2-戊酮	0.08	糠基硫醇	0.02
α-甲基-β-羟基丙基-α′-甲基-β′-巯基丙基硫醚	0.02	4-甲基-4-糠硫基-2-戊酮	0.08
3-甲硫基丙醇	0.1	δ-癸内酯	0.07
3-甲硫基丙醛	0.1		

表 5.6 鸡肉调配板块配方

原料	质量分数/%	原料	质量分数/%
二甲基二硫醚(99%)	0.002	4-甲基-4-巯基-2-戊酮	0.002
乙酰基甲基原醇	0.036	戊二酮	0.054
3-巯基-2-丁醇	0.025	α-乙酰基吡嗪	0.085
3-甲硫基丙醛	0.04	乙基麦芽酚(国产)	0.25
肉桂醛(进口)	0.16	丁二酮(80%)	0.02
巯基丙酮(二聚)	0.05	4-甲基-糠硫基-2-戊酮	0.22
双(2-甲基-3-呋喃基)二硫醚	0.016	α-甲基-3-巯基呋喃	0.06
反,反-2.4-癸二烯醛	0.082	蒸馏姜油	0.082
1-辛烯-3-醇	0.001	大茴香醇	0.001

表 5.7 鸡肉（浓缩版）调配板块配方

原料	质量分数/%	原料	质量分数/%
3-巯基-2-丁醇	23.75	二聚巯基丙酮	7.5
噻唑醇(硫醇)	17.5	γ-十二内酯	0.5
2-甲基-3-巯基呋喃	5.25	2,4-癸二烯醛(5%)	6.75
呋喃酮(10%)	4	2,4-壬二烯醛(5%)	3.75
己醇	1.25	2,5-二甲基吡嗪	1.25
2-乙酰基噻唑	1.5	2,3,5-三甲基吡嗪	1.5
蒸馏姜油(纯)	1.0	3-甲硫基丙醛	0.5
小香葱油(纯)	12.5	3-甲硫基丙醇	0.75
大茴香醛	0.25	1-辛烯-3-醇	1.25
双二硫醚	1.25	壬醛	1.25

表 5.8　虾肉调配板块配方

原料	质量分数/%	原料	质量分数/%
虾油露(纯)	36.5	三甲胺(30%)	1.15
黑胡椒树脂精油(10%)	4.55	丁酸(10%)	23
白胡椒树脂精油(10%)	3.15	芫荽籽精油(5%)	2
四氢吡咯(1%)	0.55	肉豆蔻树脂精油(10%)	0.5
桂皮油(5%)	0.30	虾肉香基(芬美意)	32

表 5.9　海鲜香精调配板块配方

原料	质量分数/%	原料	质量分数/%
N-(3-甲硫基丙烯基)-哌啶	1.4	*N*-(3-甲硫基丙烯基)-2-乙胺	1.2
苯乙胺	2.4	四氢噻吩-3-酮(5%)	1.6
四氢吡咯	0.48	2-甲基吡嗪	1.6
α-乙酰基吡啶	0.28	水性辣椒油(韦成,10%)	0.6
2,4,6-三甲基-1,3,5-二噻嗪(10%)	0.6	肉豆蔻树脂精油(10%)	0.6
莳萝醛(1%)	0.2	甲基环戊烯醇酮(10%)	3
二氢呋喃酮(10%)	3	黑胡椒油(宏芳)(10%)	25
乙基麦芽酚(5%)	2	白胡椒油(韦成)(10%)	10
4,5-二甲基-2-乙基甲硫基噻唑啉	0.8	冷榨姜油(北大正元)(10%)	8
丁酸(10%)	2	花胡椒树脂油(10%)	2
芫荽籽油(10%)	1	虾肉香基	5

三、辛香料板块中常用的原料

肉味香精中，辛香料板块常用的原料有八角、肉桂、葱、姜和大蒜等，也可以使用它们的粉末制品，常使用它们的精油，如葱油、大蒜油、姜油、芝麻油、花生油、肉桂油或它们的调和香精。此外还有胡椒、肉豆蔻、芫荽籽、芹菜籽、众香子、芥菜籽和丁香等。

不同于一般的肉味香精，在海鲜香精中，还要加入少量的酸起修饰作用，使香气更透发，使整体香气更丰富。

四、肉类提取物板块中常用的原料

肉类提取物能够赋予肉味香精更真实的香味口感，常用的原料有浸膏、提取液和油类、粉类。以虾肉提取物为例，常用的有虾粉、虾肉浸膏和虾油等。

虾粉的制备方法为：将烘干或晒干的虾打成粉状。虾肉浸膏则用乙醇、丙酮、乙醚等溶剂，萃取虾或虾生产过程中的下脚料，萃取液过滤浓缩，即得虾膏（回收的溶剂，可下次重复使用）。而虾油可以从虾制品直接分离得到，也可以用植物油萃取虾干、虾粉得到。

这些天然提取物，可以在最终产品中以单独板块加入，也可以混合于美拉德反应物中，以增添天然感。

下面就以虾味香精为例（表 5.10），展示肉味香精各个板块是如何组成一支完整的香精的。

表 5.10 虾味香精配方

板块	原料	质量分数/%
肉类提取物板块	虾粉	5
	虾油露	8.5
植物水解蛋白板块	水解植物蛋白	5
	氨基酸组合	2.5
调配板块	苯乙胺	0.25
	四氢吡咯	0.01
	α-乙酰基吡啶	0.1
	2,4,6-三甲基-1,3,5-二噻嗪(10%)	0.08
	莳萝醛(1%)	0.02
	二氢呋喃酮(10%)	3.75
	乙基麦芽酚(5%)	1.25
	4,5-二甲基-2-乙基甲硫基噻唑啉	1.5
	N-(3-甲硫基丙烯基)-2-乙胺	0.5
	四氢噻吩-3-酮(5%)	0.75
调味料板块	I+G	1
	味精	1.7
精油板块	辣椒精油(10%)	1.5
	芫荽籽油(10%)	2
	生姜油树脂(30%)	0.2
	姜粉	2
辅助原料板块	黄原胶	0.6
美拉德反应物板块	虾味热反应香料	61.76
防腐剂板块	山梨酸钾	0.03

第五节 用板块调香设计甜味香精配方

对于大部分的甜味香精而言，香精的板块可以划分为以单体香料为主的调配板块、天然提取物板块和溶剂板块等，一般不考虑热反应、酶解香料等板块，这样的板块划分过于简单，不利于调香师掌握甜味香精的调配。因此，甜味香精配方一般按照香韵的不同拆分成若干个板块。初学者通过熟悉不同类型香精中的香韵板块，自行组合，适时选用，逐步掌握每一种甜味香精的调配要点。并利用特征性功能板块理论，将原本由几种原料体现香精特征的方法转变成用天然原料（或加上合成原料）组成一个或若干个特征板块，从而增进香味、增强口感，并在此基础上补充其他的修饰香韵板块。

一、用板块调香设计巧克力香精配方

传统的巧克力香精常用可可粉酊和香兰素等原料来配制，但香气比较单一，现在的巧克力香精，更多的使用可可浓缩物，同时增用可卡醛（5-甲基-2-苯基-2-己烯醛）、异戊醛、异戊醇、苯乙酸、苯乙酸乙酯、苯甲醛等以增强可可香韵，并加入麦芽酚、十二酸、十四酸、丁酰基乳酸丁酯（双丁酯）、3-羟基-2-丁酮等辅助性原料。乙基香兰素、香兰素等可以增加奶香，还会用2,3-(或2,5-或2,6-)二甲基吡嗪、2-甲基吡嗪、2,3,5-三甲基吡嗪、2-乙酰基噻唑等增加烘烤香，这样将会进一步提高巧克力香精的质量。

近年来，巧克力香精配方越来越习惯以板块式调香解读。把单一体现巧克力特征的香原料以一个板块的形式代替，这样就能更加充分地发挥各原料的协调作用，取长补短，配出的香精，更接近天然的巧克力香味，香气口感也日趋完美。

巧克力香精配方的板块划分和在配方中的相对质量分数如下所示：

巧克力香精配方
- 可可特征功能板块 10%～60%
- 牛奶板块 10%～30%
- 香草板块 10%～30%
- 白脱板块 0.5%～5%
- 烘烤香板块 0.5%～2%
- 酸香板块 1%～10%
- 果香板块 0.1%～1%
- 焦糖板块 20%～40%

每一个板块相应可以选择几个单体香原料或提取物组成（类似香基的形式），其优点和注意点在咸味香精的板块式调香中已充分阐述，此处不赘述。这里主要介绍一些各个板块中常用的原料和用量供初学者参考。

（1）可可特征功能板块　可可香韵是巧克力香精的主体香韵，体现可可特征最常用且用量最大的是可可粉酊，豆壳酊 10%～60%，可可醛 0.05%～0.5%，异戊醛 0.1%～1%，当然也可采用上面提到的可卡醛、异戊醇等。

（2）牛奶板块　常用的原料和用量例如：δ-癸内酯 1%～8%，δ-十一内酯 0.5%～5%，δ-十二内酯 10%～40%等 δ-内酯类原料。

（3）香草板块　香兰素 5%～20%，乙基香兰素 1%～5%。

（4）焦糖板块　麦芽酚 1%～10%，乙基麦芽酚 5%～10%，二氢呋喃酮 0.5%～5%。

（5）酸香板块　乙酸 0.01%～0.1%，α-甲基丁酸 0.1%～1%，苯乙酸 0.5%～5%，十二酸 5%～10%，十四酸 5%～10%。

（6）果香板块　乙酸异戊酯 0.05%～0.5%，苯乙醛 0.05%～0.5%。

（7）白脱板块　丁酰基乳酸丁酯 0.5%～2%，3-羟基-2-丁酮 1%～3%，丁二酮 0.05%～0.5%。

（8）烘烤香板块　2-甲基丙嗪 0.01%～0.1%，2,3-二甲基吡嗪 0.1%～1%，2,5-二甲基吡嗪 0.1%～1%，2,3,5-三甲基吡嗪 0.2%～2%，2-乙酰基吡嗪 0.1%～1%。

从功能块的角度来看，充当巧克力香精的主香剂是可可香韵和香草-焦糖板块。充当调节剂的是牛奶板块，白脱板块充当变调剂，修饰剂是酸香板块、果香板块和烘烤香板块。定香剂可选择物理定香原料，诸如植物油、硬脂酸丁酯等一类耐高温溶剂，也可选用特征定香香料，即可以将充当主香剂功能的香草-焦糖香韵中的香兰素、乙基香兰素、麦芽酚、乙基麦芽酚，兼作定香剂。

根据板块调香法，每个板块中的原料和配比是可以根据所调香精的需要进行变换的，只要基本功能不变即可，这样就使我们具有更大的选择空间，配出的香精更加丰富多彩。比如具体调香时，可以做如下选择：

可可香韵始终是巧克力香精的主体，但程度上有差异，若要比较突出可可香韵，一般可可粉酊的用量要达到 50%～60%，同时添加少量可可醛或可卡醛予以增加特征香的透发效果。

如果相对突出香草奶味的效果，则牛奶板块、香草-焦糖板块，或白脱板块要增大一些，而可可板块适当缩小，用量为 30%～40%或更少。

总之，香精的整体协调十分重要，切不可为了突出一点，忽视其他，应综合起来考虑，板块调香的一大优点就是各个板块内可以灵活调整，以适应整个香精的格局。

比如，果香韵在巧克力香精中是起修饰作用的，用量不宜过多，起点缀作用即可，在香型定位上就可根据需要适当变换，若要带香蕉香，即可用乙酸异戊酯、丁酸异戊脂，另加丁酸乙酯、2-甲基丁酸乙酯等，若要带菠萝香味就可用己酸烯丙酯、庚酸烯丙酯，再加丁酸乙酯和微量菠萝乙酯、菠萝甲酯等。

二、用板块调香设计咖啡香精配方

咖啡的芳香组分十分复杂，因而较难模拟其香气。所以调配咖啡香精的特征大多依赖咖啡酊或浸膏，再配以少量能增强其香气的香原料，常用 2-糠基硫醇、糠醛、甲基环戊烯醇酮、麦芽酚、丁二酮等组成咖啡特征功能板块。利用这样的板块调香法，咖啡香精调配则可以按下列方法进行。

首先是要把咖啡香精的各特征香气板块规划出来。咖啡香精基本由下列几部分组成：

咖啡香精配方
- 咖啡特征功能板块 10%～60%
- 焦糖板块 8%～30%
- 酸香板块 1%～10%
- 烘烤香板块 1%～10%
- 白脱板块 0.5%～5%

咖啡香精各板块的原料及其用量选择见表 5.11，仅供参考。

表 5.11 咖啡香精各板块的原料及其用量 单位：%

板块	原料	质量分数	板块	原料	质量分数
咖啡特征功能板块	咖啡提取物	10～60	烘烤香板块	2-甲基吡嗪	0.01～0.1
	葫芦巴浸膏	0.5～5		2,3-二甲基吡嗪	0.1～1
	2-糠基硫醇	0.5～2		2,5-二甲基吡嗪	0.1～1
	硫代愈创木酚	0.01～0.2		2,3,5-三甲基吡嗪	0.2～2
	愈创木酚	0.5～5		2,3,5,6-四甲基吡嗪	0.2～2
	糠醛	0.5～5		2,3-二乙基-5(6)甲基吡嗪	0.2～2
	异戊醛	0.1～1		4,5-二甲基噻唑	0.1～1
	甲硫醇	0.01～0.1		2-乙基-4,5-二甲基噻唑	0.2～2
焦糖板块	甲基环戊烯醇酮	5～15	白脱板块	丁酰基乳酸丁酯	0.2～2
	麦芽酚	5～15		3-羟基-2-丁酮	0.5～5
	乙基麦芽酚	1～10		丁二酮	0.1～1
	10%呋喃酮	0.5～5			

当然，上述结构仅供参考，如何应用也无统一模式，使用过程中个人可根据具体实际需要适当调整，挑选，重新组成，关键是要能产生较为理想的效果。

三、用板块调香设计牛奶香精配方

牛奶香精配方一般可以拆解成：酸香板块，甜香板块，烘烤香板块，青香板块，醛香板块，脂肪板块，奶油板块，白脱板块，香草板块和果香板块。

酸香板块：乙酸，丁酸，异丁酸，正戊酸，异戊酸，己酸，庚酸，辛酸，壬酸，癸酸，癸烯酸，十二酸，十四酸，油酸。

白脱板块：3-羟基-2-丁酮，丁二酮，戊二酮。

甜香板块：呋喃酮，麦芽酚，乙基麦芽酚。

烘烤香板块：2,3-二甲基吡嗪，2,3,5-三甲基吡嗪，2-乙酰基吡嗪，糖内酯。

青香板块：叶醇，乙酸叶醇酯。

醛香板块：庚醛，辛醛，癸醛，壬醛。

脂肪板块：反，反-2,4-癸二烯醛，顺-4-庚烯醛，十六酸，十八酸。

奶油板块：δ-癸内酯，δ-十二内酯，δ-十一内酯，γ-癸内酯，γ-十二内酯，牛奶内酯，椰子醛，桃醛，丁二酮，丁酰基乳酸丁酯。

果香板块：丁酸乙酯，硫代丁酸甲酯，丁酸丁酯，乙酸异丁酯，顺-6-壬烯醛，顺-6-壬烯醇。

增强口感功能板块：白脱酶解物，牛奶发酵产物，炼乳，奶粉。

从香气的连续性角度可以发现，牛奶香精常用的头香原料有乙酸、2,3-二甲基吡嗪、顺-6-壬烯醛、硫代丁酸甲酯、丁酸乙酯、丁二酮、3-羟基-2-丁酮、叶醇等。体香原料有丁酸、十二酸、十四酸、油酸、癸酸、2,4-癸二烯酸、丁酰基乳酸丁酯、桃醛、椰子醛等。底香原料有 9-癸烯酸、δ-癸内酯、δ-十二内酯、香兰素、乙基香兰素、麦芽酚、乙基麦芽酚等。

调配牛奶香精时，配方的架构主要是以奶香、酸香、甜香三个特征功能板块为依托，其他板块为辅来搭配，必要时加入增强香味和口感的特征板块。需要注意的是，果香板块、青香板块、烘烤香板块以及醛香板块的原料使用时需要谨慎，用量不宜过多，如果烘烤原料过多，会令牛奶气息显得焦味；青香料过多，牛奶风味会变化；醛香香料太重，易带有脂肪气；果香香料多，容易产生水果糖的香味，牛奶香味会变成果奶香味。但也正是因为这些微量原料的添加，才能在调配牛奶香精时起到承前启后、相互搭配的装饰作用。

笔者设计了两个牛奶香精配方（表 5.2），两个配方所用原料一样，只是原料的添加量有所不同，香气的风格基本接近，其中配方 1 是非耐高温牛奶香精，配方 2 是耐高温牛奶香精。

表 5.12　两个牛奶香精配方　　单位：%（质量分数）

序号	原料名称	配方 1	配方 2
1	乙酸	0.08	0.05
2	顺-6-壬烯醛	0.1	0.05
3	丁酸乙酯	0.2	0.05
4	丁二酮	0.5	0.5
5	3-羟基-2-丁酮	2.5	5
6	叶醇	0.005	0.005
7	丁酸	4	12
8	十二酸	2.5	3
9	十四酸	7.5	8
10	癸酸	4	6
11	丁酰基乳酸丁酯	1	1
12	桃醛	1.5	1.5
13	椰子醛	1	1.2
14	9-癸烯酸	4	10
15	δ-癸内酯	4	5
16	δ-十二内酯	10	10
17	香兰素	1.5	1.5
18	乙位香兰素	0.2	0.2

续表

序号	原料名称	配方 1	配方 2
19	麦芽酚	0.3	0.3
20	乙基麦芽酚	2	6
21	其他	2	3
22	丙二醇	51.115	25.645
	总量	100	100

对比两个配方用量，配方 1 所用的头香原料总量比配方 2 多，是因为这种香型的香精产品更加适合做冷饮、饮料等食品。头香偏重，可以使食品具有更加强的穿透力和爆发力。而体香、底香所用的原料量配方 2 比配方 1 重。资料显示较长碳键酸类原料在烘焙产品中，经过一定温度后会产生令人愉悦的香气，所以在配方 2 上酸类原料的使用量远远大于配方 1。值得注意的是，由于酸类原料会有强烈的刺激、酸臭以及干燥的气息，过多使用会影响到香气的整体舒适性和协调性，而通过适当加入 3-羟基-2-丁酮来掩盖酸味的刺激气味以及使用适量的乙基麦芽酚来解决香精酸味带来的干燥味，这些原料的使用在配方里面起到承前启后的效果。

综合各方面因素，从感官评价而言，总体来说，配方 1 牛奶香精纯牛奶味纯正，头香飘逸，香气整体协调性好；配方 2 牛奶香精，纯牛奶香气纯厚，浓郁，香气自然，令人舒适。十二酸、十四酸、十六酸、9-癸烯酸等高碳键酸类原料在耐温性能上效果好，它们与丁二酮、3-羟基-2-丁酮搭配，能产生令人愉悦的气味。

四、用板块调香设计椰子香精配方

椰子香精由下列板块的香气分路构成：由椰子特征功能板块构成主香剂，由牛奶板块、白脱板块构成协调剂，由酸香板块、果香板块、豆香板块、酒香板块、醛香板块构成变调剂，此外由香草-焦糖板块构成定香剂。由于采用的是板块调香法，因此各种板块均由一系列香原料组合而成，组合内的原料并非需要全部都用到配方中去，而是根据具体要求适当组合，现在来看看椰子香精的各种板块可由哪些原料构成。

作为主香剂的椰子特征功能板块的香料有：γ-庚内酯、γ-辛内酯、γ-壬内酯等。其中 γ-壬内酯就是我们平时俗称的椰子醛。

作为协调剂的牛奶板块可选择：δ-辛内酯、δ-癸内酯、δ-十一内酯、δ-十二内酯、δ-十四内酯。

作为协调剂的白脱板块可选择：2-壬酮、丁酰基乳酸丁酯、3-羟基-2-丁酮、戊二酮、丁二酮。

再来看看作为变调剂的各种板块选料：

酸香板块可选用：乙酸、丁酸、己酸、辛酸、癸酸、十二酸、十四酸、十六酸。

果香板块可选用：γ-癸内酯、γ-十一内酯、γ-十二内酯。

豆香板块可选用：γ-戊内酯、γ-己内酯、洋茉莉醛、对甲氧基苯乙酮。

酒香板块可选用：己酸乙酯、庚酸乙酯、辛酸乙酯。

醛香板块可选用：己醛、辛醛、壬醛、癸醛。

最后作为定香剂的香草-焦糖板块，比较常用的是：香兰素、乙基香兰素、浓馥香兰素、麦芽酚、乙基麦芽酚、甲基环戊烯醇酮。

在决定了构成各功能块的各种板块和选料之后，接下来必须完成的一项工作就是各种板块在整个椰子香精中的用量（比例），基本格式如下：椰子特征板块 20%～50%，牛奶板块 20%～50%，白脱板块 10%～20%，酸香板块 5%～10%，果香板块 1%～5%，豆香板块 2%～5%，酒香板块 1%～3%，醛香板块 0.05%～0.3%，定香剂是香草-焦糖板块 10%～30%。

要说明的是：椰子香精常以 γ-壬内酯（俗称椰子醛）作为主香剂，再以香兰素、乙基香兰素等增加香草香味，并兼作定香剂；又用庚酸乙酯、己酸、辛醇等原料赋以油脂气和酒香，其中的癸酸、十二酸、十四酸、δ-十四内酯等香料增加了椰子香精的厚实口感，同时也辅以定香作用。如果要调配烤椰子香精，可将该椰子香精中增加烘烤香板块，同时适当减少或删除醛香板块，用作烘烤香板块的香料可选择 2-甲基吡嗪、2,3-二甲基吡嗪、2,5-二甲基吡嗪、2,3,5-三甲基吡嗪、2-乙酰基吡嗪，适当调整配方就可以制作出烤椰子香精。

由此读者可以更深刻地体会到板块式调香的优点，即决定了要配香精的各板块之后，可根据不同需求在不影响整体格局的前提下，对各板块内的香原料进行调整（或微调）就能达到实现不同需求的目的。

五、用板块调香设计果香型香精配方

不同种类的水果中存在着其本身特有的香成分，影响水果香味特征性的化合物（CIC，character impact compounds）是指水果中含有的将一种水果香味与其他水果香味区别开来的重要香成分，而水果中存在的其他具有甜香-新鲜香味的非某种水果特有的香味成分可以认为是对于水果香味起辅助作用的组分。

从这段论述中我们可以发现，如果要把某一种水果香精配逼真，一定要抓住该水果的特征香味，把它们组合成功能性特征板块作为该香精的核心或称灵魂，其他作为辅助作用的香成分一般具有通用性，也就是说它们的香气特征在一般水果香精中或多或少都需要，或者说被体现出来。这样我们就会产生一种设想，能否把这些起辅助作用的香成分，按照它们的香气特征整合起来，形成一个板块，这个版块并不局限于某个香精，而是具有通用性，比如在水果香精中，它们可以担当青香、果香、花香、香甜香、辛香、坚果香、奶香、焦糖香等气（味）的功能。当配制某一种水果香精时，只要适当构建该种水果香味的特征功能板块，即“功能板块＋其他香韵板块”模式，把该种香精基本勾勒出来。体现各种香气（味）的功能板块中的原料是可以根据需要适当调整的，在不影响大格局的情况下，这些微调可以更好地与预配制的香精吻合。比如：菠萝香精，特征功能板块里可以有己酸烯丙酯、庚酸烯丙酯、环己基丙酸烯丙酯和菠萝的提取物。其他需要加入的板块是青香板块、果香板块、花香板块、酸香板块等。除此之外，为了增强香精的香味表现，还会添加具有呈味功能的功能板块。

下面举 4 个水果香精配方的例子（表 5.13）来说明上述理论。

表 5.13　四个水果香精配方　　单位：%（质量分数）

原料名称	苹果	香蕉	梨	菠萝
丁酸	3	0.5	3	0.1
2-甲基丁酸	5	0.5	5	0.5
乙醇	5	0.5	4	0.1
乙酸戊酯	2.5	5	1	2.05

续表

原料名称	苹果	香蕉	梨	菠萝
乙酸异戊酯	0.5	15	0.5	0.5
丁酸乙酯	0.5	4	1	1
丁酸戊酯	0.5	3	2	2
乙酸庚酯	0.5	0.5	10	0.5
2-甲基丁酸乙酯	0.5	1	0.5	2
己酸烯丙酯	0.5	0.5	0.5	12
己酸香茅酯	0.5	0.5	4	0.1
己醛	10	0.1	0.5	0.1
反-2-己烯醛	10	1	3	0.5
苯甲醛	0.01	0.02	0.02	0.01
香兰素	0.1	3	0.1	3
丁香酚	0.01	0.2	0.02	0.01
乙醇	60.88	64.68	64.86	75.53

从该表中可以看到，苹果的特征香料是己醛和反-2-己烯醛，香蕉是乙酸异戊酯，梨子是乙酸庚酯，菠萝是己酸烯丙酯。它们在各自的香精中用量最大。但是这些体现某种香精特征的原料也不是一家独用，其他香精中也要用到，只不过量少一点而已。这样就和前面谈及的构建某种香气（味）的功能块不谋而合。

下面的问题是把具有各种香气（味）特征的香料筛选和整合起来，形成功能板块。当前出版的一些技术书刊中对香原料的描述往往过于复杂，一个原料各种香气（味）都有，抓不住重点，特别是初学者，不知该怎样理解原料确切的特征香气，所以调香师从一开始就要注意对香原料香气的理解培养，下面列举一些按照香韵或香型的不同所划分的板块中一些重要的特征单体香原料，以及增效香味常见的提取物，这些提取物也可按照板块划分成不同种类，按需使用。

1. 单体香料板块

（1）青香板块原料　原料及香气特征见表 5.14。

表 5.14　青香板块原料及香气特征

原料	香气特征	原料	香气特征
顺-3-己烯醇(叶醇)	青香,草香	2-异丁基-3-甲氧基吡嗪	青香,甜柿子椒香
反-2-己烯醛	新鲜青草香	2-仲丁基-3-甲氧基吡嗪	青香,泥土香
顺-3-己烯醛	青香,绿叶气息	2-异丁基吡唑	青香,番茄叶香
反-2-己烯醇	青香,水果香	2-戊基-4,5-二甲基吡唑	青香,花香

上面 8 种香原料都具有基本的青香特征，但又有各自的辅助特征，在组建青香板块时可以根据所用香精的需要进行选取，再进行组合，当改变使用（香精）对象时还可对各个用量进行适当调整，但基本格局应该保持。这样在使用时不仅针对性强，而且使用方便。

（2）水果香-酯香型板块原料　原料及香气特征见表 5.15。

表 5.15　水果香-酯香型板块原料及香气特征

原料	香气特征	原料	香气特征
反-2-顺-4-癸二烯醇乙酯	水果香,梨香	3-甲硫基丙酸乙酯	水果香,菠萝香
乙酸异戊酯	水果香,香蕉香	4-对羟基苯基-2-丁酮	水果香,花香
乙醛二乙醇缩醛	水果香,新鲜香	δ-十一内酯	水果香,奶油香
乙酸己酯	水果香,蜜饯香,冰淇淋香		

以上 7 种香料均是水果香为主体，但除此之外，每个香料还兼有其他香气特征，比如甜香、新鲜香、花香和奶油香。在构筑果香-酯香板块时，根据调配香精需要可以选择合适的香原料，比如果香板块稍带奶香就可选用 δ-十一内酯，并且适当加大用量，有时奶香要稍带果香，δ-十一内酯也是不错的选择。

此外在调配热带水果香精时，还应含有 3-甲硫基丙酸乙酯、3-甲硫基丙酸甲酯、硫代薄荷酮这样的化合物，使香精具有奇异的热带水果香韵。

(3) 花香-甜香型板块原料　原料及香气特征见表 5.16。

表 5.16　花香-甜香型板块原料及香气特征

原料	香气特征	原料	香气特征
乙酸香叶酯	花香,甜香,水果香	苯乙醇	玫瑰花香,甜香
乙酸芳樟酯	花香,水果香	乙酸苄酯	茉莉花香,水果香
香叶醇	玫瑰花香	α-紫罗兰酮	紫罗兰花香,水果香

(4) 柠檬萜烯香型板块原料　这类香料是调配柑橘属（甜橙、柠檬、葡萄柚等）香料的重要原料，且用量较大，在其他水果香型配方中也有应用。常用的原料有香叶醛、橙花醛、柠檬醛异构体、甜橙醛、癸醛、辛醛、诺卡酮的乙酸芳樟酯等。

(5) 坚果-焦糖香型板块原料　坚果-焦糖香一般描述为含糖食物加热时的焦糖香味，即烤坚果味时的微苦烧焦气味，除了表 5.17 所示化合物外，香兰素、乙基香兰素、苯甲醛、苯乙酸、肉桂醇、二氢香豆素、三甲基吡嗪等也属于这类化合物。此外麦芽酚、呋喃酮等具有环状烯酮结构的化合物，还具有明显的香味增效作用。

表 5.17　坚果-焦糖香型板块原料及香气特征

原料	香气特征	原料	香气特征
2-羟基-3,5-二甲基-2-环戊烯-1-酮	焦糖香,似奶油冰淇淋香	2,5-二甲基-4-羟基-3(2*H*)-呋喃酮	焦糖香,甜香
2-羟基-3,4-二甲基-2-环戊烯-1-酮	焦糖香,烤香		
2-乙基-5-甲基-4-羟基-3(2*H*)-呋喃酮	焦糖香,甜香,面包样香	甲基环戊烯醇酮(MCP)	坚果香,似软糖香
		2-甲基-3-羟基-4-吡喃酮(麦芽酚)	焦糖香

(6) 奶香-乳脂香型板块原料　原料及香气特征见表 5.18。

表 5.18　奶香-乳脂香型板块原料及香气特征

原料	香气特征	原料	香气特征
δ-癸内酯	甜香,奶油香,坚果香	2-庚酮	奶油香,新鲜感
γ-辛内酯	甜香,奶油香	乙酸乙酰丙酮醇酯	奶脂香,干酪气味
丁二酮	奶脂香,刺激香	香兰素	甜香,奶油香
3-羟基-2-丁酮	奶油香,奶脂香		

2. 天然提取物板块

我们知道水果中除了一些致香成分外，还有许多不挥发的物质，如生物碱、生物酶、多糖、黄酮、糖苷、氨基酸、脂肪、甾体、皂苷、单宁、纤维素等等，尽管它们本身并不产生香气，但它们对香气的形成以及香味（口感）的体现，肯定具有不可否认的作用。重视水果提取液的开发利用，可以有效改善食品香精的头香和香味效果。从水果中提取天然成分的方法主要有乙醇提取法和直接压榨法等，在第三章第三节中已有介绍，此处不再赘述。

乙醇提取法和直接压榨法的处理过程中会产生大量残渣，以前做法通常将其作废料处理，或用作饲料，十分可惜，因为其中还含有许多能增香和呈味的物质，即前面讲到的生物碱、生物酶、多糖、黄酮、糖苷、氨基酸、脂肪、甾体、皂苷、单宁、单宁酸、纤维素等。我们要尽量将它们回收，物尽其用，况且它们对香精还能产生十分奇特的作用。具体的方法是用乙醚（也可以用其他溶剂，比如丙酮、石油醚、四硫化碳等），萃取乙醇提取法和直接压榨法中产生的残渣，萃取液过滤，浓缩，回收溶剂，所得的浓缩液中就富含上述部分化合物，可以作为配制香精的添加物。

经过上述方法处理之后的残渣大部分有用物质已被提取，但有些成分如生物碱、氨基酸、多糖、糖苷、纤维素、生物酶可能在有机溶剂中的溶解度不如水，所以可以把经回收处理后的残渣，再用水萃取一下，萃取液经过滤清液放置于冰箱冷藏室过夜，24h后过滤或离心，除去过量的纤维素等大分子难溶物质，将收得的澄清水溶液浓缩，如浓缩后发现浑浊或有沉淀，可重复前一次步骤，滤去析出物质。

将上述步骤收集的成分混合或分别包装贮存，根据香精调配的不同需要，选用其中的一项或几项，添加入香精，对于香精的天然感、头香、留香和口感肯定能产生十分有益的效果。

因此我们可将上述四种方法得到的提取物作为四个板块，在板块式调香中作为体现香精特征的特征板块使用。

第六节 总 结

利用板块式调香，需要重视各个特征板块的调配。调香师可以根据自己的经验和需要配制出各种类型的特征香气板块，比如在水果香精中经常要用到的青香、果香、花香、酸香、甜香、奶香、粉香等香韵。注意，这类板块应具有通用性，比如青香板块既可用于苹果香精、草莓香精，也可用于菠萝香精、芒果香精，区别仅仅在于所用的量以及根据各种水果的特征而对该板块进行适当的调整。这就是板块式调香法在当今调香界能广泛推广应用的原因。

另外需注意的一点是，板块调香作为众多调香方式的一种，存在优点，当然不可避免也会有缺点，要学会融会贯通，互相渗透，比如在使用板块调香法时，一定会用到第二章讲的功能块调香法的知识，不要忽视特征香味原料的使用，定量时要充分考虑香原料的阈值，只有把这些知识综合起来，合理使用搭配才能产生理想的结果。

再者，板块调香法是在有一定调香基础，熟悉香精的四种成分组成法调配香精之后，才能扩展使用的，如果对构成香精四种类型成分还未理解的情况下，不建议盲目使用该法。当然最重要的还是要充分掌握诸多香料的香气，它就像建造房屋需要各种原材料，打好基础才能熟练应用。

第六章

按摩精油的调配技巧

本章内容将从调配-功效的角度，介绍按摩精油的调配技巧，帮助有需要的调香师调配出香气宜人，具有特定功效且使用安全的按摩精油。

第一节　按摩精油的兴起

据历史记载，按摩精油至今已有六千多年历史，可追溯到古埃及人从芳香植物中萃取出精油，用于沐浴后按摩，起到保护肌肤的作用。

欧洲和中南美洲都有用芳香精油治病和保健的记载。中国芳香疗法历史同样悠久，早在殷商甲骨文中就有熏料的记载，到明清时期，芳香药物的研究和实践有了质的飞跃，按摩精油的作用机理、辨证施治、药物选择和用法用量、注意事项等内容都有了系统阐述，比较有代表性的论著是明代的《普济方》。

现代形式的芳香疗法起源于20世纪20年代，1910年法国化学家Rene Maurice Gattefosse在做香料实验时，烫伤了手，紧急之下用欧薄荷油涂抹在手上，结果很快痊愈并没有伤疤。1928年出版了他的发现成果并将精油涂抹于皮肤的疗法定义为芳香疗法。

第二节　按摩精油的解析

按摩精油是指对人体有益的天然精油，通过按摩使人体皮肤吸收当中的功效成分，达到舒筋活血、健体美容等目的。

一、按摩精油的成分构成

按摩精油主要由基础油和芳香精油两部分组成。适合按摩使用的基础油大多数来自硬壳果或者蔬菜，这些基础油占据了按摩精油中的最大比重。在基础油的基础上，按摩精油会适量加入芳香精油，使其拥有不同的功能与香型，例如人参、檀香、玫瑰、柑橘、薰衣草等等。这些精油在加入基础油前通常会经过调香进一步修饰（即加入一些单体香原料制成精油香精），使其香气更理想，物化性质更加稳定。

基础油大多采用天然植物油。最常用的基础油有葡萄籽油、橄榄油、荷荷巴油等，它们对皮肤有较好的保养和护理功能。以前还用色拉油、花生油作溶剂，也用矿物油——液体石蜡（功效类似凡士林），但因易氧化且对皮肤功效不明确等因素，现在基本已不用。

二、按摩精油的作用机理

目前，较受认可的按摩精油作用机理主要有两种假说：药理学假说和心理学假说。

药理学假说认为按摩精油通过香气的作用影响人体的自主神经系统、中枢神经系统和（或）内分泌系统，进而影响人的情绪、生理状态和行为。按摩芳香精油可促进人体血液循环，最终调节细胞活动，产生生理生化反应。

心理学假说认为芳香气味通过情绪学习—自觉认知—信仰/期望的反馈机制对人体产生作用，影响我们对相应香气做出情绪认知行为和生理方面的反应。

三、按摩精油的功效

按摩精油用于芳香疗法是一种有效替代和辅助医疗的手段，它能够提高人们的舒适感并解决一些健康问题，包括情绪低落和认知能力下降。一些精油还具有抗菌、抗氧化和治疗肥胖等功效。据各类有关芳香疗法和按摩精油文献的记载，按摩精油的功效主要体现在如下几个方面：

① 有令人愉悦的芳香性；

② 天然油脂使人体皮肤滋润、嫩滑；

③ 精油中某些成分具有活血功能；

④ 滋润皮肤（类似化妆品中保湿成分的作用）；

⑤ 改善高血压和缓解精神压力；

⑥ 改善记忆和情绪；

⑦ 抗菌消炎；

⑧ 提高重病或长期患病人的舒适感。

不同种类的精油其功效侧重面也不同，每一种精油的功效价值需要依据严谨的功效评价和应用实验才能得出结论。下面介绍一些常用于按摩精油调配的芳香精油的功效，并整理它们的适用人群和部位，供读者参考。

① 安息香油　柔和肤色，有抗菌作用，适合干性肌肤。

② 薰衣草油　促进身体功能和抗菌，适合油性粉刺和任何需要愈合的伤疤。

③ 广藿香油　对有皮屑的皮肤有滋养作用，适合干性肌肤。

④ 苦橙花油　皮肤恢复活力再生，唯一适用于眼部周围的油，适合毛细管破裂的皮肤。

⑤ 没药油　滋养成熟皮肤（50岁以上），特别适合任何发炎部位。

⑥ 天竺葵（香叶）油　保持情绪平衡，适合混合性皮肤。

⑦ 玫瑰油　消除情绪抑郁、通经止痛、舒缓精神紧张、滋润皮肤、加强微循环。

⑧ 茶树油　能抗菌，抗病毒及杀菌，能增强人体免疫功能。

⑨ 丝柏油（由法国产的柏木叶及果实蒸馏而得）　有很强的木香味，能消除精神紧张，对更年期综合征很适宜。

⑩ 松脂　舒缓因感冒及咽喉充血、水肿带来的不适，促进血液循环。

⑪ 柠檬油　杀菌消炎，可舒缓喉部不适，适用于油性皮肤，有美白作用。

⑫ 薄荷油　令人头脑灵活，思维清晰，在夏天使用可消暑清热。

⑬ 檀香油　能消除莫名的恐惧，令人有愉快感觉，能消除粉刺，防止敏感。

第三节　按摩精油的调配

按摩精油的调配要遵循一条总原则：根据所需功效和作用选用合适的基础油和芳香精油，在此基础上利用调香技能协调好芳香精油的香气结构，并突出成品的功效价值。

一、芳香精油的选择

芳香精油既可以按其香气特点进行分类，也可以根据其对人的调节作用来分类，调配时香气和功能两部分要兼顾。按照香气特点，芳香精油可以分成常用的四类。

① 柑橘类　香柠檬、柚子、柑橘、橙子等。

② 花香类　栀子、天竺葵、薰衣草、蜜蜂花、橙花、玫瑰、依兰依兰等。

③ 药草类　罗勒、桉树、胡椒薄荷、迷迭香、甘牛至草等。

④ 木本类　雪松木、柏木、乳香、松木、花梨木、檀香木等。

按照对人的作用，芳香精油也可以分成常用的四类。

① 促进放松类　柑橘、雪松木、天竺葵、茉莉、薰衣草、甘牛至草、橙花、乳香、薄荷、玫瑰、花梨木、檀香木、依兰依兰等。

② 兴奋提神类　罗勒、香柠檬、柏木、天竺葵、杜松子、薰衣草、柠檬、酸橙、柑橘、蜜蜂花、橙子、迷迭香、松木等。

③ 兴奋刺激类　罗勒、黑胡椒、桉树、柠檬、胡椒薄荷、松木、鼠尾草、迷迭香、百里香等。

④ 发热上火类　安息香胶、黑胡椒、白千层、甘菊、鼠尾草、丁香、古藤、生姜等。

按摩精油的调配经历了一个由简单到复杂的过程。以前的按摩精油中通常含有 1～2 种芳香精油，现在由于医学与调香的结合，按摩精油的香型也得到了极大的扩充。前期的按摩精油成分相对比较简单，经常采用单一精油营造单一香型，例如柠檬、茶树、天竺葵香型，原料即为柠檬油、茶树油、香叶油和修饰它们的单体原料。这种只有一种芳香精油的按摩精油通常称为单方精油。现在调配按摩精油采用多种芳香精油复配混合（称为复方精油），得到的精油往往是一个复杂的香型，例如辛香型、花卉型、辛辣型。辛香型会把姜油、松节油、薰衣草油和薄荷油香精复配成产品；花卉型会以某一花香为主题再配以辅助香型（例如玫瑰型会以玫瑰为主体，辅以果香和青香的原料）。

二、 基础油的选择

从香精的角度看，基础油相当于按摩精油中的“溶剂”，它们用于溶解芳香精油香精，使其能够在适宜的低浓度区间内作用于人的皮肤。基础油的种类很多，并且它们本身具有各类不同的功效，调香师在选择基础油时要综合考虑功效、适用对象的皮肤状态、生理特点和精油与基础油功能相互作用的关系等因素。

基础油中含有分支比较多的烷烃异构体、少环长侧链的环烷烃和少环长侧链的芳烃，它们与人体脂肪酸成分较接近，因此能很好地被皮肤吸收。例如荷荷巴油，它是一种墨西哥原生植物，一种一人多高的灌木植物所结的种子中的油，香味很淡。荷荷巴油的化学分子排列和人类皮脂非常类似，极易被皮肤吸收。荷荷巴油含丰富的维生素 A、维生素 B、维生素 E 和钙、镁等矿物质，具有亲水性，有利于皮肤调节水分，因此滋润和保湿效果很好，有淡化皱纹和延缓老化作用。

基础油中的多环短侧链的芳香烃，以及含硫、含氮、含氧化合物，还有少量的胶质凝类、烃类物质是不理想物质，应该在提纯过程中予以除去。

除了荷荷巴油外，按摩精油中常用的基础油还有以下几种。

① 核仁油　含丰富维生素 A，营养成分。

② 杏籽油　含维生素 A，适合淡化皱纹。

③ 麦芽油　含维生素 E，有镇定愈合、帮助消除细纹的功能。

④ 杏仁油　滋润光滑肌肤，减少破裂毛细血管，适合过敏、干性肌肤。

⑤ 椰子油　有清洗作用，可起干燥作用，适合油性肌肤。

⑥ 向日葵油　含有丰富的脂肪酸，有助于皮肤健康。

⑦ 葡萄籽油　是一种流动性好的基本油，有助于减少按摩时的摩擦。

⑧ 其他油类　金丝桃油、花生油、小麦胚芽油、芝麻油（不太常用）。

三、调配步骤

调配按摩精油一般分成两步。第一步需要以芳香精油为主体，加入各种辅助修饰的香原料单体，调配成香精油待用。第二步则按要求将一定数量的基础油倒进玻璃瓶中，然后根据按摩油所需发挥的疗效和作用，正确选择一种或几种合乎要求的芳香精油加入其中，一般芳香精油在按摩精油中的质量分数为 1%～3%。按摩精油一次的配制量不要过多，以免放置时间过长而发生变质。配制好的按摩精油应置于阴凉避光地方保存，注意瓶口密封，防止按摩油被氧化。

四、按摩精油的剖析

按摩精油作为一种特殊的香精产品，若成功调配也会在相应的市场里引领流行趋势。因此破译并模仿市面上受欢迎的按摩精油也是调香师仿香中的一项工作。

按摩精油的成分分析一般是用 GC-MS，但要分成两种情况处理。不含有不挥发成分的按摩精油可以直接进样。例柑橘类的柠檬油、橙子油、柚子油、香柠檬油和松树油都可以直接进样。但基础油为不挥发植物油的按摩精油（实际上大部分按摩精油都是以不挥发的植物油作基础油的）都要先进行香气物质提取，再将提取得到的芳香精油进仪器分析。常用的芳香精油的提取方式有溶剂萃取（选择合适溶剂，原则是相似相溶）、萃取蒸馏法（SDE）、固相微萃取法（SPEM）、顶空法、CO_2 超临界萃取法和水蒸气蒸馏法等。

五、配方实例

1. 芳香精油配方实例

芳香精油配方实例见表 6.1～表 6.12。

表 6.1 单方玫瑰香精油配方

成分	质量分数/%	成分	质量分数/%	成分	质量分数/%
香叶油	1	柠檬醛	0.01	橙花醇	0.088
甜橙油	0.01	α-蒎烯	0.002	香叶醇	0.1
芳樟醇	0.015	玫瑰果油	98.392	苯乙醇	0.03
2-癸烯醛	0.01	乙酸橙花酯	0.003	异丁香酚	0.01
乙酸香茅酯	0.02	香茅醇	0.3	丁香酚	0.01

表 6.2 单方橙花香精油配方

成分	质量分数/%	成分	质量分数/%	成分	质量分数/%
甜橙油	3	乙酸芳樟酯	2.8	柏木脑	0.07
玳玳叶油	1	乙酸松油酯	0.1	棕榈酸异丙酯	80
香叶油	0.04	乙酸苏合香酯	0.05	佳乐麝香 50%IPM 50%	0.4
杜松子油	0.05	松油醇	1.2	α-己基桂醛	0.32
德国洋甘菊油	0.04	乙酸苄酯	0.04	酮麝香	0.03
己醛	0.01	乙酸香叶酯	0.3	柳酸苄酯	0.2
反-2-庚烯醛	0.01	橙花醇	0.02	TCD 醇①	1
炔康宁	0.06	2,4-癸二烯醛	5	苯乙二甲缩醛	0.1
乙酸新壬酯	0.72	香叶醇	0.1	DPG	0.5
艾蒿油	0.1	顺式茉莉酮	1.04	乙酸橙花酯	0.1
氧化芳樟醇	0.02	兔耳草醛	0.03		
芳樟醇	1.5	龙涎酮	0.4		

① TCD 醇的化学名为 4,8-三环[5.2.1.02,7]癸烷二甲醇/八氢-4,7-亚甲基-1*H*-茚二甲醇。

表 6.3 单方迷迭香香精油配方 1

成分	质量分数/%	成分	质量分数/%	成分	质量分数/%
迷迭香油	82.76	乙酸芳樟酯	0.1	异丁香酚	0.4
桉叶油	10	松油醇	0.6	丁香酚	0.12
樟脑	5	乙酸异龙脑酯	1	苯乙醇	0.02

表 6.4 单方迷迭香香精油配方 2

成分	质量分数/%	成分	质量分数/%	成分	质量分数/%
迷迭香油	78.2	樟脑	7.5	乙酸芳樟酯	1.0
桉叶油素	10.2	乙酸异龙脑酯	0.6	龙脑	2.5

表 6.5 单方柠檬香精油配方

成分	质量分数/%	成分	质量分数/%	成分	质量分数/%
柠檬油	99.23	壬醇	0.005	二氢茉莉酮酸甲酯	0.005
壬醛	0.01	丁酸香茅酯	0.01	丙酸香叶酯	0.005
香茅醛	0.005	香柠檬油	0.41	香叶醇	0.005
乙酸辛酯	0.005	乙酸橙花酯	0.1	辛酸	0.01
癸醛	0.02	薄荷醇	0.01	壬酸乙酯	0.01
樟脑	0.01	乙酸香叶酯	0.05	乙酸松油酯	0.03
芳樟醇	0.03	癸醇	0.015		
辛醇	0.02	橙花醇	0.005		

表 6.6 单方香橙香精油配方

成分	质量分数/%	成分	质量分数/%	成分	质量分数/%
甜橙油	96.32	癸醛	0.25	异松油烯	0.05
辛醛	0.02	芳樟醇氧化物	2.95	辛酸	0.01
壬醛	0.01	乙酸辛酯	0.005	癸酸	0.03
甜橙醛	0.005	柠檬醛	0.3	月桂醛	0.005

表 6.7 单方香柠檬香精油配方

成分	质量分数/%	成分	质量分数/%	成分	质量分数/%
冷榨香柠檬油	99.005	龙脑	0.01	乙酸香叶酯	0.03
桉叶油	0.1	芳樟醇	0.04	紫苏醛	0.02
乙酸苏合香酯	0.005	乙酸芳樟酯	0.02	橙花醇	0.01
壬醛	0.02	香柠檬醛	0.66	对甲基苯乙酮	0.01
香茅醇	0.01	松油醇	0.06	香叶醇	0.01
癸醛	0.01	乙酸橙花酯	0.03	乙酸壬酯	0.01

表 6.8 单方劲爽柠檬香精油配方

成分	质量分数/%	成分	质量分数/%	成分	质量分数/%
柠檬油	96.51	芳樟醇	0.02	香茅醛	0.01
白柠檬油	3.2	辛醇	0.01	大茴香脑	0.03
壬醛	0.01	柠檬醛	0.1	辛酸	0.015
香叶油	0.005	乙酸橙花酯	0.03	癸酸	0.015
癸醛	0.005	乙酸芳樟酯	0.03	异松油烯	0.01

表 6.9 复方佛手柑-玫瑰香精油配方

成分	质量分数/%	成分	质量分数/%	成分	质量分数/%
白柠檬油	14	芳樟醇	9.6	乙酸香茅酯	1
柠檬油	4	乙酸芳樟酯	52	乙酸香叶醇	1.6
玫瑰木油	3.1	DPG	1.68	香茅醇	0.5
氧化芳樟醇	0.3	柠檬醛	1.8	玫瑰醇	1.19
莰烯	0.08	乙酸松油酯	4.5	香叶醇	1.15
柠檬醛	1.5	松油醇	2		

表 6.10 复方柠檬-薰衣草香精油配方

成分	质量分数/%	成分	质量分数/%	成分	质量分数/%
柠檬油	9.5	乙酸芳樟醇	12.7	艾蒿油	0.1
薰衣草油	19	香叶油	3	苯乙醇	0.5
乙酸壬酯	0.04	甲酸香茅酯	0.95	丁酸香叶酯	0.4
丙酸辛酯	0.03	松油醇	2	愈创木油	0.6
己酸己酯	0.02	龙脑	1.5	β-萘甲醚	0.3
叶醇	0.02	香柠檬醛	0.3	香豆素	0.1
丁酸己酯	0.1	乙酸橙花酯	0.45	DPG	23
柳酸叶醇酯	0.03	乙酸香叶酯	2.1	乙酸薰衣草酯	1
氧化芳樟醇	0.1	香茅醇	6.5	玳玳花油	1
异戊酸己酯	0.05	橙花醇	1.35	丁酸乙酯	0.15
芳樟醇	6.3	香叶醇	6.81		

表 6.11 复方美颜香精油配方

成分	质量分数/%	成分	质量分数/%	成分	质量分数/%
戊醛	0.3	2-辛烯酸	0.13	己酸	1.68
己醛	2.6	乙酸	0.08	γ-己内酯	0.04
2-庚酮	0.08	1-辛烯-3-醇	0.04	庚酸	0.06
庚醛	0.1	庚醇	0.05	辛酸	0.43
甜橙油	0.55	2-甲基丁酸	0.08	壬酸	0.25
2-庚烯醛	0.05	癸醛	0.1	乙酸诺卜酯	0.12
苯乙酸异丁酯	0.04	2-癸烯-1-醛	0.94	癸酸	0.08
戊醇	0.19	戊酸	0.1	十四酸	0.1
辛醛	0.22	十一烯醛	1.18	檀香油	0.1
壬醛	0.4	2,4-癸二烯醛	0.03	辛醇	0.05
阿道克醛	0.04	桃醛	0.12	DPG	补至 100

表 6.12 复方安神香精油配方

成分	质量分数/%	成分	质量分数/%	成分	质量分数/%
桉叶油	10	松油醇	0.1	柳酸苄酯	0.3
薰衣草油	2	三炼薄荷油	0.1	抗氧化剂	0.5
小茴香酮	0.01	香柠檬醛	0.35	乙酸橙花酯	0.02
薄荷酮	6.05	留兰香油	2.3	十四酸异丙酯	66
樟脑	4.2	乙酸香叶酯	0.25	苯甲酸乙酯	0.2
芳樟醇	1.35	2,4-癸二烯醛	0.01	癸酸	0.15
乙酸芳樟酯	6.1	香叶醇	0.01		

2. 按摩精油完整配方实例

按摩精油完整配方实例见表 6.13～表 6.25。

表 6.13 单方天竺葵按摩精油配方 1

成分	质量分数/%	成分	质量分数/%
香叶油	30	矿物油(石蜡油)	70

表 6.14 单方天竺葵按摩精油配方 2

成分	质量分数/%	成分	质量分数/%
香叶油	18	十四酸异丙酯	82

表 6.15 单方橙花按摩精油配方

成分	质量分数/%	成分	质量分数/%
橙花油	4	葡萄籽油	96

表 6.16 单方茶树按摩精油配方

成分	质量分数/%	成分	质量分数/%
茶树(叶)油	0.65	DPG	0.2
松油醇	0.15	甜杏仁油	99

表 6.17 单方生姜按摩精油配方

成分	质量分数/%	成分	质量分数/%	成分	质量分数/%
α-松油烯	0.1	十四酸异丙酯	0.65	丁香罗勒油	0.02
姜油	1.2	抗氧化剂	0.03	葡萄籽油	98

表 6.18 复方按摩精油配方 1

成分	质量分数/%	成分	质量分数/%	成分	质量分数/%
松节油	0.3	罗马春黄菊油	0.1	葡萄籽油	99
当归油	0.5	抗氧化剂	0.1		

表 6.19 复方按摩精油配方 2

成分	质量分数/%	成分	质量分数/%	成分	质量分数/%
桉叶油	0.4	抗氧化剂	0.18	葡萄籽油	98
薰衣草油	0.02	白菖蒲油	1.4		

表 6.20 复方茴香-柑橘按摩精油配方

成分	质量分数/%	成分	质量分数/%	成分	质量分数/%
桉叶油	0.02	桂皮油	0.01	抗氧化剂	0.05
佛手柑油	0.42	杜松子油	0.01	甜杏仁油	98
茴香油	1.42	冬青油	0.07		

表 6.21 复方安眠按摩精油配方

成分	质量分数/%	成分	质量分数/%	成分	质量分数/%
桉叶油	0.15	芳樟醇	0.2	香茅醇	0.005
樟脑	0.1	荷荷巴油	99.222	乙酸香叶酯	0.001
薰衣草油	0.3	松油烯-4-醇	0.02	乙基香兰素	0.002

表 6.22 复方桉叶-薰衣草按摩精油配方

成分	质量分数/%	成分	质量分数/%	成分	质量分数/%
桉叶油	0.36	薰衣草油	0.8	葡萄籽油	98
椒样薄荷油	0.4	薄荷脑	0.1		
三炼薄荷油	0.3	抗氧化剂	0.04		

表 6.23 复方桉叶-迷迭香按摩精油配方

成分	质量分数/%	成分	质量分数/%	成分	质量分数/%
迷迭香油	2.8	松油醇	0.02	甜杏仁油	96.22
桉叶油	0.15	芳樟醇	0.46		
樟脑	0.25	香芹酮	0.1		

表 6.24 单方柠檬按摩精油配方

成分	质量分数/%	成分	质量分数/%	成分	质量分数/%
柠檬油	4.02	辛醇	0.001	辛酸	0.002
白柠檬油	0.03	香柠檬醛	0.01	癸酸	0.001
壬醛	0.001	乙酸芳樟酯	0.003	松油烯-4-醇	0.002
香茅醛	0.001	乙酸香叶酯	0.003	荷荷巴油	95.919
癸醛	0.002	香叶醇	0.003		
芳樟醇	0.001	大茴香醛	0.001		

表 6.25 保湿滋润按摩精油配方

成分	质量分数/%	成分	质量分数/%	成分	质量分数/%
德国洋甘菊油	0.09	龙脑	0.001	百里香酚	0.305
甜杏仁油	0.01	异龙脑	0.002	檀香油	0.005
薰衣草油	0.01	松油烯-4-醇	0.003	癸酸	0.003
龙蒿油	0.01	2,4-癸二烯醛	0.011	佳乐麝香 50% IPM 50%	0.3
异松油烯	0.13	龙涎酮	0.1	香芹酮	0.05
芳樟醇	0.01	檀香 210	0.21	橄榄油	98.4

第四节 按摩精油的使用

按摩精油总体来说是安全的，很少有严重的副作用发生案例。外涂按摩疗法中最常出现的不良反应是：皮肤刺激和过敏。刺激和过敏反应程度与所用精油的种类、浓度、溶剂和个体差异有很大关系。有一些精油本身存在问题，如具有光致敏作用，涂抹这些种类的按摩精油会增加皮肤被紫外线灼伤的可能性。避免方法是：进入阳光充沛环境之前的半天内不要使用这类按摩精油。

一、使用禁忌

有发热或体温升高、刚做完外科手术、身体疤痕未愈、身体有损伤情况的人不应选择按摩精油治疗，建议按摩对象去正规医院进行治疗。

不要将含下列香精油的按摩油用在怀孕妇女身上：罗勒油、鼠尾草油、丁香油、肉桂油、牛藤草油、杜松子油、薄荷油（对怀孕妇女最好和安全的是柑橘油）。

不要将含下列香精油的按摩油用于正在进行顺势（同种）疗法的人，因为它们可能抵消顺势疗法的效果：樟脑油、桉树油、薄荷油和迷迭香油。

不要将含下列香精油的按摩油用于癫痫症患者身上，因为如果头部用油可诱发癫痫：罗勒油、小豆蔻油、牛藤草油、迷迭香油、鼠尾草油和百里香油。

不要将含下列香精油的按摩油用于高血压患者：樟脑油、牛藤草油、迷迭香油、鼠尾草油和百里香油。

二、适宜婴儿使用的按摩精油和品牌

婴儿的皮肤稚嫩幼滑，且易过敏，对各类精油的吸收效果更好，因此选择按摩精油时要格外选择温和无刺激性的品种供婴儿使用。罗马洋甘菊、薰衣草、甜橙、橘子这几种香精油加甜杏仁油（作为基本油）或橄榄油、茶油。添加香精油比率控制在1%的按摩油较适合给婴儿使用。

目前，市面上较好的适用于婴儿的具体品牌有：强生婴儿油、小蜜蜂（Burt's Bees)、贝亲（Pigeon)、Bella B、布朗天使、康婴健、婴唯爱（Annvia)、哈罗闪（Sanosan）等。

第五节 按摩精油的品控与管理

按摩精油的产品质量管理，要求所有上市的产品成分明确化，严禁加入对人体有损害的物质和对皮肤致敏、损伤的成分。按摩精油的品质控制可参照日用液体香精，即感官评价、理化数据测定和成分分析三方面展开。在此基础上要逐步健全人体应用试验。先进行动物毒理学试验，再对不同人群进行志愿者斑贴试验。

按摩精油的品质控制需要测定的指标有以下几种。

① 感官评价　评香可用三角测试法，评色（比色）可用对比法（与标样对比）。

② 理化测试　密度、折射率、挥发油含量、旋光性、重金属（含砷，含铅）含量。

③ 成分分析　可以用GC法和GC-MS法分析。

欧美市场销售的按摩精油基本上都由化妆品公司生产，具备一定的规模。生产、检测、安全性能评估都较正规系统；产品要产自经审核有资质的企业，操作场所符合卫生要求；包装上都标有主要成分及禁忌人群等说明；厂家信息也清晰标明，遇到质量问题很容易找到相关企业；车间操作人员需经培训，具有上岗证书。我国的按摩精油发展起步略晚，在品控、安全性评价与监管方面可以借鉴欧美的先进经验。目前市场上确实存在一些按摩精油质量不佳、夸大宣传的现象（客观上按摩精油通常不会造成严重的安全问题，但疗效也没有某些广告宣传得那么夸张）。只要对按摩精油行业的管理像食品和化妆品行业那样，有法规条文参照，有专门机构管理，那么按摩精油市场会更加健康地发展。

第七章

香精的复配

第一节　香精复配的含义和意义

香精的复配指的是两种或两种以上香精通过恰当比例的混合以表现特定主题的一种技术。复配技术泛指香精与香精之间的复合。随着市场竞争愈演愈烈，商家的产品日趋多样化，产品的多样化其中之一的表现就是香气和香味的多样化，因此，选择采用一个高品质香精的同时，各种香精相互搭配显得更为重要。食用香精的复配可以使香精达到所要求的嗅觉和味觉的高度统一性，使产品口味多样化，使产品口感丰富饱满。日用香精的复配可以创造出为产品量身定制的香气“指纹”，有助于创造新的香型出现，提高产品的辨识度，在市场上起到保密作用，有竞争优势，使人无法模仿，又或者利用香精复配技术，替代某些天然原料，以降低成本，同时保持产品质量。总之，合理地复配香精可以为进一步提高加香产品质量拓展一条通道。

香精复配迎合了用香企业对香气和香味高品质、定制化和控制成本等需求。香精的复配通常由香精的应用部门联合用香企业和客户共同完成，它和调香不同，只需要掌握一定的复配原则，就可以复配出令人满意的香精。

第二节　香精复配的原则及要素

首先要指出的是“香与香混合”不一定还是香的，有时候甚至会变“臭”。香精与香精的复配有许多技巧，主要是靠经验，当然也有一些规律可循。

一、日用香精的复配原则

日用香精的复配原则可参照林翔云教授的“自然界气味关系图”，“相邻的香气有补强作用、对角的香气有补缺作用”似乎可以像画画那样利用色彩的“补强”“补缺”性质来加以应用。首先，同一种香型的香精是比较容易混合出宜人的香气的，例如，同厂家生产的玫瑰香精都可以混合在一起使用，随便两个或三个茉莉香精混合在一起也不会有问题，除非其中有香精原配方实在太离谱，用了一些不常用的香料，或者有的香精名称不对，虽然叫作玫瑰香精而闻起来根本就不是玫瑰花的香气、叫作茉莉香精而没有茉莉花的香气。其次，香气较为接近的香精混合在一起一般也不会有问题，这有点像植物学里的嫁接，越是近缘的品种嫁接越容易成活。例如花香与花香、果香与果香混合都比较容易成功。最后，学一点早期的香水香精配方技术对这种“香精再配合”很有好处，因为早期的香水香精只能用天然香料配制，现在可以把茉莉香精当作茉莉油、把玫瑰香精当作玫瑰油……古人辛辛苦苦找到的各种香气的“最佳组合”也能轻易地被应用于日用香精的复配。

二、食用香精的复配原则

单一香精在表达主题实物香气或体现口感方面往往显得缺乏立体感，食品香精不同于日化香精是表达香气的思维联想，它是实实在在的口味感觉，因此，在运用复配技术时要遵循这几项原则：主题明确；香气协调性好；香味口感好。

① 主题明确　食品香精必须主题明确，食品香精创香就是真实再现自然的口感。

② 香气协调性好　把握住香韵间的过渡，寻找共同点，香韵间的过渡越完善，香气的协调性就越好。

③ 香味口感好　食品香精复配的最终目的是提供好产品，好产品是香气与口感的统一，香气好不是香精的最终目的，口感好才是最终目的。

香精复配时除了要遵循基本原则外，也要把握好一些要素，寻找一些技巧。例如：水果类香气主要是清香、甜香和酸香，酯类成分比较重要。乳类香气主要是带甜香的酸香，高碳酸和酯类为主要成分。坚果类香气主要是甜香、焦香，噻唑和吡嗪类成分比较重要。

香气搭配也符合相似相溶原理，即香气类型接近的一般还是协调的，较易搭配。如奶类香精中有鲜奶、奶油、炼奶、奶酪香精等，从它们中选择几种可以复配出复合奶味。又如瓜类香精，有西瓜、甜瓜、哈密瓜等品种可以复配。其他水果香精之间的搭配比较容易，常见的有：以甜橙为主，柠檬为辅，或以菠萝为主，辅以芒果、水蜜桃、甜橙、香蕉等。坚果类香精之间的搭配，常见的有以咖啡为主，配以巧克力和可可等香精；或以花生为主，配以芝麻、核桃、板栗、杏仁等；或以香芋为主，复配烤红薯和榛子等。

水果类香精与乳类香精易搭配，乳类一般与草莓、香蕉、哈密瓜、菠萝等香型搭配时效果最佳。坚果类与乳类也易搭配（如花生、核桃等），而水果与坚果之间较难搭配。香气之间的搭配往往以一种为主，另一种或者其他几种为辅。

乳类香精可以互相搭配，互为主辅。为了降低成本，减少乳制品的用量，填补牛乳香气的不足，在增加牛乳香精的同时，添加香草香精，可增强牛乳的甜香。

乳饮品对食品香精要求相对较高，有一定应用难度，复配技术在产品中的应用空间较大。乳香是这类产品的主题，乳香复配是很具有典型性的，研究乳香之间的复配制成模块香精，根据需要与水果类或坚果类进行复配，都会取得非常理想的效果。例如，草莓和牛乳的复合，从香韵组成看，草莓香精：清香韵、甜香韵、酸香韵、浆果香韵、乳香韵。牛乳香精：焦甜香韵、乳香韵、酸香韵。牛乳香精所具有的香韵均是草莓香精同时具备的，尽管表现方向不同，但如此复配效果会比较理想。牛乳香精本身就比较平和，草莓香精不会因为牛乳香气介入而改变，反而会延续草莓香味并增添草莓香味的表现力，所以我们习惯喝草莓酸乳是有道理的。还有些已经被普遍接受的复配香型如：桂花与红豆，糯米和红枣或糖香。

以上是香精复配技术的一些常识，也是交互作用的具体表现，是加香时必须掌握的知识之一，只有在大量实践基础上，加以大胆创新才能得到完美和谐的复配创意。

另外，有些香精经过复配后，香精的香气或香味的头香、体香或基香的表现会有某些不足（如连续性不佳、逼真度不够、香韵之间不和谐等），这时就需要调香师在复配香精的基础上加入合适的香料去修饰香气，使整体香气更加和谐、圆和，更能适合某一种产品的加香要求。

第二篇

香精的应用

香精只有用到具体产品中，给人们带来合适且愉悦的感官体验，香精的使命与价值才能真正体现。

本篇介绍香精在日用与食用领域的应用，内容涵盖了香精在化妆品、个人洗护用品、洗涤用品、口腔卫生用品、环境用清新剂、各类食品及动物用产品等的加香应用，重点介绍因各类加香产品介质性质的不同，香精在不同产品中常用香型的选择搭配、建议添加量、加香工序和加香稳定性控制等内容。

本篇引入了应用配方和香精配方供试验参考，帮助读者将合适的香精用在相应的产品中。

≡ 第八章 ≡

水质类化妆品的加香

水质类化妆品主要包括香水、古龙水、花露水、化妆水和香体露等。它们均以脱醛酒精、蒸馏水为溶剂，因此被称为水质类化妆品。由于它们大多具有浓郁的芳香，所以也称芳香类化妆品。它们之间的区别主要在于所用香精的质量、香精的用量和酒精的用量、使用目的和使用的对象上。最名贵者当属香水。

第一节　香水的加香

在香精行业，香水是日化香精的风向标和先行者。它不仅反映了一个国家的香料香精行业水平，也体现出一个国家的艺术品位和文明程度。例如法国巴黎称为时尚之都，它以香水和时装而闻名。而香水也是无形的服装，使用得当会给人以优雅美妙的嗅觉享受。

1370 年出现了第一世界上第一支香水——匈牙利水（hungary water)。它的主要成分是蒸馏的玫瑰精油，加入乙醇制取的薰衣草、柏木、迷迭香浸液。从 19 世纪下半叶起，合成香料出现于市场，香水开始可以创造出具有独特风格的香气，现代香水便诞生了。1921 年出品的 Chanel No. 5 香水是当时世界最著名的一款香水，它的香气融合了栀子花、茉莉花、玫瑰花、檀香、动物香，是醛香-花香香型香水，该香型经典隽永，流传至今。如今，香水已成为化妆品家族中最重要的成员之一，是最珍贵的芳香类化妆品。现今香水发展特点是由现实趋向虚拟抽象，由具体的果香型、花香型趋向幻想型、东方型、海洋型、国际型等。采用的原料由着重天然原料发展成天然、合成原料并重，融入高新科技，合成出的关键成分作为头香和基香；以合成龙涎香、麝香作基香，配以少量天然动物和植物精油构筑香水的特殊韵调。

一、香水的常见香型

香水的香型分类方法很多，主要分为花香型香水和幻想型香水两大类。在国外，调香界较常采用的是把香型分为青香型、花香型、素心兰型、东方型、幻想型等几大类。随着调香创作的不断推陈出新，香型的香韵区分也日益精细。

花香型又可分为单花香和复合花香，而复合花香又可分为三花型、四花型和百花型，再可以分为果香新鲜香的花香型、带鲜花朵气息的花香型，就连同一香韵的香气也分为男用、女用和男女通用香型。大多数香水的主体部分是模拟天然花香调配而成的，常见用于香水中的花香主要有玫瑰、茉莉、水仙、铃兰、栀子、橙花、紫罗兰、晚香玉、金合欢、风信子、薰衣草等。

幻想型香水是调香师根据自然现象、风俗、景色、地名、人物、情绪、音乐、绘画等方面的艺术想象，创拟出的人们喜爱的新型香型。幻想型香水往往具有非常美好的名字，给人以香气和人文的艺术感。

国外香料公司对市场上历年来畅销的香水的香型作了香气分类，笔者也加以摘录介绍，以供学习调香者参考。

（一）哈曼莱默（Haarmann & Reimer）公司的香型分类

该公司把香水香型总分为七类，再细分为十二类。以下为具体的类型和著名的香水名称。

（1）青香型（green）　Vent Vert（1945）、Chanel No. 19（1971）、Aliege（1972）。

（2）花香型（floral）

① 花香-新鲜香型　Diorissimo（1956）、Fidji（1966）、Diorella（1972）。

② 花香-干香-药草香型　L' Origan（1905）、Soir de Paris（1929），Estee Super Parfume（1969）、Charlie（1973）、Chloé（1975）。

③ 纯花香型　Quelques Fleurs（1912）、Joy（1935）、L' Air du Temps（1948）。

（3）醛香型（aldehydic）

① 醛香-花香型　Chanel No. 5（1921）、Arpege（1927）、Je Reviens（1932）、Mme Rochas（1960）、Climate（1968）。

② 醛香-花香-木香-粉香型　Bois desisles（1926）、Caleche（1961）、Calandre（1968）、Chamade（1970）。

（4）素心兰香型（chypre）

① 醛香-新鲜香-苔香型　Chypre（1917）、Crepe de Chene（1925）、Ma Griffe（1944）。

② 花香-苔香-动物香型　Miss Dior（1947）、Intimate（1955）、Cabochard（1958）。

③ 苔香-花香-果香型　Femme（1942）。

（5）东方香型（oriental）　Shalimar（1925）、Tabu（1931）、Shocking（1935）、Youth Dew（1952）。

（6）烟草、皮草香型（tobacco-leather）

① 烟草型　Tabac Blond（1919）。

② 皮革型　Cuir de Russie（1924）。

（7）馥奇（新鲜香-芳香-辛香-苔香）香型（fougere）　Fougere Royal（1982）、Carroe（1935）。

（二）国际香精香料公司（IFF）的香型分类

IFF 将香水按照女用和男用香型进行了分类，具体如下。

1. 女用香水香型

（1）单花香型

① 香石竹花　Poivre（1954）。

② 水仙花　Narcisse Noir（1912）。

③ 茉莉花　Doir Doir（1976）、Chevrefeuille（1976）。

④ 晚香玉花 Fracas（1948）。

⑤ 甜豌豆 Les Pois de Senter（1927）。

⑥ 玫瑰花 Tea Rose（1977）。

⑦ 栀子花 Gardenia（1972）。

⑧ 紫丁香花 Apple Blossom（1972）。

⑨ 铃兰花 Lily of the Valley（1963）。

⑩ 紫罗兰花 Raining Violet（1972）。

（2）百花香型（floral）

① 姬龙雪型 Fidji（1966）、Emprise（1976）。

② 晚香玉百花 White Shoulders（1939）。

③ 黄水仙百花 Je Reviens（1932）、Tempo（1978）。

④ 紫罗兰百花 Le Dix（1947）、Rede（1976）。

⑤ 玫瑰、茉莉、铃兰百花 Joy（1930）、White Linen（1978）。

⑥ 醛香百花 Charisma（1968）。

⑦ 香石竹、辛香百花 L' Air du Temps（1948）、Sun Blossom（1978）。

⑧ 水仙百花 Tweed（1924）、My Sin（1925）。

⑨ Estee 型 Estee（1968）、Ginseng（1975）、Smitty（1977）。

⑩ 辛香百花 Blue Grass（193）、Aquamarine（1952）。

（3）醛香花香型

① 醛香加木香、苔香、桃香 Madame Rochas（1960）、Essence Rare（1975）。

② 醛香加木香 Patchwork（1973）。

③ Chanel No. 5 型 Chanel No. 5（1921）、L' Aimant（1927）、More（1971）。

（4）素心兰香型

① 素心兰香 Ma Griffe（1947）、Halston（1975）、Parure（1975）。

② 素心兰加桃香 Mitsouko（1919）、Femme（1945）、Sex Appeal（1976）。

③ 素心兰加广藿香香、醛香、青香 Miss Dior（1947）、Timeless（1974）。

④ 素心兰加青香 Masumi（1967）、Vivre（1971）。

⑤ 素心兰加木香、琥珀香 Bandit（1944）、Moon Wind（1971）。

⑥ 素心兰加醛香 Zibeline（1928）、Crepe de Chine（1928）、Soir de Paris（1929）、Somewhere（1961）。

（5）馥奇香型 Maja（1921）、20 Carats（1975）。

（6）东方香型

① 东方香 Tabu（1931）、Opium（1978）。

② 东方香加橙花香、辛香 L' Origan（1905）、Charles of the Ritz（1977）。

③ 东方香加甜香、荚兰豆香 Emeraude（1921）、Shalimar（1925）、Chantilly（1941）。

（7）青香型 Vent Vert（1945）、Aliage（1972）、Bill Blass（1978）。

（8）动物香型 Ambergris（1973）、Civet（1973）、Musk（1978）。

（9）木香型

① 加甜香 Un Air Embaume（1912）、Bois des Iles（1926）、Persian Wood（1956）、

Woman（1977）。

② 加广藿香香　Shocking（1935）、Chique（1977）、Expression（1977）。

③ 加鸢尾香　Chamade（1970）、Chanel No. 19（1971）、Sport Scent（1978）。

（10）革草型　Cuir de Russie（1924）、Scandal（1931）、Rudi Gerneich（1971）。

（11）幻想香型　Heaven Sent（1941）、Music（1971）、Sweet Honesty（1973）。

（12）纯柑橘香型　Jean Marie Farina（1806）、Pour Le Bain（1944）、Eau de Guerain（1975）、Eau Fresh（1976）、Quartz（1977）。

2. 男用香水香型

（1）柑橘香型

① 纯柑橘香　4711（1972）、Imperiale（1853）。

② 加松柏香　Pino Silvestse（1948）。

③ Sauvage 型　Eau Sauvage（1966）、Bravas（1969）。

④ Drakkar 型　Drakkar（1972）。

⑤ 加薰衣草香　English Lavender（1770）、Pour Un Homme（1934）。

⑥ 加百花香　Aqua Velva（1917）、English Leather（1947）、Blue Stratos（1975）。

（2）素心兰香型

① Paco 型　Paco（1973）、Sport Scent（1978）。

② Kann 型　Kann（1966）、Halston1-12（1976）。

③ Copenhagen 型　Zizanie（1932）、Royal Copenhagen（1971）、Vintage（1975）。

④ Aramis 型　Aramis（1965）、Braggi（1966）、Clint（1976）、Avanti（1977）。

⑤ 加广藿香　Givenchy Gentlemen（1971）。

⑥ 加苔香、琥珀香　Pour Monsieur（1961）。

（3）青香型

① 纯青香　Grey Flannel（1975）、Devin（1977）。

② 加药草香　Old Spice Herbal（1974）。

（4）幻想香型　Canoe（1935）、Wild Country（1967）、Chaz（1976）。

（5）麝香香型　Musk for Men（1971）、English Leather Musk（1972）、Monsieur Houbigant Musk（1974）、Royal Copenhagen Musk（1975）。

（6）药草香-广藿香香型　Polo（1978）。

（7）木香型

① 加岩兰草香　Vetivert（1960）。

② 加广藿香　Aramis 900（1970）、Monsieur Jovan（1975）。

③ 加檀香　Arden for Men（1955）、YSL（1971）。

④ 加琥珀香　Deep Woods（1971）、Ginseng for Men（1975）、Halston Z-14（1976）。

（8）馥奇香型　Fougere Royal（1882）、Jicky（1889）、Moustache（1949）、British Sterling（1965）、Man（197）。

（9）辛香型　Old Spice（1937）。

（10）革草型　Monsieur Couturier（1976）、Ted（1978）。

二、香水香精的香气构型

如今，香水香精配方构型以各种果香香韵作为头香，体香以模仿各类花香香气为主，并用木香过渡到基香，用龙涎香、麝香、檀香等香韵赋予香水香精独特的留香。

三、香水香精的选择

香水香精的香原料使用范围是香精中最广泛的，很多最新的原料首先会在香水香精里使用，测试其应用潜力。对于天然香料，香水香精中动物植物提取物用得多，对于动物香料，常用的有灵猫香、海狸香、麝香、龙涎香；植物香料的取材部位丰富多样［花、叶、枝、干、皮、根、果、籽、分泌物（树胶）］，经加工提取出的发香成分物质有精油、浸膏、香膏、香树脂、净油、酊剂等，品种十分繁多。对于合成香料，香水香精中品种繁多，涉及面广。

香水的生命力在于香精本身。香水组成虽然简单，但香水产品对香精的选择要求很高。第一，香水的加香量是日用香精中最高的。第二，以乙醇作稀释剂能十分清楚地暴露出香精的弱点，作为香水香精，其香气质量要求创新、新鲜、扩散、持久、调和，即整体香气应有新鲜、新颖感，香气的扩散性良好、留香且持久，头香、体香、底香各层次香气和谐、圆和。香水用香精还应显示出香型特征及调香者的创作理念，给人以美的形象和强烈的艺术感染力。目前国际上流行的香水，其香精的调配不仅注重头香的美化，更着意于体香香气的精细描绘。头香经常使用令人感到清新爽朗的新鲜橘香气或清香、花香的香气。体香更趋于复杂、多韵、细腻、雅致的花香，又充分利用醛香香气巧妙地将头香和体香连接起来。基香香气偏重于檀香、木香、麝香和其他动物香，使整个香气具有动人的情趣，从而适应时代潮流的要求。

近年来男用香水增长趋势大大超出女用香水，男用香水虽没有与女用香水截然不同的分界线，但其香气强烈浓郁，体现出刚健、强壮的男性魅力。其香型大抵有柑橘香、木香、辛香、烟香、皮草香、动物香等。常见男性香水（柑橘型）根据头香、体香、基香香气进程的剖析如下。

（1）头香组成　清新的香气、柑橘、（柠檬）香柠檬。

（2）体香组成　薰衣草、香紫苏、龙蒿、松针、胡椒、微量的花香、乙酸龙脑酯（乙酸异龙脑酯）。

（3）基香组成　乙酸岩兰草酯、檀香醇、岩兰草、广藿香、柏木、乙酸柏木酯、苔香、烟叶香、香豆素、麝香等。

四、香水的生产工艺

1. 香水的原料

香水的主要原料是香精和乙醇。有时根据特殊需求，还可加入微量的色素、抗氧化剂、杀菌剂、甘油、表面活性剂等添加剂。香水中香精用量较高，一般为15%～25%，常用的乙醇浓度为95%。

乙醇的质量对香水的品质影响很大，高级香水应采用葡萄发酵酿制的乙醇，普通香水可以采用粮食发酵酿制的乙醇，经过二次脱醛后才能用于香水。经过脱醛处理的乙醇，如认为香气还不够完美，则可再加入少量活性炭，并充分搅拌后过滤，以进一步脱除异杂气味。配制高级的香水，除了经上述方法处理外，还可在乙醇中加入定香剂进行预处理，常用的原料包括安息香、乳香、防风根、秘鲁香树脂、吐鲁香膏、橡苔、格蓬、岩兰草、天然及人造龙涎香和灵猫香、环十五内酯、降龙涎香醚（404 定香剂）、赖百当浸膏、鸢尾浸膏等，其中环十五内酯、降龙涎香醚、天然和人造龙涎香和灵猫香加入量为 0.001%～0.003%，其他原料的加入量是 0.05%～1%，进行较长时间的陈化。通常应注意加入量取最小，且不干扰原香精的香气。

配制香水香精所用的香料，香气应纯正，色泽尽量浅，特别注意头香、体香和留香的比例。一般喷搽 30min 左右呈现稳定的香水特征香气，应保持 2h 以上不变。

2. 香水的生产

香水生产工艺流程如图 8.1 所示。

图 8.1 香水生产工艺

香精混合后一定要陈化。陈化后香水的香气更柔和、协调，香气强度和持久性也更好，陈化的时间长短没有限制，只要香精的中粗糙气转变成协调而令人愉快的特征香气即可。

五、香水香精配方实例

香水香精配方实例见表 8.1～表 8.24。

表 8.1 香水香精配方 1

原料	质量分数/%	原料	质量分数/%	原料	质量分数/%
柠檬油	0.03	铃兰醛	3.5	乙酸香叶酯	0.06
香柠檬油	0.24	素凝香	0.4	枯茗油	0.02
二氢月桂烯醇	4.5	佳乐麝香 50%DEP 50%	26	DPG	13.87
樟脑	0.1	四氢香豆素	3.6	香叶醇	0.04
乙酸芳樟酯	0.65	香兰素	0.7	桂皮油	0.02
树苔浸膏	0.03	桉叶油	0.03	龙涎酮	16
格蓬酯	0.05	二甲基异己基原酯	0.04	柳酸异戊酯	0.3
甲酸香叶酯	0.06	薰衣草油	0.4	吐纳麝香	22
橙花醇	0.03	芳樟醇	0.55	新铃兰醛	2.6
甲基紫罗兰酮	2	金合欢醇	0.04	异丁香酚	0.04
BHT	2	薄荷油	0.1		

表 8.2 香水香精配方 2

原料	质量分数/%	原料	质量分数/%	原料	质量分数/%
柠檬油	3.5	乙基芳樟醇	4.3	甲基柏木醚	3.6
除萜橘子油	0.5	乙酸香茅酯	0.04	檀香 210	2.5
青草醛	1.3	松油醇	0.06	β-紫罗兰酮	1.1
丁酸己酯	0.04	乙酸香叶酯	0.15	铃兰醛	2
利法罗酯(顺-3-己烯醇碳酸甲酯)	0.12	α-突厥酮	0.1	龙涎酮	19
薰衣草油	0.4	环格蓬酯	0.25	降龙涎香醚	1.6
乙酸芳樟酯	2.7	甲基紫罗兰酮	1.68	乙酰基柏木烯	2.6

续表

原料	质量分数/%	原料	质量分数/%	原料	质量分数/%
佳乐麝香	7	乙酸邻叔丁基环己酯	3.7	抗氧化剂	1
香豆素	0.75	格蓬浸膏	0.7	鸢尾酮	0.1
香兰素	0.15	柠檬醛	0.05	甲氧基甲基环十二基醚	2.6
2-甲基丁酸乙酯	0.05	乙酸橙花酯	0.15	海酮	0.32
甜瓜醛	0.02	香茅醇	0.7	藿香油	3.02
叶醇	0.1	二氢突厥酮	0.1	二氢茉莉酮酸甲酯	5
女贞醛	0.16	DPG	10.76	芳酮	2.5
二氢月桂烯醇	8.4	香叶醇	0.1	乙基香兰素	0.32
芳樟醇	4.5	大茴香醛	0.16	苄醇	0.05

表 8.3　香水香精配方 3

原料	质量分数/%	原料	质量分数/%	原料	质量分数/%
柠檬油	0.55	苯甲酸叶醇酯	0.4	铃兰醚	3.5
万寿菊油	0.15	乙酸大茴香酯	0.1	二甲基苄基原醇	1
甜瓜醛	0.01	广藿香油	0.44	橙花醇	0.1
叶醇	0.03	香豆素	0.5	对异丙基环己基甲醇	0.1
二氢月桂烯醇	0.1	环十五内酯	0.56	γ-甲基紫罗兰酮	1
苯甲醛	0.01	二氢茉莉酮酸甲酯	24	苯乙醇	0.12
乙酸芳樟酯	0.8	α-己基桂醛	0.34	海风醛	0.15
卡必醇	0.1	卡必醇	1.6	羟基香茅醛	0.64
乙酸香茅酯	0.2	乙基香兰素	0.5	兔耳草醛	0.1
松油烯-4-醇	0.4	麝香 105	0.03	γ-己内酯	0.1
乙酸橙花酯	0.04	柳酸苄酯	2.5	龙涎酮	4.1
乙酸香叶酯	0.04	对伞花烃	0.1	海酮	0.2
香茅醇	0.06	乙酸叶醇酯	0.02	降龙涎香醚	0.5
丁酸苯乙酯	0.05	己酸烯丙酯	0.02	香叶基丙酮	0.1
DPG	14.22	女贞醛	0.04	柏木油	0.9
香叶醇	0.23	利法罗酯	0.04	桂醇	0.06
开司米酮	0.32	芳樟醇	2.1	佳乐麝香 50%DEP 50%	17.66
顺式茉莉酮	0.03	乙酸邻叔丁基环己酯	0.12	檀香 210	2.34
二甲基苯乙基原醇	0.15	乙基芳樟醇	4.3	新铃兰醛	2.3
檀香 210	0.7	苯乙二甲缩醛	0.03	香兰素	1.3
铃兰醛	2.7	乙酸苄酯	0.12	麝香 T	4.98

表 8.4　香水香精配方 4

原料	质量分数/%	原料	质量分数/%	原料	质量分数/%
乙酸异丁酯	0.03	香豆素	0.03	麝香 T	3
乙酸异戊酯	0.01	γ-癸内酯	0.1	叶醇	0.02
乙酸己酯	0.02	乙酸二甲基苄基原酯	0.13	乙酸异戊二烯酯	0.01
白柠檬油	0.05	檀香 210	0.22	柠檬油	0.15
异戊酸叶醇酯	0.02	异丁酸苯氧乙酯	0.1	苄醇	0.1
苯乙醇	0.85	铃兰醛	3.4	芳樟醇	0.08
四氢芳樟醇	1.6	新洋茉莉醛	0.76	乙酸苄酯	0.4
松油醇	0.15	DEP	22.45	丁酸叶醇酯	0.04
香叶醇	0.17	高顺二氢茉莉酮酸甲酯	34.3	香茅醇	0.3
羟基香茅醛	0.5	新铃兰醛	2.5	对异丙基环己基甲醇	0.32
洋茉莉醛	0.04	苯甲酸苄酯	2.6	吲哚	0.05
乙酸香叶酯	0.05	环十五内酯	2.7	乙酸香茅酯	0.04
突厥烯酮	0.04	柳酸苄酯	1.23	二氢茉莉酮	0.07

续表

原料	质量分数/%	原料	质量分数/%	原料	质量分数/%
环格蓬酯	0.03	肉豆蔻油	0.07	柳酸叶醇酯	0.65
桂酸桂酯	0.03	结晶玫瑰	0.04	檀香油	2.83
甲基紫罗兰酮	2.4	桃醛	0.1	佳乐麝香 50%DEP 50%	12.8
开司米酮	0.1	异丁香酚	0.06	黄葵内酯	0.3
抗氧化剂	0.26	龙涎酮	1.7		

表 8.5　香水香精配方 5

原料	质量分数/%	原料	质量分数/%	原料	质量分数/%
依兰依兰油	0.15	二氢茉莉酮酸甲酯	11	乙酸香叶酯	0.03
DPG	38.04	广藿香油	1.3	二苯醚	0.04
苯乙醇	1	乙酰基柏木烯	0.5	乙酸桂酯	0.06
苯乙酸甲酯	0.02	柳酸异戊酯	0.05	抗氧化剂	0.3
乙酸苏合香酯	0.37	黄葵内酯	1.8	苯甲酸苄酯	0.47
香茅醇	0.1	女贞醛二甲缩醛	0.1	柠檬酸三乙酯	0.5
羟基香茅醛	0.1	芳樟醇	0.06	404 定香剂	1
枯茗籽油	0.04	丙酸苄酯	1.6	环十六烯酮	1.4
香兰素	0.11	乙基芳樟醇	2.9	麝香 C-14	0.1
β-突厥酮	0.1	铃兰醚	10.88	麝香 T	25
对叔丁基苯丙醛	0.58	香叶醇	0.1		
γ-癸内酯	0.1	吲哚	0.1		

表 8.6　香水香精配方 6

原料	质量分数/%	原料	质量分数/%	原料	质量分数/%
DPG	28.51	乙酸桂酯	0.29	橙花醇	0.32
对甲酚甲醚	0.1	抗氧化剂	0.2	香叶醇	0.28
苄醇	0.66	桃醛	1.6	柳酸乙酯	0.44
苯甲酸乙酯	0.1	龙涎酮	3.4	橙花素	0.68
苯乙醇	10.5	广藿香油	1	邻氨基苯甲酸甲酯	0.5
乙酸苄酯	2.8	苯甲酸苄酯	0.9	乙酸橙花酯	0.03
乙酸苏合香酯	1.65	柳酸苄酯	12	乙酸香叶酯	0.03
玫瑰醇	0.4	依兰依兰油	0.2	甲基紫罗兰酮	4.6
乙酸苯乙酯	0.1	柠檬油	0.32	檀香 210	0.6
羟基香茅醛	2.2	二氢月桂烯醇	0.13	二氢茉莉酮酸甲酯	15
香豆素	0.05	芳樟醇	0.45	铃兰醛	1.5
乙酸异丁香酚酯	0.26	香叶油	0.15	降龙涎香醚	0.2
β-突厥酮	0.1	甲酸苯乙酯	0.1	佳乐麝香 50%DEP 50%	7.2

表 8.7　香水香精配方 7

原料	质量分数/%	原料	质量分数/%	原料	质量分数/%
乙缩醛	0.02	乙酸松油酯	0.03	二氢月桂烯醇	0.22
柠檬油	0.5	α-突厥酮	0.1	苯甲酸乙酯	0.02
女贞醛二甲缩醛	0.1	乙酸桂酯	0.02	苯乙醇	0.5
芳樟醇	1.3	丁酸二甲基苄基原酯	0.2	乙酸苄酯	0.32
二甲基苄基原酯	0.03	异丁酸苯氧乙酯	0.2	癸醛	0.03
松油醇	0.03	二氢茉莉酮酸甲酯	11.64	乙酸芳樟酯	0.42
香茅醇	0.2	苯甲酸苄酯	0.4	柠檬醛	0.13
香叶醇	0.25	酮麝香	1.6	甲酸香茅酯	0.04
乙酸二甲基苄基原酯	0.08	己二酸二辛酯	20	乙酸橙花酯	0.02
丁香罗勒油	0.1	DPG	18.44	甲酸香叶酯	0.1

续表

原料	质量分数/%	原料	质量分数/%	原料	质量分数/%
乙基香兰素	0.31	桃醛	0.2	黄葵内酯	0.32
γ-癸内酯	0.03	龙涎酮	10		
抗氧化剂	0.1	佳乐麝香 50%DEP 50%	32		

表 8.8　香水香精配方 8

原料	质量分数/%	原料	质量分数/%	原料	质量分数/%
DPG	27.51	环十五内酯	4.2	榄香油树脂	0.1
香茅醇	0.03	新铃兰醛替代香基	0.3	高顺二氢茉莉酮酸甲酯	20
洋茉莉醛	1.52	麝香 T	4.3	龙涎酮	21
抗氧化剂	0.1	芳樟醇	2.3	环十六烯酮	0.9
愈创木酚	0.04	香叶醇	0.05	黄葵内酯	0.15
二氢茉莉酮酸甲酯	15	α-紫罗兰酮	2.5		

表 8.9　香水香精配方 9

原料	质量分数/%	原料	质量分数/%	原料	质量分数/%
乙缩醛	0.04	新铃兰醛	6	香叶醇	0.5
DPG	23.18	胡椒基丙酮	0.08	乙酸邻叔丁基环己酯	0.64
对伞花烃	0.12	龙涎酮	8.2	乙酸橙花酯	0.04
芳樟醇	0.26	柠檬酸三乙酯	1	突厥烯酮	0.1
香茅醛	0.11	环十五内酯	4.5	N-甲基邻氨基苯甲酸甲酯	0.1
乙基芳樟醇	2.7	环十六酮	0.8	乙酸二甲基苄基原酯	0.68
柠檬醛	0.15	麝香 T	10.35	异丁酸苯氧乙酯	0.42
乙酸芳樟酯	0.2	2-甲基戊酸乙酯	0.05	柳酸苄酯	1
乙酸香茅酯	0.52	柠檬油	0.35	二氢茉莉酮酸甲酯	25.05
乙酸香叶酯	0.02	乙酸叶醇酯	0.13	乙氧基甲基环十二基醚	0.5
α-突厥酮	0.13	苯乙醇	0.5	降龙涎香醚	0.6
桃醛	0.19	丙酸苄酯	0.03	佳乐麝香 50%DEP 50%	8.8
玉兰嗯烷	1.4	香茅醇	0.26	黄葵内酯	0.4

表 8.10　香水香精配方 10

原料	质量分数/%	原料	质量分数/%	原料	质量分数/%
乙酸乙酯	2.3	丙酸苄酯	0.44	DPG	50.5
丙酸乙酯	1.1	乙酸异龙脑酯	0.24	甜瓜醛	0.36
乙酸异丁酯	2.8	花青醛	0.5	茉莉酯	0.8
乙酸异戊酯	1.8	二氢茉莉酮酸甲酯	2.3	己酸烯丙酯	0.46
柠檬酸三乙酯	1.2	佳乐麝香 50%IPM 50%	4.6	香叶醇	0.28
乙酸己酯	2	甘油	0.2	乙酸环己基乙酯	1.18
柠檬油	1.2	乙缩醛	0.06	4-甲基-3-癸烯-5-醇	0.33
芳樟醇	8	异戊酸乙酯	0.7	α-突厥酮	0.16
乙酸苄酯	1.1	丁酸乙酯	1.8	香兰素	0.04
丁酸叶醇酯	0.3	2-甲基戊酸乙酯	0.73	α-戊基桂醛	10.25
莳萝籽油	0.1	甲基庚烯酮	0.42	吐纳麝香	1.75

表 8.11　香水香精配方 11

原料	质量分数/%	原料	质量分数/%	原料	质量分数/%
乙缩醛	0.02	叶醇	0.03	铃兰醚	2.2
卡必醇	0.1	女贞醛二甲缩醛	0.06	环格蓬酯	0.3
柠檬油	1.6	薰衣草油	0.15	香叶醇	0.2
二氢月桂烯醇	2.3	乙基芳樟醇	3.42	乙酸香叶酯	0.45

续表

原料	质量分数/%	原料	质量分数/%	原料	质量分数/%
乙酸乙基芳樟酯	1.3	乙酸叶醇酯	0.02	海风醛	0.2
α-突厥酮	0.1	DPG	18.01	乙基香兰素	0.07
香兰素	0.25	橘子油	0.97	β-紫罗兰酮	0.87
二氢香豆素	0.15	利法罗酯	0.04	抗氧化剂	0.53
兔耳草醛	0.13	芳樟醇	4.6	新洋茉莉醛	1.49
檀香210	0.52	苯乙醇	0.05	二氢茉莉酮酸甲酯	24
新铃兰醛	6.18	乙酸苄酯	0.12	新铃兰醛	2.51
桃醛	0.04	乙酸苏合香酯	0.15	广藿香油	1.5
龙涎酮	2.45	香茅醇	0.26	降龙涎香醚	0.5
柳酸叶醇酯	5.15	乙酸芳樟酯	2.07	麝香酮	0.15
α-己基桂醛	0.75	山苍子油	0.05	柳酸苄酯	0.6
环十六烯酮	1.87	羟基香茅醛	0.87	麝香T	9
香根油	0.28	乙酸橙花酯	0.17		
汉可林D	1	顺式茉莉酮	0.2		

表8.12 香水香精配方12

原料	质量分数/%	原料	质量分数/%	原料	质量分数/%
柠檬油	5.8	柳酸异戊酯	0.2	乙酸芳樟酯	3.5
铃兰醚	0.03	树苔浸膏	0.02	百里香油	0.07
二氢月桂烯醇	14.2	4-甲基-3-癸烯-5-醇	0.12	α-突厥酮	0.24
芳樟醇	5.2	甲基柏木酮	1.6	海酮	0.05
香叶油	0.2	广藿香油	1.5	开司米酮	0.56
松油醇	0.1	佳乐麝香	11.7	新铃兰醛	2.18
香茅醇	1	DPG	22.49	榄香油树脂	0.1
山苍子油	1.59	壬醛	0.03	柳酸戊酯	0.45
大茴香醛	0.18	女贞醛	0.35	柏木油	0.4
乙酸香茅酯	0.52	薰衣草油	0.22	龙涎酮	22.3
甲酸香叶酯	0.1	乙酸苏合香酯	1.41	乙酸柏木酯	0.6
乙基香兰素	0.42	癸醛	0.03		
肉豆蔻油	0.19	环格蓬酯	0.35		

表8.13 香水香精配方13

原料	质量分数/%	原料	质量分数/%	原料	质量分数/%
叶醇	0.12	邻氨基苯甲酸甲酯	0.5	环十五内酯	3.5
卡必醇	0.02	乙酸香茅酯	0.27	柳酸苄酯	1.9
DPG	21.36	γ-辛内酯	0.45	2,6-二甲基-2-庚醇	0.05
苄醇	1.57	二氢茉莉酮	0.1	乙酸叶醇酯	0.1
女贞醛	0.1	海酮	0.6	柠檬油	0.35
依兰依兰油	0.1	二氢-β-紫罗兰酮	3.4	二氢月桂烯醇	0.3
芳樟醇	7.53	波洁红醛	0.36	利法罗酯	0.05
丁酸叶醇酯	0.07	γ-癸内酯	0.1	苯甲酸乙酯	0.08
樟脑	0.1	β-紫罗兰酮	2.6	苯乙醇	1.4
苯甲酸乙酯	0.05	开司米酮	0.25	薰衣草油	0.15
乙酸苏合香酯	0.72	铃兰醛	2.1	乙酸苄酯	2
铃兰醚	2.1	新洋茉莉醛	3.2	乙基芳樟醇	2.2
乙酸芳樟酯	0.8	乙酸异丁香酚酯	0.18	松油醇	0.9
β-甲基苯酮	0.55	龙涎酮	5.6	玫瑰醇	1.7
羟基香茅醛	0.9	α-戊基桂醛	0.46	香叶醇	0.4
檀香醚	0.15	乙酰基柏木烯	1.1	柳酸乙酯	0.75

续表

原料	质量分数/%	原料	质量分数/%	原料	质量分数/%
橙花素	0.15	白檀醇	0.36	二氢茉莉酮酸甲酯	10.75
洋茉莉醛	0.34	茴香基丙醛	0.54	柳酸叶醇酯	1
橙花醇	0.5	γ-甲基紫罗兰酮	1.8	降龙涎香醚	0.55
异丁香酚	0.8	对叔丁基苯丙醛	0.3	苯甲酸苄酯	0.45
乙酸香叶酯	0.22	松油烯-4-醇	1.1	佳乐麝香(纯)	5.95
香兰素	0.1	檀香 210	0.8		
α-紫罗兰酮	0.6	丁酸叶醇酯	0.35		

表 8.14 香水香精配方 14

原料	质量分数/%	原料	质量分数/%	原料	质量分数/%
环十五内酯	3.45	桂花王	3.2	香叶醇	0.4
2,6-二甲基-2-庚醇	0.04	兔耳草醛	0.45	柳酸乙酯	0.3
乙酸松油酯	0.05	γ-甲基紫罗兰酮	1.83	吲哚	0.15
香柠檬油	0.5	对叔丁基苯丙醛	0.23	檀香醚	0.25
二氢月桂烯醇	0.3	开司米酮	0.23	乙酰基柏木烯	1.45
苯甲酸甲酯	0.07	羟基香茅醛	3.7	洋茉莉醛	0.12
女贞醛	0.1	新洋茉莉醛	3	马来酸酐(MA)	0.05
丁酸叶醇酯	0.05	乙酸异丁香酚酯	0.2	丁香酚	0.8
乙酸苄酯	2.4	龙涎酮	5.22	乙基香兰素	0.04
乙酸苏合香酯	0.7	α-己基桂醛	0.35	桃醛	0.41
铃兰醚	2.3	柳酸苄酯	2.6	α-紫罗兰酮	0.54
乙酸芳樟酯	0.9	叶醇	0.1	檀香油	0.35
4-甲基-3-癸烯-5 醇	0.45	卡必醇	0.05	茴香基丙醛	0.6
铃兰醛	1	DPG	21.33	α-紫罗兰酮	2.6
波洁红醛	0.05	苄醇	0.32	δ-癸内酯	0.1
降龙涎香醚	0.3	依兰依兰油	0.1	苯乐戊醇	1.1
佳乐麝香	6.05	芳樟醇	8.1	檀香 208	0.77
NMA	0.04	苯乙醇	1.3	乙酸叶醇酯	0.3
乙酸香茅酯	0.3	乙酸异龙脑酯	0.2	二氢茉莉酮酸甲酯	11
茉莉酯	0.1	乙基芳樟醇	2.1	柳酸叶醇酯	1.18
海酮	0.4	松油醇	0.8	苯甲酸苄酯	0.34
乙酸香叶酯	0.24	香茅醇	1.95		

表 8.15 香水香精配方 15

原料	质量分数/%	原料	质量分数/%	原料	质量分数/%
丁酸乙酯	0.01	α-突厥酮	0.09	黄葵内酯	0.1
柳酸叶醇酯	0.11	顺式茉莉酮	0.23	苯甲醛	0.01
柠檬油	2.82	N-甲基邻氨基苯甲酸甲酯	0.4	DPG	21.04
芳樟醇	3.08	α-紫罗兰酮	0.9	桉叶油	0.03
女贞醛	0.2	β-紫罗兰酮	1.8	苯乙醇	3.12
香叶油	0.2	苯乐戊醇	4.97	柑青醛	0.1
樟脑	0.02	覆盆子酮	0.14	薰衣草油	0.2
壬醛	0.02	愈创木酚	0.08	乙酸苏合香酯	0.25
格蓬酯	0.2	柳酸叶醇酯	0.4	香茅醇	1.9
橡苔浸膏	0.03	柳酸己酯	2	橙花素	0.1
香叶醇	1.42	α-己基桂醛	4.5	乙酸芳樟醇	2.8
乙酸邻叔丁基环己酯	1.38	苯甲酸苄酯	1.6	柠檬醛	0.09
桂醇	0.56	8-环十六烯酮	0.9	吲哚	0.07
邻氨基苯甲酸甲酯	0.03	吐纳麝香	1	洋茉莉醛	0.84

续表

原料	质量分数/%	原料	质量分数/%	原料	质量分数/%
乙酸橙花酯	0.22	铃兰醛	8.03	檀香 208	1.2
乙酸香叶酯	0.45	檀香 210	1.2	佳乐麝香 70%苯甲酸苄酯(BB)	12.71
香兰素	0.9	二氢茉莉酮酸甲酯	3.3	柳酸苄酯	6.8
乙酸大茴香酯	0.3	广藿香油	0.59	酮麝香	1.3
香豆素	0.4	二氢-β-紫罗兰酮	0.16		
香紫苏醇	0.2	乙酰基柏木烯	2.5		

表 8.16 香水香精配方 16

原料	质量分数/%	原料	质量分数/%	原料	质量分数/%
星苹酯	0.4	新洋茉莉醛	2.3	香叶醇	0.2
柠檬油	0.2	龙涎酮	2.1	3-甲基吲哚	0.01
乙基芳樟醇	0.23	广藿香油	0.28	甲酸香茅酯	0.06
薰衣草油	0.15	降龙涎香醚	0.3	茉莉酯	0.22
乙酸苄酯	0.95	环十六烯酮	1	环格蓬酯	0.24
芳樟醇	3.3	黄葵内酯	0.44	抗氧化剂	0.2
松油醇	0.3	汉克林 D	1.44	结晶玫瑰	0.12
香茅醇	2.04	DPG	21.68	二氢茉莉酮酸甲酯	22
羟基香茅醛	0.04	女贞醛	0.2	新铃兰醛	2.1
三甲基戊基环戊酮	0.05	苯乙醇	1.31	α-已基桂醛	1.6
异丁香酚	0.03	留兰香油	0.04	环十五内酯	1.8
二苯醚	0.01	苯甲酸乙酯	0.05	佳乐麝香 70%苯甲酸苄酯 30%	16.6
甲基紫罗兰酮	2.52	乙酸苏合香酯	0.15	麝香 T	7.4
铃兰醛	5.47	铃兰醚	0.47		

表 8.17 香水香精配方 17

原料	质量分数/%	原料	质量分数/%	原料	质量分数/%
乙酸乙酯	0.02	波洁红醛	0.5	柳酸甲酯	0.015
乙酰乙酸乙酯	0.02	二氢-β-紫罗兰酮	0.04	羟基香茅醛	1.9
DPG	30.355	抗氧化剂	0.5	三甲基戊基环戊酮	0.02
苯甲酸苄酯	0.2	异丁酸苯氧乙酯	0.2	邻氨基苯甲酸甲酯	1.47
芳樟醇	1.5	榄香油树脂	0.1	丁香酚	0.03
苯乙醇	3.6	γ-癸内酯	0.06	乙酸香叶酯	0.07
丙酸苄酯	0.7	甲基柏木醚	0.47	香兰素	1.4
乙酸苏合香酯	0.83	龙涎酮	15	乙酸桂酯	0.05
铃兰醚	2.4	佳乐麝香 70%BB 30%	11	乙基香兰素	0.5
乙酸芳樟酯	1.1	叶醇	0.02	γ-癸内酯	0.04
大茴香醛	0.07	苄醇	0.01	甲基异丁香酚	0.63
松油醇	1.4	柠檬油	0.74	鸢尾酮	0.15
吲哚	0.05	苯甲酸甲酯	0.04	铃兰醛	2.05
洋茉莉醛	0.12	香叶油	0.2	新洋茉莉醛	0.62
乙酸香茅酯	0.05	癸醛	0.02	乙酸异丁香酚酯	0.8
乙酸橙花酯	0.05	乙基芳樟醇	4.2	二氢茉莉酮酸甲酯	12
α-突厥酮	0.05	松油烯-4-醇	0.2	乙酰基柏木烯	0.9
香豆素	0.14	香茅醇	0.68		
异丁香酚	0.27	香叶醇	0.46		

表 8.18　香水香精配方 18

原料	质量分数/%	原料	质量分数/%	原料	质量分数/%
卡必醇	0.08	柳酸异戊酯	0.2	乙酸橙花酯	0.03
柠檬油	1	新洋茉莉醛	1.4	乙酸香叶酯	0.06
桉叶油	0.06	DPG	35.94	海酮	0.05
芳樟醇	1.2	甲基柏木醚	4.4	海风醛	0.1
薰衣草油	0.2	龙涎酮	3.9	β-苯甲醚	0.04
椒样薄荷油	0.15	柳酸叶醇酯	0.36	檀香 210	0.95
乙酸苏合香酯	0.13	乙酰基柏木烯	3.3	α-甲基紫罗兰酮	0.37
香茅醇	0.1	佳乐麝香 50%DEP 50%	6	柑青醛	0.2
肉豆蔻油	0.04	异戊酸叶醇酯	0.1	檀香 208	0.9
乙酸芳樟酯	1.75	甜橙油	2.3	柳酸戊酯	0.24
薰衣草油	0.13	二氢月桂烯醇	9	β-甲基苯酮	0.13
甲基壬乙醛	0.03	香叶油	0.3	二氢茉莉酮酸甲酯	15
α-突厥酮	0.1	樟脑	0.08	新铃兰醛	0.67
美研醇	0.3	乙基芳樟醇	1.4	树苔浸膏	0.3
香豆素	0.12	龙蒿油	0.07	环十五酮	0.95
王朝酮	0.05	环格蓬酯	0.26	吐纳麝香	4.05
抗氧化剂	0.5	香叶醇	0.46		
铃兰醛	0.5	环高柠檬醛	0.05		

表 8.19　香水香精配方 19

原料	质量分数/%	原料	质量分数/%	原料	质量分数/%
柠檬油	0.12	抗氧化剂	0.5	洋茉莉醛	1.7
芳樟醇	0.12	檀香 208	0.72	丁香酚	0.15
香叶油	0.1	异丁基喹啉	0.1	α-突厥酮	0.12
乙酸苄酯	0.42	龙涎酮	13	α-紫罗兰酮	0.18
铃兰醚	7.7	苯甲酸苄酯	0.63	异丁香酚	0.03
苄醇	0.12	环十五内酯	5.59	γ-甲基紫罗兰酮	18
香叶醇	0.3	柳酸苄酯	0.91	甲基异丁香酚	0.2
柳酸甲酯	0.01	DPG	21.42	新铃兰醛	0.32
羟基香茅醛	2.4	苯乙醇	0.8	γ-癸内酯	0.33
二甲基苄基原醇	0.7	薄荷油	0.05	二氢茉莉酮酸甲酯	7.02
邻氨基苯甲酸甲酯	0.04	乙酸苏合香酯	0.53	素凝香	0.1
乙酸香叶酯	0.15	香茅醇	0.55	乙酰基柏木烯	0.01
香兰素	0.54	乙酸芳樟酯	0.34	佳乐麝香(纯)	12.5
香豆素	0.1	大茴香醇	0.45	苯乙酸苯乙酯	0.1
乙基香兰素	0.18	桂皮油	0.01		
波洁红醛	0.1	桂醇	0.64		

表 8.20　香水香精配方 20

原料	质量分数/%	原料	质量分数/%	原料	质量分数/%
柠檬油	0.4	依兰依兰油	0.1	对异丙基环己基甲醇	0.1
乙酸异丁酯	0.03	苯乙二甲缩醛	5.6	乙酸邻叔丁基环己酯	0.32
己醇	0.05	乙酸苄酯	0.16	佳乐麝香 50%IPM 50%	1.48
乙酸异戊二烯酯	0.06	苯乙酸乙酯	0.03	麝香 T	6.4
卡必醇	0.08	乙酸苏合香酯	0.32	三甲基戊基环戊酮	0.05
乙酸己酯	0.21	松油醇	0.28	异丁基喹啉	0.03
橘子油	0.7	香茅醇	0.95	邻氨基苯甲酸甲酯	0.03
苄醇	0.12	香叶醇	0.75	乙酸松油酯	0.1
女贞醛	0.15	丙酸苯乙酯	0.26	莳萝籽油	0.15

续表

原料	质量分数/%	原料	质量分数/%	原料	质量分数/%
羟基香茅醛	0.04	乙酸叶醇酯	0.03	香豆素	0.35
二氢茉莉酮酸甲酯	0.4	DPG	15.49	橙花素	0.15
海酮	0.03	香柠檬油	0.6	乙酸香茅酯	0.1
环格蓬酯	0.12	乙酸异戊酯	0.04	乙酸香叶酯	0.18
春黄菊油	0.05	利法罗酯	0.34	己酸己酯	0.05
茴香基丙醛	0.3	芳樟醇	3.21	乙酸桂酯	0.03
β-紫罗兰酮	0.93	丁酸叶醇酯	0.12	大茴香醇	0.21
苯乐戊醇	0.4	苯甲酸乙酯	0.12	乙醛丙基苯乙基缩醛	0.1
铃兰醛	7.8	乙基芳樟醇	4.44	兔耳草醛	0.4
覆盆子酮	0.14	异丁酸己酯	0.1	γ-甲基紫罗兰酮	1
桃醛	0.17	铃兰醚	4	丁酸二甲基苄基原酯	0.28
二氢茉莉酮酸甲酯	26	格蓬酯	0.1	异丁酸苯氧乙酯	0.14
柳酸叶醇酯	0.36	乙酸芳樟酯	0.65	檀香 208	0.13
降龙涎香醚	0.3	山苍子油	0.12	新洋茉莉醛	2.2
苯甲酸芳樟酯	0.7	柠檬醛	0.31	乙酸异丁香酚酯	0.1
乙醛二乙缩醛	0.02	吲哚	0.08	龙涎酮	1.4
叶醇	0.07	二苯甲酮	0.14	α-戊基桂醛	1.8
乙酰乙酸乙酯	0.12	二甲基苯乙基原醇	0.85	苯甲酸异戊酯	0.12
苯甲醛	0.01	乙酸二甲基苄基原酯	0.1	环十五内酯	3.55

表 8.21 香水香精配方 21

原料	质量分数/%	原料	质量分数/%	原料	质量分数/%
叶醇	0.1	乙酸对叔丁基环己酯	0.1	羟基香茅醛	1.45
柠檬油	2.62	桃醛	0.23	乙酸乙基芳樟酯	1.42
芳樟醇	2.19	柳酸叶醇酯	4.1	邻氨基苯甲酸甲酯	0.01
丁酸己酯	0.02	降龙涎香醚	0.65	乙酸香叶酯	0.05
乙酸苄酯	0.06	环十五内酯	0.56	格蓬酯	0.01
乙酸苏合香酯	0.38	麝香 105	0.05	檀香 210	0.6
癸醛	0.01	麝香 T	7.2	洋茉莉醛	0.44
乙酸芳樟酯	1.8	DPG	30.37	檀香 208	0.1
对异丙基环已基甲醇	3.2	乙酸乙酯	0.03	高顺二氢茉莉酮酸甲酯	8.45
吲哚	0.05	女贞醛	0.03	广藿香油	0.45
香豆素	1.4	丁酸二甲基苄基原酯	0.03	佳乐麝香 70%BB 30%	21.3
乙酸橙花酯	0.04	芳樟醇	2.8	乙酸香根酯	0.2
乙基香兰素	1.5	铃兰醚	4	黄葵内酯	0.9
γ-癸内酯	0.1	香茅醇	0.1		
抗氧化剂	0.2	香叶醇	0.7		

表 8.22 香水香精配方 22

原料	质量分数/%	原料	质量分数/%	原料	质量分数/%
乙酰丙酸乙酯	0.38	乙酸香茅酯	0.03	黄葵内酯	0.43
柠檬油	0.16	茉莉酯	0.11	汉克林 D	2
芳樟醇	0.11	格蓬酯	0.24	DPG	22.69
乙酸苄酯	0.8	抗氧化剂	0.3	女贞醛	0.15
乙基芳樟醇	3.2	结晶玫瑰	0.1	苯乙醇	1.3
松油醇	0.2	二氢茉莉酮酸甲酯	19.5	苯乙酸苯乙酯	0.05
香茅醇	2.2	新铃兰醛	1.75	乙酸苏合香酯	0.1
羟基香茅醛	0.01	α-己基桂醛	2	铃兰醚	0.4
吲哚	0.04	佳乐麝香 50%IPM 50%	20.8	香叶醇	0.08

续表

原料	质量分数/%	原料	质量分数/%	原料	质量分数/%
香叶油	0.08	铃兰醛	5	环十六烯酮	0.6
三甲基戊基环戊酮	0.03	新洋茉莉醛	2.1	麝香 T	8.2
丁香酚	0.03	龙涎酮	2.1	苯甲醛	0.01
二苯醚	0.02	广藿香油	0.2		
甲基紫罗兰酮	2.2	降龙涎香醚	0.3		

表 8.23　香水香精配方 23

原料	质量分数/%	原料	质量分数/%	原料	质量分数/%
丙酸	0.04	乙酸二甲基苄基原酯	0.22	月桂叶油	0.01
柠檬油	0.9	新洋茉莉醛	0.65	乙酸松油酯	0.08
二氢月桂烯醇	5.12	龙涎酮	26.55	乙酸橙花酯	0.12
薰衣草油	0.1	广藿香油	1.32	香兰素	1.4
乙基香兰素	0.06	佳乐麝香 50%IPM 50%	12.3	四氢香豆素	1.15
环格蓬酯	0.12	酮麝香	0.6	对叔丁基苯丙醛	0.12
柠檬醛	0.06	乙缩醛	0.05	异丁酸苯氧乙酯	0.14
乙酸邻叔丁基环己酯	5.75	DPG	24.7	二氢茉莉酮酸甲酯	8.8
莳萝籽油	0.03	芳樟醇	2.32	新铃兰醛	3
乙酸香叶酯	0.16	乙基芳樟醇	0.39	降龙涎香醚	0.2
海酮	0.01	龙蒿油	0.8	吐纳麝香	1
茴香基丙醛	0.16	乙酸芳樟酯	1.55	乙酸丁酯	0.02

表 8.24　香水香精配方 24

原料	质量分数/%	原料	质量分数/%	原料	质量分数/%
橙花油	0.38	抗氧化剂	0.1	茴香油	0.02
卡必醇	0.04	檀香 208	0.4	乙酸二甲基苄基原酯	1.6
依兰依兰油	0.15	桃醛	0.32	*N*MA	0.3
D-柠烯	3.15	乙酸丁香酚酯	1.1	乙酸橙花酯	0.1
苯甲酸苯乙酯	0.06	柠檬酸三乙酯	0.5	8-环十六烯酮	0.001
香叶油	0.15	新铃兰醛	5.4	乙酸香叶酯	2.8
薰衣草油	0.13	橡苔浸膏	0.25	α-突厥酮	0.12
乙酸苄酯	3.62	α-己基桂醛	0.72	香豆素	1.25
乙酸苏合香酯	0.05	苯甲酸苄酯	0.44	乙基香兰素	0.35
壬醛	0.03	佳乐麝香 50%DEP 50%	1.52	γ-癸内酯	0.09
丁酸苯乙酯	0.18	灵猫酮	0.02	檀香 210	0.3
乙酸芳樟酯	3.25	乙酸异戊二烯酯	0.04	鸢尾酮	0.14
乙酸香茅酯	0.04	对甲酚甲醚	0.08	新洋茉莉醛	0.72
桂醇	0.15	柠檬油	5.12	DPG	17.329
檀香醇	0.6	二氢月桂烯醇	0.14	二氢茉莉酮酸甲酯	13.35
丁香酚	1.28	芳樟醇	1.18	龙涎酮	3.25
黄葵内酯	0.45	苯乙醇	4.2	广藿香油	5.2
N-乙酰苯胺	0.26	薄荷酮	0.06	檀香油	0.22
香兰素	1.65	乙基芳樟醇	1.1	香根油	0.4
甲基铃兰醇	0.4	铃兰醚	0.32	环十五内酯	1.5
丙酸苄酯	0.13	香茅醇	1	柳酸苄酯	6.5
波洁红醛	0.2	山苍子油	1.3		
异丙基紫罗兰酮	1.2	香叶醇	1.6		

第二节 古龙水的加香

古龙水，亦称科隆香水。古龙水与香水的主要区别在于，古龙水中香精用量少，乙醇浓度低，香气比较清淡。古龙香水香精用量为3%～6%，乙醇用量为75%～85%，水用量为5%～10%。由于香精用量比香水少，所以古龙水香气比较淡雅，不如香水浓郁，多为男士所用。

一、古龙水的香型特征

在多数古龙水所用香精中，都含有柠檬油、香柠檬油、橙花油、薰衣草油、迷迭香油等柠檬香。此外，还有琥珀香型、龙涎香型、三叶草型、含羞草型等。古龙水的香型大多为男士所喜爱。

二、古龙水的生产工艺

1. 古龙水的原料

古龙水的主要成分是香精、乙醇和纯净水。根据需要，还可加入微量色素等添加剂。乙醇应经过脱臭处理，水为去离子水或新鲜的蒸馏水，不允许有微生物存在。

2. 古龙水的生产

古龙水生产工艺有两种，分别见图8.2和图8.3。

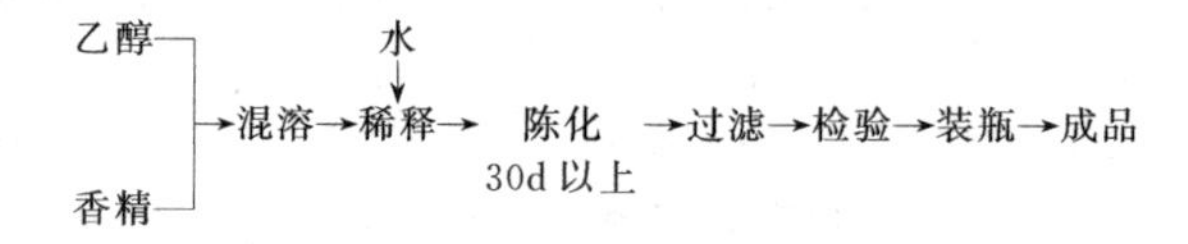

图8.2 古龙水生产工艺A

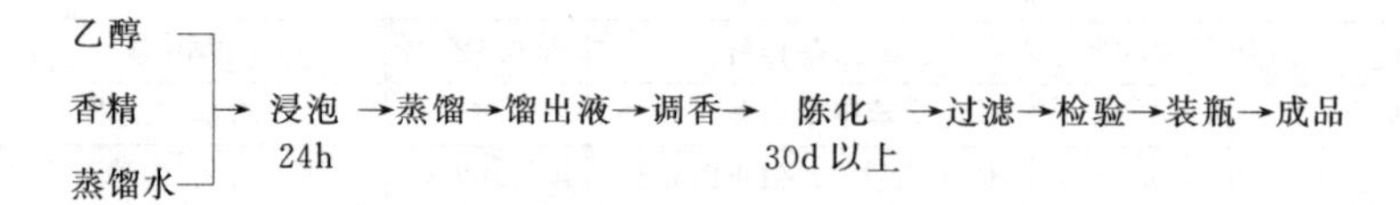

图8.3 古龙水生产工艺B

三、古龙水香精配方实例

古龙水香精配方实例见表8.25。

表8.25 古龙水香精配方

原料	质量分数/%	原料	质量分数/%	原料	质量分数/%
香柠檬油	11	百里香酚	1	小花茉莉净油	2
柠檬油	5.5	苯乙醇	5	五月玫瑰油	1
甜橙油	8	柠檬醛	1	岩兰草油	1
玳玳叶油	25	香叶油	6	檀香208	1
玳玳花油	10	香紫苏油	1	丁香油	2
薰衣草油	3	甲基紫罗兰酮	1	香兰素	1

续表

原料	质量分数/%	原料	质量分数/%	原料	质量分数/%
赖百当	0.5	薄荷素油	1	麝香105	1
安息香膏	4	乙酸异戊酯	1	50%佳乐麝香	3
苏合香膏	3	酮麝香	1		

第三节　花露水的加香

花露水是一般家庭必备的夏令卫生用品，多在沐浴后使用，具有消毒、杀菌、解痒、除痱之功效，还有清香、凉爽、提神、醒脑、去除汗臭的作用。它的香气芬芳，浓郁持久，深受人们的喜爱。

花露水的香精用量比古龙水更低一些，为2%～5%，乙醇（95%）为70%～75%，蒸馏水为10%～20%。

一、花露水的香型特征

花露水习惯上以薰衣草油、香柠檬油、檀香油、玫瑰油为主体，通常具有东方香型的特点，例如薰衣草型、素心兰型、玫瑰麝香型等，都是花露水最常用的香精香型。在欧美国家，花露水大部分用薰衣草型的香精，而我国以前使用的是玫瑰-麝香型香精。现在有百花型加上中草药成分的花露水香精，也有将古龙香型用作花露水香精的。

二、花露水的生产工艺

1. 花露水的原料

花露水主要成分是香精、乙醇和水。辅以微量的螯合剂柠檬酸钠、抗氧化剂二叔丁基对甲酚、酸性湖蓝、酸性绿、酸性黄等原料。对乙醇和水的质量要求与古龙水相似。由于花露水中的乙醇含量为70%～75%，对细菌的细胞膜渗透最为有利，因此花露水具有很强的杀菌作用。

2. 花露水的生产

花露水的生产工艺见图8.4。

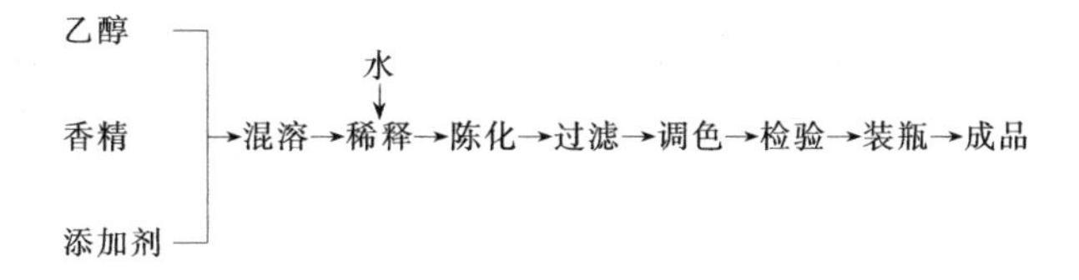

图8.4　花露水生产工艺

三、花露水香精配方实例

花露水香精配方实例见表8.26～表8.29。

表 8.26 花露水香精配方 1

原料	质量分数/%	原料	质量分数/%	原料	质量分数/%
叶醇	0.15	麦芽酚	0.03	桃醛	0.16
丁酸乙酯	0.82	松油烯-4-醇	0.03	抗氧化剂	0.1
苯乙二甲缩醛	0.01	癸醛	0.02	覆盆子酮	0.24
壬醛	0.01	柠檬醛	0.05	新洋茉莉醛	1.85
对伞花烃	0.1	莳萝籽油	0.025	γ-癸内酯	0.28
DPG	11.935	月桂醛	0.03	甲基柏木醚	1.45
柠檬油	2.2	乙酸芳樟酯	1.25	二氢茉莉酮酸甲酯	6.6
甜橙油	3.2	乙酸对叔丁基环已酯	3.3	龙涎酮	27.2
桉叶油素	0.02	乙酸松油酯	0.03	α-戊基桂醛	22
黄瓜醛	0.05	乙酸香茅酯	0.04	佳乐麝香	9.55
女贞醛	0.28	甲酸橙花酯	0.05	麝香 T	0.04
青草醛二甲缩醛	0.1	α-突厥酮	0.32	芳樟醇	5.6
已酸烯丙酯	0.86	格蓬酯	0.02		

表 8.27 花露水香精配方 2

原料	质量分数/%	原料	质量分数/%	原料	质量分数/%
苯乙二甲缩醛	0.01	乙酸芳樟酯	1.25	柳酸已酯	0.25
DPG	29.75	香叶醇	0.8	β-紫罗兰酮	0.6
乙基芳樟醇	2.2	甲酸苯乙酯	0.2	柳酸异戊酯	0.3
苯乙醇	4.25	丙酸苄酯	0.25	柳酸戊酯	0.5
樟脑	1.05	对甲基苯乙酮	0.4	甲基柏木酮	0.3
香茅油	0.6	乙酸香茅酯	0.25	广藿香油	0.45
乙酸苄酯	4.2	羟基香茅醛	1.66	α-已基桂醛	7.2
龙脑	3.8	玫瑰醚	0.05	苯甲酸苄酯	1.68
薄荷油	2.8	NMA	0.08	檀香油	2
大茴香醛	0.3	丁酸香茅酯	0.2	佳乐麝香 50%IPM 50%	6.9
橙花素	0.06	丁香酚	0.4	柏木油	1.5
冬青油	1.6	众香子油	0.05	吐纳麝香	0.7
松油醇	0.6	香兰素	3.1	麝香 T	2.5
苄醇	0.5	二苯醚	0.25	乙酸桂酯	0.25
香茅腈	0.05	桂花王	1.2	乙酸邻叔丁基环已酯	0.72
赖百当浸膏	0.14	香豆素	2.2	乙酸异龙脑酯	4
香茅醇	3.72	乙基香兰素	1.65		
枯茗籽油	0.04	甲基紫罗兰酮	0.5		

表 8.28 花露水香精配方 3

原料	质量分数/%	原料	质量分数/%	原料	质量分数/%
乙酸乙酯	0.03	苄醇	0.1	香叶醇	0.55
卡必醇	0.04	女贞醛	0.04	苯乙酸苯乙酯	0.04
乙酸丁酯	0.01	利法罗酯	0.04	羟基香茅醛	2.35
乙酸戊酯	0.01	苯甲酸苯乙酯	0.05	橙花素	0.25
乙酸异戊二烯酯	0.01	芳樟醇	0.75	吐鲁浸膏	0.2
乙酰丙酸乙酯	0.1	薄荷脑	0.06	乙酸二甲基苄基原酯	0.08
苯乙醛	0.01	乙酸苄酯	3.2	癸醛	0.03
青草醛二甲缩醛	0.02	苯甲酸甲酯	0.04	桂醇	0.14
DPG	33.715	乙酸苏合香酯	0.01	二甲基苄基原醇	0.05
对甲酚甲醚	0.06	松油醇	0.075	苯甲醛	0.02
依兰依兰油	0.15	香茅醇	0.6	洋茉莉醛	0.42
柠檬油	0.33	乙酸芳樟酯	0.45	邻氨基苯甲酸甲酯	0.38

续表

原料	质量分数/%	原料	质量分数/%	原料	质量分数/%
乙酸松油酯	0.12	异丙基紫罗兰酮	5	龙涎酮	1.3
丁香酚	0.85	异丁香酚	0.04	柳酸叶醇酯	1.25
酮麝香	0.6	檀香 803	0.7	α-己基桂醛	1.1
麝香 T	2.36	苯乐戊醇	0.12	乙酸柏木酯	1.1
新铃兰醛	2.8	鸢尾凝脂	0.1	柏木油	1.3
甲酸香叶酯	0.45	铃兰醛	1.54	苯甲酸苄酯	1
顺式茉莉酮	0.14	二苯甲酮	0.2	树苔浸膏	0.2
香兰素	0.25	檀香 210	0.3	佳乐麝香 50%IPM 50%	7
香茅醛	0.18	覆盆子酮	0.1	香根油	0.5
甲基柏木酮	0.35	新洋茉莉醛	1	柳酸苄酯	0.35
6-甲基香豆素	0.15	γ-癸内酯	0.06	乙酸月桂烯酯	0.03
乙酸桂酯	0.12	异丁基喹啉	0.12	黄葵内酯	1.2
乙基香兰素	0.04	乙酸丁香酚酯	0.2	安息香浸膏	0.2
对叔丁基苯丙醛	0.1	二氢茉莉酮酸甲酯	19		
桃醛	0.1	柠檬酸三乙酯	2.2		

表 8.29 花露水香精配方 4

原料	质量分数/%	原料	质量分数/%	原料	质量分数/%
丁酸乙酯	0.15	薄荷醇	4	对甲氧基苯乙酮	1.22
乙酸戊酯	0.35	龙脑	2	橙花素	1.35
D-柠烯	1.5	松油醇	0.3	柳酸异戊酯	0.18
桉叶油	0.15	乙酸异龙脑酯	0.45	新铃兰醛	1.2
乙酸己酯	1.2	乙酸香叶酯	0.38	柳酸己酯	0.2
二甲基苄基乙酸酯	0.02	丙酸苄酯	7.62	丁香花蕾油	1.2
甜瓜醛	0.1	山苍子油	0.14	檀香油	0.6
环己基丙酸烯丙酯	0.25	赖百当浸膏	2.2	百里香油	0.7
十一烯醛	0.02	乙酸苯乙酯	0.2	邻氨基苯甲酸甲酯	0.22
依兰依兰油	0.04	香茅醇	2.2	二氢茉莉酮酸甲酯	1
己酸烯丙酯	0.55	庚酸烯丙酯	6.1	佳乐麝香 50%IPM 50%	3.2
香叶油	0.62	玫瑰醇	0.04	α-己基桂醛	0.14
乙酸薰衣草酯	0.46	苯乙酸苯乙酯	0.8	檀香 210	2.2
月桂醛	0.02	DPG	23.29	香豆素	3
芳樟醇	2.2	甲基紫罗兰酮	5.05	香兰素	2
乙酸芳樟酯	3.17	香叶醇	0.72	乙基香兰素	1.5
鸢尾酯	4	苯乙醇	4.13	麝香 T	1
乙酸香茅酯	0.16	羟基香茅醛	0.77	葵子麝香	0.6
甲基壬乙醛	0.01	乙酸三环癸烯酯	3.5		
环格蓬酯	0.15	青草醛二甲缩醛	0.3		

第四节 化妆水的加香

化妆水亦称盥洗水（toilet water），据功能分类主要有美容化妆水、爽肤化妆水、修面化妆水等。

一、化妆水香型的分类

化妆水所用香精比较多，花香型、果香型、幻想型香精均可使用。如玫瑰、茉莉、丁香、琥珀、薰衣草、百花香、柠檬香等。充满活力而又不甜腻的素心兰香也可作为化妆水香精。

二、化妆水的生产工艺

1. 美容化妆水的生产

美容化妆水亦称去垢化妆水。主要组分有蒸馏水（60%～70%）、乙醇（15%～25%），甘油（10%左右）、氢氧化钾（0.05%）、增溶剂（0.1%左右）和香精（0.2%～0.3%）等。根据特殊需要，还可加入微量的抗氧化剂、防腐剂、色素等添加剂，美容化妆水呈弱碱性，有助于清除皮肤污垢。由于有保湿剂甘油，美容化妆水可以起到润湿皮肤、柔软皮肤之功效。

美容化妆水生产工艺见图8.5。

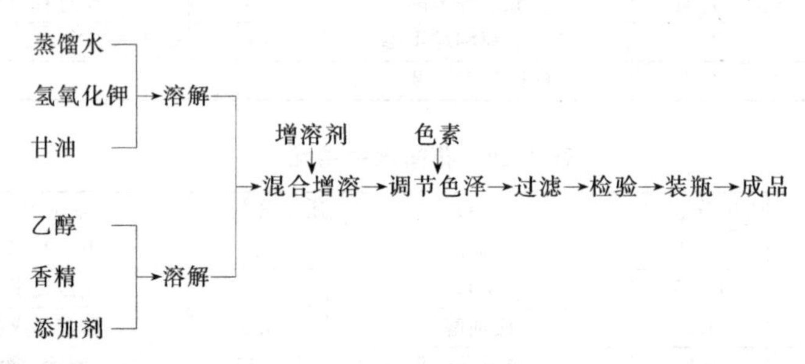

图8.5　美容化妆水生产工艺

2. 爽肤化妆水的生产

爽肤化妆水亦称收敛化妆水。主要组分有蒸馏水（60%～70%）、乙醇（10%～15%）、甘油（5%～10%）、香精（0.3%～0.5%）、阳离子收敛剂（硫酸铝、硫酸锌、硫酸钾铝，0.5%左右）或阴离子收敛剂（硼酸、柠檬酸，0.2%左右）。爽肤水呈弱酸性，借收敛剂与蛋白质发生凝固反应，以及对皮肤的冷却作用，从而能绷紧皮肤，收缩毛孔，起到收敛和凉爽作用。

爽肤化妆水生产工艺见图8.6。

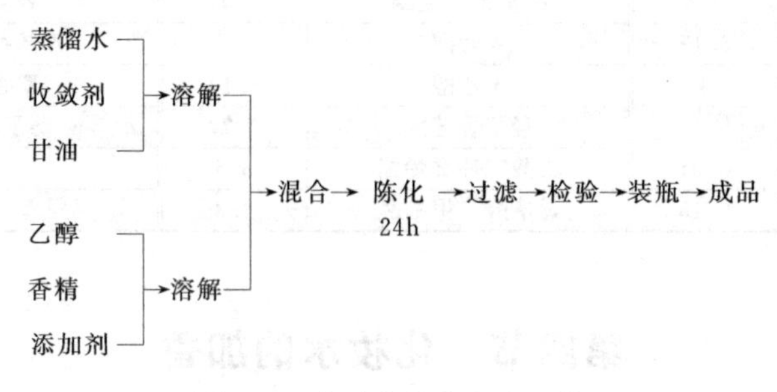

图8.6　爽肤化妆水生产工艺

3. 修面化妆水的生产

修面化妆水是专供男士剃须修面用的化妆品。主要组分有蒸馏水（45%左右）、乙醇（50%左右）、山梨醇（2.5%）、硼酸（2%）、薄荷醇（0.1%）、香精（0.3%）等。修面化妆水呈弱酸性，能中和剃须皂残留的碱性，具有缓和的收敛作用，能赋予皮肤清新凉爽的感觉。

修面化妆水生产工艺见图8.7。

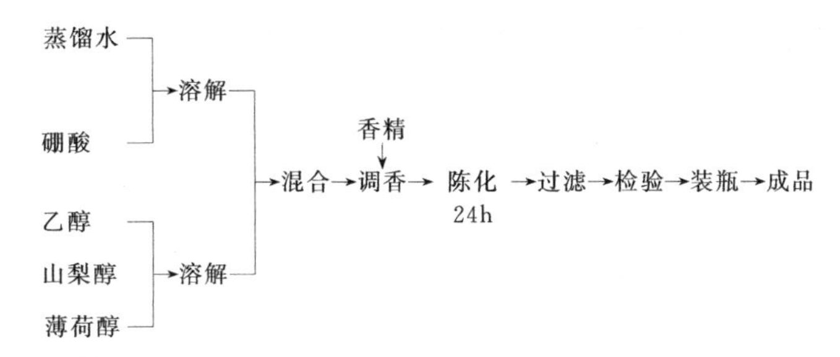

图8.7　修面化妆水生产工艺

三、化妆水香精配方实例

化妆水香精配方实例见表8.30～表8.32。

表8.30　化妆水香精配方1

原料	质量分数/%	原料	质量分数/%	原料	质量分数/%
叶醇	0.04	异丁酸苯氧乙酯	0.11	邻氨基苯甲酸甲酯	0.13
橘子油	1.2	红没药烯	0.14	α-突厥酮	0.12
芳樟醇	0.04	桃醛	0.11	香豆素	0.22
乙基芳樟醇	3.25	二氢茉莉酮酸甲酯	17.3	γ-癸内酯	0.14
二氢松油醇	0.72	柳酸叶醇酯	1.8	对叔丁基苯丙醛	0.2
大茴香脑	1.02	佳乐麝香50%IPM 50%	18	抗氧化剂	0.16
吲哚	0.04	DPG	25.56	新洋茉莉醛	0.62
橙花素	0.28	利法罗酯	0.05	丁酸二甲基苄基原酯	0.11
二氢突厥酮	0.08	乙酸苄酯	0.14	甲基柏木酮	2.05
香兰素	1.2	乙酸苏合香酯	0.4	龙涎酮	7.55
乙基香兰素	0.2	铃兰醚	5.2	降龙涎香醚	1.2
β-紫罗兰酮	2.3	羟基香茅醛	2.25	芳酮	1.12
檀香210	3.3	洋茉莉醛	1.65		

表8.31　化妆水香精配方2

原料	质量分数/%	原料	质量分数/%	原料	质量分数/%
乙酸叶醇酯	0.05	桃醛	0.09	乙酸芳樟酯	1.2
柠檬油	1.2	铃兰醛	3.1	羟基香茅醛	2.2
壬醛	0.03	二氢茉莉酮酸甲酯	35.5	二甲基苯乙基原醇	1.5
二氢月桂烯醇	0.6	环十五内酯	9	乙酸乙基芳樟酯	0.28
女贞醛	0.12	柏木油	0.2	洋茉莉醛	0.39
苯乙醇	0.16	α-戊基桂醛	0.33	乙酸橙花酯	0.14
乙酸苄酯	0.99	环十六烯酮	1.2	顺式茉莉酮	0.16
乙酸苏合香酯	0.5	黄葵内酯	0.7	海酮	0.1
白花醇	5.2	苯甲醛	0.02	波洁红醛	0.22
柠檬醛	0.3	DPG	12.07	新洋茉莉醛	2.25
香叶醇	0.2	甜橙油	2.2	龙涎酮	1.82
3-甲基吲哚	0.1	芳樟醇	0.8	柳酸叶醇酯	3.95
乙酸邻叔丁基环己酯	0.05	利法罗酯	0.08	降龙涎香醚	0.35
邻氨基苯甲酸甲酯	0.02	柑青醛二甲缩醛	0.76	檀香210	0.44
乙酸松油酯	0.12	乙基芳樟醇	5.45	柳酸苄酯	2.15
α-突厥酮	0.1	橙花素	0.65		
香兰素	0.06	香茅醇	0.9		

表 8.32 化妆水香精配方 3

原料	质量分数/%	原料	质量分数/%	原料	质量分数/%
叶醇	0.01	苯甲酸叶醇酯	0.14	大茴香油	0.18
乙酸己酯	0.05	DPG	24.99	檀香醚	4.1
苄醇	0.01	广藿香油	1.8	香兰素	0.44
利法罗酯	0.02	404 定香剂	0.4	香豆素	0.8
苯乙醇	3.6	檀香 803	2.45	甲基紫罗兰酮	1.5
乙酸苄酯	0.04	佳乐麝香 50% IPM50%	1.52	檀香醇	1.1
乙酸苏合香酯	0.28	黄葵内酯	2.41	卡瑞酮	2.3
玫瑰醇	1	汉克林 D	2	檀香 208	0.65
环格蓬酯	0.12	柳酸叶醇酯	0.55	二氢茉莉酮酸甲酯	11
大茴香醛	0.4	橘子油	0.12	龙涎酮	6.15
丁酸二甲基苄基原酯	0.84	丙二酸二乙酯	0.64	烯丙基紫罗兰酮	0.77
洋茉莉醛	0.7	芳樟醇	2.22	苯甲酸苄酯	0.16
柏木油	3.8	玫瑰醚	0.1	环十五内酯	3
乙基香兰素	0.1	乙基芳樟醇	1.3	柳酸苄酯	0.68
乙酸二甲基苄基原醇	0.24	铃兰醚	12.2	麝香 T	2.15
檀香 210	0.4	薄荷油	0.15		
鸢尾酮	0.37	乙酸芳樟酯	0.05		

第五节 香体露的加香

人体由于出汗，特别是腋下分泌出来的含脂质和蛋白质多的汗，因为受细菌的分解、腐败往往产生异味。为了防止人体分泌和散发不愉快的体臭，香体露近年来有很大的发展。防止体臭的方法主要有三种：使用止汗剂抑制出汗；使用杀菌剂阻止细菌活动或用香气掩盖体臭。将三种方法结合起来是今后发展的方向。

一、香体露的基本组成

目前最常使用的香体露的主要成分有：1-羟基-6-甲基-2-吡喃酮、甘氨酸锌、硫酸铝、羟基氯化铝、羟基苯磺酸锌等。下面提供两种香体露的配方参考。

配方 1：乙醇 30%、异辛酸甘油三酸酯 3%、丙二醇 5%、聚氧化乙烯壬苯基醚 3%、香精 1%、1-羟基-6-甲基-2-吡啶酮 2%、蒸馏水 56%。

配方 2：硫酸铝 25%、白炭黑 2%、冰醋酸 72%、香精 1%。

配方 2 在皮肤上不胶黏，刺激性小，在 24h 内有效。

二、香体露香精配方实例

香体露香精配方实例见表 8.33。

表 8.33 香体露香精配方

原料	质量分数/%	原料	质量分数/%	原料	质量分数/%
D-柠烯	1	芳樟醇	5.7	对叔丁基环己醇	0.2
苄醇	2	薰衣草油	0.15	环格蓬酯	0.47
桉叶油	0.45	乙酸苄酯	1.55	乙酸芳樟酯	1.85
女贞醛	0.35	乙酸对叔丁基环己酯	0.45	柠檬醛	0.6

续表

原料	质量分数/%	原料	质量分数/%	原料	质量分数/%
丁酸二甲基苄基原酯	0.14	乙醇	11.78	乙酸松油酯	1.15
乙酸香茅酯	0.44	柠檬油	0.55	乙酸异丁香酚酯	0.3
乙酸橙花酯	0.03	二聚月桂烯醇	8.8	乙酸香叶酯	0.52
青草醛二甲缩醛	0.04	苯甲酸甲酯	0.12	香豆素	0.33
铃兰醛	2.05	香叶油	0.15	柳酸异戊酯	0.42
橙花叔醇	0.22	樟脑	1.5	十四酸异丙酯	32.09
愈创木油	0.8	乙酸异龙脑酯	1.35	甲基柏木酮	0.45
檀香油	0.8	松油醇	2.45	二氢茉莉酮酸甲酯	0.5
新铃兰醛	1.2	香茅醇	0.65	广藿香油	4.13
α-己基桂醛	0.2	枯茗油	0.05	降龙涎香醚	0.22
苯乙酸乙酯	0.1	香叶醇	0.85	佳乐麝香 50%DEP 50%	2
柳酸苄酯	7.75	龙脑	1.1		

第九章

膏霜类化妆品的加香

膏霜类化妆品是使用最广泛的一种化妆品，其主要目的是护肤。从膏霜类的形态来看，呈半固体状态，不能流动的膏霜，一般称为固态膏霜，例如雪花膏、冷霜、清洁霜、营养润肤霜等；呈液体状态，能流动的膏霜称为液体膏霜，例如奶液、清洁奶液、防晒奶液、营养润肤奶液等。

第一节　雪花膏的加香

雪花膏（vanishing cream）颜色洁白，涂到皮肤上似乎立即消失不见，此种现象类似雪花，故命名为雪花膏。

一、雪花膏的基本组成

雪花膏是以硬脂酸和碱溶液为原料，经皂化反应生成的硬脂酸盐类乳化剂。它属于阴离子型乳化剂为基础的水包油（O/W）型乳化体。雪花膏涂在皮肤上，水分蒸发以后，在皮肤表面上留下一层由硬脂酸皂和保湿剂所形成的薄膜，可以防止水分过快蒸发，对保护表皮的柔软程度起了重要作用。

雪花膏的基本组成是：硬脂酸（15%～20%），碱类（氢氧化钾、氢氧化钠，0.5%～2%），保湿剂（甘油、白油、多元醇，8%～20%），防腐剂（0.02%～0.1%），精制水（60%～80%），香精（0.3%～0.8%）。

二、雪花膏的生产工艺

雪花膏的生产工艺见图 9.1。

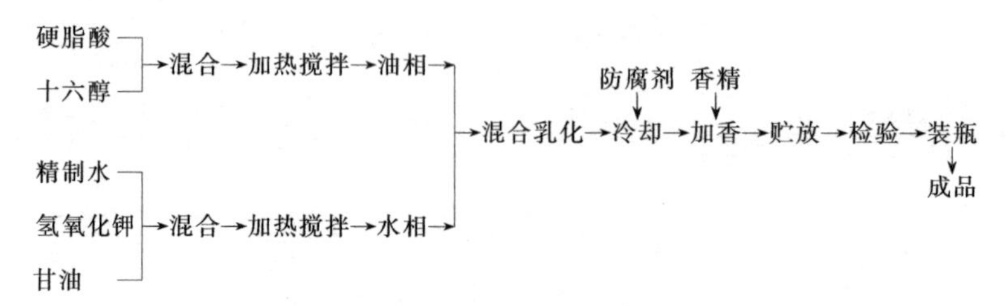

图 9.1　雪花膏的生产工艺

三、雪花膏香精配方实例

雪花膏香精配方实例见表9.1～表9.14。

表9.1 雪花膏香精配方1

原料	质量分数/%	原料	质量分数/%	原料	质量分数/%
叶醇	0.08	铃兰醛	5	肉豆蔻油	0.02
DPG	11.98	茉莉酯	0.65	乙酸邻叔丁基环己酯	0.55
柠烯	10.9	柠檬醛三乙酯	0.1	乙酸香叶酯	0.03
芳樟醇	1.85	龙涎酮	14.6	异丁酸苯氧乙酯	1.55
龙蒿油	0.1	佳乐麝香50%IPM 50%	10	抗氧化剂	0.1
香茅醇	1.7	辛醛	0.02	甲基环氧乙基三环十一烯	0.12
香叶醇	0.65	柠檬油	1.4	胡萝卜籽油	0.2
三甲基戊基环戊酮	0.05	女贞醛	0.12	二氢茉莉酮酸甲酯	12.5
异丙基紫罗兰酮	0.55	乙酸叶醇酯	0.04	降龙涎香醚	0.15
开司米酮	0.45	癸醛	0.04	麝香T	24.5

表9.2 雪花膏香精配方2

原料	质量分数/%	原料	质量分数/%	原料	质量分数/%
乙酸异丁酯	0.03	抗氧化剂	0.1	吲哚	0.02
壬醛	0.015	芫荽籽油	0.06	二甲基戊基环戊酮	0.55
DPG	6.39	二氢茉莉酮酸甲酯	58	邻氨基苯甲酸甲酯	0.32
芳樟醇	9.2	α-己基桂醛	7	乙酸香叶酯	0.06
乙酸叶醇酯	0.03	十四酸异丙酯	4.555	月桂醛	0.08
癸醛	0.12	青草醛二乙缩醛	0.14	β-萘甲醚	0.03
山苍子油	0.4	柠檬油	4.1	β-甲基萘酮	0.02
香叶醇	0.32	利法罗酯	0.05	柳醛叶醇酯	2.2
二甲基苄基原醇	2.8	十一碳三烯	0.02	苯甲酸苄酯	0.05
洋茉莉醛	0.05	松油醇	0.1	苯乙酸苯乙酯	2.8
乙酸橙花酯	0.02	橙花醇	0.03		
茉莉酯	0.28	橙花油	0.06		

表9.3 雪花膏香精配方3

原料	质量分数/%	原料	质量分数/%	原料	质量分数/%
乙酸叶醇酯	0.06	覆盆子酮	0.08	香叶醇	1.2
DPG	12.15	二氢茉莉酮酸甲酯	21	丁酸二甲基苄基原酯	0.8
芳樟醇	2.4	乙氧基甲基环十二基醚	0.85	众香子油	0.1
苯乙醇	3	降龙涎香醚	0.15	α-突厥酮	0.15
薄荷醇	0.08	环十五内酯	1.5	茴香基丙醛	0.45
苯乙二甲缩醛	0.05	麝香C-14	0.15	α-紫罗兰酮	1.2
乙酸芳樟酯	3.2	麝香T	38	抗氧化剂	0.1
羟基香茅醛	0.1	柠檬油	0.12	新洋茉莉醛	2.25
洋茉莉醛	0.03	利法罗酯	0.05	龙涎酮	4.6
丙酸香叶酯	0.03	女贞醛	0.08	麝香105	0.15
乙酸香叶酯	0.35	香叶油	0.12	檀香210	1.6
甲基紫罗兰酮	0.1	乙酸苏合香酯	0.3	8-环十六烯酮	1
开司米酮	0.15	玫瑰醇	2.2	黄癸内酯	0.1

表 9.4 雪花膏香精配方 4

原料	质量分数/%	原料	质量分数/%	原料	质量分数/%
叶醇	0.04	苯乙酸异丁酯	1.3	柠檬醛	0.08
DPG	17.98	新洋茉莉醛	1.3	吲哚	0.05
十四酸异丙酯	0.1	龙涎酮	9.2	丁香花蕾油	0.1
芳樟醇	1.6	乙氧基甲基环十二基醚	0.82	二氢茉莉酮	0.1
乙基芳樟醇	3.7	苯甲酸苄酯	0.12	海酮	0.1
白花醇	6.2	麝香 T	7.55	茴香基丙醛	0.22
香茅醇	1.1	乙酸叶醇酯	0.05	抗氧化剂	0.2
香叶醇	0.45	D-柠烯	4.85	桃醛	0.2
乙酸对叔丁基环己酯	0.62	利法罗酯	0.05	二氢茉莉酮酸甲酯	33.5
邻氨基苯甲酸甲酯	0.22	丙酸苄酯	0.95	α-己基桂醛	0.1
α-突厥酮	0.25	橡苔浸膏	0.12	佳乐麝香 50%IPM 50%	6.8
N-甲基邻氨基苯甲酸甲酯	0.04	辛醛	0.08		
乙酸异丁香酚酯	0.06	乙酸芳樟酯	0.8		

表 9.5 雪花膏香精配方 5

原料	质量分数/%	原料	质量分数/%	原料	质量分数/%
丁酸乙酯	0.02	桃醛	0.2	松油烯-4-醇	0.02
柠檬油	1.68	柳酸叶醇酯	0.95	乙酸芳樟酯	2
苯甲酸乙酯	0.03	α-戊基桂醛	7.8	二氢茉莉酮	0.04
玫瑰醚	0.25	苯甲酸苄酯	0.2	邻氨基苯甲酸甲酯	0.06
合成橡苔	0.08	佳乐麝香	8.55	兔耳草醛	0.4
乙酸苏合香酯	0.55	柳酸异戊酯	0.12	二甲基苯乙基原醇	0.5
柠檬醛	0.1	DPG	14.95	二氢茉莉酮酸甲酯	18
乙酸橙花酯	0.04	橘子油	2	柳酸己酯	4
香兰素	0.03	芳樟醇	16	秘鲁浸膏	0.05
庚基环戊酮	0.04	苯乙醇	11	环十五酮	0.72
羟基香茅醛	7.1	乙酸苄酯	0.02	麝香 T	2.5

表 9.6 雪花膏香精配方 6

原料	质量分数/%	原料	质量分数/%	原料	质量分数/%
2-甲基丁酸乙酯	0.02	乙酸二甲基苄基原酯	0.27	香叶醇	2.1
苯乙二甲缩醛	0.02	异丁酸苯氧乙酯	0.18	三甲基戊基环戊酮	0.04
DPG	18.51	甲基环氧乙基三环十一烯	0.04	乙酸橙花酯	0.06
苄醇	0.06	龙涎酮	16.5	突厥烯酮	0.14
芳樟醇	0.1	α-己基桂醛	9.5	海风醛	0.01
环己基丙酸烯丙酯	0.1	环十五内酯	1.2	桃醛	0.12
壬醛	0.01	香叶醇	0.12	抗氧化剂	0.1
莳萝籽油	0.02	丁酸叶醇酯	0.12	新铃兰醛	6
4-甲基-3-癸烯-5-醇	0.2	柠檬油	6	二氢茉莉酮酸甲酯	22
洋茉莉醛	0.4	青草醛二甲缩醛	0.12	降龙涎香醚	0.3
铃兰醛	0.62	香茅油	0.05	佳乐麝香 70%IPM 30%	12
α-突厥酮	0.12	乙基芳樟醇	2.8		
波洁红醛	0.01	香茅醇	0.04		

表 9.7 雪花膏香精配方 7

原料	质量分数/%	原料	质量分数/%	原料	质量分数/%
2-甲基丁酸乙酯	0.01	柠檬油	0.9	青草醛二甲缩醛	0.25
叶醇	0.06	女贞醛	0.04	乙基芳樟醇	1.2
乙酸叶醇酯	0.04	玫瑰醚	0.06	柠檬醛	0.11

续表

原料	质量分数/%	原料	质量分数/%	原料	质量分数/%
留兰香油	0.05	环十五酮	2.2	突厥烯酮	0.04
三甲基戊基环戊酮	0.04	黄癸内酯	0.42	异丁香酚	0.01
羟基香茅醛	0.6	草莓酸	0.02	美研醇	0.5
α-突厥酮	0.1	星苹酯	0.2	王朝酮	0.01
海风醛	0.03	DPG	16.38	抗氧化剂	0.1
格蓬酯	0.04	白柠檬油	0.08	橙花叔醇	2
甲基紫罗兰酮	0.72	芳樟油	1.9	新洋茉莉醛	1.25
铃兰醛	4.2	苯乙醇	0.8	甲基环氧乙基三环十一烯	0.02
覆盆子酮	0.02	环己基丙酸烯丙酯	0.02	二氢茉莉酮酸甲酯	24
γ-癸内酯	0.03	香茅醇	0.05	合成橡苔	0.22
甲基柏木酮	0.2	乙酸芳樟酯	1.2	檀香 210	2.2
龙涎酮	14	鸢尾酯	0.08	佳乐麝香 70%IPM 30%	14
降龙涎香醚	0.55	乙酸橙花酯	0.05	麝香 T	9

表 9.8 雪花膏香精配方 8

原料	质量分数/%	原料	质量分数/%	原料	质量分数/%
叶醇	0.02	顺式茉莉酮	2.1	对异丙基环己基甲醇	4.1
对伞花烃	0.05	抗氧化剂	0.1	羟基香茅醛	0.56
女贞醛	0.22	覆盆子酮	0.1	吲哚	0.13
苯乙醇	0.85	苯甲酸叶醇酯	0.85	乙基香兰素	0.03
苯乙酸苯乙酯	0.01	新铃兰醛	3.55	异丁香酚	0.45
乙酸苏合香酯	0.04	苯甲酸苄酯	0.02	香兰素	0.08
香茅醇	0.6	麝香 T	4.8	乙酸桂酯	0.03
香叶醇	3.8	柠檬油	0.04	对叔丁基苯丙醛	0.45
乙酸松油酯	1.1	DPG	7.14	新铃兰醛	5.6
合成橡苔	0.05	芳樟醇	8.2	新洋茉莉醛	3.3
三甲基戊基环戊酮	0.01	丙酸苄酯	2.2	二氢茉莉酮酸甲酯	31
乙酸香茅酯	0.12	乙基芳樟醇	5.2	柳酸叶醇酯	11
甲酸香叶酯	0.04	铃兰醚	1	黄癸内酯	0.87
格蓬酯	0.15	山苍子油	0.04		

表 9.9 雪花膏香精配方 9

原料	质量分数/%	原料	质量分数/%	原料	质量分数/%
乙酸对甲酚酯	0.6	青草醛二乙缩醛	0.84	对叔丁基环己醇	0.56
十四酸异丙酯	0.7	丁香酚	0.35	叶醛	0.02
苯甲酸乙酯	0.35	抗氧化剂	0.59	丁酸苯乙酯	0.8
玫瑰醚	0.55	柳酸异戊酯	3.2	乙酸对叔丁基环己酯	12.23
丙酸苄酯	7.23	α-己基桂醛	3.6	甲基丁香酚	0.95
乙酸苏合香酯	1.6	橘子油	7.5	丙酸三环癸烯酯	3.2
松油醇	1.2	二氢月桂烯醇	2.15	甲基紫罗兰酮	3
橙花醇	0.33	芳樟醇	1.54	铃兰醛	0.75
香叶醇	0.27	苯乙醇	2.56	桃醛	0.45
对甲氧基苯乙酮	0.56	己酸烯丙酯	1.32	DPG	37.92
乙酸松油酯	2.75	乙基香兰素	0.33		

表 9.10 雪花膏香精配方 10

原料	质量分数/%	原料	质量分数/%	原料	质量分数/%
乙酸	0.08	香根油	0.1	二甲基苯乙基原醇	0.9
庚酸烯丙酯	1	柳酸叶醇酯	2.92	壬酸乙酯	0.05
苯乙醇	1.68	十四酸甲酯	0.72	乙酸香茅酯	2.12
环已基丙酸烯丙酯	0.05	十四酸异丙酯	46.46	乙酸橙花酯	0.4
松油醇	0.85	十六酸甲酯	0.6	香兰素	0.33
苯氧乙醇	0.4	秘鲁浸膏	0.12	十四酸乙酯	0.52
香茅醇	1.22	甜橙油	8.8	桃醛	0.12
香叶醇	0.95	芳樟醇	4	广藿香油	7
羟基香茅醛	0.2	乙酸苄酯	0.06	苯甲酸苄酯	4
十一烯醛	0.2	乙基麦芽酚	0.2	柳酸苄酯	3
乙酸松油酯	0.4	癸醛	0.08	酮麝香	0.3
丁香酚	4	橙花醇	0.12	汉可林 D	1.2
乙酸香叶酯	2.75	乙酸芳樟酯	0.2		
甲基异丁香酚	1.82	乙酸苯乙酯	0.08		

表 9.11 雪花膏香精配方 11

原料	质量分数/%	原料	质量分数/%	原料	质量分数/%
乙酸	0.1	顺式茉莉酮	1.05	香芹酮	0.35
柠檬油	3	乙酸二甲基苄基原酯	0.44	乙酸邻叔丁基环已酯	4.8
丁酸丁酯	0.1	羟基香茅醛	6.58	乙酸松油酯	3.65
乙基芳樟醇	4.2	月桂酸乙酯	0.32	突厥烯酮	0.4
乙酸苄酯	10	柳酸已酯	1.22	桂酸乙酯	0.5
乙酸苏合香酯	1.33	佳乐麝香 50%IPM 50%	8	乙酸三甲基苯丙酯	0.55
香茅醇	1.82	叶醇	0.55	β-紫罗兰酮	2.5
苯乙酸苯乙酯	0.72	苄醇	0.85	异丁酸苯氧乙酯	1.2
乙酸对叔丁基环已酯	8.62	女贞醛	1.2	桃醛	1.5
乙酸橙花酯	0.88	苯乙醇	1.6	α-戊基桂醛	12.5
甲酸香叶酯	0.32	已酸烯丙酯	1.2	α-已基桂醛	4.6
海风醛	0.25	松油醇	1.22	十四酸异丙酯	11.88

表 9.12 雪花膏香精配方 12

原料	质量分数/%	原料	质量分数/%	原料	质量分数/%
乙酸	0.12	二甲基苄基原醇	0.3	香茅醇	1.15
D-柠烯	3.5	乙酸丁香酚酯	0.11	柠檬醛	0.25
二氢月桂烯醇	4.2	二氢茉莉酮酸甲酯	0.12	癸醇	0.65
芳樟醇	4.15	广藿香油	0.75	二甲基苯乙基原醇	0.6
丙酸苄酯	0.55	桃醛	0.14	乙酸橙花酯	0.55
苯乙酸	0.45	佳乐麝香 50%IPM 50%	16.3	突厥烯酮	0.2
壬醛	0.2	十四酸异丙酯	31.32	甲基紫罗兰酮	9.5
阿弗曼酯	0.22	甲基庚烯酮	0.04	铃兰醛	0.12
乙酸芳樟酯	5.15	辛醇	0.4	β-甲基萘酮	0.15
新铃兰醛	0.33	女贞醛	0.45	柳酸已酯	0.38
丁酸二甲基苄基原酯	3.12	苯乙醇	0.35	α-已基桂醛	0.13
甲酸香叶酯	1.05	乙酸二氢月桂烯酯	1.2	苯甲酸苄酯	6
月桂醛	0.1	松油醇	0.2	柳酸苄酯	5.5

表 9.13 雪花膏香精配方 13

原料	质量分数/%	原料	质量分数/%	原料	质量分数/%
乙酸叶醇酯	0.1	檀香 208	0.64	乙酸邻叔丁基环己酯	0.1
星苹酯	0.05	柏木油	1.3	羟基香茅醛	0.03
柠檬油	0.12	龙涎酮	31	α-突厥酮	0.12
叶醇	0.13	α-戊基桂醛	1.65	桂花王	3.5
青草醛二甲缩醛	0.05	环十五内酯	0.52	开司米酮	0.3
苯乙酸乙酯	0.01	吐纳麝香	0.65	抗氧化剂	0.1
乙酸苏合香酯	0.03	黄葵内酯	0.1	铃兰醛	1.5
香茅醇	1.2	丁酸乙酯	0.01	新洋茉莉醛	0.66
羟基香茅醛	0.22	DPG	15.68	二氢茉莉酮酸甲酯	12
甲酸香茅酯	0.02	女贞醛	0.15	乙氧基甲基环十二基醚	0.75
突厥烯酮	0.23	芳樟醇	0.9	降龙涎香醚	0.15
香豆素	0.33	乙酸苄酯	0.03	佳乐麝香 50%IPM 50%	18
顺式茉莉酮	1.32	乙基芳樟醇	1.3	环十五酮	0.25
檀香 803	0.65	铃兰醚	0.5	麝香 T	1.2
甲基柏木醚	1.25	乙酸芳樟酯	1.2		

表 9.14 雪花膏香精配方 14

原料	质量分数/%	原料	质量分数/%	原料	质量分数/%
叶醇	0.04	檀香 210	0.55	MA	0.01
橘子油	1.2	二氢茉莉酮酸甲酯	12.2	海风醛	0.04
二氢月桂烯醇	6.12	α-戊基桂醛	3	桃醛	0.05
芳樟醇	3.5	佳乐麝香	14.5	开司米酮	0.12
薄荷油	0.02	黄葵内酯	0.1	羟基香茅醛	1.3
芳樟醇	1.58	乙酸叶醇酯	0.02	新洋茉莉醛	1.2
乙酸芳樟酯	3.12	DPG	24.16	龙涎酮	22
乙酸香叶酯	0.05	女贞醛	0.11	降龙涎香醚	0.22
海酮	0.2	苯乙醇	0.04	柳酸苄酯	0.4
王朝酮	0.03	香叶油	0.12	合成橡苔	0.03
桂花王	2.2	香茅醇	0.8		
抗氧化剂	0.12	乙酸邻叔丁基环己酯	0.85		

第二节 冷霜的加香

冷霜亦称香脂，历史上，希腊人盖伦（Galen）率先用 1 份蜂蜡、4 份橄榄油和部分玫瑰水制成冷霜。由于涂到皮肤上水分蒸发会产生冷的感觉，所以称为冷霜。

一、冷霜的基本组成

冷霜大多产品为油包水（W/O）型乳剂，也有少数产品为水包油（O/W）型乳剂。油脂含量较高，特别适合干性皮肤使用。有柔软滋润皮肤、防止皮肤干裂作用。

冷霜的组成特点是水分含量要低于油、脂、蜡的含量，其目的是形成稳定的水/油型乳化体。油相和水相的比例约为 2∶1。其基本组成是：白油（35%～45%）、蜂蜡（10%～15%）、脂（酯）类（羊毛脂、单硬脂酸甘油酯、失水山梨醇单硬脂酸酯，2%～10%）、硼酸（0.5%～1%）、香精（0.5%～1%）、抗氧化剂（0.02%～0.05%）、精制水（30%～35%）等。

二、冷霜的生产工艺

冷霜的生产工艺见图 9.2。

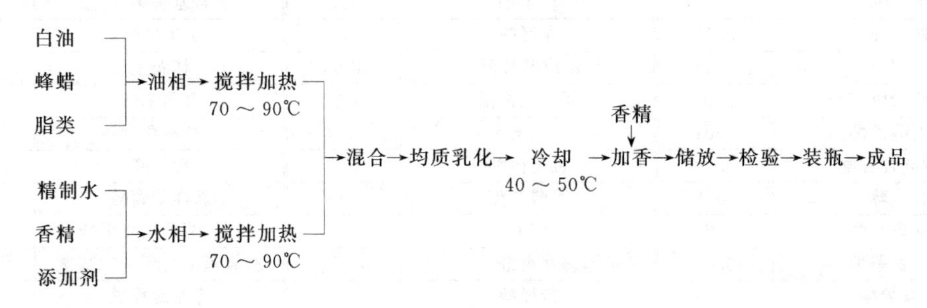

图 9.2 冷霜的生产工艺

三、冷霜香精配方实例

冷霜香精配方实例见表 9.15～表 9.19。

表 9.15 冷霜香精配方 1

原料	质量分数/%	原料	质量分数/%	原料	质量分数/%
叶醇	0.04	兔耳草醛	0.04	橙花醇	0.88
苯甲醛	0.015	汉可林 D	1	缬草油	0.04
对伞花烃	1	波洁红醛	0.15	香叶醇	2.29
苯甲酸乙酯	0.06	三甲基十一烯醛	0.05	合成橡苔	0.06
癸醛	0.02	铃兰醛	2.2	DPG	5.825
苯乙醇	0.12	新洋茉莉醛	1.4	小花茉莉净油	0.04
薄荷酮	0.08	甲基柏木醚	0.95	乙酸橙花酯	0.3
乙基芳樟醇	0.95	柳酸叶醇酯	0.88	二氢茉莉酮	0.22
松油醇	0.25	乙酰基柏木烯	0.75	格蓬酯	0.1
甜橙油	0.05	柳酸苄酯	3.42	桂醇	0.06
柠檬醛	0.25	乙酸异戊酯	0.03	王朝酮	0.02
乙酸芳樟酯	6.6	柠檬油	16	β-紫罗兰酮	5.6
2,6－壬二烯醇	0.01	乙酸叶醇酯	0.05	檀香 210	0.4
檀香油	0.8	芳樟醇	6	肉豆蔻油	0.12
乙酸松油酯	0.25	辛醛	0.01	檀香 208	0.1
大茴香醛	0.05	香茅醛	0.03	柏木醇	0.15
甲酸香叶酯	0.4	乙酸苄酯	0.15	二氢茉莉酮酸甲酯	32
甲基紫罗兰酮	0.2	乙酸苏合香酯	0.44	α-己基桂醛	5
异丙基紫罗兰酮	1.35	莳萝籽油	0.05	特木倍醇	0.7

表 9.16 冷霜香精配方 2

原料	质量分数/%	原料	质量分数/%	原料	质量分数/%
乙酸叶醇酯	0.07	鸢尾酯	0.2	乙氧基甲基环十二基醚	0.6
D-柠烯	0.08	NMA	0.1	降龙涎香醚	0.55
女贞醛	0.1	α-突厥酮	0.04	佳乐麝香 50%IPM 50%	19.2
芳樟醇	1.2	桂花王	2.2	8-环十六烯酮	0.5
橙花素	0.5	檀香 803	0.4	麝香 T	1.2
乙基芳樟醇	1.2	铃兰醛	0.8	DPG	13.65
香茅醇	0.88	新洋茉莉醛	0.12	白柠檬油	0.04
乙酸香茅酯	0.04	二氢茉莉酮酸甲酯	22	利法罗酯	0.02

续表

原料	质量分数/%	原料	质量分数/%	原料	质量分数/%
苯乙醇	0.04	δ-突厥酮	0.02	龙涎酮	27
青草醛二甲缩醛	0.03	乙基香兰素	0.02	α-戊基桂醛	0.28
铃兰醚	0.3	开司米酮	0.2	环十五酮	1.8
乙酸芳樟酯	1.2	抗氧化剂	0.12	吐纳麝香	0.2
羟基香茅醛	0.12	檀香 208	0.65	黄癸内酯	0.1
丁酸二甲基苄基原酯	0.03	特木倍醇	2.2		

表 9.17 冷霜香精配方 3

原料	质量分数/%	原料	质量分数/%	原料	质量分数/%
柠檬油	32	二苯甲酮	0.03	乙酸香叶酯	0.38
乙酸苄酯	0.15	龙涎酮	0.3	抗氧化剂	0.12
乙基香兰素	0.15	苯甲酸苄酯	0.6	γ-癸内酯	0.15
苯氧乙醇	0.33	芳樟醇	1.2	二氢茉莉酮酸甲酯	4.6
乙酸芳樟酯	0.6	薄荷油	0.6	α-戊基桂醛	2.1
乙酸香茅酯	0.13	松油醇	0.22	十四酸异丙酯	6.51
乙酸薄荷酯	42	山苍子油	5.54		
甲酸香叶酯	0.11	香叶醇	2.2		

表 9.18 冷霜香精配方 4

原料	质量分数/%	原料	质量分数/%	原料	质量分数/%
三甲基戊基环戊酮	0.06	香叶醇	0.65	龙脑	0.05
γ-癸内酯	0.12	抗氧化剂	0.1	乙基芳樟醇	0.32
丁酸异戊酯	0.5	戊酸三环癸烯酯	0.6	乙酸香茅酯	0.25
柠檬油	2.8	β-紫罗兰酮	5.1	松油醇	1.2
桉叶油素	0.03	新铃兰醛	5.2	月桂醛	0.9
乙酸丁酯	0.1	杨梅醛	0.68	癸醛	0.03
丁酸丁酯	0.12	异丁酸苯氧乙酯	0.15	吐纳麝香	0.08
香叶油	0.1	甲基丁香酚	0.6	乙酸橙花酯	0.12
己酸烯丙酯	1.2	苯氧乙酸烯丙酯	0.18	二甲基苄基原醇	0.08
辛酸甲酯	0.22	柳酸己酯	0.33	α-突厥酮	0.55
环高柠檬醛	0.32	桃醛	1.2	乙酸二甲基苄基原酯	0.65
二氢月桂烯醇	0.65	佳乐麝香 50%DPG	3.2	月桂酸乙酯	0.65
乙酸芳樟酯	1.62	柳酸苄酯	0.68	α-紫罗兰酮	0.55
乙酸邻叔丁基环己酯	1.65	结晶玫瑰	0.04	苄醇	0.48
苯甲酸乙酯	0.23	2-甲基丁酸乙酯	0.12	丁酸二甲基苄基原酯	2
薄荷油	0.64	戊酸乙酯	0.6	环格蓬酯	2
乙酸对叔丁基环己酯	0.38	白柠檬油	0.32	丙酸三环癸烯酯	2.2
顺式异茉莉酮	0.24	康酿克油	0.1	龙涎酮	2
苯甲酸苄酯	1.23	乙酸己酯	0.15	异长叶烷酮	1.1
橙花醇	0.23	乙酸叶醇酯	0.18	椰子醛	0.8
乙酸苄酯	4.2	玫瑰醚	0.04	异丁香酚	0.1
莳萝籽油	0.11	叶醇	0.22	降龙涎香醚	0.1
乙酸香叶酯	0.5	女贞醛	0.72	洋茉莉醛	1.29
香茅醇	0.4	环己基丙酸烯丙酯	1.2	二氢茉莉酮酸甲酯	1.18
DPG	34.37	芳樟醇	3.6	α-己基桂醛	1.65
乙酸苯乙酯	0.11	环己基丙酸乙酯	1.2		

表 9.19 冷霜香精配方 5

原料	质量分数/%	原料	质量分数/%	原料	质量分数/%
异戊酸乙酯	0.08	二苯醚	1.26	乙酸邻叔丁基环己酯	3.2
桉叶油	0.03	柳酸异戊酯	1.56	松油醇	1.45
玫瑰醚	0.12	龙涎酮	5.54	乙酸苄酯	2.25
对甲酚甲醚	0.07	柳酸甲酯	3.2	环己基丙酸烯丙酯	0.33
甲基柑青醛	0.12	丁香酚	0.1	DPG	23.84
辛醛	0.11	广藿香油	0.42	大茴香脑	0.12
薰衣草油	0.28	柳酸己酯	1.6	甲基紫罗兰酮	1.15
乙酸对叔丁基环己酯	4.2	邻氨基苯甲酸甲酯	0.44	乙酸三环癸烯酯	4
十一醛	0.1	佳乐麝香 50%DEP 50%	5	王朝酮	0.05
环格蓬酯	0.18	乙基香兰素	0.15	开司米酮	0.1
龙蒿油	0.06	柳酸苄酯	1.25	新铃兰醛	1
乙酸苏合香酯	1.2	柠檬油	1.4	大茴香醛	0.33
月桂醛	0.68	乙酸叶醇酯	0.08	铃兰醛	4
丁酸二甲基苄基原酯	1.2	庚酸烯丙酯	0.06	桂酸乙酯	0.32
柳酸甲酯	0.04	氧化芳樟醇	1.2	檀香 210	0.32
月桂酸乙酯	0.12	二氢月桂烯醇	4	β-萘甲醚	0.24
香叶醇	0.33	樟脑	0.08	结晶玫瑰	4.2
苄醇	0.58	芳樟醇	6	洋茉莉醛	0.66
乙酸二甲基苄基原酯	0.72	乙酸异龙脑酯	2.6	桃醛	0.32
抗氧化剂	0.15	甲基壬乙醛	0.2	α-己基桂醛	4.25
β-紫罗兰酮	0.73	十一烯醛	0.35	苯甲酸苄酯	0.28

第三节　奶液的加香

奶液亦称为蜜，是一种液态膏霜类化妆品。大部分乳液粒子在 1～4μm 之间，小者可以达到 0.05μm。奶液为半透明或不透明的流动乳化液体，色泽洁白，油腻感小，有调湿润肤作用。

一、奶液的基本组成

水包油（O/W）型奶液基本组成是：白油（7%～15%）、羊毛脂（2%～3%）、凡士林（2%～3%）、香精（0.5%～1%）、添加剂（防腐剂、抗氧化剂，0.05%～0.5%）、精制水（75%～85%）。油包水（W/O）型奶液基本组成是：白油（20%～25%）、甘油（2%～5%）、十六醇（1%～2%）、高级酯类（单硬脂酸甘油酯、聚氧乙烯硬脂酸酯，2%～3%）、香精（0.5%～1%）、添加剂（防腐剂、抗氧化剂，0.05%～0.5%）、精制水（50%～60%）。

二、奶液的生产工艺

奶液的生产工艺见图 9.3。

三、奶液香精配方实例

奶液香精配方实例见表 9.20～表 9.23。

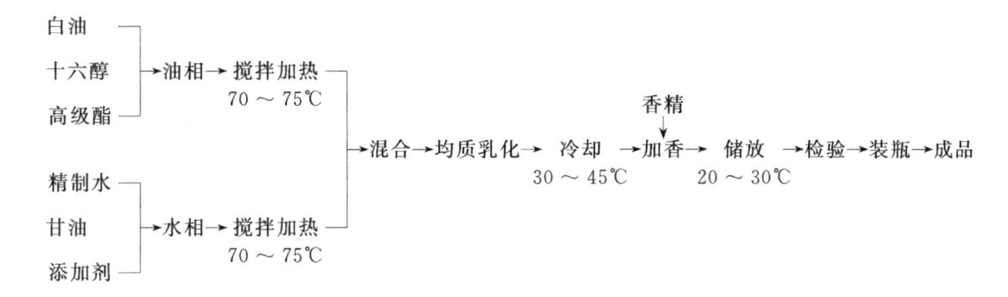

图 9.3　奶液的生产工艺

表 9.20　奶液香精配方 1

原料	质量分数/%	原料	质量分数/%	原料	质量分数/%
柠檬油	1.2	檀香 210	0.19	甲基紫罗兰酮	2.3
乙酸辛酯	0.66	β-萘甲醚	0.1	苄醇	1.65
二氢月桂烯醇	3.15	柳酸己酯	0.12	丙酸三环癸烯酯	1.1
芳樟醇	2.5	邻氨基苯甲酸甲酯	0.07	苯乙醇	4.4
乙酸异龙脑酯	0.51	佳乐麝香 50%DPG 50%	1.95	羟基香茅醛	0.15
乙酸对叔丁基环己酯	4.39	香豆素	1.9	二苯醚	1.1
柠檬醛	0.4	乙基香兰素	0.85	桂醇	0.02
松油烯-4-醇	2.2	香兰素	0.75	DPG	31.32
柳酸乙酯	0.65	桃醛	1.2	乙酸桂酯	0.1
乙酸诺卜酯	1.25	白柠檬油	0.38	丁香酚	0.2
大茴香脑	1.12	女贞醛	0.7	广藿香油	0.3
香叶醇	1.68	薄荷醇	0.26	洋茉莉醛	0.44
异丁酸苯氧乙酯	1.64	乙酸邻叔丁基环己酯	1.2	二氢茉莉酮酸甲酯	4.5
柳酸苄酯	2.24	苯甲酸乙酯	0.1	α-己基桂醛	4
抗氧化剂	0.39	环格蓬酯	0.33	二苯甲酮	0.16
橙花素	2.48	乙酸松油酯	4.6	二甲苯麝香	0.25
大茴香醛	0.26	乙酸苄酯	4.5	苯甲酸苄酯	0.6
苯丙醇	0.74	丁酸二甲基苄基原酯	1.2		
柏木油	0.33	橙花醇	1.1		

表 9.21　奶液香精配方 2

原料	质量分数/%	原料	质量分数/%	原料	质量分数/%
二氢月桂烯醇	0.29	柳酸己酯	0.85	苯甲酸苄酯	1.65
乙基芳樟醇	1.22	γ-癸内酯	0.87	龙涎酮	2.26
甲酸香茅酯	0.12	十二酸	0.3	苯乙醇	16.5
松油醇	25	α-戊基桂醛	2.65	乙酸三环癸烯酯	0.65
乙酸橙花酯	0.13	δ-癸内酯	2.12	铃兰醛	2.25
丁酸二甲基苄基原酯	0.3	环十六烯酮	0.19	乙基香兰素	1.65
苏合香醇	0.55	香兰素	0.3	五月铃兰醇	3.4
十一烯醇	0.12	柳酸苄酯	0.22	丁香酚	0.1
香叶醇	1.28	十四酸	1.1	δ-癸内酯	0.59
异戊酸三环癸烯酯	1.62	龙脑	0.1	乙酰基柏木烯	1.3
抗氧化剂	1.1	对甲基苯乙酮	0.44	二氢茉莉酮甲酯	6.6
β-紫罗兰酮	1.26	异龙脑	0.28	佳乐麝香 50%DPG 50%	3.3
愈创木酚	0.01	月桂醛	0.12	吐纳麝香	0.25
二苯醚	0.49	乙酸香叶酯	0.1	香豆素	4.1
乙酸对甲酚酯	0.01	橙花醇	0.65	二苯甲酮	0.14
异丁酸氧乙酯	0.42	苯乙酸苯乙酯	0.32	苄醇	0.83
羟基香茅醛	0.33	DPG	7.37	癸酸	2.2

表 9.22　奶液香精配方 3

原料	质量分数/%	原料	质量分数/%	原料	质量分数/%
乙酸	0.08	香豆素	0.87	松油醇	0.65
乙酸对甲酚酯	0.16	乙酸异丁香酚酯	0.33	香茅醇	0.58
苯甲酸乙酯	0.14	甲基紫罗兰酮	2.12	香叶醇	0.38
苯乙醇	1.2	结晶玫瑰	0.66	洋茉莉醛	0.49
龙脑	0.1	α-己基桂醛	1.2	丁香酚	0.72
乙酸苏合香酯	0.33	十四酸异丙酯	29.83	乙酸香叶酯	0.33
柳酸己酯	0.1	吐纳麝香	1.1	乙酸诺卜酯	1.2
苯氧乙醇	47	柠檬油	0.56	桂醇	0.1
乙酸芳樟酯	0.88	依兰依兰油	0.12	抗氧化剂	1
羟基香茅醛	0.15	芳樟醇	1.58	铃兰醛	1.35
乙酸松油酯	0.38	乙酸薰衣草酯	0.12	异长叶烷酮	0.45
乙酸橙花酯	0.3	乙酸苄酯	2.4	乙酰基柏木烯	0.82
乙基香兰素	0.13	环己基丙酸烯丙酯	0.05	酮麝香	0.04

表 9.23　奶液香精配方 4

原料	质量分数/%	原料	质量分数/%	原料	质量分数/%
乙酸	0.04	α-突厥酮	0.33	对异丙基环己基甲醇	0.13
五倍甜橙油	0.82	龙涎酮	22.5	乙酸松油酯	0.2
乙基芳樟醇	1.05	α-己基桂醛	0.21	乙酸香叶酯	0.1
苯乙醇	0.66	佳乐麝香 50%IPM 50%	28	香兰素	0.1
乙基香兰素	0.21	麝香 T	0.82	十四酸乙酯	0.1
铃兰醚	0.75	白柠檬油	0.22	二氢茉莉酮酸甲酯	7.5
香茅醇	1.2	壬醛	0.15	素凝香	0.25
对甲基苯甲醛	0.44	麦芽酚	0.1	环十五酮	0.85
洋茉莉醛	0.08	乙酸苄酯	2.26	DPG	26.86
双丁酯	0.12	松油醇	0.54	癸醛	0.08
乙酸香叶酯	0.14	苯氧乙醇	0.64		
桂花王	2	香叶醇	0.55		

第十章

香粉类化妆品的加香

香粉类化妆品主要有以下几种类型：化妆用香粉和压制粉饼、爽身粉、痱子粉。

第一节　化妆用香粉的加香

化妆用香粉（face powder）主要用于面部化妆。一般为白色、肉色、赭黄色或粉红色。其作用在于使颗粒极细的粉质涂敷在面部，以遮盖皮肤上的某些缺陷，亦可吸收过多的皮脂而消除油光，展现出满意的皮肤颜色。

一、化妆用香粉的基本组成

香粉的组成必须体现极强的遮盖、涂展、附着和滑爽的性质。粉质必须洁白、无味、光滑、细腻。其细度至少应有98%以上能通过200目的筛孔。其基本组成是：滑石粉（40%～60%）、高岭土（8%～15%）、碳酸钙（5%～10%）、碳酸镁（5%～10%）、钛白粉（5%～10%）、氧化锌（5%～10%）、硬脂酸锌（5%～10%）、香精（0.5%～1%）。

二、化妆用香粉的生产工艺

化妆用香粉的生产工艺见图10.1。

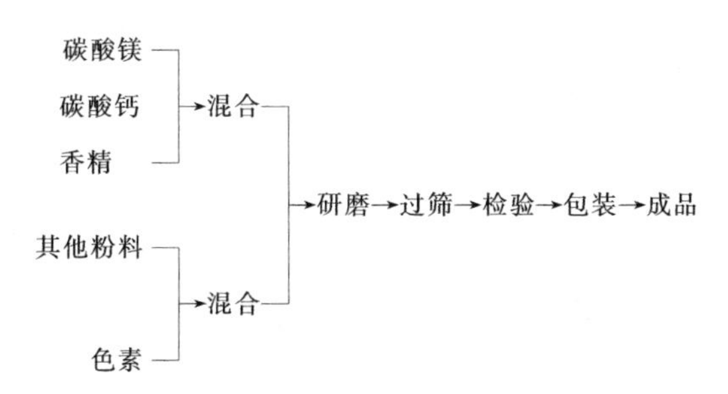

图10.1　化妆用香粉的生产工艺

第二节　压制粉饼的加香

压制粉饼（pressed powder）的使用目的和要求与香粉基本相同。将香粉压制成粉饼是为了便于携带，防止倾翻粉末飞扬。

一、压制粉饼的基本组成

滑石粉（50%～70%）、高岭土（5%～10%）、钛白粉（5%～10%）、氧化锌（5%～10%）、黏合剂（米淀粉、阿拉伯树胶、1%羧甲基纤维素水溶液，2%～5%）、甘油（2%～3%）、香精（0.5%～1%）、精制水（2%～4%）。

二、压制粉饼的生产工艺

压制粉饼的生产工艺见图10.2。

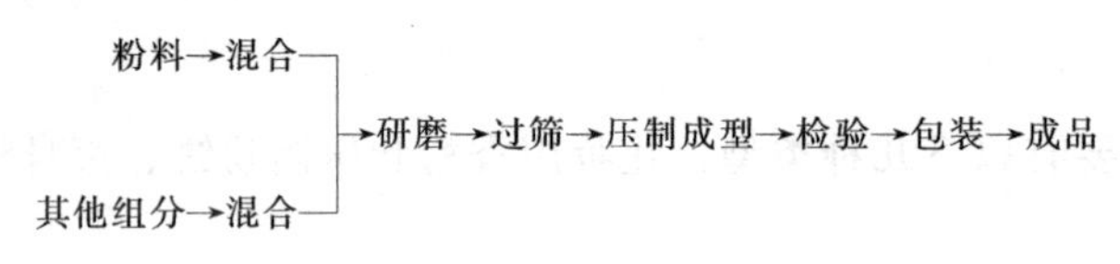

图10.2 压制粉饼的生产工艺

第三节 爽身粉的加香

一、爽身粉的基本组成

爽身粉的主要原料为滑石粉（70%～80%）、碳酸镁（10%～15%）、硼酸（3%～5%）、香精（0.2%～1%），还可加入少许氧化锌、硬脂酸锌和高岭土等粉料。由于有少量硼酸的存在，它有轻微的杀菌消毒作用，使皮肤有舒适的感觉。硼酸也是一种缓冲剂，使爽身粉在水中pH不至于太高。

二、爽身粉的生产工艺

爽身粉的生产工艺见图10.3。

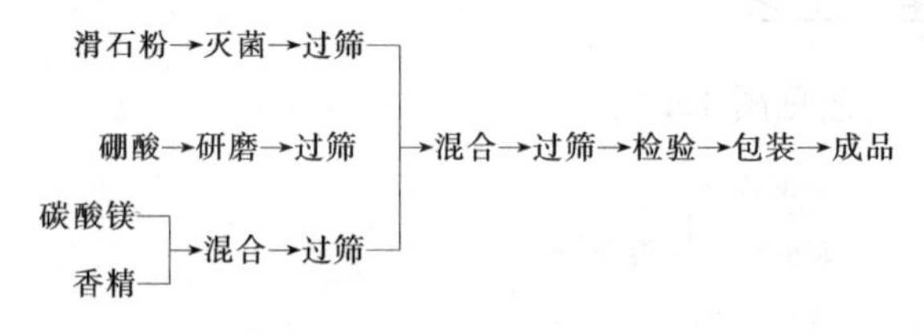

图10.3 爽身粉的生产工艺

第四节 痱子粉的加香

痱子粉主要供幼儿在炎热的夏天使用。由于在痱子粉中含有少量的硼酸、水杨酸、樟脑、薄荷脑等，因而具有爽身、止痒、消毒、抑菌作用。

一、痱子粉的基本组成

滑石粉（80%～90%）、氧化锌（3%～5%）、硼酸（2%～3%）、水杨酸（0.5%～

0.8%)、樟脑(0.5%~1%)、薄荷脑(0.5%~1%)。

二、痱子粉的生产工艺

痱子粉的生产工艺见图 10.4。

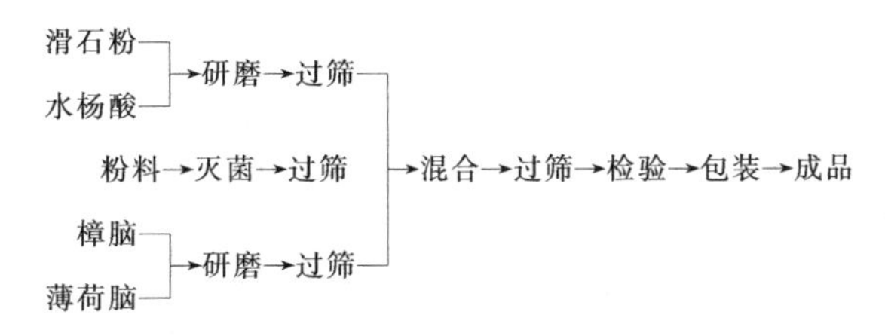

图 10.4 痱子粉的生产工艺

第五节 香粉类化妆品香精配方实例

香粉类化妆品香精配方实例见表 10.1~表 10.10。

表 10.1 香粉类化妆品香精配方 1

原料	质量分数/%	原料	质量分数/%	原料	质量分数/%
乙酸	0.2	赛吲哚(苗满嗯烷)	0.12	橙花醇	0.22
乙酸己酯	2.6	乙酸三环癸烯酯	1.6	乙酸芳樟酯	0.24
D-柠烯	1.7	γ-癸内酯	0.35	乙酸邻叔丁基环己酯	11.6
女贞醛	0.55	二氢茉莉酮酸甲酯	4.2	乙酸对叔丁基环己酯	7.45
丙酸苄酯	1.2	乙酰基柏木烯	2.62	丁香酚	2.15
乙基香兰素	0.5	佳乐麝香 50%IPM 50%	4.23	椰子醛	0.3
苯氧乙醇	1.2	己醇	0.11	α-紫罗兰酮	0.3
格蓬酯	0.24	叶醇	0.11	抗氧化剂	1.15
香叶醇	0.12	柠檬油	2.6	铃兰醛	1.26
吉维思酯[①]	1.2	桉叶油	0.19	α-戊基桂醛	2.14
乙酸松油酯	2.6	芳樟醇	12	藿香油	0.49
乙酸橙花酯	0.24	薄荷油	0.15	十四酸异丙酯	30.3
乙酸香叶酯	0.41	松油醇	1.2	乙酸丁酯	0.16

① 吉维思酯是2-乙基-6,6-二甲基环己烯基羧酸乙酯和2,3,6,6-四甲基-2-环己烯基羧酸乙酯两种异构体的混合物,业内通常用奇华顿该商品的商品名吉维思酯指代。

表 10.2 香粉类化妆品香精配方 2

原料	质量分数/%	原料	质量分数/%	原料	质量分数/%
丁酸乙酯	0.1	龙涎酮	2.22	卡必醇	0.39
丙酸乙酯	0.12	海酮	0.47	乙酸松油酯	2.15
壬醛	0.1	二氢茉莉酮酸甲酯	9.12	香茅醇	4.19
女贞醛	0.33	鸢尾酮	0.45	苄醇	0.51
芳樟醇	12.1	麝香 T	1.15	羟基香茅醛	7.25
乙基芳樟醇	17.9	2-甲基丁酸乙酯	0.33	苯氧乙醇	0.33
柠檬醛	0.44	柠檬油	1.57	桃醛	0.4
松油醇	0.32	辛醛	0.13	α-己基桂醛	5.7
2,4-癸二烯醛	0.22	苯甲醛	0.06	DPG	30.18
抗氧化剂	1.2	乙酸芳樟酯	0.32	乙基香兰素	0.25

表 10.3 香粉类化妆品香精配方 3

原料	质量分数/%	原料	质量分数/%	原料	质量分数/%
乙酸乙酯	0.1	美研醇	10	乙酸松油酯	2.85
柠檬油	1.6	二氢茉莉酮酸甲酯	14.5	香茅醇	2.66
女贞醛	0.08	α-戊基桂醛	9	苄醇	0.65
芳樟醇	7.2	DPG	32.68	抗氧化剂	1.2
乙基芳樟醇	10.4	丁酸丁酯	0.15	龙涎酮	4.5
柠檬醛	0.22	壬醛	0.11	γ-癸内酯	0.16
2,4-癸二烯醛	0.08	苯甲醛	0.06	麝香 T	1.6
松油醇	0.12	乙酸芳樟酯	0.18		

表 10.4 香粉类化妆品香精配方 4

原料	质量分数/%	原料	质量分数/%	原料	质量分数/%
柠檬油	1.2	广藿香油	1	丙酸苄酯	8.5
桉叶油	0.11	β-萘甲醚	0.22	甲酸香叶酯	0.1
二甲基异己基原醇	0.15	邻氨基苯甲酸甲酯	0.2	橙花醇	0.7
叶醇	0.04	α-戊基桂醛	4.15	DPG	9.28
依兰依兰油	0.25	桂醇	0.12	桂花王	1.2
樟脑	0.44	苯乐戊醇	0.33	苄醇	0.66
芳樟醇	2.65	α-己基桂醛	4.2	抗氧化剂	1.2
乙酸龙脑酯	0.18	香豆素	7.2	檀香 210	0.55
甲基庚烯酮	0.16	新铃兰醛	1.1	铃兰醛	2.1
乙酸邻叔丁基环己酯	1.05	香兰素	0.66	柳酸己酯	1.3
龙蒿油	0.35	麝香 T	0.3	桂醇	0.2
乙酸苏合香酯	0.88	酮麝香	0.3	丁香花蕾油	3
月桂醛	0.14	白柠檬油	0.15	玫瑰油	0.08
对叔丁基环己醇	0.13	乙酸叶醇酯	0.05	洋茉莉醛	2.8
香茅醇	2.2	玫瑰醚	0.06	乙酰基柏木醚	1
苯乙酸苯乙酯	0.08	艾蒿油	0.33	柳酸叶醇酯	0.3
香叶醇	1.26	二氢月桂烯醇	5.5	二氢茉莉酮酸甲酯	2
丁酸苯乙酯	0.09	薰衣草油	0.65	佳乐麝香 50%DPG 50%	6.5
苯乙醇	7.36	乙酸芳樟酯	1.2	吐纳麝香	1.1
羟基香茅醛	0.98	苯甲酸乙酯	0.08	乙酸异丁香酚酯	0.08
柳酸异戊酯	1.36	环格蓬酯	0.45	檀香油	0.4
龙涎酮	1.73	十一烯醛	0.12	苯甲酸苄酯	1.2
特木倍醇	0.74	山苍子油	0.22	柳酸苄酯	0.2
檀香 208	0.33	松油醇	3.1		

表 10.5 香粉类化妆品香精配方 5

原料	质量分数/%	原料	质量分数/%	原料	质量分数/%
2-甲基丁酸乙酯	1.1	抗氧化剂	1	对甲氧基苯乙酮	1.6
辛醛	0.12	γ-癸内酯	1.6	香兰素	1.5
乙基香兰素	2.1	佳乐麝香 50%IPM 50%	12	可卡醛	0.12
乙酸邻叔丁基环己酯	14	乙酸异戊酯	4	月桂酸	0.3
香豆素	2.2	麦芽酚	0.33	十四酸异丙酯	58.03

表 10.6 香粉类化妆品香精配方 6

原料	质量分数/%	原料	质量分数/%	原料	质量分数/%
乙酸乙酯	0.02	香叶油	0.2	乙酸苏合香酯	0.21
DPG	33.35	乙酸异龙脑酯	0.1	松油醇	0.12
芳樟醇	4.4	丙酸苄酯	3.6	乙酸芳樟酯	0.5

续表

原料	质量分数/%	原料	质量分数/%	原料	质量分数/%
茴香油	0.2	乙酰基柏木烯	1.4	顺式茉莉酮	0.1
羟基香茅醛	1.7	苯乙酸苄酯	1	二氢香豆素	0.32
邻氨基苯甲酸甲酯	1.4	酮麝香	1.4	异丁香酚	0.16
甲基丁香酚	1.5	甲基庚烯酮	0.43	γ-癸内酯	0.22
α-突厥酮	0.67	柠檬油	0.8	γ-甲基紫罗兰酮	1
甲酸香叶酯	0.62	玫瑰醚	0.13	丁酸二甲基苄基原酯	1.2
香豆素	1.2	苯乙醇	1.65	抗氧化剂	0.2
香兰素	0.25	樟脑	0.04	铃兰醛	0.62
茉莉酯	1.32	薄荷酮	0.05	结晶玫瑰	0.1
乙基香兰素	0.25	柳酸甲酯	0.1	柏木脑	0.35
异丁香酚	0.6	香茅醇	2.3	广藿香油	1.5
异丁酸苯氧乙酯	0.82	香叶醇	0.1	α-己基桂醛	14.73
柳酸异戊酯	1.15	柳酸苄酯	0.04	苯甲酸苄酯	3
桃醛	0.51	乙酸二甲基苄基原酯	0.1	佳乐麝香 50%IPM 50%	10.5
新铃兰醛	0.82	乙酸香茅酯	0.47		
合成橡苔	0.2	γ-辛内酯	0.28		

表 10.7　香粉类化妆品香精配方 7

原料	质量分数/%	原料	质量分数/%	原料	质量分数/%
乙酸叶醇酯	0.03	龙涎酮	16.8	乙酸芳樟酯	2.6
柠檬油	1.52	三甲基环十二烷三烯醚	0.8	乙酸香叶酯	0.18
女贞醛	0.12	乙酰基柏木烯	1.85	γ-甲基紫罗兰酮	0.08
乙酸异龙脑酯	0.21	环十五酮	2.45	檀香 208	2.6
铃兰醚	3.4	麝香 T	0.8	二氢茉莉酮酸甲酯	9.5
柠檬醛	0.1	DPG	24.49	广藿香油	4.5
松油醇	5.6	利法罗酯	0.03	降龙涎香醚	1
香兰素	1.89	芳樟醇	1.25	芳酮	0.4
柏木油	2.98	榄青酮	0.12	佳乐麝香 50%IPM 50%	14.5
香根油	0.12	香茅醇	0.08		

表 10.8　香粉类化妆品香精配方 8

原料	质量分数/%	原料	质量分数/%	原料	质量分数/%
壬醛	0.04	乙酸香叶酯	0.4	癸醛	0.05
桉叶油	0.9	羟基香茅醛	1.2	山苍子油	2.3
樟脑	0.6	β-甲基苯酮	1.1	异松油烯	4.6
松油醇	0.5	乙醇	41.05	乙酸香叶酯	0.46
橙花醇	0.55	柠檬油	17.1	石竹烯	0.4
乙酸芳樟酯	17.5	芳樟醇	4.95	抗氧化剂	1.6
丁香酚	2.7	乙酸异龙脑酯	0.2	佳乐麝香	1.8

表 10.9　香粉类化妆品香精配方 9

原料	质量分数/%	原料	质量分数/%	原料	质量分数/%
2,6-二甲基-2-庚醇	1.4	龙蒿油	1.8	乙酸橙花酯	0.1
DPG	28.38	柠檬醛	1.2	香豆素	1.3
桉叶油素	0.15	橙叶油	3	壬醛	1.02
芳樟醇	3.6	香叶油	0.12	香根油	0.1
苯乙二甲缩醛	0.1	百里香油	0.1	甲基柏木酮	0.2
薰衣草油	0.2	乙酸对叔丁基环己酯	2.2	二氢茉莉酮酸甲酯	2.7
亚洲薄荷油	0.55	众香子油	0.2	广藿香油	4.8

续表

原料	质量分数/%	原料	质量分数/%	原料	质量分数/%
合成橡苔	0.6	松油醇	0.5	乙酸异丁香酚酯	0.1
α-己基桂醛	1.6	橙花醇	2.2	异丁基喹啉	0.1
柏木油	1.4	留兰香油	0.3	对甲氧基苯乙酮	0.1
佳乐麝香 50%IPM 50%	12	香叶醇	0.5	新铃兰醛	6.5
卡必醇	0.5	羟基香茅醛	0.12	桂花王	0.48
柠檬醛二乙缩醛	3.1	桂醇	0.05	降龙涎香醚	0.5
二氢月桂烯醇	6.66	乙酸松油酯	0.35	檀香 210	1.8
艾蒿油	0.3	丁香花蕾油	0.77	吐纳麝香	5.5
樟脑	0.25	甲酸香叶酯	0.2		
乙酸苄酯	0.16	乙酸桂酯	0.04		

表 10.10 香粉类化妆品香精配方 10

原料	质量分数/%	原料	质量分数/%	原料	质量分数/%
柠檬油	1	茴香基丙醛	0.72	金合欢浸膏	0.5
乙酸异龙脑酯	0.03	乙酰基柏木烯	0.26	橙花醇	0.1
女贞醛	0.1	柳酸叶醇酯	0.65	α-紫罗兰酮	0.14
薰衣草油	0.15	二氢茉莉酮酸甲酯	14.5	鸢尾酮	0.04
乙酸芳樟醇	1.45	檀香油	0.8	苯乙二甲缩醛	0.15
龙脑	0.02	α-戊基桂醛	0.1	β-紫罗兰酮	0.04
乙酸对叔丁基环己酯	0.15	香豆素	3.2	乙基香兰素	1.5
乙酸橙花酯	0.04	吐鲁浸膏	0.5	新铃兰醛	10
乙酸香叶酯	0.06	酮麝香	0.1	广藿香油	16
晚香玉浸膏	1.2	橘子油(意大利)	0.5	愈创木油	0.3
枯茗油	0.02	壬醛	0.01	α-己基桂醛	0.3
β-突厥酮	0.1	香叶油	0.1	全赛麝香	0.16
香叶醇	0.14	芳樟醇	1.85	佳乐麝香 50%IPM 50%	13
苯乙醇	0.08	乙酸邻叔丁基环己酯	0.2	DEP	11.03
抗氧化剂	0.1	玫瑰木油	1.3	吐纳麝香	9.5
椰子醛	0.04	乙酸苏合香酯	0.52	香兰素	2.5
铃兰醛	4.1	对叔丁基环己酯	0.1	柳酸苄酯	0.1
檀香 208	0.35	香茅醇	0.1		

第十一章

美容化妆品的加香

美容化妆品又称彩色化妆品，简称彩妆，可分为胭脂、唇膏、眉笔、眼黛、指甲油等五大类。其中胭脂、唇膏对香精的质量要求最高。眉笔、眼黛、指甲油一般不用添加香精。

第一节　胭脂类化妆品的加香

胭脂类化妆品主要品种有胭脂块、胭脂膏、胭脂乳等。胭脂类化妆品所用香精大多为花香型。

一、胭脂类化妆品的基本组成

胭脂块的基本组成：滑石粉（60%～70%）、碳酸镁（5%～10%）、氧化锌（5%～10%）、硬脂酸锌（3%～5%）、淀粉（5%～10%）、黏合剂（凡士林、羊毛脂、液体石蜡，0.2%～2%）、颜料（0.5%～1%）、香精（0.5%～1%）、抗氧化剂和适量防腐剂。

胭脂膏（rouge cream）以油脂和颜料为主调制而成，是一种色泽均匀、膏体细腻，富有油润性和耐汗性能的脸部美容化妆品。油性胭脂膏的基本组成为液体石蜡（20%～30%）、凡士林（15%～20%）、棕榈酸异丙酯（10%～20%）、肉豆蔻酸异丙酯（10%～20%）、纯地蜡（5%～10%）、白蜂蜡（5%～10%）、粉料（滑石粉、高岭土，20%～30%）、颜料（2%～5%）、香精（1%～2%）、抗氧化剂和适量防腐剂。

胭脂乳（liquid rouge）是一种色调均匀、涂展性好、油腻感小，细密稠厚的乳状液。涂于面颊，可以增强面部立体感。

胭脂乳的基本组成为：液体石蜡（15%～25%）、凡士林（10%～20%）、羊毛脂（3%～8%）、蜡类（白蜂蜡、纯地蜡、鲸蜡，5%～10%）、乳化剂（单硬脂酸甘油酯、倍半油酸缩水山梨酯、聚乙二醇单硬脂酸酯，5%～10%）、颜料（5%～8%）、香精（0.5%～1%）、精制水（25%～35%）、抗氧化剂和适量防腐剂。

二、胭脂类化妆品的生产工艺

胭脂类化妆品的生产工艺见图 11.1～图 11.3。

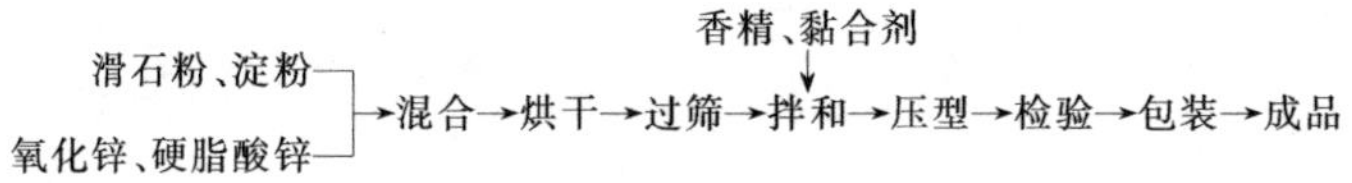

香精、黏合剂

滑石粉、淀粉、氧化锌、硬脂酸锌→混合→烘干→过筛→拌和→压型→检验→包装→成品

图 11.1 胭脂块的生产工艺

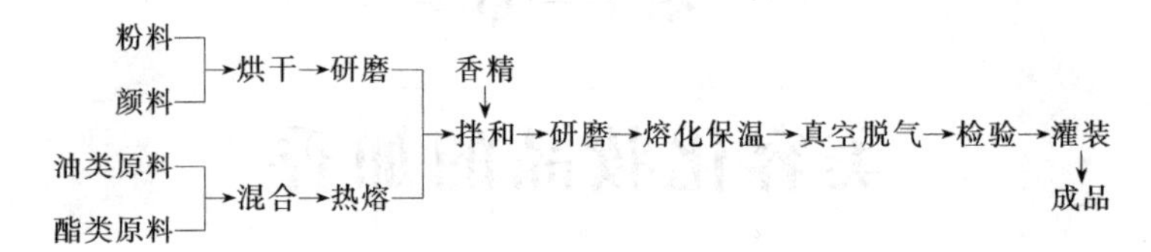

图 11.2 胭脂膏的生产工艺

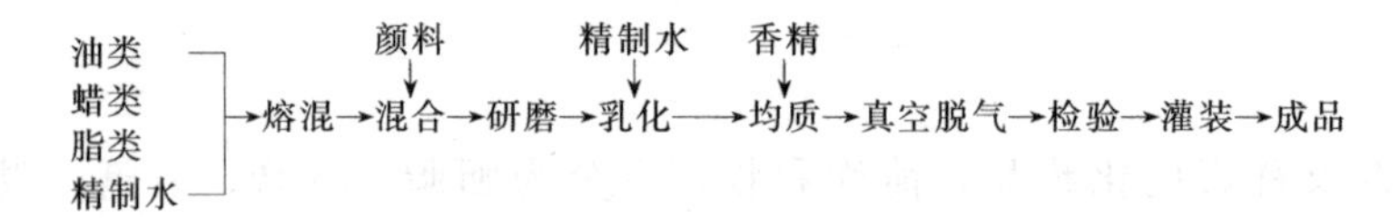

图 11.3 胭脂乳的生产工艺

三、胭脂类化妆品香精配方实例

胭脂类化妆品香精配方见表 11.1。

表 11.1 胭脂类化妆品香精配方

原料	质量分数/%	原料	质量分数/%	原料	质量分数/%
甲基庚烯酮	0.44	三甲基十一烯醛	0.2	柠檬醛	0.5
D-柠烯	3.5	异丁基喹啉	0.25	乙酸异龙脑酯	0.1
桉叶油素	0.11	二氢茉莉酮酸甲酯	6.6	月桂油	0.33
女贞醛	0.14	新铃兰醛	3.35	甲基壬乙醛	0.08
乙酸异龙脑酯	0.15	合成橡苔	1.5	石竹烯	0.24
樟脑	0.08	香根油	0.14	普利卡酮	2.2
丙酸苄酯	1.12	檀香醚	0.3	檀香 210	2.08
乙酸壬酯	0.05	DPG	29.3	肉豆蔻油	0.22
环格蓬酯	0.28	白柠檬油	0.18	柏木油	0.2
乙酸芳樟酯	9.46	二氢月桂烯醇	4.9	龙涎酮	6.49
香叶油	0.3	芳樟醇	2.45	广藿香油	4.6
留兰香油	0.25	苯乙醇	0.12	三甲基环十二烷三烯醚	5.1
乙酸香叶酯	0.55	薄荷酮	0.14	乙酰基柏木烯	4.85
α-突厥酮	0.11	乙酸松油酯	0.24	吐纳麝香	5.25
海风醛	0.21	橙花醇	0.64		
兔耳草醛	0.1	莳萝籽油	0.6		

第二节 唇部化妆品的加香

唇部化妆品主要品种有唇膏、润唇膏等。在古罗马时代，人们就开始用特定的植物中含有的色素涂嘴唇和面颊。油和蜡构成的条状唇膏从第一次世界大战时开始流行起来。现代唇膏的色调与女性的发型、服装的颜色相互配合，是女性最常用的时尚化妆品之一。唇膏类化妆品香精大多为果香型和花香-果香型香精。

一、唇膏的基本组成与工艺

唇膏（lip stick）俗称口红，是以红色为基调，或辅以珠光色彩，或辅以变色颜料的棒形蜡状体。易在唇部涂展，赋予唇部色泽与光泽，以增加魅力与美感，同时还具有保护滋润的作用。

（1）唇膏的基本组成

① 蓖麻油型唇膏的基本组成　蓖麻油（40%～45%）、羊毛脂（10%～12%）、十四酸异丙酯（8%～10%）、树蜡（10%～15%）、固体石蜡（8%～10%）、蜂蜡（4%～6%）、钛白粉（3%～5%）、颜料（1.5%～2%）、香精（0.5%～1%）、适量抗氧化剂。

② 液体石蜡型唇膏的基本组成　液体石蜡（20%～25%）、羊毛脂（15%～20%）、硬脂酸丁酯（10%～15%）、单硬脂酸甘油酯（3%～5%）、纯地蜡（10%～15%）、蜂蜡（8%～12%）、鲸蜡（3%～5%）、十六醇（3%～5%）、钛白粉（3%～5%）、颜料（2%～3%）、香精（0.5%～1%）、适量抗氧化剂。

（2）唇膏的生产工艺流程

唇膏的生产工艺流程见图 11.4。

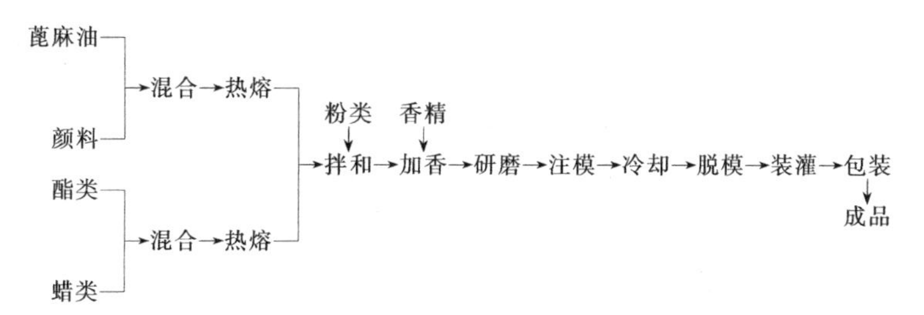

图 11.4　唇膏的生产工艺

二、润唇膏的基本组成与工艺

润唇膏与唇膏的主要区别在于不含颜料。其主要功能是保持唇部湿润，防止唇部皮肤干裂、发炎，适合任何年龄、任何性别的人使用。

润唇膏的基本组成为：白凡士林（60%～65%）、石蜡（30%～35%）、香精（0.5%～1%）。

润唇膏的生产工艺流程见图 11.5。

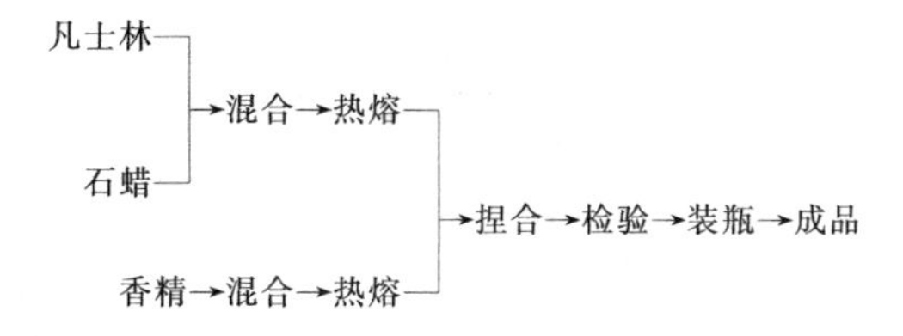

图 11.5　润唇膏的生产工艺

三、唇部化妆品香精配方实例

唇部化妆品香精配方实例见表 11.2～表 11.7。

表 11.2 唇部化妆品香精配方 1

原料	质量分数/%	原料	质量分数/%	原料	质量分数/%
乙醇	1	叶醇	0.38	香叶醇	0.04
乙酸	0.01	顺式茉莉酮	0.12	异戊酸异戊酯	0.1
乙缩醛	0.02	乙酸异戊酯	0.09	反-2-己烯醛丙二醇缩醛	0.3
十四酸异丙酯	90	庚酸	0.01	乙酸香茅酯	0.04
2-甲基丁酸乙酯	0.28	乙酸叶醇酯	0.34	己醇	0.55
乙酸丁酯	0.43	茉莉酯	0.15	苯甲酸苄酯	4.75
丁酸乙酯	0.6	乙酸反-2-己烯酯	0.24		
异戊酸乙酯	0.03	己醛丙二醇缩醛	0.45		

表 11.3 唇部化妆品香精配方 2

原料	质量分数/%	原料	质量分数/%	原料	质量分数/%
乙酰乙酸乙酯	1.9	乙酸叶醇酯	0.25	2-甲基丁酸	3.8
苯甲酸苄酯	10	叶醇	2.3	己酸	0.35
丁酸乙酯	15.5	草莓酸	0.2	印蒿油	0.08
2-甲基丁酸乙酯	4	丁酸叶醇酯	0.2	桂酸桂酯	0.42
异戊酸叶醇酯	0.12	乙酸	0.1	桃醛	1.1
己酸乙酯	2.3	芳樟醇	1.75	覆盆子酮	0.4
丁酸异戊酯	0.77	十四酸异丙酯	54.46	香兰素	0.12
异戊酸异戊酯	0.08	丁酸	0.8		

表 11.4 唇部化妆品香精配方 3

原料	质量分数/%	原料	质量分数/%	原料	质量分数/%
香豆素	0.01	丁酸丁酯	0.32	丁香酚	0.01
乙酸乙酯	0.055	柠檬油	0.035	香兰素	0.07
异戊醛	0.1	苯甲酸苄酯	0.13	甲基紫罗兰酮	0.01
异戊醇	0.02	异戊酸异戊酯	0.01	桃醛	0.05
乙酸异丁酯	0.01	麦芽酚	0.02	β-紫罗兰酮	0.01
乙酸异戊酯	3.2	乙酸苄酯	0.9	苯甲酸苄酯	3.5
2-甲基丁酸	0.12	柳酸苄酯	0.15		
己酸	0.01	十四酸异丙酯	91.26		

表 11.5 唇部化妆品香精配方 4

原料	质量分数/%	原料	质量分数/%	原料	质量分数/%
甜橙油	45	乙酸癸酯	0.06	辛酸	0.03
辛醛	0.8	乙酸松油酯	0.01	癸酸	0.03
乙酸壬酯	0.05	香芹酮	0.02	抗氧化剂	0.02
叶醇	0.02	癸醇	0.05	乙酸乙酯	0.02
癸醛	1	苯甲酸苄酯	6.8	2-甲基丁酸乙酯	0.04
芳樟醇	0.25	香茅醇	0.06	庚酸	0.03
乙酸芳樟酯	0.9	2,5-癸二烯醛	0.01	柠檬油	1.2
乙酸壬酯	0.1	α-紫罗兰酮	0.01	乙酸香叶酯	0.05
乙酸香茅酯	0.03	苄醇	0.02	十四酸异丙酯	43.01
柠檬醛	0.26	乙酸苯丙酯	0.01		
松油醇	0.09	甲基壬乙醛	0.02		

表 11.6 唇部化妆品香精配方 5

原料	质量分数/%	原料	质量分数/%	原料	质量分数/%
乙酸	0.19	丁酸丁酯	0.02	芳樟醇	0.025
丙酸	0.02	庚酸乙酯	0.3	麦芽酚	0.025
丙酸乙酯	0.8	乙酸己酯	1	庚酸烯丙酯	0.25
异丁醇	0.02	柠烯	1.3	乙基麦芽酚	3.6
2-甲基丁酸乙酯	6.2	2-己烯酸乙酯	0.02	十四酸异丙酯	76.19
异戊酸乙酯	0.04	苯甲酸苄酯	3.5	环己基丙酸烯丙酯	1
乙酸异戊酯	3.5	己酸烯丙酯	2		

表 11.7 唇部化妆品香精配方 6

原料	质量分数/%	原料	质量分数/%	原料	质量分数/%
甜橙油	1	柠檬醛	8.8	苯乙醇	0.02
白柠檬油	2	乙酸松油酯	5.56	辛酸	0.1
橘子油	54	松油醇	3	δ-癸内酯	0.07
癸醛	0.3	乙酸香叶酯	1.15	γ-癸内酯	0.03
甜橙醛	10	橙花醇	0.1	癸酸	0.1
芳樟醇	1.8	乙酸苯乙酯	0.02	香豆素	0.02
乙酸芳樟酯	11.5	香芹醇	0.03	桃醛	0.03
异龙脑	0.3	香叶醇	0.05	癸醇	0.1

第十二章

发用产品的加香

发用产品品种繁多，主要有护发用品、洗发用品、整发用品、染发用品等四大类。香精主要用在护发用品和洗发用品中。

护发用品主要有发蜡、发油、发乳，洗发用品主要有发液、洗发香波等品种。常用的香精香型有玫瑰、茉莉、紫罗兰、香石竹、栀子花、薰衣草、三叶草等香型。

第一节　发蜡的加香

发蜡（pomade）亦称发脂，是一种半固态的蜡、油、脂的混合物，较适合男性使用，分为油脂性发蜡和可洗性发蜡两种，主要用于修饰发型、使头发油亮，同时有润发作用。

一、发蜡的基本组成

① 油脂性发蜡的基本组成　白凡士林（75%～80%）、白油（15%～20%）、蜂蜡（5%～8%）、白蜡（2%～3%）、香精（0.5%～1%）、色素和适量抗氧化剂。

② 可洗性发蜡的基本组成　橄榄油（6%～8%）、白油（4%～6%）、液体石蜡（2%～4%）、聚氧乙烯十六醇醚（25%～35%）、精制水（50%～60%）、香精（0.5%～1.5%）、色素和适量抗氧化剂。

二、发蜡的生产工艺

油脂性发蜡的生产工艺见图12.1，可洗性发蜡的生产工艺见图12.2。

油料、蜡料、脂料、抗氧化剂 → 混合 → 热熔（70～80℃）→ 调色（←色料，50～60℃）→ 加香（←香精，40～50℃）→ 检验 → 灌装（35～45℃）→ 冷却 → 成品

图12.1　油脂性发蜡的生产工艺

油料、蜡料、醇、醚、抗氧化剂 → 混合 → 热熔（65～70℃）→ 调色（←色料，50～60℃）→ 加香（←香精，40～50℃）→ 检验 → 灌装 → 冷却 → 成品

图12.2　可洗性发蜡的生产工艺

三、发蜡香精配方实例

发蜡香精配方实例见表 12.1～表 12.4。

表 12.1 发蜡香精配方 1

原料	质量分数/%	原料	质量分数/%	原料	质量分数/%
丁酸乙酯	0.4	二甲基苄基原醇	2.12	乙酸芳樟酯	1.45
2,6-二甲基-2-庚醇	0.02	乙酸三环癸烯酯	0.6	乙酸二甲基苄基原酯	0.1
乙酸己酯	0.06	新铃兰醛	2.64	甲酸香茅酯	0.08
D-柠烯	3.54	新洋茉莉醛	0.16	突厥烯酮	0.2
二氢月桂烯醇	5.16	柳酸戊酯	2.31	环己基丙酸烯丙酯	0.1
芳樟醇	3.74	柳酸己酯	2.32	γ-癸内酯	0.07
己酸烯丙酯	2.46	佳乐麝香	2.5	β-紫罗兰酮	7.85
苯氧乙醇	0.03	叶醇	0.03	抗氧化剂	0.26
留兰香油	0.2	乙酸叶酸酯	0.3	异丁酸苯氧乙酯	12.5
乙酸邻叔丁基环己酯	7.65	DPG	16.31	柳酸异戊酯	1.14
乙酸对叔丁基环己酯	0.85	苄醇	1.3	桃醛	1.2
丁酸香叶酯	0.01	女贞醛	0.35	α-戊基桂醛	0.2
乙酸诺卜酯	1.85	乙酸苄酯	0.49	α-己基桂醛	8.85
兔耳草醛	0.03	松油醇	0.22	柳酸苄酯	6.7
异丙基紫罗兰酮	0.4	香茅醇	1.25		

表 12.2 发蜡香精配方 2

原料	质量分数/%	原料	质量分数/%	原料	质量分数/%
柠檬油	5.2	α-紫罗兰酮	3.16	苯氧乙醇	0.22
DEP	46.8	β-紫罗兰酮	1.39	丙酸苄酯	0.13
苯甲酸乙酯	0.36	月桂酸	0.44	乙酸松油酯	0.49
苯乙醇	0.42	δ-十二内酯	0.45	癸酸	0.61
辛酸	0.27	α-戊基桂醛	2.75	香兰素	0.18
十一烯醛	0.1	6-甲基香豆素	0.38	石竹烯	1.56
乙酸芳樟酯	2.1	D-柠烯	1.2	甲基紫罗兰酮	9.12
大茴香脑	0.1	DPG	13.99	柳酸异戊酯	0.32
乙酸香叶酯	0.25	芳樟醇	0.39	柳酸戊酯	0.64
乙酸橙花酯	0.48	乙酸苄酯	2.2	乙酰基柏木烯	1.75
月桂醛	0.3	松油醇	0.25	佳乐麝香	2

表 12.3 发蜡香精配方 3

原料	质量分数/%	原料	质量分数/%	原料	质量分数/%
丁酸乙酯	0.35	丁酸二甲基苄基原酯	1.8	乙酸芳樟酯	1.3
2,6-二甲基-2-庚醇	0.02	丙酸三环癸烯酯	0.6	乙酸二甲基苄基原酯	0.08
乙酸己酯	0.04	新铃兰醛	2.3	乙酸香茅酯	0.02
D-柠烯	3.3	新洋茉莉醛	0.1	α-突厥酮	0.14
二氢月桂烯醇	5.3	柳酸戊酯	2.1	环己基丙酸烯丙酯	0.16
芳樟醇	3.45	柳酸己酯	1.8	γ-癸内酯	0.03
己酸烯丙酯	2.2	佳乐麝香	2.1	β-紫罗兰酮	7.7
苯氧乙醇	0.01	叶醇	0.02	抗氧化剂	0.05
香芹酮	0.1	乙酸叶醇酯	0.2	异丁酸苯氧乙酯	13
乙酸邻叔丁基环己酯	7.8	DPG	19.67	柳酸异戊酯	1.2
乙酸对叔丁基环己酯	0.82	苄醇	1.2	桃醛	0.8
甲酸香叶酯	0.1	女贞醛	0.3	α-戊基桂醛	0.15
乙酸诺卜酯	2.05	丙酸苄酯	0.66	α-己基桂醛	9.15
波洁红醛	0.05	松油烯-4-醇	0.18	柳酸苄酯	6.15
甲基紫罗兰酮	0.35	香茅醇	1.32		

表 12.4 发蜡香精配方 4

原料	质量分数/%	原料	质量分数/%	原料	质量分数/%
乙酸乙酯	0.12	γ-癸内酯	0.32	香茅醇	1.15
叶醇	0.03	抗氧化剂	0.12	4-甲基-3-癸烯-5-醇	0.6
苯甲醛	0.01	新铃兰醛	11.2	洋茉莉醛	0.42
乙酸己酯	0.3	桃醛	1.6	δ-突厥酮	0.3
D-柠烯	2.1	柳酸叶醇酯	0.4	乙酸三环癸烯酯	3
女贞醛	0.4	α-己基桂醛	12	香兰素	0.1
异龙脑	0.04	丁酸乙酯	0.14	甲基紫罗兰酮	2.2
松油醇	2.1	乙酸异戊二烯酯	0.1	异丁酸苯氧乙酯	1.1
香叶醇	1.75	乙酸叶醇酯	0.1	檀香 208	0.75
乙酸对叔丁基环己酯	1.45	DPG	25.97	二氢茉莉酮酸甲酯	2.74
乙酸香叶酯	0.1	芳樟醇	7.12	柳酸己酯	6
顺式茉莉酮	0.15	丙酸苄酯	3.15	佳乐麝香	10.2
环己基丙酸烯丙酯	0.32	己酸烯丙酯	0.35		

第二节 发油的加香

发油（hair oil）有保持发型的作用，它能柔软头发，保持头发光泽，还有一定营养头发的作用。

一、发油的基本组成

白油或山茶油（70%～80%）、橄榄油（5%～10%）、乙酰化羊毛脂（5%～10%）、香精（0.5%～1%）、色素和适量抗氧化剂。

二、发油的生产工艺

发油的生产工艺见图 12.3。

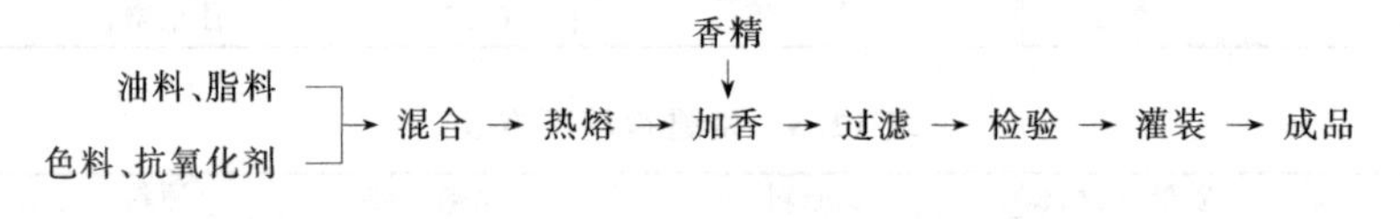

图 12.3 发油的生产工艺

三、发油香精配方实例

发油香精配方实例见表 12.5～表 12.7。

表 12.5 发油香精配方 1

原料	质量分数/%	原料	质量分数/%	原料	质量分数/%
苯乙二甲缩醛	0.01	乙酸薰衣草酯	0.2	乙酸芳樟酯	0.65
依兰依兰油	0.18	丙酸苄酯	7.9	对甲氧基苯乙酮	1.25
D-柠烯	4.8	柳酸乙酯	0.04	乙酸龙脑酯	2.12
二氢月桂烯醇	1.26	甲酸芳樟酯	0.62	十一烯醛	0.16
芳樟醇	6.34	格蓬酯	0.22	邻氨基苯甲酸甲酯	0.4

续表

原料	质量分数/%	原料	质量分数/%	原料	质量分数/%
乙酸橙花酯	0.02	乙酸对甲酚酯	0.07	甲酸香叶酯	0.04
香兰素	0.08	桉叶油	0.05	乙酸三环癸烯酯	4.95
香豆素	0.78	苯乙酸甲酯	0.26	对酚	0.14
乙基香兰素	0.1	苯乙醇	4.13	γ-癸内酯	0.36
抗氧化剂	2	樟脑	0.08	柑青醛	0.3
甲基紫罗兰酮	2.12	异龙脑	0.06	柳酸异戊酯	0.92
桃醛	0.4	松油醇	3.68	柳酸戊酯	1.68
异丁基喹啉	0.3	橙花醇	1.25	柏木油	1.38
β-甲基苯酮	1.05	枯茗油	0.01	二氢茉莉酮酸甲酯	1.64
广藿香油	1.83	香叶醇	1.79	树苔浸膏	0.28
α-己基桂醛	9.26	桂醛	0.01	秘鲁浸膏	0.29
乙酸对甲酚酯	0.11	吲哚	0.01	柳酸苄酯	4.12
DPG	24.59	桂醇	1.5		
卡必醇	0.45	甲基丁香酚	1.76		

表 12.6 发油香精配方 2

原料	质量分数/%	原料	质量分数/%	原料	质量分数/%
丁酸乙酯	0.06	γ-癸内酯	0.3	突厥烯酮	0.33
乙酸异戊酯	0.08	檀香 210	0.84	环己基丙酸烯丙酯	0.15
乙酸叶醇酯	0.06	桃醛	0.8	DPG	18.06
叶醇	0.03	二氢茉莉酮酸甲酯	3.1	香叶醇	1.5
己酸烯丙酯	0.32	α-己基桂醛	11.9	桂花王	0.16
芳樟醇	6.3	香兰素	0.2	铃兰醛	8.65
松油醇	1.95	甜橙油	0.7	异丁酸苯氧乙酯	1.24
山苍子油	0.11	乙酸己酯	0.22	柳酸己酯	7.62
香茅醇	1.2	甜瓜醛	0.02	柳酸叶醇酯	0.61
橙花醇	0.2	女贞醛	0.36	佳乐麝香 50%DEP50%	18.85
β-紫罗兰酮	1.84	苯甲醛	0.04	DEP	5.1
丙酸三环癸烯酯	2.25	乙酸邻叔丁基环己酯	1.36	酮麝香	0.6
花青醛	0.08	乙酸苄酯	2.81		

表 12.7 发油香精配方 3

原料	质量分数/%	原料	质量分数/%	原料	质量分数/%
苯甲醛	0.02	结晶玫瑰	0.6	十四酸乙酯	54.62
山苍子油	0.03	苄醇	2.8	柳酸苄酯	5.6
大茴香醛	0.02	大茴香醇	0.01		
香豆素	28.3	乙酸大茴香酯	8		

第三节 发乳的加香

发乳（hair cream）呈乳膏状，使用后可在头发上形成一层乳化性薄膜，从而起到保护头发、柔软发质的作用，是人们广为使用的一种整发剂。

一、发乳的基本组成

① 油包水型发乳的基本组成　白油（35%～40%）、白凡士林（7%～10%）、蜂蜡（2%～3%）、单硬脂酸甘油酯（3%～5%）、聚氧乙烯硬脂酸酯（2%～3%）、香精（0.5%～

1.5%)、硼砂(0.3%～0.5%)、精制水(45%～50%)、适量防腐剂。

② 水包油型发乳的基本组成 白油(30%～35%)、蜂蜡(3%～4%)、硬脂酸(0.4%～0.6%)、十六醇(1%～2%)、三乙醇胺(1.5%～1.8%)、无水山梨醇倍半油酸酯(2%～3%)、香精(0.5%～1%)、精制水(50%～60%)、适量防腐剂。

二、发乳的生产工艺

发乳的生产工艺见图12.4。

图12.4 发乳的生产工艺

三、发乳香精配方实例

发乳香精配方实例见表12.8、表12.9。

表12.8 发乳香精配方1

原料	质量分数/%	原料	质量分数/%	原料	质量分数/%
苯甲醛	0.02	茴香基丙醛	0.9	环格蓬酯	0.1
DPG	17.95	β-紫罗兰酮	0.36	香叶醇	0.13
乙酸己酯	0.12	甲基柑青醛	0.24	赖百当浸膏	0.21
女贞醛	0.13	檀香210	1	五月铃兰醇	0.4
芳樟醇	2.65	二氢茉莉酮酸甲酯	3.46	甲酸香叶酯	0.38
乙酸苄酯	0.7	广藿香油	3.1	香兰素	0.46
麦芽酚	0.12	乙酰基柏木烯	0.75	α-紫罗兰酮	0.12
香茅醇	2.25	柳酸苄酯	4.65	乙基香兰素	0.77
乙酸芳樟酯	1.24	辛醛	0.01	甲基紫罗兰酮	0.35
大茴香醛	0.1	D-柠烯	1.2	二甲基苄基原醇	0.15
乙酸对叔丁基环己酯	1.72	二氢月桂烯醇	0.52	铃兰醛	0.92
洋茉莉醛	0.65	利法罗酯	0.06	γ-癸内酯	0.3
α-突厥酮	0.26	苯乙醇	1.52	龙涎酮	9.4
邻氨基苯甲酸甲酯	0.04	香叶油	0.12	α-己基桂醛	14
香豆素	1.35	龙蒿油	0.12	佳乐麝香50%DEP50%	25

表12.9 发乳香精配方2

原料	质量分数/%	原料	质量分数/%	原料	质量分数/%
2-甲基丁酸	0.06	十一醇	0.14	松油醇	1.26
辛醛	0.1	月桂醛	0.3	癸醛	1.31
D-柠烯	32	桃醛	0.12	香茅醇	0.1
乙基芳樟醇	1.25	二氢茉莉酮酸甲酯	0.4	百里香油	0.08
麦芽酚	0.08	α-己基桂醛	0.11	椰子醛	0.12
癸酸	0.3	异丁酸乙酯	0.15	乙基香兰素	0.3
柳酸乙酯	0.27	甜橙油	59.29	香豆素	0.06
苯氧乙醇	0.13	辛醇	0.32	抗氧化剂	1.2
香叶醇	0.15	壬醇	0.14	δ-十四内酯	0.1
大茴香醛	0.05	樟脑	0.11		

第四节　发液的加香

发液（hair liquid）亦称发水，按照功能分类有生发水、去头屑发水、头发强壮剂等。

一、发液的组成

生发水配方：何首乌 17 份、桂枝 15 份、百部 10 份、乙醇（95%）900 份、水 800 份、水溶性香精 0.5 份、防腐剂适量。

去头屑发水配方：乙醇 80 份、精制水 16 份、氮卓酮 2 份、辣椒酚 1 份、间苯二酚 0.5 份、丙二醇 0.5 份、薄荷脑 0.4 份、水杨酸 0.3 份、樟脑 0.1 份、香精 0.5～1 份、色料适量。

头发强壮剂配方：乙醇 75 份、精制水 20 份、聚乙二醇 2 份、辣椒酊 71 份、薄荷脑 0.5 份、水杨酸 0.5 份、樟脑 0.1 份、激素（雌性激素或己烯雌酚）0.001 份、香精 0.5～1 份。

二、发液的生产工艺

生发水生产工艺见图 12.5，去头屑发水生产工艺见图 12.6，头发强壮剂生产工艺见图 12.7。

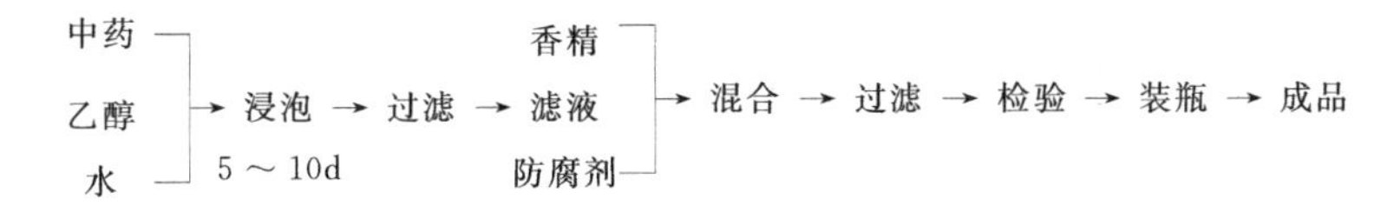

中药
乙醇
水
浸泡
5～10d
过滤
香精
滤液
防腐剂
混合
过滤
检验
装瓶
成品

图 12.5　生发水的生产工艺

精制水
色料
香精
乙醇
各种原料
混溶
混合
调色
加香
过滤
检验
装瓶
成品

图 12.6　去头屑发水的生产工艺

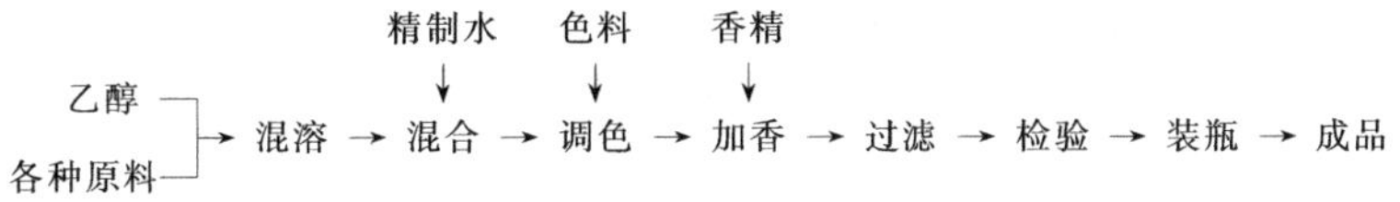

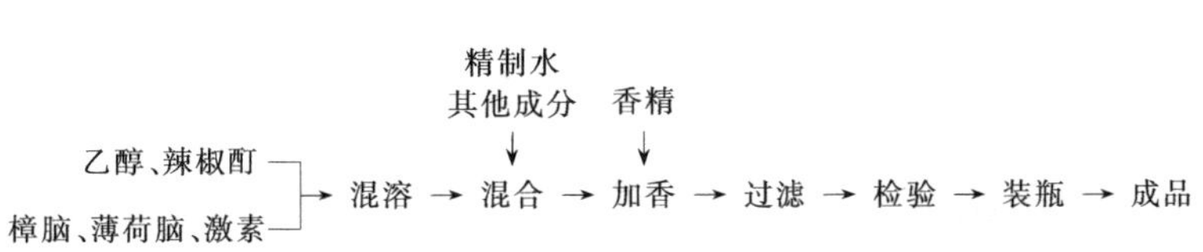

精制水
其他成分
香精
乙醇、辣椒酊
樟脑、薄荷脑、激素
混溶
混合
加香
过滤
检验
装瓶
成品

图 12.7　头发强壮剂的生产工艺

三、发液香精配方实例

发液香精配方实例见表 12.10。

表 12.10 发液香精配方

原料	质量分数/%	原料	质量分数/%	原料	质量分数/%
异丁醇	0.1	柳酸异戊酯	1.2	乙酸香茅酯	1.24
柠檬油	0.33	结晶玫瑰	2.5	甲基丁香酚	0.2
二氢月桂烯醇	1.2	龙涎酮	11.3	α-突厥酮	1.05
苯乙醇	0.12	广藿香油	1.5	月桂醛	0.38
松油烯-4-醇	0.44	佳乐麝香 50%DEP50%	6.6	甲基紫罗兰酮	7.1
香茅醇	0.55	酮麝香	0.2	铃兰醛	7.2
柳酸甲酯	0.12	苯甲醛	0.03	柳酸戊酯	1.45
二甲基苄基原醇	2.32	苄醇	0.2	二氢茉莉酮酸甲酯	0.56
乙酸对叔丁基环己酯	10.4	乙基芳樟醇	0.45	柳酸己酯	0.64
异松油烯	0.8	麦芽酚	0.52	α-己基桂醛	8.2
甲酸香叶酯	0.65	对叔丁基环己醇	0.11	柳酸苄酯	0.4
二苯醚	0.2	香叶醇	0.1	DEP	24.767
乙酸三环癸烯酯	0.75	乙酸邻叔丁基环己酯	3.55		
丙酸三环癸烯酯	0.54	十一烯醛	0.033		

第五节 洗发香波的加香

洗发香波按其形态可分为液体香波、膏状香波和固体香波三大类。花香型、果香型、草香型、青香型香精均可用于洗发香波中。

液体香波（liquid shampoo）也叫洗发水，是现代生活中广泛应用的洗发剂之一。20 世纪 30 年代初期以钾皂为主体原料，20 世纪 40 年代后期已被性能优良的合成表面活性剂所替代。

一、液体香波的基本组成

液体香波配方很多，在此介绍一种刺激性小的温柔型洗发香波配方：十二烷基硫酸三乙醇胺 20 份、月桂酰二乙醇胺 3 份、乙酰化羊毛脂醇聚氧乙烯加成物 3 份、十二醇硫酸钠 2 份、精制水 72 份、香精 0.5 份、防腐剂和适量色素。

二、液体香波的生产工艺

液体香波生产工艺见图 12.8。

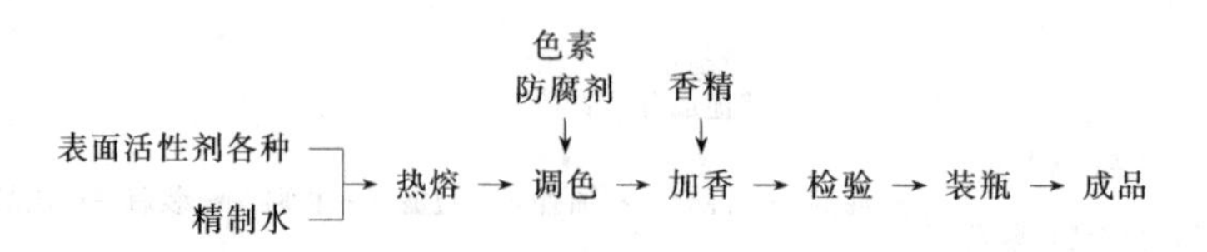

图 12.8 液体香波的生产工艺

三、洗发香波香精实例

洗发香波香精实例见表 12.11～表 12.23。

表 12.11 洗发香波香精配方 1

原料	质量分数/%	原料	质量分数/%	原料	质量分数/%
苯乙二甲缩醛	0.03	DEP	14.05	桂酸乙酯	0.05
女贞醛	0.42	藿香油	3.2	月桂醛	0.19
辛酸乙酯	0.2	α-己基桂醛	17	十四酸乙酯	0.44
乙酸苏合香酯	2.6	佳乐麝香 50%DEP50%	12.2	檀香 803	0.32
环格蓬酯	0.66	甜橙油	0.44	二氢茉莉酮酸甲酯	1.65
乙酸芳樟酯	0.04	芳樟醇	7.8	萨利麝香	0.88
乙酸松油酯	3.2	乙酸苄酯	0.95	乙酸柏木酯	3.95
香豆素	1.3	乙基麦芽酚	0.65	吐纳麝香	2.7
新铃兰醛 25		异龙脑	0.08		

表 12.12 洗发香波香精配方 2

原料	质量分数/%	原料	质量分数/%	原料	质量分数/%
草莓酸	0.1	甲酸香叶酯	0.08	乙酸苄酯	0.42
丁酸乙酯	0.52	乙酸三环癸烯酯	4.2	乙基麦芽酚	0.52
丁酸异丙酯	0.48	β-萘甲醚	2.5	苯乙二甲缩醛	0.18
异戊酸乙酯	0.5	丙酸三环癸烯酯	3.6	香茅醇	1.2
卡必醇	0.08	γ-十二内酯	1	香叶醇	0.3
己酸乙酯	0.12	二氢茉莉酮酸甲酯	3	异龙脑	0.12
乙酸己酯	5.5	柳酸己酯	8.35	洋茉莉醛	0.04
桉叶油	0.12	降龙涎香醚	0.34	乙酸松油酯	3.2
二氢月桂烯醇	1.15	黄葵内酯	0.12	α-突厥酮	4.1
女贞醛	1.25	DPG	16.46	二苯醚	0.45
芳樟醇	6.3	己醇	0.11	环己基丙酸烯丙酯	0.72
玫瑰醚	0.1	乙酸异戊二烯酯	0.12	β-紫罗兰酮	5.1
乙酸苏合香酯	0.6	3-辛酮	0.14	铃兰醛	2
松油醇	1.5	苯甲醇	0.02	月桂酸乙酯	0.15
香茅腈	0.1	青草醛二甲缩醛	0.05	龙涎酮	11.7
乙酸芳樟酯	0.3	柠檬油	2.2	α-己基桂醛	3.1
甲基庚烯酮	0.45	乙酰乙酸乙酯	0.06	十四酸乙酯	0.12
乙酸对叔丁基环己酯	2.5	己酸烯丙酯	0.8	麝香 T	0.66
NMA	0.15	十一烯醛	0.16		
乙酸丁香酚酯	0.15	苯乙醇	0.64		

表 12.13 洗发香波香精配方 3

原料	质量分数/%	原料	质量分数/%	原料	质量分数/%
异丁酸乙酯	0.48	丙酸三环癸烯酯	0.95	羟基香茅醛	0.84
乙酸异戊酯	0.05	柳酸异戊酯	1.4	二甲基苄基原醇	0.1
丁酸叶醇酯	0.3	桃醛	0.66	乙酸香茅酯	0.1
柠檬油	3.2	α-戊基桂醛	0.72	α-突厥酮	0.1
二氢月桂烯醇	5.05	新铃兰醛	1	兔耳草醛	0.13
女贞醛	0.28	树苔浸膏	0.12	甲基紫罗兰酮	0.82
己酸烯丙酯	1.25	佳乐麝香 70%BB30%	9.3	檀香 803	0.44
松油醇	0.02	麝香 C-14	0.05	异丁酸苯氧乙酯	1.25
香茅醇	0.68	叶醇	0.1	铃兰醛	5.6
乙酸芳樟酯	2.8	苯乙二甲缩醛	0.01	新洋茉莉醛	0.65
乙酸邻叔丁基环己酯	1.64	DPG	27.36	柳酸戊酯	3.1
乙酸对叔丁基环己酯	1.08	苄醇	0.3	龙涎酮	1
柳酸苄酯	8.48	乙基芳樟醇	2.6	柳酸己酯	1.16
环己基丙酸烯丙酯	0.35	乙酸苄酯	1	α-己基桂醛	11.6
γ-癸内酯	0.12	乙酸苏合香酯	0.02	吐纳麝香	0.7
丁酸二甲基苄基原酯	0.76	十一烯醛	0.01		
抗氧化剂	0.1	阿弗曼酯	0.28		

表 12.14 洗发香波香精配方 4

原料	质量分数/%	原料	质量分数/%	原料	质量分数/%
乙酸异丁酯	0.16	桃醛	0.07	香茅醇	7.2
乙酸戊酯	0.33	乙酸二甲基苄基原酯	1.2	乙酸对叔丁基环己酯	4.42
戊酸乙酯	0.22	抗氧化剂	2.2	丁酸二甲基苄基原酯	3.35
乙酸己酯	0.16	铃兰醛	4.95	洋茉莉醛	0.15
甜橙油	2.8	月桂酸乙酯	0.12	对叔戊基环己酮	0.08
女贞醛	0.15	龙涎酮	1.84	丁酸香叶酯	0.25
乙酸芳樟醇	8.6	α-己基桂醛	0.17	α-突厥酮	0.75
香叶油	0.14	降龙涎香醚	0.26	十一醛	0.3
丙酸苄酯	2.25	佳乐麝香 50%IPM50%	6.9	三环癸烷羧酸乙酯	0.35
乙酸芳樟醇	3	叶醇	0.11	甲基紫罗兰酮	7.2
苯氧乙醇	1.2	乙酸异戊二烯酯	0.12	DPG	25.17
癸醇	0.08	丁酸叶醇酯	0.1	月桂酸甲酯	0.24
三甲基戊基环戊酮	0.05	乙酸反-2-己烯酯	0.05	γ-十二内酯	0.02
酮麝香	0.12	丁酸丁酯	0.08	二氢茉莉酮酸甲酯	7.64
甲酸香茅酯	0.06	利法罗酯	0.2	柳酸叶醇酯	0.66
椰子醛	0.05	玫瑰醚	0.52	苯甲酸苄酯	1.68
突厥烯酮	0.14	苯乙醇	0.3	环十五酮	0.24
辛酸乙酯	0.95	庚酸烯丙酯	0.15		
丙酸三环癸烯酯	0.4	乙酸香茅酯	0.1		

表 12.15 洗发香波香精配方 5

原料	质量分数/%	原料	质量分数/%	原料	质量分数/%
丁酸乙酯	0.025	α-紫罗兰酮	10.4	柠檬醛	0.31
苯甲醛	0.03	铃兰醛	6	香叶醇	0.8
DPG	24.42	二氢茉莉酮酸甲酯	2.65	乙酸异龙脑酯	0.07
苯甲酸乙酯	0.06	柳酸己酯	2.3	二甲基苄基原醇	0.62
芳樟醇	8.45	降龙涎香醚	0.1	乙酸松油酯	1.15
苯乙醇	1.2	佳乐麝香	4.46	α-突厥酮	0.43
异龙脑	0.02	苯乙酸苯乙酯	0.5	丙酸三环癸烯酯	1.06
乙酸苏合香酯	0.2	酮麝香	0.5	甲基紫罗兰酮	3.07
乙酸壬酯	0.03	叶醇	0.03	开司米酮	0.77
环格蓬酯	0.22	乙酸叶酸酯	0.1	檀香 208	1.68
乙酸芳樟酯	1.64	柠檬油	1.3	龙涎酮	1.45
大茴香油	0.12	氧化芳樟醇	0.45	α-己基桂醛	4.63
乙酸对叔丁基环己酯	3.15	女贞醛	0.12	奥古烷	0.15
洋茉莉醛	1.46	乙酸苄酯	1.4	柳酸苄酯	2.1
丁香酚	0.41	乙基芳樟醇	4.76	黄葵内酯	0.45
乙酸香叶酯	0.38	松油醇	2.64	合成橡苔	0.01
桃醛	0.43	香茅醇	1.35		

表 12.16 洗发香波香精配方 6

原料	质量分数/%	原料	质量分数/%	原料	质量分数/%
丁酸乙酯	0.3	十一烯醛	0.04	丁香酚	0.12
D-柠烯	6.44	松油醇	1.3	桃醛	1.2
乙酸己酯	0.2	众香子油	0.05	佳乐麝香 50%DEP50%	16
女贞醛	0.2	环己基丙酸烯丙酯	0.77	α-己基桂醛	8
癸醛	0.1	DPG	21.04	香兰素	0.15
芳樟醇	5.9	苯乙醇	1.3	辛醛	0.02
乙酸对叔丁基环己酯	5.1	乙酸三环癸烯酯	1.7	乙酸异戊酯	0.42

续表

原料	质量分数/%	原料	质量分数/%	原料	质量分数/%
乙酸异戊二烯酯	0.12	乙酸香茅酯	0.3	铃兰醛	8.75
叶醇	0.17	乙酸苄酯	2.8	乙酰基柏木烯	1.65
己酸烯丙酯	2	香茅醇	2.8	柳酸叶醇酯	0.42
苯甲醛	0.02	橙花醇	0.04	吐纳麝香	4.2
乙酸芳樟酯	0.6	甲基紫罗兰酮	2.6	新铃兰醛	2.25
辛醇	0.03	β-紫罗兰酮	0.8	覆盆子酮	0.1

表 12.17　洗发香波香精配方 7

原料	质量分数/%	原料	质量分数/%	原料	质量分数/%
丁酸乙酯	0.01	檀香 210	0.9	十一醛	0.04
乙酸己酯	0.02	甲基柏木酮	1	乙酸橙花酯	0.05
依兰依兰油	0.15	二氢茉莉酮酸甲酯	0.8	香兰素	0.2
二氢月桂烯醇	0.16	新铃兰醛	2.3	大茴香醛	0.06
芳樟醇	4.8	烯丙基紫罗兰酮	0.6	乙酸诺卜酯	0.75
苯乙醇	7.5	降龙涎香醚	0.3	乙基香兰素	1.55
乙酸苄酯	3.3	苯甲酸苄酯	1.1	开司米酮	0.2
松油醇	0.6	酮麝香	4.1	结晶玫瑰	0.65
乙酸芳樟酯	4.8	苯甲醛	0.01	愈创木油	0.35
十一烯醛	0.02	DPG	26.29	檀香油	0.15
洋茉莉醛	1.45	苄醇	1.8	龙涎酮	2
乙酸香叶酯	0.12	苯甲酸甲酯	0.05	藿香油	1.15
月桂醛	0.2	玫瑰醚	0.1	α-己基桂醛	0.74
山苍子油	0.3	墨红净油	0.05	乙酰基柏木烯	2.25
香豆素	3	乙酸苏合香酯	0.05	佳乐麝香 50%IPM50%	8.96
甲基紫罗兰酮	3.2	香茅醇	6		
铃兰醛	2.3	香叶醇	3.6		

表 12.18　洗发香波香精配方 8

原料	质量分数/%	原料	质量分数/%	原料	质量分数/%
丁酸乙酯	0.2	异丙基紫罗兰酮	1.6	枯茗油	0.03
2-甲基丁酸乙酯	0.33	抗氧化剂	0.1	乙酸邻叔丁基环己酯	5.8
戊酸己酯	0.08	新铃兰醛	14.5	乙酸对叔丁基环己酯	2.7
乙酸己酯	1.45	丙酸三环癸烯酯	2.3	己酸叶醇酯	1
甜瓜醛	0.12	α-戊基桂醛	9.2	月桂醛	0.74
壬醛	0.1	α-己基桂醛	0.15	卡酮	0.72
乙酸苄酯	3.12	佳乐麝香 50%DEP50%	3	兔耳草醛	7
香茅醇	0.3	乙酸丁酯	0.38	乙酸二甲基苄基原酯	0.4
柳酸苄酯	2.26	乙酸异戊二烯酯	0.3	异丁酸苯氧乙酯	2.8
二甲基苄基原醇	0.1	庚酸乙酯	0.2	苯氧乙醇	0.1
α-突厥酮	0.1	D-柠烯	4.26	新洋茉莉醛	0.3
癸醇	0.07	芳樟醇	2	柳酸己酯	5.8
乙酸三环癸烯酯	4.13	丁酸叶醇酯	0.25	降龙涎香醚	0.05
香豆素	0.04	松油醇	0.73	十四酸异丙酯	21.19

表 12.19 洗发香波香精配方 9

原料	质量分数/%	原料	质量分数/%	原料	质量分数/%
乙酸	0.1	铃兰醛	3.8	乙酸芳樟酯	2.35
D-柠烯	1.92	愈创木油	0.1	乙酸薄荷酯	1.25
依兰依兰油	0.1	乙酸月桂酯	0.42	癸酸乙酯	0.3
芳樟醇	5	十四酸甲酯	1	乙酸橙花酯	0.75
辛酸甲酯	0.3	乙酸柏木酯(液)	2	乙酸诺卜酯	2.26
松油醇	0.75	二甲苯麝香	2.12	乙基香兰素	0.3
橙花醇	1.1	十四酸异丙酯	32.77	月桂酸甲酯	1.35
壬酸	0.1	对甲酚甲醚	0.05	檀香 208	0.35
香叶醇	1.65	壬醛	0.1	柏木脑	0.12
十一醛	0.12	苯甲酸甲酯	0.3	烯丙基紫罗兰酮	0.8
洋茉莉醛	0.65	苯乙醇	1.2	乙酰基柏木烯	2.2
乙酸香叶酯	1.46	乙酸苄酯	4.1	佳乐麝香 50%IPM50%	8.2
香豆素	2.1	苯氧乙醇	0.05	酮麝香	1
γ-甲基紫罗兰酮	16.2	香茅醇	2.15		

表 12.20 洗发香波香精配方 10

原料	质量分数/%	原料	质量分数/%	原料	质量分数/%
乙酸叶醇酯	0.04	乙基香兰素	0.26	环格蓬酯	0.16
苯甲醛	0.015	波洁红醛	0.1	香叶醇	0.16
柠檬油	2.13	铃兰醛	7.48	羟基香茅醛	0.14
DPG	24.195	二氢茉莉酮酸甲酯	1.25	壬醛	0.15
乙基芳樟醇	3.2	α-戊基桂醛	16	洋茉莉醛	0.46
苯乙醇	3.74	佳乐麝香 50%DEP50%	14.2	异丁香酚	0.56
丙酸苄酯	5	柳酸苄酯	8.24	香豆素	0.85
十一烯醛	0.12	异戊酸乙酯	0.14	γ-十二内酯	0.15
乙酸芳樟酯	0.46	辛醛	0.01	苯乐戊醇	0.33
柠檬醛	0.06	甜橙油	1.62	檀香 210	0.62
吲哚	0.01	二氢月桂烯醇	0.74	龙涎酮	2.52
橙花素	1.15	玫瑰醚	0.05	乙酸柏木酯	0.68
邻氨基苯甲酸甲酯	0.1	乙酸苏合香酯	0.3	黄葵麝香	2.42
月桂醛	0.13	松油醇	0.06		

表 12.21 洗发香波香精配方 11

原料	质量分数/%	原料	质量分数/%	原料	质量分数/%
康酿克油	0.05	乙酸二甲基苄基原酯	3.12	吐纳麝香	0.2
二甲基苯乙基原酯	0.1	α-紫罗兰酮	0.14	苯甲酸苄酯	2.13
当归油	0.06	γ-己内酯	0.16	酮麝香	0.1
辛酸乙酯	0.32	对甲氧基苯乙酮	0.08	D-柠烯	0.4
对甲酚甲醚	0.04	桂叶油	0.16	香叶油	0.1
芳樟醇	1.78	乙氧基甲基环十二基醚	0.55	玫瑰醚	0.01
藏红花乙酯	0.42	异丁醇	0.08	依兰依兰油	0.05
龙脑	0.12	柳酸戊酯	1.6	苯甲醛	0.01
丙酸苄酯	5.5	异丁酸苯氧乙酯	4.4	异长叶烷酮	5.6
甲酸香叶酯	0.55	丁香酚	2	乙酸香叶酯	0.62
香茅醇	0.4	十六酸乙酯	0.15	月桂醛	0.32
月桂酸乙酯	4.23	邻氨基苯甲酸甲酯	3	乙酸橙花酯	0.55
甲基环戊烯醇酮	0.18	佳乐麝香 70%IPM30%	2.45	β-突厥酮	0.4
香叶醇	0.24	α-己基桂醛	9.26	橙花醇	0.15
四氢-4-甲基-2-苯基-2*H*-吡喃	1.65	新铃兰醛	0.24	突厥烯酮	0.1

续表

原料	质量分数/%	原料	质量分数/%	原料	质量分数/%
DPG	26.4	柳酸异戊酯	1.6	桃醛	0.48
苄醇	2	龙涎酮	4.2	异丁香酚	0.18
乙酸桂酯	0.3	甲氧基二环戊二烯醛	0.2	香豆素	0.75
抗氧化剂	0.2	乙酸柏木酯	1.35	乙基香兰素	0.14
β-紫罗兰酮	2.1	檀香 208	0.5	香兰素	0.18
十四酸乙酯	1.33	藿香油	0.42	苯乙酸苯乙酯	0.23
椰子醛	0.25	洋茉莉醛	3.5		

表 12.22 洗发香波香精配方 12

原料	质量分数/%	原料	质量分数/%	原料	质量分数/%
乙酸己酯	0.03	檀香 210	0.1	α-紫罗兰酮	2.3
异松油烯	0.35	甲基丁香酚	0.3	王朝酮	0.3
女贞醛	0.08	洋茉莉醛	1.21	抗氧化剂	0.1
三甲基戊基环戊酮	0.02	二氢茉莉酮酸甲酯	6.3	乙酸三环癸烯酯	2.4
乙酸邻叔丁基环己酯	10.6	α-己基桂醛	5.25	羟基香茅醛	6.4
月桂醛	0.11	DEP	23.85	异丁香酚	0.53
香茅醇	0.08	丁酸乙酯	0.56	2-甲基-4-丙基-1,3-氧硫杂环己	0.01
香叶醇	0.32	乙酸癸酯	0.01		
苯甲酸苄酯	0.28	癸醛	0.14	降龙涎香醚	0.3
苯乙醇	1.26	芳樟醇	0.68	γ-癸内酯	0.3
甲基紫罗兰酮	2	香茅腈	0.2	环十五内酯	12.8
大茴香醛	1.83	乙酸苄酯	2.5	香兰素	0.3
龙涎酮	16	橙花醇	0.2		

表 12.23 洗发香波香精配方 13

原料	质量分数/%	原料	质量分数/%	原料	质量分数/%
柠檬油	1.05	檀香 210	2.15	香茅醇	0.5
乙酸叶醇酯	0.02	柳酸己酯	0.43	三甲基十一烯醛	0.08
女贞醛	0.08	二氢茉莉酮酸甲酯	3.26	甲基紫罗兰酮	0.6
乙酸对甲酚酯	0.04	α-己基桂醛	0.44	DPG	7.2
利法罗酯	0.05	DEP	38.3	苯乙醇	0.3
乙酸芳樟酯	1.26	新洋茉莉醛	0.22	格蓬酯	0.01
卡必醇	0.02	新铃兰醛	0.35	羟基香茅醛	0.01
对异丙基环己醇	0.06	香兰素	0.16	柳酸异戊酯	0.82
甲酸香茅酯	0.05	柳酸苄酯	1.85	龙涎酮	12
松油醇	0.04	苯甲酸苯乙酯	1.65	柳酸戊酯	1.28
铃兰醚	0.9	白柠檬油	0.15	广藿香油	0.3
乙酸香叶酯	0.15	香叶油	0.1	柳酸叶醇酯	0.28
橙花叔醇	0.2	叶醇	0.03	环十五内酯	0.64
对异丙基环己基甲醇	0.11	二氢月桂烯醇	6.28	檀香 803	1.55
香叶醇	0.42	芳樟醇	6.7	吐纳麝香	0.85
异丁酸苯氧乙酯	0.03	乙酸邻叔丁基环己酯	0.71	香豆素	0.5
开司米酮	0.21	四氢芳樟醇	1.2	甲基香兰素	0.12
茉莉酯	0.04	苯乙酸乙酯	0.02	麝香 T	1.2
乙酸对叔丁基环己酯	0.08	乙酸苏合香酯	0.13	酮麝香	0.11
铃兰醛	0.42	乙酸橙花酯	0.02		
异长叶烷酮	2.26	二甲基苄基原醇	0.01		

第十三章

洗浴用品的加香

洗浴用品包括香皂、洗手液和沐浴露。原始的制皂工业产生于公元8世纪的北意大利港口萨沃纳。中国的制皂工业始于1903年。原始的沐浴露起源于公元前8世纪的古希腊。20世纪90年代开始流行，并迅速席卷全球，千禧年后中国的沐浴露销售额已超过20亿元。而随着人们对洗浴体验要求的提高，洗手液应运而生，成为香皂的有力竞争对手。

1. 洗浴用品香精的香型

洗浴用品香精的香型非常广泛，有花香型、草香型、木香型、麝香型、幻想型，它们均可用于洗浴用品中。

2. 洗浴用品香精的用料注意点

由于洗浴用品碱性较强，变色因素较多，而且接触人体各个部位，在调配洗浴用品香精时应注意以下几点：

① 洗浴用品香精中所使用的香料，要注意对人皮肤、头发和眼睛的安全性，尽量减少刺激性，绝对不能引起过敏和炎症。在被洗涤的皮肤组织上，不应产生不良后果。

② 洗浴用品，特别是香皂和洗手液往往碱性较强，而且成分也很复杂，容易引起香料变色的因素很多。一般来讲，在皂中稳定的香原料有醇、酮、醚、内酯、缩醛等。醛在碱中不够稳定，酯易水解，萜易氧化，酸要中和碱，酚和含氮化合物会引起变色，等等。针对香料在洗浴用品中产生的一些问题，有如下改进方法可供参考。

a. 用缩醛来代替醛。醛和醇经缩合反应生成缩醛，香气与母体醛类似，在碱性介质中比较稳定，同时也减少了醛与其他香料化合物反应的可能性。

b. 用泄馥基化合物代替醛。醛与氨基化合物缩合，例如醛与邻氨基苯甲酸甲酯脱去一分子水生成泄馥基化合物，香气持久，在碱性介质中也比较稳定。

c. 用酚醚代替酚。酚类香料化合物在碱性介质中稳定性较差，如果将酚经过甲基化、苄基化生成酚醚以后，则对碱和光的稳定性大大提高。

d. 大环和多环麝香代替硝基麝香。硝基麝香在碱性介质中容易变色，在洗浴用品香精中不可多用。如果用大环或多环麝香代替，则可减少变色因素。

第一节　香皂的加香

香皂具有洗手和沐浴的独特功效，在洗浴用品市场中占有一席之地。

一、香皂的基本组成

香皂的生产分两步，第一步是由油脂制成皂基，第二步是由皂基制成香皂。皂用香精是在第二步加入的，因此此处省去皂基的基本组成和生产的叙述。

制皂香皂所用主要原料是皂基，其含水量为30%～35%。因此欲制造脂肪酸含量80%的香皂，首先必须将皂基进行干燥。香皂所用其他原料有抗氧化剂（泡花碱1%～1.5%）、香精（1%～2.5%）、其他添加剂（色素、杀菌剂、钛白粉、荧光增白剂、蛋白酶）少许。

二、香皂的生产工艺

香皂的生产工艺见图13.1。

香精、色素
抗氧化剂、添加剂
↓
皂基 → 干燥 → 拌料 → 研磨 → 真空压条 → 打印 → 冷却 → 检验 → 包装 → 成品

图13.1 香皂的生产工艺

三、皂用香精配方实例

皂用香精配方实例见表13.1～表13.14。

表13.1 皂用香精配方1

原料	质量分数/%	原料	质量分数/%	原料	质量分数/%
柠檬油	5.26	邻氨基苯甲酸甲酯	1.4	枯茗醛	0.32
DPG	7.42	β-紫罗兰酮	0.34	乙酸芳樟酯	2.49
乙基麦芽酚	0.4	铃兰醛	5.46	乙酸龙脑酯	0.17
邻叔丁基环己醇	0.1	月桂酸	0.24	N-邻氨基苯甲酸甲酯	0.09
薄荷酮	0.22	柳酸戊酯	0.52	丁香酚	0.1
辛酸	0.1	广藿香油	1.02	椰子醛	0.21
麦芽酚	1.95	环十五内酯	8	乙酸香叶酯	0.54
香茅醇	1.87	D-柠烯	1.75	乙基香兰素	1.6
留兰香油	0.83	芳樟醇	1.42	月桂酸甲酯	0.3
香叶醇	1.26	苯乙醇	1	柳酸异戊酯	0.2
乙酸邻叔丁基环己酯	48	苹果酯	0.77	桃醛	1
乙酸香茅酯	0.26	丙酸苄酯	0.1	α-己基桂醛	2.25
乙酸橙花酯	0.2	薄荷油	0.27	十四酸	0.3
癸酸	0.17	癸醛	0.1		

表13.2 皂用香精配方2

原料	质量分数/%	原料	质量分数/%	原料	质量分数/%
D-柠烯	0.32	桂花王	0.55	香芹酮	0.2
乙酸异戊酯	0.28	月桂酸甲酯	0.62	乙酸异龙脑酯	0.38
芳樟醇	0.45	月桂酸	0.84	癸酸甲酯	0.06
乙酸苄酯	0.1	广藿香油	1.49	乙酸香叶酯	0.4
庚酸烯丙酯	0.55	DPG	24.95	香兰素	6.8
癸醛	0.13	苄醇	0.5	α-紫罗兰酮	0.12
乙酸芳樟酯	2.47	己酸烯丙酯	0.32	柳酸异戊酯	0.8
乙酸对叔丁基环己酯	0.36	麦芽酚	1.8	柳酸戊酯	1.74
椰子醛	47.8	辛酸	0.22	十四酸	1.02
邻氨基苯甲酸甲酯	4.3	乙基麦芽酚	0.43		

表 13.3 皂用香精配方 3

原料	质量分数/%	原料	质量分数/%	原料	质量分数/%
亚洲薄荷油	22	石竹烯	11	香芹酮	11.75
芳樟醇	0.1	柳酸异戊酯	0.29	山苍子油	0.15
樟脑	0.22	广藿香油	0.33	乙酸薄荷酯	0.6
松油醇	0.3	苯甲酸苄酯	0.15	丁香酚	3
癸醛	1.43	DPG	33.92	*N*-甲基邻氨基苯甲酸甲酯	2.3
乙酸芳樟酯	0.83	大茴香醛	0.1	甲基紫罗兰酮	0.4
乙酸异龙脑酯	0.16	桉叶油	0.76	柳酸戊酯	0.6
橙花素	0.15	乙基麦芽酚	0.35	环十五内酯	0.08
乙酸香叶酯	0.23	薄荷脑	6.2	留兰香油 65%	2.6

表 13.4 皂用香精配方 4

原料	质量分数/%	原料	质量分数/%	原料	质量分数/%
柠檬油	0.46	γ-己内酯	0.2	辛酸	0.2
桉叶油	0.12	香兰素	5.2	乙基麦芽酚	0.65
乙基芳樟醇	0.3	月桂酸乙酯	4.23	香芹酮	0.32
苯乙醇	0.05	香根油	0.4	乙酸龙脑酯	0.27
樟脑	0.1	α-戊基桂醛	0.12	癸酸乙酯	0.49
星苹酯	0.11	十四酸甲酯	0.88	丁香花蕾油	0.12
乙酸苄酯	0.14	环十五酮	0.38	乙酸橙花酯	0.33
薄荷脑	0.13	橘子油	0.62	*N*-甲基邻氨基苯甲酸甲酯	2.26
香茅醇	0.11	DPG	42.88	甲基紫罗兰酮	0.46
乙酸芳樟酯	1.3	麦芽酚	0.25	柳酸异戊酯	0.5
乙酸邻叔丁基环己酯	1.1	辛酸甲酯	0.25	柳酸戊酯	0.68
邻氨基苯甲酸甲酯	0.15	薰衣草油	0.08	广藿香油	0.54
椰子醛	33	薄荷酮	0.12	十四酸	0.5

表 13.5 皂用香精配方 5

原料	质量分数/%	原料	质量分数/%	原料	质量分数/%
乙酸	0.12	乙酸香叶酯	1.47	橙花醇	0.1
乙酸叶醇酯	0.04	香兰素	0.61	香叶醇	1.8
依兰依兰油	0.26	桂醇	0.08	癸醇	0.12
D-柠烯	1.2	橙花叔醇	0.06	吲哚	0.76
对甲酚甲醚	0.13	乙酸月桂酯	0.37	乙酸松油酯	0.35
苯乙醇	0.13	吐鲁浸膏	0.24	乙酸橙花酯	0.2
薰衣草油	0.22	DPG	19.64	顺式茉莉酮	0.31
异龙脑	0.28	苯乙二甲缩醛	0.03	石竹烯	1
松油醇	0.33	甜橙油	2.5	香兰素	0.35
乙酸芳樟酯	3.6	苄醇	4.13	苯甲酸叶醇酯	0.22
乙酸苯乙酯	0.25	芳樟醇	22.8	二氢茉莉酮酸甲酯	14
乙酸异龙脑酯	0.2	樟脑	0.05	苯甲酸苄酯	0.5
邻氨基苯甲酸甲酯	1.55	乙酸苄酯	18.5		
丁香酚	0.2	麦芽酚	1.3		

表 13.6 皂用香精配方 6

原料	质量分数/%	原料	质量分数/%	原料	质量分数/%
乙酸	0.06	乙酸对叔丁基环己酯	0.1	乙酸苏合香酯	0.15
十四酸异丙酯	3	乙酸松油酯	0.1	柠檬腈	0.3
桉叶油	0.2	乙酸橙花酯	0.1	香茅醇	3.2
橘子油	2.2	二苯醚	0.01	乙酸芳樟酯	4.4
苯乙酸甲酯	0.37	DEP	68.54	山苍子油	0.05
薰衣草油	0.25	二氢茉莉酮酸甲酯	0.1	吐鲁浸膏	0.12
樟脑	0.21	α-己基桂醛	0.2	乙酸异龙脑酯	0.08
薄荷酮	0.13	乙酸异戊二烯酯	0.04	甲酸香叶酯	0.05
乙酸壬酯	0.62	松油 50%	0.17	乙酸香茅酯	0.5
己酸烯丙酯	0.01	甜橙油	1.58	乙酸香叶酯	0.5
松油醇	0.27	乙酸异戊二烯酯	0.1	愈创木油	0.04
留兰香油	0.04	香叶油	0.23	柏木油	0.45
橙花醇	0.1	芳樟醇	4.65	广藿香油	2.5
香叶醇	2.2	薄荷醇	0.52	乙酰基柏木烯	0.56
合成橡苔	0.03	乙酸苄酯	0.75		
甲酸香茅酯	0.2	龙脑	0.02		

表 13.7 皂用香精配方 7

原料	质量分数/%	原料	质量分数/%	原料	质量分数/%
柳酸己酯	3.5	橙花素	0.12	庚酸烯丙酯	0.28
2-甲基丁酸乙酯	0.08	丁香酚	0.15	松油醇	0.22
己醇	0.05	α-突厥酮	0.18	可艾酮	0.26
乙酸异戊二烯酯	0.02	顺式茉莉酮	0.11	香茅醛	1.06
乙酸叶醇酯	0.16	二苯醚	0.04	柳酸异戊酯	0.1
对甲酚甲醚	0.2	花青醛	0.08	DEP	21.56
苯甲酸苄酯	0.35	杨梅醛	0.3	α-己基桂醛	7
甜瓜醛	0.08	乙酸三甲基苯丙酯	0.18	乙酸苯乙酯	0.3
二氢月桂烯醇	0.52	对叔丁基苯丙醛	0.15	山苍子油	0.1
苯甲酸乙酯	0.13	抗氧化剂	0.1	乙酸邻叔丁基环己酯	0.2
壬醛	0.1	二苯甲酮	0.12	十一烯醛	0.3
星苹酯	0.22	新洋茉莉醛	0.25	丁酸二甲基苄基原酯	0.25
乙酸癸酯	0.1	二氢茉莉酮酸甲酯	0.14	洋茉莉醛	0.04
乙酸苏合香酯	1.21	异丁酸乙酯	0.04	乙酸香茅酯	0.08
癸醛	0.13	叶醇	0.04	乙酸橙花酯	0.32
苯乙二甲缩醛	0.22	乙酸异戊酯	0.06	甲酸香叶酯	0.41
乙酸芳樟酯	0.16	苯甲醛	0.02	N-甲基邻氨基苯甲酸甲酯	0.15
柳酸叶醇酯	0.33	乙酸己酯	2.5	丙酸三环癸烯酯	0.25
柳酸苄酯	2	依兰依兰油	0.12	海风醛	0.09
香叶醇	0.04	甜橙油	14	香豆素	0.06
大茴香醛	0.4	对甲氧基苯乙酮	0.08	β-萘甲醚	0.17
羟基香茅醛	0.04	环己基丙酸烯丙酯	0.16	α-紫罗兰酮	5.38
甲基壬酮	0.2	芳樟醇	4.45	铃兰醛	20.8
十一醛	0.02	苯乙醇	1	覆盆子酮	0.2
乙酸对叔丁基环己酯	0.32	乙酸苄酯	5.35	甲基萘酮	0.1

表 13.8　皂用香精配方 8

原料	质量分数/%	原料	质量分数/%	原料	质量分数/%
DEP	10.25	吉维思酯	0.25	乙酸苏合香酯	1.25
二氢茉莉酮酸甲酯	0.4	乙酸香茅酯	0.13	癸醛	0.2
乙酸异戊酯	0.2	α-突厥酮	0.2	苯乙二甲缩醛	1.65
2,6-二甲基-2-庚醇	0.04	二氢茉莉酮	0.17	γ-癸内酯	0.13
乙酸叶醇酯	0.12	月桂醛	0.21	乙酰基柏木烯	1.32
对甲酚甲醚	0.22	黑檀醇	0.47	α-己基桂醛	6.3
甜橙油	8.3	对叔丁基苯丙醛	0.83	丁酸苯乙酯	1.63
甜瓜醛	0.12	α-紫罗兰酮	0.1	2-壬烯酸甲酯	0.15
青草醛二甲缩醛	0.44	丁酸二甲基苄基原酯	1.6	甲基壬酮	0.72
苯甲酸乙酯	0.25	铃兰醛	12.15	月桂醛	0.14
苯乙醇	0.81	檀香 210	0.2	乙酸对叔丁基环己酯	5.2
乙酸苄酯	7	新洋茉莉醛	0.2	邻氨基苯甲酸甲酯	0.1
己酸烯丙酯	1.2	柳酸己酯	6.34	乙酸松油酯	0.1
松油烯-4-醇	0.83	丁酸乙酯	0.12	异丁香酚	0.11
可艾酮	1.65	苯甲醛	0.02	甲酸香叶酯	0.1
香茅醇	0.88	康酿克油	0.04	二苯醚	0.13
β-甲基萘酮	0.24	乙酸己酯	0.45	丙酸三环癸烯酯	4
柳酸苄酯	0.1	依兰依兰油	0.1	β-萘甲醚	0.62
龙涎酮	4	苄醇	0.15	γ-甲基紫罗兰酮	0.1
4-甲基-3-癸烯-5-醇	0.22	二氢月桂烯醇	2.2	吲哚	0.1
乙酸邻叔丁基环己酯	5.6	2-壬酮	0.1	异丁酸苯氧乙酯	0.62
十一醛	0.12	芳樟醇	3.15	二苯甲酮	0.7
二甲基苄基原醇	1.3	异丁酸异戊酯	0.05	橙花叔醇	0.16
洋茉莉醛	0.3	乙酸壬酯	0.3	奥古烷	0.35

表 13.9　皂用香精配方 9

原料	质量分数/%	原料	质量分数/%	原料	质量分数/%
乙酸丁酯	0.05	甲基柑青醛	1.08	羟基香茅醛	0.35
DPG	23.56	结晶玫瑰	0.32	橙花素	0.75
依兰依兰油	0.12	乙酸丁香酚酯	0.11	十一烯醛	0.36
二氢月桂烯醇	1.72	α-戊基桂醛	0.02	乙酸邻叔丁基环己酯	7.26
芳樟醇	3.36	广藿香油	0.38	异丁香酚	2.23
乙酸苄酯	2.3	合成橡苔	0.1	十一烯醇	2.25
薄荷醇	0.25	α-己基桂醛	0.48	α-突厥酮	0.1
松油醇	1.42	苯甲酸苄酯	0.85	二苯醚	0.25
苯丙醇	1.68	檀香 208	0.57	香豆素	0.3
枯茗油	0.1	环十五内酯	0.86	庚基环戊酮	0.4
香叶醇	1.52	柳酸苄酯	4.47	甲基紫罗兰酮	9.2
乙酸月桂烯酯	0.49	桂酸乙酯	0.13	柑青醛	0.2
枯茗醇	0.14	卡必醇	0.65	铃兰醛	2.65
二甲基苄基原醇	0.12	对甲酚甲醚	0.08	覆盆子酮	0.18
丁酸二甲基苄基原酯	1.58	苄醇	0.06	甲基柏木酮	0.79
甲酸松油酯	1.38	苯甲酸乙酯	0.4	二氢茉莉酮酸甲酯	0.36
乙酸橙花酯	0.18	苯乙醇	1	桂花王	0.25
乙酸香叶酯	0.32	香叶油	0.1	愈创木油	0.07
丁酸苯乙酯	0.45	乙酸苏合香酯	1.25	降龙涎香醚	0.13
月桂醛	0.15	香茅醇	1.86	汉可林 D	2.2
乙酸桂酯	0.25	柠檬醛	0.23	佳乐麝香 50%DEP50%	3.5
兔耳草醛	4.85	乙酸芳樟酯	3.23	吐纳麝香	0.17
异丁香酚	0.36	乙酸苯乙酯	1.33	苯乙酸苯乙酯	0.14

表 13.10　皂用香精配方 10

原料	质量分数/%	原料	质量分数/%	原料	质量分数/%
乙酸-1-乙炔基环己酯	0.2	异丁香酚	0.78	橙花醇	1.55
D-柠烯	0.15	甲酸香叶酯	0.92	香芹酮	0.62
苯乙醇	0.4	柏木油萜	38.24	香叶醇	2.84
香茅油	0.12	γ-十二内酯	0.1	乙酸异龙脑酯	0.42
壬酸乙酯	0.13	DPG	27.04	乙酸橙花酯	0.92
薄荷油	0.28	芳樟醇	2.25	邻氨基苯甲酸甲酯	0.94
松油醇	2.35	樟脑	0.12	石竹烯	14
山苍子油	3.06	薄荷酮	0.14	十二酸	0.1
乙酸芳樟酯	1.42	龙脑	0.26		
癸醇	0.4	2-甲氧基-4-甲基苯酚	0.35		

表 13.11　皂用香精配方 11

原料	质量分数/%	原料	质量分数/%	原料	质量分数/%
丁酸乙酯	0.1	月桂醛	0.4	香叶腈	0.74
乙酸异戊二烯酯	0.11	甲基柑青醛	0.3	柠檬醛	0.52
叶醇	0.24	王朝酮	0.08	乙酸苯乙酯	0.08
D-柠烯	8.2	异丁酸苯氧乙酯	3	大茴香脑	0.18
二氢月桂烯醇	2.15	二氢茉莉酮酸甲酯	9.2	十一烯醛	0.7
2-壬酮	0.02	柳酸叶醇酯	0.75	乙酸对叔丁基环己酯	12
壬醛	0.02	α-己基桂醛	3.15	乙酸橙花酯	0.04
香茅醛	0.06	柳酸苄酯	0.72	二苯醚	0.7
己酸烯丙酯	2.25	乙酸异戊酯	0.06	乙酸三环癸烯酯	5.3
龙蒿油	1.4	异戊酸乙酯	0.35	海风醛	0.22
苯甲醛	0.13	乙酸己酯	1.2	桂花王	0.13
香茅醇	0.65	苄醇	0.09	铃兰醛	14
乙酸环己基乙酯	2	女贞醛	0.27	龙涎酮	6
4-甲基-3-癸烯-5-醇	0.1	芳樟醇	0.15	柳酸己酯	0.18
乙酸邻叔丁基环己酯	7.68	苯乙醇	1	环十五酮	3.15
二甲基苄基原醇	0.12	乙酸苄酯	1.62	DEP	7.55
α-突厥酮	0.18	乙酸苏合香酯	0.16		
突厥烯酮	0.04	癸醛	0.56		

表 13.12　皂用香精配方 12

原料	质量分数/%	原料	质量分数/%	原料	质量分数/%
花青醛	0.28	乙酸邻叔丁基环己酯	31	2-甲基戊酸乙酯	0.3
己醇	0.03	乙酸松油酯	0.2	乙酸己酯	1.4
叶醇	0.22	丁香酚	0.1	D-柠烯	7.6
甜橙油	3.6	乙酸对叔丁基环己酯	4.13	女贞醛	0.2
二氢月桂烯醇	1.2	α-突厥酮	0.15	苯甲酸乙酯	0.14
2-壬酮	0.1	乙酸三环癸烯酯	4.28	壬醛	0.19
芳樟醇	2.25	香豆素	0.29	邻叔丁基环己酮	0.12
苯乙醇	0.84	甲基紫罗兰酮	3.04	环己基丙酸烯丙酯	2.3
乙酸苄酯	3.52	丙酸三环癸烯酯	3.17	松油醇	0.65
乙酸苏合香酯	1.15	新洋茉莉醛	0.22	可艾酮	0.18
癸醛	0.26	月桂酸甲酯	0.12	橙花醇	0.6
苯甲醛	0.11	α-己基桂醛	4.2	乙酸芳樟醇	2.55
柠檬醛	1	柳酸己酯	0.15	对甲基苯乙酮	0.3
香叶醇	0.74	佳乐麝香 50%DEP50%	0.2	结晶玫瑰	0.12
柳酸苄酯	1.24	2-甲基丁酸乙酯	0.04	十一烯醛	0.28

续表

原料	质量分数/%	原料	质量分数/%	原料	质量分数/%
乙酸二甲基苄基原酯	0.14	黑檀醇	0.36	二氢茉莉酮酸甲酯	0.35
乙酸橙花酯	0.25	丁酸二甲基苄基原酯	0.1	α-戊基桂醛	3.2
乙酸香叶酯	0.14	铃兰醛	0.24	DEP	9.21
月桂醛	0.33	γ-癸内酯	0.08		
α-紫罗兰酮	0.74	甲基萘酮	0.1		

表 13.13 皂用香精配方 13

原料	质量分数/%	原料	质量分数/%	原料	质量分数/%
丁酸乙酯	0.1	对叔丁基苯丙醛	0.38	乙酸环己基乙酯	2.4
丁酸异戊酯	0.04	β-紫罗兰酮	0.25	香叶醇	1.6
依兰依兰油	0.18	铃兰醛	4.85	乙酸香茅酯	0.1
柠檬油	1.62	橙花叔醇	0.1	乙酸异龙脑酯	1
桉叶油素	0.14	覆盆子酮	0.24	橙花素	0.96
苯甲酸乙酯	0.2	DEP	1.2	十一烯醛	0.48
辛醛	0.06	甲基萘酮	1.2	洋茉莉醛	0.62
玫瑰醚	0.24	铃兰醚	0.2	乙酸松油酯	0.48
香叶油	0.14	合成橡苔	0.25	甲基壬乙醛	0.14
乙酸苄酯	8.2	降龙涎香醚	0.3	丙酸三环癸烯酯	5.1
乙酸苏合香酯	1.11	吐纳麝香	0.15	苯氧乙酸烯丙酯	0.8
松油醇	0.65	苯甲酸苯乙酯	0.1	王朝酮	0.05
香茅醇	0.84	叶醇	0.02	异丙基紫罗兰酮	2.35
枯茗油	0.01	对甲酚甲醚	0.04	苯乐戊醇	4.26
乙酸芳樟醇	3.25	DPG	5.67	橙花油	0.14
丙酸苄酯	0.25	甜橙油	0.62	二苯甲酮	0.55
对异丙基环己基甲醇	0.34	二氢月桂烯醇	0.45	γ-癸内酯	0.45
羟基香茅醛	0.65	芳樟醇	6	异丁基喹啉	0.12
乙酸香叶酯	0.42	薰衣草油	0.11	二氢茉莉酮酸甲酯	4
桂皮油	0.97	苯乙醇	0.54	广藿香油	2.6
N-甲基邻氨基苯甲酸甲酯	0.13	罗勒烯	0.1	α-己基桂醛	9.2
丁香酚	4.26	龙脑	0.1	佳乐麝香 50%DEP50%	3.2
香兰素	0.44	柳酸己酯	0.12	柳酸苄酯	7.2
香豆素	2.2	橙花醇	0.35	汉可林 D	2.2
乙基香兰素	0.15	山苍子油	0.13		

表 13.14 皂用香精配方 14

原料	质量分数/%	原料	质量分数/%	原料	质量分数/%
乙酸	0.28	山苍子油	1.2	愈创木酚	0.16
辛醛	0.04	香叶醇	0.85	二氢茉莉酮酸甲酯	3
二氢月桂烯醇	5	乙酸月桂烯酯	0.62	龙涎酮	2
利法罗酯	0.16	乙酸对叔丁基环己酯	2.38	佳乐麝香	6.86
壬醛	0.08	丁香酚	0.3	D-柠烯	4
环高柠檬醛	0.12	甲基壬乙醛	0.84	桉叶油	0.5
樟脑	0.52	香兰素	0.11	女贞醛	1.06
乙酸-1-乙炔基环己酯	0.2	异长叶烷酮	0.63	芳樟醇	4
丙酸苄酯	0.13	环己基丙酸烯丙酯	2.41	苯乙醇	0.11
薄荷醇	0.53	丙酸三环癸酯	0.24	薰衣草油	0.24
麦芽酚	0.12	铃兰醛	4.32	香茅醛	0.26
十一醛	0.33	月桂腈	0.04	薄荷酮	0.27
香茅腈	2.1	橙花叔醇	0.25	龙脑	0.13

续表

原料	质量分数/%	原料	质量分数/%	原料	质量分数/%
乙酸苏合香酯	1.2	乙酸松油酯	1.7	柳酸异戊酯	2.6
松油醇	0.3	甲酸橙花酯	1.6	檀香 210	0.07
可艾酮	5.6	乙酸香叶酯	1.3	柳酸戊酯	2
香茅醇	0.8	橙花素	1.55	甲基萘酮	0.64
乙酸芳樟酯	4.4	石竹烯	0.72	新铃兰醛	0.4
苯乙酸苯乙酯	1.7	香豆素	1.08	广藿香油	1.15
乙酸异龙脑酯	0.28	甲基紫罗兰酮	7.6	十四酸异丙酯	16.92

第二节 洗手液的加香

洗手液是一种清洁手部为主的护肤清洁液，通过机械摩擦和表面活性剂的作用，配合水流来清除手上的污垢和附着的细菌。

一、洗手液的基本组成

洗手液的基本组成是：缔合型聚丙烯酸（1.0%～1.5%），抗冻拉丝剂（0.2%～0.6%），脂肪醇聚氧乙烯醚硫酸钠（5.5%～8%），椰油醇硫酸钠（0.8%～1.5%），椰子油脂肪酸二乙醇酰胺（0.7%～1.3%），甘油（0.2%～0.7%），珠光浆（2%～5%），氯化钠（2%～4%），香精（1%～2.5%），水（补至100%）和适量防腐剂。

二、洗手液香精配方实例

洗手液香精配方实例见表13.15～表13.18。

表 13.15 洗手液香精配方 1

原料	质量分数/%	原料	质量分数/%	原料	质量分数/%
异丁酸乙酯	0.1	γ-癸内酯	0.13	乙酸芳樟酯	3
卡必醇	0.04	铃兰醛	11.2	三甲基戊基环戊酮	0.01
柠檬油	0.88	新洋茉莉醛	2.3	乙酸香茅酯	0.02
芳樟醇	3.62	二氢茉莉酮酸甲酯	0.11	羟基香茅醛	0.1
苯乙醇	1.2	α-己基桂醛	7.36	异丁酸苯乙酯	0.52
乙酸苏合香酯	0.75	檀香 210	0.38	己酸烯丙酯	0.37
柠檬腈	0.2	柳酸苄酯	4.58	檀香 208	0.25
柠檬醛	0.14	苯甲醛	0.02	β-紫罗兰酮	3.45
甲酸苯乙酯	0.37	乙酸己酯	0.32	覆盆子酮	0.13
洋茉莉醛	0.01	DPG	34.71	桃醛	1.3
乙酸橙花酯	0.02	女贞醛	0.14	新铃兰醛	1.7
丁酸香叶酯	0.03	乙酸苄酯	4.6	苯甲酸苄酯	2.6
α-突厥酮	0.18	松油醇	0.9	佳乐麝香 50% DEP50%	9.58
王朝酮	0.03	香茅醇	2.65		

表 13.16 洗手液香精配方 2

原料	质量分数/%	原料	质量分数/%	原料	质量分数/%
丁酸乙酯	0.2	壬醛	0.02	苯甲酸甲酯	0.03
依兰依兰油	0.15	苯乙醇	0.24	乙酸苏合香酯	1.2
庚酸烯丙酯	0.53	薄荷酮	0.25	艾蒿油	0.11

续表

原料	质量分数/%	原料	质量分数/%	原料	质量分数/%
对甲氧基苯乙酮	0.21	α-己基桂醛	1.72	椰子醛	0.08
薄荷脑	0.13	辛醛	0.02	香兰素	0.1
十一烯醛	0.65	D-柠烯	8.56	丙酸三环癸烯酯	1.6
乙酸邻叔丁基环己酯	4.82	芳樟醇	1.73	抗氧化剂	0.21
丁香酚	0.08	女贞醛	0.14	月桂酸乙酯	1.32
月桂醛	0.71	辛酸乙酯	0.12	柳酸异戊酯	0.65
环己基丙酸烯丙酯	0.43	乙酸苄酯	1.2	柳酸戊酯	1.2
甲氧基二环戊二烯醛	0.31	乙酸薄荷酯	0.02	乙酸月桂酯	1.06
铃兰醛	5.35	松油醇	0.51	龙涎酮	5.68
γ-癸内酯	0.05	香茅醇	0.52	十四酸乙酯	0.38
DEP	44.01	大茴香脑	0.08	环十五酮	1.35
二氢茉莉酮酸甲酯	1.46	甲基壬酮	0.1		
柳酸己酯	10.56	癸酸乙酯	0.15		

表 13.17 洗手液香精配方 3

原料	质量分数/%	原料	质量分数/%	原料	质量分数/%
DPG	88.26	愈创木酚	2.2	桉叶油	0.1
甘油	5.2	异松油烯	0.22	松油醇	3.62
异龙脑	0.15	松油 50%	0.1	异长叶烷酮	0.15

表 13.18 洗手液香精配方 4

原料	质量分数/%	原料	质量分数/%	原料	质量分数/%
黄葵麝香	2.26	乙基香兰素	0.41	香茅醇	2.6
叶醇	0.13	月桂醛	0.3	乙酸芳樟酯	1
乙酸叶醇酯	0.14	α-紫罗兰酮	0.28	异龙脑	0.03
甜橙油	1.2	桃醛	0.26	苄醇	0.02
二氢月桂烯醇	0.4	β-紫罗兰酮	2.41	乙酸邻叔丁基环己酯	4.2
女贞醛	0.64	铃兰醛	6.5	乙酸二甲基苄基原酯	0.5
苯乙醇	2.74	DPG	9.42	洋茉莉醛	0.9
苯甲酸叶醇酯	0.2	龙涎酮	4.76	丁香花蕾油	0.1
二甲基苄基原醇	0.68	萨利麝香	1.65	α-突厥酮	0.2
乙酰乙酸乙酯	0.31	乙酰基柏木烯	1.74	丁酸苯乙酯	0.71
乙酸苏合香酯	0.3	丁酸乙酯	0.04	突厥烯酮	0.12
龙蒿油	0.11	2-甲基戊酸乙酯	0.15	乙酸三环癸烯酯	0.6
柠檬醛	0.08	乙酸己酯	0.04	香豆素	0.25
香叶醇	0.49	丁酸丁酯	0.03	甲基紫罗兰酮	9.3
苯甲酸苄酯	1.75	己酸烯丙酯	0.2	抗氧化剂	0.05
柳酸苄酯	0.85	芳樟醇	4.26	新洋茉莉醛	1.2
十一醛	0.04	环高柠檬醛	0.3	二氢茉莉酮酸甲酯	5
乙酸对叔丁基环己酯	0.72	苹果酯	0.15	新铃兰醛	3
乙酸松油酯	1.26	乙酸苄酯	0.6	α-己基桂醛	5
乙酸橙花酯	0.15	庚酸烯丙酯	0.22	佳乐麝香 70%DEP	16
甲酸香叶酯	0.37	松油醇	0.68		

第三节 沐浴露的加香

沐浴露又称沐浴乳，是指洗澡时使用的一种液体清洗剂，是一种现代人常见的清洁用品，沐浴乳的发明主要是为了改善传统清洁肥皂的触感和功效。

一、沐浴露的基本组成

沐浴露主要成分包括：主活性剂、辅助活性剂、肤感调节剂、保湿剂、黏度调节剂、pH 调节剂、珠光剂、香精、防腐剂、螯合剂、功能添加剂。例如有些沐浴露富含三七提取物、迷迭香提取物、积雪草提取物、虎杖提取物等多种中草药成分，对皮肤的作用会更好。

这里提供一种沐浴露的配方仅供参考：脂肪醇聚氧乙烯醚羧酸钠 22%、阳离子丙烯酸共聚物 0.1%、椰油酰胺丙基二甲基甜菜碱 11.4%、甲基葡萄糖苷聚氧乙烯醚二油酸酯 4.2%、聚乙二醇 6000 双硬脂酸酯 3.0%、聚氯乙烯醚氢化蓖麻油 2.0%、水溶性羊毛脂 2.0%、乙二胺四乙酸二钠 0.1%、纯净水 54%、香精 1.2%。

二、沐浴露香精配方实例

沐浴露香精配方实例见表 13.19～表 13.32。

表 13.19 沐浴露香精配方 1

原料	质量分数/%	原料	质量分数/%	原料	质量分数/%
苯乙二甲缩醛	0.01	檀香 210	2.64	洋茉莉醛	1
橘子油	0.4	二氢茉莉酮酸甲酯	3.36	众香子油	0.08
二氢月桂烯醇	1.12	树苔浸膏	0.1	香兰素	0.55
薰衣草油	0.32	佳乐麝香 70%IPM30%	9.2	白檀醇	1.15
樟脑	1.13	汉可林 D	2.15	甲基紫罗兰酮	3.32
丙酸苄酯	2.06	DPG	30.26	柏木油	1.13
松油醇	2.54	桉叶油	1.25	广藿香油	2.34
乙酸芳樟酯	5.51	芳樟醇	12	檀香 803	6.14
丁香酚	1.2	苯乙醇	3.1	柳酸苄酯	2.4
椰子醛	0.3	香叶油	0.12	异龙脑	0.04
香兰素	2.46	乙酸异龙脑酯	0.04		
乙基香兰素	0.48	香茅醇	0.1		

表 13.20 沐浴露香精配方 2

原料	质量分数/%	原料	质量分数/%	原料	质量分数/%
2-甲基丁酸乙酯	0.01	抗氧化剂	0.21	香叶醇	1.54
乙酸异戊酯	0.01	铃兰醛	1.45	对异丙基环己基甲醇	1.85
戊酸乙酯	0.01	新洋茉莉醛	1.19	乙酸对叔丁基环己酯	0.02
丁酸叶醇酯	0.12	二氢茉莉酮酸甲酯	14	突厥烯酮	0.02
柠檬油	1.4	柳酸叶醇酯	1.23	香兰素	1.46
利法罗酯	0.02	α-己基桂醛	21	海风醛	0.01
青草醛二甲缩醛	1.2	佳乐麝香	11	乙基香兰素	0.14
麦芽酚	0.24	麝香 T	1.35	丁酸二甲基苄基原酯	1.6
阿弗曼酯	0.04	叶醇	0.01	异丁酸苯氧乙酯	0.64
乙基芳樟醇	3.12	乙酸异戊二烯酯	0.01	覆盆子酮	0.86
羟基香茅醛	1.06	苯乙二甲缩醛	0.02	桃醛	0.64
椰子醛	0.05	二聚丙二醇二甲醚	12.93	异丁酸香兰酯	0.2
α-突厥酮	0.02	乙二酸二乙酯	0.02	柳酸己酯	7.87
丙酸三环癸烯酯	0.27	芳樟醇	7.25	环十六烯酮	0.25
桂花王	0.26	乙酸苏合香酯	0.3	黄葵内酯	0.2
γ-十二内酯	0.3	铃兰醚	2.6		

表 13.21 沐浴露香精配方 3

原料	质量分数/%	原料	质量分数/%	原料	质量分数/%
环十五酮	0.55	丙酸大茴香酯	0.22	4-甲基-3-癸烯-5-醇	0.1
叶醇	0.02	香豆素	0.68	香叶油	0.13
星苹酯	0.04	乙基香兰素	0.71	乙酸对叔丁基环己酯	0.17
二聚丙二醇二甲醚	11.312	桃醛	0.06	乙酰基柏木烯	0.26
甜橙油	2.12	二甲基苄基原醇	0.1	麝香 T	5.3
乙酸叶醇酯	0.01	桂花王	0.62	柳酸苄酯	2.6
芳樟醇	3.25	铃兰醛	4.78	乙酸二甲基苄基原酯	0.22
女贞醛	0.078	新洋茉莉醛	0.33	洋茉莉醛	0.67
乙基芳樟醇	3	二氢茉莉酮酸甲酯	14.5	丁酸香茅酯	0.21
乙基麦芽酚	0.7	柳酸叶醇酯	1.5	羟基香茅醇	0.02
白花醇	0.72	甲氧基甲基环十二基醚	0.2	α-突厥酮	0.1
格蓬酯	0.2	白檀醇	0.8	海酮	0.04
香叶醇	0.35	环十五内酯	1.25	环格蓬酯	0.05
对甲氧基苯乙酮	0.05	乙酸乙戊二烯酯	0.01	黑檀醇	0.3
柠檬醛	0.08	苯甲醛	0.02	对叔丁基苯丙醛	0.18
羟基香茅醛	0.25	柠檬油	1.15	甲基紫罗兰酮	1.3
乙酸柏木酯	0.45	二氢月桂烯醇	1.35	檀香 210	2
佳乐麝香	3.16	依兰依兰油	0.12	抗氧化剂	0.1
黄癸内酯	0.02	麦芽酚	0.13	檀香 208	0.05
邻氨基苯甲酸甲酯	0.1	乙酸苄酯	0.1	甲基柏木醚	0.1
丙酸芳樟酯	0.26	乙酸苏合香酯	0.15	龙涎酮	14
乙酸松油酯	0.14	松油醇	0.2	广藿香油	1.2
乙酸橙花酯	0.02	香茅醇	0.35	α-己基桂醛	10
甲酸香叶酯	0.46	枯茗醛	0.01	吐纳麝香	2
香兰素	0.22	乙酸芳樟酯	2		

表 13.22 沐浴露香精配方 4

原料	质量分数/%	原料	质量分数/%	原料	质量分数/%
薰衣草油	0.47	王朝酮	0.1	大茴香醛	0.08
DPG	19.59	开司米酮	0.09	乙酸异龙脑酯	1.5
桉叶油素	0.71	柳酸异戊酯	1.48	三甲基戊基环戊酮	0.22
芳樟醇	6.23	异丁基喹啉	0.09	邻氨基苯甲酸甲酯	0.1
乙酸苄酯	1.85	二氢茉莉酮酸甲酯	2	α-突厥酮	0.23
薄荷醇	0.41	树苔浸膏	0.09	乙酸大茴香酯	0.01
橙花醇	0.21	佳乐麝香	3.94	环格蓬酯	0.23
留兰香油	0.33	异松蒎醇	16.2	6-甲基香豆素	0.14
香叶醇	0.54	柠檬油	2.3	铃兰醚	0.12
异环柠檬醛	0.18	二氢月桂烯醇	16.62	柳酸戊酯	3.06
乙酸邻叔丁基环己酯	0.5	樟脑	0.43	β-甲基萘酮	0.22
乙酸对叔丁基环己酯	6.06	异龙脑	0.1	龙涎酮	4.2
乙酸松油酯	2	松油醇	0.31	乙酰基柏木烯	1.3
乙酸橙花酯	0.18	格蓬酯	0.41	柳酸苄酯	2.1
海酮	0.07	乙酸芳樟酯	3		

表 13.23 沐浴露香精配方 5

原料	质量分数/%	原料	质量分数/%	原料	质量分数/%
乙酸异戊酯	0.02	柠檬油	0.12	香叶油	0.15
苯甲醛	0.01	对甲基苯乙酮	0.01	松油醇	0.75
卡必醇	0.13	芳樟醇	5.3	可艾酮	0.62
DPG	15.332	苯乙醇	6.1	橙花醇	1.58

续表

原料	质量分数/%	原料	质量分数/%	原料	质量分数/%
甲酸芳樟酯	1.06	佳乐麝香 70%DEP30%	24	桂叶油	0.09
甲酸苯乙酯	0.49	麝香 T	0.24	乙酸香叶酯	0.32
9-癸烯醇	0.2	乙酸乙戊二烯酯	0.02	月桂醛	0.08
月桂醛	0.13	2,6-二甲基-2-庚醇	0.1	乙酸桂酯	0.08
乙酸邻叔丁基环己酯	5.56	乙酸己酯	0.06	乙基香兰素	0.1
百里香油	0.02	对甲酚甲醚	0.1	赛吲哚	0.12
香豆素	1.14	依兰依兰油	0.12	茴香基丙酮	0.1
丁香酚	0.19	苯乙酸甲酯	0.13	香兰素	0.35
甲基紫罗兰酮	4.06	玫瑰醚	0.008	铃兰吡喃	0.1
檀香 208	0.15	乙酸苄酯	2.6	结晶玫瑰	0.13
抗氧化剂	0.1	龙脑	0.03	柳酸戊酯	1
铃兰醛	7.49	辛醛	0.1	龙涎酮	3.2
柳酸异戊酯	0.64	苯乙二甲缩醛	0.25	桂花王	0.22
覆盆子酮	0.21	香茅醇	3.34	苯甲酸苄酯	0.1
乙酸丁香酚酯	0.16	香叶醇	1.42	吐纳麝香	1.42
柳酸己酯	5.2	大茴香醛	1.06	桂酸苄酯	0.04
α-己基桂醛	2	大茴香脑	0.05		

表 13.24　沐浴露香精配方 6

原料	质量分数/%	原料	质量分数/%	原料	质量分数/%
丁酸乙酯	0.015	乙酸桂酯	0.12	苯乙二甲缩醛	0.81
苯甲醛	0.01	香兰素	0.12	邻氨基苯甲酸甲酯	0.4
依兰依兰油	0.1	檀香 803	3.83	香叶醇	1.54
DPG	42.215	新铃兰醛	3.75	羟基香茅醛	0.27
芳樟醇	3.06	γ-十二内酯	1.23	乙酸邻叔丁基环己酯	0.11
苯乙醇	4.2	α-戊基桂醛	0.11	乙酸香茅酯	0.03
薰衣草油	0.03	α-己基桂醛	2.06	甲酸香叶酯	0.1
乙酸苏合香酯	0.02	佳乐麝香 50%DEP50%	2.83	二苯醚	0.01
壬醛	0.35	酮麝香	1.23	香豆素	1.35
香茅醇	3.26	乙酸异戊酯	0.02	异丁香酚	0.57
乙酸芳樟酯	3.16	对甲酚甲醚	0.04	甲基紫罗兰酮	4.26
对甲氧基苯乙酮	0.1	柠檬油	0.81	抗氧化剂	0.3
十一醛	0.4	苯甲酸乙酯	0.24	柳酸戊酯	0.1
N-甲基邻氨基苯甲酸甲酯	0.14	玫瑰醚	0.15	N-乙酰基苯甲酸甲酯	0.02
丁香酚	0.04	乙酸苄酯	6.84	二氢茉莉酮酸甲酯	2.37
香兰素	0.03	异龙脑	0.02	苯甲酸苄酯	3.18
月桂醛	0.4	松油醇	1.6	柳酸苄酯	2.06

表 13.25　沐浴露香精配方 7

原料	质量分数/%	原料	质量分数/%	原料	质量分数/%
圆柚甲烷	2	薄荷脑	0.42	格蓬酯	0.3
丁酸乙酯	0.026	麦芽酚	0.01	乙酸二甲基苄基原酯	1.82
2,3-二甲基吡嗪	0.01	癸醛	0.35	丙酸三环癸烯酯	0.03
二聚丙二醇甲基醚	1.15	香茅醇	0.01	苯甲醛	0.01
橘子油	28	香芹酮	0.04	2-甲基丁酸乙酯	0.04
乙酸叶醇酯	0.24	三甲基戊基环戊酮	0.04	乙酸异戊酯	0.02
辛醇	0.18	乙酸松油酯	0.1	乙酰乙酸乙酯	0.13
芳樟醇	3.45	椰子醛	0.03	甜橙油	34
丁酸己酯	0.01	突厥烯酮	0.13	辛醛	0.26
乙酸苄酯	0.4	月桂醛	0.01	2-异丙基-4-甲基噻唑	0.04

续表

原料	质量分数/%	原料	质量分数/%	原料	质量分数/%
女贞醛	0.12	香茅腈	0.24	香兰素	0.04
壬醛	0.04	环高柠檬醛	0.76	乙酸三环癸烯酯	0.08
香茅醛	0.08	乙酸芳樟酯	0.44	桃醛	0.3
辛酸	0.02	2,4-二甲基-4-苯基-四氢呋喃	0.14	抗氧化剂	0.18
乙酸苏合香酯	0.47	乙酸香茅酯	0.22	DEP	22.224
松油烯-4-醇	0.23	羟基香茅醇	0.16	二氢茉莉酮酸甲酯	1

表 13.26 沐浴露香精配方 8

原料	质量分数/%	原料	质量分数/%	原料	质量分数/%
异戊酸乙酯	0.24	五月铃兰醇	0.44	月桂醛	0.08
二甲基异己基原醇	0.33	异丁酸苯氧乙酯	2	铃兰醚	4
玫瑰醚	0.08	β-萘乙醚	0.25	α-突厥酮	0.2
乙酸癸酯	0.04	乙酰基柏木烯	1.26	环己基丙酸烯丙酯	0.6
可艾酮	0.72	二氢茉莉酮酸甲酯	13.6	DPG	11.28
癸醛	0.13	檀香 208	1.44	苄醇	0.04
三甲基戊基环戊酮	0.12	乙酸丁香酚酯	0.27	乙酸苯乙酯	0.84
2-壬烯酸乙酯	0.09	麝香 210	0.27	β-紫罗兰酮	2.41
芳樟醇	3.54	香兰素	0.22	甲基柑青醛	0.75
十一烯醛	0.04	麝香 T	15	椰子醛	0.15
香茅醇	1.2	丁酸二甲基苄基原酯	1.1	杨梅醛	1.65
γ-辛内酯	0.02	辛醛	0.01	γ-癸内酯	0.32
乙酸苄酯	5.12	甜瓜醛	0.05	乙酸大茴香酯	0.3
乙酸二甲基苄基原酯	0.72	壬醛	0.06	洋茉莉醛	4.6
乙酸诺卜酯	2.1	对甲酚甲醚	0.04	桃醛	0.35
二氢异茉莉酮	0.18	叶醇	0.06	苯乐戊醇	2
甲基紫罗兰酮	0.02	苯甲醛	0.01	黄癸内酯	0.24
茉莉酯	0.02	戊基环戊酮	0.08	环十五酮	0.3
白檀醇	0.61	对甲基苯甲醛	0.08	乙基香兰素	0.1
乙酸三环癸烯酯	4.2	乙酸芳樟酯	1.1	麝香 C-14	0.04
大茴香醛	8.45	乙酸香茅酯	0.65	覆盆子酮	0.12
橙花叔醇	3.64	乙酸对叔丁基环己酯	0.03		

表 13.27 沐浴露香精配方 9

原料	质量分数/%	原料	质量分数/%	原料	质量分数/%
2-甲基丁酸乙酯	0.02	香豆素	0.63	乙酸苄酯	9.61
己醇	0.01	香兰素	0.12	松油醇	10.4
丁酸异丙酯	0.24	桂花王	0.23	香茅醇	4.72
乙酸己酯	0.92	异丁酸苯氧乙酯	0.8	乙酸环己基乙酯	0.58
柠檬油	4.13	柳酸异戊酯	0.55	香叶醇	1.62
桉叶油	0.22	二氢茉莉酮酸甲酯	0.6	十一烯醛	0.04
苯甲酸乙酯	0.41	柳酸己酯	4.76	乙酸松油酯	8.38
壬醛	0.47	降龙涎香醚	0.13	甲酸香叶酯	0.04
丁酸己酯	1.08	柳酸苄酯	1.21	丙酸三环癸烯酯	2.2
樟脑	0.3	乙酸叶醇酯	0.04	檀香 210	0.3
龙脑	0.25	乙酸异戊酯	0.1	甲基紫罗兰酮	2.43
癸醛	0.53	2-辛酮	0.12	抗氧化剂	1
环格蓬酯	0.07	辛醛	0.01	羟基香茅醛	1.2
乙酸芳樟酯	0.57	DPG	9.3	兔耳草醛	0.65
乙酸异龙脑酯	0.13	女贞醛	0.1	广藿香油	1.3
月桂醛	2.2	芳樟醇	7.64	α-己基桂醛	7.62
甲基壬乙醛	0.55	苯乙醇	4.33	佳乐麝香 50%DEP50%	4.25
二苯醚	0.64	薰衣草油	0.25		

表 13.28　沐浴露香精配方 10

原料	质量分数/%	原料	质量分数/%	原料	质量分数/%
异丁酸乙酯	0.01	香豆素	0.8	异龙脑	0.1
2-甲基丁酸异丙酯	0.12	香兰素	0.11	对叔丁基环己醇	0.14
乙酸己酯	0.75	抗氧化剂	0.12	留兰香油 65%	0.01
对伞花烃	0.67	柳酸异戊酯	1.03	乙酸异龙脑酯	0.1
桉叶油	0.13	α-戊基桂醛	3.14	十一醛	2.2
二氢月桂烯醇	2.87	柳酸己酯	9.3	乙酸松油酯	5.45
樟脑	0.14	佳乐麝香 50%DEP50%	3	乙酸三环癸烯酯	3.2
松油醇	10.2	乙酸异戊酯	0.14	檀香油	0.2
香茅腈	0.08	壬醛	0.01	异丙基紫罗兰酮	1.05
乙酸芳樟酯	0.56	DPG	5.46	异丁酸苯氧乙酯	0.75
乙酸邻叔丁基环己酯	8.74	甜橙油	11.2	柳酸戊酯	2.12
乙酸对叔丁基环己酯	9.2	薰衣草油	0.15	二氢茉莉酮酸甲酯	0.22
α-突厥酮	0.1	芳樟醇	6.13	α-己基桂醛	10.3

表 13.29　沐浴露香精配方 11

原料	质量分数/%	原料	质量分数/%	原料	质量分数/%
叶醇	0.08	桃醛	0.12	众香子油	0.2
异戊酸乙酯	0.1	β-紫罗兰酮	1.26	大茴香醛	0.83
乙酸叶醇酯	0.22	柳酸异戊酯	0.93	乙酸龙脑酯	0.08
DPG	6.2	柳酸戊酯	1.42	乙酸松油酯	2.25
D-柠烯	6.2	异长叶烷酮	1.2	甲酸香叶酯	0.75
女贞醛	1.2	龙涎酮	2.8	长叶烯	1.65
芳樟醇	14	α-己基桂醛	5	香豆素	1.46
三甲基戊基环戊酮	0.02	佳乐麝香 50%DEP50%	3.44	兔耳草醛	0.27
龙脑	0.13	乙酸异戊酯	0.04	甲基紫罗兰酮	3
松油醇	2.25	苯乙二甲缩醛	0.02	铃兰醛	2.1
环格蓬酯	0.11	乙酸己酯	1.93	檀香 208	1.32
乙酸芳樟酯	0.53	柠檬油	1.22	甲基柏木醚	0.62
环高柠檬醛	0.08	桉叶油	0.06	二氢茉莉酮酸甲酯	4.6
乙酸对叔丁基环己酯	8.56	二氢月桂烯醇	15.4	柳酸己酯	1.2
乙酸香茅酯	0.45	薰衣草油	0.13	乙酰基柏木烯	0.41
突厥烯酮	0.18	樟脑	0.15	柳酸苄酯	2.3
α-紫罗兰酮	0.44	乙酸苏合香酯	0.82		
乙基香兰素	0.1	癸醛	0.17		

表 13.30　沐浴露香精配方 12

原料	质量分数/%	原料	质量分数/%	原料	质量分数/%
乙酸异戊二烯酯	0.3	黑檀醇	0.85	格蓬酯	0.3
柠檬油	4.45	愈创木油	0.13	乙酸芳樟酯	0.25
二氢月桂烯醇	5.76	异长叶烷酮	0.36	乙酸龙脑酯	0.14
乙基芳樟醇	3.4	龙涎酮	0.31	十一烯醛	0.03
薰衣草油	0.26	合成橡苔	0.47	丁香酚	0.87
香叶油	0.12	α-己基桂醛	2.72	乙基香兰素	0.05
异龙脑	0.45	佳乐麝香 50%DEP50%	2.18	石竹烯	0.6
对叔丁基环己醇	3.52	苯甲酸甲酯	0.01	甲基紫罗兰酮	1.2
柠檬醛	0.28	DPG	48.75	铃兰醛	1.2
枯茗油	0.01	桉叶油	0.42	甲基柏木酮	0.2
香叶醇	0.1	依兰依兰油	0.14	二氢茉莉酮酸甲酯	1.44
百里香油	0.12	艾蒿油	0.42	广藿香油	2.52
甲酸松油酯	3.5	樟脑	0.38	乙氧基甲基环十二基醚	2.41
乙酸香叶酯	0.15	乙酸苄酯	0.93	苯甲酸苄酯	0.1
邻氨基苯甲酸甲酯	0.1	茴香油	0.4	柳酸苄酯	6.6
香豆素	1	香茅醇	0.1		

表 13.31 沐浴露香精配方 13

原料	质量分数/%	原料	质量分数/%	原料	质量分数/%
乙酸	0.1	新洋茉莉醛	1.6	乙酸松油酯	1.2
柠檬油	0.42	二氢茉莉酮酸甲酯	4.2	乙酸香叶酯	0.85
桉叶油	0.12	柳酸叶醇酯	2.1	月桂醛	0.1
女贞醛	0.38	α-己基桂醛	11.3	乙基香兰素	0.12
香茅醇	0.21	柳酸苄酯	2.7	甲基紫罗兰酮	16.3
对甲氧基苯乙酮	0.3	DEP	17.05	月桂酸甲酯	0.22
洋茉莉醛	1.3	苯甲醛	0.04	黑檀醇	0.1
乙酸橙花酯	0.4	D-柠烯	3.3	龙涎酮	7.85
香兰素	0.14	二氢月桂烯醇	2.1	吐纳麝香	0.4
香豆素	0.32	乙酸香茅酯	0.1	佳乐麝香 50%DEP50%	17.3
γ-十二内酯	0.47	乙酸芳樟酯	3.42	黄癸内酯	0.1
檀香 208	2.24	三甲基戊基环戊酮	1.15		

表 13.32 沐浴露香精配方 14

原料	质量分数/%	原料	质量分数/%	原料	质量分数/%
丁酸乙酯	0.14	环己基丙酸烯丙酯	2	己酸烯丙酯	1.72
甲基庚烯酮	0.06	铃兰醛	11.2	乙酸邻叔丁基环己酯	4.26
乙酸己酯	3.07	柠檬酸三乙酯	0.14	乙酸三环癸烯酯	0.1
甜瓜醛	0.22	2-甲基丁酸乙酯	0.23	丙酸三环癸烯酯	7.2
乙酸苄酯	7.48	卡必醇	0.85	二氢茉莉酮酸甲酯	1
麦芽酚	0.12	DPG	52.53		
吲哚	0.03	苯乙醇	7.65		

第十四章

洗涤用品的加香

市场上销售的洗涤剂花样品种繁多，可以归纳为固体洗涤剂和液体洗涤剂两大类，最常用的是洗衣粉和家庭用液体洗涤剂。

第一节　洗衣粉的加香

市场上销售的洗衣粉（detergent powder）品种很多，主要有高泡沫洗衣粉、低泡沫洗衣粉、浓缩洗衣粉、加酶洗衣粉、荧光增白洗衣粉、无磷洗衣粉。它们的区别表现在表面活性剂品种、用量和添加剂上，但它们的基本组成和生产工艺没有多大区别。

一、洗衣粉的基本组成

洗衣粉的基本组成为：表面活性剂（烷基苯磺酸钠、脂肪醇硫酸钠、脂肪醇醚硫酸钠、脂肪醇聚氧乙烯醚，15%～30%），无机盐类（硫酸钠、三聚磷酸钠、硅酸钠、五水偏硅酸钠、碳酸钠、倍半碳酸钠，40%～60%），羧甲基纤维素钠（1%～2%），香精（0.1%～0.2%），特殊要求添加剂（荧光增白剂、酶制剂、消泡剂、消毒剂、皂基，0.1%～1%）等。

二、洗衣粉的生产工艺

洗衣粉的生产工艺见图 14.1。

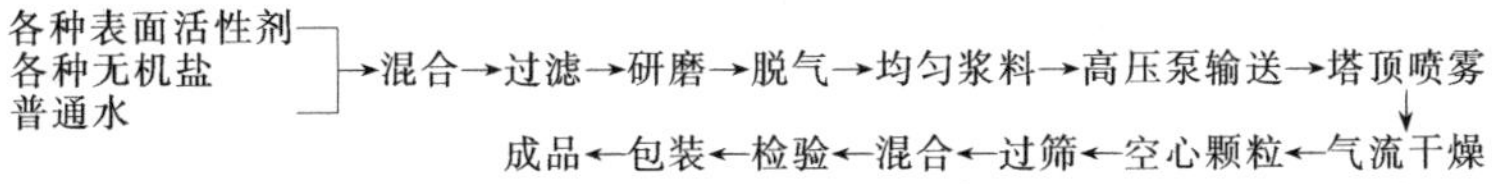

各种表面活性剂
各种无机盐
普通水
→混合→过滤→研磨→脱气→均匀浆料→高压泵输送→塔顶喷雾
↓
成品←包装←检验←混合←过筛←空心颗粒←气流干燥

图 14.1　洗衣粉的生产工艺

三、洗衣粉香精配方实例

洗衣粉香精配方实例见表 14.1～表 14.18。

表 14.1 洗衣粉香精配方 1

原料	质量分数/%	原料	质量分数/%	原料	质量分数/%
二氢茉莉酮酸甲酯	8.67	苯甲酸苄酯	0.1	香豆素	0.35
苯乐戊醇	0.26	柳酸苄酯	1.55	檀香 208	0.48
DEP	77.47	覆盆子酮	0.05	α-己基萘酮	0.1
新洋茉莉醛	0.12	环十五内酯	2.56	麝香 T	1.25
新铃兰醛	0.78	α-戊基桂醛	5.03	汉可林 D	1
香兰素	0.08	吐纳麝香	0.05	合成橡苔	0.1

表 14.2 洗衣粉香精配方 2

原料	质量分数/%	原料	质量分数/%	原料	质量分数/%
丁酸乙酯	0.02	苯乙醇	1.35	龙蒿油	0.12
异戊酸乙酯	0.03	β-紫罗兰酮	0.56	月桂醛	0.1
对伞花烃	0.12	兔耳草醛	0.02	丙酸苏合香酯	0.3
柳酸叶醇酯	0.03	对甲氧基苯乙酮	0.18	乙酸苄酯	1.26
叶醇	0.02	铃兰醛	2.68	莳萝籽油	0.18
女贞醛	0.28	龙涎酮	3	对叔丁基环己醇	0.06
二氢月桂烯醇	4.65	γ-十二内酯	0.08	α-突厥酮	0.07
苄醇	0.03	异丁香酚	0.33	香茅醇	0.3
乙酸芳樟酯	4	广藿香油	2	橙花醇	0.18
乙酸龙脑酯	0.58	二苯甲酮	0.38	大茴香脑	0.22
苯乙酸甲酯	0.04	乙酰基柏木烯	0.07	甲基紫罗兰酮	1.2
甲基壬乙醛	0.12	环十五内酯	0.75	四氢-4-甲基-2-苯基-2-氢吡喃	0.18
环格蓬酯	0.17	2-甲基丁酸乙酯	0.02	甜瓜醛	0.04
十一烯醛	0.07	柠檬油	3.55	乙酸三环癸烯酯	0.33
乙酸香茅酯	0.04	薰衣草油	0.25	二苯醚	0.14
柠檬醛	0.22	玫瑰醚	0.06	柳酸异戊酯	0.26
松油醇	1.2	壬醛	0.01	对甲基苯乙醇	1.28
榄青酮	0.1	四氢芳樟醇	0.67	柳酸戊酯	0.36
铃兰醚	0.12	癸醛	0.13	异丁酸苯氧乙酯	0.12
甲酸香叶酯	0.04	芳樟醇	2.1	降龙涎香醚	0.17
二甲基苄基原醇	0.02	乙酸邻叔丁基环己酯	1.75	百里香酚	0.09
环已基丙酸烯丙酯	0.08	十一醛	0.05	柳酸已酯	2.1
异丁酸苯乙酯	0.12	卡必醇	0.06	桃醛	0.33
DPG	55.53	乙酸对叔丁基环已酯	1.25	乙酸桂酯	0.1
香叶醇	0.75	亚洲薄荷油	0.83		

表 14.3 洗衣粉香精配方 3

原料	质量分数/%	原料	质量分数/%	原料	质量分数/%
丁酸乙酯	0.1	α-紫罗兰酮	2.25	乙酸对叔丁基环己酯	3
柠檬油	1	檀香 208	2.8	乙酸松油酯	0.1
玫瑰醚	0.13	二氢茉莉酮酸甲酯	2	月桂醛	0.2
女贞醛	0.48	α-已基桂醛	8.42	乙酸二甲基苄基原酯	3.4
苯乙醛	0.02	结晶玫瑰	0.41	甲基紫罗兰酮	1.2
辛醇	0.12	香兰素	2.72	乙酸三甲基苯丙酯	0.1
乙酸芳樟酯	0.12	2-甲基丁酸乙酯	0.11	铃兰醛	2.68
癸烯醛	0.04	辛醛	0.05	柳酸叶醇酯	0.24
四氢芳樟醇	1.46	叶醇	0.14	佳乐麝香 50%DEP50%	15.2
乙酰乙酸乙酯	0.52	二氢月桂烯醇	3.2	新洋茉莉醛	0.3
对叔丁基环已醇	0.33	癸醛	0.02	乙基香兰素	0.41
铃兰醚	0.74	芳樟醇	15.2	苯甲酸苄酯	2.48
DPG	24.07	乙酸邻叔丁基环已酯	0.4		
苄醇	3.64	卡必醇	0.2		

表 14.4　洗衣粉香精配方 4

原料	质量分数/%	原料	质量分数/%	原料	质量分数/%
丁酸异戊酯	0.03	乙酸三环癸烯酯	1.55	甲基壬乙醛	0.4
D-柠烯	7.8	十二腈	0.36	山苍子油	1
桉叶油	0.25	橙花素	1.4	乙酸松油酯	3.2
辛醛	0.01	甲基柑青醛	0.28	乙酸苄酯	1.28
四氢芳樟醇	2.45	铃兰醛	2.5	乙酸橙花酯	0.02
二氢月桂烯醇	1.87	百里香酚	0.04	龙脑	0.05
癸醛	0.45	柳酸己酯	1.2	香茅醇	1.2
十一烯醛	0.01	邻氨基苯甲酸甲酯	0.05	橙花醇	1.3
辛醇	0.92	佳乐麝香 50%DEP50%	1.7	DPG	36.06
十一醛	0.73	香豆素	0.04	香叶醇	0.6
乙酸香茅酯	0.05	2-甲基丁酸乙酯	0.03	苯乙醇	2.16
乙酸邻叔丁基环己酯	4.15	异松油烯	0.4	丙酸三环癸烯酯	1.74
香茅腈	1.13	己酸乙酯	0.15	龙涎香	0.65
松油醇	1.6	女贞醛	0.17	二苯醚	0.1
迷迭香油	0.05	柠檬醛	0.14	龙涎酮	0.26
苯乙基异戊基醚	0.15	香茅油	0.22	β-萘甲醚	1.17
丁酸二甲基苄基原酯	0.23	樟脑	0.25	树苔浸膏	0.03
环己基丙酸烯丙酯	0.04	芳樟醇	0.3	乙酰基柏木烯	0.4
大茴香脑	0.02	乙酸龙脑酯	1.65	α-己基桂醛	13
甲基紫罗兰酮	0.87	苯乙酸甲酯	0.04	结晶玫瑰	0.1

表 14.5　洗衣粉香精配方 5

原料	质量分数/%	原料	质量分数/%	原料	质量分数/%
2-甲基丁酸乙酯	0.34	苯乙醇	1.54	乙酸对叔丁基环己酯	6.4
甜橙油	3.8	环格蓬酯	0.12	CLARYFOL	0.1
乙酸异戊二烯酯	0.04	铃兰醛	5.2	乙酸松油酯	4.2
己酸烯丙酯	0.06	γ-十二内酯	0.2	丙酸苄酯	2.4
女贞醛	0.2	β-萘甲醚	1.75	对叔丁基环己醇	0.08
铃兰醚	0.15	桃醛	0.48	香茅醇	0.04
癸醛	0.2	α-己基桂醛	9	突厥烯酮	0.08
合成橡苔	0.04	香豆素	0.4	乙酸苯乙酯	0.33
芳樟醇	0.84	依兰依兰油	0.02	苄基丙酮	1
乙酸龙脑酯	0.25	汉可林 D	0.8	乙酸三环癸烯酯	9.2
甲基壬乙醛	0.1	柠檬油	1.65	抗氧化剂	0.3
格蓬酯	0.65	桉叶油素	0.22	二苯醚	1.75
对异丙基环己醇	0.74	辛醛	0.43	龙涎酮	4.75
松油醇	1	壬醛	0.02	檀香 208	0.4
乙酸橙花酯	0.15	四氢芳樟醇	4.8	广藿香油	0.7
乙酸香叶酯	0.02	二氢月桂烯醇	2.5	佳乐麝香 50%DEP50%	9.2
异丁酸苯乙酯	0.03	苯甲醛	0.01	DEP	13.23
橙花醇	1.35	阿弗曼酯	0.34	香兰素	0.1
王朝酮	0.02	乙酸邻叔丁基环己酯	5.2	酮麝香	0.15
香叶醇	0.85	十一烯醛	0.08		

表 14.6 洗衣粉香精配方 6

原料	质量分数/%	原料	质量分数/%	原料	质量分数/%
异戊酸乙酯	0.04	桂醇	0.05	乙酸对叔丁基环己酯	6.1
桉叶油	0.2	铃兰醛	1.27	松油醇	1
女贞醛	0.16	异丁香酚	0.25	对叔丁基环己醇	0.02
二氢月桂烯醇	3.4	邻氨基苯甲酸甲酯	0.05	香茅醇	1.25
乙基芳樟醇	1	α-己基桂醛	10.2	橙花醇	0.37
芳樟醇	0.38	檀香 208	5.7	乙酸三环癸烯酯	1.87
乙酸邻叔丁基环己酯	0.76	香豆素	0.5	十二腈	0.14
月桂醛	0.1	β-甲基萘酮	0.23	苯乙酮	0.6
环格蓬酯	0.28	D-柠烯	1.6	柳酸异戊酯	0.84
甲酸香茅酯	0.26	香叶油	0.14	柳酸戊酯	1.68
乙酸松油酯	1.2	薰衣草油	0.43	β-萘甲醚	0.47
乙酸橙花酯	0.01	癸醛	0.3	乙酰基柏木烯	0.54
丁酸香叶酯	0.18	樟脑	0.79	DEP	44.09
环已基丙酸烯丙酯	0.75	乙酸芳樟酯	0.21	佳乐麝香	1.05
香叶醇	0.7	乙酸异龙脑酯	0.86	二苯甲酮	1.03
苯乙醇	1	甲基壬乙醛	0.28	柳酸苄酯	4
二苯醚	1.62	十一烯醛	0.05		

表 14.7 洗衣粉香精配方 7

原料	质量分数/%	原料	质量分数/%	原料	质量分数/%
戊酸乙酯	0.34	苯乙醇	1.2	乙酸对叔丁基环己酯	5.82
乙酸异戊二烯酯	0.05	格蓬酯	0.17	乙酸香茅酯	0.16
甜橙油萜	2.8	铃兰醛	4.63	松油醇	0.86
己酸烯丙酯	0.02	γ-癸内酯	0.34	丙酸苄酯	2.45
乙基芳樟醇	4.7	β-萘甲醚	1.78	对叔丁基环己醇	0.05
二氢月桂烯醇	2.5	树苔浸膏	0.04	香叶油	0.08
苯甲醛	0.02	佳乐麝香 50%DEP50%	9.4	α-突厥酮	0.06
芳樟醇	0.87	DEP	13.98	乙酸苯乙酯	0.3
乙酸龙脑酯	0.33	香兰素	0.14	乙酸三环癸烯酯	8.7
十一醛	0.1	酮麝香	0.15	香叶醇	0.88
格蓬酯	0.65	辛醛	0.3	抗氧化剂	0.27
CLARYFOL	0.1	柠檬油	2.05	二苯醚	1.72
异松油烯	6	桉叶油素	0.32	龙涎酮	4.2
对异丙基环己醇	0.82	女贞醛	0.1	黑檀醇	0.2
乙酸橙花酯	0.21	橙花油	0.2	广藿香油	0.55
甲酸香叶酯	0.04	癸醛	0.22	桃醛	0.64
乙酸苯乙酯	0.04	阿弗曼酯	0.21	α-己基桂醛	10
橙花醇	1	乙酸邻叔丁基环己酯	5.2	香豆素	0.5
王朝酮	0.02	乙酸异龙脑酯	0.1	乙酸对甲酚酯	0.02
苄基丙酮	1.2	甲基壬乙醛	0.2		

表 14.8 洗衣粉香精配方 8

原料	质量分数/%	原料	质量分数/%	原料	质量分数/%
甜瓜醛	0.04	乙酸龙脑酯	12	异龙脑	1.2
DPG	48.12	香兰素	0.43	邻仲丁基环己酮	0.8
樟脑	0.68	叶醇	0.01	百里香酚	0.75
薄荷脑	8.45	四氢芳樟醇	0.02	苯甲酸苄酯	12.7
松油醇	0.2	三炼薄荷油	14.6		

表 14.9 洗衣粉香精配方 9

原料	质量分数/%	原料	质量分数/%	原料	质量分数/%
乙酸	0.014	异丁香酚	1.7	乙酸苏合香酯	1.58
苯乙二甲缩醛	0.05	香豆素	0.02	对叔丁基环己醇	0.07
对伞花烃	0.1	对叔丁基苯丙醛	0.2	大茴香醛	0.4
合成橡苔	0.08	抗氧化剂	0.08	乙酸邻叔丁基环己酯	0.05
二氢月桂烯醇	2.52	柳酸异戊酯	5.2	桂醇	0.04
芳樟醇	1.46	佳乐麝香 50%DEP50%	3.1	橙花素	0.1
乙酸苄酯	5.7	异戊醇	0.02	石竹烯	2.77
松油醇	0.06	柠檬油	4	乙酸桂酯	0.42
香芹酮	0.01	苄醇	0.2	甲基异丁香酚	0.3
桂醛	0.12	DPG	31.156	香茅醛	5.62
十二醛	0.13	苯甲酸甲酯	0.76	α-己基桂醛	16.8
乙酸邻叔丁基环己酯	4.2	苯乙醇	5.27	麝香 T	5.7

表 14.10 洗衣粉香精配方 10

原料	质量分数/%	原料	质量分数/%	原料	质量分数/%
丁酸乙酯	0.01	α-突厥酮	0.1	乙酸苄酯	3.4
2-甲基戊酸乙酯	0.03	丁香酚	0.2	乙酸苏合香酯	2.2
甜橙油	3.5	柳酸异戊酯	0.33	松油醇	2.5
二氢月桂烯醇	12.3	柳酸戊酯	0.6	香芹酮	0.16
己酸烯丙酯	0.5	柳酸己酯	5.2	十一烯醛	1.2
女贞醛	0.23	环十五内酯	1.4	2,4-二甲基-4-苯基四氢呋喃	0.06
三甲基戊基环戊酮	0.03	丁酸异丙酯	0.34	乙酸三环癸烯酯	12.3
龙脑	0.05	苯乙二甲缩醛	0.02	新铃兰醛	1.7
柳酸甲酯	0.24	辛醛	0.01	檀香 210	4
癸醛	0.02	DPG	8.95	十三烯腈	0.02
乙酸邻叔丁基环己酯	12	芳樟醇	5.5	α-己基桂醛	15
丁酸二甲基苄基原酯	1.3	苯乙醇	3	柳酸苄酯	1.6

表 14.11 洗衣粉香精配方 11

原料	质量分数/%	原料	质量分数/%	原料	质量分数/%
丁酸乙酯	0.04	香豆素	1.8	松油醇	4
2-庚酮	0.25	β-紫罗兰酮	0.01	乙酸辛酯	0.07
甲基庚烯酮	0.7	丙酸三环癸烯酯	1	柠檬腈	0.4
二聚丙二醇	4.2	柳酸异戊酯	1	香茅醇	0.05
D-柠烯	8	DEP	18.86	乙酸芳樟酯	0.3
二氢月桂烯醇	6.25	龙涎酮	2.8	乙酸异龙脑酯	0.2
芳樟醇	1.43	柳酸己酯	0.98	乙酸邻叔丁基环己酯	0.1
十一醛	0.07	秘鲁浸膏	0.27	乙基香兰素	0.1
樟脑	0.73	佳乐麝香 50%DEP50%	1.44	乙酸三环癸烯酯	2.2
乙酸新壬酯	1.28	2-甲基丁酸乙酯	0.02	β-萘甲醚	0.1
乙酸苏合香酯	0.02	5-甲基-3-庚酮	0.12	抗氧化剂	0.2
癸醛	0.2	辛醛	0.13	铃兰醛	5.68
铃兰醚	0.47	柠檬油	6.2	柳酸戊酯	1.7
柠檬醛	0.68	桉叶油	1.4	二氢茉莉酮酸甲酯	0.18
环格蓬酯	0.25	女贞醛	0.33	广藿香油	0.3
留兰香油 65%	0.02	薰衣草油	0.26	α-己基桂醛	0.18
甲酸香叶酯	0.13	苯乙醇	0.05	环十五内酯	0.23
乙酸松油酯	9.2	异龙脑	0.32	柳酸苄酯	12.6
异长叶烷酮	0.4	薄荷油	0.1		

表 14.12 洗衣粉香精配方 12

原料	质量分数/%	原料	质量分数/%	原料	质量分数/%
丁酸乙酯	0.68	乙酸三环癸烯酯	4.3	冬青油	0.03
5-甲基-2-庚醇	0.02	三环癸烷羧酸乙酯	0.32	癸醛	0.13
DPG	6.65	甲基紫罗兰酮	5.22	苯甲醛	0.12
桉叶油	0.26	丙酸三环癸烯酯	3.57	乙酸芳樟酯	0.15
女贞醛	1.8	γ-十二内酯	1.2	对甲基苯乙酮	0.02
芳樟醇	13	β-甲基萘酮	0.3	乙酸邻叔丁基环己酯	3
香叶油	0.15	佳乐麝香 50%DEP50%	7.6	乙酸对叔丁基环己酯	4.2
乙酸龙脑酯	0.04	辛醛	0.05	二苯醚	1.9
松油醇	1.6	2-甲基丁酸乙酯	0.04	王朝酮	0.02
可艾酮	0.7	己酸乙酯	0.22	β-萘甲醚	0.1
香茅醇	1.52	D-柠烯	4.6	檀香 803	0.4
香叶醇	0.08	二氢月桂烯醇	3.18	铃兰醛	11.5
乙酸香茅酯	0.3	苯甲酸甲酯	0.04	DEP	12
洋茉莉醛	0.12	薰衣草油	0.1	α-己基桂醛	8.2
α-突厥酮	0.33	樟脑	0.04	二苯甲酮	0.2

表 14.13 洗衣粉香精配方 13

原料	质量分数/%	原料	质量分数/%	原料	质量分数/%
乙酰基柏木烯	0.84	乙酸邻叔丁基环己酯	4.57	薰衣草油	0.08
乙酸	0.13	乙酸松油酯	3.52	薄荷酮	0.12
丁酸叶醇酯	0.12	α-突厥酮	7.6	乙酸苏合香酯	0.1
甲基庚烯酮	0.08	香兰素	0.3	龙涎酮	12
乙酸己酯	0.1	乙酸三环癸烯酯	2.05	环十五内酯	0.4
依兰依兰油	0.12	乙基香兰素	0.32	麦芽酚	1.85
甜橙油	3	甲基紫罗兰酮	6.65	可艾酮	2.33
海风醛	0.1	乙酸二甲基苄基原酯	1.45	苄基丙酮	3
女贞醛	0.6	铃兰醛	1.75	4-甲基-3 - 癸烯-5-醇	0.4
玫瑰醚	0.33	乙酸月桂酯	0.5	乙酸异龙脑酯	0.12
苯乙醇	0.35	α-己基桂醛	1	乙酸对叔丁基环己酯	5.6
樟脑	0.02	丁酸乙酯	0.2	乙酸橙花酯	0.2
乙酸苄酯	0.18	己醇	0.31	乙酸香叶酯	0.17
二氢茉莉酮酸甲酯	0.35	庚酸乙酯	0.13	月桂醛	0.18
DEP	26.71	对甲酚甲醚	0.22	环己基丙酸烯丙酯	0.15
降龙涎香醚	0.22	芳樟醇	0.68	王朝酮	0.15
对叔丁基环己醇	0.14	桉叶油	1.45	β-紫罗兰酮	1.6
香茅醇	0.57	二氢月桂烯醇	1.33	丙酸三环癸烯酯	2
异丁酸苯乙酯	0.13	苯甲酸乙酯	0.25	檀香 210	0.4
乙酸芳樟酯	0.15	香叶油	0.23	柳酸己酯	0.4

表 14.14 洗衣粉香精配方 14

原料	质量分数/%	原料	质量分数/%	原料	质量分数/%
丁酸乙酯	0.78	β-萘甲醚	0.68	4-甲基-3-癸烯-5-醇	0.5
乙酸叶醇酯	0.1	铃兰醛	3.08	乙酸邻叔丁基环己酯	18
甜橙油	4.28	甲基柏木醚	0.71	邻氨基苯甲酸甲酯	0.1
乙基芳樟醇	2.47	柳酸己酯	0.22	橙花素	0.4
女贞醛	0.1	环十五酮	0.74	三环癸烷羧酸乙酯	0.1
乙酸苄酯	4.27	苯甲醛	0.1	乙酸三环癸烯酯	10
乙酸苏合香酯	3.48	DPG	21.99	γ-癸内酯	5.02
乙酸二甲基苄基原酯	3.52	己酸烯丙酯	0.55	龙涎酮	4.2
α-突厥酮	0.08	芳樟醇	2.24	α-己基桂醛	7.1
月桂醛	0.12	邻叔丁基环己酮	0.02	佳乐麝香 50%DEP50%	5

表 14.15　洗衣粉香精配方 15

原料	质量分数/%	原料	质量分数/%	原料	质量分数/%
薄荷油	3.2	香兰素	0.04	松油醇	0.22
DEP	53.86	香芹酮	6.8	樟脑	0.3
龙脑	0.08	薄荷脑	5	留兰香油 65%	30
丁香酚	0.2	冬青油	0.1	柳酸苄酯	0.2

表 14.16　洗衣粉香精配方 16

原料	质量分数/%	原料	质量分数/%	原料	质量分数/%
异戊酸乙酯	0.02	乙酸松油酯	3.6	女贞醛邻氨基苯甲酸甲酯泄馥基	0.1
己醇	0.14	α-突厥酮	0.15	癸醛	0.46
DPG	11.15	乙酸三环癸烯酯	7.43	苄基丙酮	1.35
桉叶油	0.35	β-萘甲醚	1.22	山苍子油	0.05
女贞醛	0.84	抗氧化剂	0.2	乙酸邻叔丁基环己酯	7.5
苯乙醇	7.26	结晶玫瑰	2.25	庚炔羧酸甲酯	0.08
己酸烯丙酯	0.8	佳乐麝香 70%DEP30%	13	邻氨基苯甲酸甲酯	0.15
松油醇	0.12	2-甲基丁酸乙酯	0.2	甲基壬乙醛	0.16
橙花醇	1.35	辛醛	0.03	长叶烯	7.95
香叶醇	2.24	D-柠烯	5.6	香豆素	0.2
龙脑	0.02	二氢月桂烯醇	9.8	甲基紫罗兰酮	3.45
吲哚	0.03	芳樟醇	7.1	铃兰醛	3.18
十一烯醛	0.2	香茅醛	0.05	二氢茉莉酮酸甲酯	0.22

表 14.17　洗衣粉香精配方 17

原料	质量分数/%	原料	质量分数/%	原料	质量分数/%
丁酸乙酯	0.1	乙酸对叔丁基环己酯	6.43	苯乙醇	3.14
戊酸己酯	0.1	长叶烯	1.05	松油醇	0.05
橘子油	1.3	抗氧化剂	1.2	柠檬腈	0.3
桉叶油	0.6	DEP	58.41	柠檬醛	1.32
二氢月桂烯醇	3.32	α-己基桂醛	6.17	乙酸邻叔丁基环己酯	0.8
芳樟醇	4.3	己醇	0.3	百里香酚	0.02
异龙脑	0.1	辛醛	0.05	乙酸三环癸烯酯	2.5
癸醛	0.01	D-柠烯	2	丙酸三环癸烯酯	2.1
橙花醇	0.2	合成橡苔	0.01	柳酸异戊酯	2.2
香叶醇	0.32	女贞醛	0.12	酮麝香	1.48

表 14.18　洗衣粉香精配方 18

原料	质量分数/%	原料	质量分数/%	原料	质量分数/%
丁酸乙酯	0.22	乙酸龙脑酯	0.08	二苯醚	1.68
苯甲醛	0.02	吲哚	0.1	己醇	0.2
对甲酚甲醚	0.45	月桂醛	0.05	乙酸己酯	1.72
二氢月桂烯醇	6	乙酸对叔丁基环己酯	9.6	DPG	10.11
苯甲酸甲酯	0.72	N-甲基邻氨基苯甲酸甲酯	0.7	女贞醛	0.66
芳樟醇	4.7	椰子醛	0.11	依兰依兰油	0.17
乙酸芳樟酯	9.05	乙酸三环癸烯酯	10.52	苯乙醇	4
乙酸苏合香酯	1.57	丁香酚	0.23	龙脑	0.23
松油醇	5.85	甲基紫罗兰酮	2.61	柳酸乙酯	0.31
柠檬腈	0.08	抗氧化剂	0.2	橙花醇	1.5
苄基丙酮	1.76	柳酸异戊酯	1.42	格蓬酯	0.95
大茴香醛	0.85	柳酸戊酯	2.75	香叶醇	2.5

续表

原料	质量分数/%	原料	质量分数/%	原料	质量分数/%
4-甲基-3-癸烯-5-醇	1	乙酸松油酯	3.47	对叔丁基苯丙醛	0.01
乙酸邻叔丁基环己酯	4.21	香兰素	0.2	结晶玫瑰	3.6
蘑菇醇	0.04	海风醛	0.2	佳乐麝香	1.2
十一醛	0.55	β-萘甲醚	0.4		
邻氨基苯甲酸甲酯	0.25	β-紫罗兰酮	1.2		

第二节 洗衣液的加香

常用的液体洗涤剂（liquid laundry detergent）有洗衣液、卫生间洗涤剂、工业用洗涤剂等。一般织物洗涤剂可以适当加些香精，其他洗涤剂可以不用添加香精。

一、洗衣液的基本组成

洗衣液的基本组成为：表面活性剂（烷基苯磺酸钠、十二烷基硫酸钠、醇醚硫酸钠、椰子油脂肪酸钠、月桂酰基二乙醇胺、十二烷基硫酸三乙醇胺、十二烷基聚氧乙烯醚、壬基酚聚氧乙烯醚，20%～30%）、螯合剂（EDTA-4Na、磷酸三钠，0.2%～1%）、增稠剂（氯化钠、硬脂酸钠、十六醇，1%～2%）、香精（0.1%～1%）、精制水（70%～80%）。

二、洗衣液的生产工艺

洗衣液的生产工艺见图 14.2。

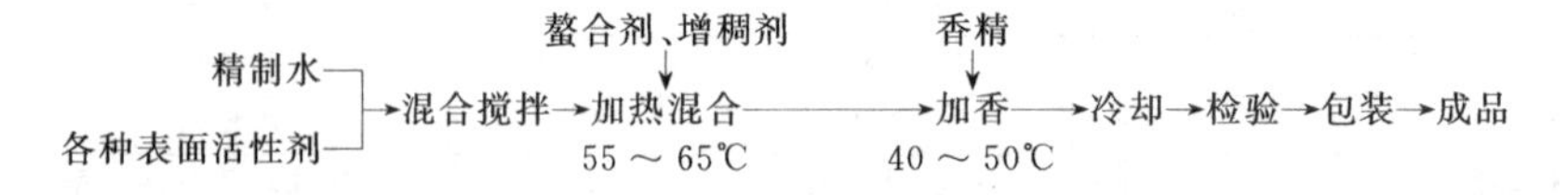

图 14.2 洗衣液的生产工艺

三、洗衣液香精配方实例

洗衣液香精配方实例见表 14.19～表 14.28。

表 14.19 洗衣液香精配方 1

原料	质量分数/%	原料	质量分数/%	原料	质量分数/%
叶醇	0.13	癸醛	0.14	二苯甲酮	0.15
对甲酚	0.52	洋茉莉醛	0.22	乙酸月桂酯	1.65
二氢月桂烯醇	1.72	丁香酚	0.13	柳酸己酯	0.43
芳樟醇	1.48	α-突厥酮	0.12	柳酸苄酯	1.43
玫瑰醚	0.28	丁酸苯乙酯	0.71	DEP	10.64
乙酸苄酯	0.71	丙酸三环癸烯酯	0.85	乙酸己酯	3.3
麦芽酚	0.52	白檀醇	0.36	D-柠烯	4.26
香茅醇	0.71	花青醛	0.25	苯甲酸乙酯	0.11
香叶醇	0.23	α-紫罗兰酮	14.5	壬醛	0.14
羟基香茅醛	0.1	铃兰醛	19	苯乙醇	0.55

续表

原料	质量分数/%	原料	质量分数/%	原料	质量分数/%
乙酸苏合香酯	0.43	乙酸橙花酯	0.24	柳酸异戊酯	1
松油醇	0.82	乙酸香叶酯	0.35	柳酸戊酯	1.2
乙酸芳樟酯	0.83	月桂醛	3.45	二氢茉莉酮酸甲酯	0.57
对甲基苯乙酮	0.13	香豆素	0.6	龙涎酮	12.3
乙酸对叔丁基环己酯	9	桂醇	0.18	麝香T	0.3
丁酸二甲基苄基原酯	2.2	乙基香兰素	0.76		
邻氨基苯甲酸甲酯	0.1	抗氧化剂	0.2		

表 14.20 洗衣液香精配方 2

原料	质量分数/%	原料	质量分数/%	原料	质量分数/%
异丁酸乙酯	0.47	抗氧化剂	0.2	大茴香醛	0.25
白柠檬油	0.52	α-突厥酮	0.5	十一醛	0.1
甜瓜醛	0.12	柳酸异戊酯	0.4	乙酸对叔丁基环已酯	8.78
庚酸烯丙酯	0.8	柳酸戊酯	1.55	乙酸香茅酯	0.26
芳樟醇	0.33	甲基柏木醚	0.6	乙酸橙花酯	1.57
女贞醛	0.25	二氢茉莉酮酸甲酯	1.52	癸醇	2.3
樟脑	0.1	柳酸己酯	5.3	乙酸三环癸烯酯	6.5
乙酸苏合香酯	0.31	乙酰基柏木烯	0.2	兔耳草醛	0.65
格蓬酯	0.33	柳酸苄酯	0.82	β-紫罗兰酮	0.44
香叶醇	0.12	乙酸己酯	0.18	甲基柑青醛	0.53
乙酸邻叔丁基环已酯	6.03	橘子油	12	铃兰醛	4.7
二甲基苄基原醇	0.33	二氢月桂烯醇	2.1	新洋茉莉醛	0.48
乙酸松油酯	0.31	已酸乙酯	0.4	乙酸月桂酯	1.65
DEP	12.69	壬醛	0.05	长叶烯	0.64
甲酸香叶酯	0.95	苯乙醇	0.16	龙涎酮	1.82
月桂醛	0.48	乙酸苄酯	0.67	α-己基桂醛	0.6
乙基香兰素	0.76	香茅醇	0.34	佳乐麝香 50%DEP50%	7.42
甲基紫罗兰酮	9.1	乙酸芳樟酯	0.22	黄癸内酯	0.1

表 14.21 洗衣液香精配方 3

原料	质量分数/%	原料	质量分数/%	原料	质量分数/%
叶醇	0.06	檀香 803	0.36	乙酸对叔丁基环已酯	6.2
对甲酚甲醚	0.4	甲基紫罗兰酮	12.3	洋茉莉醛	0.2
苄醇	0.35	铃兰醛	7.65	乙酸香茅酯	0.1
苯甲酸甲酯	0.13	檀香 208	0.45	α-突厥酮	0.1
玫瑰醚	0.32	龙涎酮	10.8	乙酸苯乙酯	0.7
乙酸苏合香酯	0.52	甲氧基甲基环十二基醚	1.4	月桂醛	0.72
松油烯-4-醇	0.68	柳酸苄酯	0.2	香豆素	0.65
异丁香酚	0.15	乙酸己酯	1.48	β-萘甲醚	0.28
硫醇	0.11	D-柠烯	1.72	十二腈	0.24
丁酸二甲基苄基原酯	0.72	二氢月桂烯醇	0.79	柳酸异戊酯	0.67
邻氨基苯甲酸甲酯	0.11	芳樟醇	3.2	柳酸戊酯	0.82
乙酸橙花酯	0.1	苯乙醇	0.3	二氢茉莉酮酸甲酯	0.34
乙酸香叶酯	0.33	麦芽酚	0.9	降龙涎香醚	0.21
乙基香兰素	0.14	香茅醇	0.32	DEP	42
乙酸三环癸烯酯	0.7	大茴香醛	0.08		

表 14.22　洗衣液香精配方 4

原料	质量分数/%	原料	质量分数/%	原料	质量分数/%
异丁醇	0.07	波洁红醛	0.5	香茅醇	0.7
苯甲醛	0.02	甜瓜醛	0.13	香叶醇	0.2
白柠檬油	1.03	β-紫罗兰酮	0.85	4-甲基-3-癸烯-5-醇	0.3
甜橙油	1.25	桃醛	0.28	乙酸邻叔丁基环己酯	12.2
二氢月桂烯醇	4.8	甲基柏木醚	0.54	乙酸对叔丁基环己酯	3.1
二甲基苯乙基原醇	0.22	龙涎酮	2.4	乙酸香叶酯	0.1
苯乙醇	0.25	γ-十二内酯	0.12	月桂醛	0.86
樟脑	0.2	佳乐麝香 50%DEP50%	7.3	黑檀醇	0.62
对叔丁基环己醇	0.81	己醇	0.34	DEP	20
乙酸芳樟酯	0.58	甲基庚烯酮	0.08	甲基紫罗兰酮	6.57
大茴香醛	0.26	D-柠烯	16	新铃兰醛	1.2
癸醇	0.24	桉叶油	0.4	长叶烯	0.75
乙酸二甲基苄基原酯	0.33	女贞醛	0.5	α-戊基桂醛	0.1
乙酸松油酯	0.22	芳樟醇	7.2	α-己基桂醛	0.6
二苯醚	0.8	薰衣草油	0.1	乙酰基柏木醚	0.33
α-紫罗兰酮	4.15	松油醇	0.4		

表 14.23　洗衣液香精配方 5

原料	质量分数/%	原料	质量分数/%	原料	质量分数/%
异丁酸乙酯	0.08	乙酸三环癸烯酯	6.9	乙酸苏合香酯	0.26
乙酸异戊二烯酯	0.24	乙酸三甲基苯丙酯	0.27	香叶醇	0.2
乙酸己酯	1.75	β-紫罗兰酮	1.2	乙酸异龙脑酯	0.06
海风醛	0.35	柑青醛	0.7	癸酸乙酯	0.1
己酸烯丙酯	1.45	二苯甲酮	0.5	乙酸松油酯	0.7
苯乙醇	0.23	月桂酸甲酯	0.2	甲基丁香酚	0.08
环高柠檬醛	0.4	二氢茉莉酮酸甲酯	0.8	癸酸	0.22
乙酸苄酯	2.6	α-己基桂醛	0.55	乙酸香叶酯	0.5
庚酸烯丙酯	1.58	DEP	35.11	月桂醛	0.06
香茅醇	0.4	己醇	0.05	环己基丙酸烯丙酯	5.78
4-甲基-3-癸烯-5-醇	0.25	甲基庚烯酮	0.08	甲基紫罗兰酮	1.48
乙酸邻叔丁基环己酯	15	柠檬油	4.5	抗氧化剂	0.08
乙酸对叔丁基环己酯	2.2	二氢月桂烯醇	0.33	月桂酸乙酯	2
乙酸香茅酯	0.77	女贞醛	0.3	桃醛	0.38
乙酸橙花酯	0.42	辛酸乙酯	0.2	乙酸月桂酯	0.33
α-突厥酮	0.31	薄荷醇	0.41	十四酸甲酯	0.25
二苯醚	0.46	辛酸	0.18	佳乐麝香 50%DEP50%	6.75

表 14.24　洗衣液香精配方 6

原料	质量分数/%	原料	质量分数/%	原料	质量分数/%
丁酸乙酯	0.42	铃兰醛	3.65	香茅醇	0.1
罗勒烯	0.22	DEP	32.39	4-甲基-3-癸烯-5-醇	0.05
别罗勒烯	0.05	乙酸月桂酯	0.85	癸酸甲酯	0.15
女贞醛	0.03	龙涎酮	2.26	乙酸香叶酯	2.79
玫瑰醚	0.1	十二酸甲酯	0.25	乙酸三环癸烯酯	3
乙酸苄酯	0.13	十四酸乙酯	0.04	三环癸烷羧酸乙酯	4.62
丙酸苏合香酯	0.51	十六酸乙酯	0.08	丙酸三环癸烯酯	4.87
香叶醇	0.1	乙酸异戊二烯酯	0.3	桃醛	0.2
乙酸邻叔丁基环己酯	17.3	D-柠烯	4.02	月桂酸乙酯	0.15
乙酸对叔丁基环己酯	14	二氢月桂烯醇	0.25	α-戊基桂醛	0.75
α-突厥酮	0.22	芳樟醇	1.43	柳酸己酯	0.64
环己基丙酸烯丙酯	0.4	辛酸乙酯	0.16	α-己基桂醛	1.3
异丁酸苯氧乙酯	0.32	己酸烯丙酯	1.8	十六酸甲酯	0.1

表 14.25　洗衣液香精配方 7

原料	质量分数/%	原料	质量分数/%	原料	质量分数/%
α-蒎烯	0.02	γ-癸内酯	0.13	苯甲醛	0.32
甜橙油	2.35	DEP	56.01	乙酸芳樟酯	2.25
辛醛	0.1	二氢茉莉酮酸甲酯	0.08	癸酸乙酯	0.46
二氢月桂烯醇	4	十二酸甲酯	0.35	乙酸香茅酯	1
芳樟醇	1.62	乙酸柏木酯	0.46	香豆素	0.2
苯乙醇	0.22	佳乐麝香	3.2	β-紫罗兰酮	0.34
乙酸苄酯	0.75	十六酸乙酯	0.17	铃兰醛	2.9
可艾酮	1.23	乙酸	0.1	结晶玫瑰	0.17
香茅醇	0.35	月桂烯	0.33	柳酸戊酯	0.32
茴香油	0.25	白柠檬油	0.1	月桂酸乙酯	0.33
乙酸对叔丁基环己酯	3.62	别罗勒烯	0.2	龙涎酮	1.85
α-紫罗兰酮	0.47	异松油烯	0.05	α-己基桂醛	1.36
甲基紫罗兰酮	8	玫瑰醚	0.14	十四酸乙酯	0.13
抗氧化剂	2.75	辛酸甲酯	0.34	柳酸苄酯	0.33
柳酸异戊酯	0.25	乙酸苏合香酯	0.4		

表 14.26　洗衣液香精配方 8

原料	质量分数/%	原料	质量分数/%	原料	质量分数/%
乙酸	0.42	长叶烯	14.4	薄荷酮	0.8
辛醇	0.46	香豆素	0.3	乙酸新壬酯	5.45
乙酸己酯	0.1	铃兰醛	1.55	香茅醇	0.22
桉叶油	5.8	檀香 210	0.47	甲基壬酮	0.1
女贞醛	0.7	DEP	8.59	乙酸邻叔丁基环己酯	3.2
樟脑	6.47	二氢茉莉酮酸甲酯	0.44	月桂醛	0.9
异龙脑	1.35	2-甲基丁酸乙酯	2.6	乙酸三环癸烯酯	2
麦芽酚	0.95	苯乙二甲缩醛	0.08	β-萘甲醚	1.03
乙酸龙脑酯	1.02	甜橙油	4.2	柳酸异戊酯	1.2
十一烯醛	0.1	二氢月桂烯醇	6.5	柳酸戊酯	2
乙酸松油酯	25.3	丁酸己酯	0.7	乙酸月桂酯	0.6

表 14.27　洗衣液香精配方 9

原料	质量分数/%	原料	质量分数/%	原料	质量分数/%
丙酸乙酯	0.03	龙涎酮	1.47	α-突厥酮	0.08
桉叶油	0.03	桃醛	0.22	突厥烯酮	0.04
2,6-甲基-2-庚醇	0.28	丁香酚	0.84	DPG	25.88
艾蒿油	0.04	邻氨基苯甲酸甲酯	0.03	苯乙醇	1.2
苯甲醛	0.01	佳乐麝香 50%DEP50%	22	橙花素	1.3
十一醛	0.02	香豆素	0.7	甲基柑青醛	0.14
苯乙二甲缩醛	0.02	乙酸异戊酯	0.04	铃兰醛	12
苯甲酸甲酯	0.13	万寿菊油	0.08	海酮	0.1
香茅醇	3.3	海风醛	0.06	素凝香	3
橙花醇	0.25	女贞醛	0.12	二氢茉莉酮酸甲酯	6.27
大茴香脑	0.1	芳樟醇	3.6	α-己基桂醛	7.85
甲基紫罗兰酮	3.67	苯甲酸乙酯	0.02	茉莉净油	0.01
乙酸三甲基苯丙酯	0.03	柠檬醛	0.26		
β-紫罗兰酮	4.68	丁酸二甲基苄基原酯	0.1		

表 14.28 洗衣液香精配方 10

原料	质量分数/%	原料	质量分数/%	原料	质量分数/%
乙缩醛	0.04	檀香 208	0.3	合成橡苔	0.05
乙酸异戊酯	0.01	β-萘甲醚	0.1	乙酸香叶酯	0.04
乙酸松油酯	0.1	素凝香	0.2	香茅醇	0.34
丁酸异戊酯	0.18	γ-癸内酯	0.75	环己基丙酸烯丙酯	0.44
女贞醛	0.17	佳乐麝香 70%DEP30%	20	香叶醇	0.02
二氢月桂烯醇	3.2	吐纳麝香	0.7	龙涎香	0.3
芳樟醇	1.7	β-甲基萘酮	0.84	二苯醚	0.25
苯甲酸乙酯	0.1	柳酸苄酯	0.12	龙涎酮	7.74
香茅腈	0.25	癸醛	0.04	苯氧基乙醇	0.33
月桂醛	0.12	异丁酸乙酯	0.01	乙酸柏木酯	0.35
丙酸苄酯	0.13	异戊酸乙酯	0.01	广藿香油	0.28
α-突厥酮	0.22	桉叶油素	0.2	乙酰基柏木烯	0.6
三环癸烷羧酸乙酯	0.3	庚酸烯丙酯	0.22	二氢茉莉酮酸甲酯	2.3
DPG	19.77	四氢芳樟醇	12.3	α-己基桂醛	6.8
白檀醇	0.22	薰衣草油	0.33	柠檬酸三乙酯	0.13
对叔丁基苯丙醛	0.12	乙酸邻叔丁基环己酯	2.2	苯甲酸苄酯	0.65
羟基香茅醛	12.8	甲基壬乙醛	0.14	苯乙二甲缩醛	0.07
枯茗籽油	0.22	松油醇	1.2		

第十五章

口腔卫生用品的加香

牙齿清洁用品已有4000余年的历史。中国古代最早是用树枝清洁牙齿。现代的口腔卫生用品主要有牙膏、牙粉和含漱水。所用香精有留兰香、薄荷香、茴香、冬青、桉叶、橘子、柠檬、菠萝等香型。口腔卫生用品属于日用化学品，尽管不是食品，但口腔卫生用品香精所用香料必须是允许在食品中使用的香料，口腔卫生用品香精的安全性要求也按食用香精标准执行，所配制的香精应具有清凉爽口、清神醒脑作用。

第一节　牙膏的加香

牙膏（toothpaste）的种类很多，有洁齿牙膏、脱敏牙膏、加酶牙膏、加氟牙膏、儿童牙膏等。

一、牙膏的基本组成

牙膏的基本组成为：粉质摩擦剂（磷酸氢钙、焦磷酸钙、碳酸钙、碳酸镁，40%～50%），洗涤剂（月桂醇单甘油酯磺酸钠，2.5%～3.5%），胶合剂（羧甲基纤维素钠、海藻酸钠，1%～1.2%），保湿剂（甘油、丙二醇、山梨醇，25%～35%），糖精（0.2%～0.3%），香精（0.5%～1.5%），水（15%～20%）。根据不同的应用，可以添加少量的防腐剂、单氟磷酸钠、氟化钠、蛋白酶、中草药提取物等。

二、牙膏的生产工艺

牙膏的生产工艺见图15.1。

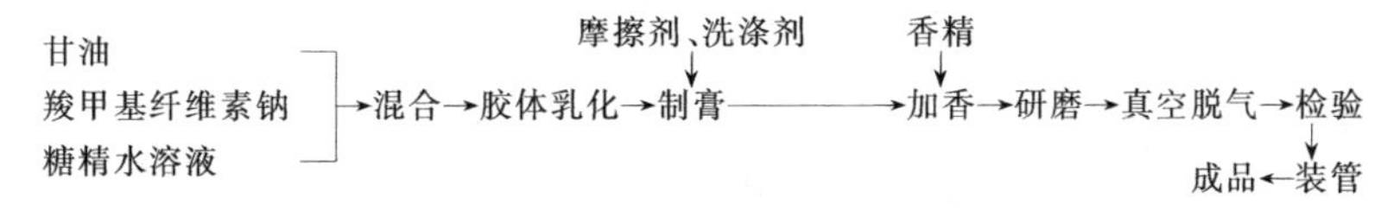

图15.1　牙膏的生产工艺

第二节　含漱水的加香

含漱水（mouth wash）的作用在于清洁口腔、掩盖口臭，使口腔有清新舒适感。

一、含漱水的基本组成

含漱水的基本组成为：精制水（70%～75%）、乙醇（10%～25%）、甘油（10%～15%）、杀菌剂（安息香酸、硼酸，1%～3%）、乳化剂（0.2%～0.3%）、香精（0.2%～1%）。

二、含漱水的生产工艺

含漱水的生产工艺见图15.2。

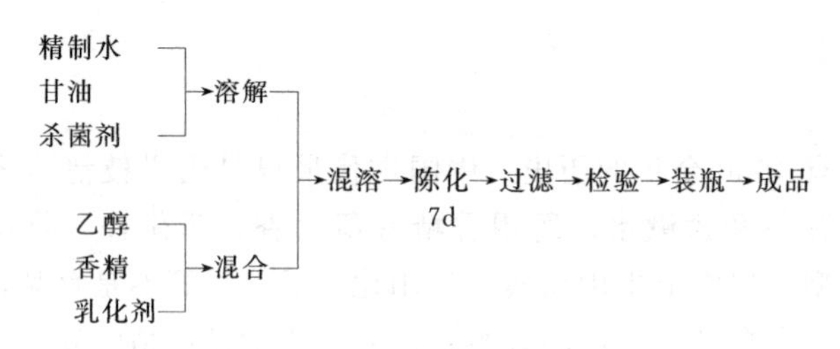

图15.2 含漱水的生产工艺

第三节 口腔卫生用品香精配方实例

口腔卫生用品香精配方实例见表15.1～表15.20。

表15.1 口腔卫生用品香精配方1

原料	质量分数/%	原料	质量分数/%	原料	质量分数/%
椒样薄荷油	4.2	留兰香油65%	10	大茴香醛	0.22
薄荷脑	40	丙二醇	2.08	丁香花蕾油	2.5
冬青油	25	大茴香脑	15.8	致凉剂	0.2

表15.2 口腔卫生用品香精配方2

原料	质量分数/%	原料	质量分数/%	原料	质量分数/%
桉叶油素	5	薄荷脑	20	柳酸乙酯	32
苯乙醇	2.2	致凉剂	0.1	茴香油	4.5
樟脑	2.25	D-柠烯	6.67	丁香酚	2.6
椒样薄荷油	7.2	树苔浸膏	0.08	石竹烯	0.4
亚洲薄荷油	11	留兰香油65%	6		

表15.3 口腔卫生用品香精配方3

原料	质量分数/%	原料	质量分数/%	原料	质量分数/%
乙酸叶醇酯	0.2	留兰香油65%	6.1	顺式茉莉酮	0.18
星苹酯	0.32	乙酸芳樟酯	0.2	石竹烯	1.75
桉叶油素	0.05	癸醇	0.21	异丁香酚	0.8
氧化芳樟醇	2	当归内酯	0.04	β-紫罗兰酮	0.03
苯乙醇	0.25	大茴香脑	14.6	吐鲁浸膏	0.02
薄荷油	31	百里香油	1.3	苯甲酸苄酯	0.05
薄荷脑	32	三醋酸甘油酯	7.98	柳酸苄酯	0.03
松油烯-4-醇	0.04	丁香花蕾油	0.16		
乙酸辛酯	0.01	丁香酚	0.68		

表 15.4　口腔卫生用品香精配方 4

原料	质量分数/%	原料	质量分数/%	原料	质量分数/%
丙二醇	25.23	桂醛	1	乙酸桂酯	0.03
亚洲薄荷油	34	大茴香脑	3.2	乙酸叶醇酯	0.02
薄荷脑	22	丁香酚	4.3	二氢茉莉酮酸甲酯	0.02
香芹酮	10	乙基香兰素	0.1	桉叶油	0.1

表 15.5　口腔卫生用品香精配方 5

原料	质量分数/%	原料	质量分数/%	原料	质量分数/%
丙二醇	29.89	留兰香油 65%	18	丁香酚	5.1
亚洲薄荷油	22	桉叶油	0.8	香兰素	0.3
椒样薄荷油	9	乙酸桂酯	0.7	乙酸薄荷酯	0.01
薄荷酮	12	大茴香脑	2.2		

表 15.6　口腔卫生用品香精配方 6

原料	质量分数/%	原料	质量分数/%	原料	质量分数/%
橙叶油	0.05	氧化芳樟醇	0.28	乙酸芳樟酯	0.35
丙二醇	86.705	芳樟醇	0.34	香叶醇	0.06
4-甲基-3-戊烯-2-酮	0.01	反-2-己烯醛	0.02	吲哚	0.04
苯乙酸叶醇酯	0.04	苯乙醇	0.08	茶螺烷	0.05
2-庚酮	0.02	氧化异佛尔酮	0.04	邻氨基苯甲酸甲酯	0.07
苯甲醛	0.005	丙酸苄酯	0.04	乙酸松油酯	0.06
己酸	0.01	薄荷酮	0.015	突厥烯酮	0.02
甲基庚烯酮	0.02	薄荷脑	10.8	茉莉酯	0.37
乙酸反-2-己烯酯	0.005	柳酸甲酯	0.05	β-紫罗兰酮	0.04
苄醇	0.02	松油醇	0.28	橙花叔醇	0.04
苯甲醛	0.02	橙花醇	0.04	α-己基桂醛	0.01

表 15.7　口腔卫生用品香精配方 7

原料	质量分数/%	原料	质量分数/%	原料	质量分数/%
丙二醇	11.12	乙酸芳樟酯	0.1	突厥烯酮	0.08
桉叶油素	2.8	柠檬醛	0.2	乙酸异丁香酚酯	0.02
氧化芳樟醇	0.12	大茴香脑	9.35	覆盆子酮	0.15
薄荷油	31	薄荷脑	42	亚丙基苯并呋喃酮	0.05
松油醇	0.12	丁香酚	0.4	致凉剂	1.7
留兰香油 65%	0.72	顺式茉莉酮	0.05	树苔浸膏	0.02

表 15.8　口腔卫生用品香精配方 8

原料	质量分数/%	原料	质量分数/%	原料	质量分数/%
薄荷油	76.93	柠檬醛	0.22	松油醇	0.1
薄荷脑	18	癸醇	0.2	致凉剂	0.2
邻仲丁基环己酮	1.4	大茴香油	0.1		
留兰香油 65%	1.65	丁酸薄荷酯	1.2		

表 15.9　口腔卫生用品香精配方 9

原料	质量分数/%	原料	质量分数/%	原料	质量分数/%
乙醇	5	薄荷脑	42	大茴香脑	8.5
丙二醇	13.47	柳酸乙酯	14	百里香油	0.6
桉叶油	0.7	留兰香油 65%	1.4	丁香酚	0.4
薄荷油	13.68	桂醛	0.05	致凉剂	0.2

表 15.10 口腔卫生用品香精配方 10

原料	质量分数/%	原料	质量分数/%	原料	质量分数/%
丙二醇	6.75	乙酸苄酯	0.08	留兰香油 65%	4
桉叶油	3.26	薄荷油	24	柠檬醛	0.13
己酸乙酯	0.14	三醋酸甘油酯	1.68	乙酸新壬酯	0.02
樟脑	0.22	椒样薄荷油	4.74	大茴香脑	5.8
糖内酯	0.01	薄荷脑	49	松油醇	0.17

表 15.11 口腔卫生用品香精配方 11

原料	质量分数/%	原料	质量分数/%	原料	质量分数/%
薄荷油	18.59	留兰香油 65%	12	大茴香脑	14
椒样薄荷油	10	覆盆子酮	0.04	丁香酚	0.62
薄荷脑	26.7	香芹酮	18	香兰素	0.05

表 15.12 口腔卫生用品香精配方 12

原料	质量分数/%	原料	质量分数/%	原料	质量分数/%
丙二醇	16.9	香芹酮	15	乙基香兰素	0.3
薄荷油	25	桂醛	0.7	桉叶油	1
椒样薄荷油	11	大茴香脑	4		
薄荷脑	21	丁香花蕾油	5.1		

表 15.13 口腔卫生用品香精配方 13

原料	质量分数/%	原料	质量分数/%	原料	质量分数/%
桉叶油	1.25	薄荷脑	42	大茴香脑	18
丙二醇	10.2	香芹酮	9.2	乙基香兰素	0.05
薄荷油	15.8	留兰香油 65%	2.5	致凉剂	1

表 15.14 口腔卫生用品香精配方 14

原料	质量分数/%	原料	质量分数/%	原料	质量分数/%
庚酸烯丙酯	0.2	大茴香脑	4.7	环己基丙酸烯丙酯	0.26
薄荷油	6.5	百里香酚	0.1	致凉剂	0.2
椒样薄荷油	6.8	香芹酮	5.5	丙二醇	13.04
薄荷脑	35	留兰香油 65%	6.2		
冬青油	18.5	丁香花蕾油	3		

表 15.15 口腔卫生用品香精配方 15

原料	质量分数/%	原料	质量分数/%	原料	质量分数/%
椒样薄荷油	5.5	大茴香脑	14.4	石竹烯	1.2
薄荷油	40	致凉剂	2	丁香酚	1.85
柳酸甲酯	15.5	桉叶油	0.6		
留兰香油 65%	10.6	丙二醇	8.35		

表 15.16 口腔卫生用品香精配方 16

原料	质量分数/%	原料	质量分数/%	原料	质量分数/%
桉叶油	1.5	大茴香脑	11.5	石竹烯	0.44
薄荷油	54.5	异丁香酚	1.1	丙二醇	3
椒样薄荷油	13	丁香花蕾油	0.4		
薄荷脑	14.5	乙酸桂酯	0.06		

表 15.17 口腔卫生用品香精配方 17

原料	质量分数/%	原料	质量分数/%	原料	质量分数/%
薄荷脑	8.5	留兰香油 65%	5	乙酸芳樟酯	0.13
椒样薄荷油	3.26	丙二醇	20.38	桉叶油	0.56
薄荷油	39.5	大茴香脑	8.7	柳酸叶醇酯	10
香芹酮	3.3	丁香酚	0.67		

表 15.18 口腔卫生用品香精配方 18

原料	质量分数/%	原料	质量分数/%	原料	质量分数/%
乙醇	6	薄荷油	22	丁香酚	0.1
丙二醇	53.35	薄荷脑	4	己酸叶醇酯	1.2
乙酸叶醇酯	0.1	乙酸薄荷酯	0.2	乳酸薄荷酯	1.1
己醇	0.14	香芹酮	0.65	桂花王	0.74
丙二酸二乙酯	3	大茴香脑	2	二氢茉莉酮酸甲酯	0.3
氧化芳樟醇	0.15	吲哚	0.04		
芳樟醇	4.75	乙酰丙酸乙酯丙二醇缩醛	0.18		

表 15.19 口腔卫生用品香料配方 19

原料	质量分数/%	原料	质量分数/%	原料	质量分数/%
乙醇	12	椒样薄荷油	6.8	乳酸薄荷酯	0.42
丙二醇	34.3	薄荷脑	12	β-紫罗兰酮	0.55
叶醇	0.3	丁酸叶醇酯	0.25	薄荷内酯	0.12
己醇	0.14	留兰香油 65%	0.67	二氢茉莉酮酸甲酯	0.18
桉叶油素	0.3	大茴香脑	1.35	薄荷酮甘油缩酮	0.78
乙酰丙酸乙酯	1.26	丁香花蕾油	0.2	芳樟醇	1.6
薄荷油	26	己酸叶醇酯	0.76	吲哚	0.02

表 15.20 口腔卫生用品香精配方 20

原料	质量分数/%	原料	质量分数/%	原料	质量分数/%
2-甲基丁酸乙酯	0.08	薄荷脑	27	羟基香茅醛	0.18
乙酸异戊酯	0.17	乙酸苏合香酯	0.35	十一醛	0.22
苯甲醛	0.01	柳酸甲酯	0.04	丁香花蕾油	0.33
庚酸乙酯	0.1	松油烯-4-醇	0.03	乙酸香叶酯	0.12
辛醛	0.06	癸醛	0.17	香兰素	0.03
D-柠烯	62	乙酸癸酯	0.08	月桂醛	0.02
芳樟醇	0.4	柠檬醛	1.62	抗氧化剂	1
壬醛	0.06	香芹酮	0.05	丙二醇	4.96
香茅醛	0.05	乙酸芳樟酯	0.53		
薄荷油	0.24	香叶醇	0.1		

第十六章

环境用清新剂的加香

环境用清新剂包括室内芳香剂、除臭赋香剂和香袋（香囊），这三种是日常生活中常见的美化居室环境、抑制环境恶臭的产品。此外，添加了香精的蜡烛在日常生活中也会用到。

第一节　室内芳香剂的加香

一、室内芳香剂介绍

随着人们生活水平的提高，城市化进程的加快，空调和汽车的普遍使用，对室内芳香剂的需求逐年增加。在居室、办公室、生产车间、汽车、飞机、卫生间、剧场、宾馆、医院、体育和文化娱乐场所等人员比较密集的地方，室内芳香剂的使用已经相当普遍。从形态上来分类，目前使用的室内芳香剂可以分为喷雾型、液体型和固体型三类。

1. 喷雾型芳香剂

喷雾型芳香剂主要是由香精、溶剂和喷射剂组成的。目前，普遍使用的喷射剂是丁烷和二氧化碳。

喷雾型芳香剂的基本组成根据其介质的不同而分成不同种类，主要有干雾型、湿雾型、醇基型和水基型。

干雾型芳香剂的基本组成：95%乙醇（20.0%～50.0%）、香精（0.5%～1.0%）、喷射剂（50.0%～80.0%）。

湿雾型芳香剂的基本组成：75%乙醇（60%～90.0%）、香精（0.5%～1.0%）、喷射剂（10.0%～40.0%）。

醇基型喷雾芳香剂的基本组成：异丙醇（75.0%～85.0%）、喷射剂二氧化碳（4.5%～6.2%）、蒸馏水（5.0%～15.0）、香精（0.2%～1.5%）、二缩乙二醇（2.5%～4.5%）。

水基型喷雾芳香剂的基本组成：蒸馏水（55.0%～75.0%）、乙二醇（1.0%～5.0%）、乳化剂（0.5%～3.0%）、香精（0.3%～1.5%）、喷射剂液体丁烷（20.0%～50.0%）。

2. 液体型芳香剂

液体型芳香剂分水型和油型两种，其主要成分是溶剂和香精，常用的溶剂有3-甲基-3-甲氧基-1-丁醇（MMB）、二丙二醇甲醚乙酸酯（DPMA）、蒸馏水、乙醇等。

液体型芳香剂最常见的是藤条香薰，将无香的藤条插入芳香剂，芳香剂浸湿藤条后，藤条可将芳香物质在常温下扩散出去，达到增香抑臭的效果。

3. 固体型芳香剂

固体型芳香剂有凝胶型、石蜡型和塑料型三种类型。

（1）凝胶型芳香剂　凝胶型芳香剂一般是将80%的水和20%的水溶性香精混合后，用此溶液溶解凝胶，当凝胶固化以后即可使用，常用的凝胶剂有骨胶、琼脂、聚乙烯醇、聚乙烯吡咯烷酮等。有些固体型芳香剂中，尚可加入少量氯化钾、海藻酸钠和羧甲基纤维素等添加剂。

下面以具体例子介绍固体型芳香剂的制备和加香过程。

例1：将聚合度为1700的聚乙烯醇7份，用100份水溶解，然后再加入3份香精和0.5份表面活性剂，经充分搅拌后制成水性乳浊液。在不停地搅拌上述乳浊液的同时，加入3.5份吸水为自重130倍的异丁烯无水马来酸共聚物高吸水性树脂粉末，静置1min后，水溶性乳浊液会被吸水性树脂粉末全部吸收，从而得到凝胶型芳香剂。

例2：在搅拌下用72.65份水溶解0.05份防腐剂，然后逐渐加入3份羧甲基纤维素钠，使其形成浓稠透明的凝胶溶液A。在搅拌下用19.86份水溶解0.1份色素和0.04份六偏磷酸钠，然后逐渐加入非离子表面活性剂2份、香精2份、碱性硫酸铬（33%Cr_2O_3）0.3份，配制成溶液B。将A和B两种溶液混合均匀以后，倒入艺术造型的模子中，30min后便可形成凝胶型芳香剂。

（2）石蜡型芳香剂　石蜡型芳香剂的主要成分是石蜡（70%左右）和油溶性香精（15%左右）。尚需添加少量高分子化合物、钛白粉、颜料等添加剂。

石蜡型芳香剂的具体制备方法列举如下。

将60份石蜡、10份微晶石蜡和5份凡士林加热到90～100℃制成熔融物A。将2.5份乙烯乙酸乙烯酯共聚物、5份浓度为30%的丁基橡胶石蜡溶液、2份二氧化钛和少量颜料等配成混合物B。将A和B在搅拌下混合均匀，待混合物冷却到70～75℃时，加入15份香精。将上述芳香混合物倒入模具中，待外层固化而内层尚未固化时，倒出内层芳香混合物，填入廉价材料，待完全固化后取出，便可生产出不同外观艺术造型的石蜡芳香剂。

（3）塑料型芳香剂　塑料型芳香剂是由热塑性树脂、增塑剂、安定剂、膨松剂和香精混合，然后再经热压造型而成。塑料型芳香剂可以制成花草树木等许多艺术造型。由于塑料型芳香剂加工过程中需要加热，低沸点的头香剂容易挥发，所以此类产品往往头香明快感显得不足。此类香精有时用石蜡作溶剂。

二、室内芳香剂香精配方实例

室内芳香剂香精配方实例见表16.1～表16.10。

表16.1　柑橘香型空气清新剂香精配方

原料	质量分数/%	原料	质量分数/%	原料	质量分数/%
乙醇	0.28	辛醛	0.01	十一烯醛	0.05
柠檬油	2.2	己酸烯丙酯	0.01	苯甲醛	0.03
D-柠烯	12.5	叶醇	0.08	芳樟醇	3.8
松油50%	0.11	壬醛	0.01	乙酸芳樟酯	0.55
对伞花烃	0.28	女贞醛	1.05	乙酸异龙脑酯	0.04
薰衣草噁烷	0.15	二氢月桂烯醇	0.07	乙基芳樟醇	0.38

续表

原料	质量分数/%	原料	质量分数/%	原料	质量分数/%
环格蓬酯	0.06	橙花醇	0.17	异丁酸苯氧乙酯	0.12
苯甲酸甲酯	0.03	丁酸苯乙酯	0.38	柳酸己酯	1.57
异龙脑	0.03	DPG	10.78	α-戊基桂醛	0.44
柠檬醛	1	香叶醇	1.68	二氢茉莉酮酸甲酯	6.45
异松油烯	2.04	丁酸苄酯	0.07	佳乐麝香 50% DEP50%	4
松油醇	3.79	苄醇	0.11	DEP	35
乙酸苄酯	0.48	BHT	0.1	α-己基桂醛	3.25
甲酸叶醇酯	0.12	甲基紫罗兰酮	0.6	秘鲁浸膏	0.11
柳酸乙酯	0.11	羟基香茅醛	0.62	苯甲酸苄酯	0.48
丁酸二甲基苄基原酯	0.08	甲基柑青醛	2.53	麝香 T	0.11
香茅醇	0.4	铃兰醛	0.14	苯乙酸苯乙酯	0.33
丙酸苄酯	1.12	覆盆子酮	0.1		

表 16.2 清凉柠檬香型空气清新剂香精配方

原料	质量分数/%	原料	质量分数/%	原料	质量分数/%
乙酸丁酯	0.22	芳樟醇	7.63	甲酸香叶酯	0.33
己醛	0.01	乙酸芳樟酯	3.68	己酸烯丙酯	0.27
2-甲基丁酸乙酯	0.05	乙酸对叔丁基环己酯	2.57	橙花醇	0.1
橘子油	2.5	乙酸龙脑酯	3.8	香叶醇	1.55
白柠檬油	0.42	苯乙酸甲酯	0.1	苄醇	0.22
反-2-己烯醇	0.04	壬醇	0.04	二苯醚	0.85
辛醛	0.04	龙脑	0.05	百里香油	0.15
壬醛	0.08	柠檬醛	2.8	大茴香醛	0.14
女贞醛	0.16	乙酸香茅酯	0.02	γ-癸内酯	0.6
香茅醛	0.06	乙酸苏合香酯	4.93	癸酸	0.32
二氢月桂烯醇	7	松油醇	3.52	二氢茉莉酮酸甲酯	3.1
癸醛	0.55	乙酸苄酯	6	α-己基桂醛	6.9
苯甲醛	0.15	柠檬腈	4.1	DEP	34.95

表 16.3 清凉柑橘香型空气清新剂香精配方

原料	质量分数/%	原料	质量分数/%	原料	质量分数/%
丁酸乙酯	0.15	异龙脑	0.04	十一醛	0.02
辛醛	1.08	松油醇	0.06	乙酸香茅酯	0.48
DPG	2.2	癸醛	3.05	突厥烯酮	0.1
甜橙油	32	橙花醇	0.33	N-甲基邻氨基苯甲酸甲酯	0.07
D-柠烯	46	山苍子油	4.5	十二醛	0.14
己酸烯丙酯	0.05	枯茗醛	0.02	乙酸三环癸烯酯	1.14
乙基芳樟醇	0.24	留兰香油 65%	0.1	环己基丙酸烯丙酯	0.37
辛醛	5.5	香叶醇	0.5	β-萘甲醚	0.5
香茅醛	0.88	乙酸异龙脑酯	0.32		
癸酸	0.14	十一烯醛	0.02		

表 16.4 青苹果香型空气清新剂香精配方

原料	质量分数/%	原料	质量分数/%	原料	质量分数/%
丁酸乙酯	0.06	DPG	88.32	洋茉莉醛	0.02
2-甲基戊酸乙酯	0.03	女贞醛	0.18	γ-癸内酯	1.3
异戊酸乙酯	0.05	异戊酸异戊酯	0.11	佳乐麝香 50% IPM50%	3.2
星苹酯	0.15	乙酸邻叔丁基环己酯	6.58		

表 16.5 茉莉香型空气清新剂香精配方

原料	质量分数/%	原料	质量分数/%	原料	质量分数/%
叶醇	0.08	异龙脑	0.02	乙酸三环癸烯酯	1.05
己醇	0.02	冬青油	0.17	丙酸三环癸烯酯	1.1
2-甲基丁酸乙酯	0.04	松油醇	1.52	月桂酸	0.62
苯甲醛	0.03	癸醛	0.04	二氢茉莉酮酸甲酯	1.68
2,6-二甲基-2-庚醇	0.65	乙酸芳樟酯	1.07	柳酸叶醇酯	0.78
乙酸叶醇酯	0.25	丁酸苯乙酯	0.28	吐鲁浸膏	0.12
D-柠烯	1	吲哚	0.14	柳酸己酯	8.26
DPG	3.53	十一烯醛	0.02	α-戊基桂醛	12.4
苄醇	4.8	邻氨基苯甲酸甲酯	3.25	环十五酮	1
二氢月桂烯醇	3.17	丁香酚	0.66	吐纳麝香	2.2
芳樟醇	28	乙酸橙花酯	0.34	柳酸苄酯	4.7
乙酸苄酯	15.1	顺式茉莉酮	1.07		
苯甲酸甲酯	0.4	月桂醛	0.44		

表 16.6 玫瑰香型空气清新剂香精配方

原料	质量分数/%	原料	质量分数/%	原料	质量分数/%
苯甲醛	0.01	环格蓬酯	0.3	乙酸三环癸烯酯	9.7
DPG	28.1	香叶醇	2.1	波洁红醛	0.3
二氢月桂烯醇	0.76	环高柠檬醛	0.1	甲基柑青醛	0.1
女贞醛	0.24	乙酸邻叔丁基环己酯	3	丙酸三环癸烯酯	5.5
苯乙醇	1.58	辛炔羧酸甲酯	0.02	新铃兰醛	4.48
乙酸苄酯	12.2	丁酸二甲基苄基原酯	0.27	柳酸己酯	1
异龙脑	0.25	乙酸对叔丁基环己酯	2.1	柳酸戊酯	2
丙酸苏合香酯	0.52	乙酸香茅酯	0.47	柳酸苄酯	0.46
松油醇	11.7	甲酸香叶酯	0.08		
香茅醇	5.2	二苯醚	7.46		

表 16.7 清新玫瑰香型空气清新剂香精配方

原料	质量分数/%	原料	质量分数/%	原料	质量分数/%
甜橙油	0.7	薄荷酮	0.4	苯乙醇	27.6
玫瑰醚	0.03	星苹酯	0.38	二苯甲酮	1.22
叶醇	0.015	对叔丁基环己醇	0.15	素凝香	0.08
女贞醛	0.14	乙酸苄酯	2.2	甲基柏木酮	0.32
乙酰乙酸乙酯	4.8	香茅醇	0.28	二氢茉莉酮酸甲酯	4.28
薄荷脑	0.4	异丁酸苯乙酯	0.14	佳乐麝香 70% DEP30%	18.4
柠檬腈	0.17	橙花醇	2.6	α-己基桂醛	8.5
苯甲醛	0.01	α-突厥酮	0.8	DEP	8.635
芳樟醇	0.9	乙酸苯乙酯	0.9	酮麝香	0.72
乙酸邻叔丁基环己酯	5.08	苄醇	0.02	香叶醇	4.75
乙酸对叔丁基环己酯	3.2	甲基柏木醚	2.18		

表 16.8 幻想香型空气清新剂香精配方 1

原料	质量分数/%	原料	质量分数/%	原料	质量分数/%
薄荷脑	0.15	橙花醇	2	结晶玫瑰	0.37
二氢月桂烯醇	0.22	α-紫罗兰酮	2.6	柳酸异戊酯	4.5
香叶油	0.23	香叶醇	3.28	甲基柏木酮	2.55
苯甲醛	0.02	苄醇	0.04	环十五内酯	0.4
芳樟醇	0.08	甲基柏木醚	5.75	二氢茉莉酮酸甲酯	2.65
乙酸对叔丁基环己酯	0.37	苯乙醇	2.73	佳乐麝香 70% DEP30%	17
乙酸异龙脑酯	0.08	羟基香茅醛	2.68	DEP	18.75
DPG	2	椰子醛	0.1	α-己基桂醛	17.8
苯乙二甲缩醛	0.12	铃兰醛	0.33	新铃兰醛	0.3
乙酸松油酯	1.57	龙涎酮	0.44	香兰素	0.38
松油醇	4.2	异长叶烷酮	3.2	苯甲酸苄酯	0.2
乙酸苄酯	1.38	异丁香酚	0.31		
香茅醇	0.72	广藿香油	0.5		

表 16.9 幻想香型空气清新剂香精配方 2

原料	质量分数/%	原料	质量分数/%	原料	质量分数/%
丁酸乙酯	0.22	苯甲酸乙酯	1.15	β-紫罗兰酮	0.91
甜橙油	3.2	乙酸对叔丁基环己酯	3.67	花青醛	0.18
桉叶油素	0.5	十一醛	0.03	丙酸三环癸烯酯	2.15
乙酸异戊二烯酯	0.25	乙酸松油酯	3	洋茉莉醛	0.1
辛醛	0.02	甲基癸烯醇	0.68	椰子醛	0.56
乙酸叶醇酯	0.03	月桂醛	0.47	铃兰醛	9.65
海风醛	0.14	乙酸苄酯	2.48	龙涎酮	10.2
玫瑰醚	0.06	β-突厥酮	0.77	檀香 210	2.52
己酸烯丙酯	0.15	香茅醇	1.6	柳酸己酯	5.92
叶醇	0.11	环己基丙酸烯丙酯	0.38	邻氨基苯甲酸甲酯	0.03
对甲酚甲醚	0.17	橙花醇	0.56	合成橡苔	0.02
薄荷酮	0.12	DPG	14.02	甲基柏木酮	1.27
二氢月桂烯醇	2.5	苄基丙酮	3.9	γ-癸内酯	1.48
女贞醛	0.82	甲基紫罗兰酮	4.03	环十五内酯	0.13
可艾酮	1.33	香叶醇	0.95	二氢茉莉酮酸甲酯	2.82
芳樟醇	0.8	乙酸三环癸烯酯	2.62	α-己基桂醛	5.5
乙酸邻叔丁基环己酯	1.95	王朝酮	0.06	6-甲基香豆素	0.05
乙酸异龙脑酯	0.02	苯乙醇	1.42	柠檬酸三乙酯	0.3
戊基环戊酮	0.1	乙酸二甲基苄基原酯	1.33	香兰素	0.6

表 16.10 幻想香型空气清新剂香精配方 3

原料	质量分数/%	原料	质量分数/%	原料	质量分数/%
叶醇	0.14	甲基癸烯醇	0.1	橙花叔醇	1.15
柠檬油	2.05	羟基香茅醛	0.32	DEP	8
DPG	47.12	吲哚	0.06	二氢茉莉酮酸甲酯	27.5
芳樟醇	0.9	邻氨基苯甲酸甲酯	0.54	柳酸苄酯	0.03
松油醇	0.06	乙酸橙花酯	0.05	吐纳麝香	0.04
山苍子油	0.3	甲酸香叶酯	0.04	黄葵内酯	0.22
乙酸芳樟酯	0.32	桃醛	0.06	麝香 T	8.1
龙葵醛	0.1	BHT	2.8		

第二节 除臭赋香剂的加香

人群密集的场所，往往散发出令人不愉快的气味。这些气味大多含有硫化物、胺类、酚类、脂肪酸和脂肪醛等化合物。除去这些环境中的臭气，目前主要采取三种方法：第一种是采用化学试剂、生物技术或表面吸附的方法，中和或分解恶臭物质，使环境中臭气源彻底清除。第二种是采用香气隐蔽臭气和麻痹嗅觉神经的方法，这种方法虽然不能彻底消除臭气源，但是简单易行。第三种方法是使用同时具有消臭和赋香两种功能的除臭赋香剂，这种除臭赋香剂能缓慢地放出具有氧化作用的气体，可以氧化分解臭气源而达到除臭的目的。另外，它还可以不断地释放芳香性气体，而使空气清新。

环境用除臭赋香剂按剂型可分为固体、液体和气雾型三种。下面举例说明三种芳香剂的基本组成和加香流程。

固体除臭赋香剂：将含有 0.03%三氧化二铁的合成硅酸钙粉末（表面积 110m^2/g，吸油量 10mL/g，粒径 1～20μm），制成直径为 5mm 的球粒或厚度为 5mm 的小片。取 100 份使其吸附浓度为5000mg/kg的已稳定化的二氧化氯液体80份，再吸附香精50份，干燥后即为成品。将这种固体除臭赋香剂放在透风性容器中，其除臭赋香时间可保持40～50天。

液体除臭赋香剂：将13份氯化亚铁溶解于100份水中，然后再加入2份马来酸、少量香精，搅拌溶解后即制成液体除臭赋香剂。这种液体除臭赋香剂效果优良，对硫化氢气体和氨的除臭率达到100%。

除臭气雾剂：将46份乙醇、40份椰子油皂、10份苹果酸、5份香精混合搅拌均匀后制成除臭剂基剂。取60g上述除臭剂基剂、20g喷射剂，便可制成除臭气雾剂。这种除臭气雾剂可以用于房间、厨房、卫生间等许多场所。

第三节　香袋（香囊）的加香

香袋所用的芳香剂，有固体和膏状两种类型。将少许芳香剂和香精装入小巧玲珑的香袋或香囊中，可以随身携带，也可以置于房间中，散发出迷人的芳香。

固体芳香剂的制作方法比较简单，将干花瓣、干草叶、木粉、碎根等天然芳香植物原料用球磨机碎成粉末后，再与少许香精混合均匀即可。

膏状香袋的制作则比较复杂一些。膏状芳香剂的主要组分有蒸馏水、乳化剂、增稠剂、防腐剂和香精。香精的香型根据需要可以任意选择。下面举一个具体制作加香的例子供参考。

将14份甘油单硬脂酸酯、8份硬脂酸、2份矿物油（黏度指数*VI*为70）和0.1份羟基苯甲酸丙酯混合后，加热到80℃，配成混合液A。将4份三乙醇胺、5份丙二醇、0.2份羟基苯甲酸甲酯、0.3份咪唑烷基尿素和61.4份蒸馏水混合后，加热到80℃，配成溶液B。将4份香精与1份聚乙二醇（20）三梨糖醇硬脂酸酯相混合配成溶液C。将A和B在80℃下混合然后停止加热，在缓慢搅拌下，当冷却到45～50℃时将C倒入其中，冷却到室温。取少许膏状芳香剂置于香袋或香笼中便可放出宜人的香气。

第四节　蜡烛的加香

蜡烛香精也应属于环境用香精类，蜡烛香精也有它配制方面的特点，不是随便一种香精可以代替的。

一、蜡烛香精的用料特点

现代蜡烛的主要成分是石蜡，高纯度的石蜡是无色无香无味的，石蜡加香并不容易。

有许多香料容易溶解在油里面，也就能溶解在熔化的石蜡里面，但也有很多香料不溶解在油里，或者在油里面溶解度很小，同样也不易溶解在熔化的石蜡里。一个香精的配方里面如有较大量不溶于油（蜡）的香料，把它加进熔化的石蜡里也会溶解不了，冷却后香精沉于蜡底或浮于蜡上，这都是不行的。因此，蜡烛香精的溶解性需要调香师设计配方时格外注意。

不要以为石蜡已经提炼得很纯净，杂质不多，就觉得蜡烛加香可以随心所欲了，其实不然。有不少常见香型的香精加入蜡烛里变色情况非常严重！如香草香型、丁香香型、肉桂香型、麝香香型等，由于这些香型的香精里用了大量的香兰素（包括乙基香兰素）、丁香酚（包括丁香酚的各种衍生物）、肉桂醛、合成麝香特别是硝基麝香等，这些香料在光线、空气、微量铁等杂质的共同作用下很容易变色，而石蜡是半透明的，光线可以透入，蜡烛加工时空气自由进入（加上高温），微量铁等杂质也难以完全避开，因此这些香型不能用于白色和浅色蜡烛生产中。实践证明，加在肥皂里容易变色的香料加在蜡烛中同样容易变色。虽然石蜡熔化温度并不太高（60℃左右），但蜡烛生产时石蜡的熔化、浇铸作业是在远高于这个温度下（高于100℃）进行的。因此，低沸点的香料也不宜用于蜡烛香精中。

综上所述，蜡烛香精应使用沸点不太低的、易溶于油（蜡）的、不易变色（对生产浅色蜡烛而言）的香料配制。

二、蜡烛香精配方实例

蜡烛香精配方实例见表16.11～表16.13。

表16.11　蜡烛香精配方1

原料	质量分数/%	原料	质量分数/%	原料	质量分数/%
柠檬油	0.28	留兰香油65%	0.58	柳酸戊酯	0.17
二氢月桂烯醇	1.78	甲酸香叶酯	0.1	檀香803	0.25
癸醛	0.13	香茅醇	0.57	丁香酚	1.45
苯甲醛	0.02	2,4-二甲基-4-苯基四氢呋喃	0.54	广藿香油	3.8
芳樟醇	1.27	丁酸苯乙酯	0.1	甲基柏木酮	1.22
乙酸芳樟酯	1.93	大茴香油	0.8	桃醛	0.14
乙酸邻叔丁基环己酯	0.58	香叶醇	0.15	二氢茉莉酮酸甲酯	13.5
乙酸龙脑酯	0.37	甲基紫罗兰酮	0.3	佳乐麝香70% DEP30%	6.6
2-壬烯酸甲酯	0.4	乙酸三环癸烯酯	0.33	α-己基桂醛	10.8
乙酸对叔丁基环己酯	0.65	苯乙醇	0.95	DEP	14.95
薄荷醇	1	β-紫罗兰酮	0.18	吐纳麝香	1
乙酸香茅酯	0.18	二苯醚	0.28	香豆素	1.22
柠檬醛	0.26	椰子醛	0.1	新铃兰醛	5.14
乙酸松油酯	0.57	桂醛	0.4	乙基香兰素	4.5
松油醇	0.7	铃兰醛	0.45	苯甲酸苄酯	18
乙酸苄酯	0.08	N-甲基邻氨基苯甲酸甲酯	0.08	苄醇	1.15

表16.12　蜡烛香精配方2

原料	质量分数/%	原料	质量分数/%	原料	质量分数/%
柠檬油	0.62	薄荷脑	0.8	异丙基紫罗兰酮	0.65
桉叶油	0.08	丁酸香茅酯	0.15	乙酸三环癸烯酯	0.55
杂醇油	0.85	柠檬醛	0.3	苯乙醇	1.54
乙酸己酯	1.42	乙酸苏合香酯	0.65	丁酸二甲基苄基原酯	1.52
丁酸丁酯	0.85	松油醇	0.75	椰子醛	0.44
己醇	0.72	异龙脑	0.38	丁香酚	0.1
乙基芳樟醇	0.18	乙酸苄酯	2.42	乙酸桂酯	0.5
二氢月桂烯醇	1.2	蒸馏姜油	0.75	邻氨基苯甲酸甲酯	2.05
癸醛	1.08	留兰香油65%	1.4	桃醛	6
苯甲醛	0.1	甲酸香叶酯	0.48	二氢茉莉酮酸甲酯	0.18
芳樟醇	7.1	乙酸二甲基苄基原酯	3.68	DEP	37.43
乙酸芳樟酯	1	丙酸苄酯	1.2	乙基香兰素	0.8
乙酸邻叔丁基环己酯	0.72	2,4-二甲基-4-苯基四氢呋喃	0.88	苯甲醛二甲缩醛	1
异长叶烷酮	0.38	橙花醇	0.14	β-紫罗兰酮	0.66
乙酸龙脑酯	0.8	异丁酸苯乙酯	0.08	二苯醚	0.85
2-壬烯酸甲酯	0.12	β-突厥酮	0.12	N-甲基邻氨基苯甲酸甲酯	0.9
苯甲酸乙酯	0.08	大茴香脑	0.8	杨梅醛	1.85
乙酸对叔丁基环己酯	1.2	苄醇	1.5	异丁酸苯氧乙酯	4.8
亚洲薄荷油	1	香叶醇	0.42	γ-癸内酯	1.78

表 16.13 蜡烛香精配方 3

原料	质量分数/%	原料	质量分数/%	原料	质量分数/%
异丁酸乙酯	0.2	丙二酸二乙酯	0.12	N-甲基邻氨基苯甲酸甲酯	0.48
异戊酸乙酯	0.15	对甲基苯乙酮	0.1	杨梅醛	21
柠檬油	0.18	丙酸苏合香酯	0.04	异丁香酚	1.22
对伞花烃	0.008	乙酸苄酯	5.1	百里香酚	0.28
乙酸异戊二烯酯	0.5	β-突厥酮	0.08	壬酸	0.15
乙酸己酯	0.93	顺-6-壬烯醛	0.02	桃醛	13
壬醛	0.005	2,4-癸二烯醛	0.04	二氢茉莉酮酸甲酯	6.5
甜瓜醛	0.44	苄醇	0.3	DEP	32.757
叶醇	0.05	乙酸二甲基苄基原酯	2	柠檬酸三乙酯	0.5
女贞醛	0.76	BHT	0.2	结晶玫瑰	0.2
癸醛	0.01	异丙基紫罗兰酮	0.04	乙基香兰素	0.33
乙酸	0.15	愈创木酚	0.02	香兰素	0.2
芳樟醇	4.75	乙基麦芽酚	5.8	柳酸苄酯	0.1
乙酸芳樟酯	0.04	桂皮油	0.3	覆盆子酮	0.95

美国调香师对部分最新食用香料的感官评价

第十七章 饮料的加香

香精是饮料生产中香味的重要来源，针对不同种类的饮料需要选择不同特点的香精，营造合适的风味，并保证饮料体系的稳定。

1. 饮料香精的用量

香精在食品中的使用量，对香味效果的好坏关系很大，用量过多或不足，都不能取得良好的效果。

由于各厂制造的香精浓度不一，以及产品的不同，因此饮料香精的习惯用量也不同。饮料香精的使用量应先参考各种香精所规定参考用量，对于确定最适宜的用量，只能通过反复的加香试验来调节，最后确定最适合当地消费者口味的用量。一般情况下，汽水中香精的用量为0.02%～0.1%，在配制酒中为0.1%～0.2%，在果味饮料和果汁饮料中为0.3%～0.6%。通常的橘子香精、柠檬香精中含有相当一部分的天然香料，香气比较清淡，其使用量可以略微高些，而全部用人造香料配制的香精的用量要低些。

2. 饮料香精的加香注意点

饮料香精要想取得良好的加香效果，除了选择合适香型和用量的食用香精外，还要注意以下一些问题。

（1）溶解性　香精在饮料中必须充分溶解，才能使产品香味一致。如出现香精不溶解于饮料中或沉淀等现象，必然造成产品部分香味过强或过弱的严重质量问题。因此，大部分的饮料（果味/果汁饮料、茶饮料和碳酸饮料等）应选用水质香精；柑橘香型香精由于水溶性差，一般根据饮料介质的特点选用乳化或微乳化香精；固体饮料要选择吸附型或微胶囊型粉末香精。

（2）糖酸比　糖酸比如果恰当，对香味效果可以起到很大的帮助作用。如在柠檬汽水中仅用少量酸味剂配制，即使应用高质量的柠檬香精也不能取得良好的香味效果。糖酸比的以接近天然果品为好，最适宜的糖酸比应以当地人的口味为基础来调配。对于饮料，首先就是找准各种香气的糖酸比，这样才更能衬托该有的香气。如生产葡萄味饮料要加酒石酸，可乐类要加磷酸等。如果要生产成低热值的饮料，最好用两种以上的甜味剂。

（3）温度　大多数饮料用香精都是水质香精，它的溶剂和香料的沸点较低，易受热挥发。因此，若遇到在碳酸饮料的糖浆中加香的情况时，必须控制糖浆温度。一般控制不超过常温。

（4）香精复配　许多饮料并不是单用一支香精就能调配出理想的效果，往往需要两种以上的香精复配才能达到目的。为了使不同品牌和功能的饮料具有独特的风味，要学会香精的复配，必须了解最佳香型的搭配和配伍禁忌。其中，作为主香的香精要与产品的牌名一致。

第一节　果汁（味）型饮料的加香

果汁（味）型饮料是指用新鲜或冷藏水果为原料，并结合香精（或完全由香精）提供香味来源的饮料制品。包括果汁、果浆、浓缩果汁、浓缩果浆、果肉饮料、果汁饮料、果粒果汁饮料、水果饮料浓浆、果味饮料等。

一、加香过程

果汁型饮料的制备工艺（包括加香过程）如图 17.1 所示。

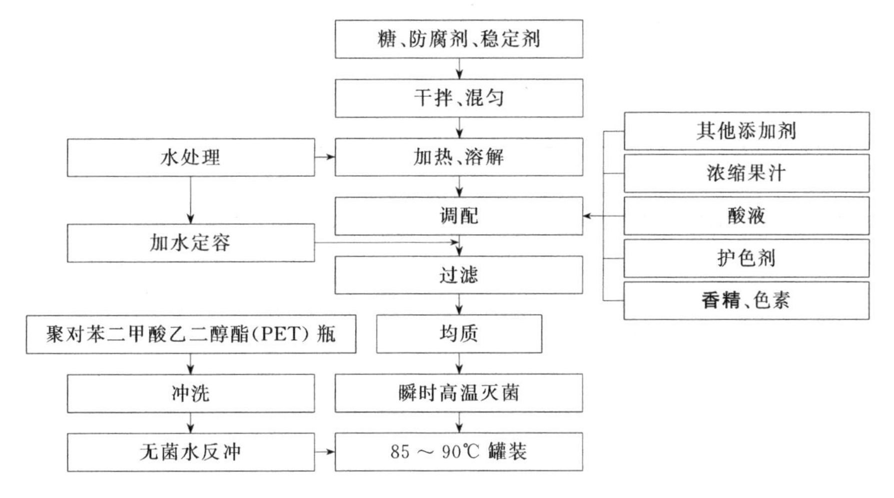

图 17.1　果汁型饮料的制备工艺

从该流程图中可以看到，果汁（味）型饮料的加香一般在均质前进行，赋香率一般在 0.1%～0.2%，香精常常与乳化剂同时使用，以强调天然感。

二、常用香精香型

(1) 果味饮料　只含少量果汁（不小于 5%）的饮料。水果饮料常使用以香橙为代表的柑橘系列香精，但许多其他果实香精也都适用，香精与乳化剂同时使用。它和碳酸饮料的区别是更加强调天然感，清凉性次之。

(2) 果汁饮料　饮料中果汁含量在 10%以上，所适用的水果香型种类和香精的使用方法与上述果味饮料大致相同，但必须考虑香精和果汁间的调和以及加热过程中的香精香味损失劣化等具体问题。

(3) 天然果汁　使用香精的目的和果汁饮料相同，但只限于使用天然香料。因此，只能使用天然精油和果汁浓缩时的回收香气物质作为香精组分。

(4) 果肉型饮料　此类型饮料因果实种类不同而有一定的差别，高酸型水果其果肉的含量在 20%以上，低酸型水果，其果肉含量在 30%以上，是一种相对黏稠状的饮料，如曾流行一时的各种果茶。果肉型饮料强调呈味满足感，爽快感居次要地位。使用香精的目的是补充加工过程中香气的损失和增加花色品种。

下面介绍几种常见的果汁型饮料的应用配方和香精的选择（表 17.1～表 17.3），仅供读者参考。

表 17.1 柑橘香型果汁饮料配方

原料	质量/kg	原料	质量/kg	原料	质量/kg
白砂糖	44.5	柠檬酸	1.8	甜橙香精	0.45
甜蜜素(50)	0.5	苹果酸	0.7	白柠檬香精	0.05
阿斯巴甜(200)	0.1	柠檬酸钠	0.5	柠檬香精	0.15
5 倍浓缩橙汁	20	护色剂	0.2	纯净水	定容至 1000
山梨酸钾	0.2	稳定剂	1～2		

表 17.2 苹果香型果味饮料配方

原料	质量/kg	原料	质量/kg	原料	质量/kg
白砂糖	45.5	山梨酸钾	0.2	青苹果香精	0.22
安赛蜜(AK 糖,200)	0.08	护色剂	0.2	咖喱苹果香精	0.10
甜蜜素(50)	0.52	稳定剂	1.6	红富士苹果香精	0.10
柠檬酸	1	浓缩苹果汁	20	纯净水	定容至 1000
苹果酸	1.3	色素	适量		

表 17.3 菠萝香型果味饮料配方

原料	质量/kg	原料	质量/kg	原料	质量/kg
白砂糖	45	山梨酸钾	0.2	菠萝香精	0.2
AK 糖(200)	0.15	稳定剂	1	苹果香精	0.05
甜蜜素(50)	0.5	护色剂	0.2	香蕉香精	0.03
柠檬酸	1.8	β-胡萝卜素	0.1	纯净水	定容至 1000
苹果酸	0.6	日落黄	适量		

三、饮料中常见的香精复配

饮料香精的复配、香型的搭配可以发挥创意，充分利用生活体验和灵感，但也要有一定原则。下面介绍一些饮料中常见的香精香型搭配，供读者参考。

（1）苹果香型的复配　甜度 10%左右，酸度 0.1%左右。

红富士苹果 0.05%＋青苹果 0.05%

红富士苹果 0.06%＋哈密瓜 0.05%

红富士苹果 0.05%＋甜杏 0.05%

红富士苹果 0.08%＋芒果 0.05%

青苹果 0.05%＋乳化苹果 0.05%

青苹果 0.06%＋乳化山楂 0.05%

青苹果 0.05%＋猕猴桃 0.05%

青苹果 0.06%＋槐花蜜 0.05%

（2）香蕉香型的复配　甜度 12%左右，酸度 0.05%左右。

香蕉 0.07%＋苹果 0.03%

香蕉 0.06%＋菠萝 0.04%

香蕉 0.07%＋甜橙 0.03%

（3）桃子香型的复配　甜度11％左右，酸度0.1％左右。

水蜜桃0.07％＋甜橙0.02％

水蜜桃0.06％＋哈密瓜0.03％

水蜜桃0.06％＋葡萄0.04％

水蜜桃0.04％＋猕猴桃0.05％

水蜜桃0.05％＋杏0.05％

水蜜桃0.05％＋红富士0.05％

水蜜桃0.05％＋蜂蜜0.05％

水蜜桃0.08％＋芒果0.02％

水蜜桃0.05％＋芒果0.01％＋哈密瓜0.04％

水蜜桃0.05％＋芒果0.01％＋猕猴桃0.04％

水蜜桃0.05％＋芒果0.01％＋苹果0.04％

（4）密瓜香型的复配　甜度10％左右，酸度0.05％～0.1％。

哈密瓜0.04％＋水蜜桃0.06％

哈密瓜0.04％＋猕猴桃0.06％

哈密瓜0.04％＋甜杏0.06％

哈密瓜0.04％＋草莓0.06％

第二节　碳酸饮料的加香

我国将碳酸饮料分为果汁型、果味型、可乐型、低热量型和其他型。汽水要求有澄清透明的外观，通常加入0.1％左右的水质香精起调香作用。香精和其他辅料溶解后饮料清澈透明。如果香精中含有相当量的乙醇，挥发性高，应尽可能在食品制造后期且易于均匀混合时加入，加入后必须把加热温度控制在最低程度。选择的香精香气特征是轻快、纤细。必要时选择以丙二醇或丙三醇为溶剂的油水两用型香精，因它们的沸点高，所以头香完整、保香性好。

一、加香过程

碳酸饮料的一般加香和饮料制备流程见图17.2。

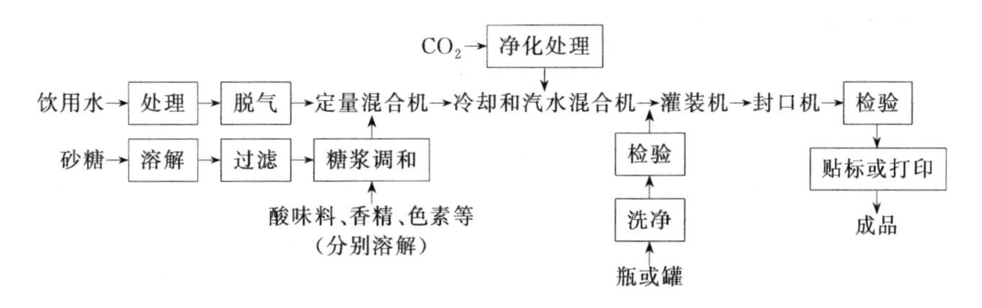

图17.2　碳酸饮料的一般加香过程和饮料制备流程

在20世纪70年代至90年代，我国碳酸饮料品种繁多，几乎各地都有自己较畅销的品牌，但随着可口可乐和百事可乐两大品牌进入我国市场，其原有的各地品牌几乎全部被吞并。

二、不同碳酸饮料香精的适用香型和剂型

（1）果汁型碳酸饮料　是指含有水果原汁在2.5%以上的饮料。可以是浑浊型，也可是澄清型。果汁型碳酸饮料由于所用原料果汁多数是浓缩果汁，因此香味不足，需要添加适量对应香型的香精补足。对浑浊型碳酸饮料，一般添加乳化香精，如橘子汁饮料。

（2）果味型碳酸饮料　其香气的形成主要以香精为赋香剂，也可以添加适量的果汁（小于2.5%）。主要品种如柠檬口味的雪碧、苹果口味的芬达等。

（3）可乐型　可口可乐和百事可乐，使用的香精以可乐豆的提取物和白柠檬为主，配以肉桂、肉豆蔻、姜、芫荽等多种辛香料，以及一些药草的精油或浸提物。可乐型饮料大都有咖啡因。这些物质经过巧妙调和后，香气具有奇妙的魅力。可乐的酸味剂为磷酸，着色剂为焦糖，并加入咖啡因补强。这些物质对于饮料滋味的清爽、浓郁都起重要的作用。各种香料的配比和着香率都是生产厂商的超级机密，尽管有人声称已调配出了可口可乐，但只是接近或只是为了宣传。

（4）低热量型饮料　主要为某些特殊群体制造，降低饮料的热值。例如，果味苏打水从外观来看，一般都有很鲜明的水果般的颜色，在香味方面则强调水果感，因此，常使用甜橙、柠檬、圆柚、香瓜、草莓等香型的香精。

（5）奶味苏打水　奶油苏打水、雪克（Shake）等饮料一般是指冷饮店出售的表面浮有冰淇淋的水果苏打水，或牛奶和糖浆等混合而成的发泡饮料等，饮料中不一定含有牛奶成分。欧美等国的奶油苏打水一般不含乳类成分而是用香精来表现乳类香气，并且外观是透明的。香气成分以香草为主，配合柑橘、蜂蜜，有时加入玫瑰等香精，其中，果香型最常用的是香橙、柠檬、圆柚、香瓜、草莓等香精。

下面以一实例介绍碳酸饮料的应用配方和香精的选择（表17.4），仅供读者参考。

表17.4　柠檬汽水配方

原料	添加量/kg	原料	添加量/kg	原料	添加量/kg
白砂糖	180	复合稳定剂	4.0	柠檬香精	0.6
浓缩橙汁	130	柠檬酸	3	橘子香精	0.4
糖浆	45	β-胡萝卜素	0.005	纯净水	定容至1000
苹果酸	0.6	柠檬黄	0.015		
山梨酸钾	0.2	白柠檬香精	0.5		

三、碳酸类饮料香精配方实例

碳酸类饮料香精配方实例见表17.5～表17.9。

表17.5　碳酸类饮料香精配方1

原料	质量分数/%	原料	质量分数/%	原料	质量分数/%
可拉果提取物	1	芳樟醇	0.1	桂皮油	2
甜橙油	35	异龙脑	0.03	肉豆蔻油	1.1
柠檬油	5.3	山苍子油	0.17	芫荽籽油	0.2
白柠檬油	45.6	环已基丙酸烯丙酯	0.01	乙酸松油酯	0.15
己酸烯丙酯	0.01	香茅醇	0.01	三醋酸甘油酯	6
庚酸烯丙酯	0.015	众香叶油	0.15	α-松油醇	3.75
苯甲醛	0.015	肉桂油	0.2		

表 17.6 碳酸类饮料香精配方 2

原料	质量分数/%	原料	质量分数/%	原料	质量分数/%
柠檬油	6	松油醇	0.73	乙酸橙花酯	0.01
白柠檬油	0.646	桉叶油	0.14	乙酸香叶酯	0.02
苯甲醛	0.002	桂皮油	0.55	柠檬醛	0.1
壬醛	0.002	乙基香兰素	0.01	癸醛	0.005
芳樟醇氧化物	0.005	众香子油	0.04	丙二醇	92.04
异龙脑	0.035	肉桂油	0.04		

表 17.7 碳酸类饮料香精配方 3

原料	质量分数/%	原料	质量分数/%	原料	质量分数/%
2-乙酰基呋喃	0.48	麦芽酚	0.5	乙基香兰素	0.16
5-甲基糠醛	0.33	松油醇	1.24	乙醇	94
桉叶油	3.24	香兰素	0.29		

表 17.8 碳酸类饮料香精配方 4

原料	质量分数/%	原料	质量分数/%	原料	质量分数/%
甲酸乙酯	4.2	甲酸	2.28	留兰香油 65%	0.02
咖啡提取物	0.38	乙酰乙酸乙酯	2.5	防风根烯	0.1
白柠檬油	3.2	5-甲基糠醛	0.04	对甲氧基苯乙酮	0.06
柠檬油	1.2	异龙脑	0.2	甲基环戊烯醇酮	1.27
甲酸乙酯	0.2	乙酰乙酸丁酯	1.25	3-甲基戊酸	0.04
2-甲基吡嗪	0.02	乙醇	41.35	2-糠硫基-3-甲基吡嗪	0.03
芫荽籽油	0.02	2-乙酰基呋喃	0.4	辛醛	0.14
桂皮油	0.15	丙酸	0.04	乙酸对甲酚酯	0.02
众香子油	0.1	β-当归内酯	0.51	乙酸桂酯	0.15
桉叶油	0.2	松油醇	6.43	乙酰丙酸乙酯	31
乙酸	2.32	乙酸橙花酯	0.03	香豆素	0.15

表 17.9 碳酸类饮料香精配方 5

原料	质量分数/%	原料	质量分数/%	原料	质量分数/%
甜橙油倍司	20	异龙脑	0.01	香兰素	0.05
柠檬油倍司	18.5	松油醇	0.24	丙二醇	18
乙醇	42.815	柠檬醛	0.035	癸醛	0.01
桉叶油	0.03	香芹酮	0.03	乙醛溶于 40%乙醇	0.02
芳樟醇	0.04	桂醇	0.22		

第三节 乳类饮料的加香

乳类饮料是指以乳或乳制品为原料，加入甜味剂、色素、香料、酸味剂以及乳酸菌等混合制成的饮料。这类饮料最初是为了使不喜欢喝牛奶的儿童提高嗜好性而设计，用乳、脱脂乳或发酵乳制成的饮料，包括的种类非常广泛。在我国较闻名的品牌有娃哈哈等系列乳类饮料。

在乳类中由于乳脂对其他的香气物质有掩蔽作用，为克服这种作用，必须提高加香率才能产生香气效果，脱脂乳不必考虑这种影响。一般加香率为 0.4%～0.5%，在均质前加入香精，并与乳化剂同时使用。调入牛奶后容易产生香味效果的香精香料有咖啡、巧克力、草莓等一些水果香精。此外，为了补强牛奶的香气必须添加牛奶香精或奶油香精。这类饮料与果实饮料非常匹配，可以组合成各种类型，这时除了加入牛奶香精或奶油香精外，对于其他香精香料的要求可参照果汁（味）型饮料部分。

一、中性奶饮料香精

根据不同消费群体的不同嗜好，中性奶饮料的种类非常多，比纯牛奶更受欢迎。有代表性的乳类饮料有甜牛奶、牛奶咖啡、牛奶水果等花式牛奶饮料等。咖啡和牛奶的香气很匹配，牛奶香气可以使咖啡香气变得柔和，而咖啡香气则可掩盖牛奶的腥膻气味。牛奶水果饮料中使用香橙、草莓、菠萝等香精，加香率一般为 0.1%。有时配合果汁或果肉一起使用，加入量视香气、味道效果和成本核算后确定。加香时，应先在低温搅拌下把果汁加入牛奶、砂糖和稳定剂的混合液中，然后加入香精和酸味剂，经过灭菌、冷却、检验、封口等过程最后得到成品（图 17.3）。注意：若使用了果汁，乳蛋白会凝固沉淀，所以在调香时存在果汁和酸味剂等使用方法上的各种技术问题。而制作牛奶咖啡饮料时，先在牛奶、脱脂乳、砂糖、咖啡提取物或速溶咖啡的混合液中加入香精，再按照牛奶水果饮料同样的过程制作。

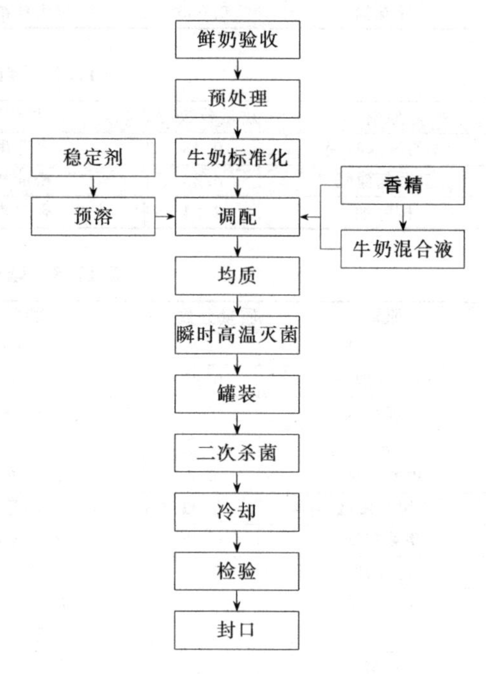

图 17.3 中性奶饮料生产工艺流程图

下面介绍几种常见的中性奶饮料的应用配方和香精的选择，仅供读者参考。

（1）甜牛奶饮料中常见的香精复配

牛奶香精 0.01%＋甜奶油香精 0.005%

鲜奶香精 0.03%＋乳化鲜奶香精 0.02%

鲜奶香精 0.02%＋纯奶香精 0.015%

纯奶香精 0.1%＋乳化鲜奶香精 0.01%＋奶油香精 0.04%

（甜牛奶相关的纯奶与鲜奶香精品种较多，可根据客户需求搭配调整，但香精的总添加量不宜超过 0.5%。）

（2）花式牛奶饮料中常见的香精复配

草莓牛奶：牛奶香精 0.01%＋草莓香精 0.05%

甜橙牛奶：牛奶香精 0.01%＋乳化甜橙香精 0.05%

花生牛奶：牛奶香精 0.015%＋花生香精 0.05%

核桃牛奶：牛奶香精 0.015%＋核桃香精 0.06%

咖啡牛奶：牛奶香精 0.02%＋咖啡香精 0.05%

麦香牛奶：牛奶香精 0.01%＋麦香奶香精 0.04%

椰奶：牛奶香精 0.015%＋烤椰子香精 0.06%

二、乳酸菌饮料香精

这类饮料是用脱脂乳以乳酸菌发酵制成的，所用的香精以柑橘类的香橙、柠檬为主，香精中一般采用柑橘原油和无萜精油。除了可以单独使用香橙香精之外，还可采用加入25%～30%柠檬香精的混用型，这种类型不仅能够遮盖发酵乳特有的发酵臭，同时可以产生清凉感，使嗜好性显著提高。一般乳酸菌饮料的加香量为0.3%～0.5%。

单纯型活体乳酸菌饮料是使脱脂乳发酵后加入灭菌砂糖糖浆和香精，经过搅拌、冷却、填充、冷藏、出料等过程制成的。使用的香精香型以香草为主，配合使用少量香橙、柠檬、草莓、葡萄、苹果等水果香精。因为在使用香草香精时配合使用微量的水果香精可以取得遮盖发酵臭的效果，并使香气具有特征，加香量为0.1%～0.4%。

下面介绍一些常见的乳酸菌饮料的应用配方和香精的选择（表17.10～表17.12），仅供读者参考。

表 17.10　养乐多香型饮料配方

原料	添加量/kg	原料	添加量/kg	原料	添加量/kg
酸奶	330	苹果酸	1.0	酸奶香精	0.2
阿斯巴甜(200)	0.15	柠檬酸钠	0.5	柠檬香精	0.3
甜蜜素(50)	0.5	白砂糖	45	纯净水	定容至1000
柠檬酸	1.0	稳定剂	4.5		

表 17.11　蜜桃乳酸菌饮料配方

原料	添加量/kg	原料	添加量/kg	原料	添加量/kg
酸奶	350	乙基麦芽酚	0.02	甜杏香精	0.02
白砂糖	100	酸奶香精	0.1	纯净水	定容至1000
浓缩苹果汁	7.1	水蜜桃香精	0.35		
酸度调节剂	0.17	桃子香精	0.17		

表 17.12　红枣乳酸菌饮料配方

原料	添加量/kg	原料	添加量/kg	原料	添加量/kg
酸奶	350	酸度调节剂	0.17	红枣香精	0.8
白砂糖	100	乙基麦芽酚	0.03	纯净水	定容至1000
浓缩苹果汁	7.1	酸奶香精	0.1		

三、乳类饮料香精配方实例

乳类饮料香精配方实例见表17.13～表17.17。

表 17.13　奶茶香精配方 1

原料	质量分数/%	原料	质量分数/%	原料	质量分数/%
红茶酊(1：1)	23.2	异戊醛二乙缩醛	0.007	松油烯-4-醇	0.025
乙醇	48.289	甘油	4	香叶醇	0.022
异丁醛二乙缩醛	0.01	己酸	0.04	茶螺烷	0.007
乙缩醛	0.002	氧化异佛尔酮	0.02	三醋酸甘油酯	1.25
丙二醇	22	氧化芳樟醇	0.047	β-突厥酮	0.007
叶醇	0.03	芳樟醇	0.92	β-紫罗兰酮	0.018
反-2-己烯醇	0.03	薄荷脑	0.025	苯甲酸苄酯	0.01
叶醇	0.008	柳酸甲酯	0.03	甲基庚烯酮	0.003

表 17.14　奶茶香精配方 2

原料	质量分数/%	原料	质量分数/%	原料	质量分数/%
绿茶酊	33.5	甘油	1.25	柳酸甲酯	0.03
乙醇	63.799	苄醇	0.6	香叶醇	0.04
乙醛丙二醇缩醛	0.001	氧化芳樟醇	0.02	三醋酸甘油酯	0.52
异戊醇	0.003	芳樟醇	0.14	乙酸香茅酯	0.001
反-2-己烯醛丙二醇缩醛	0.004	己醛二乙缩醛	0.002	二甲基苄基原醇	0.008
叶醇	0.005	氧化异佛尔酮	0.004	顺式茉莉酮	0.023
反-2-己烯醇	0.001	薄荷脑	0.023	β-紫罗兰酮	0.015
己醇	0.002	乙酸叶醇酯	0.004	乙酸二甲基苄基原酯	0.005

表 17.15　草莓牛奶香精配方

原料	质量分数/%	原料	质量分数/%	原料	质量分数/%
乙醇	3	己酸	0.06	洋茉莉醛	0.14
乙酸	0.04	己酸乙酯	0.15	三醋酸甘油酯	1.2
乙缩醛	0.03	草莓酸	0.1	桂酸甲酯	0.33
丙二醇	82.292	乙酸叶醇酯	0.03	香兰素	3.17
丁酸	0.04	乙酸己酯	0.1	γ-癸内酯	0.44
丁酸乙酯	0.31	桂酸桂酯	0.02	桂酸甲酯	0.15
异戊酸	0.06	甜橙油	0.05	洋茉莉醛丙二醇缩醛	0.82
2-甲基丁酸	0.11	苄醇	0.75	柠檬酸三乙酯	0.03
2-甲基丁酸乙酯	1.25	二氢呋喃酮	0.12	香兰素丙二醇缩醛	4.26
叶醇	0.1	庚酸乙酯	0.02	苯甲酸苄酯	0.02
丁酸异戊酯	0.1	乙基麦芽酚	0.58	覆盆子酮	0.05
2-甲基戊酸	0.04	苯乙酸乙酯	0.01		
苯甲醛	0.013	苯甲醛丙二醇缩醛	0.015		

表 17.16　巧克力牛奶香精配方

原料	质量分数/%	原料	质量分数/%	原料	质量分数/%
可可粉酊(1∶1)	11	四甲基吡嗪	0.054	苯乙酸异戊酯	0.03
香荚兰豆酊(1∶10)	31.5	可卡醛	0.01	香兰素丙二醇缩醛	0.36
异戊醛丙二醇缩醛	0.004	乙基香兰素	1.8	丙二醇	55.242

表 17.17　麦香奶香精配方

原料	质量分数/%	原料	质量分数/%	原料	质量分数/%
烤大麦提取物	22	5-甲基糠醛	0.004	三醋酸甘油酯	0.04
乙醇	1.15	丙二醇	74.533	十四酸乙酯	0.004
异丁酸乙酯	0.004	2-乙酰基吡嗪	0.056	乙酸硫酯	0.055
异丁醇	0.22	丁酸	0.023	二氢香豆素	0.022
异戊醇	0.48	糠醇	0.003	γ-癸内酯	0.013
丁二酮	0.003	壬酸乙酯	0.02	癸酸	0.37
乳酸乙酯	0.005	甲基环戊烯醇酮	0.03	硫醇	0.11
三甲基吡嗪	0.003	十二酸乙酯	0.003	δ-十二内酯	0.26
乙酸	0.004	乙基麦芽酚	0.14	乙基香兰素	0.26
糠醛	0.005	δ-十一内酯	0.14	香兰素丙二醇缩醛	0.04

第四节　茶饮料的加香

茶饮料在欧美、东南亚和我国有极广阔的市场，其品种有柠檬茶、冰红茶、茉莉绿茶等各种形态。加香的目的主要是补充和加强茶叶香气在加工过程中的损失，加香量视生产工艺而定，加香时要注意所用茶叶的品种。

一、茶饮料的加香要点

茶饮料的甜度不宜太高，糖的添加量一般不超过4%。常见的茶饮料香型有红茶饮料（提供风味物质的是红茶粉和红茶香精）、冰红茶（红茶香精和柠檬香精是该香型的灵魂）、咖啡红茶（提供风味物质的是咖啡粉、咖啡香精和红茶香精）。加香时，香精一般在调配工序中加入（见图17.4）。一般来说，如果茶粉用量多，香精则少加；反之则多加。但是茶香精只能给茶饮料提供头香，它的基香还是要依靠茶粉来体现。所用的茶粉不宜太粗，否则会出现沉淀（如果出现沉淀亦属于正常现象）。

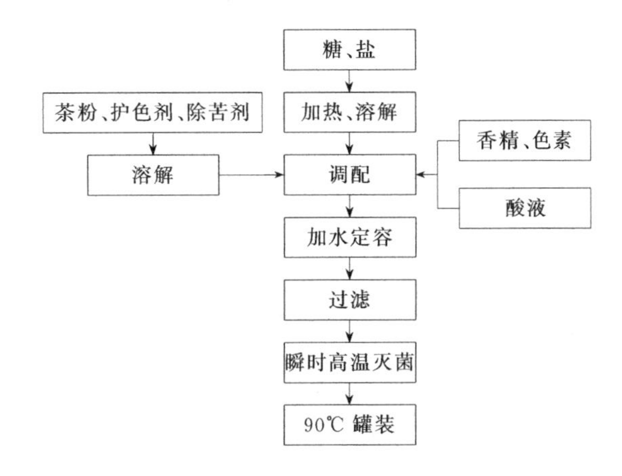

图17.4　茶饮料的加香工艺流程

下面介绍一些常见的茶饮料的应用配方和香精的选择（表17.18～表17.20），仅供读者参考。

表17.18　蜂蜜茉莉绿茶配方

原料	添加量/kg	原料	添加量/kg	原料	添加量/kg
白砂糖	40	柠檬酸钠	0.5	蜂蜜香精	0.1
茉莉绿茶粉	0.4	食用盐	0.2	茉莉香精	0.1
护色剂	0.3	绿茶粉	1.4	纯净水	定容至1000
除苦剂	0.2	绿茶香精	0.2		

表17.19　玫瑰红茶配方

原料	添加量/kg	原料	添加量/kg	原料	添加量/kg
白砂糖	36	除苦剂	0.1	玫瑰香精	0.1
红茶粉	1.8	红茶香精	0.2	纯净水	定容至1000
护色剂	0.4	蜂蜜香精	0.05		

表17.20　凉茶饮料配方

原料	添加量/kg	原料	添加量/kg	原料	添加量/kg
白砂糖	70	中草药浓缩液	2.2	纯净水	定容至1000
葡萄糖	20	凉茶香精	0.4		

二、茶饮料香精配方实例

茶饮料香精配方实例见表 17.21～表 17.34。

表 17.21 绿茶香精配方 1

原料	质量分数/%	原料	质量分数/%	原料	质量分数/%
丙二醇	95.575	苯乙醇	0.072	乙酸丁香酚酯	0.08
叶醇	0.027	亚洲薄荷油	0.021	茉莉酯	0.045
反-2-己烯醇	0.03	松油醇	0.13	β-石竹烯	0.02
甲基庚烯酮	0.02	橙花叔醇	0.66	桂花王	0.035
苯乙醛	0.012	香叶醇	0.04	二氢茉莉酮酸甲酯	2.54
氧化芳樟醇	0.12	苯甲醛丙二醇缩醛	0.04		
芳樟醇	0.483	吲哚	0.05		

表 17.22 绿茶香精配方 2

原料	质量分数/%	原料	质量分数/%	原料	质量分数/%
苯甲醛	0.04	丙酸苄酯	4.46	突厥烯酮	0.2
叶醇	0.05	薄荷油	0.22	β-紫罗兰酮	0.66
苄醇	3.6	橙花醇	0.32	橙花叔醇	0.4
氧化芳樟醇	0.44	香叶醇	0.54	二氢茉莉酮酸甲酯	0.61
芳樟醇	4.46	丙二醇	81.78	α-己基桂醛	2.08
氧化异佛尔酮	0.13	顺式茉莉酮	0.01		

表 17.23 绿茶香精配方 3

原料	质量分数/%	原料	质量分数/%	原料	质量分数/%
乙缩醛	0.012	苯甲醛	0.08	橙花醇	0.013
乙醛丙二醇缩醛	0.015	芳樟醇	1	苯甲醛丙二醇缩醛	0.06
异丁醇	0.014	乙酸芳樟酯	0.004	桂花王	0.02
反-2-己烯醛	0.002	丙二醇	93.824	香叶醇	0.26
戊醇	0.01	薄荷脑	0.22	苄醇	3.3
己醛丙二醇缩醛	0.012	柠檬醛	0.02	乙酸二甲基苄基原酯	0.05
己醇	0.07	松油醇	0.02	β-紫罗兰酮	0.06
叶醇	0.15	乙酸苄酯	0.001	丁酸香叶酯	0.004
反-2-己烯醇	0.021	丙酸香叶酯	0.004	吲哚	0.001
氧化芳樟醇	0.5	冬青油	0.02	苯甲酸苯乙酯	0.01
乙酸	0.123	香茅醇	0.1		

表 17.24 绿茶香精配方 4

原料	质量分数/%	原料	质量分数/%	原料	质量分数/%
乙醇	1	苯乙醛	0.025	橙花醇	0.134
丙二醇	96.05	丁酸异戊酯	0.004	乙酸芳樟酯	0.32
2-甲基丁酸乙酯	0.002	氧化芳樟醇	0.05	香叶醇	0.252
叶醇	0.078	芳樟醇	0.52	乙酸薄荷酯	0.03
乙酸异戊酯	0.001	苯乙醇	0.17	茶螺烷	0.03
2-庚酮	0.008	氧化异佛尔酮	0.02	乙酸松油酯	0.06
苯甲醛丙二醇缩醛	0.007	薄荷酮	0.015	α-突厥酮	0.06
甲基庚烯酮	0.004	乙酸龙脑酯	0.02	顺式茉莉酮	0.724
乙酸叶醇酯	0.003	丙酸苏合香酯	0.02	α-紫罗兰酮	0.062
甲基环戊烯醇酮	0.021	柳酸乙酯	0.01	橙花叔醇	0.01
甜橙油	0.02	松油醇	0.26	α-己基桂醛	0.01

表 17.25 绿茶香精配方 5

原料	质量分数/%	原料	质量分数/%	原料	质量分数/%
铁观音萃取液	35	异戊醇	0.01	苄醇	0.1
乙醛丙二醇缩醛	0.002	丙二醇	64.744	顺式茉莉酮	0.08
异丁醇	0.004	茉莉酯	0.05	二氢茉莉酮酸甲酯	0.01

表 17.26 无糖绿茶香精配方

原料	质量分数/%	原料	质量分数/%	原料	质量分数/%
绿茶酊	16.2	苯甲醛	0.005	苯乙醇	0.002
乙醇	15	芳樟醇	0.018	顺式茉莉酮	0.032
己醛	0.001	丙二醇	67.623	橙花叔醇	0.01
异戊醇	0.004	丁酸叶醇酯	0.007	苯甲酸苄酯	1
反-2-己烯醇	0.005	δ-戊内酯	0.003	二氢茉莉酮酸甲酯	0.005
叶醇	0.03	乙酸苄酯	0.006	吲哚	0.02
2-乙基-3-甲基吡嗪	0.004	橙花醇	0.004	香兰素	0.01
氧化芳樟醇	0.005	香叶醇	0.006		

表 17.27 红茶香精配方 1

原料	质量分数/%	原料	质量分数/%	原料	质量分数/%
乙醇	0.06	叶醇	0.015	橙花醇	0.003
异丁醇	0.12	反-2-己烯醇	0.001	β-突厥酮	0.047
1-戊烯-3-醇	0.014	反-2-己烯醛	0.04	香叶醇	0.143
异戊醛丙二醇缩醛	0.027	芳樟醇	0.26	苄醇	0.082
异戊醇	0.012	乙酸芳樟酯	0.01	苯乙醇	0.015
叶醛	0.004	丙二醇	98.446	顺式茉莉酮	0.06
己醛丙二醇缩醛	0.01	松油醇	0.001	三醋酸甘油酯	0.6
己醇	0.016	柳酸甲酯	0.012	二氢茉莉酮酸甲酯	0.002

表 17.28 红茶香精配方 2

原料	质量分数/%	原料	质量分数/%	原料	质量分数/%
红茶酊(1：2)	53.3	反-2-己烯醇	0.018	β-突厥酮	0.004
乙醇	42.37	1-辛烯-3-醇	0.014	己酸	0.015
乙缩醛	0.02	氧化芳樟醇	0.05	香叶醇	0.03
异戊醛	0.012	苯甲醛	0.018	顺式茉莉酮	0.024
异戊醛二乙缩醛	0.014	芳樟醇	1.6	β-紫罗兰酮	0.015
异戊醇	0.015	丙二醇	0.589	新芳樟醇	0.014
己酸叶醇酯	0.002	薄荷脑	0.02	苄醇	0.11
甲基庚烯酮	0.003	氧化异佛尔酮	0.003	甘油	1.62
己醇	0.01	乙酸松油酯	0.025	苯甲酸苄酯	0.004
叶醇	0.05	柳酸甲酯	0.031		

表 17.29 茉莉绿茶香精配方

原料	质量分数/%	原料	质量分数/%	原料	质量分数/%
甲酸乙酯	0.003	叶醇	0.015	突厥烯酮	0.025
乙醇	15.2	反-2-己烯醇	0.06	香叶醇	0.02
乙酸异丁酯	0.003	氧化芳樟醇	0.125	苄醇	0.001
乙酸异戊酯	0.004	芳樟醇	0.13	苯乙醇	0.12
乙酸戊酯	0.008	丙二醇	83.983	三醋酸甘油酯	0.01
乙酸己酯	0.022	松油醇	0.2	邻氨基苯甲酸甲酯	0.04
丁酸戊酯	0.002	香茅醇	0.002	二氢茉莉酮酸甲酯	0.003
己醇	0.02	橙花醇	0.004		

表 17.30 茉莉花茶香精配方 1

原料	质量分数/%	原料	质量分数/%	原料	质量分数/%
茉莉花茶酊	10.5	松油醇	0.006	苄醇	0.12
乙醇	6.2	丙酸苄酯	0.182	苯乙醇	0.025
异松油烯	0.03	乙酸橙花酯	0.002	邻氨基苯甲酸甲酯	0.01
芳樟醇	0.14	甲酸香叶酯	0.012	二氢茉莉酮酸甲酯	0.03
乙酸芳樟酯	0.04	橙花醇	0.004	苯甲酸苄酯	0.033
丙二醇	82.636	香叶醇	0.03		

表 17.31 茉莉花茶香精配方 2

原料	质量分数/%	原料	质量分数/%	原料	质量分数/%
乙醇	0.8	丙二醇	93.111	乙基麦芽酚	0.22
异丁醇	0.035	γ-己内酯	0.12	橙花叔醇	0.073
柠檬油	0.055	β-石竹烯	0.25	对甲酚	0.04
异戊醇	0.046	松油醇	0.01	三醋酸甘油酯	1
乳酸丁酯	0.058	乙酸苄酯	1.22	丁香酚	0.22
己醇	0.038	香茅醇	0.01	邻氨基苯甲酸甲酯	0.21
叶醇	0.054	橙花醇	0.004	乙酸异丁香酚酯	0.012
反-2-己烯醇	0.032	突厥烯酮	0.03	异丁香酚	0.06
氧化芳樟醇	0.008	香叶醇	0.01	茉莉酮酸甲酯	0.26
反-2-己烯醛	0.014	苄醇	0.27	吲哚	0.23
芳樟醇	0.45	苯乙醇	0.02	苯甲酸苄酯	0.42
2-乙酰基吡啶	0.11	顺式茉莉酮	0.5		

表 17.32 茉莉花茶香精配方 3

原料	质量分数/%	原料	质量分数/%	原料	质量分数/%
小花茉莉净油	0.22	松油醇	0.004	苄醇	0.2
乙醇	6.5	乙酸苄酯	0.16	苯乙醇	0.017
丙酸	0.02	乙酸橙花酯	0.01	邻氨基苯甲酸甲酯	0.015
芳樟醇	0.25	丁酸香叶酯	0.01	二氢茉莉酮酸甲酯	0.048
乙酸芳樟酯	0.04	橙花醇	0.01	苯甲酸苄酯	0.32
丙二醇	92.154	橙花叔醇	0.022		

表 17.33 苹果绿茶香精配方

原料	质量分数/%	原料	质量分数/%	原料	质量分数/%
绿茶酊	0.44	苯甲醛	0.001	香叶基丙酮	0.005
苹果精油	0.02	芳樟醇	0.022	香叶醇	0.005
乙醇	45	乙酸芳樟酯	0.004	苄醇	0.1
蒸馏水	5.52	丁酸己酯	0.012	苯乙醇	0.001
异戊醛二乙缩醛	0.001	丙二酸二乙酯	0.015	顺式茉莉酮	0.06
反-2-己烯醛	0.002	松油醇	0.001	桂花王	0.022
己醇	0.001	薄荷脑	0.002	橙花叔醇	0.014
叶醇	0.001	香茅醇	0.004	茉莉酮酸甲酯	0.004
反-2-己烯醇	0.002	橙花醇	0.002	乙基香兰素	0.001
氧化芳樟醇	0.01	β-突厥酮	0.003	丙二醇	48.725

表 17.34 冬瓜茶香精配方

原料	质量分数/%	原料	质量分数/%	原料	质量分数/%
乙醇	50	戊二酮	0.02	麦芽酚	3.2
乙酸	0.01	丙二醇	46.374	癸酸	0.03
乙偶姻	0.01	糠醇	0.083	香兰素	0.096
乙酸乙酯	0.005	甲基环戊烯醇酮	0.065	乙基香兰素	0.03
乙醛丙二醇缩醛	0.01	2-甲硫基-3-甲基吡嗪	0.047	γ-十二内酯	0.02

第五节　功能性饮料的加香

功能性饮料包括药用饮料、营养饮料、运动饮料等，在香气方面没有定型。药用饮料和营养饮料一方面要求香气形象能表现出饮料的性质，另一方面当原料成分药味太强时，又要求香气具有抑制、掩蔽药味和苦味的效果。如我国和韩国的一些人参饮料产品通过加入可乐香精和麦芽酚或乙基麦芽酚掩蔽药味，用鲜味剂来掩蔽苦味。运动饮料要求香气有精神饱满的爽快感。我国较著名的运动饮料产品有红牛等。

下面介绍一些常见的乳酸菌饮料的应用配方和香精的选择（表 17.35 和表 17.36），仅供读者参考。

表 17.35　西柚香型运动饮料配方

原料	添加量/kg	原料	添加量/kg	原料	添加量/kg
果葡糖浆	20	柠檬酸钠	0.4	西柚香精	0.4
白砂糖	16	食用盐	0.2	甜橙香精	0.3
阿斯巴甜	0.05	维生素 C	0.2	纯净水	定容至 1000
柠檬酸	0.75	肌醇	0.02		
苹果酸	0.6	植物水解蛋白	0.2		

表 17.36　蜂蜜芦荟养颜饮料配方

原料	添加量/kg	原料	添加量/kg	原料	添加量/kg
白砂糖	40	柠檬酸	1	蜂蜜香精	0.4
葡萄糖	40	苹果酸	1	龙眼香精	0.2
蜂蜜	20	柠檬酸钠	0.5	纯净水	定容至 1000
芦荟汁	2	稳定剂	2		
山梨酸钾	0.2	芦荟香精	0.7		

第六节　豆乳饮料的加香

一、豆乳饮料的加香目的

豆乳饮料中加入香精的目的有两个。一是掩蔽豆乳固有的豆腥气，这在欧美等国是非常重要的，因为他们对豆腥气特别敏感，而且不适应这种气味。而亚洲人，特别是我们中国人对豆腥气很不敏感，甚至大多数人非常喜爱这种气味，如果豆乳没有豆腥气味则认为是加水太多。现在一般不采用加香的方式来掩蔽豆腥味，而是综合使用以下两种方法来除豆腥味：磨豆浆时保持温度在 80℃以上或将脱皮大豆在沸水中煮 30min，钝化或抑制脂肪氧化酶活性，防止产生豆腥味。

豆乳饮料中加入香精的另一个目的是增加豆乳的花色品种。豆乳饮料中可加入各种水果类香精、牛奶类香精、咖啡香精和香草香精。从剂型的角度看，几乎各种形态的香精都可以用在豆乳饮料中，但稳定性最佳的是乳化香精。豆乳饮料中香精的加香率和加香方式与其他饮料相同。

二、豆乳饮料香精配方实例

豆乳饮料香精配方实例见表 17.37 和表 17.38。

表 17.37 豆乳饮料香精配方 1

原料	质量分数/%	原料	质量分数/%	原料	质量分数/%
乙醇	17	丁酰乳酸丁酯	0.015	硫醇	0.23
己醛	0.003	2,4-癸二烯醛	0.001	δ-十二内酯	0.15
3-羟基-2-丁酮	0.004	麦芽酚	0.22	香兰素	0.24
己醛丙二醇缩醛	0.015	二氢呋喃酮	0.025	甘油	32
白脱酶解物	0.06	三醋酸甘油酯	0.16	香兰素丙二醇缩醛	0.44
丙二醇	49.291	δ-十一内酯	0.12		
γ-戊内酯	0.016	癸酸	0.01		

表 17.38 豆乳饮料香精配方 2

原料	质量分数/%	原料	质量分数/%	原料	质量分数/%
乙醇	50.5	乙酸	0.004	甘油	0.134
蒸馏水	11	苯甲醛	0.042	二氢呋喃酮	0.013
2-乙酰基呋喃	0.015	5-甲基糠醛	0.001	辛酸	0.021
己醛	0.015	丙酸	0.003	桃醛	0.004
乙酸乙酯	0.001	丙二醇	33.97	乙酸硫酯	0.03
2-戊基呋喃	0.006	2-乙酰基吡嗪	0.212	洋茉莉醛	0.05
己酸乙酯	0.007	辛酸乙酯	0.017	δ-癸内酯	0.2
己醛二乙缩醛	0.015	2-甲硫基-3-甲基吡嗪	0.005	二氢香豆素	0.004
2-甲基吡嗪	0.016	5,6,7,8-四氢喹喔啉	0.032	癸酸	0.41
2,3-二甲基吡嗪	0.017	2,4-癸二烯醛	0.001	硫醇	0.62
己醛丙二醇缩醛	0.075	甲基环戊烯醇酮	0.003	δ-十四内酯	0.5
环己基丙酸烯丙酯	0.023	苯并噻唑	0.015	香兰素	0.82
3-乙基-2,5-二甲基吡嗪	0.015	2-乙酰基吡咯	0.03	二氢香豆素乙醇缩酮	0.01
糠醛	0.034	麦芽酚	0.92	香兰素丙二醇缩醛	0.004
2-乙基-3,5-二甲基吡嗪	0.011	γ-辛内酯	0.175		

第七节 固体饮料的加香

固体饮料包括速溶咖啡、果味速溶饮料、可可风味冲饮、奶茶粉、豆浆精，以及最近迅猛发展的速溶茶类饮料和泡腾饮料。固体饮料的制造工艺分为混合吸附型和喷雾干燥型。香精的加香量一般为 0.8%左右，因为饮用时加水稀释，最终饮品的赋香率大约为 0.1%。

一、固体饮料的加香要点

混合吸附型固体饮料一般采用粉末香精（最好是胶囊型粉末香精），如图 17.5 所示分两次加入。现在以这种工艺制造的固体饮料（如麦乳精、豆浆精等）已不多见，已被其他类型的饮料所替代。泡腾饮料采用的是胶囊型粉末香精，并在如图 17.5 所示工艺的筛分后加一道压片工序。

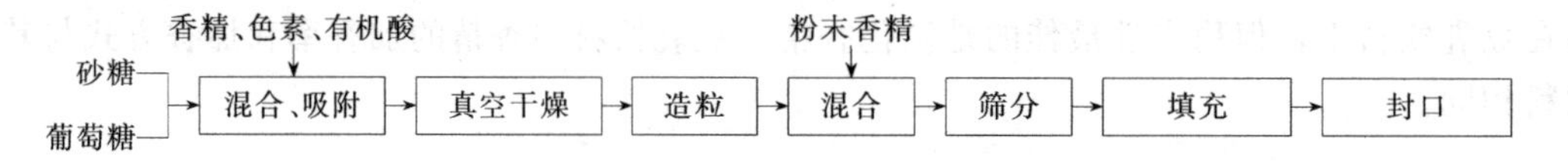

图 17.5 混合吸附型固体饮料的工艺流程

喷雾干燥型固体饮料多采用液体香精，所用的香精香型与一般饮料类似，喷雾干燥固体饮料的香精一般在乳化前的混合工序随着其他配料一并加入（图 17.6）。

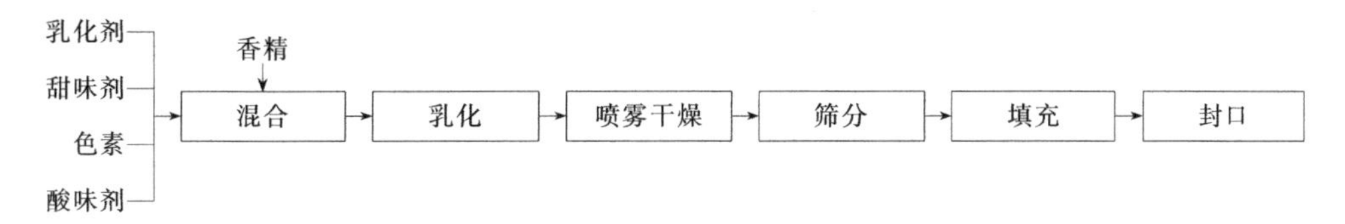

图 17.6 喷雾干燥型固体饮料的工艺流程

二、固体饮料香精配方实例

固体饮料香精配方实例见表 17.39 和表 17.40。

表 17.39 奶茶香精配方

原料	质量分数/%	原料	质量分数/%	原料	质量分数/%
乙酸乙酯	0.008	乙基麦芽酚	0.224	麦芽酚	0.93
乙醛丙二醇缩醛	0.016	丙二醇	0.23	苯乙醇	0.02
3-羟基-2-丁酮	0.047	乙酸香茅酯	0.015	氧化异佛尔酮	0.15
丁酸	0.124	丁酸己酯	0.012	茶螺烷	0.04
异丁酸乙酯	0.018	香叶醇	0.03	癸酸	1.25
双丁酯	0.562	苯乙酸苯乙酯	0.05	丁酸叶醇酯	0.2
叶醇	0.03	苯甲醛丙二醇缩醛	0.042	癸酸乙酯	0.24
反-2-己烯醇	0.025	乙酸薄荷酯	0.038	香兰素	0.225
乙酸异戊酯	0.002	十六酸	0.027	β-紫罗兰酮	0.003
2-庚醇	0.021	苯乙醛	0.015	δ-癸内酯	0.3
2-甲基吡嗪	0.008	庚酸乙酯	0.014	乙基香兰素	0.04
异戊醛丙二醇缩醛	0.012	乙酸叶醇酯	0.004	月桂酸	0.24
5-甲基糠醛	0.008	2,4-庚二烯醛	0.018	苯甲酸叶醇酯	0.4
乙醇	90.317	甜橙油	0.022	十四酸乙酯	0.22
薄荷油	0.175	苄醇	0.05	δ-十一内酯	0.05
辛酸	0.22	星苹酯	0.024	桃醛	0.2
丙酸苏合香酯	0.155	氧化芳樟醇	0.415	δ-十二内酯	1.23
柳酸甲酯	0.314	芳樟醇	0.97		

表 17.40 麦片香精配方

原料	质量分数/%	原料	质量分数/%	原料	质量分数/%
乙醇	0.5	己酸	0.004	癸酸	0.52
2,5-二甲基吡嗪	0.04	2-乙酰基吡咯	0.12	硫醇	1.22
糠醛	0.22	乙基麦芽酚	0.34	δ-十二内酯	0.74
丙二醇	93.634	γ-辛内酯	0.03	十四酸	0.33
丁酸	0.62	辛酸	0.08	乙基香兰素	0.14
异戊酸	0.04	δ-辛内酯	0.02	香兰素	0.52
乙酸糠酯	0.06	十二酸乙酯	0.01	二糠基二硫(醚)	0.01
丁酰乳酸丁酯	0.042	乙酸硫酯	0.32	香兰素丙二醇缩醛	0.06
甲基环戊烯醇酮	0.25	桃醛	0.13		

第十八章

乳制品的加香

乳制品是指以牛乳为原料加工后所得产品的总称，包括炼乳、奶粉、黄油、乳酪、冰淇淋、发酵乳、乳酸菌饮料、乳饮料及人造黄油等多种产品。由于人们在饮食方面受到西方文化的影响而日益趋向西方化、高级化，乳制品作为一种重要的蛋白质来源和嗜好食品，其种类和数量在我国呈逐年增加的趋势。

由于乳制品是营养最全面的天然食品，牛乳对人类而言是食用量最大、最重要的食用乳，新鲜乳制品的香味深受人们的喜爱。因此乳制品行业对乳味香精的需求量也非常大，乳味香精主要用于补充乳制品的香味，用于增强和提高含乳食品中乳制品的乳香味。随着现代分析技术的不断提高，通过调配，我们可以方便地制备出水质、油质等各种剂型的乳味香精，满足食品行业的需求。由于中性奶饮料、乳酸菌饮料等产品的加香已在前一章介绍过，本章将重点介绍其他液态乳制品中香精的应用要点。

第一节　液态乳制品的加香

液态乳制品是乳制品的一个较大的分支，是以牛乳为原料加工后所得产品，包括炼乳、发酵乳、乳酸菌饮料、乳饮料等多种产品，所用的香精香料有共同之处，可以互相参考。液态乳制品中应用的香精香料以不损害乳类固有的香气，与乳类香气和谐一致为首要条件。

1. 液态乳制品的香味特点

牛乳的成分十分复杂，至少含有上百种化学成分，牛乳的香味成分主要来自脂肪分解生成的系列脂肪酸、蛋白质分解产生的氨基酸，以及内酯类、酮类化合物。它们是提供乳类产品风味的主体，是最为重要的是脂肪酸类化合物。

液态乳制品在加工过程中会发生一系列不同的化学反应，影响乳制品最后成品的香气特性，如酶解反应、热反应、氧化反应和微生物反应，这些反应会形成许多不同的香味物质。另外，液态乳制品的加工方法不尽相同，不同的加工方法会导致不同的乳香风味，也会对最后产品的香气特性产生影响。例如：鲜牛乳经过巴氏杀菌后，由于加热的温度不是很高，加热的时间不是很长，只是把牛乳中的绝大部分微生物杀灭，因此，较好地保留了鲜牛乳原有的风味，具有温和的、淡淡的乳香味。超高温瞬时灭菌（UHT）乳尽管是瞬时加热，但加热的温度很高，会发生较复杂的香味反应，如β-羰基脂肪酸脱水生成甲基酮，使UHT乳具有特殊的煮熟样风味，香味沉闷而缺乏新鲜香。

2. 液态乳制品中乳味香精的香味特点

乳味香精的类型主要可以分为纯乳香精、炼乳香精、奶油香精、酸乳香精等。这些乳制品所含的香味成分基本上大同小异，主要是香味成分的用量有所差异，导致不同乳制品香味的特征不同。其中又以纯乳类香精销量最大。

在乳制品中，丁二酮、3-羟基-2-丁酮是具有乳香和乳味特征的两种重要化合物。丁二酮（双乙酰），以体现新鲜的乳香气为主，广泛存在于牛乳、切达干酪和黄油中，香气特征具有甜的焦糖香韵。3-羟基-2-丁酮（乙偶姻），以体现纯正的乳味为主，存在于切达乳酪、咖啡中，香气特征具有黄油香气，类似于乳品带牛乳脂肪香韵。所以在调配乳味香精时，常用到丁二酮、3-羟基-2-丁酮、反-2-己烯醛等化合物，它们可以使香精显得比较飘逸和透发。内酯类化合物是乳味的主体香气，尽管用量比较少，但它们可以使香精的头香和体香比较好地衔接，使整个香精更加丰满和完善。在香精配方中加入烯醛类化合物可以很好地提升香精的清新感。加入香兰素、乙基香兰素、麦芽酚、乙基麦芽酚等化合物可以突出牛乳的奶味和牛乳的甜香，增加香精的留香时间，同时也协调各类香料之间的平衡。

一些杂环化合物和含硫化合物，尽管含量极其微小，但对牛乳风味起到了很关键的作用，如硫醇（4-甲基-5-羟乙基噻唑）、硫代丁酸甲酯等，硫醇具有乳香、坚果香、豆香、肉香；硫代丁酸甲酯具有鲜美乳酪、软乳酪、硫黄、番茄、霉香、葱蒜气息。在调配乳味时，适当地使用具有这些化合物的香精，可起到画龙点睛的作用。

随着乳制品加香技术的不断提高，食品厂商对乳味香精也提出了更高的要求：香精不仅要提供逼真的香气，还要能提供良好的口感。因此，新原料、新工艺的采用势在必行。目前，国内已经把天然发酵技术和酶解技术很好地和传统调香有机结合在一起，开发高品质的天然奶味香精，也符合“回归自然，返璞归真”的饮食消费时尚。

3. 液态乳制品中常用的香型和香料

除了乳味香精，液态乳制品中也常常使用其他香型的香精。这些香精与乳味一起，营造出富有创意且令人愉悦的香味体验，深受消费者的认可。下面笔者介绍一些常用于液态乳制品中的香型。

（1）香草香型　香草属兰科，多年生植物，原产墨西哥。香荚兰豆是制造香草香精的最佳天然原料，香荚兰豆收获后经过发酵、熟化、提取等工艺过程会产生特有的芳香，这种芳香能够与乳味融合。香荚兰豆中的香气成分物质一般用溶剂（主要是含水乙醇）进行回流循环提取。浸提物的香气因所用溶剂的种类、浓度、温度、浸提时间等因素而异，即使对同一种类的香荚兰豆也是如此。乳制品中的香草香精除了使用这些浸提物等天然香草香料外，为了达到变调和增加强度等目的还会广泛使用合成的单体香料，如香兰素、乙基香兰素、洋茉莉醛、对甲氧基苯乙酮等物质。

（2）咖啡香型　咖啡的香味是在焙烤时发生的热分解反应、美拉德反应等过程中生成的，因此焙烤过程对于咖啡香气的生成非常重要。阿拉伯品种的咖啡香气和味道均佳，罗巴斯塔种的咖啡风味不好，但有苦味强烈这一特征。因此必须按照目的、要求来选择合适的品种和焙烤度。咖啡浸提物的提取方法与香草相同，用物理条件控制香气的品质，但存在稳定性、强度等问题，因此一定要配合使用合成香料调配咖啡香精。用在乳制品中的咖啡香精特别多，其中一种经典的受欢迎的咖啡香精以咖啡浸提物作为香基，然后加入糠基硫醇、吡嗪类（增加美拉德反应香气）、脂肪酸类、丁二酮、麦芽酚、香兰素等合成的单体香料进行香气的强化和变调而制成。咖啡的香味与牛奶的香味很相称，所以咖啡香精对于乳制品来说是重要的香精之一。

（3）柑橘香型 柑橘类香精不仅广泛用于饮料，对于乳制品来说也是重要的香精香料之一。用于乳制品的柑橘类香型主要包括柠檬、香橙、葡萄柚、酸橙等。从形态来看，柑橘类香精中常用的天然原料包括用压榨法、蒸馏法得到的精油，以及果汁浓缩时馏出的水溶性精油或回收的精油。这些精油在实际使用时，先用含水乙醇水洗（本丛书《香料香精概论》中有具体介绍）以除萜，制成富集精油中含氧成分的香精后再使用。乳制品使用的柑橘香精要求有一定的强度和天然感，为了满足这些要求基本上同时使用由蒸馏或溶剂提取法得到的无萜油和合成的无萜油。最近已采用利用分子蒸馏技术生产的高品质的无萜油。这些除萜精油可以满足乳制品在香气变化上的不同需要。从香型的变化趋势来看，柑橘类香精的香型已逐渐从果皮型向果汁型转变。

（4）其他水果香型 除了柑橘香型，适合用于乳类制品的水果类香精香料以草莓为首，还有菠萝、葡萄、桃、苹果、芒果等许多品种。为了适合于乳类制品本身的天然风韵，在这类制品中使用的水果香精香料要有强烈的天然感。另外，由于使用果汁、果肉的乳类制品的大量增加，与果汁、果肉香气调和、天然感强的果香型香精的大量使用已成为必然趋势。

草莓香精分为天然型和果酱型两大类。在乳制品中使用的天然型中鲜草莓香调占多数。从成分特征来看，草莓香精中以天然成分中的叶醇类、芳樟醇、内酯、麦芽酚作为主体香气，这些成分能巧妙地配合并衔接乳制品中脂肪酸的香气，效果比较好。在乳类饮料中，草莓香精中用叶醇类强调青香气息，用内酯类增强奶感。这样的搭配比较符合人们的嗜好性。乳制品用的菠萝香精以果汁感的熟香型为主流，主要香气成分是由烯丙酯为中心的硫代丙酸的酯类、麦芽酚类和柑橘油类等组成。有时也配合使用果汁和天然香料，今后发展的趋势是鲜果调的菠萝香精。在桃子香精中乳制品常用黄桃型，最近已有强调青香、新鲜感的白桃型和类似黄桃但更加强调甜韵的熟香型香精面市，它们用在乳制品中也取得了消费者的广泛认可。在葡萄香精中，头香部分由带甜味的乙酯和邻氨基苯甲酸酯组成。最近出现了一种用鲜葡萄制成的、嗜好性很强的“巨峰型”葡萄香精，但不管怎样，乳制品中的葡萄香精关键在于抑制鲜葡萄的青气味，增强香气的强度和甜度。

目前，在水果香精香料中最引人注目的成就是高度利用了天然有机物分析结果和有效地利用了天然等同物之类的新型香原料，这些新原料将为乳制品中的水果香型增添逼真的香味特征，营造更为丰富的口感体验。

4. 液态乳制品中常见的香型搭配

（1）果奶中常用的香型搭配 对于牛乳或奶粉添加量较高的果奶，其奶味较为自然厚实。因此，这类果奶中添加的香精要注意奶香和果香的柔和衔接，通过添加香精，修饰果奶的头香，使其先声夺人。一般添加香精的原则是：加入少量的乳味香精，补足充盈的奶香味和口感，在此基础上选择天然度和香味强度表现力俱佳的果香型香精。以下以一些例子说明这类果奶中的香精搭配和添加比例（百分比代表该类香精在添加的总香精中所占的质量分数）。

乳味香精 15％＋蜜桃类香精 85％

乳味香精 20％＋菠萝类香精 80％

乳味香精 20%＋草莓类香精 80%

乳味香精 10%＋柑橘类香精 90%

乳味香精 25%＋蜜瓜类香精 75%

对于一些需要控制成本而较少使用天然牛乳或奶粉的果奶而言，由于果奶中奶含量低，奶味常常不足，因此添加乳味香精的首要目的是增强牛乳的基香和厚实感，让果奶喝起来有充足的奶香。另外，加入的果香型香精也要兼顾奶香与果香的协调，既要体现纯正的果香香味，也要衬托奶味的浓郁芬芳。以下同样以一些例子说明这类果奶中的香精搭配和添加比例。

油溶性乳味香精 10%(均质前加)＋乳味香精 30%＋蜜桃香精 60%

油溶性乳味香精 15%(均质前加)＋乳味香精 35%＋甜橙香精 50%

在此基础上，可以在果奶中加入 0.02‰左右的香兰素和乙基麦芽酚，作为香味增效剂提升果奶的口感和香味。

(2) 酸奶中常用的香型搭配　无论是发酵型酸奶还是调配型酸奶，香精都是赋予酸奶独特风味的重要物质。两者的区别在于前者的香精在接种发酵之后加入，而后者的香精在配料时可随甜味剂、防腐剂等食品配料一并加入。注意酸度和甜度要随着加入香精的香型作适当的调整，以配合风味尽可能逼近天然，所用的香原料也要尽可能耐酸。对于调配型酸奶，要适当提高酸奶香精的添加量，突出酸奶的发酵香。下面介绍一些常用于酸奶香精中的香精香型和复配比例。

酸奶香精 30%＋混合果奶香精 70%

酸奶香精 35%＋百香果香精 65%

酸奶香精 25%＋混合果奶香精 40%＋草莓香精 35%

酸奶香精 20%＋混合果奶香精 25%＋乳化甜橙香精 20%＋巴旦木香精 35%

酸奶香精 25%＋混合果奶香精 25%＋水蜜桃香精 30%＋芒果香精 20%

第二节　冰淇淋的加香

冰淇淋是以牛乳或乳制品、蔗糖为主要原料，并加入蛋或蛋制品、乳化剂、稳定剂、香精等原料，经混合、杀菌、均质、成熟、凝冻、成型、硬化等加工过程制成的松软可口的冷冻食品。按所用原料和辅料的不同可分为香料冰淇淋、水果冰淇淋、果仁冰淇淋、浓羹冰淇淋、布丁冰淇淋、酸味冰淇淋以及外涂巧克力冰淇淋等。

冰淇淋的生产由于设备和形式的不同而存在一定的差异，但冰淇淋的工艺流程一般都会包含配料、巴氏杀菌、均质、老化、加香、凝冻、造型等工序（如图 18.1 所示），其中，加香步骤是使冰淇淋香味千变万化的关键。

由图 18.1 可知，香精是在冰淇淋工艺的最后阶段起关键作用的组分。把握好冰淇淋产品的口味以及进行冰淇淋产品口味的搭配，是每个冷饮工程师首先必须具备的能力。选择合适的香精前，工程师要了解顾客或市场需要什么样的口味，其次要具备必要的感知学、化学、物理化学的相关知识，最后就是要掌握一定的调香、调味技巧。这样面对不同的顾客，分析其所处的环境、文化、生理个性、人生经历、性别年龄等因素的影响，我们就可以为不同市场定位的冰淇淋选择合适的香型搭配和质量匹配的香精产品。

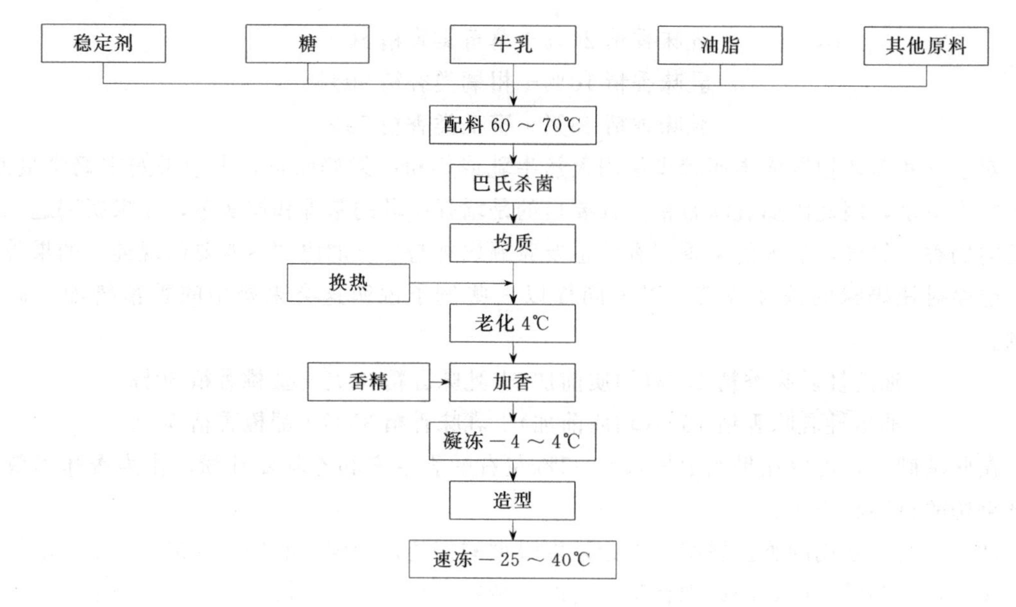

图 18.1 冰淇淋的生产工艺流程

1. 冰淇淋中常用的香精剂型

按香精的来源分类，冰淇淋中可以添加的香精香料有：天然香料（精）、天然等同香料（精）、人工合成香料（精）、微生物方法制备香料（精）、经由微生物发酵或酶促反应获得的香料（精）和反应型香料（精）等。这些原料原则上只要搭配得当，都可以运用到冰淇淋中，具体选择哪几类原料使用要根据冰淇淋厂商对食品配料来源、风味的要求和市场定位等因素决定。

按照剂型分类，冰淇淋中最常用的香精是以丙二醇为溶剂的水油两用型香精和水溶性香精居多，有时也会使用乳化香精，较少使用油质香精和拌合型的粉末香精。

2. 冰淇淋用香精与其他食品配料的关系

（1）香精与原料中碳水化合物的关系 碳水化合物作为食用香精的载体，它表现出的香气和口感往往是头香相对重些，好的食用香精给人以风味感分明和清爽的感觉，尤其在冰淇淋中更为突出。因为冰淇淋以碳水化合物为主要成分。香精落实到以碳水化合物为主要载体上，反映出来的留香往往比较短，但香气分明，风格突出。因此，冰淇淋加香往往是水质香精和水油两用香精居多，香精添加量相对小些，加多就冒出来了。但有些品质的冰淇淋因原料浓度和黏稠度较大，香精添加量会相对大些，那是因为载体密度大了。

（2）香精与原料中蛋白质的关系 蛋白质（包括乳粉、鲜乳、鸡蛋及一些植物蛋白等）作为食用香精在冰淇淋中的一部分载体，它反映出来的香气与内容物之间的关系主要突出了香气的主体过程，即通常说的主香，当然也存在于尾香中（因为有脂蛋白的存在）。在冰淇淋中，蛋白质本身在凝冻过程中又会产生一种包膜现象，因此，食用香精很容易存藏在这种既带有薄膜又充气的冰淇淋中，使其藏而不露，使冰淇淋的香气更加浓郁、醇厚，刚吃就能感受到主体香味的浓厚，品质感“跃然”于口中。

（3）香精与原料中油脂的关系 油脂包括各种食用油脂，无论是液态还是固态，饱和与不饱和，动物与植物，天然与氢化。油脂的表现在冰淇淋中至关重要，它不仅使口感结构改善，更使香精有了用武之地，它能充分发挥香精香味悠悠绵长的优势。油脂增加了应用调香手段，使调香应用变化无穷。之所以起这么大的作用，主要是基于油脂对香精香气有很大的融合性和包埋性，能够使香精的香气充分溶藏和缓慢释放，使产品的香气更加饱满、充实而芬芳，即常说的尾香绵长，回味无穷。

3. 冰淇淋用香精需具备的条件

① 冰淇淋中香精的香味必须和基质的香味协调一致。在果汁或果肉型的产品中，香精的香味要与果汁或果肉之间和谐，不能带入杂气，产生冲突或带入不好的气味。

② 低温时必须能达到香气平衡，而且香气散发性、挥发性好。

③ 香精在冰淇淋基质中能均匀分散。

4. 冰淇淋加香的注意事项

① 香精要贮存在阴凉处，贮存温度以10～30℃为宜，防止日晒雨淋。乳化香精贮存时温度不能低于－4℃，否则容易破乳变质。

② 掌握合适的添加量。称取香精要准确，并注意香精之间的搭配。

③ 选择合适的加香时机。尽可能减少香精的香味损失，在操作条件允许的情况下在低温工序或加工后期添加香精。在生产过程中，建议在老化将近结束时加入，并充分搅拌。

④ 要有正确的添加顺序。香精在碱性食品中不稳定，如香兰素与碳酸氢钠接触后会失去香味。几种香精在同一种食品中使用时，应先淡后浓，如柑橘香精→柠檬香精→香槟香精→香蕉香精。

⑤ 分步添加不同的香精，在加香过程中，切忌把几种香精一同混合后添加，以防止香精之间因发生反应而损失香气。如乳化香精与水质香精合用时，一定要先加水质香精，搅拌均匀后再加入乳化香精，避免乳化香精“破乳”凝聚。如果冰淇淋基料中需要加酸，应先加酸，待搅拌均匀后再加乳化香精，以免凝聚沉淀。

⑥ 各种香精的香味要醇正，乳化香精应无浮油、无沉淀析出，有分层或浑浊的乳化香精不能用。

⑦ 香精在冰淇淋中的添加量，与香味效果的好坏有很大关系。用量过多或者不足都不能取得良好的效果。按照建议用量添加为宜，一般冰淇淋香精的添加量为0.05～0.2%，加入香精要搅拌均匀，才能使香味浓度在冰淇淋各处一致。

⑧ 要根据冰淇淋的基质和主要载体，选择能更好地体现产品特色的香精和香型。

5. 冰淇淋香精的常用香型

冰淇淋中采用的香精主要有乳味、香草味、巧克力味、果味、粮食类等多种，香草和乳味香精是冰淇淋中最受宠的两种香型，也是冰淇淋的永恒主题。在冰淇淋中，乳味的主要表现风格有以下几种：

① 清爽新鲜的鲜乳风格，即刚经加热后新鲜牛乳的自然纯正、飘逸于空气中的香气。

② 纯乳风味，后味纯正厚实，这种风味现在越来越受到大家认可。

③ 各种花式乳。它们在中、低档冰淇淋中的广泛应用，如乳香与烤麦香、饼干、核桃等复配使用，给人感觉很香，余味很长，另外，乳与蛋糕、蛋黄的复配运用，口感也非常协调。

④ 果味乳酸型产品由于受到乳饮料（如伊利优酸乳、蒙牛酸酸乳）的推动，在冰淇淋中也受到重视。

水果香精常用草莓、香蕉、桃、菠萝、葡萄、苹果、李子、香瓜、哈密瓜等香精。热带水果香精香料，如番木瓜、芒果、鸡蛋果等，正被研究分别与果汁配合以达到提高香味效果。水果香精主要是用合成香料调和而成，但有时也和天然香料并用。

在粮食类香型的冰淇淋中，红豆、绿豆香型经久不衰。蒙牛的“绿色心情”十分畅销，雀巢进入中国市场后也增加了红豆、绿豆、芝麻等中国传统口味产品。除此之外，米香型产品、板栗口味及马蹄口味的产品在局部地区市场相当火爆。香芋口味作为全国性的口味，各区域对其风格偏爱不同，南方喜好蔬菜型，而北方偏好乳味型。

坚果类口味中，咖啡、可可、花生、核桃、红枣、板栗、榛子等，除了咖啡、可可广为人们所接受外，其他的口味也在被人们逐渐接受和喜欢，也有把坚果口味复配使用的冰淇淋，正逐渐得到消费者的青睐。

以下就冰淇淋中最常用的几种香型的香精作具体说明。

（1）香草香精　香草是冰淇淋中最广泛采用的一种类型，低档次的香草香精是用香兰素、乙基香兰素、γ-己内酯、γ-戊内酯、洋茉莉醛等合成香料调配而成；高档次的香草香精是以香荚兰豆提取物和油树脂为主体，再用香兰素、乙基香兰素、γ-己内酯、γ-戊内酯、洋茉莉醛、椰子醛等合成香料强化、变调后成为一种完整的香精。还可用牛乳类、鸡蛋、枫糖、柑橘、朗姆酒等香精香料调和后形成多种复合香型。在选择香精香料时，必须仔细考虑冰淇淋基质的组成和商品的形象定位。

（2）巧克力香精　巧克力香精以天然可可提取物（如可可酊）和油树脂为主体，再用合成香料调和而成，有的巧克力香精会加入美拉德反应的产物，它在形成巧克力香味方面起重要的作用。因此，巧克力香精可根据使用的可可种类、提取方法以及配合使用的合成香料种类等情况，香气可以有很多种变化，加香时必须按照冰淇淋基质的类型和加入可可的量来选择合适的巧克力香精。

（3）乳味香精　因为冰淇淋使用的原料乳的质和量的限制，常有乳味不足的问题，使用乳味香精能补强乳类的风味，达到每批产成品的质量和香气稳定和一致。冰淇淋中常用的乳味香精可分为鲜乳型、炼乳型、鲜牛乳型、黄油型等。这类香精除了可用合成香料调配外，还可以加入将天然原料（牛乳或奶油等乳类成分）用脂肪酶或其他酶处理后得到的酶解物，使得牛乳的香气更饱满和谐。

（4）草莓香精　由于冰淇淋基料中经常会加入天然草莓，因此，合成香料配制的草莓香精经常用于补足草莓的香味。冰淇淋中常用的草莓香精分为两大类，一类称为天然型，即模仿天然草莓的香气；另一类称为幻想型，指的是创造出的香气与天然草莓不完全相同，但带有草莓的感觉。但不管选用哪种类型的草莓香精，必须与冰淇淋基质的香味和谐一致。

（5）蛋奶香精　这种香型的香精加入冰淇淋中可增加冰淇淋的花色品种。蛋奶香精是用牛乳香料、鸡蛋香料、香草香精和果仁香精等调和而成的。蛋奶香精的香气和味道受原料中蛋黄含量、乳类原料的种类和含量的影响很大，所以必须参考这点来选择合适的香精。

6. 冰淇淋香精的复配

冰淇淋中香精的复配很多时候是必要的，复配香精主要由以下四个原因决定。

① 弥补香精的局限性　香精的香味主要表现在头香、体香和尾香三个过程。头香是最先感受到的香味特征，香味轻快、新鲜、生动、飘逸。体香是主要的香气，在较长时间内稳定一致的香气特征。尾香是最后残留的香气。不同的香精，其香味的三个过程特征不尽相同，没有一种香精能把这三个过程完美地表现出来，所以只选用一种香精就把产品做到尽善尽美会有一定难度。这需要根据不同的香味特征，从中选出纯正、柔和、连贯性佳的几种香精混合使用，以达到最佳效果。

② 区域要求　不同地区的消费群体对风味的喜好不同。例如，同样是乳香，南方可能要求偏香草味，北方则要偏鲜乳味，有时需要带点烘烤味，有时又要带焦甜香，这就需要靠

香精复配来解决。

③ 产品开发的需求 不同香型复合的产品，其风味有一定的独特性，香精的复配可以减少仿冒产品出现的概率。同时，可以创造出一种别致的风味，从而吸引消费群体。

④ 低成本要求 香精的复配能对低成本冰淇淋配方起增香、矫味的作用。

(1) 某些香精的香味特点 冰淇淋中香精复配的目的，简而言之，就是使风味的头香、体香、尾香连贯饱满，后味绵延流畅，口感天然逼真并富有独具一格的特色。因此，在学会复配香精前，不妨先了解冰淇淋中不同香型的香精在留香、头香、体香、尾香上表现的侧重，后味及留香的特点，这样才能在复配时有的放矢地选择合适香型的香精。

① 留香长的香精 荔枝、蜜桃、草莓、乳化奶、天然类的乳味香精等。

② 留香短的香精 柠檬、梨、各种瓜等。

③ 头香好的香精 苹果、香蕉、蜜瓜、玉米、香芋、香草等。

④ 口感好的香精 柠檬、菠萝、香草、绿豆、红豆等。

⑤ 后味好的香精 橘子、甜橙、蜜桃、蛋、乳、米香等。

(2) 复配原则

① 复配的总原则

a. 基本三要素：和谐、味浓、逼真。

b. 复配的基本原则

ⅰ. 近似相配：香气类型接近的较易搭配。例如，果香配果香有柑橘类、香蕉、菠萝、梨、桃、苹果、草莓和热带水果等；坚果配坚果有咖啡、可可、巧克力、果仁等；乳香、类乳香搭配有香草配乳香、牛乳配黄油等。

ⅱ. 相互衬托：既突出各自风味，又能互补协调。例如，果香配乳香、蛋香配乳香、果香配茶香等。

ⅲ. 习惯用法：普遍接受的传统搭配。例如，桂花和红豆，糯米和红枣等。

② 乳类香精的复配原则

a. 牛乳口味是冰淇淋产品中最重要的香气，因此，牛乳香气的复配是最多样化和最难调配的，下面介绍牛乳香气中的一些较成功的调配方法。

复配牛油香气、黄油香气可以使口感更加厚实、回味留长。

复配麦香香气使乳香厚实、圆润，并在尾香中略带焦香。

复配香草香气，香草和牛乳的组合，总能相得益彰。

复配蛋味香气使乳香更加厚实，产生浓郁的蛋乳香味。

复配香蕉香气，香蕉是牛乳最好的结合物，香蕉使牛乳香气更突出。

复配瓜类香气使口味新鲜、清爽。

复配菠萝香气使乳香更新鲜、更独特。

b. 加有豆粉的产品中添加少量麦芽香气可以较好地掩盖豆腥味。

c. 香草口味复配奶油香气，突出香草的厚实感，使香草更油润，而蛋糕香气使香草的后香有更长的焦香，香气更丰满。

d. 巧克力口味复配蛋糕香气、麦香香气能使巧克力的尾香更浓郁，口感更好；奶油香气突出牛乳巧克力的风味；咖啡香气突出焦香巧克力的风味。

e. 蛋乳口味可以复配巧克力、玉米、香芋等口味香精。

③ 水果、粮食类香精的复配原则

a. 咖啡口味可以复配巧克力、可可或者香草等口味香精。

b. 花生口味可以复配巧克力、芝麻、杏仁、核桃等口味香精。

c. 香芋口味可以复配蛋黄、玉米、椰奶等口味香精。

d. 红豆口味可以复配桂花、绿豆、红枣等口味香精。

e. 绿豆口味可以复配蜂蜜、红豆、茶等口味香精。

7. 冰淇淋配方应用实例

下面以一些实例介绍冰淇淋的应用配方和香精的选择（表 18.1～表 18.4），仅供读者参考。

表 18.1 草莓味冰淇淋配方

原料	添加量/kg	原料	添加量/kg	原料	添加量/kg
白砂糖	125	复合酸味剂	3	草莓香精	1.6
葡萄糖	65	苋菜红	0.005	奶油香精	0.2
酸奶	120	胭脂红	0.015	乙基麦芽酚	0.025
果葡糖浆	65	鲜草莓浆	90	蒸馏水	补至 1000
复合稳定剂	4	牛乳香精	0.3		

表 18.2 香草味冰淇淋配方

原料	添加量/kg	原料	添加量/kg	原料	添加量/kg
白砂糖	100	复合稳定剂	5	豆乳香精	0.1
奶粉	100	植物油	80	乙基麦芽酚	0.015
炼乳	110	牛乳香精	0.3	蒸馏水	补至 1000
蛋黄粉	14	香草香精	0.7		

表 18.3 抹茶味冰淇淋配方

原料	添加量/kg	原料	添加量/kg	原料	添加量/kg
白砂糖	130	抹茶粉	2	香草香精	0.0002
葡萄糖	80	麦芽糊精	25	奶油香精	0.2
奶粉	70	乳清粉	25	乙基麦芽酚	0.035
植物油	60	复合稳定剂	4	蒸馏水	补至 1000
复合甜味剂	1.5	抹茶香精	0.45		

表 18.4 巧克力味冰淇淋配方

原料	添加量/kg	原料	添加量/kg	原料	添加量/kg
麦芽糖醇	50	茶粉	2	香草香精	0.0002
木糖醇	20	麦芽糊精	30	花生香精	0.5
奶粉	30	巧克力酱	60	乙基麦芽酚	0.02
植物油	20	复合稳定剂	2.5	蒸馏水	补至 1000
复合甜味剂	0.5	巧克力香精	0.5		

第三节 人造黄油的加香

人造黄油是指在食用油脂中加入水等乳化后，经过急速冷却、搅拌制成的可塑性物质或流动状物质。一般分为家庭用和食品工业用两大类。家庭用的人造黄油，制造时的重点在于改进物理性质方面存在的一些缺点，提高营养价值和风味。把牛奶或奶粉与精制食用油脂配合后，加入黄油香精着香，即在乳化过程中加入香精。加香率因香精香料的浓度不同而异，一般在 0.01%～0.1%之间。在家庭和工业方面都可广泛使用的黄油香料是酶香料，这种香料由乳类成分用脂肪酶处理后得到，具有独特的脂肪酸组织，呈味效果也很显著。因此如果同时加入0.2%～1%的酶解香料还可以改善呈味效果。因已有乳化剂存在，因此人造黄油可以使用水质香精、油质香精和乳化香精。

工业用人造黄油主要用来制作点心、面包等食品，改进的重点放在硬度和延展性等物理性质方面。这类食品中使用的人造黄油必须经过加热过程，对人造黄油的香精而言重要的是其耐热性能以及经过加热后残留的香味品质是良好的。为了提高耐热性能，人造黄油用香精常使用较高沸点的内酯类及其前体物质，因而与家用黄油香精香料组成不同。现在经过惰性气体搅打的掼黄油（即白脱奶油）在我国市场上尤其是上海西点业走俏，掼黄油可使用巧克力、柠檬、花生等香型的香精。

第四节 乳制品香精配方实例

乳制品香精配方实例见表18.5～表18.10。

表18.5 甜橙酸奶香精配方

原料	质量分数/%	原料	质量分数/%	原料	质量分数/%
乙醇	46	辛醛二乙缩醛	0.02	月桂醇	0.12
蒸馏水	5.2	辛醛丙二醇缩醛	0.022	香兰素	13.5
柠檬油	0.01	丙二醇	34.354	香兰素丙二醇缩醛	0.044
对伞花烃	0.01	松油醇	0.15	芳樟醇	0.32
辛醛	0.02	柠檬醛	0.11		
甜橙油	0.1	香叶醇	0.02		

表18.6 葡萄奶味香精配方

原料	质量分数/%	原料	质量分数/%	原料	质量分数/%
乙醇	1.22	异戊酸乙酯	0.07	丙酸苯乙酯	0.042
乙酸	0.02	叶醇	0.4	桂醇	0.041
乙偶姻	0.02	反-2-己烯醇	0.021	洋茉莉醛	0.13
乙酸乙酯	0.33	己醇	0.023	邻氨基苯甲酸甲酯	2.23
异丁醇	0.04	己酸	0.022	三醋酸甘油酯	19
丁醇	0.022	己酸乙酯	0.014	乙酸香茅酯	0.04
丙酸	0.046	乙酸叶醇酯	0.022	香兰素	2.6
丙酸乙酯	0.81	苄醇	0.17	δ-癸内酯	0.01
丙二醇	67.832	辛酸	0.015	大茴香醛丙二醇缩醛	0.01
2-甲基丁酸	0.04	乙酸苏合香酯	0.345	*N*-甲基邻氨基苯甲酸甲酯	0.02
丁酸乙酯	0.44	麦芽酚	0.04	洋茉莉醛丙二醇缩醛	0.44
异戊酸	0.015	苯乙醇	0.06	香兰素丙二醇缩醛	2.8
2-甲基丁酸乙酯	0.05	乙基麦芽酚	0.55		

表18.7 焦香奶味香精配方

原料	质量分数/%	原料	质量分数/%	原料	质量分数/%
香荚兰豆酊(1∶10)	1.6	5-甲基糠醛	0.02	乙基香兰素	0.33
乙酸	0.03	2,5-二甲基吡嗪	0.02	δ-癸内酯	0.02
乙偶姻	0.03	三甲基吡嗪	0.045	香兰素丙二醇缩醛	0.63
丙二醇	96.115	2-乙酰基吡嗪	0.052	δ-十二内酯	0.06
丁酸	0.015	乙基麦芽酚	0.06	乙基香兰素丙二醇缩醛	0.23
2-甲基丁酸乙酯	0.003	香兰素	0.74		

表 18.8 蛋奶香精配方 1

原料	质量分数/%	原料	质量分数/%	原料	质量分数/%
乙醇	41.215	丙二醇	36	二氢香豆素	0.04
丁二酮	0.6	γ-己内酯	0.22	硫醇	0.06
3-羟基-2-丁酮	0.17	丁酰乳酸丁酯	0.02	乙基香兰素	2.5
壬醛	0.01	大茴香醛	0.5	香兰素	3.3
糠醛	0.015	椰子醛	2.3	苯甲醛甘油缩醛	0.22
苯甲醛	0.45	对甲氧基苯乙酮	5.15		
壬醛二乙缩醛	0.03	洋茉莉醛	7.2		

表 18.9 蛋奶香精配方 2

原料	质量分数/%	原料	质量分数/%	原料	质量分数/%
乙偶姻	0.05	2-甲硫基-3-甲基吡嗪	0.2	癸酸	0.1
蛋黄粉美拉德反应物(取滤液)	11	2-甲硫基-5-甲基吡嗪	0.03	硫醇	0.66
乙酸	0.03	丁酰乳酸丁酯	0.03	δ-十二内酯	0.03
异戊酸	0.01	苄醇	0.06	洋茉莉醛丙二醇缩醛	0.04
丙二醇	79.95	乙基麦芽酚	6.48	乙基香兰素	0.03
丁酸	0.01	δ-癸内酯	0.02	香兰素	0.6
2-乙酰基噻唑	0.02	洋茉莉醛	0.03	香兰素丙二醇缩醛	0.62

表 18.10 抹茶冰淇淋香精配方

原料	质量分数/%	原料	质量分数/%	原料	质量分数/%
二甲基硫醚	0.015	反-2-己烯醇	0.004	桂花王	0.03
乙醇	10	芳樟醇	0.035	苯乙醇	0.011
乙醇叶醇酯	0.001	丙二醇	89.382	顺式茉莉酮	0.125
己醇	0.04	丁酸叶醇酯	0.013	吲哚	0.05
叶醇	0.032	松油醇	0.15		
氧化芳樟醇	0.052	己酸	0.06		

美国调香师对部分最新
食用香料的感官评价

第十九章 糖果的加香

糖果指的是以白砂糖、淀粉糖浆（或其他食糖）、糖醇或允许使用的其他甜味剂为主要原料，经相关工艺制成的固态、半固态或液态甜味食品。

糖果的花色品种很多，目前，国内有三种习惯分类方法。按照糖果的软硬程度可以分为：硬糖，含水量小于2%；半软糖，含水量在5%～10%；软糖，含水量在10%以上。按照糖果的组成可以分为：硬糖、乳脂糖、蛋白糖、奶糖、软糖和夹心糖等。按照加工工艺特点分为：熬煮糖果（简称硬糖）、焦香糖、充气糖、凝胶糖、巧克力制品等。

国标《糖果分类》（GB/T 23823—2009）对糖果的分类做了全面的规定。糖果可以分为硬质糖果（硬糖）、焦香糖果（太妃糖类）、酥质糖果（酥糖）、凝胶糖果、奶糖、胶基糖果（口香糖、泡泡糖为主）、充气糖果（包括棉花糖、牛轧糖和求斯糖等）、压片糖、流质糖、膜片糖、花式糖果以及其他糖果十二个大类。

在糖果生产中，为了改善其感官质量和显示其特点，一般都添加一定量的香精，香精对糖果的风味和特色起着决定性的作用。

糖果的香味由三部分组成：原料本身固有的香味、加工过程中生成的香味和外加的辅助香味物质（即香精）。糖果的香味品质由上面三种因素总的调和效果所决定。在糖果类食品中是否需要加入香精要根据糖果的种类而定，并非必须加入不可。香精香料使用是否得当巧妙，具有决定糖果食品质量的重要意义。

一、糖果香精的功能与加香目的

在糖果制造中，香精在糖果中的使用量虽然很少，但它对产品的香气香味、风味特征起着决定性的作用，好的风味使糖果产品更可口，更具吸引力，能促进人们的食欲，辅助消化，这是香精最重要的生理功能。

在糖果中使用香精的目的有以下三种，在选用时可作为参考标准。

① 积极提供香味，使食品具有鲜明的特征。如水果糖中使用的水果香精便属于此类。

② 加强或修饰主要原料中固有的或加工过程中产生的香味。如奶糖中使用的牛乳香精、巧克力中使用的香草香精等。

③ 掩盖主要原料本身固有的或制造过程中产生的不快气味，以及补充热加工过程中香味的损失。

在实际使用香精香料时，必须在认识上述香精香料重要功能与加香目的的基础上，充分考虑原料和制造工艺的具体情况，通过实验选用符合要求的香精才能取得良好的效果。

二、影响糖果香精香味效果的因素

（1）温度 除软糖、压片糖、胶基糖生产温度不高外，一般产品的熬糖温度会很高，酥糖可达到160℃以上，无糖糖果甚至会更高。如果在添加香精时糖温较高，就容易引起香精挥发和香精成分的分解。

（2）光照和空气 部分糖果香精中的挥发性成分在光照或与氧气接触时易被氧化，导致异味。因此，糖果一旦生产出来，包装材料要求避光（如采用镀铝膜或锡箔纸），又要求密封性能好，有效隔绝与空气的对流。充气糖果如蛋白糖、牛轧糖、棉花糖、奶糖等，由于充入大量气体，其中空气对产品保质期内的香气保存有一些影响。也有香精长期露置在空气中，易被氧化生成醛类物质，导致腐败气味，造成香气劣化。所以要求在糖果生产时，应尽量减少香精在空气中的暴露时间。一是用后立即密封，二是生产出来的产品冷却到适当温度时，尽快进行包装。

（3）糖果质构与酸碱度 糖果质构对香气的释放和香味效果有很大影响。同时，糖果的酸碱度（pH）对产品的加香效果也有不同影响。一般香精在糖果呈弱酸性条件下香气会很好地挥发，在碱性条件下，则会影响产品的色、香、味。这是因为酸碱度会影响到糖果香气成分的变化，有的会使香气失去纯净、清爽感，散发出不愉快的气味。

（4）香精成分之间的化学反应 一种糖果香精可能含有几十种不同的化学物质，带有大量的活性基团，各组分之间也可能会发生反应。不少的生产厂家为了获得独特的香气，采用香精复配的方法，若组合不当，成分之间的化学反应往往会影响到香气的正常发挥。

（5）微生物 使用冷浸法生产天然香精时，易受到微生物污染。在生产环节中，应注意做好空气及生产设备的消毒，以免微生物超标。

（6）溶剂和载体 常用的香精溶剂有乙醇、丙二醇、异丙醇、苄醇、植物油、三醋酸甘油酯等。它们的沸点不同，会影响到香精的留香，一般糖果（特别是熬煮温度高的糖果，如硬糖）应选择耐高温的香精。

三、糖果香精的常见剂型和适用范围

糖果香精依据不同品种有不同选用要求，一般常见的有水溶性、油溶性（耐高温）、水油两用型、乳化和粉末香精。不同剂型的香精适用的糖果种类也不尽相同，具体为：

水溶性香精主要用于水果糖、果冻等含水量较高，熬煮温度较低的产品中，一般以水果糖占主导地位。

油溶性香精耐高温，不易挥发，留香时间较长，主要适用于较高熬糖温度的糖果，如硬糖、酥糖、夹心糖及胶基糖等。在糖果生产中，热稳定性高的油溶性香精的应用最为普遍，有时为了提高产品档次，也使用一些天然香料，如：柠檬油、薄荷油、橘子油、桉叶油。人造香料一般不单独使用，只有香兰素、乙基香兰素等少数具有香味增效的品种能单独使用。耐高温油溶性香精的香型依各种不同产品而定，但水果风味仍然占很大比例。

水油两用型香精是一种既亲水又亲油的香精，风味依产品需要而定，该品种耐一定程度的高温，留香时间较油质香精短，但由于价格一般较低，受一些小型糖果生产厂家欢迎，在许多糖果品种生产中广泛使用。

乳化香精价格不高，受一些小型糖果生产企业欢迎，有少数企业在果冻、软糖、夹心糖中添加，水果风味最多。

用于糖果的粉末香精主要有吸附型和微胶囊型两种，尤其是微胶囊型香精可以避免香精受糖果高温加工而产生逸失，是一种留香时间较长的香精。粉末香精主要使用在压片糖、胶基糖或对留香要求较高的糖果品种中，风味有乳味、水果香味等。

四、糖果香精的加香要点

1. 糖果香精的添加量

糖果中使用香精香料时，应适当控制风味强度，掌握好添加量，过少或过多地添加都会带来不良效果（过多的添加有时还带来涩味）。液体香精称量用重量法比用量杯、量桶计量准确。

糖果的香精加入量一般在0.1%～0.3%（质量分数），但也并非一成不变，糖果的品种不同，香精的添加量和香味释放特点也不尽相同。如口香糖内的胶基紧密包裹香精及其他原料，要通过咀嚼才能释放并保持持久的留香，香精添加量要提高至0.6%～1.0%。因此，糖果香精的加香量既要考虑糖体的其他组成和产品香味的要求，同时也要考虑香精本身的香味浓度，应根据不同香精的耐热温度，考虑在加工过程中糖体的香味损失，在研发、试制产品时通过反复的加香试验和经验，求得最佳的添加量，同时还要考虑到不同民族、不同地方产品特点的需求来确定糖果香气香味的浓度。

2. 糖果香精的加香温度

根据香精成分对热不稳定的特点，应在糖果生产冷却工序后期添加香精，以减少香气的损失。在冲模成型硬糖生产中，香精一般将糖冷却至105～110℃时加入，先加入酸味剂、色素，最后加入香精；软糖在生产时由于一般加入水溶性香精，应在80℃左右加入为宜；当使用薄膜连续熬糖自动浇注生产线时，香精往往在糖浆熬制出来在其保持较好流动性时加入；在蛋白糖、奶糖生产时，香精一般在搅拌之后调和过程中加入，温度可以适当降低些，除油质香精油外的水油、乳化香精亦可使用。在巧克力生产过程中香精一般在浇模前，有一定流动性的状态下加入，温度可以更低些。因此，香精应尽量避免140℃以上高温。选择耐高温的香精会减少香气的损失。

3. 糖果香精香型的选择和配搭

根据糖果产品的不同生产工艺和产品特性要求，为了获得逼真、良好、愉快的香味，就必须在生产时为糖果选用适当的香精类型。根据糖果的品种特点选择适宜的香型，通常需要将几种香精搭配使用，避免香气雷同，并利用不同香气特色的香型产生口味独特、别具一格的糖果风味。如口香糖是用留兰香、薄荷、清凉剂等香料混配；中草药润喉糖则用特强薄荷、桉叶、冰片、增凉剂等混配，可覆盖一些中草药香味或不愉快异味；青香的香精与浓香型的香精搭配要注意用量的控制，如薄荷、桉叶等很少量的浓烈香精即可使青香的香精受到影响。

在香精香型复配时，既要保持原有香型的特征，也要追求新的风格，做到主辅分开，避免香型交叉而显得不伦不类。如果单求口味和谐，味道好也可不分主辅，复配中还应尽量把不良气味掩饰、调和。香精复配一般在同质香精之间进行，一般应先加香味较淡的，然后加香味较浓的。当使用两种乳化香精时，宜考虑配料中的物料配比，分别加入。

糖果的调味，糖果的口味与香精的香气协调，互相衬托才能使糖果适口，风味优雅。如奶油的乳味与奶油香精的乳香可以互相衬托；增鲜剂可使牛乳味食后不腻而天然爽口；食盐可使奶油显出乳脂味，覆盖高甜糖果的甜腻感；奶油香气与乳脂味共同构成美好的乳品风味等。

五、不同类型糖果的加香要点

基于上述糖果香精的选用与添加需要遵循的原则和注意点，以及不同糖果由于工艺和组分的不同对糖果香精添加量、加香温度、剂型和香型的选择等参数的要求不同，先总结部分常见糖果的加香要点与注意事项，供读者参考。

1. 硬糖的加香

大部分硬糖是通过添加不同的香精来改善增香效果的，尤其是添加油溶性液体香精，因为它更有助于香气挥发性物质均匀地分散到硬糖甜体的各个部分。加香时，香精必须在冷却盘中的糖稍微冷却后，尚有可塑性时加入，一般在凉至105～110℃时加入，以防止香精挥发或调拌不均匀（如图19.1所示）。要选用那些在受热时不会发生异臭、异味、挥发性低的香精。并且尽可能缩短香精在糖表面的停留时间，迅速地把香精香料拌入糖中并混匀。

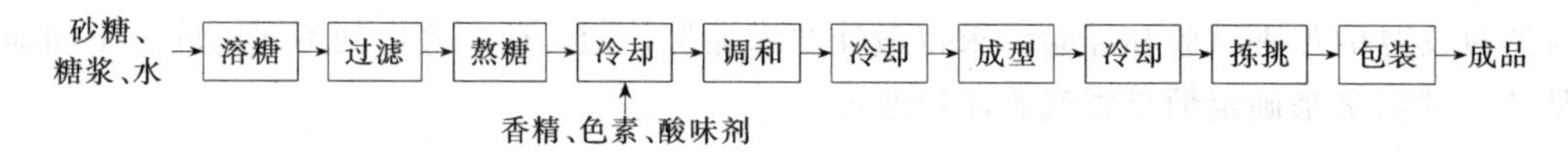

图 19.1 硬糖的制备工艺

通常情况下，硬糖使用油质香精，加香率也较高，一般加香量为0.2%～0.4%。香精的添加量既要考虑甜体的其他组成和产品的香味要求，同时也要根据香精本身的香气强度与纯净程度，通过试验实践，求得最适的加香量，不足或过度加香都会导致不良后果。硬糖香精的香型一般以水果为主，但其他类型香气也适用，如薄荷、果仁、咖啡、红茶以及洋酒等，品种非常广泛。

有时，仅添加香精的硬糖还不足以掩盖其令人腻味的甜感和单调的风味，尤其是水果型硬糖，这时添加适量酸味剂便可以消除这些缺陷，并将香味发挥到完美的程度。

从综合的香味效果出发，在硬糖的组成中添加天然产物是富有成效的，如添加鲜乳、炼乳、椰子汁、可可、咖啡、茶叶、花生等，添加量视需要而定。实践证明，利用天然原料强化香味效果的硬糖是很受欢迎的。

2. 奶糖的加香

奶糖的制备流程大致为：把砂糖、麦芽糖、炼乳、油脂、乳化剂等混合后，在120℃下热煮到含水量8%～10%。在熬糖过程中发生的焦糖化反应和美拉德反应都产生焦糖香味，然后加入香精后放入冷却盘中冷却、成型、切块（如图19.2所示）。温度过低时加入香精混合，会促使砂糖结晶化，在奶糖质地方面存在很大的缺陷，所以必须在100℃左右的高温下加入香精。因此要求香精的耐热性能好，一般使用油质香精。奶糖中所用的香精主要有香草香精和牛乳香精，有时配合使用柠檬、香橙等柑橘类香精。软型奶糖中含有大量黄油等乳制品，为了加强乳制品香气，除了加入香草香精外，还可加入奶油香精和黄油香精。其他风味奶糖可以加入与原料风味相称的巧克力、咖啡、果仁、水果等各种香精。

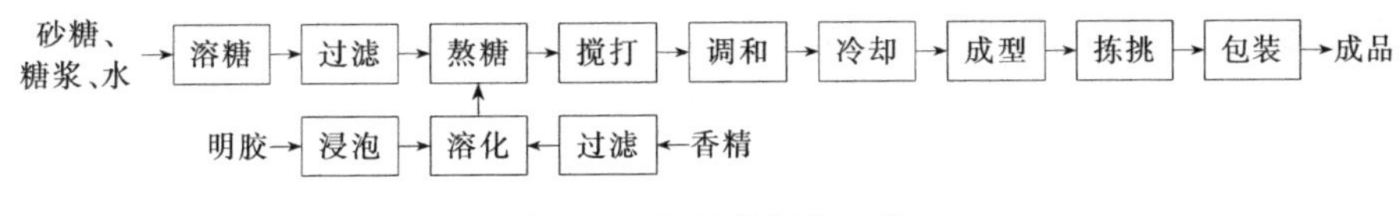

图 19.2 奶糖的制备工艺

3. 凝胶类糖果的加香

用琼脂、果胶等制成的果冻、胶质软糖，凝胶的形成能力因胶化剂的种类不同而异，糖度在 50%～85%，熬煮的最高温度不超过 105℃，加入香精时，基本原料的温度为 85℃，对于糖果来说这是比较低的加香温度。

凝胶类糖果分为鲜凝胶和干凝胶两种。鲜凝胶是指在容器中凝胶后一直到消费者食用前，一直保持在低温状态的果冻等，所用的香精一般与清凉饮料、冷饮相同，多用水质香精。干凝胶是指液体倒入撒有淀粉的模型或浅盘中冷却凝胶后，经过干燥工序制成胶质状的软糖等食品，它们在干燥过程中会造成香气损失。在制造干凝胶类食品时，因对香精的溶解性、香气等方面的要求，大多使用以丙二醇和甘油共同作为溶剂的油水两用型香精，加香率大约为 0.3%。从香型种类来看，国外最普遍的是水果类、咖啡、红茶、洋酒等。我国较流行的产品是高粱饴、阿胶饴、人参饴、鹿茸饴、桂花饴等。

4. 透明水果糖的加香

澄清型透明水果糖要求在原料呈流动的液体状态时用简单的混合方法加入香精，所以香精必须能经受 140℃的高温，即对于耐热性能的要求比水果糖更高，而且要求香精有良好的溶解性、扩散性，因此，必须在经过充分的设计和实验的基础上选用合适的香精。

高级糖果在原料、形态上容易研制出新的花色品种，商品的附加值高，对厂家来说有利可图，对研制人员来说，可以充分发挥自己的才智和能力。从使用的香精来看，种类和形态上灵活运用的范围非常广泛，并且逐渐更多地采用天然香料、酶解型香精、咸味香精等新的技术。

5. 胶基糖的加香

胶基糖主要包含口香糖和泡泡糖。胶基糖只有部分成分可以食用，用大约 60%的糖和 40%的树胶为主要原料，混合乳化后，固化成为一种特殊的食品。胶基糖的魅力几乎全部是由包含在基质中的香精所决定和提供的，香精在香气上的圆和性、持续性的表现对胶基糖非常重要。胶基糖一般用油质香精，并且对香精的要求很严格：入口前香气要有诱人的魅力，入口后在咀嚼过中，刺激性和香味的散发性要相当强烈，但苦味和胶味等令人不快的因素要弱化。

胶基糖中油质香精与树胶的亲和性要比与糖的亲和性高，因此，咀嚼数分钟后胶基糖中残留香精的比例应该依然很高，所以胶基糖一般的加香率为 0.2%～1%。是各种食品中使用量最高的一种。应选用香气强度高，扩散性能好的香精，香精中加大产生尾香效果香料的比例。例如，口香糖中使用的香精以薄荷为主，而以儿童为对象的泡泡糖大多使用儿童喜爱的水果香精。在以酯类为主的水果香型香精中，溶剂应降到最低限度，也就是说使用最浓的香精。柑橘精油等需经过除萜处理，以提高其香气强度。目前，一些富有魅力的咖啡、花香、洋酒等香型的口香糖新品种已陆续进入市场。

香精对胶基的组织和物理性质也有一定的影响，如软化、蓬松等方面。香料和胶基糖的其他原料的亲和性很重要，它们的亲和程度体现在如下三个方面。

① 香精在胶基糖中的溶解、膨胀情况。

② 咀嚼时香精的溶解度。

③ 咀嚼胶基糖使其体积膨胀，其膨胀速度及膨胀大小。

亲和性好的香精，其溶解性好，香味的持续时间较长，且香气平衡，咀嚼后迅速膨胀，且稳定性佳。

在评价胶基糖的香味时，通常和口感一样，分前半期（0～30s）、中期（0.5～3min）和后半期（3～15min）进行评价。一般要求前半期口味鲜明，中期香味有特征且浑厚和谐，后半期的香味亲和，有余香感。

6. 巧克力型糖果的加香

巧克力型糖果原料本身的香气具有鲜明的特征，很有魅力，但只有香草香精最能充分地利用原料的香气特征，并加以发挥，使它变得更加美好。出于增加花色品种的目的，有时也使用香橙、柠檬等柑橘类香精，以及咖啡、果仁、薄荷、酒类等香精香料，但这类产品占的比例很小。

可可豆是制作巧克力的主要原料，也有其半成品和成品，如碎可可。但由于可可豆的价格昂贵且变化很大，一些低档产品一般采用代可可脂用品来仿制巧克力产品。因此，就必须使用巧克力和牛乳香精来增加香味效果。

巧克力一般使用的香精以油质香精为最佳，因为作为溶剂的水或丙二醇会使巧克力组织受到损害，造成表面起霜等恶劣的影响。即使使用油质香精，也要尽量减少香精的用量，例如在香草香精中，提高香兰素、乙基香兰素等单体香料的比例，这样既可取得良好的着香效果，又能达到减少香精用量的目的。也可使用“中心填馅”的加香方式，避免在巧克力中直接加香。因此，巧克力香精的加香率随工艺和生产条件的变化而变化很大，要视具体情况而定。

六、糖果香精的加香评价

对于香精在糖果中选用的评价：当产品生产出来时，应根据香精的头香、体香和尾香的特点分别对香精在糖果中的香味质量、香味强度、留香时间进行检验，综合评价并进行保存试验，每周或每月检测一次香味及留存情况，以此来评价糖果香精的质量。

七、糖果香精配方实例

糖果香精配方实例见表19.1～表19.3。

表19.1 牛奶香草香精配方（适用于奶糖、太妃糖等）

原料	质量分数/%	原料	质量分数/%	原料	质量分数/%
白脱酶解物	3	甲基壬酮	0.04	δ-癸内酯	2.54
戊二酮	0.05	癸酸乙酯	0.05	洋茉莉醛	0.315
硫代丁酸甲酯	0.001	丁酸	0.245	硫醇	0.03
庚酸乙酯	0.002	9-癸烯酸乙酯	0.003	癸酸	0.42
辛酸甲酯	0.008	2-十三酮	0.004	牛奶内酯	0.33
辛酸乙酯	0.012	十二酸乙酯	0.05	δ-十二内酯	4.2
顺-6-壬烯醛	0.005	椰子醛	0.005	乙基香兰素	0.03
庚醇	0.001	乙基麦芽酚	0.52	香兰素	0.85
壬酸乙酯	0.001	十四酸乙酯	0.15	3-羟基-2-丁酮	0.004
芳樟醇	0.005	δ-辛内酯	0.74	植物油	85.755
乙酸芳樟酯	0.004	辛酸	0.25		
异丁酸	0.12	大茴香醛	0.26		

表 19.2 抹茶香精配方（适用于硬糖、软糖和棉花糖）

原料	质量分数/%	原料	质量分数/%	原料	质量分数/%
异丁醛	0.001	反-2-己烯醇	0.001	香叶醇	0.004
异戊醛	0.001	氧化芳樟醇	0.005	苄醇	0.15
己醛	0.002	苯甲醛	0.001	顺式茉莉酮	0.7
异丁醇	0.002	茶螺烷	0.004	γ-癸内酯	0.004
1-戊烯-3-醇	0.003	芳樟醇	0.014	二氢茉莉酮酸甲酯	0.21
异戊醇	0.001	乙酸芳樟酯	0.002	苯乙醛	0.002
反-2-己烯醛	0.015	柳酸甲酯	0.004	植物油	98.152
己醇	0.004	香茅醇	0.003		
叶醇	0.003	异茉莉酮	0.712		

表 19.3 薄荷绿茶香精配方（适用于胶基糖）

原料	质量分数/%	原料	质量分数/%	原料	质量分数/%
异戊醇	0.015	亚洲薄荷油	0.9	茶螺烷	0.01
乙酸叶醇酯	0.03	乙酸苄酯	0.12	三醋酸甘油酯	89.012
苯甲醛	0.003	薄荷素油	5	丁香花蕾油	0.04
苄醇	0.85	柳酸甲酯	0.02	顺式茉莉酮	0.12
氧化芳樟醇	0.04	松油醇	0.22	β-突厥酮	0.01
芳樟醇	0.35	留兰香油 65%	0.01	二氢茉莉酮酸甲酯	2
反-2-己烯醛	0.02	乙酸芳樟酯	0.02	苯甲酸苄酯	0.04
苯乙醇	0.04	苯甲醛	0.01		
薄荷脑	1	吲哚	0.12		

第二十章

烘焙、蒸煮和油炸食品的加香

烘焙、蒸煮和油炸食品种类繁多，不仅囊括了饼干、蛋糕、点心、面包等西式糕点，而且包括我国传统中式糕点，如馒头、蒸点、烙饼等食品。从工艺来说，它们是经过烘烤、蒸煮或油炸加热工序进行熟化的。油炸食品中的膨化食品是香精使用的“大户”。膨化食品是经过膨化加工的以满足嗜好为主，摄取营养为辅，在正餐以外食用，常温下固态的一类休闲食品。这些食品不仅包括甜、咸、奶油、水果、桂花、杏仁、巧克力等风味，还通过添加各种葱、姜、蒜、胡椒、肉豆蔻、丁香、茴香籽等调味料，使产品的风味多样化。

一、烘焙、蒸煮和油炸食品中香味的组成

烘焙、蒸煮和油炸食品的香味由三部分组成：

① 原料本身固有的香味，如添加于配料中的乳粉、可可粉、甜酒等本身带有的香味。

② 加工过程中生成的香味，如糕点类食品、膨化食品在烘烤或挤压加热过程中，原料中糖与蛋白质中的氨基酸发生美拉德反应产生的香味；在高温下，糖发生的焦糖化反应产生焦糖的香味；以及氨基酸在加热过程中产生的各种香味。

③ 外加的辅助香味物质，如在配料时添加的各种香精、调味辛香料。

这些产品的香味品质由以上三部分总的调和效果所决定。是否需要添加香精香料，要根据食品的具体需求而定，并非必须加入。如饼干和蛋糕通常添加奶油、水果、巧克力香精；烤馒头片、各种膨化食品一般添加比较多的辛香型香精；而普通的面包在实际制作过程中很少添加香精。

二、烘焙、蒸煮和油炸食品加香的目的

香精使用是否得当、巧妙，具有决定食品质量的重要意义。加香的意义是赋香、增香、矫味。加香可赋予产品本身没有的香味，增强食品中已有的香味，补充热加工中损失的香味，矫正和掩盖某些原料的不良气味。

在烘焙、蒸煮和油炸食品中使用香精香料的作用有三方面：

① 积极提供香味，使食品具有鲜明的特征。例如，水果蛋糕、香蕉条、栗子味点心等使用的水果型甘栗香精属于此类。

② 加强或修饰主要原料中固有的或加工过程中产生的香味。例如，奶油蛋糕中使用的牛乳香精，巧克力饼干中使用的香草香精、巧克力香精等。

③ 添加香精掩盖主要原料本身固有的或制造过程中产生的不愉快气味，以及补充制造

过程中香味的损失。例如，制作蛋糕和饼干使用了大量的鸡蛋，为了遮掩鸡蛋的腥味，配料时使用香草、黄油香精或水果香精。

在实际使用香精时，必须在认识上述香精重要作用的基础上，充分考虑原料和制造工艺的具体情况，通过实验选用符合要求的香精才能取得良好的效果。

三、常用的香精剂型和使用范围

不同的加香方法选择不同剂型的香精。液体香精按照其溶解性可分为水溶性香精和油溶性香精两大类，除此之外，烘焙、蒸煮和油炸食品还会使用粉末香精等。

（1）水溶性香精　水溶性香精是用蒸馏水、乙醇、丙二醇或甘油微溶剂，调配各种香料而成，一般为透明液体。由于易于挥发，水溶性香精通常用于不经加热的焙烤食品的夹心料和表面装饰料中。对于不经高温处理的制品或馅料，如夹心饼干的芯料，一些糕点用的糖霜、糖膏和夹心或点缀用果酱等，可以选用水溶性香精。

（2）油溶性香精　饼干、面包、点心类食品和膨化食品的种类很多，它们的质地和制法各不相同，但一般需经过170～220℃的高温烘烤，或在挤压过程中产生高温，在此过程中因挥发香精造成的损失很大。因此，对于需要经过高温加热处理的制品，不宜使用耐热性差的水溶性香精，必须使用耐热性较高的油溶性香精。油溶性香精是用精炼植物油、ODO或丙二醇等溶剂与各种香料配制而成，一般是透明的油状液体。其耐热性比水溶性香精高，主要用于饼干、蛋糕、糖果和焙烤食品的加香。

（3）微胶囊型粉末香精　微胶囊型粉末香精是将赋形剂经过乳化、喷雾干燥等加工工序制成的一类香精。由于变性淀粉、胶质物质等作为赋形剂形成薄膜，包裹住香精，因此能够减少香精随着食品经过热加工而发生的氧化或挥发，并且贮运、使用较为方便，特别适用于疏水性粉状食品的加香。

四、香精的添加

1. 添加方法

由于烘焙、蒸煮和油炸食品都需要经过热加工，且不同糕点的加香介质的物化性质均不一样，因此不同食品的加香方式是不同的。概括地说，热加工食品中香精的添加方法主要有下面三种方式。

（1）混合在原料中　例如，蛋糕和点心类食品在面团或浆料制作过程中，可把香精揉入生面团或混入料浆中，但这种添加方式无法避免高温这一不利因素。因此，该法只限于采用一些对热性质比较稳定的香精。如香草、枫糖、果仁香精和生姜、肉桂等辛香类香精。添加时一定要注意香精必须充分混匀，所以可在糖油搅打时加，韧性饼干可以作为搅打时最后的原料加入。

在面团中加香应选择耐高温的油溶性香精，但现在许多厂家越来越倾向于使用对热十分稳定的微胶囊型粉末香精。尽管如此，微胶囊香精仍难避免因高温引起的挥发性组分的损失。因此，在实际产品的配方设计时，应考虑到加热过程中部分香精的损失，适当增大其用量，加香率一般在0.1％～0.4％（相对于面团）。

（2）喷洒、涂布或散布在制品的表面　将油溶性香精喷洒或涂布在刚烤好的饼干、点心的表面，采用这种方法可以避免高温加热造成的香味损失，香精的挥发损失少。但是，因香精露置在产品的表面，在销售过程中容易挥发、氧化。因此，必须选用对上述变化性质稳定的油质香精，喷油中香精量可比面团中香精的添加量增大些。

对于咸香型饼干、烤馒头片等快餐食品，通常使用粉末香精，即在撒料中首选耐高温的粉末香精，但也可用油溶性香精。经过加热熟化的制品，在其表面喷洒或涂布油脂后，再将粉末香精撒在上面。这种加香方法推荐使用微胶囊型粉末香精，因有胶囊覆盖，这种香精较耐氧化和挥发。采用此种方法进行加香和包装产品时，要注意不要将香精蹭掉。此外，在具体操作时，要保持着香均匀，避免局部香精过浓而产生不快气味和造成浪费。还必须考虑到对工厂机械设备等的污染及对其他作业线的不利影响，特别是现在大多数小型企业仍采用一条生产线生产多种产品，因此，香精残留在生产线上的影响不容忽视。

此种加香方法适用的香精种类相当广泛，与甜味香精相比，这种方法更适宜于使用咸味香精，一般加香率为0.2%～0.5%。咸味香精除粉末状外，还有液体和膏体形态的制品，但在实际应用中多采用粉末状制品，并且经常与油、盐、谷氨酸钠、肌苷酸等调味料混合、调配后再加入食品中。

(3) 添加在夹心或包衣的配料中　香精不直接加在制品中，而是添加在填充（如各种馅）或覆盖制品的配料中（如奶油、果冻、果酱、果脯、糖霜等)。这是一种间接加香的方法，可以使用各种剂型的香精，油溶性、水油兼溶及粉末香精都可以，加香率一般为0.02%左右。如果用于夹心的香精在糖油打发时加，加香率为0.2%～0.5%。此种加香方法具有提高商品的附加值，扩大嗜好性等多种优点，被广为采用。如夹心饼干、椒盐饼干的加香就采用了这种加香方法。这种加香方法适用的香精种类很广泛，包括牛乳、黄油、各种水果、果仁、辛香、咸味等各种类型都很适用。

2. 加香的注意事项

① 一般的香精容易受碱性条件影响，特别是一些糕点，因使用碱性化学膨松剂（pH在7.3～7.5，偏碱性)，香精容易发生分解、聚合、缩合等反应，此时要注意分别添加，防止碱性化学膨松剂与香精的直接接触。

② 香精与其他原料混合时，应分多次少量加入，一定要混合均匀。

③ 香精使用前必须做预备试验，了解原料、其他添加剂和加工工艺等对香精香料的影响，摸索出香精使用的最佳条件。

④ 香精要贮存在阴凉干燥处，贮藏温度一般在10～25℃为宜。启封后使用剩余的香精，应尽早用完。

五、常用的香型选择

香精香型的选择不仅要考虑到产品本身带有的风味和消费者的口味习惯，还要针对目标消费群的层次和口味爱好，选择不同性价比的香精。一般应选用与制品本身协调的香型，并且使用量不宜过多，不应遮盖或损害原有的天然风味。例如，含有乳粉或鲜乳的制品可以选用乳脂香型或香草香型；含有巧克力的制品可以选用巧克力-香草香型；含有某种原果汁的制品，可选用与原果汁风味相同的香型。对于以遮盖某些原料带来的不良气味为目的添加的香精，使用量需要适当加大。

烘焙、蒸煮和油炸食品中常用的香料主要有牛乳香型、果香型、香草香型、巧克力香型、蛋黄香型、海苔香型、各种肉味香型等。其中，果香型主要包括橘子、杏仁、香蕉、椰子、草莓、柠檬等常用香型。不同香精的组合复配也可起到事半功倍的效果。

六、加香应用实例

1. 应用配方实例

应用配方实例见表20.1～表20.3。

表20.1　苔条饼配方

原料	添加量/kg	原料	添加量/kg	原料	添加量/kg
面粉	530	奶粉	12	焦亚硫酸钠	0.4
淀粉	25	葡萄糖	20	饼干复合酶	0.15
白砂糖	22	碳酸氢钠	3	海苔香粉	12
多用途烘焙油	90	卵磷脂	2	海苔油香精	1.7
葡萄糖浆	15	碳酸氢铵	12	烧烤香粉	5
食盐	13	酸性焦磷酸钠	1	纯净水	补至1000

工艺流程：配料⟶调粉（海苔油香精此处加入）⟶静置⟶滚压⟶成型⟶烘焙⟶冷却⟶涂粉（香粉此处加入）⟶包装。

表20.2　蔓越莓曲奇配方

原料	添加量/kg	原料	添加量/kg	原料	添加量/kg
面粉	300	食盐	3	乙基麦芽酚	0.4
奶粉	20	梅果	65	白脱香精	0.4
糖浆	150	蛋黄粉	8	蔓越莓香精	1.7
白砂糖	100	碳酸氢钠	3.5	奶油香精	0.4
起酥油	265	鸡蛋	50	纯净水	补至1000

工艺流程：配料⟶调粉（香精此处加入）⟶静置⟶滚压⟶成型⟶烘焙⟶冷却⟶包装。

表20.3　柠檬味威化饼配方

皮料	添加量/kg	夹心料	添加量/kg
面粉	50	砂糖粉	50
精炼植物油	1.1	精炼植物油	40
淀粉	16	柠檬香精	0.05
小苏打	0.5	柠檬酸	0.00825
碳酸氢铵	0.4	BHT	0.009
明矾	0.15		
奶油香精	0.1		
水	100		

操作要点：粉过筛⟶配料（奶油香精此处加入）⟶加水搅拌⟶制皮⟶搅打油脂制馅⟶加入柠檬香精、BHT、糖粉等成分⟶馅料涂布饼身⟶切割成型。

2. 香精配方实例

香精配方实例见表20.4～表20.9。

表20.4　蛋黄香精配方（适用于夹心馅料）

原料	质量分数/%	原料	质量分数/%	原料	质量分数/%
鸡蛋粉美拉德反应物	25	己酸	0.01	δ-十四内酯	0.07
乙酸	0.003	γ-壬内酯	0.015	乙基香兰素	0.25
丙酸	0.004	麦芽酚	0.66	香兰素	0.33
2,5(6)-二甲基吡嗪	0.004	癸酸	0.25	乙基香兰素丙二醇缩醛	0.05
三甲基吡嗪	0.005	硫醇	0.14	香兰素丙二醇缩醛	0.04
丙二醇	72.109	甘油	1	δ-癸内酯	0.01
2-甲硫基-3-甲基吡嗪	0.01	δ-十一内酯	0.04		

表 20.5 蛋黄香精配方（适用于面团）

原料	质量分数/%	原料	质量分数/%	原料	质量分数/%
植物油	20.5	5-甲基糠醛	0.006	呋喃酮	0.24
硫代甲烷	0.006	四甲基吡嗪	0.02	乙酸硫酯	0.34
乙醇	1.55	苯甲醛	0.02	癸酸	0.02
丁二酮	0.034	ODO	77.29	乙基香兰素	0.16
二甲基二硫醚	0.02	丁酸	0.016	硫醇	0.26
3-羟基-2-丁酮	0.04	糠醇	0.006	5-羟甲基糠醛	0.006
乙酸	0.006	甲基环戊烯醇酮	0.036	香兰素丙二醇缩醛	0.032
己酸烯丙酯	0.007	苯甲醛丙二醇缩醛	0.006		

表 20.6 蛋黄香精配方（适用于烘焙后喷油）

原料	质量分数/%	原料	质量分数/%	原料	质量分数/%
蛋黄粉美拉德反应物	16	己酸烯丙酯	0.008	硫醇	0.1
丁酸	5.4	苯甲醛	0.018	乙酸硫酯	0.14
乙酸	0.01	甲基环戊基醇酮	0.026	香兰素	0.01
戊二酮	0.022	二氢呋喃酮	0.22	乙基香兰素丙二醇缩醛	0.02
3-羟基-2-丁酮	0.035	四甲基吡嗪	0.004	植物油	77.979
糠醛	0.003	苯甲醛丙二醇缩醛	0.005		

表 20.7 蛋糕香精配方（适用于面团）

原料	质量分数/%	原料	质量分数/%	原料	质量分数/%
二甲基硫醚	0.025	白脱酶解物	1.245	椰子醛	2.88
异戊醛	0.12	4-甲基-5-乙烯基噻唑	0.22	桂醛	0.058
戊二酮	0.035	芳樟醇	0.02	二氢呋喃酮	0.06
丁酸乙酯	0.06	二甲亚砜	0.01	辛酸	0.04
二甲基二硫醚	0.006	丙二醇	0.343	δ-癸内酯	0.825
乙醇	0.4	γ-己内酯	0.012	二氢香豆素	0.065
丁酸异戊酯	0.03	香兰素丙二醇缩醛	0.15	癸酸	0.213
D-柠烯	1.8	2-乙酰基吡嗪	0.062	硫醇	0.23
3-羟基-2-丁酮	0.6	丁酸	0.168	δ-十二内酯	0.33
庚酸乙酯	0.004	2-甲硫基-3-甲基吡嗪	0.028	桂酸桂酯	0.152
2,5-二甲基吡嗪	0.03	异戊酸	0.023	乙基香兰素	1.56
甲氧基甲基吡嗪	0.004	苯乙酸乙酯	0.006	香兰素	1.7
三甲基吡嗪	0.01	草莓酸	0.003	BHT	0.04
辛酸乙酯	0.023	MCP	0.02	乙基香兰素丙二醇缩醛	0.12
己酸烯丙酯	0.042	己酸	0.052	植物油	83.894
糠醛	0.048	苯乙酸异丁酯	0.03		
乙酸	0.004	麦芽酚	2.2		

表 20.8 蛋糕香精配方 1（适用于夹心馅料）

原料	质量分数/%	原料	质量分数/%	原料	质量分数/%
乙醇	20	己酸乙酯	0.03	甲基壬酮	0.03
乙酸	0.02	MCP	0.04	洋茉莉醛	0.21
丁二酮	0.1	二氢呋喃酮	0.072	γ-壬内酯	0.52
乙酸乙酯	0.02	2-甲硫基-3-甲基吡嗪	0.011	乙酸硫酯	0.1
3-羟基-2-丁酮	0.05	辛酸	0.04	香兰素	0.74
丙二醇	74.053	乙基麦芽酚	2.15	乙基香兰素	1.22
5-羟甲基糠醛	0.005	对甲氧基苯乙酮	0.022	δ-癸内酯	0.14
2-甲氧基-3-甲基吡嗪	0.02	硫醇	0.243	香兰素丙二醇缩醛	0.03
异戊酸	0.06	γ-辛内酯	0.014	乙基香兰素丙二醇缩醛	0.06

表 20.9 蛋糕香精配方 2（适用于夹心馅料）

原料	质量分数/%	原料	质量分数/%	原料	质量分数/%
乙醇	13	丁酸	0.021	椰子醛	0.82
蒸馏水	5	2-乙酰基吡啶	0.022	辛酸	0.06
丁二酮	0.33	丙二醇	72.315	乙酸硫酯	0.147
戊二酮	0.015	甲基壬酮	0.04	δ-癸内酯	0.346
己酸乙酯	0.04	2-甲硫基-3-甲基吡嗪	0.05	洋茉莉醛	0.328
3-羟基-2-丁酮	0.1	2,4-癸二烯醛	0.02	硫醇	0.344
2-甲氧基-3-甲基吡嗪	0.02	甲基环戊烯醇酮	0.074	乙基香兰素	1.72
乙酸	0.015	己酸	0.152	香兰素	1.22
2-异丙基呋喃	0.017	δ-壬内酯	0.054	二氢呋喃酮	0.2
糠醛	0.03	乙基麦芽酚	3.5		

第二十一章

炒货的加香

炒货指的是植物果实经过晾晒、烘干、油炸等加工方法制成的供人们闲暇时食用的一类休闲食品。常见的炒货有瓜子、蚕豆、花生、核桃、栗子、豆类等，用干净的干果和专用颗粒（炒砂）作介质直接炒制，或者在炒制前浸泡添加各种味料炒制。

香瓜子和炒花生是我国消费量最大的两种传统休闲炒货食品，香瓜子和花生经炒制加工后香脆可口，营养丰富，风味独特，当中含有的丰富不饱和脂肪酸，对心血管有益，长期适量摄入有益于心血管与循环系统。

炒货的制备一般有煮法工艺、煮浸兼用工艺两种，各厂家的工艺因设备不同而异，但目的都是相同的，都是为了节能，提高设备利用率，合理调香和调味，生产出口味好的产品。现在简单的“煮-烘”工艺方法是最常用的，因此，炒货香精的添加也在“煮”和“烘”这两步进行。

一、炒货香精的选择

1. 香型的选择

无论是瓜子还是花生，从长期来看，我国消费者的口味以五香和奶油为主，但随着人们生活水平的不断改善和提高，瓜子口味在以上基础上又创新推出如奶油话梅味、香草味、绿茶味、抹茶味、茉莉味、香辣味、怪味、山核桃味、焦糖味、烤牛肉味等口味，以满足人们日益增长的生活水平的需求。所用的香精覆盖了甜味香精和咸味香精。

无论选择什么样的香型，选择炒货香精首先要考虑的是香精对炒货的赋香和留香能力。例如用于炒货煮料液中的香精要格外留意其香味的爆发力、香味浓度以及留香能力。这是由于瓜子在煮制之后需要经过高温烘干，在这过程中，煮制的料液中的香精要渗透炒货坚硬的外壳本就是一件困难的事，因此炒货中被外壳包裹的可食用果仁的赋香比糕点、饮料和乳制品困难得多。另外，经过焖煮赋香的炒货还需要经过高温烘干，这一过程又会使好不容易渗透进果仁的香精挥发掉一部分。因此，炒货香精的香型有所局限，一般的水果香型由于都是由香气强度相对较小且留香不持久的小分子挥发性香原料所组成，其香味爆发力、留香能力均不理想，不适合炒货使用。炒货香精常用的香型常常在香气强度大、爆发力强和留香持久的香原料中进行有机组合。例如，当香精配方中出现含量较高的香兰素、乙基香兰素、麦芽酚、乙基麦芽酚、MCP、内酯类和咸味原料，就较适合在炒货的焖煮阶段使用。

为了弥补焖煮赋香时香精的损失，炒货会在烘干稍冷却后用喷雾器将香精喷洒在外壳上，选择香型时只要和焖煮香精的香型相似一般都能起到较好的增香效果。

下面介绍一些炒货香精中常见的香型搭配，供读者参考（数据为质量分数）。

奶油 0.1%＋香草 0.2%

奶油 0.2%＋话梅 0.3%

奶油 0.1%＋五香 0.15%

山核桃 0.2%＋烧烤味 0.1%

小核桃 0.3%＋烤牛肉 0.2%

奶油 0.25%＋焦糖 0.25%

草原牛奶 0.5%＋抹茶 0.1%

五香 0.4%＋芥末 0.2%

奶油 0.5%＋蛋黄 0.1%＋五香 0.4%

奶油 0.5%＋焦糖 0.1%＋香草 0.2%

蛋糕 0.5%＋蛋黄 0.1%＋烧烤 0.1%

五香 0.2%＋薄荷 0.1%＋绿茶 0.3%

2. 香精剂型的选择

如上所述，炒货香精分别在焖煮和烘干后加入，因此油溶性香精不适合加入以水为主体的煮料水中，一般采用丙二醇为溶剂的水溶性香精。乙醇为溶剂的水溶性香精在炒货中一般不适用，因为乙醇的挥发性太强，不利于香精的留香。

炒货烘干后的喷洒加香用的也是丙二醇为溶剂的香精。不用保香性更好的植物油和ODO的原因主要基于成本的控制和香味爆发力的考量，并且油溶性溶剂不利于瓜子的贮存，容易使瓜子氧化变味。另外，有些喷香过程也采用粉末香精，将粉末香精加入外壳用调味微胶囊粉中。由于微胶囊粉末香精的保香性比载体吸附型的传统粉末香精的保香性更好，有利于瓜子在包装、运输和贮存过程中减少香味损失，现已成为较为常用的炒货香精剂型。

3. 炒货香精的添加量

基于炒货是一类难以赋香且需要经过高温工序的食品，炒货香精的加香量是食品中比较高的。一般焖煮时香精的加香率在 0.1%～0.8%左右（相对于炒货的质量分数，下同），烘干后喷香用的香精加香率在 0.1%～0.5%左右，外壳喷香要注意一边喷香一边翻动炒货，使之赋香均匀，避免局部浓度过高而产生苦的口感。总而言之，炒货加香量的确定还是要综合考虑香精的香味浓度、香味爆发力、留香以及成本等因素，通过加香与感官评价试验具体确定最适合的加香量。

二、不同种类炒货的加香实例

1. 葵花子的加香

葵花子按照外壳的颜色可以分为黑瓜子、三花瓜子和白瓜子三种，其中品质最佳的是三花瓜子，其次是白瓜子。葵花子的主要调味原料有食盐、味精、甜蜜素、AK 糖、糖精、八角茴香、香精等。葵花子香精一般在焖煮后稍冷却的过程中加入料液，以及在烘干后喷洒在外壳表面，具体的工艺流程为：挑拣⟶除杂去灰⟶加料大火烘煮（40～50min）⟶焖制（90～95℃，1h）⟶赋香⟶烘烤（100～110℃，4～5h）⟶冷却至 40～50℃⟶外壳喷香⟶成品包装⟶入库。

其中，在焖制赋香时，为了提高香精的利用率，应将香精及部分调味料用冷水调好，制成赋香料液，均匀泼洒在已煮好的瓜子中，翻动均匀，再焖 50～60min，取出，用 1h 左右沥干。此外，瓜子烘干出料后，待自然冷却至 40～50℃时才能进行外壳喷香。喷香后的瓜子应立即包装，若来不及包装，需用大塑料袋分裹，待后分装。

需要说明的是，由于炒货成本的控制，需要充分利用辅料，将煮瓜子时剩下的料液重复利用。一般情况下，即从第二锅起，再加入煮料液配方中 1/3 的水和其他辅料（即补足损耗部分），然后加入瓜子煮即可。以此类推，这一方法对采用煮制工艺生产的瓜子都适用。

下面介绍一些常用的葵花子应用配方（表 21.1～表 21.3），供读者选择香精及加香量时参考。

表 21.1 奶油五香味葵花子配方

组成	原料	添加量/kg
炒货	葵花子	100
煮料液	水	550
	甜蜜素	0.2
	糖精	0.12
	AK 糖	0.23
	食盐	15
	甘草	0.6
	柠檬酸钠	0.45
赋香料液	水	50
	食盐	2
	味精	0.5
	鲜奶香精	0.12
	奶油香精	0.18
	抗油脂酸败剂	0.02
	五香香精	0.2
烘干外喷液	奶油香草香精	0.1

表 21.2 焦糖芝麻味葵花子配方

组成	原料	添加量/kg
炒货	葵花子	100
煮料液	水	550
	甜蜜素	0.20
	糖精	0.12
	白砂糖	5
	AK 糖	0.39
	食盐	15
	柠檬酸钠	0.4
	甘草	0.5
	茴香	1.2
	桂皮	0.3
赋香料液	水	50
	食盐	3
	味精	0.6
	抗油脂酸败剂	0.02
	乙基麦芽酚	0.20
	焦糖香精	0.1
	奶油香精	0.2
	芝麻油香精	0.05
烘干外喷液	焦糖奶粉末香精	0.1

表 21.3 焦糖蛋黄味葵花子配方

组成	原料	添加量/kg
炒货	葵花子	100
煮料液	水	550
	甜蜜素	0.20
	糖精	0.12
	白砂糖	5
	AK 糖	0.2
	食盐	17
	柠檬酸钠	0.4
	甘草	0.6
	茴香	0.2
赋香料液	水	50
	食盐	3
	AK 糖	0.14
	味精	0.4
	抗油脂酸败剂	0.02
	鲜奶精	1
	太妃焦糖香精	0.2
	牛奶鸡蛋香精	0.2
	蛋糕香精	0.15
烘干外喷液	牛奶鸡蛋香精	0.2

2. 西瓜子的加香

西瓜子的生产流程以及加香与葵花子相似，此处不再赘述。加香时与葵花子最大的不同在于外壳赋香时需要进行外壳的抛光处理。西瓜子的具体的工艺流程为：西瓜子⟶预处理去除蜡质黏膜（二倍瓜子量水，4%～5%灰尘，浸泡 10h；或与石灰水混合于脱皮机中脱皮)⟶清水漂洗⟶加料煮制（温火，180min)⟶焖煮赋香⟶滤干⟶烘制（100～110℃，1h，再炒 40min)⟶抛光赋香（冷却至 60～80℃以下，加入甜蜜素、油脂、抗氧化剂、香精等，抛光至不粘手为止)⟶包装⟶成品。

下面介绍一例常用的西瓜子应用配方（表 21.4)，供读者选择香精及加香量时参考。

表 21.4 甜奶油味西瓜子配方

组成	原料	添加量/kg
炒货	西瓜子	100
煮料液	水	500
	甜蜜素	0.22
	糖精	0.15
	AK 糖	0.11
	白砂糖	5
	甘草	1
	食盐	3.5
赋香料液	甜奶油香精	0.3
	油脂	1
	AK 糖	0.05
	乙基麦芽酚	0.3
	味精	0.1
	香草香精	0.15
	抗油脂酸败剂	0.02
烘干外喷液	奶油香草香精	0.2

3. 花生的加香

花生是全国分布最广、消费量仅次于瓜子的炒货。产量最大的是山东，此外四川、福建、安徽、湖南、浙江等地也较多，但其含蛋白质、脂肪量不同，品质各异。花生的加香主要在煮制后的冷料液浸泡时进行，香精就添加在冷料液中，浸泡花生的冷料液，以浸没花生为准，料液可重复使用，但每次需补充新的冷料液，可参照葵花子煮料液的补充比例，并根据实际情况进行调整。

花生的加工和加香过程为：干花生果⟶筛选去杂⟶称重⟶加0.2%亚硫酸氢钠溶液浸泡30min脱色⟶洗净⟶热水煮10min至开口⟶提篮（筐）⟶放至含有香精的冷料液中浸泡10～15min⟶至开口闭合⟶烘干（60～80℃，48～60h）⟶成品。

注意烘干温度不宜太高，否则容易焦黄，会产生焦苦味，目前有电热滚动式炒炉，可以节省人工翻动时间。

下面介绍一些花生冷料液的应用配方（表21.5～表21.8），供读者选择香精及加香量时参考。

表21.5 蒜香咸干风味花生冷料液配方

原料	原料投入量/kg	原料	原料投入量/kg	原料	原料投入量/kg
冷料用水	100	白砂糖	7.5	酱油香精	0.1
食盐	9	蒜汁	2.5～3.0	姜油香精	0.1
甜蜜素(50倍)	0.15	味精	0.5	大蒜香精	0.15
糖精(500倍)	0.09	酱油	4		
AK糖(200倍)	0.045	五香香精	0.1		

表21.6 酱油花生冷料液配方

原料	原料投入量/kg	原料	原料投入量/kg	原料	原料投入量/kg
冷料用水	100	AK糖(200倍)	0.022	五香香精	0.1
食盐	9	白砂糖	7.5	酱油香精	0.2
甜蜜素(50倍)	0.15	味精	0.5	姜油香精	0.05
糖精(500倍)	0.075	酱油	6	大蒜香精	0.05

表21.7 浓香奶油花生冷料液配方

原料	原料投入量/kg	原料	原料投入量/kg	原料	原料投入量/kg
冷料用水	100	AK糖(200倍)	0.022	鲜奶香精	0.1
食盐	9	白砂糖	7.5	香兰素	0.2
甜蜜素(50倍)	0.15	味精	0.5	奶油香精	0.05
糖精(500倍)	0.075	白脱香精	6		

表21.8 牛肉味花生冷料液配方

原料	原料投入量/kg	原料	原料投入量/kg	原料	原料投入量/kg
冷料用水	100	AK糖(200倍)	0.045	五香味香精	0.1
食盐	9	白砂糖	7.5	牛肉香精	0.3
甜蜜素(50倍)	0.15	鸡精	0.2	八角茴香香精	0.1
糖精(500倍)	0.09	味精	0.5	姜油、大蒜油香精	0.05

三、炒货香精配方实例

炒货香精配方实例见表21.9～表21.20。

表 21.9　绿茶香精配方（适用于浸泡料液）

原料	质量分数/%	原料	质量分数/%	原料	质量分数/%
乙醇	17	2-乙酰基噻唑	0.026	γ-癸内酯	0.003
甲基庚烯酮	0.004	氧化异佛尔酮	0.03	二氢香豆素	0.004
甜瓜醛	0.004	丁酰乳酸丁酯	0.014	硫醇	0.25
茶螺烷	0.017	乙基麦芽酚	0.48	香兰素	0.33
异佛尔酮	0.3	*N*-甲基邻氨基苯甲酸甲酯	0.01	香兰素丙二醇缩醛	0.14
丙二醇	81.246	邻氨基苯甲酸甲酯	0.012	甲基环戊烯醇酮	0.13

表 21.10　绿茶香精配方（适用于外壳喷香）

原料	质量分数/%	原料	质量分数/%	原料	质量分数/%
乙醇	1.2	松油醇	0.043	丁香酚	0.15
甲基庚烯酮	0.008	香茅醇	0.12	二氢茉莉酮酸甲酯	1.2
叶醇	0.013	1-辛烯-3-醇	0.03	吲哚	0.032
氧化芳樟醇	0.06	香叶醇	0.138	香兰素	0.005
苯甲醛	0.006	苯乙醇	0.052	苯甲醛丙二醇缩醛	0.072
芳樟醇	0.342	顺式茉莉酮	0.8	香叶基丙酮	0.018
丙二醇	94.397	橙花叔醇	1.26		
薄荷脑	0.03	异戊醛	0.024		

表 21.11　茉莉香精配方（适用于浸泡料液）

原料	质量分数/%	原料	质量分数/%	原料	质量分数/%
乙醇	6.4	乙酸苯乙酯	0.22	苯甲酸叶醇酯	0.6
乙酸叶醇酯	0.041	香叶醇	0.035	丁香酚	0.42
甲基庚烯酮	0.003	苄醇	1.21	邻氨基苯甲酸甲酯	0.55
叶醇	0.05	苯乙醇	0.127	邻氨基苯甲酸乙酯	0.12
氧化芳樟醇	0.06	柠檬醛	0.448	二氢茉莉酮酸甲酯	0.002
芳樟醇	1.15	苯乙酸烯丙酯	0.48	茉莉酮酸甲酯	0.43
丙二醇	70.497	顺式茉莉酮	0.55	吲哚	1.12
乙酸苄酯	1.87	丁酸苯乙酯	0.002	苯甲酸苄酯	0.75
柳酸甲酯	0.12	橙花叔醇	0.137	柳酸苄酯	0.12
香茅醇	0.005	*N*-甲基邻氨基苯甲酸甲酯	0.08		
橙花醇	0.003	三醋酸甘油酯	12.4		

表 21.12　鸡蛋香精配方（适用于浸泡料液）

原料	质量分数/%	原料	质量分数/%	原料	质量分数/%
乙醇	0.2	2-戊基呋喃	0.02	丙二醇	85.676
乙缩醛	0.03	2,3-二甲基吡嗪	0.017	乙基麦芽酚	0.525
丁二酮	0.06	己醛丙二醇缩醛	0.018	三醋酸甘油酯	13
丙醛丙二醇缩醛	0.025	1-辛烯-3-醇	0.005	δ-癸内酯	0.004
异丁醛丙二醇缩醛	0.02	乙酸	0.33	δ-十二内酯	0.07

表 21.13　鸡蛋香精配方（适用于外壳喷香）

原料	质量分数/%	原料	质量分数/%	原料	质量分数/%
乙酸	0.015	甲基环戊烯醇酮	0.032	洋茉莉醛	0.19
丁二酮	0.14	二氢呋喃酮	0.072	椰子醛	0.52
乙酸乙酯	0.01	2-甲硫基-3-甲基吡嗪	0.014	硫醇	0.1
3-羟基-2-丁酮	0.04	癸酸	0.025	香兰素	0.73
丙二醇	94.1	乙基麦芽酚	2.18	乙基香兰素	1.17
5-甲基糠醛	0.02	对甲氧基苯乙酮	0.02	δ-癸内酯	0.16
2-甲氧基-3-甲基吡嗪	0.02	硫醇	0.243	香兰素	0.03
己酸	0.03	γ-己内酯	0.017	乙基香兰素丙二醇缩醛	0.05
己酸乙酯	0.03	甲基壬酮	0.042		

表 21.14 话梅香精配方（适用于浸泡料液）

原料	质量分数/%	原料	质量分数/%	原料	质量分数/%
糖浆	5	反-2-己烯酸	0.07	香兰素	0.1
乙醇	10	乙基麦芽酚	0.05	β-突厥酮	0.08
乙酸	0.018	苯乙醇	0.15	乙酸二甲基苄基原酯	0.1
丙酸	0.022	大茴香醛	0.04	δ-癸内脂	0.05
丙酸乙酯	0.046	丁香酚	0.04	丙二醇	82.742
异丁酸乙酯	0.085	椰子醛	0.065		
甘油	1.3	二氢香豆素	0.042		

表 21.15 核桃香精配方（适用于浸泡料液）

原料	质量分数/%	原料	质量分数/%	原料	质量分数/%
乙醇	10	三甲基吡嗪	0.22	硫醇	0.58
乙酸	0.02	2-乙酰基噻唑	0.037	香兰素	0.65
丁二酮	0.12	2-乙酰基吡嗪	0.068	乙基香兰素	0.44
丙二醇	86.168	二氢呋喃酮	0.012	香兰素丙二醇缩醛	0.18
乙酸异戊酯	0.085	麦芽酚	0.8	δ-十四内酯	0.02
糠醛	0.04	5,6,7,8-四氢喹喔啉	0.22	乙基香兰素丙二醇缩醛	0.13
苯甲醛	0.03	苯甲醛丙二醇缩醛	0.17	十二酸乙酯	0.01

表 21.16 核桃香精配方（适用于外壳喷香）

原料	质量分数/%	原料	质量分数/%	原料	质量分数/%
乙醇	0.1	乙酸	0.02	苯甲醛丙二醇缩醛	0.04
异戊醛	0.03	糠醛	0.07	麦芽酚	1.2
乙缩醛	0.02	3-乙基-2,5-二甲基吡嗪	0.01	乙基麦芽酚	0.77
丁二酮	0.012	2-乙基-3,5-二甲基吡嗪	0.01	愈创木酚	0.04
乙酸异戊酯	0.004	苯甲醛	0.02	二氢呋喃酮	0.23
异戊醛丙二醇缩醛	0.02	5-甲基糠醛	0.07	三醋酸甘油酯	0.12
异戊醇	1.08	2-乙酰基吡啶	0.18	二氢香豆素	0.04
戊醇	1.05	香兰素	2.8	乙酸硫酯	0.11
3-羟基-2-丁酮	0.15	丙二醇	88.044	乙基香兰素	0.68
2,5-二甲基吡嗪	0.04	2-乙酰基吡嗪	0.11	3-丁叉苯酞	0.02
2-甲氧基-3-甲基吡嗪	0.18	2-乙酰基噻唑	0.04	乙基香兰素丙二醇缩醛	0.04
2-甲氧基-6-甲基吡嗪	0.03	甲基环戊烯醇酮	1.5	香兰素丙二醇缩醛	0.28
2,3,5-三甲基吡嗪	0.71	3-乙酰基吡啶	0.13		

表 21.17 焦糖香精配方（适用于浸泡料液）

原料	质量分数/%	原料	质量分数/%	原料	质量分数/%
乙醇	1	2-糠酸甲酯	0.02	β-突厥酮	0.55
丙醇	0.3	丙二醇	75.163	苄醇	0.01
甜橙油	0.02	薄荷油	0.1	β-紫罗兰酮	0.2
3-羟基-2-丁酮	0.005	乙酸苄酯	0.02	乙基麦芽酚	2.3
乙酸	0.012	异戊酸	0.03	二氢呋喃酮	0.2
糠醛	0.05	α-突厥酮	0.02	甘油	20

表 21.18 焦糖香精配方（适用于外壳喷香）

原料	质量分数/%	原料	质量分数/%	原料	质量分数/%
焦糖色	0.12	2-甲基丁酸乙酯	0.02	二氢香豆素	0.014
乙酸	0.03	5-甲基糠醛	0.02	δ-十二内酯	0.02
乙偶姻	0.02	乙基麦芽酚	0.15	香兰素	1.7
丙二醇	74.628	辛酸甲酯	0.013	香兰素丙二醇缩醛	1.2
丙酸乙酯	0.03	洋茉莉醛	0.015		
丁酸	0.02	三醋酸甘油酯	22		

表 21.19　奶油香草粉末香精配方（适用于外壳喷香）

原料	质量分数/%	原料	质量分数/%	原料	质量分数/%
丁酰乳酸丁酯	0.1	大茴香醛	1.5	乙基香兰素	0.1
麦芽酚	11	δ-癸内酯	0.1	香兰素	65.2
乙基麦芽酚	20.5	洋茉莉醛	1.5		

表 21.20　香草香精配方（适用于浸泡料液）

原料	质量分数/%	原料	质量分数/%	原料	质量分数/%
乙醇	30	γ-癸内酯	0.015	洋茉莉醛丙二醇缩醛	0.02
蒸馏水	20	乙酸大茴香酯	0.042	十四酸	0.014
乙酸己酯	0.002	δ-癸内酯	0.02	乙基香兰素	5.57
丙二醇	28.789	洋茉莉醛	0.42	香兰素	7.6
大茴香醛	0.015	桃醛	0.01	乙基香兰素丙二醇缩醛	0.05
γ-辛内酯	0.005	二氢香豆素	0.015	香兰素丙二醇缩醛	0.06
辛酸	0.018	大茴香醇	0.1		
对甲氧基苯乙酮	0.435	甘油	6.8		

第二十二章
肉制品的加香

我国肉制品加工业经过近四十年的工业化发展，已经成为国内食品工业的一个非常重要的组成部分，并且对加工肉制品中色、香、味、形及防腐保鲜等方面的研究一直未曾停止。相对于色、形及防腐保鲜，香和味的研究是内容最丰富、影响最深远的一项工程，因此，作为肉制品调香调味环节中的重要角色——肉味香精应运而生。

一、肉制品调香调味概述

在谈肉味香精在肉制品中的应用技巧前，树立肉制品调香调味的一体化观念是必要的。和饮料、乳品、糖果等食品不同，肉制品香味的形成相当复杂：前者的香味主要来自于香精，而肉制品的香味是由肉本身、烹饪过程中发生的复杂反应、辛香料和调味料以及肉味香精共同营造的。因此，肉制品的加香不可将肉味香精孤立地作为提供香味的唯一来源，香精的选用必须视为调香调味综合调控中的环节进行处理。

1. 调香调味的总原则

香和味是产品在人嗅觉和味觉上的感官反应，因此，肉制品的香和味的设计原则首先应该是朝着满足人们嗜好性方向调整，即产品为市场服务，调香为消费者的感觉服务。调香调味的整体设计原则为：提香和赋香并重，调香与留香并举，香与味的和谐，香味与香气的统一，各种香气香味协调搭配，避免头重脚轻。因此，提香、赋香、调香和留香需要各类调味品、辛香料、香味增效剂及肉味香精和肉制品加工过程产生的香味和固有香味共同配合，才能创造富有创意且令人愉悦的风味。

肉制品风味的明显特征是产品的重要特色之一，也是商品的重要卖点，通过调香调味的特征化设计，肉制品才能更加突出产品风味的主体方向。

2. 肉味香精在调香调味中的角色

肉制品的调香调味是一个系统的工程，与原料的品质、生产工艺等诸多因素相关，但归纳起来，调香调味的基本内涵无外乎两个字，一个是“选”、一个是“调”，如果能够真正领会“选”和“调”的内涵，对于开发独特风格的产品将会有很大的帮助，当然，在此过程中需要做出许多艰苦的尝试。

肉制品的调香调味需要达到四个目的：

(1) 矫味　肉制品异味来源于原料肉的腥膻味、淀粉味、豆腥味及卡拉胶等胶体的藻腥味等。所以在调香调味过程中，应利用工艺、各类辛香料、调味剂、掩蔽剂和香精等各种技术手段去除异臭，为香味的构建搭建一个良好的平台，使各种呈香呈味物质充分发挥功能作用。

(2) 基础调味　肉制品基础味主要包括咸、甜、鲜味三种，基础调味的目的是奠定产品风味的基础，使制品的整体口感适中合口，衬托制品的浓厚感和滋味感。

(3) 调底　调底包括调底香底味，底香即通常所说的吃起来香的那类香味物质，它们体现产品香气饱满度、浓厚感；底味的呈味物质主要是氨基酸及多肽类，目的是突出滋味感。

(4) 调顶　头香是调香过程中的点睛之笔，是在肉制品整体浓郁、饱满、绵长的底香基础上增加耀眼的点缀。头香是特征风味的重要组成部分，特征风味就是增添产品的特定标识。

由此可见，除了基础调味，肉味香精在调香调味的其他三个方面，尤其是调顶和调底中扮演的重要角色无可替代。调香师和应用工程师只有意识到肉味香精在肉制品调香调味中扮演的角色，才能正确选用合适的香精营造和谐的肉香与愉快的口感。

二、肉味香精的选用

肉味香精是最近四十年发展起来的一类新型食用香精，常见的肉味香精包括猪肉香精、牛肉香精、鸡肉香精、火腿香精、各种海鲜香精等在内的一系列具有动物肉类制品香味的食用香精，主要用于方便面调料、鸡精、罐头、熏肉、酱肉、香肠、火腿肠、香辣酱等食品以及动物饲料和宠物食品。在我国，肉味香精工业的出现源于新兴的方便面工业对肉味香精的需求，而肉味香精工业的发展又促进了方便面质量的提高和肉制品等工业的发展。

肉味香精生产技术已经突破了传统香精生产的概念，由单纯的依赖调香技术，发展为集生物工程技术、脂肪氧化技术、烹饪技术、热反应技术和调香技术于一体的复合技术。所用原料也由传统香料扩展到动植物蛋白、动植物提取物、脂肪、酵母、蔬菜、还原糖、氨基酸、辛香料及其他食品原料。

肉味香精按制备方式分为调和型香精、拌和型香精、热反应型香精。按剂型分液体、油溶性、乳化、粉状及微胶囊香精等。按常用肉味香精风味可分为猪味香精、鸡味香精、牛味香精、羊味香精和海鲜味香精等。按肉味香精香型风格可分为炖煮、卤肉风格，烧烤肉风格，调理肉汤风格和纯天然肉香风格等。

1. 肉味香精的主要作用

现代食品工业已广泛应用食品添加剂，食用香精香料作为食品添加剂的一部分也不例外。在加工肉制品中应用肉味香精的主要作用有：

① 丰富和增强产品的特征香味；

② 提高产品的吸引力；

③ 协调产品的香味，使口感更加圆润、丰满；

④ 掩蔽或修饰产品本身固有的风味；

⑤ 产品营养平衡所需；

⑥ 降低产品成本。

2. 肉味香精的香味特性

了解不同剂型、不同制备方法生产的肉味香精在香味特征上的不同，有利于应用工程师清晰定位香精在肉制品调香调味综合设计中的作用，这对选对香精，营造合适的肉香是关键的一步。下面就按照制备方式和剂型的不同，概括不同种类肉味香精在香味表现上的特征差异，帮助初学者在加香时找准选择合适香精的方向。

（1）香精的制备方法对香味特征的影响

① 调和型香精 采用符合食品卫生标准的天然或化工香原料，通过化学合成的方法制取香料化合物，经调香师个性化设计，按主香、辅香、合香、矫香和定香等的设计比例调和而成的香精是调和型香精，调和型香精一般在调香调味中负责调顶，也就是头香的补充。

② 反应型香精 一般认为反应型香精是由氨基酸、多肽（特别是含硫物质）与糖类进行的一系列氨基羰基反应（非酶褐变反应的美拉德反应）及其二次反应生成物所形成的。应用以上原理制造的香精一般称为反应型香精。反应型香精在调香调味中一般负责调底，也就是补充和增强肉香的后味，并延长留香。

③ 拌和型香精 同时具有上述两种香精特点，但更多以调和型香精为主搭配反应型香精。拌和型香精中浓郁香气的“直冲感”，即香气冲鼻感，源于低沸点和挥发性组分构成的调配型香基，拌和型香精的头香就是由这些小分子的挥发性组分构成。而“圆润感”，即香味天然柔和感，则来源于动物蛋白中氨基酸、多肽和糖类、脂肪等，经美拉德反应生成的特殊肉源香味。

对调和型香精、拌和型香精、反应型香精三类肉味香精做了比较可以发现：调和型香精头香具有“直冲感”，留香约 2h，体香不饱满，留香一般 4h，基香（尾香）留香时间也不长，约 6h，热稳定性能差；拌和型香精头香稍比调和型香精柔和，但头香也较“直冲”，体香、基香不丰满，热稳定性能差，留香时间短；反应型香精天然有“圆润感”，体香、基香饱满，热稳定性较好，留香时间长，但头香的“直冲感”表现较差。

（2）香精的剂型对香味特征的影响 如何正确选用肉味香精应用于肉制品加工，还要考虑香精的剂型对香味的耐热性、丰满度、爆发力等因素的影响。目前，市场上常见的既有水溶性、油溶性头香类调配型香精，也有热反应的粉类和膏类产品及特殊的微胶囊包埋香精。水溶性香精易溶于水且香气比较飘逸。油溶性香精香气浓郁丰满，有很好的耐热性，适用于较高温度操作工艺的食品加香，如火腿肠等。反应型膏状香精和粉状香精香气温和，留香持久，但香味浓度较低。微胶囊包埋型香精是将肉味香精预先与乳化剂、包埋剂（如食用胶、变性淀粉等）混合乳化，经喷雾干燥制成。它的特点是稳定性好，香气缓慢释放，留香持久且耐温性好，特别适合于需经过烘焙等高温加工肉制品。

3. 选用香精需考虑的其他因素

除了上述因素外，饮食文化和风俗也是选用肉味香精时必须考虑的因素。肉制品市场定位在东北三省及黄河文化板块，调香宜浓和重。长江文化板块的人们喜欢适中的肉香，珠江和港澳文化板块调香喜欢天然圆润的香味和原汁原味的肉香。另外，我国东部沿海开放区域以及各省中心城市的人们注重香味的天然圆润，投放到中西部及农村市场的加香肉制品应选择浓和重感突出的香精。

另外，各民族都有自己的饮食文化习俗，因此，肉制品的香精应顺应当地人们的风俗习惯，正确选用各种合适的肉味香精。

三、肉味香精的添加

1. 香精的添加时机与顺序

了解了各种香精的特性，如何在肉制品加工中找到合适的添加时机也是非常关键的。首先要考虑香精的添加顺序。当使用多于一种香精时，应先加入香味较淡的，然后再加较浓的香精。如何掌握添加时机同样是非常关键的。因为香精都具有挥发性，时机不当可能造成香味物质的损失。对于肉制品加工，一般应在后期添加，且添加香精后，食品不宜长时间暴露在空气中。此外，加压或减压都会使香味发生变化，如真空罐装的食品会使挥发性香味损失，应加大香精的用量；又如有些食品要经过真空脱臭处理，香精应在脱臭之后添加。

2. 香精的添加量

肉味香精的添加量需要考量的因素有很多，不同情况下肉味香精的添加量也许会差很远，因此肉味香精的添加量无法综合概括，现按照影响肉味香精添加量的因素对如何选定香精添加量进行分点概述。

(1) 原料肉的质量　采用的原料肉鲜度好，饲养周期长、风味足，肉味香精使用量相应减少（0.15%～0.2%），反之用量增大（0.2%～0.3%）。

(2) 中西式肉制品工艺　中式肉制品加工工艺大多以炖、卤、烧、烤、熏及通过盐腌和栅栏技术产生肉香气和风味，肉味香精使用量相应减少（0.15%～0.2%）。西式肉制品大多是通过灌装，并带包装蒸煮，肉制品只是熟化过程，体现的是卫生、安全和原汁原味，缺乏风味与炖、烤肉香气，调香时肉味香精用量相对大些（0.2%～0.3%）。

(3) 肉制品出品率与辅料　肉制品出品率低，用的各种辅料和添加剂少，肉的香气和风味相应增加，肉味香精的使用量应相对少。反之，肉味香精的使用量要加大。

(4)（风味化）酵母精　（风味化）酵母精含有非常丰富的天然氨基酸、核苷酸、肽类及各种维生素和微量元素，呈味非常浓郁。它具有圆润、醇厚和渗延感（回味感）。作为香味的提供者既是最终产品，也是中间产品。酵母精加在肉制品中，与原料肉中的氨基酸、肽类等进行热反应，能把肉源香气调出来，并起到掩盖异味与增香作用。因此，在使用（风味化）酵母精的肉制品中，肉味香精使用量应相对少些（0.15%～0.2%）。

(5) 辛香料　没有加辛香料的肉制品就没有特征性的肉源香气。辛香料作用在肉中有两方面的功能：去除、掩盖肉源腥膻味；提味、留香、增香，提高肉制品风味。因此，采用适当辛香料的肉制品，其使用的肉味香精量相对少些（0.15%～0.2%）。

(6) 脂肪　肉制品添加适量的脂肪（如猪肥膘、鸡板脂）会增加脂香和口感（发甘发香），缓解因出品率高和辅料多所造成的口感差情况，调香时可根据情况适量减少肉味香精使用量。

(7) 季节　冬春两季由于天气寒冷，人的食欲旺盛、口味重，香精也宜浓和重（0.2%～0.3%），夏秋两季天气酷热，人的食欲减退，喜欢清淡，肉制品特别是旅游方便肉制品的香精宜突出清香、天然和圆润感。

3. 香精的添加方式

肉味香精的添加方式要根据肉制品的加工技术的变化而变化。西式肉制品往往是进行内加香。中式肉制品在加香时，可采用西式肉制品加工技术进行注射（即内加香），但炖、卤、烤、熏肉制品往往要在蛋白没有凝固，即55～65℃时进行喷香，这样肉蛋白才能吸收香气，达到留香时间长的效果。

总之，肉味香精由各种香料和载体构成，使用时应尽量避免香精与其他原辅材料发生反应，同时加香过程应避免混入更多的空气使香精氧化（使用微胶囊包埋香精可以很好地避免香精氧化）。在加工肉制品中，香精的用量要适量，因为添加香精等调味品的目的是纠正或改善肉制品在香味香气的上偏差或缺失，并在产品良好基味基香的基础上通过香精的修饰达到画龙点睛之功效。香精添加量过多或过少都会影响产品的风味，给产品带来不良的后果。

四、用肉味香精参与肉制品调香调味整体设计

用肉味香精参与肉制品调香调味整体设计，首先要突出企业肉制品的调香主体风格和特色。其次，要体现调香的个性化、多样化设计，即要使香精做到头香天然圆润，体香浓郁饱满，基香留香时间长，整体与其他调味料与加工过程产生的香味协调统一。体现耐高、低温和超低温的热稳定性，加工适应性强。

根据企业肉制品总体策划和总体设计要求，可正确选择一种风格突出、体香饱满、基香留香时间长的反应型肉味香精作为调香基础，确定香味体系的基调。这个基调一般占使用香精总量的70%～80%。在确定香味体系基调的基础上，选择风格多样的低沸点的调配型香基作为头香，这里提供两种思路：

① 有条件和具有丰富调香经验和技术的企业，可选用天然或合成的低沸点的单离或合成香料的香基，配合香味体系基调协调使用，调出风格多样的头香。

② 也可以选择市场上价廉的调和或拌和型香精与香味体系基调配合使用，用量一般占使用香精总量的20%～30%。这样在主体香型风格不变情况下又体现了肉制品风格的多样化、个性化。

综上所论，只要深刻了解各种调香料、调鲜料、调味料、辛香料以及各种原料肉和各种辅料、添加剂的性能作用，在进行调香调味策划与设计中，根据嗅觉和味觉感受，建立调香（包括辛香料）和调味（包括鲜味）的综合体系，就能突出企业主体调香调味风格和特色，并进行个性化、多样化的设计，并通过工艺体现出来。由于设计数据不同，工艺不同，温度压力不同，可生产出独具企业特色且风格多样的“创造需要”美食以及功能与保健型肉制品，满足市场需求。

到目前为止，人类对肉通过不同的烹饪方式产生不同的肉源香气、肉的本味和形成香气物质的本质和机理等，还没有完全研究清楚和鉴定出来，只是通过气相色谱、高效液相色谱、质谱、红外光谱和核磁共振波谱等分析仪，对各种肉香进行初步鉴定，但也只限于鉴定出挥发性的香精（基），而肉的不易挥发的香味组分很难鉴定出来。为了适应现代食品工业发展需要，目前，只有通过模仿，即利用已知各种化学发香香基物质（如酯、醛、醇、酚等）和热反应香精勾兑成拌合型香精能满足肉制品加香的需要。肉味香精普及的结果是多样化的头香充斥于市场，而体香、基香是调香师相当难模仿的，因为猪、鸡、牛等的肉香发香机理非常复杂、独特、个性突出。目前较好的方法是利用原料肉进行酶解和添加反应前体物质等，经美拉德反应产生特殊肉源香气。深刻了解肉香的发香机理、制造方式，各种已有肉味香精的特性、功用、调香规律、调香技术，是选好肉味香精，正确为肉制品加香的前提。

五、肉制品加香实例

1. 香肠的加香

一种香肠由肉、油脂、水、调香调味料组成。其中，调香调味料由基本调味料、香辛料和香精共同组成，具体的配方如表22.1所示。

表 22.1　香肠香精配方

原料归属	原料名称	添加量/kg
食材	瘦牛肉	64
油脂和其他	牛板油	18
	牛油	9
	冰屑	6.4
基本调味料	混合盐	1.8
辛香料	白胡椒末	0.15
	姜粉	15
	香菜粉	15
肉味香精	牛肉香精	0.4
	牛油香精	0.2
	浓香型肉香王香精	0.015

这种香肠的加工方法为：

① 把瘦肉和脂肪分别用孔径 4mm 的绞肉机绞碎。

② 斩拌机放入瘦牛肉、混合盐、香精和冰屑的 1/4 充分混合后，斩拌几转，加入其他的辅脂肪和冰屑斩匀。

③ 采用人造纤维小号肠衣，长 20～50m，口径 15～30mm，灌入肉浆后可以分成 12～15cm 的节进行结扎。结扎后香肠挂于架子上，用冷水喷洗掉污染在上面的肉渣，香肠串相互不要接触，以便烟熏时烟气流通烟熏。

④ 温度 72℃熏制 30min，再 80℃煮制 1～2h。煮制后的香肠应立即冷却，用冷水喷淋至 30℃以下，时间约 15min，等肠表水分稍沥干，即转入冷却间冷却，使肠内温度降至 5℃即为成品。

2. 贡丸的加香

贡丸质地富有弹性，香脆可口。传统的制作方法是新鲜的猪后腿肉加盐，经过捶打使得盐溶性蛋白质析出，作为乳化剂，把原料中的脂肪和水乳化成稳定的乳浊状态再成型，水煮而成。传统的制作方法成本较高，温度不易控制。现在介绍一种冷冻肉，添加复合磷酸盐、卡拉胶、大豆蛋白等稳定剂制作贡丸的方法。

设备：绞肉机、打浆机、成型机、水煮槽、速冻库等。

原料：猪肉后腿、鸡胸肉，背膘或者碎膘。

辅料：肉丸增脆素、卡拉胶、猪肉香精、食盐、白糖、味精、白胡椒粉、姜、玉果粉、大豆分离蛋白、淀粉、猪肉香精等。

配方：猪肉 50kg，鸡胸肉 20kg，肥膘 20kg，食盐 2.4kg，肉丸增脆素 0.4kg，卡拉胶 0.5kg，味精 0.25kg，白胡椒粉 0.15kg，生姜粉 0.05kg，玉果粉 0.04kg，白糖 1kg，猪肉香精 0.37kg，大豆分离蛋白 2kg，玉米淀粉 8kg，冰水 16kg。

贡丸的制作过程如下：

① 预处理　将微冻的猪肉、鸡胸肉，冷冻的肥膘或碎膘分别用 20mm 和 30mm 的孔板绞制，原料绞制后存放在 0～4℃的环境中备用。

② 打浆　把绞制好的猪肉、鸡胸肉放于打浆机中，先加入肉丸强力增脆素、食盐、味精、生姜粉、白胡椒粉、玉果粉、大豆分离蛋白、卡拉胶等调味料高速搅打直至肉糜均匀，然后加入绞制的肥膘继续搅打均匀，最后加入玉米淀粉，改为低速搅拌均匀即可。在打浆过程中，注意用冰水控制温度，使肉浆的出锅温度在 10℃以下。

香精在打浆的后半段加入。具体的配料添加顺序为：原料肉、食盐、增脆素⟶高速搅打2min⟶加一半的冰、大豆分离蛋白⟶搅打1min⟶加肥膘⟶加另一半的冰、调味料、香精⟶搅打0.5min⟶玉米淀粉⟶搅打0.5min⟶出锅，控制肉温小于10℃。

③ 成型 用肉丸成型机将成型后的肉丸立即放入40～50℃的温水中浸泡30～50min成型。

④ 煮制 再放入80～90℃的热水中煮15～20min即可。

⑤ 冷却 肉丸经过煮制后，捞出立即放于0～4℃的环境中，冷却至中心温度降至8℃以下。

⑥ 速冻 将冷却后的贡丸放入－35℃的速冻冷库中冷冻，待贡丸中心温度降至－18℃即可。

⑦ 包装储藏 包装好的产品放于－18℃的低温冷库中储藏。

第二十三章

香精在饲料中的应用

随着畜牧业和饲料工业的发展，饲料添加剂的重要性日趋明显。传统的饲料添加剂主要有蛋白质、矿物质、氨基酸、维生素，抗氧化剂、防霉剂、黏结剂等。从1940年开始，美国对动物的嗅觉进行了系统的研究，发现狗、猫、猪、牛等许多动物的嗅觉器官非常发达，比人类的嗅觉敏锐得多。他们在研究动物嗅觉的同时，对家畜、家禽的嗜好也进行了研究。以这些研究成果为基础，从1946年开始便创立了饲料香精工业公司。日本从1965年开始，也将饲料香精应用到家畜和家禽的饲养中。中国饲料添加剂工业，特别是新兴起的饲料香精近几年已有很大发展，品种和数量基本能满足畜牧业发展的需要。我国生产的饲料目前是猪饲料最多，鸡饲料为次，其他动物（牛、兔、鸭、水产动物、特种动物、宠物等）饲料较少。

一、饲料香精的使用目的

（1）刺激分泌腺体，促进消化器官发育　饲料香精可以刺激动物体分泌腺体的活动，促进唾液、胰液和肠胃液的分泌，促进胃肠道的生长发育，使其加速完善消化功能，提高营养成分吸收率，促进家畜、家禽的成长。

（2）改善饲料的适应性，增加采食量　在饲料中添加香精，可以掩盖饲料的不良气味，改善饲料适口性，促进食欲，增加采食量，加速家畜、家禽的生长，缩短饲养期，提高饲料报酬率，增加经济效益。

（3）引诱幼畜提早采食，缩短哺乳期　饲料在幼畜采食启动中有着重要作用。饲料香精可以引诱幼畜提早采食，缩短哺乳期。由于幼畜断奶时间提前，母畜的空怀时间缩短，母畜生育能力提高，促进了畜牧业的发展。

（4）改善食用肉质量，延长肉的保鲜期　日本一家食品公司在猪、牛和鸡被宰之前一周，在普通饲料中加入胡椒、花椒、丁香、姜以及肉豆蔻等调味料。他们进行这种实验，不只是为了使肉吃起来更加香味浓郁，而且还可以延长肉的保鲜期，因为辛香料有贮藏作用。

二、饲料香精的香型

饲料香精亦可称为饲料调味剂，主要是由天然精油、调味香料、合成香料、酸味剂和甜味剂调配而成的。主要香型有巧克力香型、奶味型、黄油味型、奶酪味型、鱼味型、虾味型、鸡味型、茴香型和肉味型等。其中，猪饲料虽有许多香型，但饲料厂乐于使用奶香与果香、鱼腥香香型香精。鸡饲料多用鱼腥香、辛香（如茴香、大蒜）等香型香精。

三、饲料香精的剂型

饲料香精产品形态有微胶囊型、颗粒型、饼干型、罐头型、香肠型或液态型等。其中液态型和颗粒型较普遍。

液体饲料香精可以先加入饲料配方所用的油中溶解均匀，然后喷入饲料中，也可以用专门的喷雾装置把香精直接喷在造粒、冷却后的颗粒饲料表面上，但大多数厂家乐于使用粉状的饲料香味素。把液体香精、甜味剂和鲜味剂与适当的载体（如玉米芯粉、米糖、轻质碳酸钙等）混合均匀就成为饲料香味素了。混合工作可在饲料厂里进行，也可在香精厂里进行。饲料厂购进液体香精自配饲料香味素是有利的，因为使用的载体、甜味剂和鲜味剂本来就是饲料厂的基本原料，简单的搅拌机械饲料厂也具备，因此自己生产加香饲料可行性很高。

四、饲料香精的用料

饲料香精的直接目的是促进牲畜多进食饲料，因此调配不同饲料香精时要针对不同的牲畜选择它们喜爱的香原料。

对于猪而言，含有茴香酚、茴香油、丁二酮、γ-壬内酯、乳酸的酯类、异丁酸的酯类、乳酸丁酰丁酯、砂糖、味精等成分的甜奶味香精，会比较容易被它们接受。用添加甜奶味香精的猪饲料代替母乳喂养产后1～2个月的仔猪，不仅能诱导仔猪早日采食，而且促进消化酶的作用更加活跃，使仔猪消化能力增强，对体重增加很有好处。另外，由于仔猪哺乳期缩短，母猪提前受胎，可以增加生猪存栏数。

在鸡饲料中大蒜很有实用价值。蒜粉或蒜油，可以增加鸡的食欲，杀死肠内细菌，减少消化系统疾病，防止产蛋率降低。啤酒花中含有卵泡雌激素，对于增重效果极为显著。例如，将啤酒花在60～70℃下干燥到水分在5%以下，在0℃下粉碎，然后以0.15%的比例添加到鸡饲料中，用这种鸡饲料喂养的小鸡，10周后平均体重达到3337g，比没有用啤酒花饲料喂养的小鸡增重634g。另外，用含有异丁酸、丁二酮、γ-壬内酯的饲料香精可以增加鸡的食欲，对缩短饲养周期作用显著。

据有关文献报道，牛对砂糖、柠檬酸、乳酸、香兰素、乙基香兰素、丁二酮、乳酸乙酯、乳酸丁酯等乳酸酯类香料嗜好性很大，用含有乳味香精的母乳代用品，从牛仔生下10天即可开始逐步使用，到6～7周后可以完全改用人造牛奶饲料喂养幼牛。

用鱼粉、饲料酵母、维生素、矿物质、土豆生淀粉、植物蛋白和海鲜香型香精和适量水混合后，在90～100℃、0.4～0.5MPa压力下，制成柱状多孔性饲料，鱼类、虾类爱吃，对其咬食性、消化性均有促进作用。

猫、狗、鱼、鸟等观赏宠物饲料中，狗和猫饲料消费量最大。用含有饲料香精制成牛肉型、鸡肉型、奶酪型、奶油型、鱼香型的罐头或香肠，在宠物食品市场中很受欢迎。

五、饲料香精配方实例

饲料香精配方实例见表23.1～表23.5。

表 23.1 猪饲料香精配方

原料	质量分数/%	原料	质量分数/%
乙基麦芽酚	45	乙基香兰素	55

表 23.2 牛饲料香精配方

原料	质量分数/%	原料	质量分数/%
乙基麦芽酚	2	乙基香兰素	88
麦芽酚	10		

表 23.3 鱼饲料香精配方

原料	质量分数/%	原料	质量分数/%
乙基麦芽酚	5	乙醇	92.3
麦芽酚	0.4	丁香酚	0.1
香兰素	2.2		

表 23.4 虾饲料香精配方

原料	质量分数/%	原料	质量分数/%
乙基麦芽酚	2.2	乙醇	92.9
二氢香豆素	1	丁香酚	0.3
香兰素	3.2	柳酸异戊酯	0.4

表 23.5 鱼饵香精配方

原料	质量分数/%	原料	质量分数/%
乙基麦芽酚	1	乙醇	95.96
硫醇	1.6	乙基香兰素	0.4
香兰素	1	β-突厥酮	0.04

第二十四章

香精在害虫防治中的应用

人类与害虫斗争的手段目前主要还是采用杀虫剂。杀虫剂的大量使用，不但使生态环境遭受严重污染，害虫的抗药性增加，而且在杀死害虫的同时，益鸟和益虫也受到了危害。为了克服杀虫剂的缺点，利用引诱剂诱杀害虫已引起国内外的重视，尤其是一些挥发性组分的抗虫效果已得到证实，因此在抗虫剂和农药中添加香精，增加药物对害虫的抗性，是一种有潜力的研究方向。

一、引诱剂

大量的研究证明，一般昆虫都会排出同种异性间相互吸引的性信息素和召集同类的集合信息素。人们可以仿制害虫性信息素和集合信息素的气味，引诱害虫集中在一起，然后进行捕杀，或者用性信息素打乱害虫的交配规律，使之无法繁衍后代。虫害治理的关键目标是把破坏性杀虫剂的使用减少到最低限度和保护害虫的天敌，与此同时作物不受损失。美国综合治理虫害的一个成功例子是：在大型苹果园使用性信息素，使苹果蠹蛾无法交配。他们把性信息素装在分配器中，然后将大量的分配器绑在树上，用来迷惑寻找配偶的雄性苹果蠹蛾。分配器把大量合成的雌蛾的气味撒遍果园，雄性蛾根本找不到配偶。结果雌蛾得不到交配，虫卵无法受精，苹果蠹蛾数量减少。由于不用农药，害虫的天敌也能增多，所以第二代害虫，如卷叶虫、木虱、蚜虫和潜叶蝇也得到了控制。

对动物能产生引诱作用的物质称为引诱剂。因为这类物质具有某种特征气味，所以，从广义上来说，引诱剂也属于香料香精中的一类。国内外生物化学家和香料专家已经发现，很多天然香料、合成香料均可作昆虫引诱剂，举例如下。

① 瓜蝇引诱剂　茴香基丙酮、4-(p-乙酰氧基苯)-2-丁酮、4-(p-羟基苯)-2-丁酮等。

② 果蝇引诱剂　香茅油、δ-壬内酯、γ-(4-戊烯基)-γ-丁内酯等。

③ 地中海果蝇引诱剂　当归油、6-(E)-壬烯醇、6-(E)-壬烯酸酯、2-甲基-4-环己烯酸叔丁酯、4-氯-2-甲基-环己烯基叔丁酯等。

④ 东洋果蝇引诱剂　甲基丁香酚、甲基异丁香酚、2-烯丙氧基-3-乙氧基苯甲醛、藜芦醚酸等。

⑤ 蔬菜象鼻虫引诱剂　芥子油、异硫氰酸烯丙酯等。

⑥ 蜚蠊引诱剂　麦芽酚、乙基麦芽酚等。

⑦ 美洲大蠊引诱剂　D-乙酸龙脑酯、檀香醇等。

⑧ 黄松蠹引诱剂　红松树皮、安息香酸、α-蒎烯、β-蒎烯、薄荷-1,8-二烯-4-醇、薄荷-8-二烯-1,2-二醇等。

⑨ 金龟子引诱剂　丙酸苯乙酯、丁酸苯乙酯、丁香酚、香叶醇等。

⑩ 二化螟虫引诱剂　β-甲基乙酰基苯等。

⑪ 热带斑蚊引诱剂　L-乳酸、二氧化碳等。

⑫ 白蚁引诱剂　叶醇等。

⑬ 马蜂引诱剂　茴香脑、金合欢醇、香叶醇、大茴香脑等。

⑭ 蜜蜂引诱剂　大茴香脑、丁香酚等。

⑮ 棉红铃虫引诱剂　乙酸、7-顺-十六烯醇酯等。

二、驱避剂

人类在与自然界灾害的斗争中，发现某些物质的气味对动物有驱避作用，这类物质称为驱避剂。驱避剂对保护人类安全和健康有一定作用。下面介绍一些对害虫有驱避作用的芳香组分，针对不同害虫调配驱虫香精时可以选择驱避效果显著的香原料。

1. 驱避效果显著的芳香成分和香原料

① 蚊子驱避剂　柏木油、雪松油、樟脑油、香茅油、香茅醇、2-乙基-1,3-己二醇、邻苯二甲酸二甲酯、异辛可部酸二丙酯、N,N-二甲基间甲苯甲酰胺、N,N-二乙基间甲苯胺、丁氧基聚丙二醇等。

② 苍蝇驱避剂　香叶油、檀香油、薄荷醇、柠檬醛等。

③ 壁虱驱避剂　甲酸橙花酯、2-叔丁基-4-羟基苯甲醚等。

④ 蜚蠊驱避剂　薄荷油、薄荷醇、芳樟醇、香叶醇、桂醇、甲基丁香酚等。

⑤ 蟑螂驱避剂　琥珀酸二正丁酯、氨基甲酸衍生物、辛基硫衍生物等。

⑥ 猎狗驱避剂　肉桂醛、γ-壬内酯、2,6-二甲基吡啶、二乙基甲苯酰胺等。

⑦ 野兽驱避剂　2,6-二甲基吡啶、2-甲基-5-乙基吡啶、三甲基吡啶、N,N-二甲基间甲苯甲酰胺等。

2. 驱避剂配方和制备实例

（1）吸血昆虫驱避香露　将间甲苯酰二乙胺 2.5 份，香精 0.5 份，用 97 份乙醇溶解即为产品。将这种驱虫香露涂于皮肤裸露部位，在 3h 之内，可以有效地驱避蚊子和跳蚤的叮咬。

（2）驱蚊香露　在 250mL 圆底烧瓶中加入 80mL 水和 15g 硬脂酸，加热至 85℃左右使硬脂酸完全溶解。在 250mL 烧杯中加入 40mL 水、5.5mL 甘油、1g 无水碳酸钾、0.5g 硼砂，加热至 85℃左右使之完全溶解。在搅拌下将此溶液缓缓加入圆底烧瓶中，待皂化反应完毕以后停止加热，在继续搅拌下使皂化液冷却到 30℃左右时，加入 5g 邻苯二甲酸二甲酯和 1g 香精，所配成的溶液搅拌冷却至室温后即成。

这种驱蚊香露搽在皮肤上有一种舒服感，不损害皮肤，不油污衣服，使用起来十分方便。

（3）芳香灭害灵　将 100kg 95%酒精、0.35g 苄氯菊酯、0.15g 胺菊酯和 0.15g 香精加入 100～150mL 的反应锅内，在 25～30℃下搅拌 1h 即可。这种杀虫剂对蚊子、苍蝇、蟑螂、虱子、跳蚤、白蚁等害虫有强烈的灭杀能力，对花卉、树木上的蚜虫、青虫、铃虫、毛虫、飞蛾等害虫也有良好的触杀作用。这种灭害灵使用方便、安全可靠，在室内、室外、仓库等场合均可用喷雾器喷洒。

三、抗虫剂香精配方实例

抗虫剂香精配方实例见表 24.1。

表 24.1 抗虫剂香精配方

原料	质量分数/%	原料	质量分数/%	原料	质量分数/%
2-甲基丁酸乙酯	0.82	苯氧基乙醇	1.2	DPG	61.27
己酸乙酯	0.15	邻氨基苯甲酸甲酯	1.95	香叶醇	1.1
丙酸乙酯	0.45	桂酸桂酯	0.45	异丁酸苯乙酯	0.3
己酸烯丙酯	0.77	香豆素	0.78	β-紫罗兰酮	1.33
芳樟醇	1.3	酮麝香	1.28	杨梅醛	3.1
苯乙酮	3.55	异戊酸乙酯	0.27	异丁香酚	0.14
异丁酸苄酯	1.68	丁酸戊酯	0.36	γ-癸内酯	1.5
乙酸苯乙酯	0.24	叶醇	0.31	佳乐麝香 50%DEP50%	5.7
烯丙基紫罗兰酮	0.55	苯甲醛	0.48	乙基香兰素	0.44
苄醇	1.3	乙二酸二乙酯	1.22	覆盆子酮	2.2
苯乙二甲缩醛	0.77	乙酸苄酯	0.35		
橙花叔醇	0.92	橙花醇	1.77		

参考文献

[1] Bedoukian P Z. Perfumery and flavoring synthetics. Illinois：Allured Publishing Corporation，1986.

[2] Rowe D J. Aroma chemicals for savory flavors. Perfumer & flavorist，1998，23（4）：9-16.

[3] Farmer L J，Patterson R L S. Compounds contributing to meat flavour. Food Chemistry，1991，40（2）：201-205.

[4] Fazzalari F A. Compilation of odor and taste threshold data. ASTM Data Series DS 48A，1978.

[5] Maarse H. Volatile compounds in foods and beverages. Zeist，The Netherlands：TNO-CIVO Food Analysis Institute，1991.

[6] Nijssen L M. Volatile compounds in food. 7th ed. Zeist，The Netherlands：TNO Nutrition and Food Research Institute，1996.

[7] Morton I D，Macleod A J. Food flavours part A（introuction）and part C（the flavours of fruits. Amsterdam-Oxford-New York-Tokyo：Elsevier，1990.

[8] Newberne P，Smith R L，Doull J，et al. GRAS flavoring substances 19. Food technology，2000，54（6）：66-84.

[9] Piggott J R，Paterson A. Understanding natural flavor. New York：Blackie Academic & Professional，1998.

[10] Shahidi F. Flavor of meat，meat products and seafoods. 2nd ed. London：Blackie Academic & Professional，1998.

[11] Smith R L，Doull J，Feron V J，et al. GRAS flavoring substances 19. Food technology. 2001，55（12）：34-55.

[12] Sun B G，Tian H Y，Zheng F P，et al. Characteristic structural unit of sulfur- containing compounds with a basic meat flavor. Perfumer & Flavorist，2005，30（1）：36-45.

[13] Teranishi R，Hornstein I，Wick E L. Flavor Chemistry：30 years of progress. New York：Kluwer Academic/ Plenum Publishers，1999.

[14] Thomas E F. Handbook of food additives. 2nd ed. Cleveland：CRC Press，Inc，1986.

[15] Yen G C，Hsieh C L. Simultaneous analysis of biogenic amines in canned fish by HPLC. Journal of Food science，1991，56（1）：158-160.

[16] 程焕，陈健乐，林雯雯，等．SPME-GC/MS联用测定不同品种杨梅中挥发性成分．中国食品学报，2014，14（9）：263-270.

[17] 丁耐克．食品风味化学．北京：中国轻工业出版社，2005.

[18] 葛长荣，马美湖，马长伟，等．肉与肉制品工艺学．北京：中国轻工业出版社，2001.

[19] 何坚，孙宝国．香料化学与工艺学．北京：化学工业出版社，1995.

[20] 李明，王培义，田怀香．香料香精应用基础．北京：中国纺织出版社，2010.

[21] 林翔云．调香术．3版．北京：化学工业出版社，2013.

[22] 林翔云．香味世界．北京：化学工业出版社，2011.

[23] 林旭辉．食品香精香料及加香技术．北京：中国轻工业出版社，2010.

[24] 刘树文．合成香料技术手册．北京：中国轻工业出版社，2009.

[25] 孙宝国，陈海涛．食用调香术．3版．北京：化学工业出版社，2017.

[26] 唐会周，明建，程月皎，等．成熟度对芒果果实挥发物的影响．食品科学，2010，31（16）：247-252.

[27] 易封萍，毛海舫．合成香料工艺学．北京：中国轻工业出版社，2016.

[28] 俞根发，吴关良．日用香精调配技术．北京：中国轻工业出版社，2007.

[29] 张翩辉，江青茵，曹志凯，等．一种全自动智能调香机的设计．香料香精化妆品，2008（6）：5-7.

[30] 张翩辉．香气分维公式的一个推论．香料香精化妆品，2008（2）：14-16.

[31] 章秀明．药枕治疗机理浅谈．中医药临床杂志，2005，17（3）：303-304.

[32] 肖作兵，牛云蔚．香精制备技术．北京：中国纺织出版社，2018.

美国调香师对部分最新食用香料的感官评价